教育中国·院士精品系列

石油和化工行业“十四五”规划教材

江苏“十四五”普通高等教育本科规划教材

“十二五”普通高等教育本科国家级规划教材

BIOSEPARATION ENGINEERING

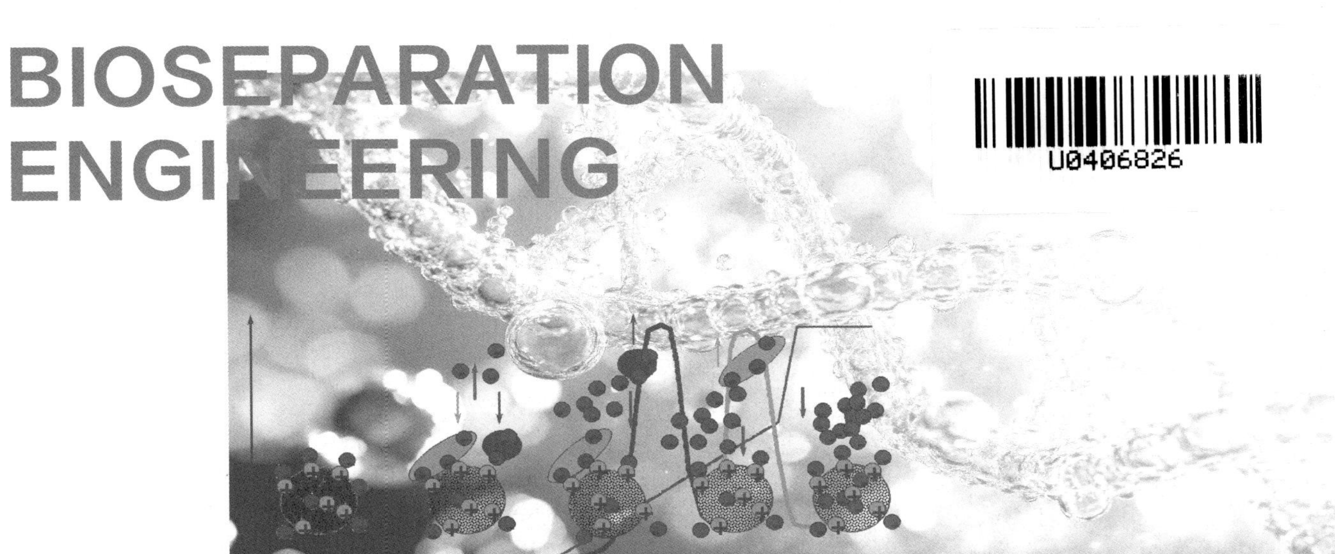

生物分离原理及技术

第四版

欧阳平凯　胡永红　姚　忠　编著

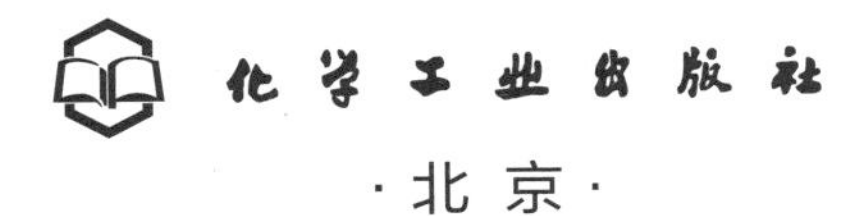

化学工业出版社

·北京·

内容简介

《生物分离原理及技术》保留了前三版的基本构架和主要内容，兼顾了应用技术的广泛性、新颖性、前沿性和实用性，对各种分离过程（过滤、离心与沉降、细胞破碎、萃取、吸附与离子交换、膜分离、沉析、色谱分离、结晶、干燥及辅助操作）基本原理和方法进行全面介绍，注重基本概念的阐述、数学工具的应用及放大过程分析，可进一步引导学生系统、深入地学习和思考生物分离技术所涉及的科学问题。为了便于读者阅读，本书将生物分离的一般过程分为4个步骤，即不溶物的去除、产物粗分离、产物纯化及产品精制，将已有的和新近发展起来的新型分离技术进行分类，以单元操作的方式逐一介绍，并列举实例。各章设置的兴趣引导、学习目标、思维导图、过程检查、填空题、选择题、计算题、论述题等，可助力学生对该章知识的理解与工程应用。本书配套出版数字教材、生物分离实验技术教材。

本书可作为高等院校生物类相关专业本科生和研究生的专业课教材，也可作为教师和相关产业工程技术人员的参考书。

图书在版编目（CIP）数据

生物分离原理及技术 / 欧阳平凯，胡永红，姚忠编著. -- 4版. -- 北京 : 化学工业出版社，2025. 3.
（“十二五”普通高等教育本科国家级规划教材）（石油和化工行业“十四五”规划教材）（江苏“十四五”普通高等教育本科省级规划教材）. -- ISBN 978-7-122-47342-4

Ⅰ. Q81

中国国家版本馆CIP数据核字第2025Z0R887号

责任编辑：赵玉清
责任校对：宋　玮
装帧设计：张　辉

出版发行：化学工业出版社
（北京市东城区青年湖南街13号　邮政编码100011）
印　　装：天津千鹤文化传播有限公司
880mm×1230mm　1/16　印张21　字数586千字
2025年3月北京第4版第1次印刷

购书咨询：010-64518888
售后服务：010-64518899
网　　址：http://www.cip.com.cn
凡购买本书，如有缺损质量问题，本社销售中心负责调换。

定　　价：66.00元

前言

进入 21 世纪以来，生命科学与生物工程技术的快速发展为人类社会解决资源与环境问题并实现可持续发展提供了技术支持与有力保障，世界各主要经济强国均把生物制造作为保障经济发展、能源安全和环境友好的国家战略，促进形成与环境协调的战略产业体系，抢占未来生物经济的竞争制高点。近十年来，我国工业生物技术产业迅速壮大，“十四五”期间，生物经济年均增速保持在 15% 左右；到 2025 年，生物经济总产值将可达到 1.2 万亿元。但是应该看到，生物经济存在巨大发展机遇的同时，也面临诸多挑战，例如生物技术创新能力较弱，关键共性技术、关键核心技术等积累不足，环保节能亟待加强等。

要解决以上问题，需要从生物加工过程的全环节着手。众所周知，生物反应体系极其复杂，而生物产品在构象、稳定性和特定杂质含量方面具有很高的要求，这对分离技术提出了很高的要求，高附加值生物产品的分离成本甚至高达 90% 以上。而生物分离工程属于生物加工的下游过程，是工业生物技术最终获得产品的必要环节，直接关系到生物产品的技术经济性。新型生物分离技术、介质材料、工艺设备的研发与应用一直是工业生物技术领域内的热点，已取得大量重要成果并逐步应用于实际生产中，将相关进展引入教材极有必要。

新版教材保留了前一版教材的基本构架和主要内容，按照生物分离的一般过程顺序将主要的分离技术单元分为四大步骤：不溶物的去除、产物粗分离、产物纯化及产品精制。在全面介绍各种分离过程原理和方法的同时，注重工程化应用能力的培养，并增加了对新型分离技术的介绍。各章思维导图、以及数字资源的有机融合，更加方便学生对本书知识的理解和掌握。本教材配套实验技术教材。本书可作为高等院校生物、制药、食品、轻化及其他相关专业本科生和研究生的专业课程教材，也可作为相关科研与工程技术人员的参考书。

本书稿编写过程中得到了应汉杰院士、黄和院士等诸多长期从事生物分离工程领域科研与实践工作的专家的指导，在此向他们致以崇高的敬意。此外，吴昊、吕浩、吴菁岚、米利、孙晔、姜金池、王银珠、崔洁、于鸣洲、俞仪阳、李文慧、施慧程、张建、管珺等教师参加了本书的编写、整理和校对工作，对他们的辛勤付出表示衷心感谢！

由于作者专业知识水平有限，书中难免存在不足和疏漏之处，恳请广大读者批评指正。

编著者
于南京工业大学
2024 年 11 月

1　绪论

思维导图

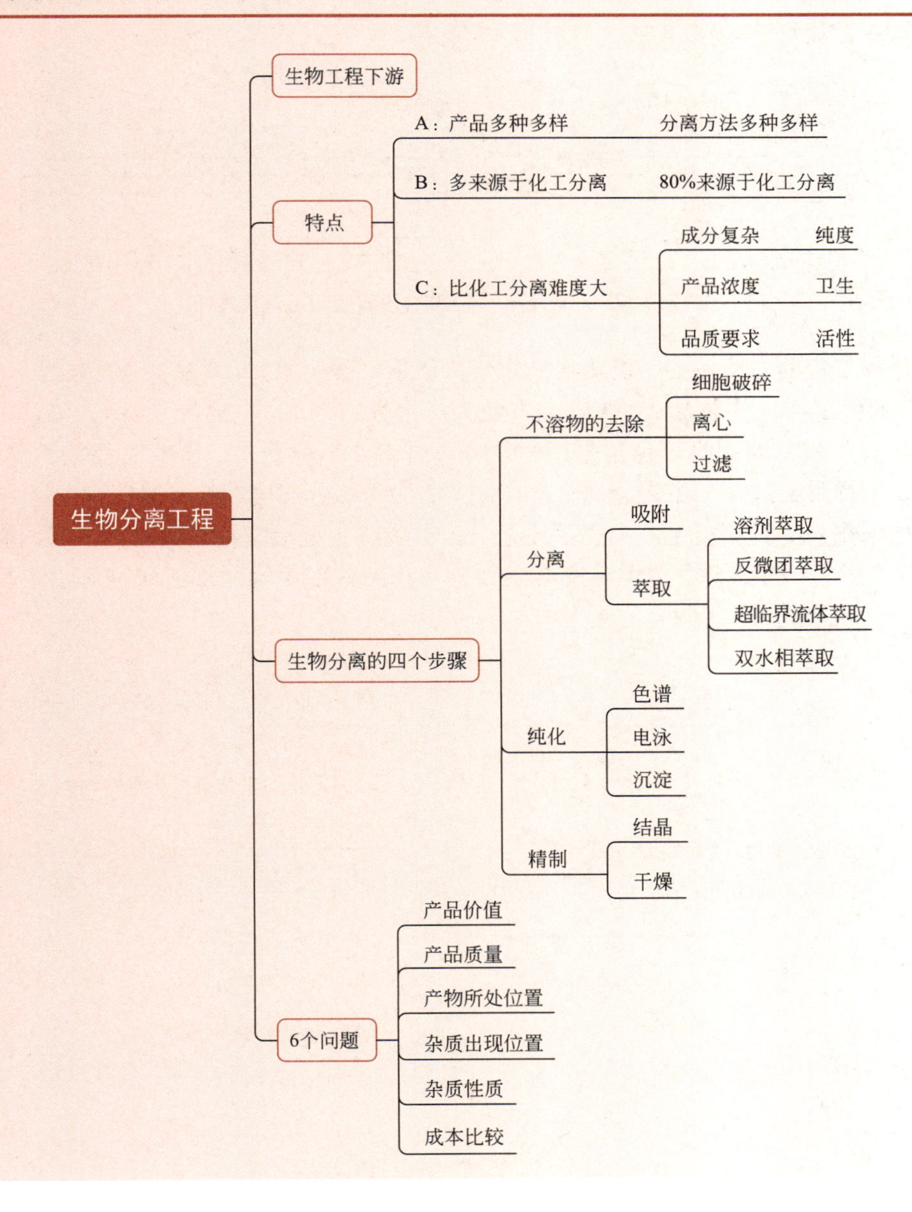

生物分离工程
生物工程下游
特点
A：产品多种多样
分离方法多种多样
B：多来源于化工分离
80%来源于化工分离
C：比化工分离难度大
成分复杂
纯度
产品浓度
卫生
品质要求
活性
生物分离的四个步骤
不溶物的去除
细胞破碎
离心
过滤
分离
吸附
萃取
溶剂萃取
反微团萃取
超临界流体萃取
双水相萃取
纯化
色谱
电泳
沉淀
精制
结晶
干燥
6个问题
产品价值
产品质量
产物所处位置
杂质出现位置
杂质性质
成本比较

1.1　生物分离工程的历史及应用

生物分离工程是从微生物、动植物细胞及其生物化学产品中提取有用物质的技术。就利用与培养动植物细胞及微生物的一般意义而言，生物分离工程的发展已经有几百年的历史了，最早的分离技术有蒸馏、过滤等原始方法。按上述定义，早在16世纪，人们就发明了用水蒸气蒸馏从鲜花与香草中提取天然香料的方法；而从牛奶中提取奶酪的历史则更早。近代生物分离技术是在欧洲工业革命以后逐渐发展形成的，最早的开发是由于发酵制酒精以及有机酸分离提取的需要，从产物含量较高的发酵液制备成品；到20世纪40年代初，大规模深层发酵生产抗生素，反应粗产物的纯度较低，而最终产品要求的纯度却极高。近年来发展的新型生物技术包括利用基因工程菌生产人造胰岛素、人用及动物用疫苗等产品，某些粗产物的含量极低，而对分离所得最终产物的要求却更高了。因而，生物分离工程技术与装备的发展日趋复杂与完善。图1-1是利用酶工程方法生产L-苹果酸的分离提取工艺流程。

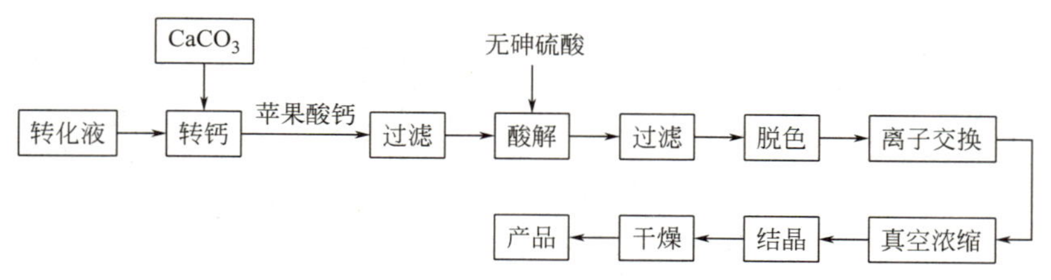

图1-1　L-苹果酸的分离提取工艺流程

生物分离工程的应用包括医药类（抗生素、激素、维生素）、食品类（如乳酪）、化工类（氨基酸等）、精细化工类（化妆品、香料）、农业类（手性农药）、生物类（酶）。另外，环境工程中污水的净化与有效成分的回收，也常采用生物分离技术。一般而言，工业生物技术可分为三个过程，即前处理、生物反应过程、生物分离过程。图1-2为生物分离过程的一般流程。

生物技术作为提升新质生产力的手段之一，被我国定为战略性新兴产业。我国制定了多项政策措施：2022年《“十四五”生物经济发展规划》是我国首部生物经济五年规划，该规划中明确提出

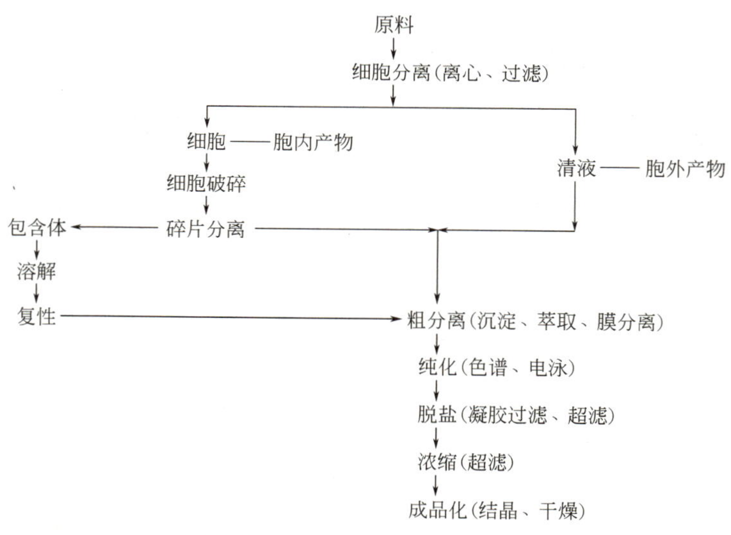

图1-2　生物分离过程的一般流程

要将工业生物技术与生物制造作为我国战略性新兴产业和生物经济前沿重点领域之一，培育并壮大医疗健康、生物农业、生物能源与生物环保、生物信息等四大支柱产业；在保障产业支撑能力建设方面，要着力构建新型生物制造原料体系，实现生物反应器、生物分离介质等关键设备和材料的技术突破。综上，生物分离工程是生物工程中必不可少的、也是极为重要的过程环节之一。

1.2 生物分离与纯化技术的研究内容及工艺特点

1.2.1 生物分离与纯化技术的研究内容

生物分离与纯化技术是以多组分、低浓度的生物材料为研究对象，以分离单元操作为主线构建其理论体系的。将发酵、食品、轻工、医药、环保等各类工艺过程的单元操作进行归纳分类，可将绝大多数生物分离过程分为以下四个步骤。

① 不溶物的去除（removal of insolubles） 目的是去除生物（反应）体系中的不溶物，以利于后续的分离和精制。过滤和离心操作是该阶段常用的单元技术。同时，该阶段还可起到一定的产品浓缩及质量改进的作用。

② 产物粗分离（separation） 目的是去除体系中的大部分杂质，同时提高目标产物的浓度。由于生物体系中可溶性组分复杂，难以通过简单的一步操作获得高的分离效率和选择性，通过该步骤可在分离初期尽可能去除主要的杂质和干扰物，如在分离蛋白质（酶）等生物大分子时，要尽可能快地去除蛋白质（酶）等杂质，防止目标产物降解。鉴于上述目的，对该阶段中所用单元技术（如吸附、离子交换、萃取等）的处理能力和分离速度有较高要求。

③ 产物纯化（purification） 该阶段要求在保证产物回收率的前提下，尽可能地提高产品纯度。该阶段中所采用的单元技术需去除与目标产物化学性质相近的杂质，处理技术要求有高度的选择性，通常利用色谱法。

④ 产品精制（polishing） 该阶段的主要目的是在进一步提高产物纯度的同时，形成最终的产品形态。该阶段经常采用的单元技术为色谱分离和结晶技术。

以上四个步骤的合理组织需视产品的浓度与纯度在分离过程中的变化而定。抗生素分离过程中浓度与纯度的变化如表 1-1 所示。

表 1-1 抗生素分离过程中浓度与纯度的变化

步骤	典型过程	产品浓度 / (g/L)	纯度 /%
最终发酵液	发酵	0.1 ～ 5	0.1 ～ 1
固形物分离	过滤	1.0 ～ 5	0.2 ～ 2
分离	萃取	5 ～ 50	1 ～ 10
纯化	色谱	50 ～ 200	50 ～ 80
产品精制	结晶	50 ～ 200	90 ～ 100

注：表中纯度泛指化学纯度或相对活性。

产品浓度的增加主要在杂质分离阶段，而纯度的增加则在纯化阶段。某些新的处理技术则将第一、第二步骤合并在一起，如扩张床吸附分离技术（expand bed adsorption）。

目前出现的各种生物分离技术和生物分离过程，除了传统的沉淀、吸附与离子交换、萃取和结晶之外，还有超滤、反渗透、电渗析、凝胶电泳、离子交换色谱、亲和色谱、疏水色谱、等电聚焦、区带离心分离、凝胶萃取、超临界流体萃取、反胶团萃取、双水相分配技术等。图 1-3 为生物制品分离的一般工艺流程。

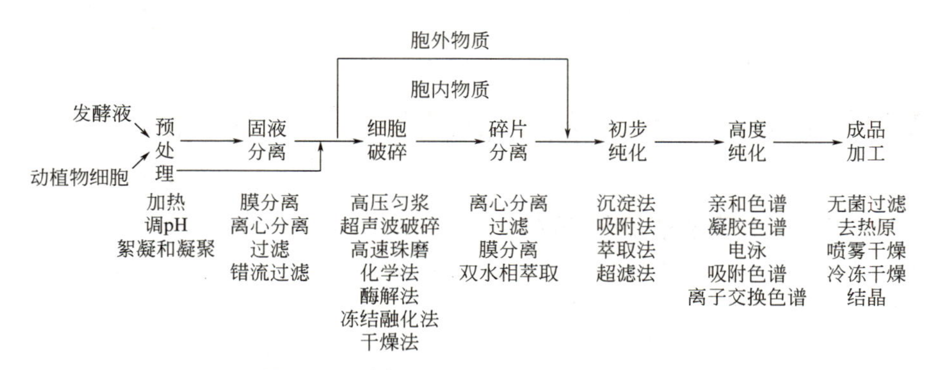

图 1-3　生物制品分离的一般工艺流程

1.2.2　生物分离与纯化技术的工艺特点

生物技术的特点之一就是产品的品种很多，典型的石化产品、制药工业产品已有上百种，其中很多需要用生物化学方法来转化。

表 1-2 列出了某些成熟的发酵工业制造的化学产品品种数，该表尚未包括近年来许多新开发出来的诸如基因工程菌生产的人造胰岛素、人用及动物用疫苗、激素以及干扰素等新产品。分离手段多种多样，与化学工业常用的方法相比较（见表 1-3），可以看出化工传统分离方法在生物分离工程中 80% 以上是有效的。生物分离技术的工业化只有经过小规模的试验、中间试验以及技术经济的可行性分析，才能放大到工业规模进行生产。

表 1-2　发酵工业制造的化学产品品种数

类型	品种数	类型	品种数
抗生素	85	维生素、生长激素等	6
氨基酸	18	葡聚糖、类固醇等	8
酶	15	合计	143
有机酸与溶剂	11		

表 1-3　生物分离方法与化学工业分离方法的比较

分离方法	用于化学工业	用于生物分离	分离方法	用于化学工业	用于生物分离
物理分离	7	7	速度控制分离	13	10
平衡控制分离	22	18	合计	42	35

生物技术的特点之二是生物物质分离的难度比一般化工产品大。首先，在粗产物中，被提取物浓度通常很低；其次，需处理的物料往往是成分复杂的黏稠的多相体系，因此，在热力学特性、流变学特性以及流动、传热、传质等方面，生物体系与一般化工体系相比都要复杂得多。而对生物制

品，往往是要求纯度高、无色、结晶以及能长期保存等。

上述种种原因，使得生物分离过程往往成本很高，回收与提纯的操作很复杂，需要更多的设备，所以分离过程常占很大的投资比重。必须仔细分析并设计生物分离过程，提高产品的质量，提高收率，降低成本。需要认真考虑的问题有：①产品的价格，产品质量标准；②产品与主要杂质有何特殊的物化性质或有何显著的性质差别；③流程中，产品与杂质流经的途径是否合理；④不同分离方案的技术经济指标的比较。

2 过滤

彩图

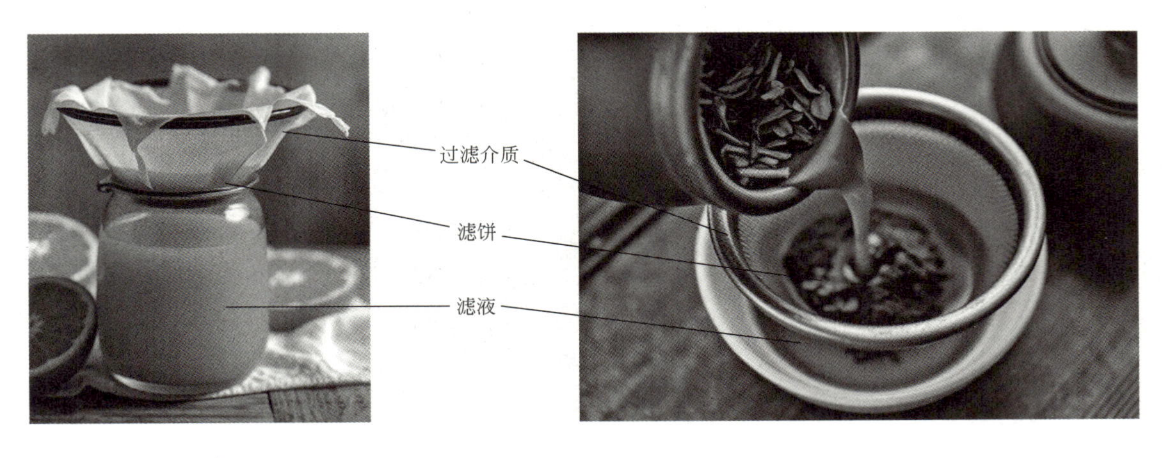

过滤在日常生活中很常见，如自制果汁往往需要用纱布滤去果汁中的胶质和果渣，倒中药时也会用一个小滤网去除药渣，这些操作就是过滤。其中用到的纱布、筛子、滤网这样带有小孔，帮助分离液体中的固体颗粒的工具，在工程中被称为过滤介质，而残留在上面的果渣、药渣，类似于工业生产中在过滤介质上堆积形成的滤饼。当果汁中胶质与纤维较多时，果汁的过滤往往比较缓慢。在化学与生物实验中往往使用布氏漏斗，通过抽真空的方式加快过滤。工业生产中也时常需要对发酵液、反应体系、污水等携带固体的液体实现固体与液体的分离。如何选择合适的过滤介质与设备高效地实现这一目的？这个过程又该如何描述，如何调控？在这一章中，将具体学习过滤的概念、原理与相关操作、设备。

思维导图

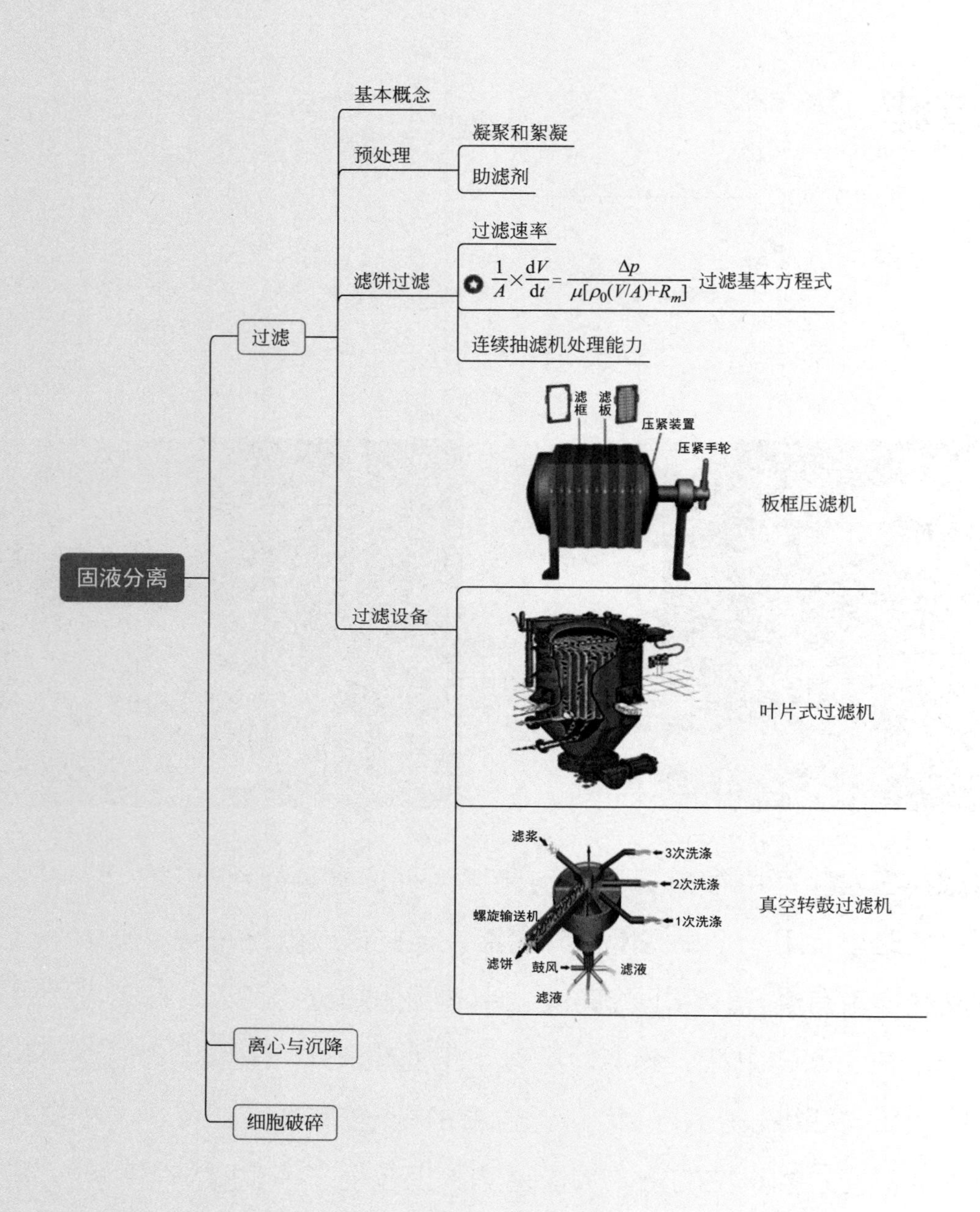
固液分离
过滤
基本概念
预处理
凝聚和絮凝
助滤剂
滤饼过滤
过滤速率
$\frac{1}{A}\times\frac{dV}{dt}=\frac{\Delta p}{\mu[\rho_0(V/A)+R_m]}$ 过滤基本方程式
连续抽滤机处理能力
过滤设备
滤框
滤板
压紧装置
压紧手轮
板框压滤机
叶片式过滤机
滤浆
3次洗涤
2次洗涤
1次洗涤
螺旋输送机
滤饼
鼓风
滤液
滤液
真空转鼓过滤机
离心与沉降
细胞破碎

学习目标

- ○ 描述过滤前物料预处理的基本方法；
- ○ 描述过滤的基本概念；
- ○ 推导过滤基本方程，理解过滤基本方程积分式斜率与截距的物理意义；
- ○ 描述滤饼压缩系数的计算方法；
- ○ 描述连续旋转式真空抽滤过程中滤饼的形成、滤饼的洗涤、滤饼的去除三个步骤，计算真空抽滤处理能力；
- ○ 描述过滤设备的基本结构及选择原则。

在生物反应领域，几乎所有的发酵液均或多或少地存在悬浮固体，如生物细胞、固态培养基或代谢产物中的不溶性物质；在原料处理过程也常采用过滤操作，如谷氨酸发酵用糖液的脱色过滤处理和啤酒生产麦芽汁的过滤澄清；不少目的产物存在于细胞内，如胞内酶、微生物多糖等；有时产物就是菌体本身，如酵母、单细胞蛋白等。但不论何种情况，往往都要进行固液分离操作。

发酵液的固液分离常用方法为过滤和离心分离，据此可得到清液和固态浓缩物（滤渣）两部分。若目的产物存在于细胞内，则必须经细胞破碎操作才能进一步进行产物的提取分离，细胞破碎是生物分离的辅助工序。

过滤是传统的化工单元操作，其原理是使料液通过固态过滤介质时，固态悬浮物与溶液分离。对谷氨酸钠、枸橼酸晶体等轮廓分明的晶体，过滤无疑是简单的操作。但对微小的形状多变的微生物细胞，发酵液的过滤就变得复杂了。实践表明，若只用传统过滤设备和技术，对谷氨酸等许多发酵液，过滤速率将十分缓慢，甚至无法进行。

本章首先将扼要解释传统过滤的工作原理，然后阐明在生物分离上如何改进这些传统过程，其中的关键是设法改进滤饼的特性和采用非常规的过滤设备技术。下面分别介绍传统过滤的过滤理论及相应设备。

2.1 过滤的基本概念

传统的过滤操作是在某一支撑物上放过滤介质，注入含固体颗粒的溶液，使液体通过，固体颗粒（如结晶体）留下，在过滤介质上形成滤饼。但将发酵醪采用传统的方式过滤，如图 2-1 所示，其速率极其缓慢，生产难以进行。因此，既要参考传统的过滤原理，又要考虑生物物质过滤的特点，如生物物质过滤前一般都需要进行预处理，过滤时还需注意滤饼形成的过程，以及滤饼的性质等。

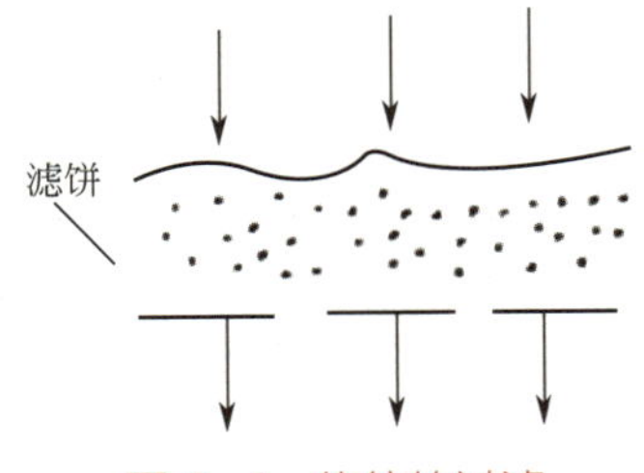

图 2-1 传统的过滤

一般而言，由于发酵液和生物溶液是高黏度的非牛顿型流体，所以过滤是相当困难的，高黏性的可压缩滤饼有时呈难渗透的胶状，使过滤难以进行，菌丝体尤为如此，因此，用于过滤的发酵醪一般应进行预处理。常用的方法是加热、絮凝、加助滤剂等，这些方法也适用于离心和沉降过程。

（1）加热 最简单最经济的预处理方法是加热。加热能使液体黏度降低，加快过滤速率。例如链霉素预处理时，调 pH 至 3.0 左右，加热至 70℃，维持半小时以凝固蛋白质，这样可使过滤速率增大 10 ～ 100 倍，滤液黏度降低至（1.1 ～ 1.2）$\times 10^{-3}$Pa · s，为原先的 1/6。加热变性的方法只适合于对热较稳定的生化物质，因此加热的温度和时间须严加选择。

（2）凝聚和絮凝 凝聚与絮凝在预处理中常用于细胞、菌体（胞外产物）、细胞碎片（胞内产物），以及蛋白质等胶体粒子的去除。

① 凝聚作用是指在某些电解质作用下，使扩散双电层的排斥电位（即 ζ 电位）降低，破坏胶体系统的分散状态，而使胶体粒子聚集的过程。胶体粒子在溶液中都存在着扩散双电层的结构模型。发酵液中的细胞、菌体或蛋白质等胶体粒子的表面都带有电荷，带电的原因很多，主要是吸附溶液中的离子或自身基团的电离。通常发酵液中细胞或菌体带负电荷，由于静电引力的作用将溶液中带相反电性的粒子（即正离子）吸附在周围，在界面上形成了双电层。但是，这些正离子还具有因热运动而离开胶粒表面的趋势。在这两种相反作用的影响下，双电层可看成由两部分组成，在相距胶核表面约一个离子半径斯特恩平面以内，正离子被紧密束缚在胶核表面，称为吸附层。在斯特恩平面以外，剩余的正离子在溶液中扩散开去，距离越远，浓度越小，最后达到主体溶液的平均浓度，称为扩散层。这样就形成了扩散双电层的结构模型，如图 2-2 所示。当胶粒在溶液中做相对运动时，总有一薄层液体随着一起滑移，这一薄层的厚度比吸附层稍大，滑移面在图 2-2 中用波纹线表示。此结构在不同界面上有不同的电位，胶核表面的电位 Φ_s 是整个双电层的电位，斯特恩平面上的电位为 Φ_d，滑移面上的电位为 ζ，称 ζ 电位（Zeta 电位或电动电位）。这三种电位中，只有 ζ 电位能实际测得，可以认为它是控制胶粒间电排斥作用的电位，用来表征双电层的特征，并作为研究凝聚机理的重要参数。

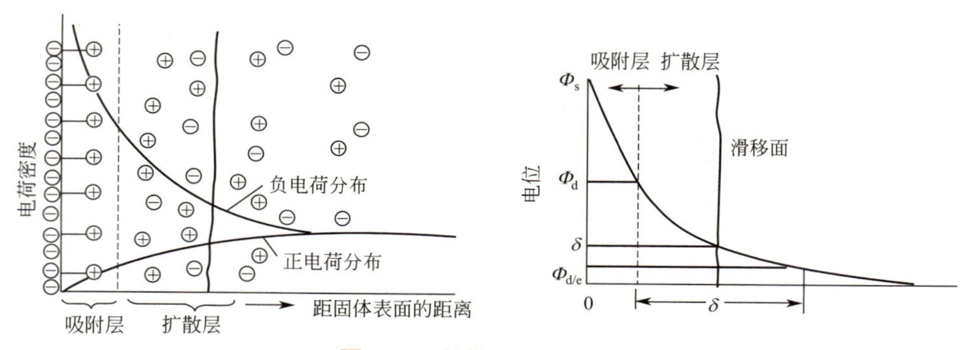

图 2-2 扩散双电层的构造

胶粒能保持分散状态的原因是带有相同电荷和扩散双电层的结构。一旦布朗（Brown）热运动使粒子间距离缩小到它们的扩散层部分重叠时，即产生电排斥作用，使两个粒子分开，从而阻止了粒子的聚集。ζ 电位越大，电排斥作用就越强，胶粒的分散程度也越大。胶粒能稳定存在的另一个原因是其表面的水化作用，形成了粒子周围的水化层，阻碍胶粒间的直接聚集。

如果在发酵液中加入具有相反电性的电解质，就能中和胶粒的电性，使 ζ 电位降低。因此，对带负电性菌体的发酵液，阳离子的存在会促使 ζ 电位迅速降低。当双电层的排斥力不足以抗衡胶粒间的范德华力时，热运动的结果就导致胶粒的互相碰撞。此外，电解质离子在水中的水化作用会破坏胶粒周围的水化层，使其能直接碰撞而聚集起来。

影响凝聚作用的主要因素是无机盐的种类、化合价以及无机盐的用量。根据静电学基本定理，可推导 ζ 电位的基本公式为

$$\zeta = \frac{4\pi q\delta}{\varepsilon} \tag{2-1}$$

式中，q 表示胶体的电动电荷密度，即滑移面上的电荷密度，C/m^2；ε 表示水的介电常数，F/m；δ 表示扩散层的有效厚度，即吸附层和扩散层界面处电位 Φ_d 降低到其值为 $1/e$ 处的距离，不能直接测定，m。

$$\delta = \sqrt{\frac{1000\varepsilon kT}{4\pi Ne}} \times \sqrt{\frac{1}{\sum c_i Z_i^2}} \tag{2-2}$$

式中，N 为阿伏伽德罗常数，mol^{-1}；e 为电子电荷，C；k 为玻耳兹曼常数，J/K；T 为热力学温度，K；c_i 为 i 离子浓度，mol/L；Z_i 为 i 离子化合价。

由式（2-1）和式（2-2）可知，ζ 电位与溶液中带相反电荷的离子强度有关，因此，提高离子的化合价和浓度可以压缩扩散双电层，使厚度减小，从而使 ζ 电位降低。

电解质的凝聚能力可用凝聚价或凝聚值表示，其定义为使胶粒发生凝聚作用的最小电解质浓度（mol/L），根据 Schuze-Hardy 法则，反离子化合价越高，该值就越小，即凝聚能力越强。阳离子对带负电荷的胶粒凝聚能力的次序为：$Al^{3+} > Fe^{3+} > H^+ > Ca^{2+} > Mg^{2+} > K^+ > Na^+ > Li^+$。常用的凝聚剂有：$KAl(SO_4)_2 \cdot 12H_2O$（明矾）、$AlCl_3 \cdot 6H_2O$、$FeCl_3$、$ZnSO_4$、$MgCO_3$ 等。

② 絮凝作用是指在某些高分子絮凝剂存在下，在悬浮粒子之间产生架桥作用而使胶粒形成粗大的絮凝团的过程。

作为絮凝剂的高分子聚合物必须具有长链线状的结构，易溶于水，其分子量可高达数万至千万以上，在长链节上含有相当多的活性官能团，根据所带电性不同，可以分为阴离子型、阳离子型和非离子型三类，离子型絮凝剂带多价电荷，电荷密度会直接影响絮凝效果。絮凝剂的官能团能强烈地吸附在胶粒的表面上，而且一个高分子聚合物的许多链节分别吸附在不同颗粒的表面上，因而产生架桥连接。高分子聚合物絮凝剂在胶粒表面上的吸附机理是基于各种物理化学作用，如范德华力、静电引力、氢键和配位键等，究竟以哪一种机理为主，则取决于絮凝剂和胶粒两者的化学结构。如果胶粒相互间的排斥电位不太高，只要高分子聚合物的链节足够长，跨越的距离超过颗粒间的有效排斥距离，就能把多个胶粒连接在一起，形成粗大的絮凝团。高分子絮凝剂的吸附架桥作用如图 2-3 所示。

絮凝剂包括各种天然的聚合物和人工合成的聚合物。天然的有机高分子絮凝剂包括多糖类物质（如壳聚糖及其衍生物）、海藻酸钠、明胶和骨胶等，它们都是从天然动植物中提取而得的，无毒，使用安全，适用于食品或医药。人工合成的有机高分子絮凝剂包括聚丙烯酰胺类衍生物、聚苯乙烯类衍生物和聚丙烯酸类等，在生化物质中还常采用聚乙烯亚胺，该类絮凝剂具有用量少、絮凝体粗大、分离效果好、絮凝速度快以及种类多、适用范围广等优点，但是某些絮凝剂可能具有一定的毒性，如聚丙烯酰胺类絮凝剂，在食品和医药工业的使用中应考虑最终能否从产品中除去。除此之外，某些无机高分子聚合物如聚合铝盐和聚合铁盐也可作为絮凝剂。

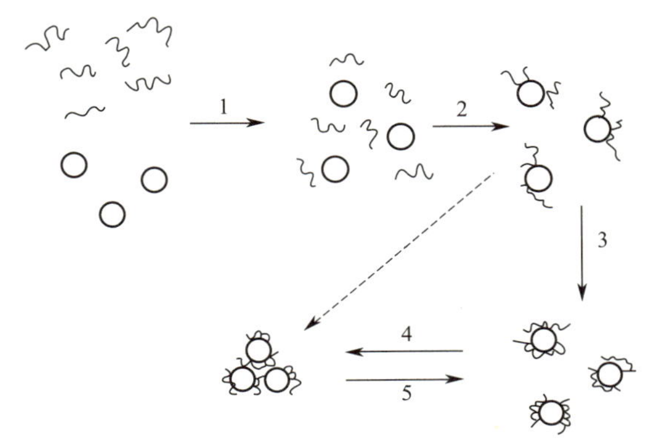

图 2-3 高分子絮凝剂的混合、吸附和絮凝作用示意

1—聚合物分子在液相中分散，均匀分布在粒子之间；2—聚合物分子链在粒子表面的吸附；3—被吸附链的重排，高分子链包围在胶粒表面，产生保护作用，是架桥作用的平衡构象；4—脱稳粒子互相碰撞，形成架桥絮凝作用；5—絮凝团的打碎

对于带负电性菌体或蛋白质，阳离子型絮凝剂同时具有降低粒子排斥电位和产生吸附架桥的双重机理，而非离子型和阴离子型絮凝剂主要通过分子间引力和氢键等作用吸附架桥。它们常与无机电解质絮凝剂搭配使用，加入无机电解质使悬浮粒子间的排斥能降低，脱稳而凝聚成微粒，然后加入絮凝剂。无机电解质的凝聚作用为高分子絮凝剂的架桥创造了良好的条件，两者相辅相成，从而提高了絮凝效果。

影响絮凝效果的因素很多，主要是絮凝剂的分子量和种类、絮凝剂用量、溶液 pH、搅拌速率和时间等。有机高分子絮凝剂分子量越大，链越长，吸附架桥效果就越明显，但是随分子量增大，絮凝剂在水中溶解度减少，因此分子量的选择应适当。絮凝剂的用量是一个重要因素，当絮凝剂浓度较低时，增加用量有助于架桥充分，絮凝效果提高，但是用量过大反而会引起吸附饱和，在胶粒表面上形成覆盖层而失去与其他胶粒架桥的作用，造成胶粒再次稳定的现象［见图 2-3（3）］，絮凝效果反而降低。絮凝剂用量对酵母细胞的影响如图 2-4 所示，可见絮凝剂用量过多，残留在液体中的细胞含量反而增多。溶液 pH 的变化会影响离子型絮凝剂官能团的电离度，从而影响链的伸展形态，提高电离度可使分子链上同号电荷间的电排斥作用增大，链就从卷曲状态变为伸展状态，因而能发挥最佳的架桥能力。絮凝过程中，剪切应力对絮凝团的作用是必须注意的问题，在加入絮凝剂时，液体的湍动（如搅拌）是很重要的，它能使絮凝剂迅速分散，但是在絮凝团形成后，高剪切力会打碎絮凝团，因此，操作时搅拌转速和搅拌时间都应控制，在絮凝后的料液输送和固液分离中也应尽量选择剪切力小的操作方式和设备。

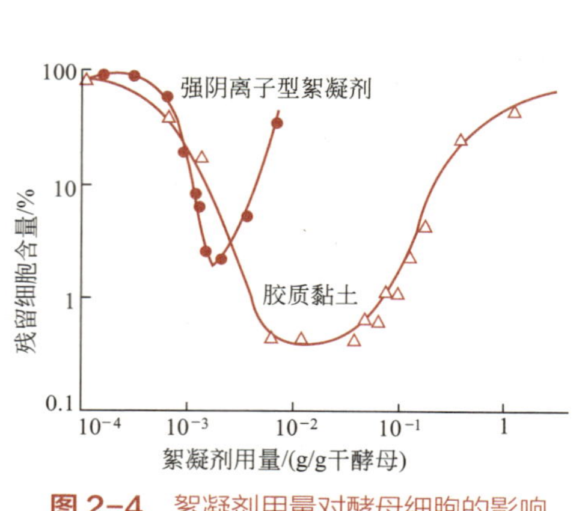

图 2-4 絮凝剂用量对酵母细胞的影响

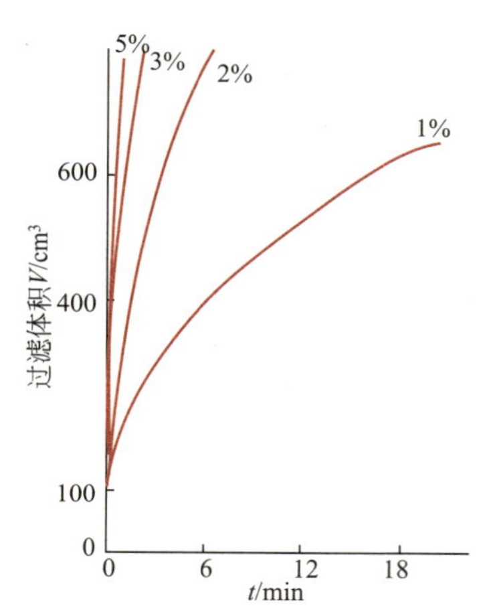

图 2-5 滤液中的助滤剂含量对过滤的影响

（3）助滤剂上的吸附 第三种预处理方法就是在过滤之前加入固体的助滤剂。助滤剂对过滤的影响见图 2-5。

助滤剂是一种具有特殊性能的细粉或纤维，它能使某些难以过滤的物料变得容易过滤。硅藻土和珍珠岩是两种最常用的助滤剂，硅藻土是几百年前的水生植物沉淀下来的遗骸，珍珠岩是处理过的膨胀火山岩。表 2-1 列出了硅藻土的主要用途。表 2-2 列出了硅藻土的主要化学组成。

硅藻土在酸碱条件下稳定，由于其颗粒形状极不规则，所形成的滤饼空隙率大，具有不可压缩性，因而既是优良的过滤介质，同时也是优良的助滤剂。硅藻土通常有三种用法。

① 作为深层过滤介质过滤悬浮液，硅藻土不规则的粉粒之间形成许多曲折的毛细孔道，可借筛分作用以除去固体粒子，同时由于吸附作用，也可除去一部分胶体粒子（10^{-6} ～ 10^{-4}mm）。

② 在挠性或刚性支持性介质的表面上预先形成硅藻土薄层（预涂层），以保护支持性介质的毛细孔在过滤时不被微小的颗粒所堵塞。

表 2-1 硅藻土的主要用途

型　号	相对流速	相对澄清度	用　　途
Celatom FP-2	100	1000	啤酒、果胶、糖、醋、乙醇、枸橼酸、明胶、猪油、硬脂、聚合物
Celatom FP-4	200	995	啤酒、明胶、脂肪、果酸、漆、汽油产品、果胶、醋、乙醇、枸橼酸、磷酸、蔗糖、润滑油
Celatom FW-6	300	986	抗生素、啤酒、腐蚀剂、化学药品、苹果酒、搪瓷、明胶
Celatom FW-20	1000	960	果汁、海藻、猪油、汽油产品、酸、枸橼酸（盐）、硬脂、水、化学药品
Celatom FW-50	2500	940	苹果汁、天麻油、柴油、石油、褐藻胶、麦芽汁、抗生素、酪蛋白、漆、聚合物、糖浆、高粱、猪油、水、肽、谷蛋白、柠檬汁
Celatom FW-80	5500	927	抗生素、生物药剂、聚合物、树脂、水、麦芽汁

表 2-2 硅藻土助滤剂的化学组成　　%

类　型	SiO_2	Al_2O_3	Fe_2O_3	CaO	MgO	其他
天然原矿	86.8	4.1	1.6	1.7	0.4	0.8
灼烧	91.0	4.6	1.9	1.4	0.4	0.4
白色	87.9	5.9	1.1	1.1	0.3	3.6

③ 将适量的硅藻土分散在待过滤的悬浮液中，使形成的滤饼具有多孔性，降低了滤饼的可压缩性，从而提高了过滤速率并延长了过滤操作的周期。

第二、三种方法是较重要的使用方法，硅藻土啤酒过滤机就是这两种方法结合设计出来的。

在悬浮液中加入硅藻土，对过滤速率影响很大，过滤速率取决于硅藻土粒度的分布，同时还取决于悬浮液的特性。在其他条件一定时，存在一个最佳添加率，过滤速率与硅藻土添加量的关系如图 2-6 所示。

如果硅藻土添加量太大，形成的滤饼太厚，阻力增加的影响将占主导地位，使滤速从最高点下降。最佳的添加率应通过实验来确定。影响硅藻土过滤特性的因素有两方面，一是它的制造方法和纯度，二是它的粒度分布。

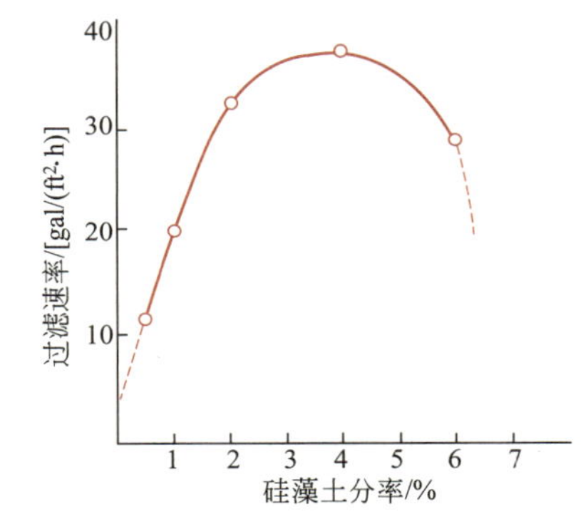

图 2-6 过滤速率与硅藻土添加量的关系

［1gal（加仑）=4.545L，1ft=0.3048m］

助滤剂的使用方法是在过滤前先在过滤介质表面预涂一层助滤剂，同时在料液中也添加一些助滤剂使操作能稳定进行下去，各种助滤剂的性能及选择分别见表 2-3 和表 2-4。

表 2-3 各种助滤剂的性能

助滤剂（主要成分）	特　点	粗金属网上的堆积密度	干燥滤块的容积密度 /（g/cm^3）	室温时的溶解度	
				酸性液	碱性液
硅藻土（二氧化硅）	一般用于要求最高澄清度的情况	良好	0.26 ～ 0.35	微溶于弱酸	微溶于弱碱
珍珠岩（玻璃片状硅酸盐）	最适于旋转真空过滤，也适于加压过滤、真空过滤	中等程度	0.19 ～ 0.29	微溶于弱酸	微溶于弱碱
混合助滤剂（硅藻土，或珍珠岩与石棉）	用于粗金属网滤材的被覆	优良	0.22 ～ 0.32	微溶于弱酸	微溶于弱碱
纤维素	用于粗金属网滤材的被覆，改善另一助滤剂的被覆层性质，吸附除去冷凝液中的油分	优良	0.14 ～ 0.32	不溶于弱酸	微溶于弱碱与强碱
活性炭	特别用于苛性碱溶液的过滤，需要助滤剂，化学稳定性很高	中等程度	0.24 ～ 0.32	不溶于弱酸	弱碱、强碱中都不溶

表 2-4 各种助滤剂的选择方法

原液（过滤器）	应使用的等级			助滤剂					
	细粒	中粒	粗粒	硅藻土	珍珠岩	纤维素	石棉	活性炭	混合助滤剂
溶剂（加压叶状）		√	√	○	○				○
明胶 压滤器	√	√		○			○		○
明胶 加压叶状	√	√		○			○		○
甘油 压滤器		√		○					
甘油 加压叶状		√		○					
脂肪、油 压滤器	√	√		○	○		○		
脂肪、油 加压叶状	√	√		○	○		○		○
脂肪、油 水平圆盘状	√	√		○	○				
前过滤（加压叶状）				○	○				
啤酒精制过滤 压滤器	√			○			○		○
啤酒精制过滤 加压叶状	√			○			○		○
啤酒精制过滤 水平圆盘状	√			○			○		○
啤酒、麦芽汁（加压叶状）			√	○	○				
葡萄酒 压滤器	√	√		○		○	○		○
葡萄酒 加压叶状	√	√		○		○	○		○
淀粉加工的糖液 压滤器		√		○					
淀粉加工的糖液 加压叶状		√		○	○				
蔗糖汁 压滤器	√	√		○	○				
蔗糖汁 加压叶状	√	√		○	○				○
甜菜糖汁 压滤器		√		○	○				
甜菜糖汁 加压叶状		√		○	○				○
水 加压叶状		√	√	○	○	○			○
水 旋转被覆型		√		○	○				
抗生素培养液 压滤器		√		○	○				○
抗生素培养液 加压叶状		√		○	○				○
抗生素培养液 旋转被覆型		√		○	○				○
果胶 压滤器	√	√		○					
果胶 加压叶状	√	√		○					○

注：√和○表示选用此项。

选择助滤剂的要点如下。

① 粒度选择　这要根据料液中的颗粒和滤出液的澄清度确定。当粒度一定时，过滤速率与澄清度成反比，过滤速率大，澄清度差；过滤速率小，则澄清度好。颗粒较小的，应采用细的助滤剂。在试验时，可先取中等粒度的助滤剂进行，如能达到所要求的澄清度可取再粗一档的做试验；反之，如不能达到所要求的澄清度则要取较细一档的做试验，如此数次即可确定。

② 品种选择　根据过滤介质和过滤情况选择助滤剂的品种。当使用粗目滤网时易泄漏，过滤时间长或压力有波动时也易泄漏，这时加入石棉粉或纤维素或两者的混合物，就可以有效地防止泄漏。采用细目滤布时可采用细硅藻土，如采用粗粒硅藻土，则料液中的细微颗粒仍将透过预涂层到

达滤布表面，从而使过滤阻力增大。

采用纤维素预涂层可使滤饼易于剥开并可防止堵塞毛细孔（如用于烧结或黏结材料的过滤介质）。滤饼较厚时（50～100mm），为了防止龟裂，可加入1%～5%纤维素或活性炭。

③ 用量选择　间歇操作时助滤剂预涂层的最小厚度是2mm。在连续过滤机中要根据所需过滤速率来确定。

加入料液的量：使用硅藻土时，通常细粒用500g/m^3；粗粒用700～1000g/m^3；中等粒度用700g/m^3。使用时要求在料液中均匀分散，不允许有沉淀，故一般需设置搅拌混合槽。

助滤剂中某些成分会溶于酸性或碱性液体中，故对产品要求严格时，还需将助滤剂预先进行酸洗（用于酸性液体）或碱洗（用于碱性液体）。

过程检查 2.1

○ 凝聚与絮凝的区别是什么?

2.2　关于过滤的一般情况

现对过滤过程进行数学描述。过滤操作的一般动力是压差，阻力来自过滤介质与介质表面过滤累积的滤饼。在这一节中，首先建立传统过滤方法关于可压缩和不可压缩滤饼的一般方程；在下一节中，将方程应用于旋转真空抽滤。这种过滤是大规模生物分离中最常用的方法。

流体力学方程中应用于过滤的为Darcy（达西）定律，据此可推导出不可压缩与可压缩滤饼的方程。

2.2.1　不可压缩滤饼

Darcy定律把流速与通过固体多孔状床产生的压降联系起来，得到式（2-3）。

$$v=\frac{K\Delta p}{\mu l} \tag{2-3}$$

式中，v是流体流速；K是比例常数，通常叫达西定律的参数；Δp是通过厚度为l的床产生的压降；μ是液体黏度。

式（2-3）表明流速正比于压降Δp，反比于阻力l/K，严格地说Darcy定律只在下列不等式条件下才成立：

$$Re=\frac{dv\rho}{\mu(1-\varepsilon)}<5 \tag{2-4}$$

式中，d是滤饼粒子的大小或孔的直径；ρ是液体密度；ε是滤饼的空隙率；$dv\rho/[\mu(1-\varepsilon)]$称作雷诺数。

大多数过滤符合式（2-3）。

对于板框过滤，速率方程为

$$v=\frac{1}{A}\times\frac{\mathrm{d}V}{\mathrm{d}t} \tag{2-5}$$

式中，A 为过滤面积；V 是过滤液的体积；t 是时间。

滤饼和过滤介质所产生的阻力可由式（2-6）计算

$$\frac{l}{K}=R_m+R_c \tag{2-6}$$

式中，R_m 是过滤介质的阻力；R_c 是滤饼的阻力。

综合式（2-3）、式（2-5）及式（2-6）可得

$$\frac{1}{A}\times\frac{dV}{dt}=\frac{\Delta p}{\mu(R_m+R_c)} \tag{2-7}$$

式中，过滤介质阻力 R_m 是常数，与滤饼无关；滤饼阻力 R_c 与过滤总体积 V 有关，R_c 的变化取决于滤饼是不可压缩的还是可压缩的。

如果滤饼是不可压缩的，则滤饼的厚度正比于过滤液的体积，反比于过滤面积，显而易见，滤饼的阻力 R_c 可以用式（2-8）来描述

$$R_c=\alpha\rho_0\left(\frac{V}{A}\right) \tag{2-8}$$

式中，α 代表滤饼的阻力特性；ρ_0 是每单位体积的滤液中含固体滤饼的量。

把方程（2-8）代入方程（2-7）得

$$\frac{1}{A}\times\frac{dV}{dt}=\frac{\Delta p}{\mu[\rho_0(V/A)+R_m]} \tag{2-9}$$

其初始条件为 t=0，V=0，方程（2-9）经过积分可以得到

$$\frac{At}{V}=K\left(\frac{V}{A}\right)+B \tag{2-10}$$

式中

$$K=\frac{\mu\alpha\rho_0}{2\Delta p} \tag{2-11}$$

$$B=\frac{\mu R_m}{\Delta p} \tag{2-12}$$

因此用 At/V 对 V/A 作图，斜率 K 是压降 Δp 及滤饼阻力特性 α、ρ_0 的函数，截距 B 与滤饼阻力特性无关，但它正比于介质阻力 R_m。通常过滤介质阻力可以忽略不计，因此方程（2-10）可以简化为

$$t=\left(\frac{\mu\alpha\rho_0}{2\Delta p}\right)\left(\frac{V}{A}\right)^2 \tag{2-13}$$

式（2-13）适用于不可压缩滤饼。

2.2.2 可压缩滤饼

绝大多数生物滤饼都是可压缩的，因此，不能仅仅用作图的简单分析方法来描述。滤饼可压缩，则过滤速率降低，能耗增大。

为了估计可压缩性的影响，假设滤饼阻力特性 α 是压降的函数：

$$\alpha=\alpha'(\Delta p)^s \tag{2-14}$$

式中，α' 是一个与滤饼组成、粒子大小和形状相关的常数；s 是滤饼的压缩系数，变化范围 0 ～ 1，理想的不可压缩滤饼 s 为 0，高度可压缩滤饼 s 接近于 1，在实践中，s 的变化范围是 0.1 ～ 0.8。

为计算出 s 和 α'，可用 $\lg\alpha$ 对 $\lg\Delta p$ 作图，如图 2-7 所示，斜率为 s，当 s 值很高时，需加入助滤剂对原液进行预处理。可压缩滤饼并不改变式（2-11）给出的恒压过滤的最基本结果，但 K 变为关于 Δp 的更复杂的函数。和压力成反比的 B 值则不变。以上结果的应用将在下面的例子中加以叙述。

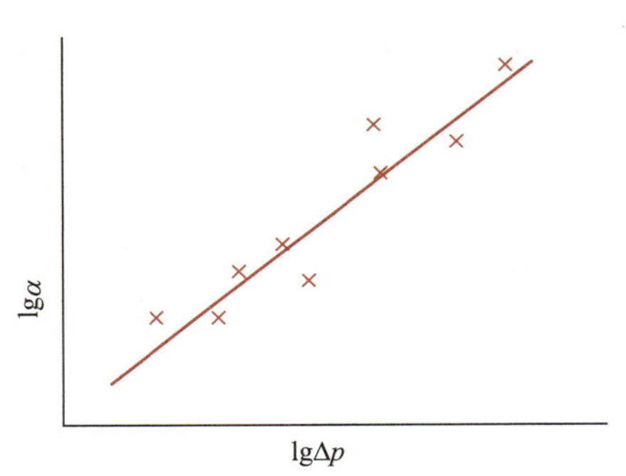

图 2-7 滤饼阻力与压降的关系

【例 2-1】 在从庆大霉素发酵液过滤分离链霉菌的过滤实验中，使用硅藻土作助滤剂。小型过滤机的过滤面积 A=0.01m^2，滤液黏度 μ=1.1×10^{-3}Pa·s，过滤压降 Δp=6.772×10^{4}Pa，且发酵液固体悬浮物浓度为 15kg/m^3，过滤时间所对应的滤液量如下：

t/s	5	10	20	30
V/×10^{-6}m^3	40	55	80	95

求滤饼阻力特性 α 和过滤介质阻力 R_m。

【解】 根据试验数据，以（At/V）对（V/A）作图，得图 2-8。

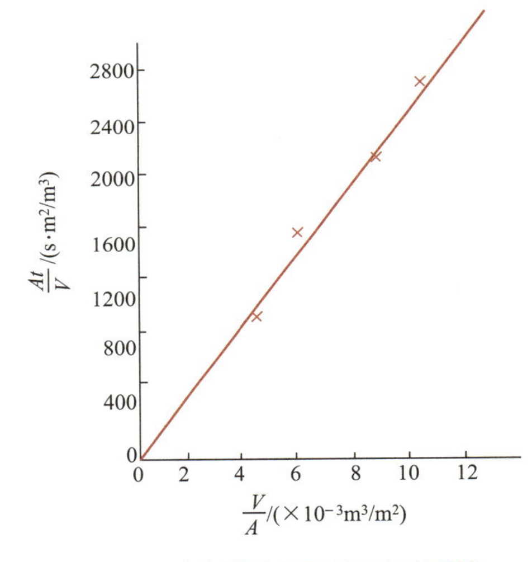

图 2-8 庆大霉素发酵液的过滤操作

由图 2-8 可见，过滤操作线的截距 B≈0，即过滤介质阻力 R_m=0，而直线斜率为

$$K=\frac{2.8\times10^3}{10.2\times10^{-3}}=2.75\times10^5$$

由式（2-13）可得

$$K=t(A/V)^2$$

而 $\mu\alpha\rho_0/(2\Delta p)=K$，故滤饼阻力特性为

$$\alpha=K\frac{2\Delta p}{\mu\rho_0}=2.75\times10^5\times\frac{2\times6.772\times10^4}{1.1\times10^{-3}\times15}$$

$$=2.26\times10^{12}\,(\text{m/kg})$$

【例 2-2】 以枯草杆菌为菌种发酵生产蛋白酶，拟用过滤法分离菌体。加助滤剂硅藻土后料液含固体悬浮物的质量体积比为 3.6%，黏度 μ=6.6×10^{-3}Pa·s。在实验室用直径为 0.05m 的布氏漏斗进行真空抽滤实验，真空度维持在 9.0×10^{4}Pa，经 24min 得滤液 1×10^{-4}m^3；且测得滤饼的压缩系数 s=2/3。现使用每板面积 0.352m^2、框数 15 的板框压滤机过滤，处理 3m^3 上述发酵液，若操作过程不排渣，且过滤介质阻力 R_m 可忽略不计。求过滤压降 Δp=3.448×10^{5}Pa 时所需的过滤时间。

【解】 首先求出滤饼的阻力参数 $\mu\alpha\rho_0$。

据题给数据，过滤介质阻力 R_m=0，故根据式（2-13）和式（2-14）可得

$$t=\frac{(1+s)^{-1}\mu\alpha\rho_0}{2\Delta p^{1-s}}\left(\frac{V}{A}\right)^2$$

整理得：

$$\mu\alpha\rho_0=\frac{2\Delta p^{1-s}t(1+s)}{(V/A)^2}$$

把用布氏漏斗过滤的实验数据代入上式得

$$\mu\alpha\rho_0=\frac{2\times(9\times10^4)^{1-2/3}\times24\times60\times(1+2/3)}{\left[1\times10^{-4}/\left(\frac{\pi}{4}\times0.05^2\right)\right]^2}$$

$$=7.627\times10^7\,(\mathrm{Pa}^{1/3}\cdot\mathrm{s/m}^2)$$

① 过滤压降 $\Delta p=3.448\times10^5$Pa 时，过滤时间为

$$t=\frac{7.627\times10^7}{2\times(3.448\times10^5)^{1-2/3}}\times\left(\frac{3}{15\times2\times0.352}\right)^2\div(1+2/3)$$

$$=26335\,(\mathrm{s})\approx7.32\,(\mathrm{h})$$

② 过滤压降 $\Delta p=1.724\times10^5$Pa 时，所需过滤时间为

$$t=\frac{7.627\times10^7}{2\times(1.724\times10^5)^{1-2/3}}\left(\frac{3}{15\times2\times0.352}\right)^2\div(1+2/3)$$

$$=33185\,(\mathrm{s})\approx9.22\,(\mathrm{h})$$

由于滤饼是可压缩的，因此过程所需时间变化不太大。

过程检查 2.2

○ 过滤方程中常数 K 如何测量？影响因素有哪些？

2.3　连续旋转式真空抽滤机的操作原理

在生物分离过程中一个很常用的过滤方法就是旋转式真空抽滤。这种方法在抗生素生产中应用尤为广泛，对过滤速率慢、黏度高等难以处理的发酵液，是很好的选择。连续旋转式真空抽滤机的操作机理如图 2-9 所示，一个完整的过滤过程主要由三个步骤组成。

① 滤饼的形成；

② 洗涤滤饼以除去无价值或者不需要的溶质；

③ 滤饼的清除。

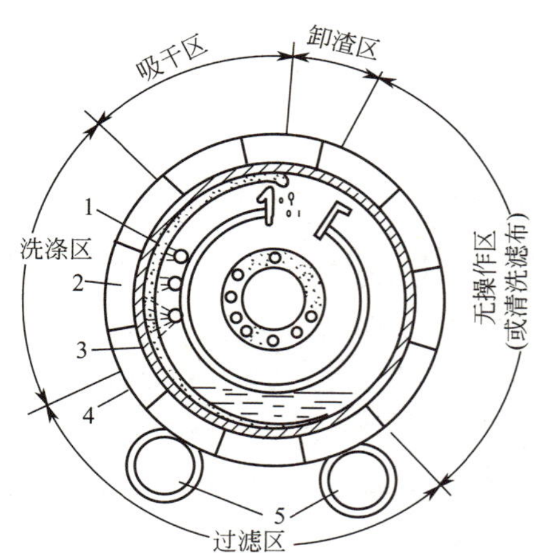

图 2-9　内滤面真空转鼓过滤机

1—洗涤喷管；2—过滤室；3—过滤面；4—外壁；5—托辊

2.3.1　滤饼的形成

滤饼形成是从转鼓接触培养基开始的，假设过滤介质阻力 R_m 可忽略不计，式（2-7）可用式（2-15）表示。

$$\frac{1}{A}\times\frac{\mathrm{d}V}{\mathrm{d}t}=\frac{\Delta p}{\mu R_c} \tag{2-15}$$

这个方程受初始条件 $t=0$，$V=0$ 的限制。结合式（2-8）与式（2-14）可以改写滤饼阻力 R_c 为

$$R_c=\alpha\rho_0\left(\frac{V}{A}\right)=\alpha'\rho_0\left(\frac{V}{A}\right)(\Delta p)^s \tag{2-16}$$

联立式（2-15）与式（2-16），

$$t_f=\frac{\mu\alpha'\rho_0}{2(\Delta p)^{1-s}}\left(\frac{V_f}{A}\right)^2 \tag{2-17}$$

式中，t_f 为滤饼形成的时间；V_f 为滤饼形成期间被集中的滤液体积（滤液流量）。

式（2-17）有时也可用旋转周期 t_c 来表示

$$t_f=\beta t_c \tag{2-18}$$

式中，β 为过滤器被浸渍的时间分数，即旋转周期形成滤饼所用的时间分数。

将式（2-18）代入式（2-17），得到一种以旋转周期表示的关系式

$$\frac{V_1}{At_c}=\left[\frac{2\beta(\Delta p)^{1-s}}{\mu\alpha'\rho_0 t_c}\right]^{1/2} \tag{2-19}$$

可以看到，滤饼的形成随着旋转周期 t_c 和滤饼形成的时间分数而改变，此外，当 β 为常数时，滤液流量与旋转周期 t_c 的平方根成反比。

2.3.2 滤饼的洗涤

滤饼形成以后，滤饼中还含有许多杂质需要进一步洗涤。在洗涤过程中涉及两个因素：一个是洗涤之后残留的可溶性物质的分数，这个分数决定着所需的洗液体积；另一个是洗液通过滤饼的速率，这个速率控制着洗涤时间。下面讨论这两个因素。

残留可溶物的分数常常与洗液的体积有关，可用式（2-20）表示

$$r=(1-\varepsilon)^n \tag{2-20}$$

式中，r 为洗涤之后的溶质含量与洗涤之前滤饼中最初的溶质含量比；n 为洗液的体积与滤饼中残液的体积比；ε 是滤饼的洗涤效率，ε 为 0 ～ 1。

r 值越低表示洗涤效果越好；若洗涤效率为 0，r 等于 1，此时不论使用多少洗液都没有效果。

式（2-20）是从大量实践中得到的经验方程式。图 2-10 是在滤饼中包含林肯霉素的发酵醪的过滤，可以检验方程式（2-20）。该图是由 $\lg r$ 对应 n 的一系列点组成的，由图 2-10 可以看出，对于不同的效率有不同的斜率 $\lg(1-\varepsilon)$，在两个不同 pH 值下的测量数据说明效率随 pH 的变化而变化，这些数据符合方程式（2-20）。

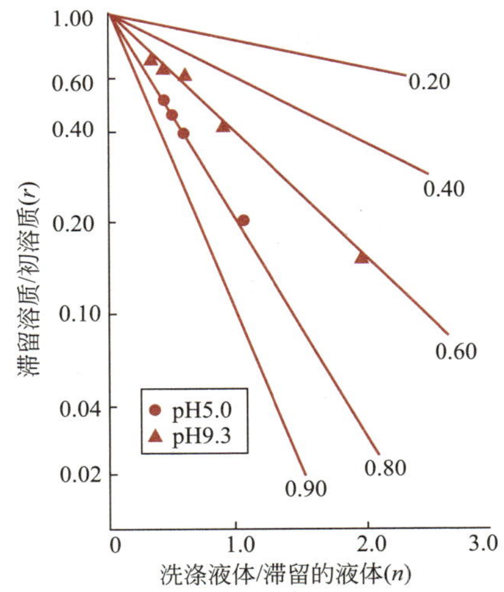

图 2-10 洗涤的效率

洗液不包含所加的固体物，因此洗液的流量是一个常量且等于滤饼形成的最后瞬间的过滤液速率，这个速率是

$$\frac{V_w}{A}=\left[\frac{(\Delta p)^{1-s}}{2\mu\alpha'\rho_0 t_f}\right]^{\frac{1}{2}} t_w \tag{2-21}$$

式中，V_w 是所需洗液的体积；t_w 是洗涤所需的时间。

式（2-21）除以式（2-17）可得到

$$\frac{t_w}{t_f}=2\frac{V_w}{V_f}=2\frac{V_w}{V_r}\times\frac{V_r}{V_f}=2nf \tag{2-22}$$

式中，V_r 为滤饼中残液的体积；f 为这个体积占总过滤体积的分数，这种形式比方程式（2-20）更适用。

【例 2-3】 欲使用转鼓真空过滤机处理一抗生素发酵液。处理量为每小时 $15m^3$。过滤面积 $A=40m^2$，回转速度为 1r/min，操作真空度为 7×10^4Pa。由于加入了硅藻土助滤剂，滤饼可视作不可压缩的。若滤饼过滤阻力参数 $\frac{\mu\alpha\rho_0}{2\Delta p}=2.9\times10^5 s/m^2$，洗涤后滞留于滤饼的可溶性物质量为洗涤前的 1%（即 r=0.01），洗涤效率 ε=70%，滤液滞留量为 f=1.0%。求：①转鼓回转一周的过滤时间 t_f；②洗涤时间 t_w。

【解】 ① 转鼓回转一周须除去的滤液量为

$$V_f=\frac{15}{3600}\times\frac{60}{1.0}=0.25(m^3)$$

根据式（2-18），过滤时间为

$$t_f=2.9\times10^5\times\left(\frac{0.25}{40}\right)^2=11.3(s)$$

② 根据滤饼洗涤效率方程 $r=(1-\varepsilon)^n$，代入题给数据得

$$0.01=(1-70\%)^n$$

解此方程得：n=3.8

由式（2-23）可得

$$\frac{t_w}{11.3}=2\times3.8\times0.01$$

解得滤饼洗涤时间为：

$$t_w=0.86(s)$$

2.4 过滤的设备及其结构

过滤设备从传统的板框过滤机到旋转式真空过滤设备，种类极多。

2.4.1 过滤设备的分类

按推动力不同可以分为四类：重力过滤、加压过滤、真空过滤和离心过滤。重力过滤应用不多且设备简单，这里不作介绍。离心过滤在离心分离章节中叙述，本章主要介绍发酵工业中常用的几种加压、真空过滤设备。

不论哪一类过滤设备都有分批（间歇）操作式和连续操作式之分；两者在结构上有较大的差异。加压过滤设备由于结构复杂、操作繁杂、连续化较难，故较少使用；而真空过滤设备易于连续化，是一种常用的连续过滤设备。过滤设备的种类如表 2-5 所示。

表 2-5 过滤设备的种类

装置	操作方式	型式
加压过滤设备	间歇式	①密闭式圆盘过滤器 ②压滤器 ③加压叶状过滤器 ④水平板形加压过滤器 ⑤工业型管状过滤器
	连续式	⑥加压圆筒形（或圆盘形）过滤器 ⑦加压圆筒形被覆过滤器
真空过滤设备	间歇式	①吸滤缸（槽） ② Galigher 倾斜型过滤器 ③真空叶状过滤器
	连续式	④多室圆筒形真空过滤器 ⑤单室圆筒形真空过滤器 ⑥圆盘形真空过滤器 ⑦水平型真空过滤器

实际上，其他各种型式的过滤设备还有很多，适用于特殊场合型式的过滤设备则更多，表 2-5 所列举的几种设备是比较常用并具有一定代表性的。加压过滤设备的优点和缺点见表 2-6。

表 2-6 加压过滤设备的优点和缺点

优点	①过滤速率快，每单位过滤面积所占的安装面积小 ②多数是间歇式，这样使过滤装置具有一定的通用性 ③过滤装置的价格便宜
缺点	①由于多数是间歇式，故很难用作连续操作系统的过滤装置 ②因大多是间歇式的，所以人工费用增加 ③也有连续式的装置，但连续式多半缺少通用性，且价格昂贵

2.4.2 过滤设备的选择

选择合适的过滤设备，需要考虑以下五个方面。

（1）被过滤液体的过滤特性（包括所形成滤饼的特性） 这是决定所选择设备能否进行顺利操作的关键。根据滤饼形成特性、固形物的沉淀性和含量，可大致将被过滤液分成五类。

① A 类 固形物含量＞ 20%、能在数秒内形成滤饼厚度在 50mm 以上的料液，此类料液沉淀速率快，在普通转鼓过滤机的料液槽中用搅拌器不能使其保持悬浮状态。这类料液在大规模生产中可以采用内部给料式的真空转鼓过滤机。如果由于滤饼的多孔性不能保持在过滤面上的料液，可以采用翻斗式或带式过滤机。水平式过滤机的洗涤效果要比转鼓式过滤机好。小型生产可采用吸滤槽式过滤机，但采用离心过滤机则更为经济。

② B 类 固形物含量 10% ～ 20%、能在 30s 内形成 50mm 厚的滤饼或至少能在 1 ～ 2min 内形成 13mm 以上的、能在转鼓过滤机上被真空吸住，并保持一定形状的滤饼的料液。大规模生产中普遍采用连续真空转鼓式过滤机，也可用水平翻盘式进行更好的洗涤。加压过滤机可采用圆盘式或叶片式。小规模生产时可采用吸滤槽式或间歇式加压过滤机。

③ C 类 固形物含量 1%～10%，当真空度为 500mmHg[1] 时，在 5min 内能形成 3mm 厚的滤饼。

[1] 1mmHg=133.322Pa。

这种料液是采用连续式过滤机的极限情况。一般可采用单室式转鼓过滤机；对于有腐蚀或洗涤要求较严格的场合可采用间歇式真空叶片吸滤槽式过滤机（清洗时可将叶片外移）。加压过滤时可采用板框压滤机。

④ D 类 固形物含量 0.1% ～ 1%，难以连续排出滤饼的料液。在大生产中普遍采用预涂助滤剂的方法，并采用间歇式过滤设备。

⑤ E 类 固形物含量＜ 0.1%，这属于澄清过滤的范围，这类料液的黏度和颗粒大小对澄清有很大关系。

大多数发酵液属于 C 类和 D 类，部分属于 B 类。

（2）生产规模 为了节约劳动力，对于大规模生产，采用连续式较有利；对于小规模生产则一般采用间歇式。对于中试，为了提供进行大生产的数据需要采用连续式操作进行试验。

（3）操作条件 处理有挥发性、爆炸性或有毒的物料，需采用全密闭式过滤机（如气密式连续过滤机或间歇式过滤机）。此外，如在过滤时需保持一定的蒸汽压或较高的温度，则不能采用真空过滤而只能采用加压过滤。也就是说，操作条件限制过滤机的选型。

（4）操作要求 滤饼的含水率、滤出液的澄清度和洗滤要求以及滤饼的排出方法（如可以用水冲出或者在干的状态下排出）等都在一定程度上会影响过滤机的选型。

（5）材料 对具有腐蚀性的料液，要求采用合适而价格又较低的材料。通常真空过滤机的耐腐蚀问题比加压过滤机更难处理，且加工制造复杂；另外考虑材料的毒性及对生物物质的影响，在食品及医药工业中可以考虑用聚丙烯或聚酯作为设备材料。

2.4.3 过滤介质

过滤介质的种类很多，主要有以下几种。

（1）无定形颗粒 无烟煤、砂、颗粒活性炭、铁矿砂等，都可充填于过滤器内作澄清过滤用。

（2）成型颗粒 烧结金属、烧结塑料以及用合成树脂黏结的硅砂、塑料颗粒等，做成圆筒形或板状用于澄清过滤。

（3）非金属织布 棉、化学纤维（维尼龙、尼龙等）、玻璃纤维织品，长纤维滤布与短纤维滤布的比较见表 2-7。

（4）金属织布 不锈钢丝及铁丝等织布，主要用于预涂助滤剂的场合。

（5）无纺品 纸、毡、石棉板以及合成纤维无纺布等，大多用于精密过滤。

表 2-7 长纤维滤布与短纤维滤布的比较

长纤维滤布	一般来说，长滤布有弹性；织物表面平滑，堵塞少；过滤过程中，滤布阻力增加少，滤块剥离容易，但在过滤初期会出现一些细粒子的渗漏现象，可将织物切口的毛头加热熔融来防止纤维混入滤块中
短纤维滤布	由于堵塞现象，很快就不能再用，而且有纤维混进滤块中的可能，但过滤初期就可获得澄清滤液。适用于要获得澄清度高的滤液，缺点是滤块剥离困难，洗涤次数增多

滤饼过滤采用非金属织布材料时，要求其强度高、耐用、价格低，且在特定的操作条件下要稳定，如耐温、耐腐蚀等。滤布在过滤液中的耐温、耐腐蚀情况需经长时间的浸渍试验，并测定其强度变化。因为过滤时要确保过滤介质中的有效通路，试验滤布时要试验它被所过滤颗粒堵塞的情况并求出它的阻力系数，以此决定它的清洗条件，对于连续过滤的操作更应特别注意。此外，还需试验滤饼从滤布上的分离容易程度及清洗效果如何等。一般而言，如有细微颗粒进入滤布的毛细孔中就难以清洗掉，过滤阻力也将增加。不同滤布的性能见表 2-8。

表 2-8 不同滤布的性能

项目	棉滤布	羊毛布与麻滤布	玻璃纤维	绸布	合成纤维	毛毡、无纺布	金属网	滤纸与纸浆	多孔性过滤体
平织	用于压滤器或比较粗粒的过滤操作。机械强度最大，除渣操作容易。但由于织纹太密，细微粒子会堵塞细孔，使过滤阻力急增	羊毛布比棉滤布耐酸，适用于稀薄酸性液的过滤或高黏性液体的澄清过滤；对碱的耐腐蚀性差。此外滤材细孔的堵塞现象显著 麻滤布广泛用于压滤器的粗粒过滤方面	抗弯曲性能差。在物理强度和耐磨性不太重要的叶状过滤器中，用于强酸性液体和高温液体的过滤 混入石棉等纤维可提高抗弯曲强度。常在滤材中叠以有孔金属板或金属网使用	平织绸布可用于机械使用条件平稳的带式过滤器及冷氢氟酸的过滤等方面	一般来说，比天然纤维价格稍高。尼龙耐弱酸及碱，维尼龙耐酸、耐碱性都极佳，甚至能耐70%的硫酸 化学性质及抗细菌性能优良，应用广泛	近年来在制药、涂料、精油、食品、饮料、水泥、染料工业等方面开始采用羊毛毡及合成纤维毡。无纺布是由各种纤维用树脂、热溶剂及其他物料加工而成的，这种无纺布广泛用于黏胶丝、冷却油、植物油、饮料的过滤等化学工业中 适用于重力过滤器、板框压滤机、各种加压及真空过滤器等，但不适于大型滤叶过滤器，旋转圆筒形真空过滤器 正在继续开发的还有不锈钢、铜、玻璃等的各种纤维毡滤布	主要用于纸浆及粗结晶粒子的过滤，材质为铁、不锈钢、蒙乃尔合金、镍、钼、青铜、黄铜和铝等 平织做成400目左右 荷兰式（Dutch）织法金属网用在细粒结晶、纸浆过滤方面效果良好，但对软质无定形粒子的过滤容易引起堵塞 金属网与过滤助剂合用还可用于润滑油、汽油、高黏性液体的过滤	用于极细小粒子的捕集及稀薄泥浆的澄清过滤 因容易破损，故需在支承方面下功夫 滤纸也有耐强酸、强碱的	在航空发动机等的澄清过滤器中，常用不锈钢或黄铜等烧结金属制的多孔板或多孔圆筒 碳素或石墨制的多孔板或圆筒具有各种空隙率，可用于酸碱的过滤 氧化铝、二氧化硅，陶瓷、铝砂等的过滤体可用于所有酸类（氢氟酸除外）的过滤，但不能用于强碱性液体 多孔和微孔橡胶，对弱酸和碱的耐腐蚀性极佳。此外还有四氟乙烯等塑料制的多孔性过滤体
斜纹织	用于真空过滤等压力比较低的过滤。滤材阻力小，不易堵塞。但在过滤初期，细小粒子容易通过滤布。如增加织纹密度，捕集粒子的性能会提高，故也广泛应用于压滤机等操作中								
断裂斜纹织	在中压或低压过滤中，各方面性能都比平织性能优越，具有平织与斜纹织二者的特性 棉滤布使用温度以95℃以下为佳，不耐酸，也会受强碱、酸性盐、金属铵盐的侵蚀。一般来说，普通棉布对3%～8%的硫酸、5%左右的碱、酒精、油类是稳定的								

2.4.4 典型过滤设备的种类和结构

2.4.4.1 板框压滤机

板框压滤机是一种传统的过滤设备，至今仍在多个领域广泛应用，发酵工业中以抗生素工厂用得最多。与其他设备比较，板框压滤机结构简单、装配紧凑、过滤面积大，允许采用较大的操作压力（1.6MPa），辅助设备及动力消耗少，过滤和洗涤的质量好，能分离某些含固形物较少的、难以过滤的悬浮液或胶体悬浮液，对固形物含量高的悬液也适用，滤饼的含水率低，可洗涤，维修方便，可用不同材料以适应具有腐蚀性的物料。板框压滤机的缺点是设备笨重，间歇操作，装拆板框劳动强度大，占地面积大，辅助时间长，生产效率低。针对板框压滤机操作劳动强度大和辅助时间长的缺点，近年来研制的全自动板框压滤机使这种加压过滤设备获得了新的发展。

（1）板框压滤机的结构和操作　板框压滤机分为明流和暗流两种型式。滤出液直接从每块滤板的出口流出的为明流式；滤出液从固定端板的出口集中流出的为暗流式。发酵工厂中大多采用明流式，因为能直接观察每组板框的工作情况，例如，滤布有破损即可发现。但用于成品及无菌过滤时，则采用暗流式比较适宜，因其可减少料液与外界接触的机会从而防止污染。

板框压滤机的滤板和滤框通常为正方形，也有圆形的（大多用于小型设备）。圆形板框压滤机的优点是在过滤面积相等的情况下，密封周边最短，因而所需压紧力最小，但在同样过滤面积时，其外廓尺寸较大。

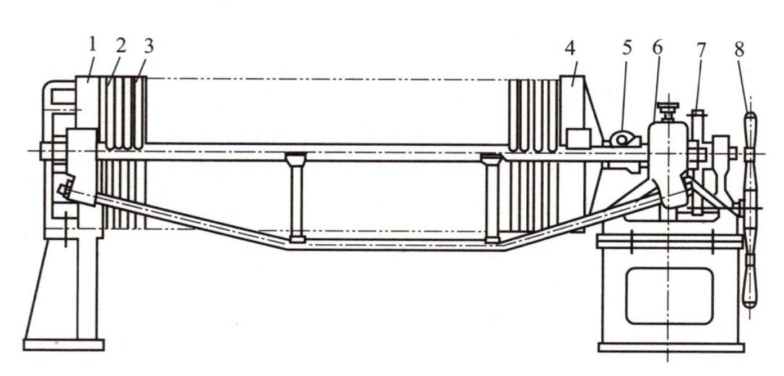

图 2-11　手动小型板框压滤机外形

1—固定端板；2—滤板；3—滤框；4—活动端板；5—活动接头；6—支承；7—传动齿轮；8—手轮

板框压滤机的板框数 10 ～ 60 块。如果过滤物料的量不多，可用一无孔道滤板插入其中，使后面滤板不起作用。手动小型板框压滤机的外形见图 2-11，滤板和滤框架在支梁上，其一端为固定端板，另一端为活动端板，可以让板框在支梁上移动。滤板与滤框之间隔有滤布，用压紧装置自活动端板向固定端板方向压紧。压紧装置有手动、电动和液压三种，大型板框压滤机均用液压装置。进料口和出料口均装在固定端板上。

滤板和滤框的工作情况见图 2-12，板与框的角上有孔，当板框重叠时即形成进料、进洗涤液或排料、排洗涤液的通道。操作时物料自滤框上角孔道流入滤框中，通过滤布沿板上的沟渠自下端小孔排出。框内形成滤饼，滤饼装满后，放松活动端板，移动板框将滤饼除去，洗净滤布和滤框，重新装合。多数情况下滤饼装满后还需洗涤，有时还需用压缩空气吹干。所以，板框压滤机的一个工作周期包括装合、过滤、洗涤（吹干）、去饼、洗净等过程。其中过滤和洗涤过程的情况见图 2-13。

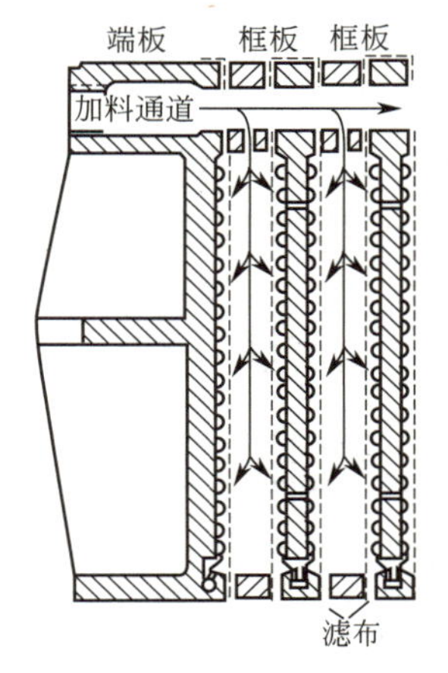

图 2-12 滤板与滤框的工作情况

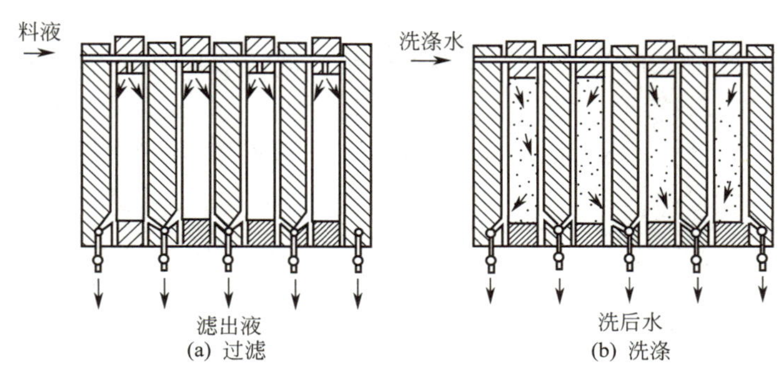

图 2-13 板框压滤机的过滤和洗涤过程

（2）板框压滤机的型号 国产板框压滤机有 BAS、BMS 和 BMY 等型号。型号意义为：B 表示板框压滤机，A 表示暗流式，M 表示明流式，S 表示手动压紧。型号后面的数字表示过滤面积（m^2）- 滤框尺寸（mm）/ 滤框厚度（mm）。例如，BAY40-635/25 是表示暗流式油压压紧板框压滤机，其过滤面积为 $40m^2$，框内尺寸为 635mm×635mm，滤框厚度为 25mm；滤框块 =40/(0.635×0.635×2)=50（块）；滤板为 50–1=49（块）；框内总容积 =0.635×0.635×0.025×50=0.5（m^3）。此过滤机的操作压力为 7.8×10^5Pa；油压缸工作压力为 2.9×10^6Pa。

2.4.4.2 叶片式过滤机

叶片式过滤机主要有垂直（立式）和水平（卧式）两种。图 2-14 是垂直叶片式硅藻土过滤机的透视图。它包括以下几个主要部分：在不锈钢圆柱形壳体顶端，是它的快开顶盖，在其底部是一根较粗的水平滤液汇集总管，在管的上面有与它相垂直排列的滤叶，每个滤叶的下部有一根滤液流出管，用活接头与汇集总管接通，这种过滤机常用于啤酒工业。

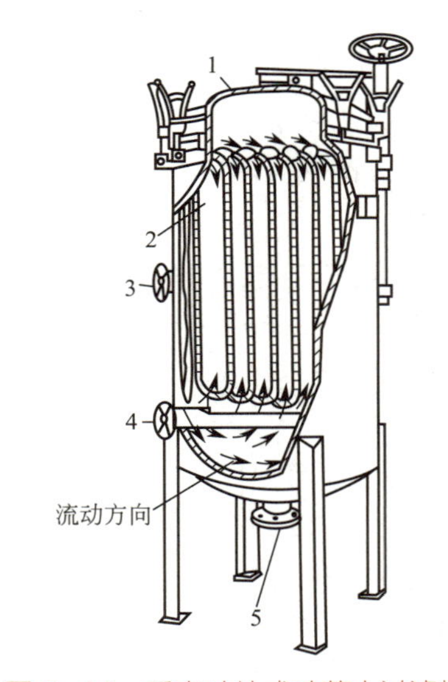

图 2-14 垂直叶片式硅藻土过滤机

1—快开顶盖；2—滤叶片；3—滤浆入口；4—滤液排出口；5—滤饼排出口

2.4.4.3 真空转鼓过滤机

真空转鼓过滤机在减压条件下工作，它的型式和变型很多，最典型和最常用的是外滤面多室式真空转鼓过滤机。下面即以此种型式的过滤机为例说明它的结构和工作原理。

（1）真空转鼓过滤机的结构和工作原理 真空转鼓过滤机的过滤面是一个以很低转速旋转（通常 1 ～ 2r/min）的、开有许多小孔或用筛板组成的圆筒（转鼓），面外覆有金属网及滤布，将此转鼓置于液槽中，转鼓内部抽真空，在滤布上即形成滤饼，滤液则经中间的管路和分配阀流出。

整个工作周期是在转鼓旋转一周内完成的，根据过滤要求，转鼓旋转一周可以分为四个区，其工作示意图见图 2-15。为了使各个工作区不互相干扰，用径向隔板将其分隔成若干过滤室（故称多室式），每个过滤室都有单独的通道与轴颈端面相连通，而分配阀则平装在此端面上。分配阀分成

Ⅰ～Ⅳ 4 个室，分别与真空和压缩空气管路相连。转鼓旋转时，每个过滤室相继与分配阀的各室相接通，这样就使过滤面形成 4 个工作区。

① 过滤区——浸没在料液槽中的区域　这个区内的过滤室与分配阀的Ⅰ室相接通（Ⅰ室连接真空管路），在真空下，料液槽中悬浮液的液相部分透过过滤层进入过滤室，经分配阀流出机外进入贮槽中，而悬浮液中的固相部分则被阻挡在滤布表面形成滤饼。

为了防止悬浮液中固相的沉降，料液槽中设有摇摆搅拌器，搅拌器有自己单独的传动装置。

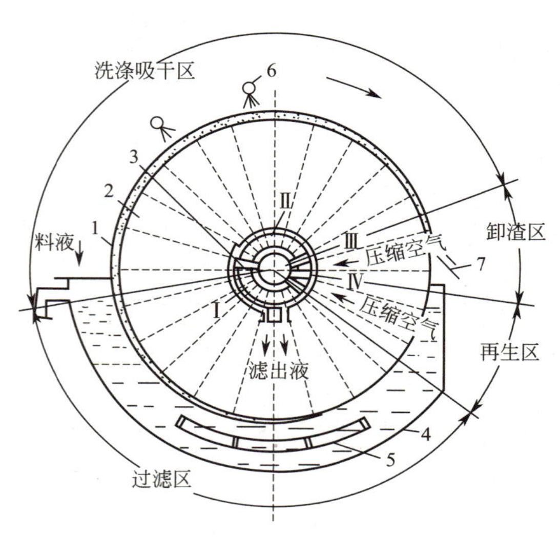

图 2-15　真空转鼓过滤机工作示意

1—转鼓；2—过滤室；3—分配阀；4—料液槽；5—摇摆式搅拌器；6—洗涤液喷嘴；7—刮刀

② 洗涤吸干区　在此区内用洗涤液将滤饼洗涤并吸干，以进一步降低滤饼中溶质的含量。有些特殊设计的转鼓过滤机上还设有绳索（或布）压紧滤饼（图 2-15）或用滚筒压紧的装置，用以压榨滤饼、降低液体含量并使滤饼厚薄均匀防止龟裂。洗涤液用喷嘴均匀喷洒在滤饼层上，以透过滤饼置换其中的滤液，再经过一段吸干段进行吸干。此区与分配阀的Ⅱ室相接通。Ⅱ室以不同于Ⅰ室的管路与真空系统相连接。

③ 卸渣区　这个区与分配阀的Ⅲ室相接通，在Ⅲ室中通入压缩空气，压缩空气促使滤饼与滤布分离，然后用刮刀将滤饼清除。

④ 再生区　为了除去堵塞在滤布孔隙中的细微颗粒，压缩空气通过分配阀的Ⅳ室进入再生区的滤室，吹落这些微粒使滤布再生。对发酵液的过滤大多采用预涂助滤剂或在用刮刀卸渣时保留一层滤饼预涂层，这种场合就不用再生区。

因为转鼓不断旋转，每个滤室相继通过各区即构成了连续操作的一个工作循环。

分配阀控制连续操作的各工序，分配室的紧密性与耐用性很重要，它直接影响过滤工作的好坏。

真空转鼓过滤机的工作流程见图 2-15，这是一种绳索压紧并将滤布引出转鼓进行卸料的过滤机。洗涤过程分两次，先用新鲜洗涤液（水）进行洗涤，排出的洗出液中含有少量滤液，然后将此排出液作为前一次的洗涤液进行洗涤，这样可以提高洗出液的浓度，洗涤水量也相应减少。

（2）真空转鼓过滤机的型号及型式

① 型号　国产真空转鼓过滤机的型号有 GP 及 GP-X 型，GP 型为外滤面刮刀卸料多室式真空转鼓过滤机，GP-X 型为外滤面绳索卸料真空转鼓过滤机。例如 GP2-1 型过滤机的代号是过滤面积为 $2m^2$，转鼓直径为 1m。目前过滤面积有 $1m^2$、$2m^2$、$5m^2$、$20m^2$ 等数种，转鼓直径有 1m、1.75m 及 2.6m 等数种。

② 真空转鼓过滤机的型式　除了常用的多室式外滤面真空转鼓过滤机外，还有其他多种型式，本书只简单介绍以下两种型式的过滤机。

a. 单室式　单室式真空转鼓过滤机的特点是转鼓中不分室，不用分配阀。各个工作区是这样形成的，将空心轴内部分隔成对应于各工作区的几个室，空心轴外部用隔板焊成与转鼓内壁接触的两个部分：一部分通真空，另一部分通压缩空气；空心轴固定不转动，而当转鼓旋转时与空心轴各室相连通，形成不同的工作区。

单室式真空转鼓过滤机由于不分室和不用分配阀，所以结构简单，机件少；但转鼓内壁要求精确加工，否则不易密合而引起真空泄漏。这种设备的真空度较低，适用于悬浮液中固含量不多的形成滤饼较薄的场合。

b. 内部给液式（或称内滤面式） 内部给液式真空转鼓过滤机的过滤面在转鼓的内侧，因而加料、洗涤、卸渣等均在转鼓内部进行。这种型式的设备结构紧凑、外部简洁，无需另设料液槽，可减轻设备自重，没有料液搅拌器，只需一套传动装置（传动转鼓的），对于易沉淀的悬浮液非常适用。缺点是工作情况不易观察，检修不便；由于它的卸料区需在顶部处，所以在整个转鼓内侧圆周上有很大一部分过滤面积不能利用（通常用于清洗滤布），使过滤面积相应减少。

2

习题

1. 应用转鼓真空过滤机处理枸橼酸发酵液，已知发酵液枸橼酸含量为86kg/m^3，过滤面积15m^2，转鼓转速0.75r/min，过滤压降0.08MPa，过滤介质阻力可忽略不计。滤饼是不可压缩的，其滤饼阻力参数为$\dfrac{\mu\alpha\rho_0}{2\Delta p}=8.5\times10^5$s/m^2。滤饼洗涤效率为60%，过滤结束时滞留于滤饼的滤液占7%，工艺要求通过洗涤把滞留于滤饼上的枸橼酸洗出90%。求处理量为2.5m^3/h时，过滤机回转一周的过滤时间和洗涤时间。
2. 有一双菌种混合发酵液含有某种酵母和某种细菌，其中酵母细胞平均直径为$d_1=5\times10^{-6}$m，细菌细胞平均直径为$d_2=0.6\times10^{-6}$m。经实验测定，单纯酵母细胞组成的滤饼比阻力$\mu\alpha_1\rho_1=1.5\times10^9$kg/(m^3·s)，而细菌滤饼比阻力$\mu\alpha_2\rho_2=2.3\times10^9$kg/(m^3·s)，酵母与细菌混合物的滤饼比阻力可用$\mu\alpha_0\rho_0=\left(\sum_{i=1}^{i}\phi_i\sqrt{\mu\alpha_i\rho_i}\right)^2$表示，式中，$\phi_i$为$i$类微生物细胞占全部细胞总量的百分比。已知发酵液中酵母细胞占70%，细菌细胞占30%，求：
   ① 使用一过滤面积为5m^{2}的过滤机，过滤压降为1.5×10^5Pa，则过滤1.0m^{3}这种发酵液需要多长的过滤时间？
   ② 若使用逐级过滤法，即先滤除酵母，然后再滤除细菌，那么总过滤时间是否会缩短？

3 离心与沉降

思维导图

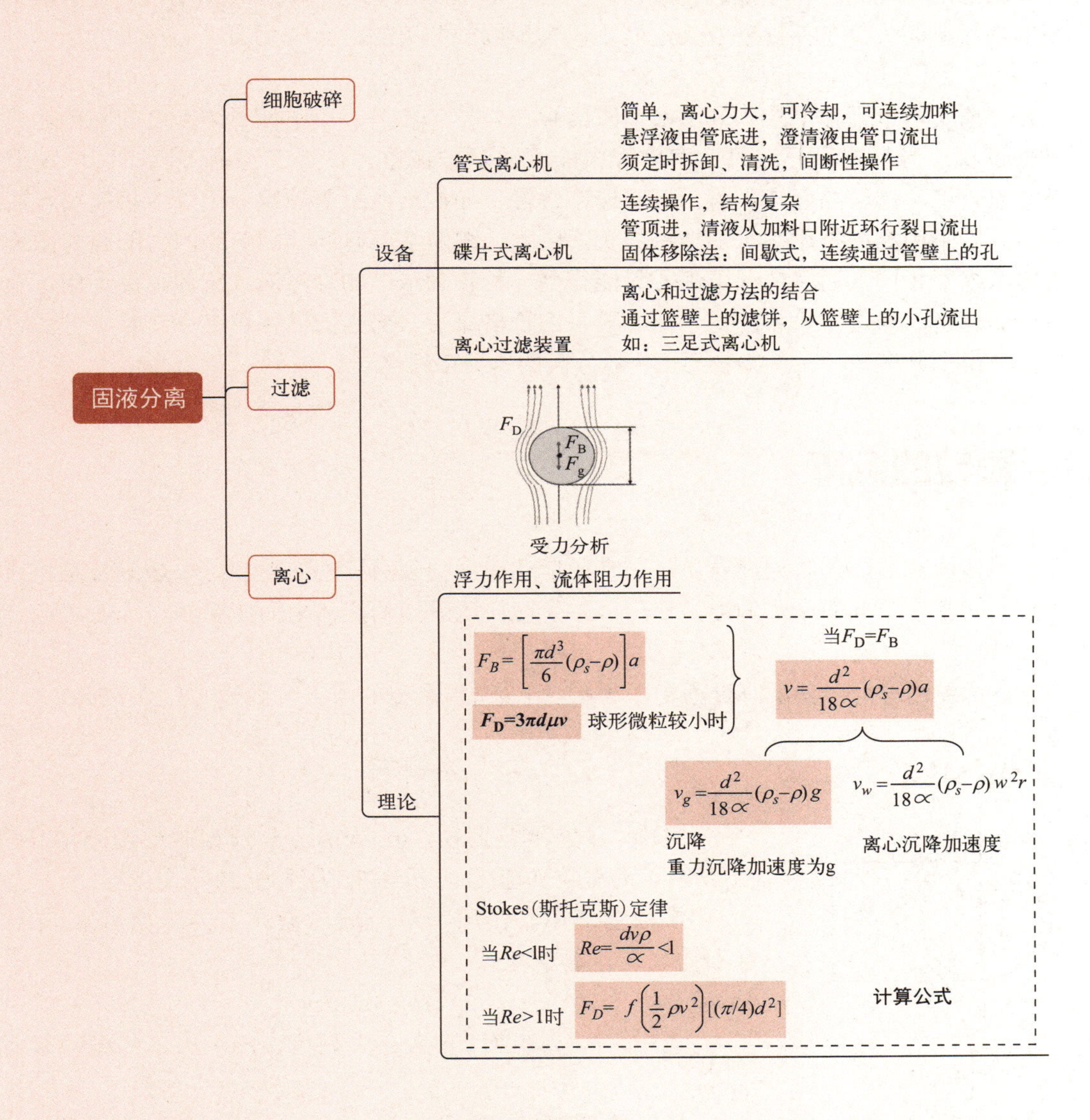

固液分离
细胞破碎
过滤
离心
设备
管式离心机
简单，离心力大，可冷却，可连续加料
悬浮液由管底进，澄清液由管口流出
须定时拆卸、清洗，间断性操作
碟片式离心机
连续操作，结构复杂
管顶进，清液从加料口附近环行裂口流出
固体移除法：间歇式，连续通过管壁上的孔
离心过滤装置
离心和过滤方法的结合
通过篮壁上的滤饼，从篮壁上的小孔流出
如：三足式离心机
受力分析
理论
浮力作用、流体阻力作用
$F_B=\left[\frac{\pi d^3}{6}(\rho_s-\rho)\right]a$
$F_D=3\pi d\mu v$ 球形微粒较小时
当$F_D=F_B$
$v=\frac{d^2}{18\propto}(\rho_s-\rho)a$
$v_g=\frac{d^2}{18\propto}(\rho_s-\rho)g$
沉降
重力沉降加速度为g
$v_w=\frac{d^2}{18\propto}(\rho_s-\rho)w^2r$
离心沉降加速度
Stokes(斯托克斯)定律
当$Re<1$时 $Re=\frac{dv\rho}{\propto}<1$
当$Re>1$时 $F_D=f\left(\frac{1}{2}\rho v^2\right)[(\pi/4)d^2]$
计算公式

学习目标

○ 掌握颗粒沉降的计算；
○ 了解各种分离沉降设备的种类、结构和原理，离心分离过程的放大方法；
○ 掌握典型沉降设备的相关计算。

生物分离的第一步往往是把不溶性的固体从发酵液中除去，这些不溶性固体的浓度和颗粒的大小变化范围很宽；浓度可高达每单位体积中含 60% 的不溶性固体，又可低至每单位体积中仅含 0.1% 的不溶性固体；粒径的变化可以从直径约为 1μm 的微生物到直径为 1mm 的不溶性物质。在进行固液分离时，有些反应体系可采用沉降或过滤的方式加以分离，有些则需要经过加热、凝聚、絮凝及添加助滤剂等辅助操作才能进行过滤。但对于那些固体颗粒小、溶液黏度大的发酵液和细胞培养液或生物材料的大分子抽提液及其过滤难以实现固液分离的，必须采用离心技术方能达到分离的目的。

离心分离是基于固体颗粒和周围液体密度存在差异，在离心场中使不同密度的固体颗粒加速沉降的分离过程。当静置悬浮液时，密度较大的固体颗粒在重力作用下逐渐下沉，这一过程称为沉降。当颗粒较细、溶液黏度较大时，沉降速率缓慢，如抗凝血酶需静置一天以上才能实现血细胞与血浆分离。若采用离心技术则可加速颗粒沉降过程，缩短沉降时间。因离心产生的固体浓缩物和过滤产生的浓缩不相同，通常情况下离心只能得到一种较为浓缩的悬浮液或浆体，而过滤可获得水分含量较低的滤饼。与过滤设备相比，离心设备的价格昂贵，但当固体颗粒细小而难以过滤时，离心操作往往显得十分有效，是生物物质固 - 液分离的重要手段之一。

3.1 颗粒的沉降

当一固体微粒通过无限连续介质时，它的运动速度受到两种力的影响：一是该微粒受到因微粒与流体介质间密度不同而产生的浮力作用，二是微粒所受到的流体阻力作用。当浮力与阻力达到平衡时，该微粒即以恒定的速度沉降。

假设该微粒为球形，其沉降过程见图 3-1，则该微粒所受的浮力可由式（3-1）表示

$$F_B=\left[\frac{\pi d^3}{6}(\rho_s-\rho)\right]a \tag{3-1}$$

式中，d 为微粒直径，m；ρ_s，ρ 分别为微粒及液体介质密度，kg/m^3；a 为微粒加速度，m/s^2；F_B 为浮力。

在稀溶液中，作用于单个球形微粒上的阻力 F_D，可用 Stokes（斯托克斯）定律表示

$$F_D=3\pi\mu d\rho v \tag{3-2}$$

式中，F_D 为阻力；μ 为介质黏度，Pa·s；v 为微粒运动速度，m/s。

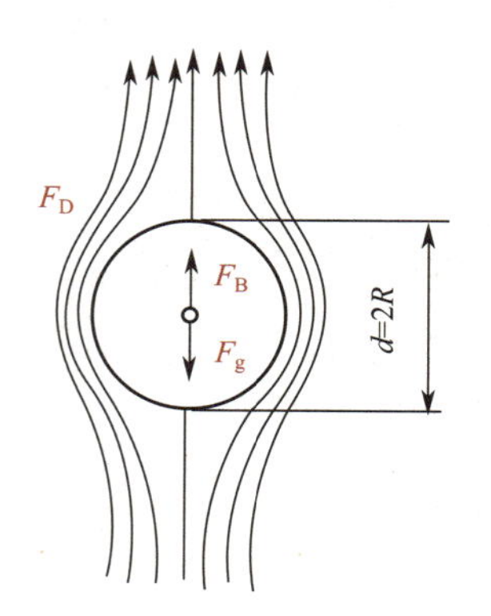

图 3-1 球形微粒沉降的受力情况

只有当球形微粒较小时式（3-2）方能成立，即

$$Re=\frac{dv\rho}{\mu}<1 \tag{3-3}$$

当 $Re>1$ 时，阻力表示为

$$F_D=f\left(\frac{1}{2}\rho v^2\right)\left(\frac{\pi d^2}{4}\right) \tag{3-4}$$

式中，f 是摩擦系数。

当球形粒子在介质中开始运动时速度较小，因此作用其上的阻力亦较小。当阻力与浮力平衡时，微粒加速度为零。联立式（3-1）与式（3-2）可得微粒运动速度方程（3-5）

$$v=\frac{d^2}{18\mu}(\rho_s-\rho)a \tag{3-5}$$

重力沉降过程中，微粒加速度即为重力加速度，则式（3-5）为

$$v_g=\frac{d^2}{18\mu}(\rho_s-\rho)g \tag{3-6}$$

式中，g 为重力加速度，m/s^2。

离心沉降时，方程（3-5）变为

$$v_w=\frac{d^2}{18\mu}(\rho_s-\rho)\omega^2 r \tag{3-7}$$

式中，ω 为转鼓回转角速度，r/s；r 为转鼓中心轴线与微粒间距离，m。

【例 3-1】 许多动物细胞都能在葡聚糖颗粒的载体上培养。这些细胞沉降颗粒或“微团”密度为 $1.02g/cm^3$，直径 150μm，一个 50L 的反应器用来培养细胞，使其生长出一种疫苗，当搅拌停止时，游离的微团下沉而与抗体分离，容器高度与直径之比为 1.5∶1，液体密度为 $1.00g/cm^3$，黏度为 1.1cP[1]，假设颗粒速度达到平衡速度，求沉降时间。

【解】 由式（3-6）可知平衡沉降速率 v_g 为

$$\begin{aligned} v_g&=\frac{d^2}{18\mu}(\rho_s-\rho)g \\ &=\frac{(150\times10^{-6})^2\times(1.02-1.00)\times1000\times9.81}{18\times1.1\times10^{-3}} \\ &=2.23\times10^{-4}(m/s) \end{aligned}$$

如果式（3-3）成立，则此结论成立，引入雷诺数进行如下验算

$$\begin{aligned} Re&=\frac{dv\rho}{\mu}=\frac{150\times10^{-6}\times2.23\times10^{-4}\times1000}{1.1\times10^{-3}} \\ &=0.03<1 \end{aligned}$$

符合式（3-6）。

液体高度可以搅拌器容积求得 $\frac{\pi}{4}D^2 l=V$

式中，l 为容器高度；D 为容器直径，两者用同一物理量单位表示。

---

[1] $1cP=10^{-3}Pa\cdot s$。

$$\frac{\pi}{4}\left(\frac{l}{1.5}\right)^2 l=50\times10^{-3},\ l=0.523\ (\mathrm{m})$$

微粒沉降时间是穿过整个容器高度所需时间，即

$$t=\frac{l}{v_g}=\frac{0.523}{2.23\times10^{-4}}=2345\ (\mathrm{s})=39.1\ (\mathrm{min})$$

微团完全沉降约需 40min。

【例 3-2】 在酵母细胞的离心回收实验中，离心机由一组垂直于旋转轴的圆筒组成，离心过程中液体表面到旋转轴的距离为 3cm，圆筒底部到旋转轴的距离为 10cm，假设酵母细胞为球形，直径为 8.0μm，密度为 1.05g/cm^3，液体的物理性质接近于纯水，转速为 1000r/min。求完全分离酵母细胞所需的时间。

【解】 由式（3-7）可知

$$\frac{\mathrm{d}r}{\mathrm{d}t}=v_w=\frac{d^2}{18\mu}(\rho_s-\rho)\omega^2 r$$

由题意可知，离心筒内液面附近的细胞沉降到管底所需分离时间最长，故方程的边界条件为：

$$\begin{cases} t=0 \\ r_0=3\mathrm{cm} \end{cases} \text{和} \begin{cases} t=t_1 \\ r_1=10\mathrm{cm} \end{cases}$$

在此边界条件下积分上述离心沉降方程，可得出酵母完全分离时间

$$t=\frac{18\mu\ln(r_1/r_0)}{d^2(\rho_s-\rho)\omega^2}=\frac{18\times10^{-3}\ln(10/3)}{(8.0\times10^{-6})^2\times(1.05-1.00)\times10^3\times\left(\frac{1000}{60}\times2\pi\right)^2}=618\ (\mathrm{s})$$

即分离大约需 11min。

3.2 重力沉降式固液分离设备

沉降法分离固液两相的设备，根据沉降力的不同分成两大类：重力沉降式、离心沉降式。本节讨论重力沉降式设备，其计算可根据式（3-1）、式（3-2）、式（3-4）、式（3-6）进行。

虽然重力沉降设备体积庞大、分离效率低，但具有设备简单、制造容易且运行成本、能耗均低等优点，在食品、发酵，特别是环境工程中得到广泛应用。

固液混合物料在进行重力沉降之前一般都要进行混凝、絮凝等预处理。

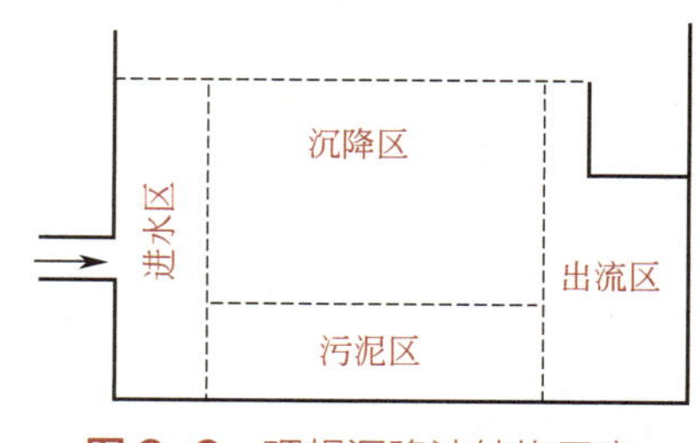

图 3-2 理想沉降池结构示意

传统的沉降设备主要有矩形水平流动池、圆形水平流动池、垂直流动式圆形池与方形池；新型的沉降设备为斜板与斜管式沉降池。

通常理想的沉降池结构分成 4 个区域，如图 3-2 所示。进水区可形成均匀的进料使其通过沉降区；出流区用作汇集流过堰口的出水；污泥区用于收集和贮藏固体；沉降区是进行重力沉降的主体部分。

3.2.1 矩形水平流动池

图 3-3 表示了四种不同结构的矩形水平流动池，(a) 结构有向下的导流板，可使流线均匀，出口有溢流堰，可避免二次环流的副作用；(b) 表示池底由若干贮料斗组成的结构；(c)、(d) 都是在水平流向入口处建有贮料斗，采用机械将沉淀刮向料斗的结构；(c) 是机械链条传动的刮板；(d) 用系有橡皮刮板的行车来回牵动。矩形池沉降特性较好，它的池壁可两池共用，节省费用。

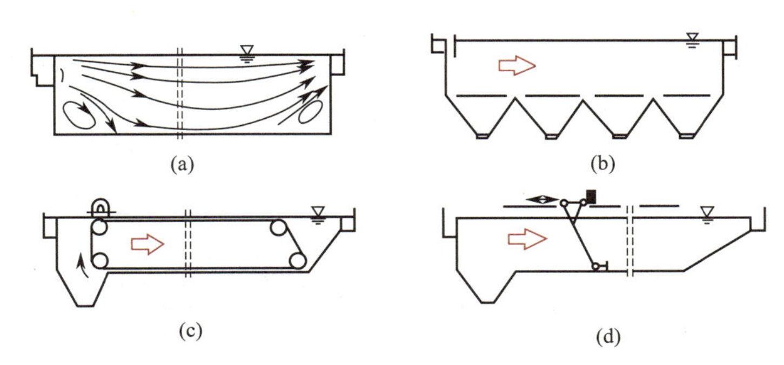

图 3-3 矩形水平流动池

3.2.2 圆形水平流动池

圆形水平流动池的截面是圆形，高径比小，但处理量较大，液体从中进入，向外筒壁流动，通过溢流堰排出，如图 3-4 所示。它的池底是一个略为倾斜的平面，采用旋转刮盘排渣，沉淀物在池底以螺旋式向排污口流动。图 3-4 (a) 为中心驱动式旋转刮盘；图 3-4 (b) 为筒周的行车带动刮盘。

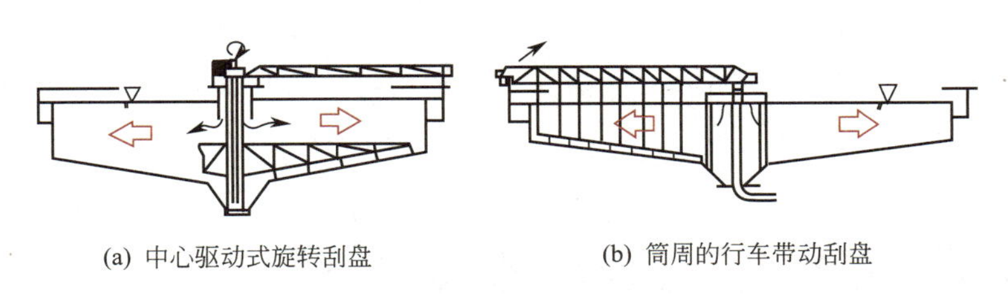

(a) 中心驱动式旋转刮盘
(b) 筒周的行车带动刮盘

图 3-4 圆形水平流动池

3.2.3 垂直流动式沉降池

该池型的高径比大，沉降截面 / 体积小，进料量小。池的上部装有若干溢流通道以保证流动均匀。图 3-5 表示了四种不同结构的沉降池，图 3-5 (a) 是一种圆柱形池，底部基本上是平的，由旋转的刮盘排渣；图 3-5(b) 也是圆柱形池，下部为圆锥体；图 3-5(c) 称为 Dortmund(多蒂芒德) 池，上部矩形，下部为四方锥底；图 3-5 (d) 是为邻接生物反应器所设的一种方形沉降池，有利于活性污泥或细胞团在生物反应器中停留。

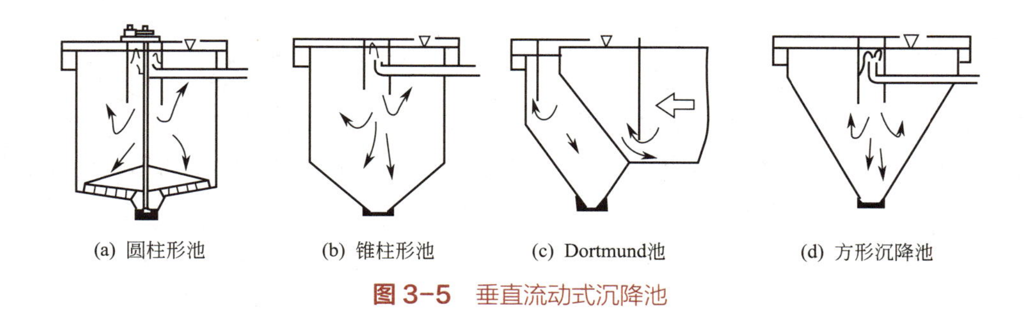

图 3-5　垂直流动式沉降池

3.2.4　斜板式沉降池

这是一种新型的沉降池，池中装有很多的斜板、斜管或波纹板，大大减少了沉降时间，增大了沉降截面，如图 3-6 所示。

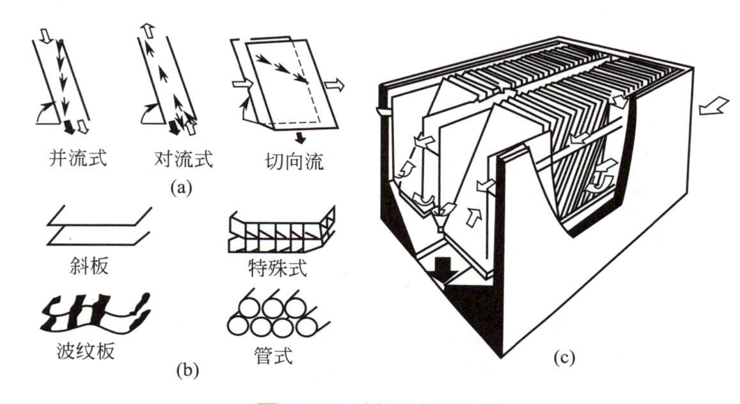

图 3-6　斜板式沉降池

根据液流与沉淀物流向的不同，斜板式沉降池可分为并流、对流、切向流三种方式，其中斜板对流式沉降池已得到成功的应用。所有的斜板式沉降池要注意斜板倾斜角度的设计，并避免沉降物的再悬浮问题。图 3-6（c）是在侧面低处进料，上部溢流，下部排渣，流动方式介于对流与切向流之间的沉降池。

3.3　离心式沉降分离设备及其原理

利用离心沉降力将悬浮液中固液相分离，其设备可分两大类：一类是离心沉降设备，另一类是离心过滤设备。本节讨论离心沉降设备。

离心沉降设备从操作方式上看，有间歇（分批）操作和连续操作之分；从型式上看有管式、套筒式、碟片式等；从出渣方式上看，有人工间歇出渣和自动出渣等方式。此外，旋液分离器也属于离心沉降设备。

最简单的沉降离心机是分批操作的管式或鼓式离心机，此种离心机的转筒或转鼓壁上没有开孔，既不需滤布，也没有连续的料液进口和滤液出口，料液是一次加入后进行离心沉降的，一定时间后，由于固体密度较大，在离心力作用下沉降于筒壁或鼓壁上，余下的即为澄清液体。当用离心分离装置进行液-液分离时，如分批离心沉降，则可用垫片盖住其进出口；如连续离心沉降时，可将垫片盖住重液出口，而让料液进口及轻液出口畅通无阻，以便连续进入料液，流出澄清滤液。当发现滤液不清时，应立即停车进行人工出渣。管式超速离心沉降机的结构和工作状况示意图见图 3-7。

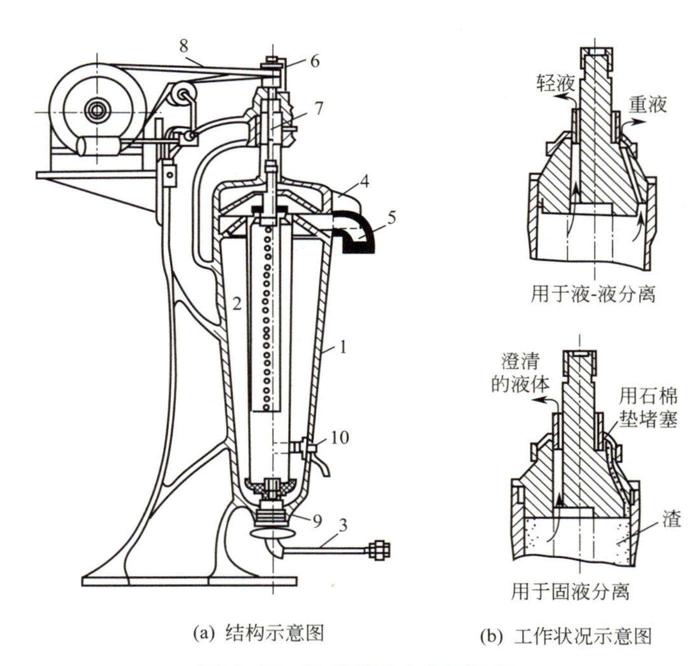

图 3-7 管式超速离心沉降机

1—机座；2—转筒；3—乳浊液进入管；4—轻液排出管；5—重液排出管；6—皮带轮；7—挠性轴；8—平皮带；9—支撑轴承；10—制动器

碟片式离心沉降机是应用最为广泛的离心沉降设备。它具有一密闭的转鼓，鼓中放置有数十个至上百个锥顶角为 60°～100° 的锥形碟片，碟片与碟片间的距离用附于碟片背面的、具有一定厚度的狭条来调节和控制，一般碟片间的距离为 0.5～2.5mm，当转鼓连同碟片以高速旋转时（一般为 4000～8000r/min），碟片间悬浮液中的固体颗粒因有较大的质量，先沉降于碟片的内腹面，并连续向鼓壁方向沉降，澄清的液体则被迫反方向移动，最终从转鼓颈部进液管周围的排液口排出。

碟片式离心机既能分离低浓度的悬浮液（固液分离），又能分离乳浊液（液-液分离或液-液-固分离）。两相分离和三相分离的碟片型式有所不同，固液分离或液-液两相分离所用的碟片为无孔式，它们的工作原理见图 3-8。液-液-固三相分离所用的碟片在一定位置带有孔，以此作为液体进入各碟片间的通道，孔处于轻液和重液两相界面的相应位置上，见图 3-8 右侧。

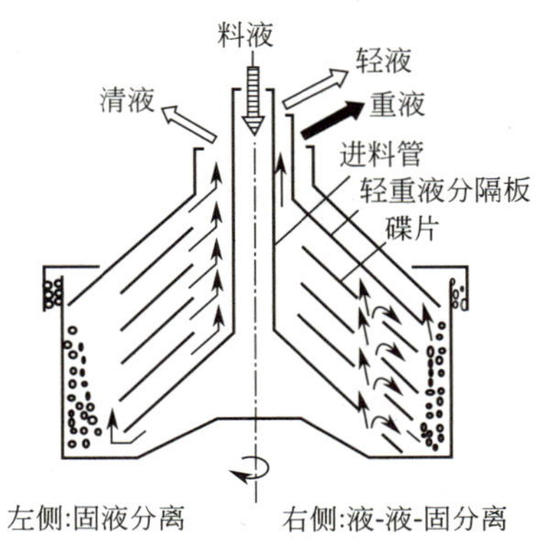

图 3-8 固液分离和液-液-固分离的工作原理

根据排出分离固体的方法不同，碟片式离心机可以分为两大类。

（1）喷嘴型碟片式离心机　喷嘴型碟片式离心机具有结构

简单、生产连续、产量大等特点。排出固体为浓缩液，为了减少损失，提高固体纯度，需要进行洗涤；喷嘴易磨损，需要经常调换；喷嘴易堵塞，能适应的最小颗粒约为 0.5μm，进料液中固体含量为 6% ～ 25% 最合适。

（2）自动分批排渣型碟片式离心机　这种离心机的进料和分离液的排出是连续的，而被分离的固相浓缩液则是间歇地从机内排出。离心机的转鼓由上下两部分组成，上转鼓不做上下运动，下转鼓通过液压的作用能上下运动。

操作时，转鼓内液体的压力进入上部水室，通过活塞和密封环使下转鼓向上顶紧。卸渣时，从外部注入高压液体至下部水室，将阀门打开，将上部水室中的液体排出；下转鼓向下移动，被打开至一定缝隙而卸渣。卸渣完毕后，又恢复到原来的工作状态。

这种离心机的分离因数为 5500 ～ 7500，能分离的最小颗粒为 0.5μm，料液中固体含量为 1% ～ 10%，大型离心机的生产能力可达 $60m^3/h$。排渣结构有开式和密闭式两种，根据需要也可不用自动而用手动操作。

这种离心机适用于从发酵液中回收菌体、抗生素及疫苗，也可应用于化工、医药、食品等工业。

3.3.1　管式离心机

管式离心机的分离原理可用图 3-9 进行分析。如图 3-9 所示，料液中微粒与旋转轴线距离为 x，与离心管底部的距离为 y，微粒随料液在泵送下，在管中由下而上运动，其速度为

$$v=\frac{\mathrm{d}y}{\mathrm{d}t}=\frac{Q}{\pi(R_0^2-R_1^2)} \tag{3-8}$$

式中，Q 为给料流速，m^3/s；R_0 为离心管半径，m；R_1 为液体界面与旋转轴线距离，m。

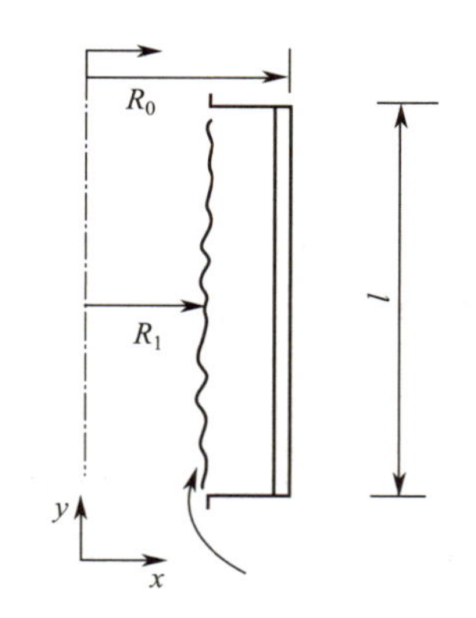

图 3-9　管式离心机分离原理

在实际操作中，管式离心机的转速高达 10^4 ～ 8×10^4r/min，所以重力作用可以忽略，转鼓内液体界面与旋转轴线的距离 R_1 几乎不随高度 y 的不同而改变。固体微粒在离心力的作用下，沿径向运动的速度为

$$\frac{\mathrm{d}x}{\mathrm{d}t}=\frac{d^2}{18\mu}(\rho_s-\rho)\omega^2 r \tag{3-9}$$

根据重力沉降速率 v_g 的计算式（3-6），可将式（3-9）写成

$$\frac{\mathrm{d}x}{\mathrm{d}t}=v_g\left(\frac{\omega^2 r}{g}\right) \tag{3-10}$$

结合式（3-8）、式（3-10），可得出微粒在离心机中的运动轨迹，即

$$\frac{\mathrm{d}x}{\mathrm{d}y}=\frac{\mathrm{d}x/\mathrm{d}t}{\mathrm{d}y/\mathrm{d}t}=v_g\left(\frac{\omega^2 r}{g}\right)\frac{\pi(R_0^2-R_1^2)}{Q} \tag{3-11}$$

由式（3-11）可见，当 v_g 较高时（微粒直径或其密度较大），微粒将很快到达管壁；而当泵入

流速 Q 增大时，悬浮固体微粒将向上走得更远方能到达管壁。显然，对于那些刚好能被分离沉降的微粒，若其进入转管时（即 y=0 时）处于 $x=R_1$ 的位置，则其随液流向上运动到转鼓顶部时（$y=l$），微粒刚好沉降运动到转鼓壁面而被截获分离，即此时 $x=R_o$。整理式（3-11），并用上述边界条件积分

$$\int_{R_1}^{R_0}\frac{\mathrm{d}x}{x}=\int_0^l\frac{\pi v_g\omega^2(R_0^2-R_1^2)}{gQl}\mathrm{d}y \tag{3-12}$$

积分式（3-12）后，整理得有效分离的适宜物料流量 Q 为

$$Q=\frac{\pi(R_0^2-R_1^2)lv_g\omega^2}{g\ln(R_0/R_1)} \tag{3-13}$$

由式（3-13）可以得出下述结论：对管式离心机，正常分离操作所允许的最大物料流速，即生产能力 Q，是反映微粒和料液特性的沉降速率 v_g 以及离心机特性参数 l、R_1、R_0 和 ω 的函数。而且，由于管式离心机的转速很高，分离因素很大，故 R_1 几乎等于 R_0。令 $R=\frac{(R_1+R_0)}{2}$，则式（3-13）中的 $\frac{(R_0^2-R_1^2)}{\ln(R_0/R_1)}$ 可以简化成

$$\frac{R_0^2-R_1^2}{\ln(R_0/R_1)}=\frac{(R_0+R_1)(R_0-R_1)}{\ln[1+(R_0-R_1)/R_1]}=\frac{(R_0+R_1)(R_0-R_1)}{(R_0-R_1)/R_1+\cdots} \tag{3-14}$$

$$=R_1(R_0+R_1)=2R^2$$

将式（3-14）代入式（3-13），得

$$Q=v_g\left(\frac{2\pi lR^2\omega^2}{g}\right)=v_g\Sigma \quad \Sigma=\frac{2\pi lR^2\omega^2}{g} \tag{3-15}$$

由此可见，管式离心机生产能力取决于两方面：一是待分离固体微粒及物料性质（由 v_g 反映）；二是 Σ 所代表的特定离心机的分离特性。

3.3.2 碟片式离心机

与管式离心机相比，碟片式离心机的形状复杂得多，其分离原理如图 3-10 所示。设和碟片母线平行的方向为 x 方向，与碟片母线垂直的方向为 y 方向。设一固体微粒位于 A（x，y）点，如图 3-10 所示，即 x 为沿碟片间隙方向与碟片外沿的距离，y 为粒子与最下面碟片外缘的距离，且碟片外缘与内缘的半径分别为 R_0 和 R_1。下面分析微粒的运动过程。

（1）微粒沿 x 方向的运动　固体微粒在碟片间隙中，沿 x 方向与 y 方向运动，在泵送的对流和离心沉降联合作用下，微粒沿 x 方向的速度为

$$\frac{\mathrm{d}x}{\mathrm{d}t}=v_0-v_c\sin\theta \tag{3-16}$$

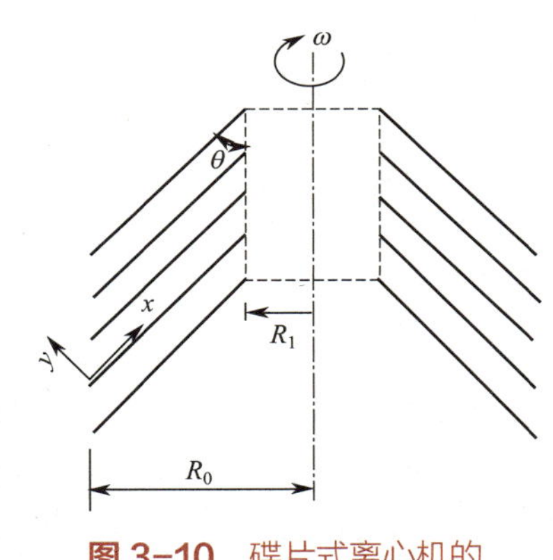

图 3-10　碟片式离心机的分离原理示意

式中，v_0 为泵送作用下的液体流速，m/s；v_c 为粒子在离心力作用下的运动速度，m/s。

微粒随液体的对流速度 v_0 具有重要特点：首先，在多数场合下，v_0 随 r 的变化而改变，即 r 减小时，v_0 增大，因碟片间的环隙通道截面积是随 r 减小而缩小的。此外，v_0 还是微粒位置的 y 坐标的函数，即在碟片表面，$v_0=0$。所以，v_0 可用式（3-17）表示

$$v_0=\left(\frac{Q}{2\pi rln}\right)f(y) \tag{3-17}$$

式中，Q 为离心机泵送液体的流量，m^3/s；n 为碟片间隙数；r 为微粒与转鼓轴线的距离，m；l 为相邻碟片间隙宽度，即两碟片表面距离，m；$f(y)$ 为碟片间流速变化的函数。

由式（3-17）可见，$\dfrac{Q}{2\pi rln}$代表液体流经碟片间隙时的平均速度，其中 v_0 和 r 是变量。根据质量守恒定律，液体在 y 方向上的 v_0 的平均值必然与其对流速度相等，即

$$\frac{1}{l}\int_0^l v_0\mathrm{d}y=\frac{Q}{2n\pi rl} \tag{3-18}$$

根据定义，函数 f（y）在碟片间隙 l 上的积分为

$$\frac{1}{l}\int_0^l f(y)\mathrm{d}y=1 \tag{3-19}$$

由式（3-16）和式（3-17），且当 $v_0 \gg v_c$ 时，得到

$$\frac{\mathrm{d}x}{\mathrm{d}t}=\frac{Q}{2n\pi rl}\cdot f(y) \tag{3-20}$$

（2）微粒沿 y 方向的运动速度　由图 3-10 可知，微粒沿 y 方向的运动速度分量为

$$\frac{\mathrm{d}y}{\mathrm{d}t}=v_c\cos\theta \tag{3-21}$$

假定液体与碟片以相同的角速度 ω 旋转，则把式（3-8）和式（3-9）代入式（3-21），可得

$$\frac{\mathrm{d}y}{\mathrm{d}t}=v_g\left(\frac{\omega^2 r}{g}\right)\cos\theta \tag{3-22}$$

又根据式（3-20）和式（3-22）可得

$$\frac{\mathrm{d}y}{\mathrm{d}x}=\frac{\mathrm{d}y/\mathrm{d}t}{\mathrm{d}x/\mathrm{d}t}=\left[\frac{2n\pi lv_g\omega^2}{gQf(y)}\right]r^2\cos\theta \tag{3-23}$$

由图 3-10 可知

$$r=R_0-x\sin\theta \tag{3-24}$$

把式（3-24）代入式（3-23），可得到微粒在离心机碟片间的运动轨迹

$$\frac{\mathrm{d}y}{\mathrm{d}x}=\left[\frac{2n\pi/v_g\omega^2}{gQf(y)}\right](R_0-x\sin\theta)^2\cos\theta \tag{3-25}$$

要达到固液分离的目的，则必须使固相微粒在相邻两碟片间运动时抵达上碟片底部。不难看出，相同的微粒若处于碟片外半径处，即 $x=0$，且在相邻两碟片的下碟片上，即 $y=0$ 处，处在这样位置的微粒是最难分离的。如果在其离开隙道前刚好抵达上碟片底部，即其坐标为 $x=(R_0-R_1)/\sin\theta$，$y=l$，则微粒在离心场作用下，将沿碟片底部运动到碟片的外缘，汇集到滤渣中。

根据上述的边界条件分析，由微分方程（3-25）可写出其定积分

$$\frac{gQ}{l}\int_0^l f(y)\mathrm{d}y=\int_0^{\frac{R_0-R_1}{\sin\theta}} 2n\pi v_g\omega^2(R-x\sin\theta)^2\cos\theta\mathrm{d}x \tag{3-26}$$

积分式（3-26）并整理得

$$Q=\left[\frac{2n\pi\omega^2}{3g}(R_0^3-R_1^3)\cot\theta\right]v_g \tag{3-27}$$

令$\Sigma=\dfrac{2n\pi\omega^2}{3g}(R_0^3-R_1^3)\cot\theta$，则式（3-27）变成

$$Q=v_g\Sigma \tag{3-28}$$

式（3-28）和式（3-15）是一致的，即碟片式离心机的生产能力Q与管式离心机有相似的表达式，离心机允许的最大料液流量即生产能力Q取决于参数v_g和Σ，其中，v_g是由悬浮固体微粒的特性决定的，与离心机性能无关；而Σ的量纲是长度的平方，反映了离心机的几何特性，与粒子性质无关，故称Σ为离心机的几何特性参数。

下面举例说明管式离心机与碟片式离心机的有关计算。

【例3-3】 用管式离心机从发酵液中分离大肠杆菌细胞，已知离心管（即转鼓）内径为0.127m，高0.73m。转速为16000r/min，生产能力Q=0.2m³/h。求：①细胞的离心沉降速率v_g；②若大肠杆菌细胞破碎后，微粒直径平均降低一倍，细胞浆液黏度升高3倍。试估算用上述离心机对破碎细胞液的处理能力。

【解】 ① 应用管式离心机生产能力计算式（3-15），可求出破碎前细胞的终端沉降速率

$$v_g=\frac{Qg}{2\pi lR^2\omega^2}=\frac{(0.2/3600)\times9.81}{2\pi\times0.73\times0.127^2\times(16000\times2\pi/60)^2}$$
$$=2.62\times10^{-9}\,(\mathrm{m/s})$$

② 细胞破碎后，反映悬浮微粒特性的终端沉降速率v_g改变了；但因用的是同一台离心机，故反映离心机特性的参数Σ不变，所以有

$$Q_2/Q_1=v_{g2}/v_{g1}$$

式中，下标1和2分别表示菌体细胞破碎前和破碎后。

而$v_g=\dfrac{d^2}{18\mu}(\rho_s-\rho)$，故细胞破碎后所得浆液离心分离处理量为

$$Q_{L2}=Q_{L1}\frac{v_{g2}}{v_{g1}}=Q_{L1}\left(\frac{d_{s2}}{d_{s1}}\right)^2\left(\frac{\mu_1}{\mu_2}\right)$$
$$=0.2\times\left(\frac{1}{2}\right)^2\times\left(\frac{1}{4}\right)=0.0125\,(\mathrm{m^3/h})$$

由计算结果可知，细胞破碎后，其离心分离生产能力大大下降，只有破碎前的1/16。

【例3-4】 用一开口水池培养绿藻，计划用一台碟片式离心机从培养液中分离收获绿藻细胞，经测定，绿藻细胞的终端沉降速率$v_g=1.84\times10^{-6}$m/s；已知离心机的碟片数为80，碟片倾角为θ=40°，外径R_0=0.157m，内径R_1=0.06m，转鼓额定转速6000r/min。求离心机对这种绿藻培养液的处理能力Q。

【解】 根据碟片离心机生产能力计算式（3-27），可求出处理能力为

$$Q = v_g\left[\frac{2n\pi\omega^2}{3g}(R_0^3 - R_1^3)\cot\theta\right]$$

$$=1.84\times10^{-6}\times\left[\frac{2\pi\times80\times(6000\div60)^2}{3\times9.81}(0.157^3-0.06^3)\cot40°\right]$$

$$=1.368\times10^{-3}\,(\mathrm{m^3/s})=4.925\,(\mathrm{m^3/h})$$

3.4 离心分离过程的放大

大规模离心分离操作的设计包括利用实验室小试数据对现有型号的离心机的生产能力进行估算预测。由于离心转鼓受到巨大的径向剪切力，所以转鼓的大小和转速受到现有材料强度的限制。

应该说，实验室小型离心操作试验与工业规模的离心过程是存在很大差异的，对此有两种估算方法：第一种方法是应用等效时间 t_e 的近似方法；第二种方法是应用离心机的几何特性参数 Σ，进行定量分析。

应用第一种方法，可对给定的分离方法，用离心力和离心时间的乘积去估计分离的难易程度，引入等效时间 t_e

$$t_e = \frac{\omega^2 R_0}{g}t \tag{3-29}$$

式中，R_0 为特征半径，通常用转鼓半径表示，m；t 为分离时间，s。

某些微生物细胞或微粒的典型 t_e 值如表 3-1 所示。

表 3-1 一些微粒的离心等效时间 t_e 值

微粒名称	等效时间 t_e/s	微粒名称	等效时间 t_e/s
真核细胞，叶绿体	3×10^5	细菌细胞，线粒体	18×10^6
真核细胞碎片，细胞核	2×10^6	细菌细胞碎片	54×10^6
蛋白质沉淀物	9×10^5	核糖体，多核蛋白体	11×10^8

t_e 值一经小试确定，就可选择具有相似的 t_e 值的大型离心机。但必须认识到，这种 t_e 值相等的放大方法仅仅是粗略的估算。另外，用于估算 t_e 值的小型离心机可一机多用，附加三种可变换的转鼓，即第一种转鼓是管式的，可用 10mL 带刻度的离心管，这便于 t_e 值的测定，因在一定转速下的离心力是易于计算的，从而可确定 t_e；第二种转鼓是用于乳浊液分离的碟片式；第三种则是带喷嘴排渣的碟片式转鼓，用于固液分离可连续操作。

离心机放大的第二种方法是应用参数 Σ，如前述的式（3-15）和式（3-28）。对于已有的离心机的选用，用参数 Σ 来计算是最有效的方法。但若要选择新型号的离心机，则最好的方法是测定 t_e 值，然后再估算。最关键的公式，即如下离心机几何特性参数 Σ 的计算式。

对管式离心机

$$\Sigma = \frac{2\pi l R^2\omega^2}{g} \tag{3-30}$$

对碟片式离心机

$$\Sigma=\frac{2n\pi\omega^{2}}{3g}(R_{0}^{3}-R_{1}^{3})\cot\theta \tag{3-31}$$

在离心机选型时，必须首选那些能满足参数 Σ 的要求，以适应分离过程所需的微粒终端沉降速率 v_g 和分离能力 Q。其中，v_g 值可用上面介绍的小型离心机通过实验确定。

必须指出，在离心机放大和选型时，在应用 t_e 值的测定和应用参数 Σ 进行估算时，还必须根据离心分离实践经验进行具体分析，即通过对处理料液，特别是悬浮微粒的特性进行实验测试，并根据各类离心机的操作分离性能，详细了解其使用特性，表 3-2 和表 3-3 分别为常用离心机的特性及选用和在生物分离中的应用举例。

表 3-2 常用离心机的特性及选用

机型 / 分离特性	管　式	碟片式		螺旋倾析离心机
		间歇排渣	连续（喷嘴式）	
适用分离过程	澄清、液 - 液分离、液 - 液 - 固分离	澄清、浓缩、液 - 液分离、固液分离	沉降浓缩、液 - 液分离、液 - 液 - 固分离	沉降浓缩、固液分离
料液含固量 /%	0.01 ～ 0.2	0.1 ～ 5	1 ～ 10	5 ～ 50
微粒直径 /×10^{-6}m	0.01 ～ 1	0.5 ～ 15	0.5 ～ 15	>2
排渣方式	间歇或连续	间歇排出	连续	连续
滤渣状况	团块状（间歇）	糊膏状	糊膏状	较干
分离因数	10^4 ～ 6×10^5	10^3 ～ 2×10^4	10^3 ～ 2×10^4	10^3 ～ 10^4
最大处理量 /（m^3/h）	10	200	300	200

表 3-3 微生物及生化物质的分离

发酵产物	微生物名称	微粒大小 /×10^{-6}m	离心分离相对流量 /%	适合的离心机类型
面包酵母	啤酒酵母	5 ～ 8	100	喷嘴碟片式
啤酒、果酒	啤酒酵母	5 ～ 8	60 ～ 80	喷嘴碟片式
单细胞蛋白	假丝酵母	3 ～ 7	50	喷嘴碟片式、螺旋式
枸橼酸	黑曲霉	3 ～ 10	30	螺旋式、间歇排渣式
抗生素	霉菌	3 ～ 10	20	螺旋式
抗生素	放线菌	3 ～ 20	7	间歇排渣式
酶	枯草杆菌	1 ～ 2	7	喷嘴碟片式、间歇排渣式
疫苗	梭菌	1 ～ 2	5	间歇排渣式

下面举例说明离心分离过程的放大。

【例 3-5】 应用酵母菌株发酵生产活性蛋白。小试是使用管式离心机分离发酵液，已测定发酵液含湿菌体量 7%（体积分数），离心机转速为 2000r/min，经 30min 分离可得到浓浆状的菌体，离心转鼓管径 0.15m，运转时中空液柱内径 0.05m。试为日产 10m^3 发酵液的中试工厂选择配套离心分离机。

【解】 要解决此离心机选型，可通过下述三步骤求解。

① 估算酵母细胞的沉降速率。

根据小试结果，由式（3-8）和式（3-9）得

$$v_c=\frac{\mathrm{d}r}{\mathrm{d}t}=v_g\left(\frac{\omega^2 r}{g}\right)$$

积分上式并整理得

$$v_g=\frac{g\ln（R_0/R_1）}{\omega^2 t}=\frac{9.81\times\ln（0.15/0.05）}{(2\pi\times2000\div60)^2\times30\times60}=1.36\times10^{-7}（\mathrm{m/s}）$$

根据题设要求及表 3-2 和表 3-3 可知，喷嘴碟片式离心分离机适合于本发酵液分离。

② 由碟片式离心机小试结果，可求出参数 Σ 的值。

$$\Sigma=\frac{2n\pi\omega^2}{3g}(R_0^3-R_1^3)\cot\theta$$

$$=\frac{2\times18\pi\times(8500\div60\times2\pi)^2}{3\times9.81}\times(0.047^3-0.021^3)\cot51°=233.1（\mathrm{m}^2）$$

由此求出该离心机对上述发酵液的最大处理量为

$$Q=\Sigma v_g=233.1\times1.36\times10^{-7}=3.17\times10^{-5}（\mathrm{m^3/s}）$$

③ 由①和②的结果，可计算出中试工厂日处理 $10\mathrm{m}^3$ 发酵液所需的离心机的参数 Σ。

$$\Sigma=\frac{Q}{v_g}=\frac{10\div24\div3600}{1.36\times10^{-7}}=851（\mathrm{m}^2）$$

由计算出的 Σ 与已知喷嘴碟片式分离机进行对照，就可初选出所需机型。

3.5　离心过滤分离过程分析及其设备

3.5.1　离心过滤分离过程分析

离心过滤就是应用离心力代替压力差作为过滤推动力的分离方法，也称为过滤式离心机。工业上常用篮式过滤离心机，其操作原理如图 3-11 所示，过滤离心机的转鼓为一多孔圆筒，圆筒转鼓内表面铺有滤布。操作时，被处理的料液由圆筒口连续进入筒内，在离心力的作用下，清液透过滤布及鼓壁小孔被收集排出，固体微粒则被截留于滤布表面形成滤饼。因为操作是在高速离心力的作用下进行的，所以料液在转鼓圆筒内壁面几乎分布成一中空圆柱面，其中，R_1 和 R_0 分别为中空柱状料液的内径和外径（即忽略介质厚度时的转鼓内径），对某一离心机在一定转速下这两个值基本是不变的；而 R_c 为滤饼内径，其值随过滤时间延长而增大。设滤饼是不可压缩的，过滤压降 Δp 与滤液流速 v 成正比，即

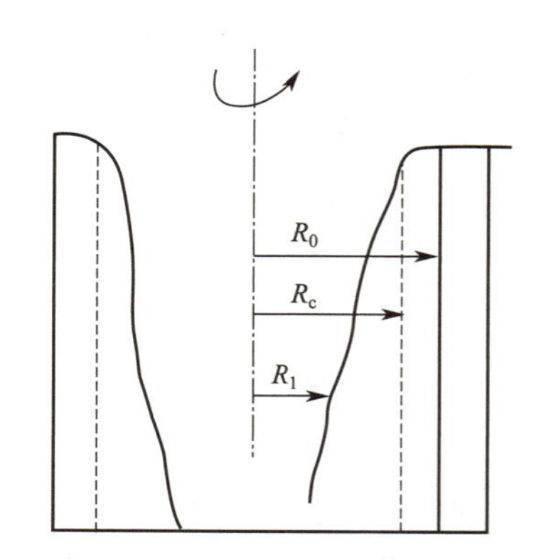

图 3-11　篮式过滤离心机分离原理

$$\Delta p/l=\mu\alpha\rho_0 v \tag{3-32}$$

式中，l 为滤饼厚度，m；μ 为料液黏度，Pa·s；α 为滤饼比阻力，m^{-2}；ρ_0 为单位体积料液所

含的滤渣量，kg/m³。

由于转鼓壁上的滤饼非平面状，而是中空圆柱面，其压降沿半径方向而改变，故式（3-32）应改写为微分式

$$-\mathrm{d}p/\mathrm{d}r=\mu\alpha\rho_0 v \tag{3-33}$$

而滤液流速 v 与过滤生产能力即流量 Q 的关系为

$$v=\frac{Q}{2\pi Rl} \tag{3-34}$$

结合式（3-33）和式（3-34）得

$$-\frac{\mathrm{d}p}{\mathrm{d}r}=\mu\alpha\rho_0\left(\frac{Q}{2\pi rl}\right) \tag{3-35}$$

沿滤饼层（即 $r=R_c$ 至 $r=R_0$）的过滤压降 Δp 可由式（3-35）积分求得

$$\Delta p=\frac{\mu\alpha\rho_0}{2\pi l}Q\ln(R_0/R_c) \tag{3-36}$$

而在离心力场作用下转鼓壁面上的料液层沿径向的压降为

$$\Delta p=\frac{1}{2}\rho\omega^2(R_0^2-R_1^2) \tag{3-37}$$

综合式（3-36）和式（3-37），可得出过滤离心分离能力为

$$Q=\frac{\pi l\omega^2\rho(R_0^2-R_1^2)}{\mu\alpha\rho_0\ln(R_0/R_c)} \tag{3-38}$$

因式（3-38）中的滤饼半径 R_c 是随分离时间而减少的，故分离能力 Q 是逐渐下降的。

下面求解过滤离心分离得到滤液体积 V 所经历的过滤时间 t，设 ρ_1 为滤饼密度，则有

$$Q=\frac{\mathrm{d}V}{\mathrm{d}t} \tag{3-39}$$

和

$$V=\frac{\pi\rho_1(R_0^2-R_c^2)l}{\rho_0} \tag{3-40}$$

把式（3-40）代入式（3-39），以 R_c 对 t 微分，再把式（3-38）的 Q 值代入后，积分并移项，整理得到所需分离时间为

$$t=\frac{\mu\alpha\rho_1R_c^2}{2\rho\omega^2(R_0^2-R_1^2)}\left[\left(\frac{R_0}{R_c}\right)^2-2\ln\left(\frac{R_0}{R_c}\right)-1\right] \tag{3-41}$$

对通常的加压过滤或真空抽滤，所需的操作时间为

$$t=\frac{\mu\alpha\rho_0}{2\Delta p}\left(\frac{V}{A}\right)^2 \tag{3-42}$$

根据质量衡算有

$$\frac{V}{A}=\frac{\rho_1}{\rho_0}\left(\frac{\rho_1}{\rho_0}\times\frac{V}{A}\right)=\left(\frac{\rho_1}{\rho_0}\right)(R_0-R_c) \tag{3-43}$$

把式（3-43）代回式（3-42），可得出近似离心式过滤机由开始操作至滤饼厚度为（R_0-R_c）时所需的过滤时间

$$t=\frac{\mu\alpha\rho_1^2}{2\rho_0\Delta p}(R_0-R_c)^2 \tag{3-44}$$

【例 3-6】 从一种发酵液中分离提取类固醇，类固醇晶体的浓度为 16kg/m³（发酵液），料液密度为 1000kg/m³。在过滤分离小试中，处理 0.25L 发酵液需 32min，实验装置的过滤面积为 8.3×10^{-4}m²，过滤压降为 10^5Pa，所得滤饼密度为 1090kg/m³，过滤介质阻力可忽略。扩大试验使用篮式过滤离心机处理发酵液，离心机转鼓内径 1.02m，高 0.45m，转速为 530r/min，在过滤运转时，测知转鼓内的液层和滤饼的厚度之和为 0.055m。求处理 1.6m³ 这种发酵液所需的分离时间。

【解】 ① 由小试结果求滤饼特性。

由式（3-42）可得

$$\mu\alpha=\frac{2\Delta pt}{\rho_0}\left(\frac{A}{V}\right)^2=\frac{2\times10^5\times32\times60}{16}\left(\frac{8.3\times10^{-4}}{2.5\times10^{-4}}\right)^2=2.65\times10^8\,(\text{s}^{-1})$$

② 求离心过滤分离 1.6m³ 发酵液的滤饼厚度 R_c。

根据质量守恒定律，悬浮液中固体含量应等于滤饼量，即

$$\rho_0 V=\pi(R_0^2-R_c^2)l\rho_1$$

故

$$R_c=\sqrt{R_0^2-\frac{x_0V}{\pi l x_1}}=\sqrt{0.51^2-\frac{16\times1.6}{\pi\times0.45\times1090}}=0.493\,(\text{m})$$

③ 计算离心过滤分离时间 t。

根据式（3-41）得

$$t=\frac{\mu\alpha\rho_1R_c^2}{2\rho\omega^2(R_0^2-R_c^2)}\left[\left(\frac{R_0}{R_c}\right)-2\ln\left(\frac{R_0}{R_c}\right)-1\right]$$

$$=\frac{2.65\times10^8\times1090\times0.493^2}{2\times1000\left(\frac{530}{60}\times2\pi\right)^2(0.51^2-0.455^2)}\times\left[\left(\frac{0.51}{0.493}\right)^2-2\ln\left(\frac{0.51}{0.493}\right)-1\right]=505\,(\text{s})$$

3.5.2 离心过滤设备

常用的离心过滤设备主要有三种，下面分别介绍。

（1）三足式离心机 三足式离心机是目前最常用的过滤离心机，立式有孔转鼓悬挂于三根支足上，所以习惯上称为三足式，其结构如图 3-12 所示。

三足式离心机的悬挂点比机体重心高，以保证机器的稳定性；压缩弹簧可以减轻垂直方向的振动；主轴很短，所以结构紧凑；机身高度小，便于从上方加料和卸料。

（2）卧式刮刀卸料离心机 卧式刮刀卸料离心机结构见图 3-13，与三足式离心机相比较，其实现自动化较为方便，各工序中间无需停机，使用效率较高，功率消耗较小，使用范围大。

卧式刮刀卸料离心机的转鼓直径为 240 ～ 2500mm；分离因数 250 ～ 3000，转速 450 ～ 3500r/min，适用于固相颗粒的范围为 5 ～ 10mm，固相含量范围为 5% ～ 60%。

（3）螺旋卸料离心机 螺旋卸料离心机结构如图 3-14 所示。

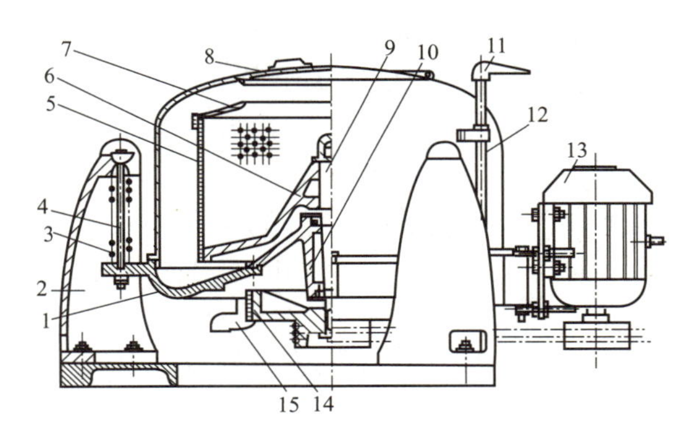

图 3-12 三足式离心机的结构

1—底盘；2—支足；3—缓冲弹簧；4—摆杆；5—转鼓壁；6—转鼓底；7—拦液板；8—机盖；9—主轴；10—轴承座；11—制动器手把；12—外壳；13—电动机；14—制动轮；15—滤液出口

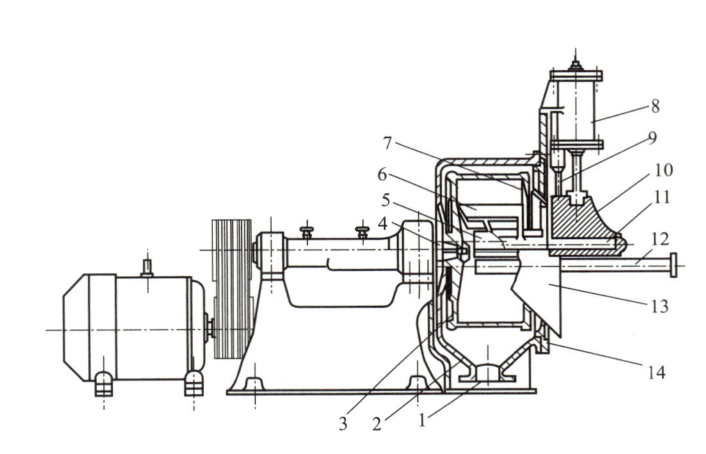

图 3-13 卧式刮刀卸料离心机的结构

1—滤液出口；2—外壳；3—转鼓；4—主轴；5—耙齿；6—刮刀；7—拦液板；8—油缸；9—导向柱；10—刀架；11—刀杆；12—进料管；13—卸料斗；14—前盖

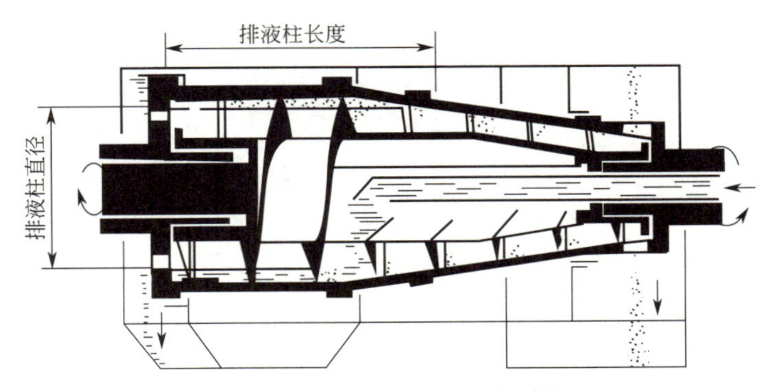

图 3-14 螺旋卸料离心机结构

除了卧式螺旋卸料离心机外，还有立式螺旋卸料离心机，后者用于需耐压的场合，并具有较高的分离因数。卧式的转鼓有圆柱形、圆锥形和圆柱 - 圆锥形三种。圆柱形用于液相澄清；圆锥形用于固相脱水；圆柱 - 圆锥形既能用于澄清，又能用于脱水，是一种最常用的型式。高速沉降式螺旋卸料离心机适用于黏性大、较难分离的物料（如活性污泥），其转速为 3000 ～ 6000r/min，分离因数 3000 ～ 46000。

螺旋卸料离心机的规格很多，WL 型螺旋卸料离心机有三种规格：200mm、300mm、450mm（即转鼓的直径），半锥角为 11°，转速为 2000 ～ 4000r/min，分离因数 1000 ～ 2400。

螺旋卸料离心机有以下特点。

① 对料液含量的适应范围大。低可用于 1% 以下的稀薄悬浮液，高可用于 50% 的浓悬浮液。在操作过程中浓度有变化时无需特殊调整。

② 对颗粒直径的适应范围大。

③ 进料液浓度变化时几乎不影响分离效率，能确保产品的均一性。

④ 占地面积小，处理量大。

⑤ 普通型耐压 9.8×10^4Pa，特殊的可耐压 98×10^4Pa（如立式）。螺旋卸料离心机可用于易燃、易爆、有毒需密闭操作的场合。

⑥ 对沉降性差的物料，可以使转鼓和螺旋的转速差降低，以提高分离效率。

⑦ 可与料液一起将凝聚剂加入机内，在机内与物料接触，以加快固体的沉降。

习题

1. 填空题

① 离心分离是基于固体颗粒和周围液体________存在差异。

② 当一固体微粒通过无限连续介质时，它的运动速度受两种力的影响，一是________作用，二是________。

③ 斜板式沉降池可分为______________三种方式。

④ 沉降法分离固液两相的设备，根据沉降力的不同可分为________和________两大类。

⑤ 离心设备从型式上可分为________、套筒式、________等型式。

⑥ 发酵液常用的固液分离方法有________和________。

⑦ 三足式离心机从________加料，从________卸料。

2. 选择题

① 管式离心机适合（　　）生产。

A 大规模连续　　B 小规模间歇　　C 小规模连续

② 下列离心设备可进行连续分离的是（　　）。

A 管式离心机　　B 碟片式离心机　　C 刮刀下卸料式离心机

③ 下列适合用三足式离心机分离的物料（　　）。

A 微生物细胞　　B 晶体　　C 黄原胶

3. 计算题

① 应用一管式离心机从发酵液分离回收面包酵母，当离心机转速为 5000r/min，进料流速为 $0.75m^2/h$

时，可回收50%的酵母菌体，求：a. 把酵母回收率提高到95%，使用上述离心机时的料液流速；b. 若离心机转速增至10000r/min，其他条件维持不变，求此时进料流速。

② 使用喷嘴碟片式离心机从培养液中增浓绿藻细胞，然后用管式高速离心机分离得浓浆。所用的管式离心机转鼓高1.2m，内径0.15m，回转分离操作时，液面至管壁距离为0.11m，回转速度6500r/min，料液密度$1.01g/cm^3$，黏度$1.03\times10^{-3}Pa\cdot s$，绿藻细胞视为球状，其直径不小于$1.0\times10^{-5}m$，细胞密度为$1.03kg/m^3$。若要回收全部绿藻细胞，则允许的料液最高流速应为多少？

③ 应用基因工程菌株生产乙肝疫苗。在产物提取过程中，须从发酵液离心分离出菌体。已知离心机转鼓直径是0.125m，转速12000r/min，发酵液的黏度是$2\times10^{-2}Pa\cdot s$，细胞浓度是$50kg/m^3$，若转鼓壁面滤饼的最大厚度为0.04m，菌体细胞直径$1\times10^{-6}m$，求：a. 上述分离条件下的生产能力；b. 若细胞破碎后离心，此时细胞碎片平均直径为$5\times10^{-7}m$，料液黏度升至$8\times10^{-3}Pa\cdot s$，其他条件保持不变，估算离心分离生产能力。

4 细胞破碎

彩图

细胞破碎是一项至关重要的技术，它可以揭示细胞内部的奥秘，促进了药物研发、基因工程、酶工程等多个领域的发展。想象一下，你站在一个微观世界的入口，眼前是无数个小巧精致的“生命小屋”——细胞。这些小屋里藏着生命的秘密，从遗传信息的密码本DNA，到驱动生命活动的蛋白质工厂，应有尽有。但问题是，这些小屋的门紧闭着，你该如何一窥其内部的奥秘呢？这时，一位名叫“细胞破碎师”的神奇角色出现了。他手持各种高科技工具，从超声波的“魔法棒”到高压均质化的“超级粉碎机”，还有化学试剂的“秘密钥匙”，每一种工具都拥有打开细胞小屋的独特技巧。如果对生命科学充满好奇，想要探索生命的奥秘，那么细胞破碎绝对是一个不容错过的领域。它不仅能让你领略到微观世界的神奇魅力，还能让你亲手解锁生命的宝藏，成为生命科学领域的探险家。快来一起踏上这场细胞破碎的冒险之旅吧！

思维导图

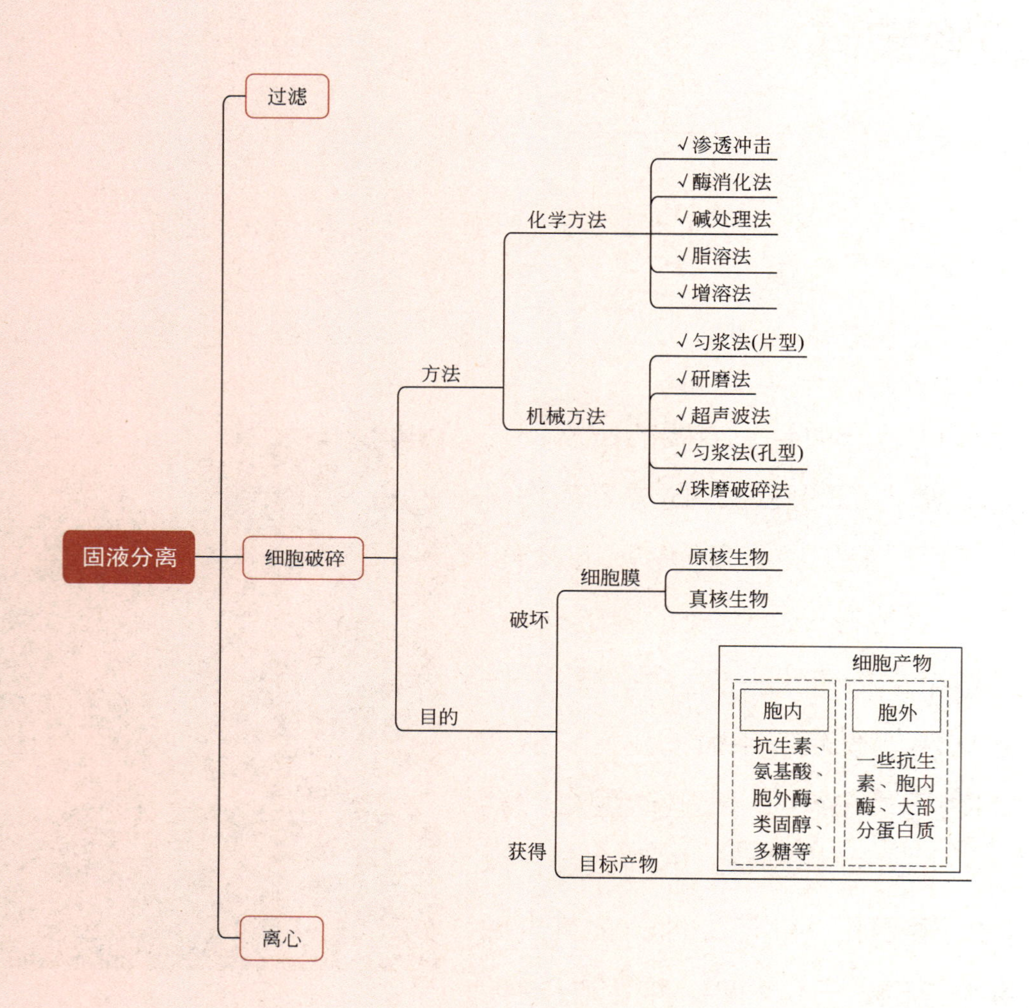
固液分离
过滤
细胞破碎
离心
方法
化学方法
√渗透冲击
√酶消化法
√碱处理法
√脂溶法
√增溶法
机械方法
√匀浆法(片型)
√研磨法
√超声波法
√匀浆法(孔型)
√珠磨破碎法
目的
破坏
细胞膜
原核生物
真核生物
获得
目标产物
细胞产物
胞内
抗生素、氨基酸、胞外酶、类固醇、多糖等
胞外
一些抗生素、胞内酶、大部分蛋白质

学习目标

- ○ 深入理解细胞的结构与功能，特别是细胞壁和细胞膜的组成及其在保护细胞内部环境中的作用；
- ○ 了解细胞破碎的基本原理，包括物理、化学和生物酶解等不同方法的作用机制；
- ○ 学会选择合适的细胞破碎方法，理解各种方法适用的细胞类型及实验条件。通过实践操作，掌握细胞破碎技术的关键步骤，如样品准备、破碎过程控制及后续处理，提高实验操作的准确性和效率；
- ○ 理解细胞破碎在基因工程、蛋白质提取、药物筛选、疾病模型构建等方面的具体应用，激发对生命科学领域的兴趣和探索精神。

一些微生物在代谢过程中将产物分泌到细胞之外的液相中（称胞外酶），例如细菌产生的碱性蛋白酶，霉菌产生的糖化酶等，提取过程只需直接采用过滤和离心进行固液分离，然后将获得澄清的滤液再进一步纯化即可。但是，还有很多生化物质位于细胞内部（称胞内酶），如青霉素酰化酶、碱性磷脂酶、延胡索酸酶、二氢嘧啶酶、天冬氨酸酶、乙醇脱氢酶等，必须在纯化以前先将细胞破碎，使细胞内产物释放到液相中，然后再进行提纯。

细胞破碎（即破坏细胞壁和细胞膜）使胞内产物获得最大限度的释放。通常细胞壁较坚韧，细胞膜强度较差，易受渗透压冲击而破碎，因此破碎的阻力来自于细胞壁。各种微生物的细胞壁的结构和组成不完全相同，主要取决于遗传和环境等因素，因此，细胞破碎的难易程度不同。另外，不同的生化物质，其稳定性亦存在很大差异，在破碎过程中应防止其变性或被细胞内存在的酶水解，因此选择适宜的破碎方法十分重要。细胞破碎的方法很多，表 4-1 列出了一些常用的细胞破碎方法。

表 4-1 常用的细胞破碎方法

方法	技术	原　理	效果	成本	举　例
化学法	渗透冲击法	渗透压破坏细胞壁	温和	便宜	血红细胞的破坏
	酶消化法	细胞壁被消化，使细胞破碎	温和	昂贵	
	增溶法	表面活性剂溶解细胞壁	温和	适中	胆盐作用于大肠杆菌
	脂溶法	有机溶剂溶解细胞壁并使之失稳	适中	便宜	甲苯破碎酵母细胞
	碱处理法	碱的皂化作用使细胞壁溶解	剧烈	便宜	
机械法	匀浆法（片型）	细胞被搅拌器劈碎	适中	适中	
	研磨法	细胞被研磨物磨碎	适中	便宜	动物组织及动物细胞
	超声波法	用超声波的空穴作用使细胞破碎	剧烈	昂贵	细胞悬浮液小规模处理
	匀浆法（孔型）	细胞通过小孔，使细胞受到剪切力而破坏	剧烈	适中	细胞悬浮液（除细胞）大规模处理
	珠磨破碎法	细胞被玻璃珠或铁珠捣碎	剧烈	便宜	细胞悬浮液和植物细胞的大规模处理

4.1　细胞壁

微生物的细胞壁比较坚韧。Wimpemng（温普格）指出如藤黄微球菌（*Micrococcus luteus*）或藤黄八叠球菌（*Sarcina lutea*）的内渗透压大约为2MPa，而耐受这一压力的细胞结构非常坚固。所以，必须首先了解细胞壁的结构。下面以无完整细胞核，遗传信息由片段DNA携带的原核生物——大肠杆菌为例进行讨论。

如图4-1所示，革兰氏阴性细胞的细胞壁有三层：外层膜大约8nm厚，由含有蛋白质和脂多糖的高聚物组成；中间层较薄，由肽聚糖组成，在中间层下面有一层空间，称作胞浆空间，也为8nm厚，酶常存于此间隙，革兰氏阳性菌没有外层膜，与革兰氏阴性菌相比，同样具有中间层肽聚糖层和胞浆空间；内层称为浆膜或内膜，结构如图4-2所示。革兰氏阳性菌和革兰氏阴性菌均有此层，它主要由磷脂组成，同时含有分散的蛋白质分子和金属离子，磷脂分子由疏水基团和亲水基团两部分组成，形成磷脂双分子层。这三层作用不同，外层及肽聚糖层使细胞具有一定的形状和机械强度。构成细胞壁的肽聚糖是一种难溶性的多聚物，由*N*-乙酰葡萄糖胺、*N*-乙酰胞壁酸和短肽聚合而成的多层网状结构。其中*N*-乙酰葡萄糖胺和*N*-乙酰胞壁酸经β-1,4-糖苷键连接，并交替重复地组成一条聚糖链。短肽一般是四肽或五肽的链，由不同的氨基酸组成，如四肽侧链的氨基酸顺序为L-丙氨酸-D-谷氨酸-L-赖氨酸-D-丙氨酸，也常有D-氨基酸和二氨基庚二酸存在。短肽首位的L-丙氨酸的氨基连接在*N*-乙酰胞壁酸乳酸残基的羧基上，相邻聚糖链上的短肽又交叉相连，构成了细胞壁的三维网状结构。短肽之间的交联方式和交联程度随细菌种类有相当大的区别。如革兰氏阴性菌（如大肠杆菌）由连接在聚糖链上的短肽直接交联，而革兰氏阳性菌（如金黄色葡萄球菌）则通过另一条由甘氨酸组成的五肽与聚糖链上的短肽相连，作为“肽桥”而进行交联。图4-3为细菌肽聚糖的结构示意图，图中的垂直圆点表示组成四肽的氨基酸基团，水平圆点表示交联的肽桥。虽然几乎所有的细菌都具有上述肽聚糖的网状结构，但是不同种细菌细胞壁结构有很大差别。革兰氏阳性菌细胞壁较厚，具有20～80nm的肽聚糖层，约占细胞壁干重的50%，而革兰氏阴性菌的肽聚糖层较薄，仅为2～3nm，占细胞壁干重的10%左右。

真核生物的细胞具有结构完整的细胞核，比原核细胞的结构更为复杂。以图4-4所示的真核细胞为例，这类细胞同样具有浆膜这一层，结构与原核细胞十分相似，只是真核细胞的浆膜中含有类固醇。此外，真核细胞还含有结构复杂的细胞器，如线粒体、内质网、高尔基体等。每一种细胞器都有其特定的作用，例如，线粒体与呼吸有关。虽然真核细胞的结构较为复杂，但可以采用与原核细胞相似的方法进行细胞破碎。

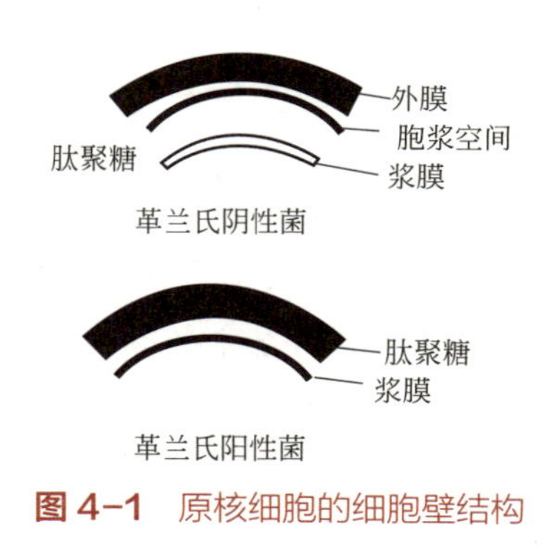

图4-1　原核细胞的细胞壁结构

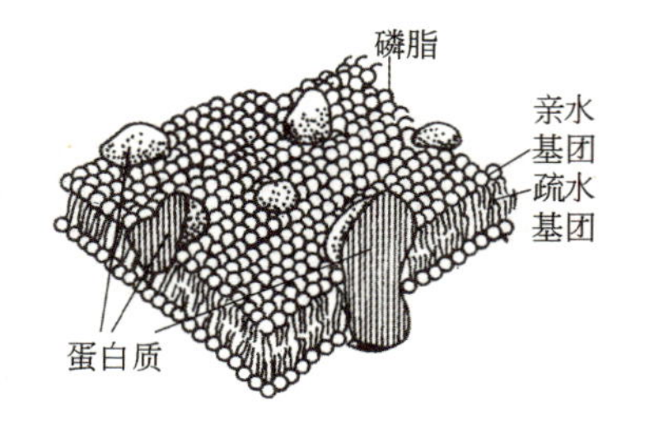

图4-2　浆膜结构

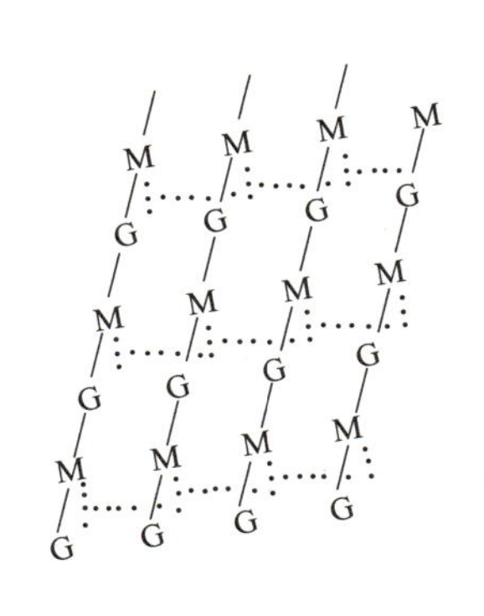

图 4-3 细菌肽聚糖结构示意

M 代表 *N*- 乙酰胞壁酸；G 代表 *N*- 乙酰葡萄糖胺

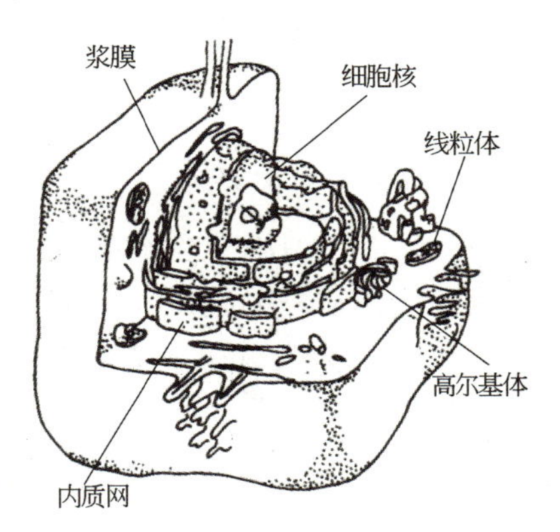

图 4-4 真核细胞结构

4.2 化学破碎法

表 4-1 所列的细胞破碎的化学方法主要是渗透冲击法、增溶法及脂溶法等。此外，酶消化法和碱处理法也是细胞破碎的有效方法。酶消化法条件温和，酶加到细胞悬浮液中能迅速与细胞壁反应使其破碎且选择性强，但酶价格昂贵，使得此法无法应用于大规模工业操作。碱处理法与酶消化法相比，较为剧烈且选择性差。高浓度的碱液易导致多种降解反应及蛋白质失活。因此尽管该法简单易行且价廉，但远不如渗透冲击法、增溶法、脂溶法实用。

4.2.1 渗透冲击法

三种主要细胞破碎化学方法中最简单的是渗透冲击法。此法是将一定体积的细胞液加入到 2 倍体积的水中。由于细胞中的溶质浓度高，水会不断渗进细胞内，致使细胞膨胀变大，最后导致细胞破裂。细胞破裂后释放到周围环境的胞内物可用后面章节介绍的方法进行分离。

渗透压的数值可能很大，可以用化学平衡的概念来估算，由于水的化学势μ_{H_2O}是常数，即

$$\mu_{H_2O(外)} = \mu_{H_2O(内)} \tag{4-1}$$

细胞外纯水的化学势包括标准化学势和压力修正项，与之平衡的细胞内的化学势包括三项，即标准化学势、压力修正项及浓度修正项。对于理想不可压缩溶液，这些修正项及式（4-1）可改写成

$$\mu^{\ominus}_{H_2O} + \bar{V}_{H_2O} p_{外} = \mu^{\ominus}_{H_2O} + \bar{V}_{H_2O} p_{内} + RT\ln(1 - x_1) \tag{4-2}$$

式中，$\mu^{\ominus}_{H_2O}$为标准化学势；$\bar{V}_{H_2O}$为水的偏摩尔体积；x_1 为细胞内所有溶质的总摩尔分数。

若胞内物为稀溶液，则其偏摩尔体积等于纯水的摩尔体积；且 x_1 很小时，$\ln(1-x_1)$ 可展开为级数并截项，由此可得

$$p_{out} - p_{in} = \frac{RT}{\bar{V}_{H_2O}} \ln(1 - x_1)$$

$$=\frac{RT}{\overline{V}_{H_2O}}\left(-x_1-\frac{x_1^2}{2}-\frac{x_1^3}{3}\cdots\right) \tag{4-3}$$

$$=-RTc_1+\cdots$$

式中，p_{out}，p_{in} 分别为细胞外和细胞内压强，Pa；R 为气体常数，8.314J/（mol·K）；T 为细胞液温度，K；c_1 为细胞内溶质浓度，mol/m^3。

关系式（4-3）称为 van't Hoff（范特霍夫）定律。

利用式（4-3）可估算渗透压大小，许多细胞内的溶质浓度大约为 0.3mol/L 溶质，则

$$p_{out}-p_{in}=-RTc_1=-8.314\times(273+25)\times0.3\times10^3$$

$$=-7.43\times10^5\text{Pa}$$

由此可见渗透压很大，正因如此才导致了细胞的破碎。对大规模动物细胞，特别是血液细胞快速改变介质中盐浓度引起渗透冲击使之破碎，是十分有效的。

4.2.2 增溶法

化学法破碎细胞的第二种重要方法是利用表面活性剂的增溶作用。最典型的是将体积为细胞体积 2 倍的某浓度的表面活性剂溶液加入到细胞中去，表面活性剂能将细胞壁破碎，制成的悬浮液可通过离心分离除去细胞碎片，然后再过吸附柱或萃取器分离制得产品。

这种方法之所以有效，原因在于表面活性剂的化学性质，而其化学性质又是由图 4-5 所示的化学结构决定的。

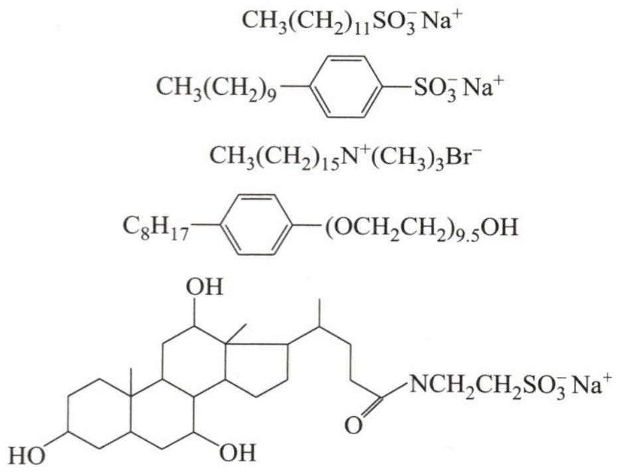

$CH_3(CH_2)_{11}SO_3^-Na^+$

$CH_3(CH_2)_9-C_6H_4-SO_3^-Na^+$

$CH_3(CH_2)_{15}N^+(CH_3)_3Br^-$

$C_8H_{17}-C_6H_4-(OCH_2CH_2)_{9.5}OH$

OH, HO, OH, $NCH_2CH_2SO_3^-Na^+$, O

图 4-5 表面活性剂的化学结构

图 4-5 中的结构都含有一个亲水基和一个疏水基，前者通常是离子，后者通常是烃基。因此，表面活性剂是两性的，既能和水作用，又能和脂作用。

无论表面活性剂是阳离子型、阴离子型还是非离子型，总之表面活性剂都是两性的。SDS（十二烷基硫酸钠）是典型的阴离子型表面活性剂，可用于细胞破碎，此外阴离子型表面活性剂还包括肥皂（脂肪酸盐）。由于肥皂的增溶作用依赖于羧酸基团，因此只有在较高的 pH 羧酸基团解离情况下，肥皂才是有效的表面活性剂。在硬水中，Ca^{2+} 与羧酸基团形成不可溶沉淀，使肥皂失去增溶作用。将羧酸基团变成磺酸基团可克服传统型肥皂的缺点。

阳离子型表面活性剂的增溶作用主要是烷基铵盐。图 4-5 中的十六烷基三甲基溴化铵是很典型的例子，它有一个长烷烃链（十六烷基）和三个甲基，并全部连在一个带正电的氮原子上，负离子往往是卤素，市场中常作为洗发剂出售。

非离子型表面活性剂，如烷基苯酮醇，它可产生一种水溶性高聚物。这类表面活性剂常用作盘碟的清洁剂，其分子也有疏水基和亲水基，但目前，这类表面活性剂的亲水基不是硫酸盐也不是四烃基铵盐而是醇。这类表面活性剂起作用的关键在于它们能溶解细胞壁中的脂类，从而破碎细胞。

牛磺胆酸钠是胆汁的成分之一，是人体的去污剂，其生理机能是溶解肠中的脂肪。它也是表面活性剂，其增溶作用有助于细胞破碎。

实践表明，胆盐和上述表面活性剂相同，均具有增溶作用，可使细胞破碎。如胆甾醇在纯水中

的浓度仅为 $2\times10^{-6}kg/m^3$，但若加入胆盐增溶后，可使胆甾醇的溶解度增至 $40kg/m^3$，由于胆盐的作用可使胆甾醇的溶解度增加百万倍以上，故能使含胆甾醇的细胞壁破碎。

上述的表面活性剂均须达到一定浓度后才具有破碎细胞的作用。同时，细胞破碎后，在其后的产物提取精制过程中，还需设法分离除去这些表面活性剂，以确保生物制品的纯度和质量要求。

4.2.3 脂溶法

脂溶法也是一种很有应用价值的细胞破碎方法，其操作很简单，例如，在细胞悬浮液中加入10%体积的甲苯，细胞壁脂质层吸收后导致细胞壁膨胀，最后裂开，这时细胞质就释放到周围培养基中。

除了甲苯，其他芳香族化合物效果也很好，如氯苯、异丙苯、二甲苯等。但苯是致癌物，除甲苯外，其他化合物挥发性都很高。癸烷可以用来破碎细胞，但不常用，高醇类的辛醇应用较广。

要选择适当的溶剂，可以从手册上查看其溶解度参数，这些参数反映了混合状态下的溶剂与脂质的相互作用。事实上，各种溶剂有相似的溶解度参数，这样就与其细胞之间的相互作用方式相似。所以，要选择理想的溶剂就应选和细胞壁脂溶解度相配，而与细胞质相差较大的。

4.3 机械破碎法

用机械方法破碎各种细胞的相对难易程度（敏感度）如表4-2所示。动物细胞因为只有一层膜包围原生质，所以容易破碎。虽然微生物细胞表现出某些异常性状，但其对破碎的敏感度是很相似的。

表4-2 细胞对破碎的敏感度

微生物细胞	声 波	搅 拌	液体压榨	冻结压榨
动物细胞	7	7	7	7
革兰氏阴性杆菌及球菌	6	5	6	6
革兰氏阳性杆菌	5		5	4
酵母	3.5	3	4	2.5
革兰氏阳性球菌	3.5		3	2.5
孢子	2		2	1
菌丝	1	6		5

注：表中数字为相对敏感度。

表4-1中的机械破碎法可分为匀浆法、研磨法、超声波法及珠磨破碎法等，其中匀浆法和珠磨破碎法适用于大规模生产，常用于食品和生物化工领域。

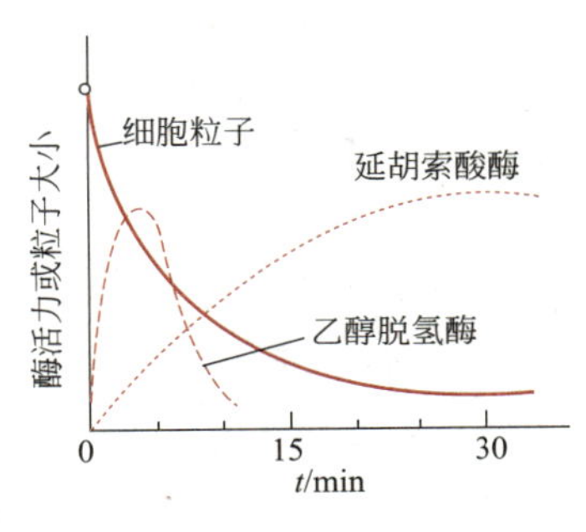

图4-6 匀浆破碎细胞过程

图4-6阐述了匀浆破碎细胞的过程。由图4-6可见，经匀浆破碎处理半小时，细胞粒子表观大小便达到某一低值且基本保持不变；与此同时，延胡索酸酶活力却与此相反，随破碎时间增加而上升。但是，乙醇脱氢酶的活力却大起大落，由起始的零值升至5min时的最高值，然后又随匀浆时间延长而急速下降。其原因是乙醇脱氢酶存在于细胞壁附近，很快就游离出来，但又易受匀浆剪切力作用而变性。很明显，

若目的产物是延胡索酸酶，则匀浆破碎时间宜取 30min。

细胞的匀浆破碎过程可用下述一级反应方程式来描述：

$$c_t/c_m=1-e^{-t/\tau} \tag{4-4}$$

式中，c_t 为细胞破碎 t 时间后的产物浓度，mol/L；c_m 为破碎过程可达的最高产物浓度，mol/L；τ 为细胞破碎的时间常数，随剪切强度和压力而改变，min。

细胞悬液的破碎常借助乳品生产的匀浆机并加以适当改进，其作用原理如图 4-7 所示。当细胞通过匀浆阀时，受机械压力和剪切力作用而被破碎。此匀浆阀是匀浆机的主要部件，典型匀浆机结构如图 4-8 所示。

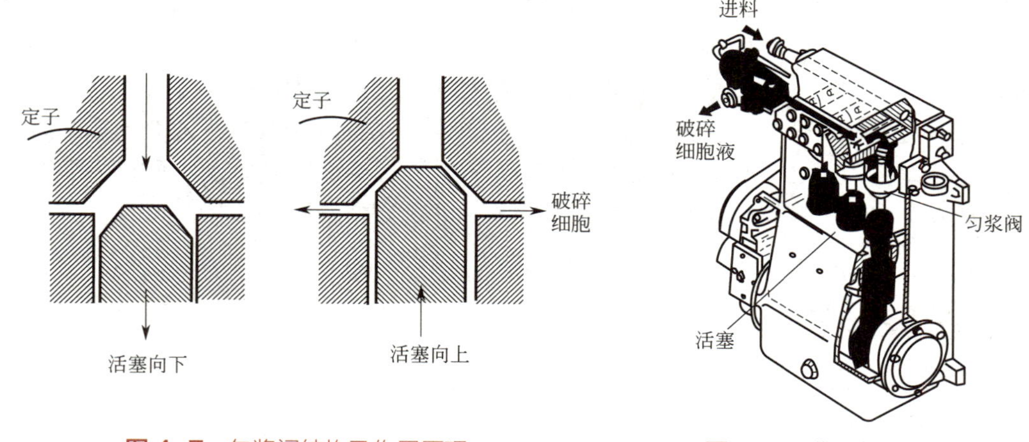

图 4-7 匀浆阀结构及作用原理

图 4-8 典型匀浆机结构

除匀浆法外，超声波法也可用于细胞破碎。超声波具有频率高、波长短、定向传播等特点，通常在 15 ～ 25kHz 的频率下操作。超声波振荡器有不同的类型，常用的为电声型，它由发声器和换能器组成，发生器能产生高频电流，换能器的作用是把电磁振荡转换成机械振动。超声波振荡器又可分为槽式和探头直接插入介质两种型式，一般后者的破碎效果比前者好。

超声波对细胞的破碎作用与液体中空穴的形成有关。当超声波在液体中传播时，液体中的某一小区域交替重复地产生巨大的压力和拉力。由于拉力的作用，使液体拉伸而破裂，从而出现细小的空穴。这种空穴泡在超声波的继续作用下，又迅速闭合，产生一个极为强烈的冲击波压力，由它引起的黏滞性漩涡在悬浮细胞上造成了剪切应力，促使其内部液体发生流动，从而使细胞破碎。

超声波处理细胞悬浮液时，破碎作用受许多因素影响，如超声波的声强、频率、液体的温度、压强和处理时间等，此外介质的离子强度、pH 值和菌种的性质等也有很大的影响。不同的菌种，用超声波处理的效果也不同，杆菌比球菌易破碎，革兰氏阴性菌细胞比革兰氏阳性菌细胞易破碎，酵母菌效果较差。

珠磨破碎法是另一种常用的机械破碎细胞的方法。利用玻璃小珠与细胞悬浮液一起快速搅拌，由于研磨作用，使细胞获得破碎。工业规模典型的珠磨机结构示意图见图 4-9 和图 4-10。图 4-9 是瑞士 W.A.Bachofen 公司生产的 Dyno 珠磨机。水平位置的磨室内放置玻璃小珠，装在同心轴上的圆盘搅拌器高速旋转，使细胞悬浮液和玻璃小珠相互搅动，在料液出口处，旋转圆盘和出口平板之间的狭缝很小，可阻挡玻璃小珠，使之不被料液带出。由于操作过程中会产生热量，易破坏某些生化物质，故磨室还装有冷却夹套，以冷却细胞悬浮液和玻璃小珠。图 4-10 是德国 Netzsch 公司生产的

LM-20 型珠磨机，圆盘以两种位置交错地安装在轴上，一种处于径向，一种和轴倾斜，径向圆盘使磨液沿径向运动，倾斜圆盘则产生轴向运动。由于交错地运动，提高了破碎效率。除磨室有冷却夹套外，搅拌轴和圆盘也可以冷却。

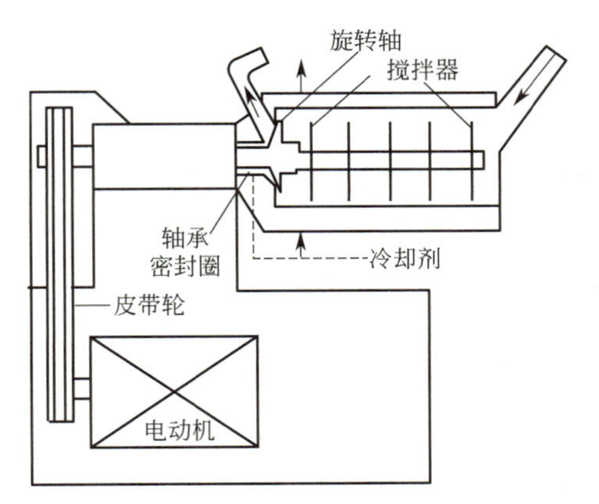

图 4-9 Dyno 珠磨机

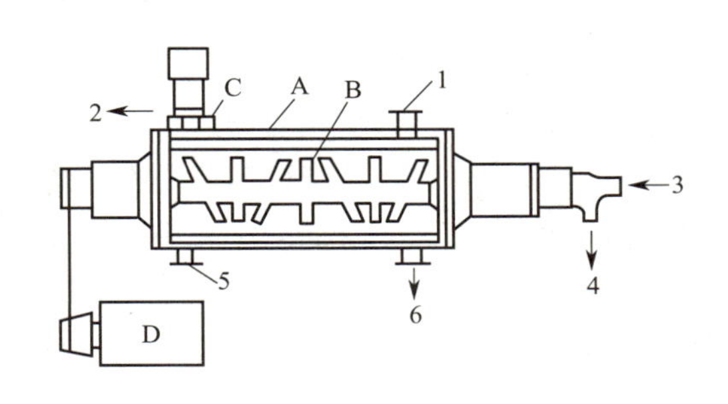

图 4-10 LM-20 型珠磨机

A—具有冷却夹套的圆筒形磨室；B—具有冷却装置的搅拌轴和圆盘；C—环形振动狭缝分离器；D—变速马达；1,2—料液进口和出口；3,4—搅拌部分冷却剂进口和出口；5,6—磨室冷却剂进口和出口

在珠磨中，细胞的破碎率也能用一级速率方程式表示：

$$\ln[1/(1-R)]=Kt \tag{4-5}$$

式中，K 为破碎速率常数；t 为停留时间；R 为破碎率。

破碎速率常数 K 与许多操作参数有关，如搅拌转速、料液的循环流速、细胞悬浮液的浓度、玻璃小珠的装置和珠体的直径以及温度等。图 4-11 为面包酵母菌破碎中影响 K 值的各种因素，表明提高搅拌速率、增加小珠装置、降低酵母悬浮液的浓度和通过磨机的循环速率均可增大破碎率。但是，在实际操作时，各种参数的变化必须适当，如过大的搅拌转速和过多的玻璃小珠装量均会增大能耗，并使磨室内温度迅速升高。珠体的直径应根据细胞的大小和浓度以及在操作时不使珠体带出为限度进行选择。例如细菌的体积比酵母小得多，采用珠磨就较困难，必须采用较小的玻璃小珠才有效，但是其直径又不能低于珠磨机出口狭缝的宽度，否则珠体就会被带出。

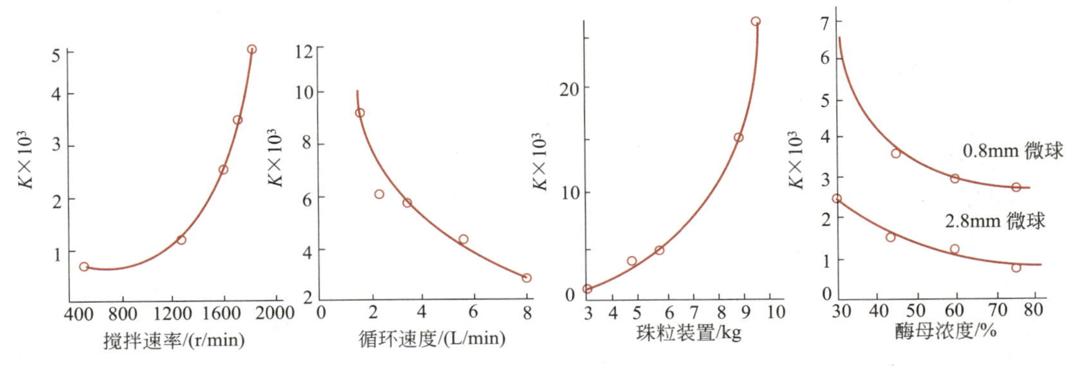

图 4-11 影响破碎速率常数 K 的因素

科研人员在研究了几种酵母和细菌菌株的破碎后，提出破碎条件在下列范围内较适宜：

搅拌器的转速 700 ～ 1450r/min；流速 50 ～ 500L/h；细胞悬浮液浓度 30% ～ 50%（细胞湿重 /

体积)；玻璃小珠装量 70% ～ 90%；玻璃小珠直径 0.45 ～ 1mm。

4.4 其他破碎方法

除了上述的细胞破碎方法外，还有冻结 - 融化法、干燥法、自溶法等。

冻结 - 融化法是将细胞放在低温下冷冻（约 –15℃），然后在室温中融化，如此反复多次，使细胞壁破裂。冻结 - 融化法破壁的机理有两点：一是在冷冻过程中会促使细胞膜的疏水键断裂，从而增加细胞的亲水性能；二是冷冻时胞内水结晶，形成冰晶粒，引起细胞膨胀而破裂。

干燥法可采用空气干燥、真空干燥、喷雾干燥和冷冻干燥等，它使细胞膜渗透性改变，当用丙酮、丁醇或缓冲液等溶剂处理时，胞内物质就容易被抽提出来。空气干燥主要适用于酵母菌，一般在 25 ～ 30℃的气流中吹干，然后用水、缓冲液或其他溶剂抽提。空气干燥时，部分酵母可能产生自溶，所以较冷冻干燥、喷雾干燥容易抽提。真空干燥适用于细菌的干燥；冷冻干燥适用于较稳定的生化物质，将冷冻干燥后的菌体在冷冻条件下磨成粉，然后用缓冲液抽提。此外，还能用有机溶剂，例如丙酮等使细胞脱水，即将菌体悬浮液慢慢倒入 10 倍体积预冷至 –20℃的丙酮中搅拌，使之脱水，丙酮除能脱水外，还能溶解除去膜上部分脂肪，所以更容易抽提。干燥法条件变化较剧烈，容易引起蛋白质或其他组织变性。

过程检查 4.1

○ 细胞破碎中应该遵循的过程检查思路有哪些。

自溶法是利用微生物自身产生的酶来溶菌，而不需外加其他的酶。在微生物代谢过程中，大多数都能产生一种能水解细胞壁上聚合物的酶，以便生长过程继续下去。有时改变其生长的环境，可以诱发产生过剩的这种酶或激发产生其他的自溶酶，以达到自溶目的。影响自溶过程的因素有温度、时间、pH、缓冲液浓度、细胞代谢途径等。微生物细胞的自溶常采用加热或干燥法。例如，谷氨酸产生菌，可加入 0.028mol/L 的 Na_2CO_3 和 0.018mol/L pH10 的 $NaHCO_3$ 缓冲液，制成 3% 的悬浮液，加热至 70℃，保温搅拌 20min，菌体即自溶。又如，酵母细胞的自溶需在 40 ～ 50℃下保持 12 ～ 24h。

采用抑制细胞壁合成的方法能导致类似于酶解的结果。某些抗生素如青霉素或环丝氨酸等，能阻止新细胞壁物质的合成。但是抑制剂应在发酵过程中细胞生长的后期加入，只有当抑制剂加入后，生物合成和再生还在继续进行，溶胞的条件才是有利的，因为在细胞分裂阶段，细胞壁将造成缺陷，即达到溶胞作用。

综上所述，细胞破碎的方法很多，但是它们的破碎效率和适用范围不同。选择破碎方法时，需要考虑下列因素：细胞的数量和细胞壁的强度；产物对破碎条件（温度、化学试剂、酶等）的敏感性；要达到的破碎程度及破碎所必要的速度等。具有大规模应用潜力的生化产品应选择适合于放大的破碎技术，同时还应把破碎条件和后面的提取步骤结合起来考虑。在固液分离中，细胞碎片的大小是重要因素，太小的碎片很难分离除去，因此，破碎时既要获得高的产物释放率又不能使细胞碎片太小。如果在碎片很小的情况下才能获得高的产物释放率，这种操作条件就不合适，最佳的细胞破碎条件应该从高的产物释放率、低的能耗和便于后步提取这三方面进行权衡。

知识归纳

- 细胞破碎旨在破坏细胞壁和细胞膜，释放细胞内部的生物分子、蛋白质、DNA 等成分，以便进行后续的分析、提取或纯化。这一技术广泛应用于医学、生物技术、制药等多个领域，是深入探索生命奥秘的重要工具。
- **细胞破碎的主要方法：**

  ① 物理方法：如高压均质化、超声波破碎、珠磨法等，通过机械力或声波能量直接破坏细胞结构。

  ② 化学方法：利用渗透压冲击、表面活性剂或特定酶解剂，改变细胞内外环境，导致细胞壁和膜破裂。

  ③ 生物方法：通过特定的生物酶，如溶菌酶，选择性地降解细胞壁成分，实现温和且高效的细胞破碎。

  ④ 其他破碎方法：冻结－融化法、干燥法、自溶法等。
- **细胞破碎技术的未来趋势：** 随着纳米技术、基因编辑、人工智能等新兴技术的融合，细胞破碎技术正朝着更精准、高效、智能化的方向发展。未来的细胞破碎技术将更加注重对细胞内部生物分子的保护，实现特定分子的高效提取与纯化，为生命科学研究和产业发展提供更多可能。

习题

1. 设细胞质中含有 5% 的溶质：其中 1% 是蛋白质，平均分子量为 4500；1% 为溶解脂，分子量为 400；1% 为糖，分子量为 170；2% 为 KCl。以上均为质量分数。求该细胞放到 37℃纯水中的渗透压。
2. 蓝藻是一种耐盐细菌，它能积累低分子量的卤化物，适应高渗透压，能在 0.11mol/L NaCl 或含 0.4mol/L NaCl 和 0.07mol/L $CaCl_2$ 的培养基中培养。当其从含盐量高的培养基移至清水中时，它们变得可渗透，在 2min 内，细胞内的碳水化合物及氨基酸就可释放到培养基中。求蓝藻细胞膜的渗透压。
3. 列举至少三种常见的细胞破碎方法，并简要说明其原理。
4. 讨论细胞破碎过程中可能遇到的挑战及解决方案。
5. 设计一个简单的实验方案，旨在通过细胞破碎提取某种特定的生物分子。

5　萃取

在日常生活中，萃取无处不在：用溶剂提取的食用油，在咖啡中提取的咖啡因，在香料中提取的精油等，都是通过萃取技术而得到。在生物分离工程中，萃取技术被用来从复杂的生物样品中提取和纯化目标物质，比如药物、食品添加剂、香料等。在本章学习中，将深入学习萃取的原理、方法和应用。

思维导图

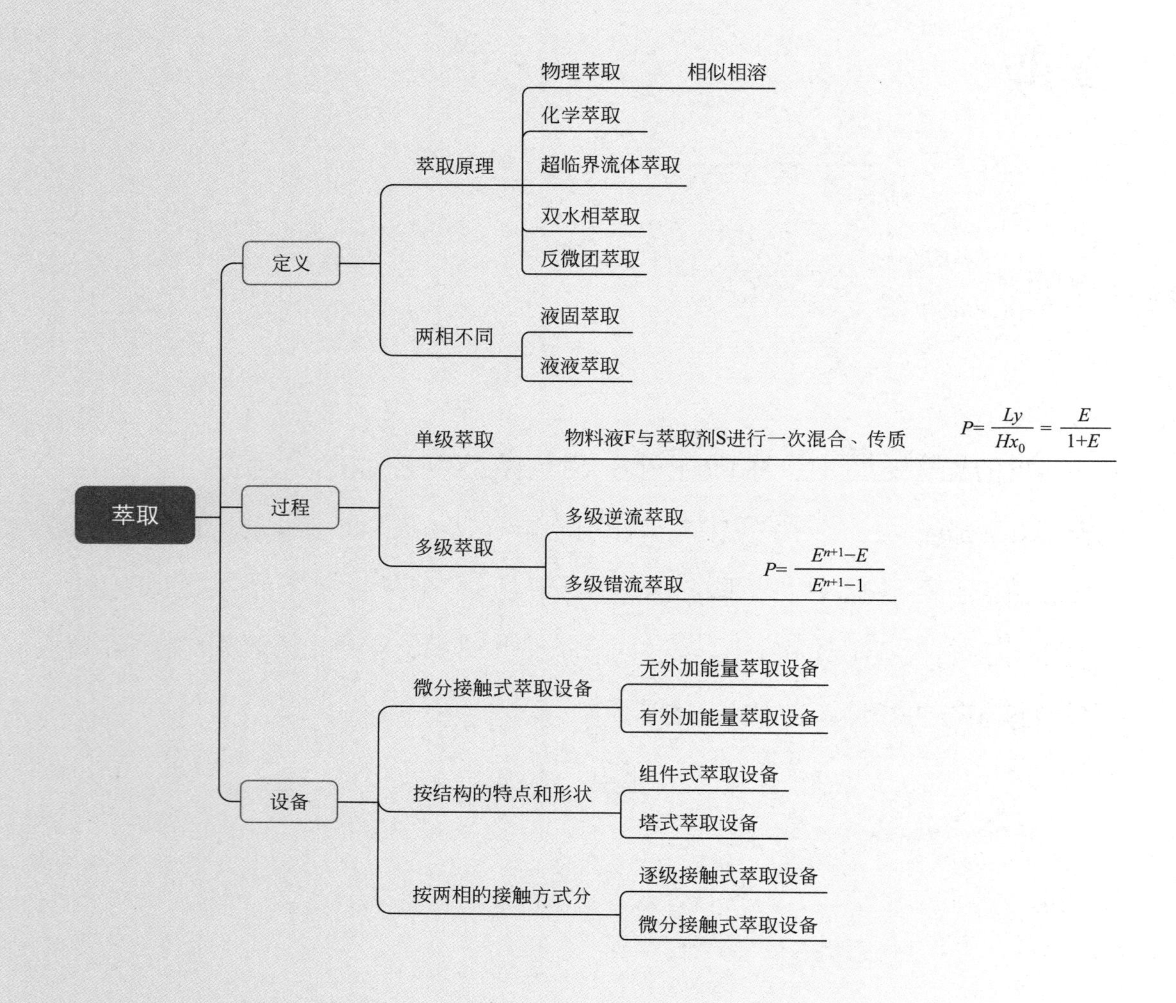

萃取
定义
萃取原理
物理萃取
相似相溶
化学萃取
超临界流体萃取
双水相萃取
反微团萃取
两相不同
液固萃取
液液萃取
过程
单级萃取
物料液F与萃取剂S进行一次混合、传质
$P=\frac{Ly}{Hx_0}=\frac{E}{1+E}$
多级萃取
多级逆流萃取
多级错流萃取
$P=\frac{E^{n+1}-E}{E^{n+1}-1}$
设备
微分接触式萃取设备
无外加能量萃取设备
有外加能量萃取设备
按结构的特点和形状
组件式萃取设备
塔式萃取设备
按两相的接触方式分
逐级接触式萃取设备
微分接触式萃取设备

学习目标

○ 了解萃取分离原理、典型萃取设备；
○ 掌握萃取分离的基本方程；
○ 掌握各种萃取过程的相关计算；
○ 掌握典型萃取方法的分离原理。

从发酵或其他生物反应溶液中除去不溶性固体物质后，通常就进入产物提取阶段。生物工程不同于化工生产，主要表现在生物分离往往需要从浓度很稀的水溶液中除去大部分的水，而且反应溶液中存在多种副产物和杂质，在分离提取产物的同时，也往往使物理化学性质类似的杂质浓集，因此，产物的提取精制费用会相应增加。

萃取和吸附是分离液体混合物常用的单元操作，在发酵和其他生物工程产品生产上的应用也相当广泛。其中，萃取操作不仅可以提取和增浓产物，还可以除掉部分其他结构类似的杂质，使产物获得初步纯化。该技术适用于大规模生产，广泛应用在抗生素生产上，如用醋酸戊酯或醋酸丁酯从发酵液中分离青霉素和红霉素。

本章将分别介绍萃取分离原理、单级萃取、多级萃取、微分萃取、固体浸取及近年来在生化物质提取分离中使用广泛的超临界流体萃取、双水相萃取及反胶团萃取等几种特殊的萃取方法。

5.1 萃取分离原理

萃取过程是利用两个不相混溶的液相中各种组分（包括目的产物）溶解度不同的特性，从而达到分离的目的。例如，当 pH=4.0 时，枸橼酸在庚酮中比在水中更易溶解；pH=5.5 时，青霉素在醋酸戊酯中的溶解速率比水中快；过氧化物酶在聚乙二醇水溶液中溶解度比在葡聚糖水溶液中高。因而，可以将醋酸戊酯加入青霉素发酵液中并使其充分接触，使青霉素被萃取浓集到醋酸戊酯中，从而达到分离提取青霉素的目的。

根据萃取机理，萃取技术可分为物理萃取和化学萃取。物理萃取是利用溶剂对需分离组分有较高的溶解能力，从而实现目的产物的分离，分离过程纯属物理过程；而化学萃取则是利用特殊的萃取剂有选择性地与溶质形成化合物或配合物，改变原有溶质在两相间的分配系数，从而达到萃取分离的目的。

通常，待处理溶液中被萃取的物质称为溶质，其他部分则为原溶剂，加入的第三组分被称作萃取剂。选取萃取剂的基本条件是应对料液中的溶质有尽可能大的溶解度，且与原溶剂互不相溶或微溶。当萃取剂加入到料液中混合静置后，由于萃取剂和原溶剂的密度差异，混合液将分成两液相：一相以萃取剂（含溶质）为主，称为萃取相；另一相以原溶剂为主，称为萃余相。

在研究萃取过程时，常用分配系数表示平衡的两个共存相中溶质浓度的关系。对互不混溶的两液相系统，分配系数 k 为

$$k=y/x \tag{5-1}$$

式中，y 为平衡时溶质在轻相中的浓度；x 为平衡时溶质在重相中的浓度。

在发酵工业生产中，通常萃取相是有机溶剂，称轻相，用 l 表示；萃余相是水，称重相，用 h 表示。通常在溶质浓度较稀时，对给定的一组溶剂，尽管溶质浓度变化，但 k 仍为常数，且可通过实验测定。对部分常见的发酵产物的萃取操作，实验测定的 k 值如表 5-1 所示。

萃取操作的基本依据是被分离的溶质在萃取相（轻相）和萃余相（重相）中具有不同的溶解度。因此萃取平衡时的分配情况是分析萃取操作的基础。

根据物理化学理论可知，在萃取操作达平衡状态时，溶质在萃取相（l）和萃余相（h）的化学势相等，即：

$$\mu(\mathrm{l})=\mu(\mathrm{h}) \tag{5-2}$$

表 5-1　部分发酵产物萃取系统中的 k 值

溶质类型	溶质名称	萃取剂 - 溶剂	分配系数 k	备　注
氨基酸	甘氨酸	正丁醇 - 水	0.01	操作温度为 25℃
	丙氨酸		0.02	
	赖氨酸		0.02	
	谷氨酸		0.07	
	α- 氨基丁酸		0.02	
	α- 氨基己酸		0.3	
抗生素	红霉素	醋酸戊酯 - 水	120	
	短杆菌肽	苯 - 水	0.6	
		氯仿 - 甲醇	17	
	新生霉素	醋酸丁酯 - 水	100	pH=7.0
			0.01	pH=10.5
	青霉素 F	醋酸丁酯 - 水	32	pH=4.0
			0.06	pH=6.0
	青霉素 G	醋酸戊酯 - 水	12	pH=4.0
酶	葡萄糖异构酶		3	
	富马酸酶		0.2	4℃
	过氧化氢酶		3	

或写成

$$\mu^{\ominus}(\mathrm{l})+RT\ln y=\mu^{\ominus}(\mathrm{h})+RT\ln x \tag{5-3}$$

式中，$\mu^{\ominus}(\mathrm{l})$为溶质在萃取相中的标准化学势；$\mu^{\ominus}(\mathrm{h})$为溶质在萃余相中的标准化学势。

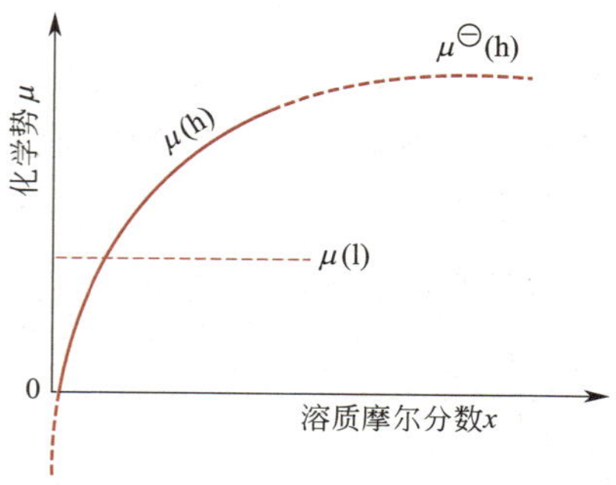

将式（5-3）重新整理可得

$$k=\frac{y}{x}=\exp\left[\frac{\mu^{\ominus}(\mathrm{h})-\mu^{\ominus}(\mathrm{l})}{RT}\right] \tag{5-4}$$

式中，R 为气体常数，8.314J/（mol · K）；T 为萃取系统热力学温度，K。

显然，分配系数的对数值与标准状态下化学势的差值相等。对一萃取平衡系统，若存在过量的萃取相（l）和少量的萃余相（h），因萃取相（l）是过量的，故此相中溶质的化学势 μ（l）是固定不变的。溶质的化学势与浓度的关系，如图 5-1 所示，萃余

图 5-1　溶质的化学势与浓度的关系

相（h）中的化学势随溶质在该相中的浓度 x 的变化而改变。

从原理上说，若 x 不断增大，则 μ（h）逐渐逼近$\mu^{\ominus}(\mathrm{h})$。但实际上，$\mu$（l）受到溶解度的制约，如图 5-1 的虚线部分就是饱和浓度以上的虚拟曲线。当 x 趋近于零时，μ（h）则趋近于负无穷大。在 μ（h）和 μ（l）的交点，与萃余相中溶质浓度 x 对应。通常，目的产物（溶质）在萃余相中的浓度是影响产物回收率的关键。由图 5-1 可知，如果设法改变萃余相以便使其标准化学势$\mu^{\ominus}(\mathrm{h})$增加，则曲线 μ（h）就向上平移，结果 μ（h）与 μ（l）的交点就向左移动，即平衡浓度 x 值变小；反之，若降低$\mu^{\ominus}(\mathrm{h})$值，则最终使 x 变大。

显然，萃余相中的标准化学势$\mu^{\ominus}(\mathrm{h})$是影响浓度 x 的关键。下面分别讨论影响$\mu^{\ominus}(\mathrm{h})$变化的两个主要因素，即萃取剂（溶剂）的改变和溶质的改变。

（1）选择不同的萃取剂　改变$\mu^{\ominus}(\mathrm{h})$最显而易见的方法是选择不同的萃取剂。目前已确认一些理论具有定性分析的意义。例如，可引入溶解度参数去计算分配系数 k。根据此理论，分配系数 k 可用式（5-5）求解

$$k=\exp\left[\frac{\mu^{\ominus}(\mathrm{h})-\mu^{\ominus}(\mathrm{l})}{RT}\right] \tag{5-5}$$

$$=\exp\left[\frac{\bar{V}_{\mathrm{h}}(\delta_{\mathrm{A}}-\delta_{\mathrm{h}})^{2}-\bar{V}_{\mathrm{L}}(\delta_{\mathrm{A}}-\delta_{\mathrm{L}})^{2}}{RT\bar{V}_{\mathrm{A}}}\right]$$

式中，$\bar{V}_{\mathrm{L}}$为萃取剂的偏摩尔体积；$\bar{V}_{\mathrm{h}}$为原溶剂的偏摩尔体积；$\bar{V}_{\mathrm{A}}$为溶质 A 的偏摩尔体积；δ_{L}为萃取剂的溶解度参数，$\mathrm{J}^{0.5}/\mathrm{m}^{1.5}$；$\delta_{\mathrm{h}}$ 为原溶剂的溶解度参数，$\mathrm{J}^{0.5}/\mathrm{m}^{1.5}$；$\delta_{\mathrm{A}}$ 为溶质 A 的溶解度参数，$\mathrm{J}^{0.5}/\mathrm{m}^{1.5}$。

部分常用萃取剂（溶剂）的 δ 值见表 5-2。

表 5-2　部分常用萃取剂（溶剂）的 δ 值

萃取剂（溶剂）	δ/（$\mathrm{J}^{0.5}/\mathrm{m}^{1.5}$）	萃取剂（溶剂）	δ/（$\mathrm{J}^{0.5}/\mathrm{m}^{1.5}$）
醋酸戊酯	1.64×10^{4}	二硫化碳	2.05×10^{4}
醋酸丁酯	1.74×10^{4}	四氯化碳	1.76×10^{4}
丁醇	2.78×10^{4}	氯仿	1.88×10^{4}
环己烷	1.68×10^{4}	苯	1.88×10^{4}
丙酮	1.53×10^{4}	甲苯	1.82×10^{4}
戊烷	1.45×10^{4}	水	1.92×10^{4}
己醇	2.19×10^{4}		

理论上，可以应用式（5-5）设计实验，即应用两种已知溶解度参数值的萃取剂（溶剂），对溶质 A 进行萃取操作，平衡时，测定偏摩尔体积$\bar{V}_{\mathrm{L}}$、$\bar{V}_{\mathrm{h}}$和$\bar{V}_{\mathrm{A}}$以及操作温度 T，就可用式（5-5）计算出溶质的 δ_{A}。然后使用一新的萃取剂的萃取系统，若知其 δ_{L}，则可计算出分配系数 k。当然，算出的理论值与实际的数值可能有较大误差，还需经实验确定。

（2）使溶质发生变化　上述改变萃取剂的办法可使分配系数 k 改变，从而促进萃取分离。但实际上，由于一些萃取剂价格较高，且具有易挥发、易燃或有生物毒性等缺陷，故难以采用。在这种情况下，可尝试利用改变溶质的方法以改善萃取操作。使溶质发生变化的具体方法主要有二，即通过溶质离子对的变化和萃取系统 pH 值的改变来实现。

① 如果溶质是可解离的，则可设法使其离子对发生改变。因为溶质在水中解离后形成离子对，其正、负电荷相等而总带电量为零。例如，用氯仿从水溶液中萃取氯化正丁铵，测定正丁铵离子$N(C_4H_9)_4^+$在氯仿和水中的分配系数为k=1.3，加入醋酸钠后，正丁铵离子可与醋酸根离子形成新的离子对——醋酸正丁铵，即$CH_3COO^-N(C_4H_9)_4^+$，其分配系数升至132。

要使上述方法可行，关键是确定可溶于萃取剂（通常为有机溶剂）的离子对。生成有用离子对，可改进萃取操作。常用的盐有：醋酸盐、丁酸盐、正丁铵盐、亚油酸盐、胆酸盐、十二酸盐和十六烷基三丁铵盐等。

② 由于待分离的溶质（产物）很多是弱酸或弱碱，故可通过改变萃取溶液的pH值的方法来提高分配系数。现用一弱酸性溶质为例加以说明。

由于在水中弱酸部分电离，而在有机溶剂中几乎不解离，故在有机溶剂-水组成的系统中，表观分配系数可用式（5-6）表达。

$$k=\frac{[\mathrm{RCOOH}]_\mathrm{l}}{[\mathrm{RCOOH}]_\mathrm{h}+[\mathrm{RCOO^-}]_\mathrm{h}} \tag{5-6}$$

式中，$[\mathrm{RCOOH}]_\mathrm{l}$为弱酸在有机相（l）中的浓度；$[\mathrm{RCOOH}]_\mathrm{h}$为弱酸在水相（h）中的浓度；$[\mathrm{RCOO^-}]_\mathrm{h}$为酸根离子在水相（h）中的浓度。

而水相中弱酸的电离平衡常数为

$$k=\frac{[\mathrm{RCOO^-}]_\mathrm{h}[\mathrm{H^+}]_\mathrm{h}}{[\mathrm{RCOOH}]_\mathrm{l}} \tag{5-7}$$

结合式（5-6）和式（5-7）可得

$$k=\frac{k_\mathrm{i}}{1+K_\mathrm{a}/[\mathrm{H^+}]_\mathrm{h}} \tag{5-8}$$

式中，k_i为内部分配系数。

$$k_\mathrm{i}=\frac{[\mathrm{RCOOH}]_\mathrm{l}}{[\mathrm{RCOOH}]_\mathrm{h}} \tag{5-9}$$

结合式（5-8）和式（5-9），可导出

$$\lg[(k_\mathrm{i}/k)-1]=\mathrm{pH}-\mathrm{p}K_\mathrm{a} \tag{5-10}$$

式中，$\mathrm{p}K_\mathrm{a}=-\lg K_\mathrm{a}$，可以从有关手册查出。

同理，对弱碱有

$$\lg[(k_\mathrm{i}/k)-1]=\mathrm{p}K_\mathrm{b}-\mathrm{pH} \tag{5-11}$$

式（5-10）和式（5-11）表明，弱酸或弱碱溶质分配系数的改变可通过改变水溶液的pH值来实现。发酵与生物工程生产常见溶质的$\mathrm{p}K_\mathrm{a}$值如表5-3所示。

根据式（5-10），可采用改变溶液pH值的方法改善萃取操作，以利于弱酸性物质A和B的选择性分离，即

$$\beta=\left[\frac{k_\mathrm{i}(\mathrm{A})}{k_\mathrm{i}(\mathrm{B})}\right]\left[\frac{1+K_\mathrm{a}(\mathrm{B})/[\mathrm{H^+}]}{1+K_\mathrm{a}(\mathrm{A})/[\mathrm{H^+}]}\right] \tag{5-12}$$

下面举例说明pH值改变在萃取操作上的应用。

表 5-3 发酵和生物工程生产常见溶质的解离常数的负对数 pK_a

<table>
<tr><td rowspan="3">简单酸碱类</td><td>醋酸</td><td colspan="2">4.76</td><td>磷酸</td><td>2.14</td><td colspan="2">NH_4^+</td><td>9.25</td></tr>
<tr><td>丙酸</td><td colspan="2">4.87</td><td>$H_2PO_4^-$</td><td>7.20</td><td colspan="2">$CH_3NH_3^+$</td><td>10.6</td></tr>
<tr><td></td><td colspan="2"></td><td>HPO_4^{2-}</td><td>12.40</td><td colspan="2"></td><td></td></tr>
<tr><td rowspan="6">氨基酸类</td><td></td><td>pK_1（—COOH）</td><td>pK_2（α位—NH_3^+）</td><td>pK_3（R基）</td><td></td><td>pK_1</td><td>pK_2</td><td>pK_3</td></tr>
<tr><td>亮氨酸</td><td>2.36</td><td>9.6</td><td></td><td>组氨酸</td><td>1.82</td><td>9.17</td><td>6.0</td></tr>
<tr><td>谷氨酰胺</td><td>2.17</td><td>9.13</td><td></td><td>半胱氨酸</td><td>1.71</td><td>8.33</td><td>10.78</td></tr>
<tr><td>天冬氨酸</td><td>2.09</td><td>9.82</td><td>3.86</td><td>酪氨酸</td><td>2.20</td><td>9.11</td><td>10.07</td></tr>
<tr><td>谷氨酸</td><td>2.19</td><td>9.67</td><td>4.25</td><td>赖氨酸</td><td>2.18</td><td>8.95</td><td>0.53</td></tr>
<tr><td>甘氨酸</td><td>2.34</td><td>9.6</td><td></td><td>精氨酸</td><td>2.17</td><td>9.04</td><td>12.48</td></tr>
<tr><td rowspan="3">抗生素</td><td colspan="2">头孢菌素Ⅲ</td><td colspan="2">3.9, 5.3, 10.5</td><td colspan="2">青霉素</td><td colspan="2">1.8</td></tr>
<tr><td colspan="2">林可霉素</td><td colspan="2">7.6</td><td colspan="2">利福霉素</td><td colspan="2">2.19，6.7</td></tr>
<tr><td colspan="2">新生霉素</td><td colspan="2">4.3，9.1</td><td colspan="2"></td><td colspan="2"></td></tr>
</table>

【例 5-1】 在醋酸戊酯 - 水系统中，青霉素 K 的 k_i=215，青霉素 F 的 k_i=131。查手册得知 $pK_a(K)=2.77$，$pK_a(F)=3.51$，现有混合物青霉素 F 和青霉素 K，而青霉素 F 是有用的目的产物。若要获得纯度较高的青霉素 F，比较 pH3.0 和 pH4.0 时的萃取效果。

【解】 可用题设数据分别求出青霉素 K 和青霉素 F 在醋酸戊酯 - 水系统中的电离平衡常数为

$$K_a(K)=1.698\times10^{-3}$$

和

$$K_a(F)=3.09\times10^{-4}$$

再应用式（5-12），求出 pH3.0 时青霉素 F 与青霉素 K 在萃取系统中的分离选择性为

$$\beta_1=\frac{k_i(F)}{k_i(K)}\times\frac{1+1.698\times10^{-3}/10^{-3}}{1+3.09\times10^{-4}/10^{-3}}=1.256$$

同理可算出 pH4.0 时的 $\beta_2=2.679>\beta_1$。

故在 pH4.0 时进行萃取操作可得到纯度较高的青霉素 F 产品。

5.2 单级萃取

根据料液和溶剂接触及流动情况，可以将萃取操作过程分成单级萃取和多级萃取过程，后者又可分为错流接触萃取和逆流接触萃取过程。根据操作方式不同，萃取操作又可分成间歇萃取和连续萃取操作。

单级萃取操作是指含某溶质的料液（h）与萃取剂（l）接触混合，静置后分成两层。对生物分离过程，通常料液是水溶液，萃取剂是有机溶剂。分层后，有机溶剂在上层，为萃取相（l）；下层是水，为萃余相（h）。

萃取使用的设备直接影响到操作规模，对于小规模萃取，通常选用分液漏斗，如图 5-2 所示；对于大规模萃取，则需选用图 5-2 中的其他设备。

单级萃取的计算方法有解析法和图解法，现分述如下。

（1）单级萃取的解析计算法　对于给定的单级萃取系统，若要根据给料中某溶质的浓度计算，

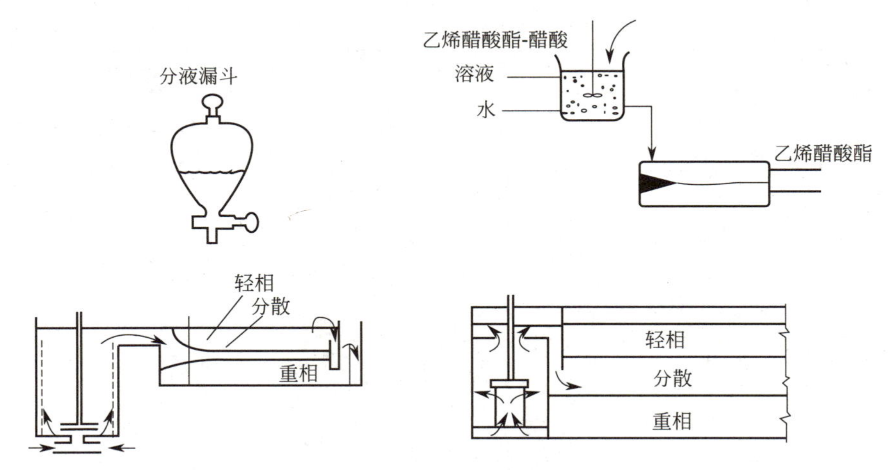

图 5-2 单级萃取设备

则溶质在萃取相和萃余相中的浓度，可应用关系式（5-4）进行计算。此式计算的前提条件是假定传质处于平衡态，即传质过程理想化。当溶质浓度较低时（发酵液等生物反应料液基本属于此类），溶质在萃取相中的浓度 y 与萃余相中的浓度 x 成直线关系，即

$$y=kx \tag{5-13}$$

要分析萃取，除了平衡关系式（5-13）外，还需要进行萃取前后溶质的质量衡算。根据质量守恒定律，有

$$Hx_0+Ly_0=Hx+Ly \tag{5-14}$$

式中，H 为给料溶剂量，kg；L 为萃取剂量，kg；x_0 为给料中溶质浓度；y_0 为进入萃取相的溶质浓度（通常 $y_0=0$）；x 为萃取平衡后萃余相的溶质浓度；y 为萃取平衡后萃取相的溶质浓度。

本章讨论的萃取操作假设萃取相与萃余相互不混溶，因此操作过程中 H 和 L 不变。

综合式（5-13）、式（5-14），则可求得平衡后萃取相中溶质（产物）的浓度为

$$y=\frac{kx_0}{1+E} \tag{5-15}$$

式中，E 为萃取因子，$E=\frac{kL}{H}$。 (5-16)

相应的，萃余相中溶质浓度为

$$x=\frac{x_0}{1+E} \tag{5-17}$$

或令 P 为萃取回收率，则

$$P=\frac{Ly}{Hx_0}=\frac{E}{1+E} \tag{5-18}$$

由式（5-17）和式（5-18）不难看出，若 k 值越大，则溶质（产物）越浓集于萃取相中。

（2）单级萃取的图解计算法　萃取操作的实践表明，y 与 x 的关系往往偏离直线关系，故使解析法产生较大误差，此时可用图解法。

应用图解法解决萃取问题，同样也需要两个基本关系式，即

$$y=f(x) \tag{5-19}$$

$$Hx+Ly=Hx_0 \tag{5-20}$$

式（5-20）为式（5-14）的简化结果，因为一般的分批萃取操作萃取剂几乎不含溶质，即 $y_0=0$。

而对于式（5-19），必须通过萃取实验，求出 y 与 x 的对应关系，然后在直角坐标上绘成实验曲线，如图 5-3 所示。

如图 5-3 所示，通过原点的曲线是平衡时由一系列的 y 与 x 的对应值确定的，而直线是用一定量的萃取剂相应于某溶质浓度，根据质量衡算式做出的，可视作萃取操作线，这两条线的交点就是萃取操作达到平衡状态后相应的 x 和 y 值。

实践表明，图解计算法对多级萃取操作更有用，现举例说明如下。

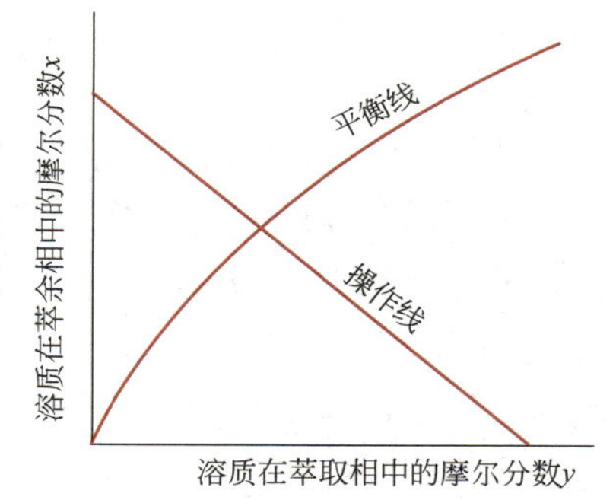

图 5-3 间歇萃取过程实验曲线

【例 5-2】 拟用醋酸戊酯为萃取剂从发酵液中萃取苏氨酸，其平衡方程为 $y=\sqrt{2}x$，y 与 x 的单位为“mol/L”。现用 $1m^3$ 的醋酸戊酯单级间歇萃取 $5m^3$ 发酵液的苏氨酸，已知该发酵液含苏氨酸浓度为 0.02mol/L，求产品萃取的回收率。

【解】 因萃取相的产品浓度和萃余相中产品浓度 x 不成直线关系，故宜用图解法求解，当然也可用解析法求解。

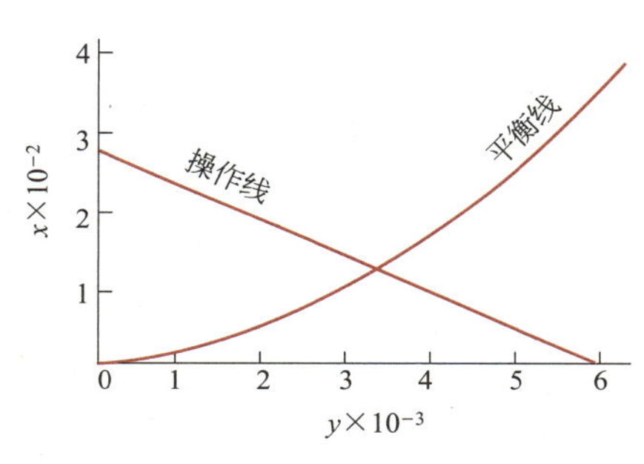

图 5-4 苏氨酸萃取操作

（1）图解法求解　苏氨酸萃取操作见图 5-4，根据平衡方程式 $y=\sqrt{2x}$，在直角坐标系做出平衡线。

据题设，发酵液量 H=5L，萃取剂量 L=1.0L，根据质量守恒定律可做出操作线，根据式（5-20），其方程式 $y=5\ (x_0-x)$。

根据图 5-4，可得 y=0.083mol/L

所以产品萃取回收率为$P=\dfrac{yL}{x_0H}=\dfrac{0.083\times1}{0.02\times5}=83\%$

（2）解析法求解　根据题设，平衡方程式和操作线方程式分别为

$$y=\sqrt{2x},\ y=5(0.02-x)$$

解上述联立方程组可得出相应的 x 和 y

$$x=0.00343\text{mol/L},\ y=0.0828\text{mol/L}$$

故产品回收率为
$$P=\frac{yL}{x_0H}=\frac{0.0828\times1}{0.02\times5}=82.8\%$$

5.3 多级逆流萃取过程

多级逆流萃取过程具有分离效率高、产品回收率高、溶剂用量少等优点，是工业生产中最常用的萃取过程。

（1）多级逆流萃取流程　多级逆流萃取流程示意图如图 5-5 所示。

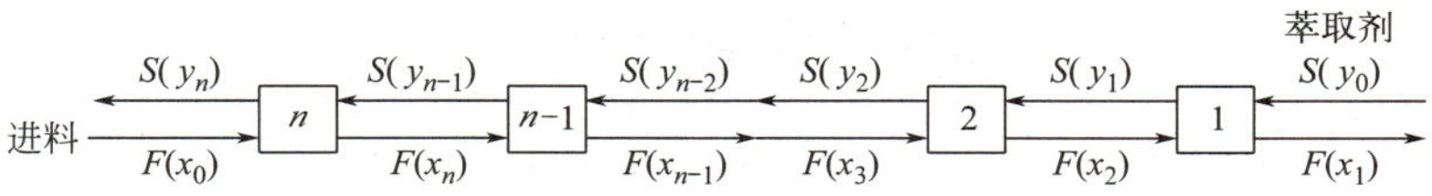

图 5-5 多级逆流萃取流程示意

与单级萃取操作类似，多级萃取设备也有多种类型，如混合沉降器、筛板萃取塔、填料萃取塔等。

图 5-6 是三级逆流混合 - 沉降萃取流程。如图 5-6 所示，青霉素发酵料液经过滤除去悬浮固体后，进入第一级混合萃取罐，在此与从第二级沉降器来的萃取相（含产品青霉素）混合接触，然后流入第一级沉降器分成上下两液层，上层为萃取相，富含目的产物，送去经蒸馏回收溶剂和产物的进一步精制；而下层为萃余相，含目的产物的浓度已较新鲜料液低得多，送第二级萃取回收产物。经三级萃取后，最后一级的萃余相作为废液排出。

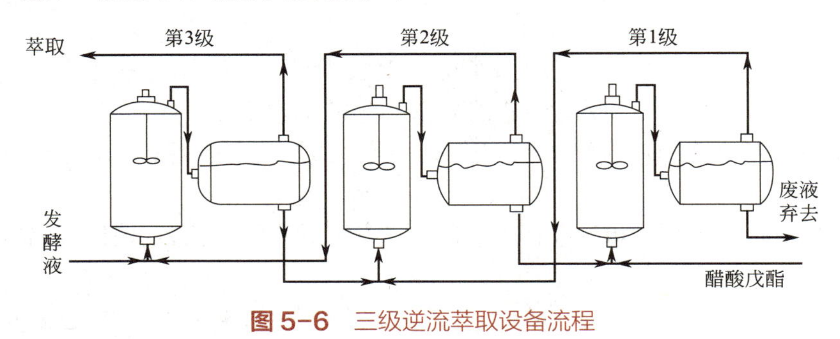

图 5-6 三级逆流萃取设备流程

（2）多级逆流萃取过程的解析计算法 对如图 5-5 所示的流程进行分析，和单级萃取过程类似，多级萃取过程也以萃取平衡方程和质量衡算方程为基础。

假定萃取过程处于理想状态，即溶质在两相中达平衡状态。对萃取装置的第 n 级，萃取平衡方程为

$$y_n=kx_n \tag{5-21}$$

因假定萃取剂和溶剂是互不混溶的，所以萃取过程萃取剂和溶液量均不变，对第 1 级萃取系统进行质量衡算得

$$Hx_2+Ly_0=Hx_1+Ly_1 \tag{5-22}$$

$$y_1=kx_1 \tag{5-23}$$

由式（5-22）和式（5-23）可得

$$x_2=\left(1+\frac{kL}{H}\right)x_1 \tag{5-24}$$

因为$\frac{kL}{H}=E$ 为萃取因子，故式（5-24）可写成

$$x_2=(1+E)x_1 \tag{5-25}$$

同理，可推导出第 2 级萃取系统的萃取方程式为

$$Hx_3+Ly_1=Hx_2+Ly_2 \tag{5-26}$$

整理，并以 $E=kL/H$ 代入，可得

$$x_3=(1+E+E^2)x_1 \tag{5-27}$$

类似地，对第 n 级有

$$x_0=(1+E+E^2+\cdots+E^n)x_1 \tag{5-28}$$

式（5-28）也可化简成

$$x_0=\left(\frac{E^{n+1}-1}{E-1}\right)x_1 \tag{5-29}$$

由式（5-29）可得出进料溶质浓度 x_0 和出料（即萃余相）溶质浓度 x_1 之间的关系，显然这主要取决于萃取因子 E 和萃取级数 n 之间的关系。若已知给料溶质浓度 x_0、萃取因子 E 和萃取级数 n，就可应用式（5-29）计算出萃余相中的溶质浓度 x_1，或可求出萃取操作产物（溶质）的提取百分率。或者，已知萃余相中产物的残存分率（x_1/x_0）以及萃取级数，可根据式（5-29）计算出萃取因子 E，从而可选择适当的料液流速和萃取剂流速。

此外，若已知萃取因子 E 和实现工艺规定的浓度，就可估算出萃取总级数 n。

由方程（5-29），可得出产物萃取回收率

$$P=\frac{E^{n+1}-E}{E^{n+1}-1} \tag{5-30}$$

下面介绍应用上述公式的萃取操作计算。

【例 5-3】 用醋酸戊酯从发酵液中萃取青霉素，已知发酵液中青霉素浓度为 0.26kg/m^3，萃取分配系数 k=48，处理能力 H=0.45m^3/h，萃取溶剂流量 L=0.045m^3/h。若要产品萃取回收率达 98%，试计算理论上所需的萃取级数 n。

【解】 由题设，可求出萃取因子 E，即

$$E=\frac{kL}{H}=\frac{48\times0.045}{0.45}=4.8$$

又根据式（5-30），得出含级数 n 的方程

$$\frac{4.8^{n+1}-4.8}{4.8^{n+1}-1}=98\%$$

解上述方程得 n=2.35，取 3。故所求萃取级数为 3。

【例 5-4】 现用双液相萃取系统精制葡萄糖异构酶。所用的萃取溶液为聚乙二醇和磷酸钾溶液。已知葡萄糖异构酶在此双液相系统中的分配系数 k=3。先将葡萄糖异构酶溶解到磷酸钾溶液中，采用 4 级萃取塔分离系统，两种液体的流速之比 H/L=2，求该萃取系统的葡萄糖异构酶回收率。

【解】 根据式（5-30），可得葡萄糖异构酶萃取回收率为

$$P=\frac{E^{n+1}-E}{E^{n+1}-1}$$

而题设萃取级数 n=4，故萃取因子为

$$E=\frac{kL}{H}=3\times\frac{1}{2}=1.5$$

由此计算出萃取回收率

$$P=\frac{1.5^{4+1}-1.5}{1.5^{4+1}-1}=92.4\%$$

5.4 微分萃取操作

微分萃取是在一个柱式或塔式容器中进行的，其中互相混溶的两液相分别从顶部和底部进入并相向流过萃取设备，目的产物（溶质）从一相传递到另一相，以实现产物分离。其特点是两液相连续相向流过设备，没有沉降分离时间，因而传质未达平衡状态。微分萃取操作只适用于两液相有较

大的密度差的场合。

5.4.1 微分萃取设备简介

微分萃取设备主要是一种萃取塔，图 5-7 为常见的三种典型设备结构示意图。此外，文丘里混合器、螺旋输送混合器也常用于萃取操作。

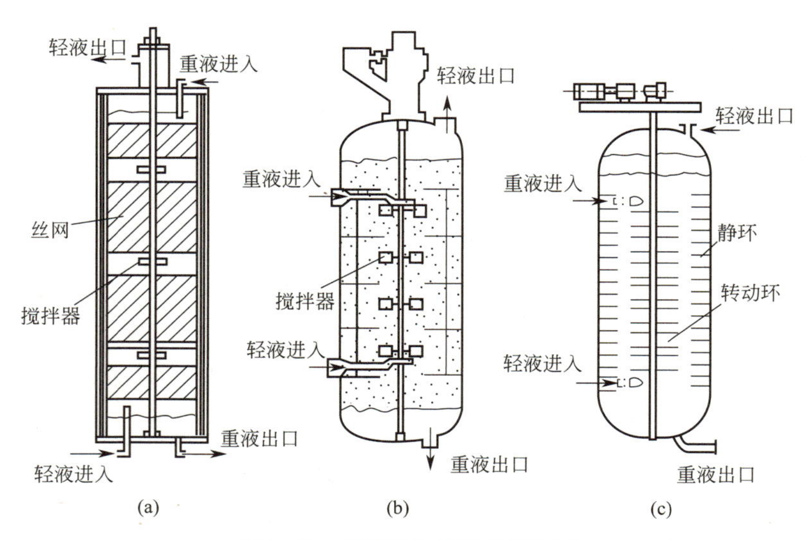

图 5-7 三种常用的微分萃取塔

对于填料萃取塔，宜选用不易被分散相润湿的填料，以使分散相更好地分散成液滴，有利于和连续相接触，增大两相接触表面积。通常，陶瓷材料易为水溶液润湿，塑料填料易被大部分有机液体润湿，而金属材料无论对水还是对有机溶剂都能润湿。

若以轻液为分散相由塔底进入，常用喷洒器使轻液分散。搅拌器的作用是使轻液、重液两相在每层丝网之间得到更好的均匀再分散。

转盘萃取塔的结构比填料塔更简单，但由于转盘的搅拌增大了两相传质面积，故强化了萃取过程。转盘萃取塔的分离效率与转盘转速、直径及隔板的几何尺寸等结构参数有关。通常，塔径与转盘直径比值 D/d=1.5 ～ 3，环形隔板间距 h 为塔径的 1/8 ～ 1/2，隔板宽度约为塔径的 1/10 ～ 1/5，转盘转速为 80 ～ 150r/min。

5.4.2 微分萃取过程的解析计算法

微分萃取过程的解析计算包含 3 个关键方程，第一个方程为传质平衡方程，即

$$y=kx^{*} \tag{5-31}$$

式中，y 为萃取塔内某一点的轻液相中目的产物的浓度，kg/m^3；x^* 为与 y 相平衡的重液相中目的产物浓度，kg/m^3。

通常，重液相是物料液，轻液相是有机溶剂。

第二个方程是质量衡算方程，如图 5-8 所示，取与塔底距离为 z 的一微小液层 Δz 的溶质进行质

量衡算，可得出方程

$$Hx+Ly_0=Hx_0+Ly \tag{5-32}$$

式中，x_0 为目的产物（溶质）在萃取塔底 z=0 处溶液中的浓度，kg/m^3；x 为目的产物在距塔底 z 处的溶液中的浓度；y 为目的产物在萃取塔底 z=0 处萃取相中的浓度，kg/m^3；y_0 为目的产物在进入塔顶的萃取剂中的浓度。

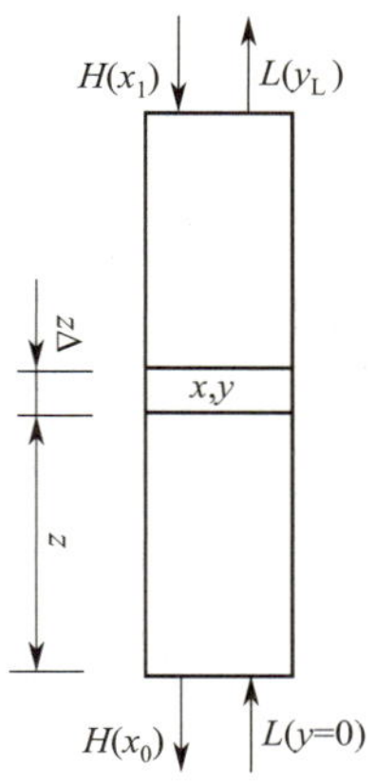

由式（5-32）可得出微分萃取操作线方程，即

$$y=\frac{H}{L}(x-x_0) \tag{5-33}$$

图 5-8 微分萃取质量衡算

第三个方程是表达目的产物从重液相（即料液）传递到轻液相即萃取剂的过程，表示的是重液相中质量衡算，即在微元（$A\Delta z$）中，重液相中溶质的积累等于流入重液相的溶质量减去从微元中传递流出的溶质量，稳定连续操作过程，溶质在微元的积累速率为 0，即有

$$H(x|_x-x|_{x+\Delta x})+\Delta zrA=0 \tag{5-34}$$

式中，r 为传质速率；A 为萃取塔横截面积，m^2。

把式（5-34）的两边同时除以 $A\Delta z$，并令 $\Delta z\rightarrow 0$，则方程式（5-34）可化简成

$$\frac{H}{A}\times\frac{\mathrm{d}x}{\mathrm{d}z}-r=0 \tag{5-35}$$

根据传质理论，传质速率 r 正比于单位体积传质表面积 a，同时与传质推动力（$x-x^*$）成正比，即

$$r=ka(x-x^*) \tag{5-36}$$

式中，k 为传质速率常数，与溶液的黏度及流动混合状态有关，m/s；x^* 为目的产物在重液相中的浓度，与其轻液相中的浓度 x 相平衡。

结合方程（5-35）和方程（5-36），可得微分萃取过程第三个关键方程，即

$$\frac{\mathrm{d}x}{\mathrm{d}z}=\left(\frac{ka}{H/A}\right)(x-x^*) \tag{5-37}$$

将式（5-31）、式（5-33）和式（5-37）整理化简，得

$$\mathrm{d}z=\frac{H/A}{ka(x-x^*)}\mathrm{d}x \tag{5-38}$$

积分式（5-38），可得出所需产品（溶质）回收率的微分萃取塔的高度

$$\begin{aligned}h&=\int_{x_0}^{x_f}\frac{H/A}{ka(x-x^*)}\mathrm{d}x=\frac{H/A}{ka}\int_{x_0}^{x_f}\frac{\mathrm{d}x}{x-[H/(Lk)](x-x_0)}\\&=\frac{H/A}{ka}\times\frac{E}{E-1}\ln\frac{(E-1)x_f+x_0}{Ex_0}\\&=\frac{H/A}{ka}\times\frac{E}{E-1}\ln\left(\frac{x_f-y_f/k}{x_0}\right)\end{aligned} \tag{5-39}$$

式（5-39）是微分萃取操作的设计基础公式。其中，$\left(\dfrac{H/A}{ka}\right)$可反映设备分离效率，称为传质单元高度。

下面举例说明微分萃取操作的计算。

【例 5-5】 应用微分萃取工艺从植物细胞培养液中分离一种类固醇。培养液流量 H=0.1m^3/h，从直径为 0.25m、高为 2.5m 的萃取柱底进入。使用二氯甲烷作萃取剂，从塔顶进入，其流量 L=0.05m^3/h，已经从实验测得分配系数 k=11，且二氯甲烷和水溶液互不混溶。求：①产物类固醇的萃取回收率达 60% 时，传质速率常数与传质比表面积 a 的乘积 ka；②产物萃取回收率上升到 92% 时所用萃取柱的高度。

【解】 ① 根据式（5-33），求出在萃取柱底部排出的二氯甲烷中所含类固醇的浓度。

$$y_1=\frac{H}{L}(x_1-x_{10})=\frac{0.1}{0.05}[x_1-(1-0.6)x_1]=1.2x_1$$

萃取因子 E 为

$$E=\frac{kL}{H}=\frac{11\times 0.05}{0.1}=5.5$$

根据式（5-39）和已求得的 y_1 和 E 值，可得

$$\frac{0.1\div 3600\div\left(\dfrac{\pi}{4}\times 0.25^2\right)}{ka}\times\frac{5.5}{5.5-1}\ln\left[\frac{1.2x_1-1.2x_1/11}{(1-0.6)x_1}\right]=2.5$$

求解上式得　ka=2.78×10^{-4}s^{-1}

② 根据式（5-33）可求出产物萃取回收率为 92% 时萃余相中所含的类固醇浓度。

$$y_2=\frac{H}{L}(x_2-x_{20})$$

$$=\frac{0.1}{0.05}[x_2-(1-92\%)x_2]=1.84x_2$$

根据式（5-39）可求出产品萃取回收率 92% 时萃取塔的高度 h_2

$$h_2=h_1\frac{\ln\{[(x_2-y_2)/k]/x_{20}\}}{\ln\{[(x_1-y_1)/k]/x_{10}\}}=2.5\times\frac{\ln[(x_2-1.84x_2/11)/(0.08x_2)]}{\ln[(x_1-1.2x_1/11)/(0.5x_1)]}$$

$$=2.5\times\frac{2.34}{0.577}=10.14\text{（m）}$$

5.5　液 - 液萃取设备与流程

液 - 液萃取设备按接触方式的不同，可分为逐级接触式和微分接触式两类。常用的液 - 液萃取装置如图 5-9 所示。

因为各种萃取设备具有不同的特性，而且萃取过程及萃取物系中各种因素的影响也是错综复杂的。因此，对于某一种新的液 - 液萃取过程，选择适当的萃取设备是十分重要的。萃取设备的选择，可参考以下一些原则：

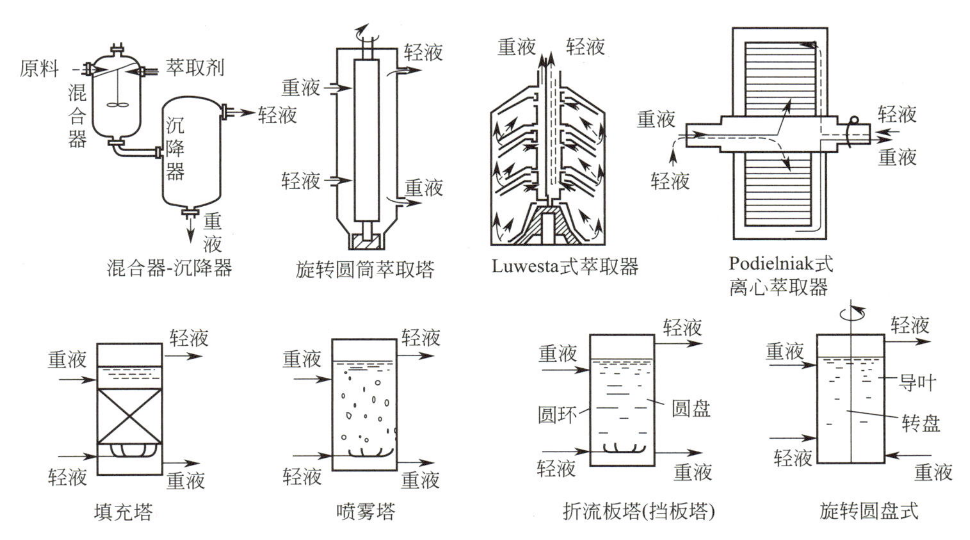

图 5-9 常用的液 - 液萃取装置

① 稳定性和停留时间；

② 溶剂物系的澄清特性；

③ 所需要的理论级数；

④ 设备投资费和维修费；

⑤ 设备装置所占的场地面积和建筑高度；

⑥ 处理量和通量；

⑦ 各种萃取设备的特性；

⑧ 系统的物理性质。

系统的物理性质，对设备的选择比较重要。在无外能输入的萃取设备中，液滴的大小及其运动情况和界面张力 σ 与两相密度差 $\Delta\rho$ 的比值（$\sigma/\Delta\rho$）有关。若 $\sigma/\Delta\rho$ 大，液滴较大，两相接触界面减少，降低了传质系数。因此，无外能输入的设备只适用于 $\sigma/\Delta\rho$ 较小，即界面张力小、密度差较大的系统。当 $\sigma/\Delta\rho$ 较大时，应选用有外能输入的设备，使液滴尺寸变小，提高传质系数。对密度差很小的系统，离心萃取设备比较适用。对于强腐蚀性的物系，宜选取结构简单的填料塔或采用内衬或内涂耐腐蚀金属或非金属材料（如塑料、玻璃钢）的萃取设备。如果物系有固体悬浮物存在，为避免设备堵塞，一般可选用转盘塔或混合澄清器。

对某一液 - 液萃取过程，当所需的理论级数为 2 ～ 3 级时，各种萃取设备均可选用。当所需的理论级数为 4 ～ 5 级时，一般可选择转盘塔、往复振动筛板塔和脉冲塔。当需要的理论级数更多时，一般只能采用混合澄清设备。

根据生产任务的要求，如果所需设备的处理量较小时，可用填料塔、脉冲塔；如处理量较大时，可选用筛板塔、转盘塔以及混合澄清设备。

在选择设备时，物系的稳定性和停留时间也要考虑，例如，在抗生素生产中，由于稳定性的要求，物料在萃取设备中要求停留时间短，这时离心萃取设备是合适的；若萃取物系中伴有慢的化学反应，要求有足够的停留时间时，选用混合澄清设备有利。

根据以上一些选择原则，萃取设备的选择步骤如图 5-10 所示。萃取设备的选用如表 5-4 所示。

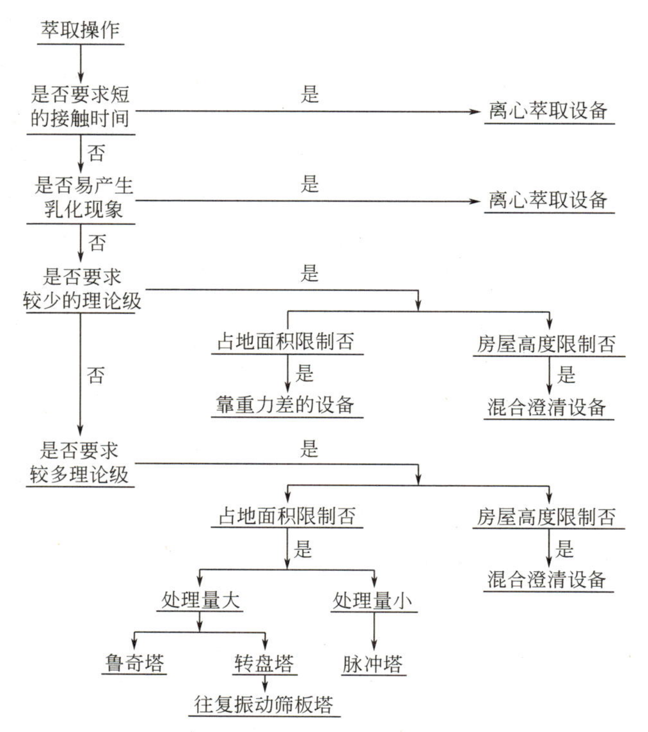

图 5-10 萃取设备的选择步骤

表 5-4 萃取设备的选用

参数	选用设备		
	低	中	高
传质速率（动力学）	搅拌塔	混合澄清设备	离心萃取设备 无搅拌塔
所需理论级数	混合澄清设备	离心萃取设备	搅拌塔
分离需要泵或澄清设备	搅拌塔 离心萃取设备	无搅拌塔	混合澄清设备
设备费和维修费	无搅拌塔	搅拌塔 混合澄清设备	离心萃取设备
溶剂存储量	离心萃取设备	塔设备	混合澄清设备
通量	无搅拌塔 混合澄清设备	搅拌塔 混合澄清设备	搅拌塔 离心萃取塔

对于工业装置，在选择萃取设备时，应考虑设备的负荷流量范围、两相流量比变化时设备内的流动情况、对污染的敏感度、最大的理论级数、防腐、建筑高度与面积等因素。

5.6 固体浸取

浸取或固液萃取是用溶剂将原料中的可溶组分分离提取的操作。进行浸取的原料，通常是由溶质与不溶性固体组成的混合物。溶质是浸取过程中所需提取的可溶组分，一般在溶剂中不溶解的固体，被称为载体或惰性物质。

5.6.1 固体浸取的原理与计算

为了使固体原料中的溶质能够迅速接触溶剂，载体的物理性质对于决定是否要进行预处理是非常重要的。预处理包括粉碎、研磨、切片。

动植物的溶质存在于细胞中，如果细胞壁没有破裂，浸取作用是靠溶质通过细胞壁的渗透行为来进行，因此细胞壁产生的阻力会使浸取速率变慢。但是，如果为了将溶质提取出来而磨碎破坏全部细胞壁也是不切实际的，因为这样将会使一些分子量比较大的组分也被浸取出来，造成了溶质精制的困难。通常工业上是将这类物质加工成一定的形状，如在甜菜提取中加工成的甜菜丝，或在植物籽的提取中将其压制加工成薄片。在固液萃取中，近似地考虑溶质（A）、载体（B）和溶剂（S）三元体系的情况。溶质一般不是单一的物质，往往是多组分的混合物。载体也多为混合物，其在溶剂中几乎是不溶解的。相平衡一般考虑三元体系。

固体浸取计算方法与液 - 液萃取相似，应用物料平衡和相平衡关系逐级计算，导出计算浸取率和所需级数的关系式。现对单级浸取和多级错流浸取进行分析，其流程如图 5-11 所示。

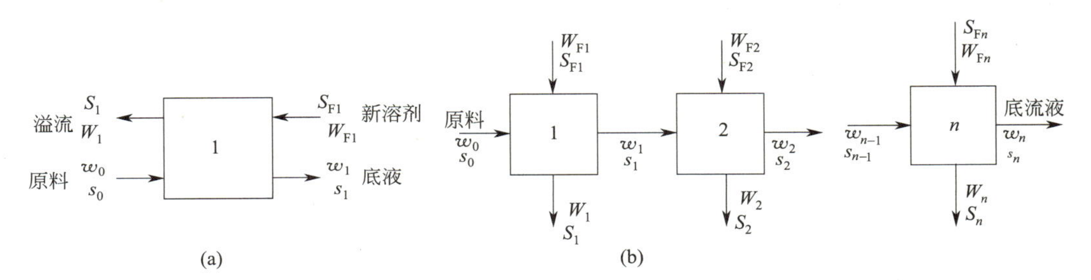

图 5-11　固体浸取流程示意

（a）单级浸取；（b）多级错流浸取

如图 5-11（a）所示，单级浸取时的物料衡算如下。

溶质：
$$S_{F1}+s_0=S_1+s_1 \tag{5-40}$$

溶液：
$$W_{F1}+w_0=W_1+w_1 \tag{5-41}$$

通常，S_{F1}、s_0、W_{F1}、w_0 已知，所以上述两式右边两个未知数中的一个如果给定的话，那么方程式可解。

如图 5-11（b）所示，多级错流浸取时，第 2 级的物料衡算为

溶质：
$$S_{F2}+s_1=S_2+s_2 \tag{5-42}$$

溶液：
$$W_{F2}+w_1=W_2+w_2 \tag{5-43}$$

假定：①固液接触时间充分，达到平衡；②底流液量一定；③溢流中不含有固体。若用溶剂比 a 来表示溢流液和底流液的比值，则

$$\frac{S_1}{W_1}=\frac{s_1}{w_1},\ \frac{S_2}{W_2}=\frac{s_2}{w_2} \tag{5-44}$$

$$S_1=\left(\frac{W_1}{w_1}\right)s_1=a_1s_1,\ S_2=\left(\frac{W_2}{w_2}\right)s_2=a_2s_2 \tag{5-45}$$

$$w_1=w_2=\cdots=w=\text{定值}$$

假定各级进料量均相等，则各级溢流液量相等，即

$$W_1=W_2=\cdots=W=\text{定值}$$

各级所用溶剂量相等，即

$$W_{F2}=W_{F3}=\cdots=W_{Fn}=W=\text{定值}$$

因此

$$w_0 \neq w_1=w,\ W_F \neq W_1=W$$

w_0 可取任意值。由以上假定可得

$$a_1=a_2\cdots=a \tag{5-46}$$

由此可见，溢流液量与底流液量的比值 a 在各级中也为一定值。

假定各级所用的溶剂中不含有溶质时，$S_{Fn}=0$，由式（5-40）、式（5-45）、式（5-46）可得

$$s_0=s_1+S_1=s_1+as_1=(1+a)s_1$$

$$s_1=\frac{s_0}{(1+a)} \tag{5-47}$$

同样可得

$$s_2=\frac{s_1}{(1+a)}=\frac{s_0}{(1+a)^2}$$

由此可得 n 级浸取时

$$s_n=\frac{s_0}{(1+a)^n} \tag{5-48}$$

$$\frac{s_n}{s_0}=\frac{1}{(1+a)^n} \tag{5-49}$$

式中，s_n 为经过 n 级浸取后原料中的溶质量；s_0 为最初原料中的溶质量；a 为各级溢流液量与底流液量的比值。

5.6.2 浸取设备

固液萃取操作主要包括两个过程：一是不溶性固体中所含的溶质在溶剂中溶解的过程，二是分离残渣与浸取液的过程。在后一个过程中，不溶性固体与浸取液往往不能分离完全。因此，为了回收浸取后残渣中吸附的溶质，通常还需进行反复洗涤操作。

固液浸取设备按其操作方式可分为间歇式、半连续式和连续式。按固体原料的处理方法，可分为固定床、移动床和分散接触式。按溶剂和固体原料接触的方式，可分为多级接触型和微分接触型。

在选择设备时，要根据所处理的固体原料的形状、颗粒大小、物理性质、处理难易及其所需费用的多少等因素来考虑。处理量大时，一般考虑用连续化。在浸取中，为了避免固体原料的移动，可采用几个固定床，使浸取液连续取出。也可采用半连续式或间歇式。

溶剂的用量是由过程条件及溶剂回收与否等条件决定的。根据处理固体和液体量的比，采用不同的操作过程和设备来进行固液分离。粗大颗粒固体可由固定床或移动床设备的渗滤器进行浸取。应用具有假底的开口槽或密封槽，将需要浸取的固体装入容器中至一定的高度，然后用溶剂进行渗滤、浸渍和间歇排泄的方法来处理。槽内应该尽可能装入大小均匀的颗粒，这样才有最大的空隙率，使溶剂流动通过床层时的压降低和沟流少。

在槽的底部安装有多孔板或木格子，在这上面装载固体原料。根据处理固体、溶剂的性质和处理能力的不同而采用不同结构的浸取槽。浸取槽可由金属、水泥、木材、内衬沥青、铅板、耐酸砖等制成方形或圆形。当固体颗粒微小时，可放上滤布。当溶剂靠重力流动通过床层的压降过高时，

或为了避免溶剂的蒸发损失时，或希望在溶剂沸点之上操作时，可以采用密封的渗滤器。溶剂可以用泵来循环通过各槽。如果在密封槽中进行浸取时溶剂不循环，这种密封槽被称为浸提器。

在多级间歇逆流浸取器中，应用了许多间歇浸取器所组成的浸提器组，图 5-12 展示了浸提器组的原理。这种浸提器组最初应用于制糖工业中，其后在单宁和药物的提取中也有使用。在制糖工业中，从甜菜中提取糖，应用密封型的槽，从几个至 16 个并联安装，用 71 ～ 77℃的热水来提取糖。在槽内完全充满液体时，流体串联流过各槽。采用这种方法，可以从含糖 18% 的甜菜中提取糖，糖收率为 95% ～ 98%，最终浸取液的浓度达 12%。

以下为生物物质浸取时常用的一些大型装置。

移动床式连续浸取器，如图 5-13 所示。它包含一连串的带孔的料斗，其安排方式犹如斗式提升机，这些料斗安装在一个不漏气的设备中。这种浸取器广泛用来处理那些在浸取时不会崩裂的籽实。由图 5-13 可见，固体物加到顶部的料斗中，而从向上移动的那一边的顶部的料斗中排出。溶剂喷洒在那些行将排出的固体物上，并经过料斗向下流动，以实现逆向的流动。最后使溶剂以并流方式向下流经其余的料斗。典型的浸取器每小时大约转一圈。每个料斗约装载 360kg 籽实。

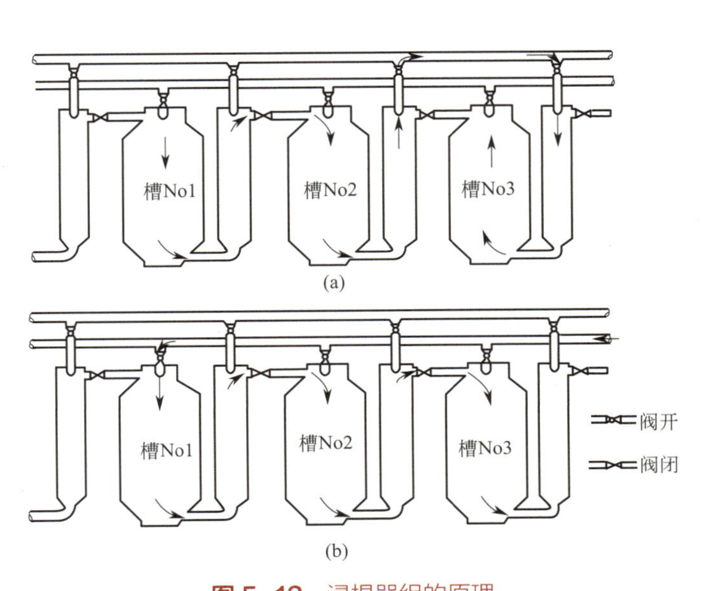

图 5-12　浸提器组的原理

（a）第三槽进料时；（b）第三槽排料时

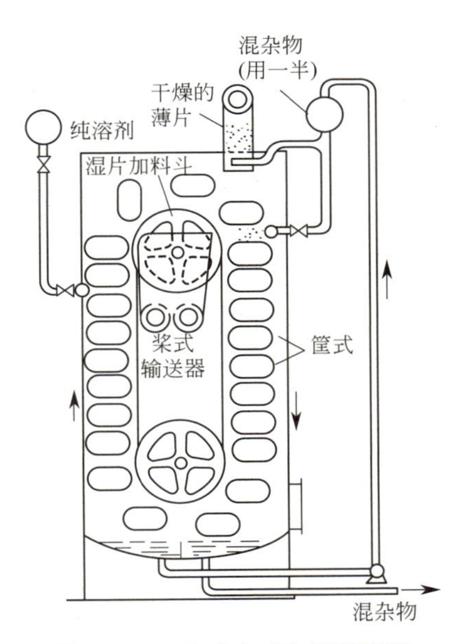

图 5-13　移动床式连续浸取器

环形浸取器如图 5-14 所示。固体料坯由进料口加入浸取器后，先经预喷淋浸取段，进入流化浸取段，料坯在大量混合油中进行悬浮浸出，随后在环形浸取器的下部进行多次喷淋浸出或多次浸泡式浸出，再在右边弧形浸取部分，湿粕被提升上去与新鲜溶剂呈逆流流动而进行逆流浸取。湿粕最后受到新鲜溶剂的喷淋冲洗并沥干，由出粕口经螺旋输送器排出浸取器。目前利用国产环形浸取器处理棉籽，同时浸取棉籽油及棉籽蛋白脱酚，蛋白不发生变性，效果良好。但这种浸取器因结构复杂，密封有一些缺陷。

连续分散浸取器如图 5-15 所示，这是一个垂直的板式浸取器。在一个长圆柱塔内等距离装有水平圆板，水平圆板以一定的速度旋转。板上设有刮刀，使固体在板上移动。相邻两板上的开孔互相错开 180°。固体物从浸取塔的顶部加入，并依次通过各板，直到固体物落到这个设备的底部为止，然后由螺旋输送器将其排出，浸取用的液体从底部进入，并向上流动，以实现连续的逆流。但

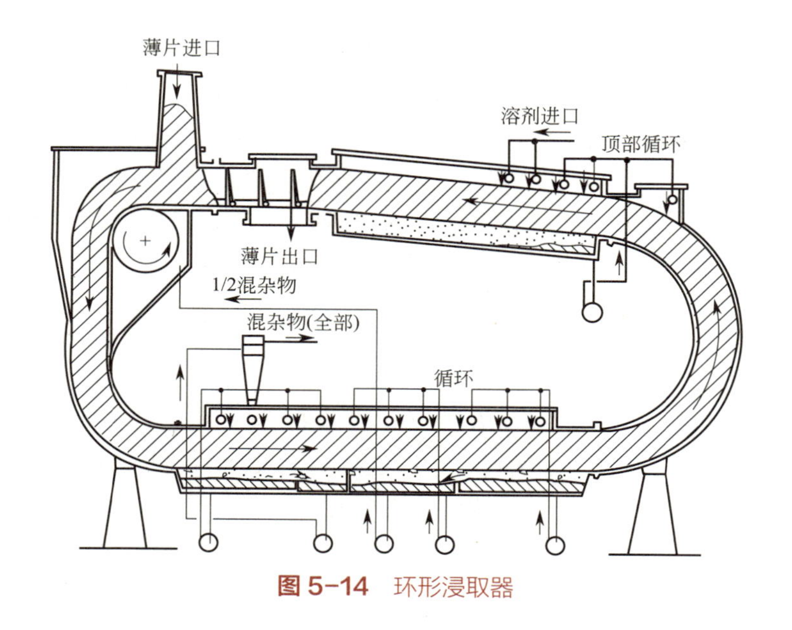

图 5-14 环形浸取器

当溶液由于浓度的增加而密度增高时，则会与溶剂发生一定程度的轴向混合。该种设备已广泛应用于油脂工业。

螺旋输送浸取器，如图 5-16 所示。整个浸取器是在一个 U 形组合的浸取器中，分装有三组螺旋输送器来输送固体。在螺旋线表面上开孔，这样溶剂可以通过孔进入另一螺旋中，以达到与固体成逆流流动。螺旋输送器旋转的转速以固体排出口达到紧密程度为好。但是，由于受到溶剂损失和料液液流的限制，螺旋输送器主要用于处理轻质的，具有渗透性的固体。

螺旋输送器的另一种简单型式，如图 5-17 所示，即双螺旋输送浸取器，其水平部分的螺旋输送器为浸取部分，而倾斜部分的螺旋输送器用于洗涤、脱水和排出浸取过的固体。

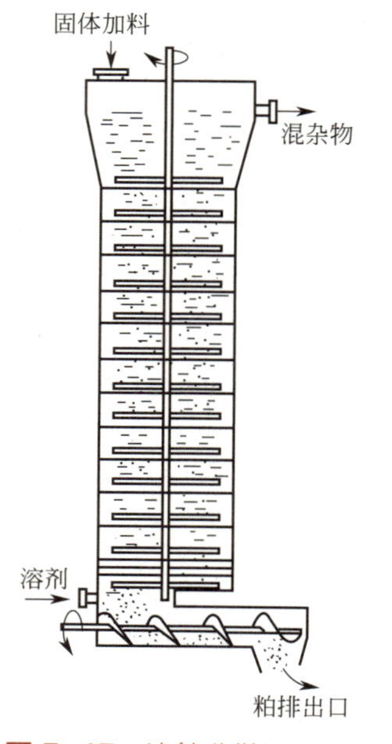

图 5-15 连续分散浸取器

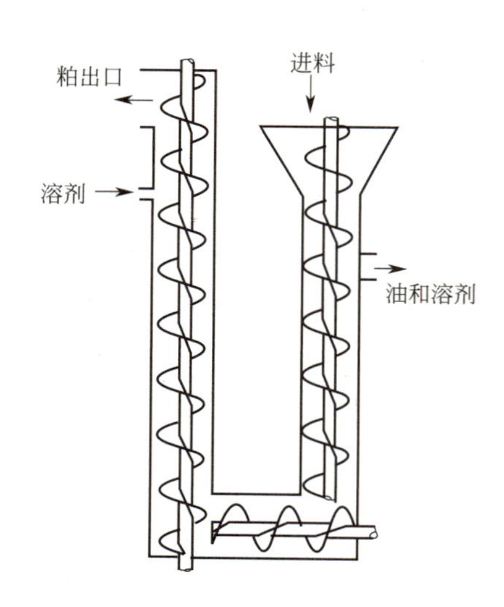

图 5-16 螺旋输送浸取器

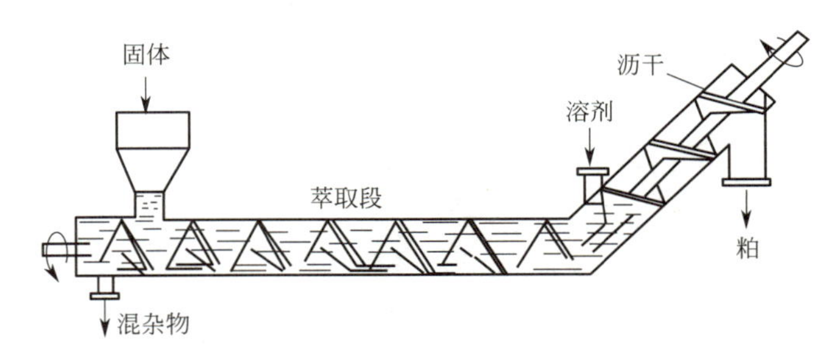

图 5-17　双螺旋输送浸取器

5.7　超临界流体萃取

超临界流体萃取（supercritical fluid extraction，SFE）是近几十年来出现的一种新型分离工艺。由于它具有低能耗、无污染和适合处理易受热分解的高沸点物质等特性，使其在化学工业、能源、食品和医药等工业中得到广泛的应用。在过去的数年中，无论在理论上还是在技术上，人们对该工艺的基本原理及其应用都做了大量的研究和探讨。

超临界流体萃取作为一种分离工艺的开发和应用的根据是，一种溶剂对固体和液体的萃取能力和选择性在其超临界状态下较其在常温常压条件下可获得极大的提高。

在食品加工和药物制备等方面，传统的有机溶剂萃取工艺已很少应用，如过去一直用二氯乙烷萃取啤酒花和用正己烷萃取豆油等。对健康无害和无腐蚀的超临界流体萃取工艺在食品和制药工业上的潜在应用，是目前最吸引人的地方。

5.7.1　超临界流体的性质

纯净物质根据温度和压力的不同，呈现出液体、气体、固体等状态变化（见图 5-18）。

如果通过提高温度和压力来观察状态的变化则会发现，如果达到特定的温度、压力，会出现液体与气体界面消失的现象，该点被称为临界点，在临界点附近，会出现流体的密度、黏度、溶解度、热容量、介电常数等所有流体的物性发生急剧变化的现象。温度及压力均处于临界点以上的液

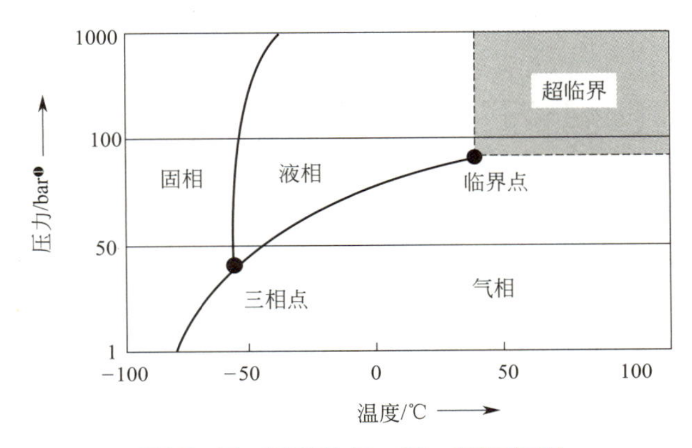

图 5-18　流体的气－液－固三相图

❶ 1bar=10^5Pa。

体叫超临界流体（supercritical fluid，SCF）。超临界流体由于液体与气体分界消失（图 5-19），是即使提高压力也不液化的非凝聚性气体。

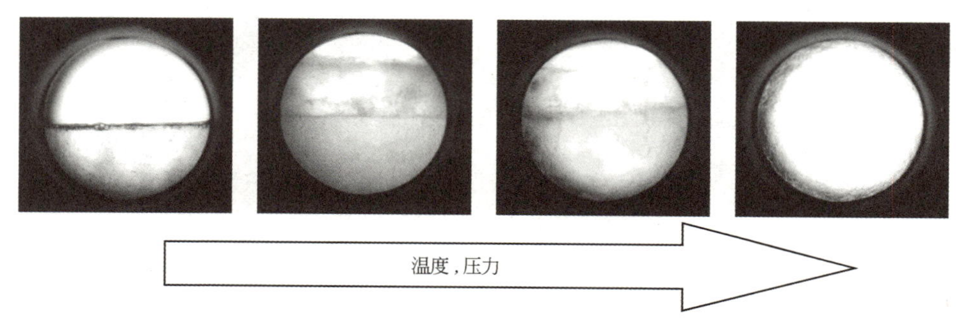

图 5-19 随体系温度和压力的上升流体气－液界面逐渐消失

超临界流体兼具液体性质与气体性质。其密度接近于液体，这使它具有与液体溶剂相当的萃取能力；超临界流体的黏度和扩散系数又与气体相近似，而溶剂的低黏度和高扩散系数的性质是有利于传质的。由于超临界流体也能溶解于液相，从而也降低了与之相平衡的液相黏度和表面张力，并且提高了平衡液相的扩散系数。超临界流体的这些性质都有利于流体萃取，特别是有利于基于传质的分离过程。表 5-5 列举了气体、超临界流体和液体的密度、黏度以及扩散系数三种性质。

表 5-5 气体、超临界流体和液体性质的比较

性质	相态		
	气体	超临界流体	液体
密度 / (g/cm^3)	10^{-3}	0.7	1.0
黏度 /cP❶	$10^{-3} \sim 10^{-2}$	10^{-2}	10^{-1}
扩散系数 / (cm^2/s)	10^{-1}	10^{-3}	10^{-5}

注：超临界流体是指在 32℃和 13.78MPa 时的二氧化碳。

普遍认为，超临界流体的萃取能力作为一级近似，与溶剂在临界区的密度有关。超临界萃取的基本想法就是利用超临界流体的特殊性质，使之在高压条件下与待分离的固体或液体混合物相接触，萃取出目的产物，然后通过降压或升温的办法降低超临界流体的密度，从而使萃取物得到分离。

被用作超临界流体萃取的溶剂可以分为非极性溶剂和极性溶剂两种。表 5-6 给出了一些常用超临界流体萃取剂的临界温度和临界压力。表中最后 5 个萃取剂为极性溶剂，由于极性和氢键的缘故，具有较高的临界温度和临界压力。

表 5-6 一些超临界流体萃取剂的临界性质

萃取剂	临界温度 /K	临界压力 /bar	临界密度 / (g/cm^3)	萃取剂	临界温度 /K	临界压力 /bar	临界密度 / (g/cm^3)
二氧化碳	304.1	73.8	0.469	甲苯	591.8	41.0	0.292
氙	289.7	58.4	1.109	对二甲苯	616.2	35.1	0.280
乙烷	305.4	48.8	0.203	三氟氯烷	302.0	38.7	0.579
乙烯	282.4	50.4	0.215	甲醇	512.6	80.9	0.272
丙烷	369.8	42.5	0.217	乙醇	513.9	61.4	0.276
丙烯	364.9	46.0	0.232	异丙醇	508.3	47.6	0.273
环己烷	553.5	40.7	0.273	氨	405.5	113.5	0.235
苯	562.2	48.9	0.302	水	647.3	221.2	0.315

❶ $1cP=10^{-3}Pa \cdot s$。

二氧化碳由于具有合适的临界条件，又对健康无害、不燃烧、不腐蚀、价格便宜和易于处理等优点，是最常用的超临界流体萃取剂。

要充分利用超临界流体的独特性质，必须了解纯溶剂及其和溶质的混合物在超临界条件下的相平衡行为。图 5-20 为纯二氧化碳的压力 - 温度图。图中的 s、l 和 g 分别表示固相、液相和气相。饱和蒸气压曲线 LG 从三相点 T_{tr} 到临界点为止。溶解压力曲线 SL 从 T_{tr} 出发随压力升高而陡直上升。升华压力曲线 SG 则对超临界流体萃取无多大意义。

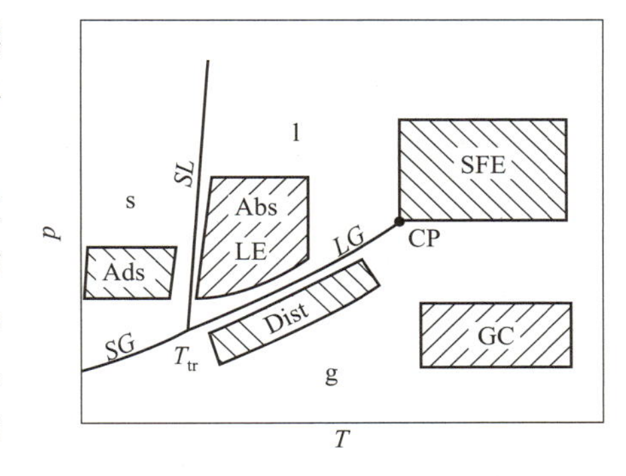

图 5-20 CO_2 的温度 - 压力图

图 5-20 还给出了不同分离过程的大致操作范围。精馏操作通常接近于饱和蒸气压曲线 LG；液相萃取和吸收过程则是在液相区内（饱和蒸气压曲线与溶解压力曲线之间）进行，而吸附分离的操作区则是在溶解压力曲线的左侧。在气相色谱中，二氧化碳被当作流动相，其操作范围高于室温和压力的气相区。超临界流体萃取和超临界流体色谱操作区则位于高于溶剂临界温度和压力的区域内。

由于超临界流体的萃取能力与其密度密切相关，超临界流体萃取的实际操作范围，以及通过调节压力或温度改变溶剂密度，从而改变溶剂萃取能力的操作过程，可以通过图 5-21 加以说明。该图为二氧化碳的对比压力 - 对比密度图。超临界流体萃取和超临界流体色谱的实际操作区域即为图中阴影部分。大致在对比压力 $p_r > 1$，对比温度 T_r（$T_r=T/T_c$）为 0.9 ～ 1.2。在这一区域里，超临界流体有极大的可压缩性。溶剂密度可从接近气体的密度（ρ_r=0.1）变化到接近液体的密度（ρ_r=2.0）。由图 5-21 可见，在 $1.0 < T_r < 1.2$ 时，等温线在相当一段密度范围内趋于平坦，即在此区域内微小的压力变化将大大改变超临界流体的密度。另外，在压力一定的情况下（如 $1.0 < p_r < 2.0$），提高温度可以大大降低溶剂的密度，从而降低其萃取能力，使之与萃取物得到分离。

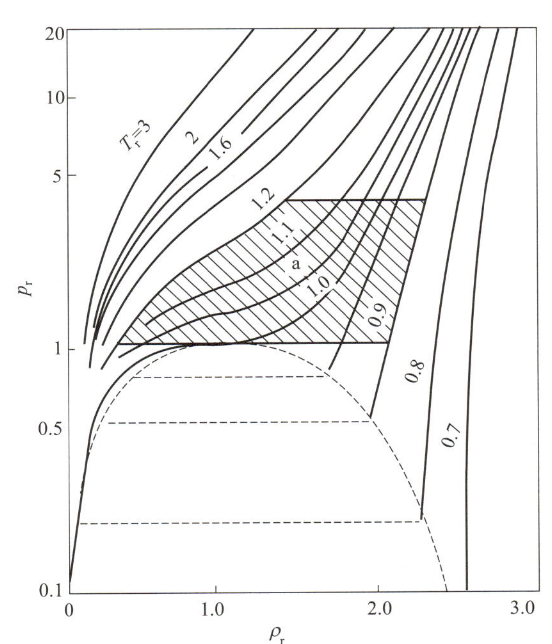

图 5-21 纯二氧化碳的对比压力 - 对比密度图

在分离过程中，精馏工艺利用各组分的挥发度的差别而达到分离目的，而液相萃取则借助于萃取剂与被萃取组分分子间存在的亲和力将萃取组分从混合物中分离。超临界萃取则是在某种程度上综合了精馏与液相萃取的特征，形成了一个独特的分离工艺。

5.7.2 超临界流体萃取过程

超临界流体萃取的基本过程如图 5-22 所示。在萃取分离过程中，除了萃取器中的温度和压力高于临界点，其余操作过程均在临界温度和临界压力之下。

常见的超临界流体萃取工艺有以下几种。

（1）等温法 等温法即首先利用超临界流体萃取剂与物料在萃取釜中混合，萃取出溶质后，流经减压阀，降低萃取剂密度，使其溶解能力降低，其携带的溶质将释放在分离釜中，实现溶剂与溶质的分离；低密度溶剂将通过压缩机增压，重新恢复超临界状态，并实现循环利用。该方法无需改变操作温度，因此称为等温法（图 5-23）。

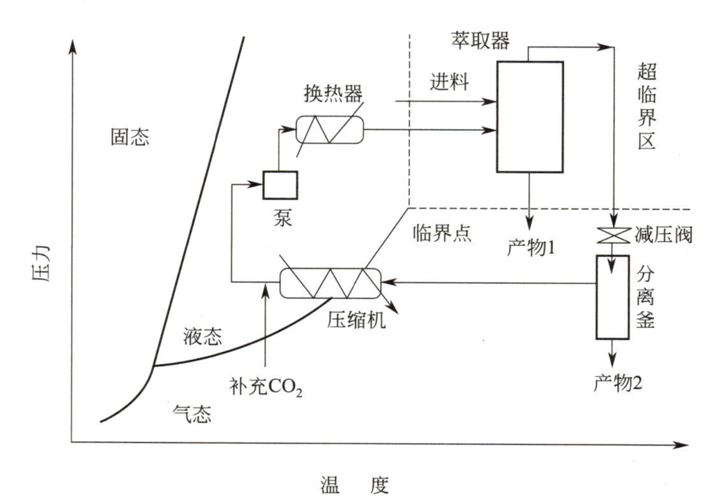

图 5-22 超临界流体萃取过程中流体的相图

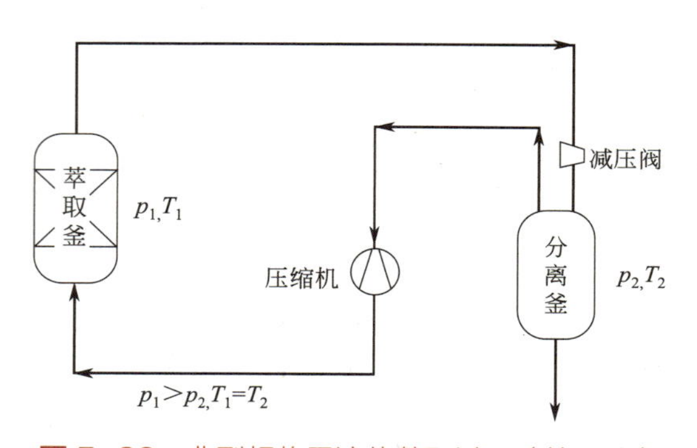

图 5-23 典型超临界流体萃取过程（等温法）

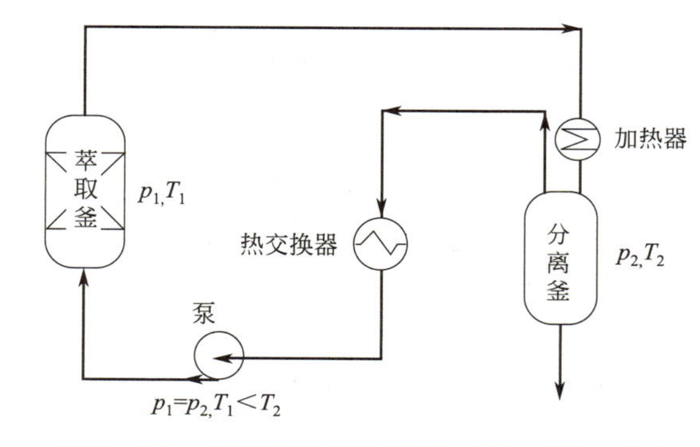

图 5-24 典型超临界流体萃取过程（等压法）

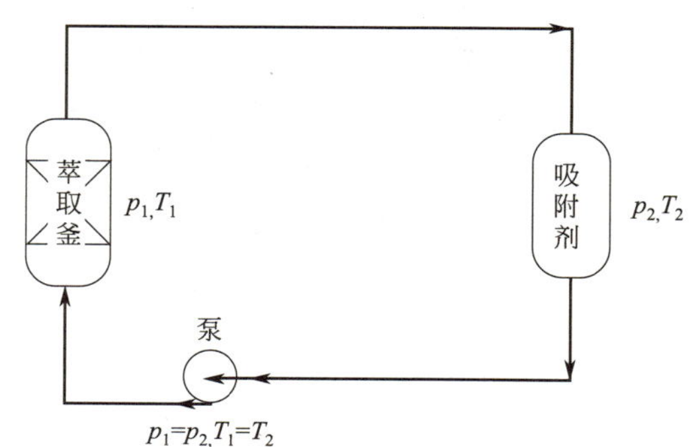

图 5-25 典型超临界流体萃取过程（吸附法）

（2）等压法 等压法超临界流体萃取过程见图 5-24，携带溶质的超临界溶剂经加热器加热后，温度上升、密度下降，其溶解度亦随之下降；原先溶解于超临界溶剂的溶质将从溶剂中析出，并留在分离釜中；热溶剂经换热器冷却至临界温度以下，经循环泵打入萃取釜。

（3）吸附法 吸附法通过合理选择吸附剂，并填充于分离釜中；携带溶质的超临界流体流经分离釜时，溶质被吸附剂截留，溶剂经泵循环使用（见图 5-25）。该过程中，溶剂的压力、温度均不改变，因而能耗较低。但整个工艺的关键在于吸附剂的选择。

实际上，超临界流体萃取是经典萃取工艺的延伸和扩展。超临界流体萃取工艺具有如下特点。

① 由于超临界流体的黏度低、扩散系数高。因此，液体 - 超临界流体体系的传质效率大大高于液 - 液两相体系。

② 由于超临界流体的表面张力极低，其在固态物料中的渗透速度非常快。

③ 超临界流体萃取同时具有精馏和液相萃取的特点，即在萃取过程中由于被分离物质间的挥发度的差异和它们分子间亲和力的不同，这两种因素同时发生作用而产生相际分离效果。如烷烃被超临界乙烯带走的先后是以它们的沸点高低为序；超临界二氧化碳对咖啡因和芳香油具有不同的选择性等。

④ 超临界流体萃取具有的独一无二的优点是它的萃取能力的大小取决于流体的密度，而流体密度很容易通过调节温度和压力来加以控制。

⑤ 超临界流体萃取的溶剂回收方法简单，并且大大节省能源。被萃取物可通过等温降压或等压升温的办法与萃取剂分离；而萃取剂只需再经压缩便可循环使用。

⑥ 高沸点物质往往能大量地、有选择性地溶解于超临界流体中。由于超临界流体萃取工艺不一定需要在高温下操作，故特别适合于分离易受热分解的物质。

当然超临界流体萃取也有其不利的一面。其主要缺点是：为了获得高压的超临界条件，设备投资将花费很大。事实上，由于高昂的设备投资，超临界流体萃取工艺只有在精馏和液相萃取应用不利的情况下才予以考虑。

对于一些具有很高经济价值的生物活性物质的中小规模生产，超临界流体萃取由于存在上述种种优点，将是一项很有发展前途的分离工艺。例如采用超临界流体萃取咖啡因、啤酒花、植物油、药物以及各种香料等。随着人们对超临界流体性质及其混合物相平衡热力学的深入了解，超临界流体萃取工艺会得到更为广泛的应用。

5.7.3 超临界流体萃取的应用

（1）咖啡因萃取　超临界流体萃取的实例是用超临界二氧化碳从咖啡豆中萃取咖啡因。超临界 CO_2（SC-CO_2）萃取咖啡因工艺分三个步骤。首先用干燥的 SC-CO_2（323K 和 29MPa），从烘烤过的咖啡豆中萃取香料和芳香油，然后用湿 CO_2 萃取咖啡因，最后再将香料和芳香油回加到咖啡豆中。改进之后的 SC-CO_2 有选择性地直接从原料中萃取咖啡因而不失其芳香味。咖啡因超临界流体萃取过程见图 5-26，将绿咖啡豆事先浸渍在水里，然后放在高压容器中通过 363K 和 16 ～ 22MPa 的 CO_2（$\rho_{CO_2} \approx 0.4 \sim 0.65 g/cm^3$）进行萃取，$CO_2$ 可循环使用。咖啡因从咖啡豆中向超临界流体相扩散，然后同 CO_2 一起进入水洗塔，用 343 ～ 363K 的水洗涤。约 10h 后，所有咖啡因都被水吸收，该水经脱气后进入蒸馏塔以回收咖啡因。萃取后的咖啡因含量从原来的 0.7% ～ 3% 下降到 0.02%。处理 1kg 原料咖啡豆需要 3 ～ 5L 水。从超临界流体相回收咖啡因也可采用活性炭吸附而不用水洗，然后吸附的咖啡因再从活性炭中解吸出来。或者将咖啡豆和活性炭的混合物装入高压釜中，通入 SC-CO_2 进行萃取。活性炭颗粒很小，将咖啡豆之间的空隙填满。萃取 3kg 咖啡豆约需 1kg 活性炭。萃取操作条件为 363K 和 22MPa。此

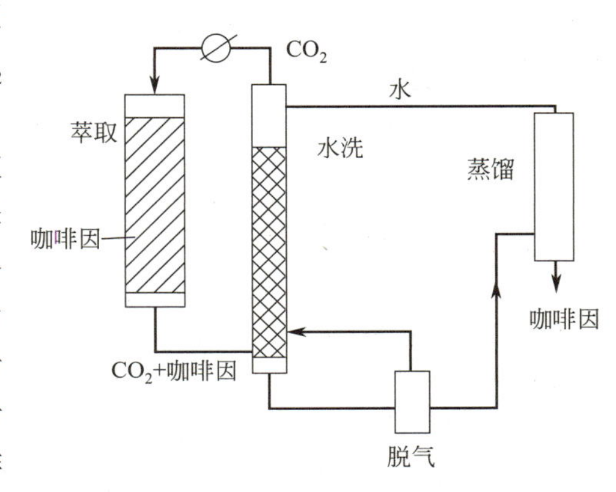

图 5-26　咖啡因超临界流体萃取流程

过程中，超临界相中的咖啡因直接进入活性炭而无需气体循环。5h 后可达到要求的脱咖啡因纯度。活性炭和咖啡豆混合物可在降压条件下通过振动筛予以分离。

用超临界流体萃取的脱咖啡因工艺可应用于其他分离问题。如采用 SC-CO_2 从茶叶中萃取咖啡因。其步骤为：首先将茶叶中芳香油用干燥 SC-CO_2 萃取出来，然后用 50℃和 250bar 的 SC-CO_2 以水为添加剂萃取茶叶中的咖啡因，再真空干燥；最后，将第一阶段萃取出来的芳香油回加到茶叶中。经过这样处理的茶叶，咖啡因含量由原来的 3% 降低到 0.07%，而茶叶的其他芳香味基本不变。

（2）植物油萃取　利用超临界流体萃取技术从菜籽、棕榈、大豆和花生等植物中萃取食用油，目前尚处于实验室研究阶段。美国用 SC-CO_2 从大豆片和玉米茎中萃取豆油和玉米油，操作条件为 313 ～ 343K、138 ～ 650bar，实验表明其效果已与传统正己烷溶剂萃取接近。表 5-7 给出了用 SC-CO_2 和用正己烷萃取豆油的组成分析对比。用正己烷萃取的豆油含有很高的磷酸化合物，必须再经过减压蒸馏和脱臭处理加以去除。上述 SC-CO_2 萃取豆油工艺也可用于植物或食物的脱脂肪和除臭方面。

表 5-7　SC-CO_2 萃取和正己烷萃取豆油的比较

分析	n-C_6H_{14} 萃取	SC-CO_2 萃取	分析	n-C_6H_{14} 萃取	SC-CO_2 萃取
毛油出率 /%	19.0	18.3	铁 /$\times10^{-6}$	1.4	0.3
游离脂肪酸 /%	0.6	0.3	含磷物 /$\times10^{-6}$	505	45
不可皂化物 /%	0.6	0.7	大豆片中的残油 /%	0.7	1.4

（3）香料、芳香油和药物的萃取　目前已有办法合成出许多香料和芳香油的主要成分，对天然香料和芳香油的分离提纯技术仍在不断改进。获得香料和芳香油的经典方法是以二氯甲烷为溶剂的液相萃取，但溶剂从萃取物中的分离比较困难。

SC-CO_2 萃取具有无毒、无菌、对健康无害以及利用率高等优点，如黑胡椒、香精油和辣椒素的萃取，以及柠檬油、杏仁油和紫丁香的萃取等。

（4）啤酒花和尼古丁的萃取　啤酒花用于啤酒工业已有 2000 年的历史。啤酒花提取的常用办法是用液体二氯甲烷作萃取剂以获取含有葎草酮和蛇麻酮混合物的酒花树脂，葎草酮是使啤酒产生特有苦味的成分。萃取后的二氯甲烷必须通过蒸发从萃取物中除去，最后得到暗绿色面糊状的酒花树脂，溶剂含量不得超过 2.2%。另外，对萃取物进行分阶段降压精馏分离，可得到不同组成的产品。与传统工艺相比，SC-CO_2 萃取啤酒花工艺有如下优点：

① 萃取物中不含有机溶剂和农用杀虫剂；

② 可防止萃取过程中的氧化作用；

③ 使获得的啤酒花寿命更长；

④ 啤酒花中一个重要成分——α 酸不会聚合。

与啤酒花萃取不同，在烟草处理过程中，需要注意的是脱除尼古丁后烟草的质量，而萃取物尼古丁则是次等重要的东西。过去用有机溶剂萃取烟草中的尼古丁和焦油，常会产生一种胶状物质，不利于进一步加工。现改用 SC-CO_2 萃取成功地将烟草中尼古丁含量降低到所要求的水准，同时又使烟草香味损失极少。

在尼古丁萃取中，水是不可缺少的添加剂。单级萃取工艺流程中水含量约 25%，温度 305 ～ 370K，压力 30MPa。萃取后烟草经干燥后可直接作进一步加工处理。萃取出来的尼古丁可通过减压、升温或吸附等手段得到分离。不同来源的烟草有不同的萃取结果。在单级萃取不利于保留烟草香味的情况下可采用多级萃取工艺。图 5-27 是用 SC-CO_2 萃取尼古丁的多级萃取流程。在第 1 级中，SC-CO_2 有选择地将香味从新鲜烟草中移走，加到已脱除尼古丁和香味的烟草中去。第 2 级中将烟草增湿，在等温、等压的循环操作中脱除尼古丁。第 3 级中，通过反复溶解和沉淀，将香味均匀地分布在烟草中。研究表明，萃取后的烟草尼古丁含量可降低 95%。

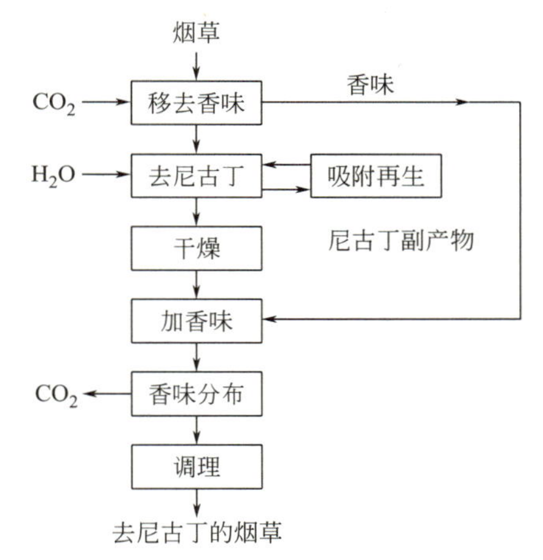

图 5-27 超临界 CO_2 萃取尼古丁多级流程

（5）污水处理　许多工业污水含有大量有毒物质，目前处理污水方法大致有两种：陆基贮存以及分解。深井灌注和湖塘贮留（包括表面蒸发）属于前者，它受到地理位置、环境和空气污染的局限，虽然费用较低，但若考虑到需将污水从产生地区运输到处理地区的费用，这一方法也会受到经济上的限制。

分解方法是将有害成分通过氧化反应分解成无毒害物质。包括活性炭处理、焚烧、湿法氧化以及超临界水氧化。活性炭法适合于处理浓度极稀的污水（含有机物低于 1%）；而焚烧法则相反，限于处理浓度较高的污水，产生高温条件（900 ～ 1100℃）的热量来源于污水中有机物的燃烧值。如污水中有机物浓度低于 20%，则需另外补充燃料，这样使处理费用大大增加。

对于有机物含量在 1% ～ 20% 的污水，湿法氧化和超临界水氧化提供了比活性炭法和焚烧法更为经济的手段。在湿法氧化过程中，污水里的有机物在 150 ～ 300℃和 10 ～ 15MPa 范围内进行液相氧化。除去 50% ～ 95% 的有机物，其氧化时间需 0.5 ～ 2h。湿法氧化虽较经济，但有如下缺点：氧在水中的溶解度远低于有机物完全氧化所需要的量；为提供必要的反应时间，需要较大的反应器容积，因为反应器需贮存气液两相；氧化不完全，离开反应器的尾气还需作进一步处理。

在 1982 年开发的超临界污水处理工艺是一项处理有害物质的新型技术。该工艺中超临界水是有机物的萃取溶剂，有害物质与超临界水中的氧进行均相反应。这一工艺具有如下优点：①所处理的有机物将完全氧化；②通过超临界水的方式回收燃烧热，大大提高了能量利用效率，回收的燃烧热既是高温热源，又可用作驱动透平的动力；③因为反应器仅存在超临界流体一相，其体积可大为缩小，同时可将反应时间缩短为几秒。

该工艺能够处理浓度范围较宽的含有机物污水，其流程见图 5-28。污水用污水泵压入反应器，与一股循环反应产物直接混合而加热至超临界状态。空气由压缩机压进反应器，提供所需的氧气。有毒有机物在反应器里迅速完全氧化、燃烧释出的热量使物料温度升高，并超出临界温度。离开反应器的物料进入旋风分离器，在那里进料中的无机盐从流体相中沉淀析出。离开旋风分离器的物料有一部分循环使用，为反应器内物料提供超临界条件，另一部分高温高压流体则通过一热交换器回收能量后进入高压气液分离器；其中，氮气和大部分 CO_2 作为气体物料离开分离器后通过膨胀机透平，为空气压缩机提供动力。液体物料是水和溶于水的 CO_2，经减压阀进入低压气液分离器，分出的气体（主要是 CO_2）可以排放。液体为干净的水，可作补充水加入进料水槽。经过上述处理，原料中有机物料转化成氧化产物、二氧化碳、水和杂原子（Cl、S、P）及金属所组成的含氧酸。反应转化率定义为 R。转化率 R 取决于反应温度和反应时间。研究表明，当反应器温度 550 ～ 600℃和反应时间为 5s 时，可获得高于 99.99% 的转化率。延长转化时间可降低反应操作温度，但将增加反应器体积，从而增加设备费用。为获得 550 ～ 600℃高温污水，应具备 4000kJ/kg 的热值，相当于含 10% 苯的水溶液。对于有机物浓度更大的污水须在进料中添加补充水。

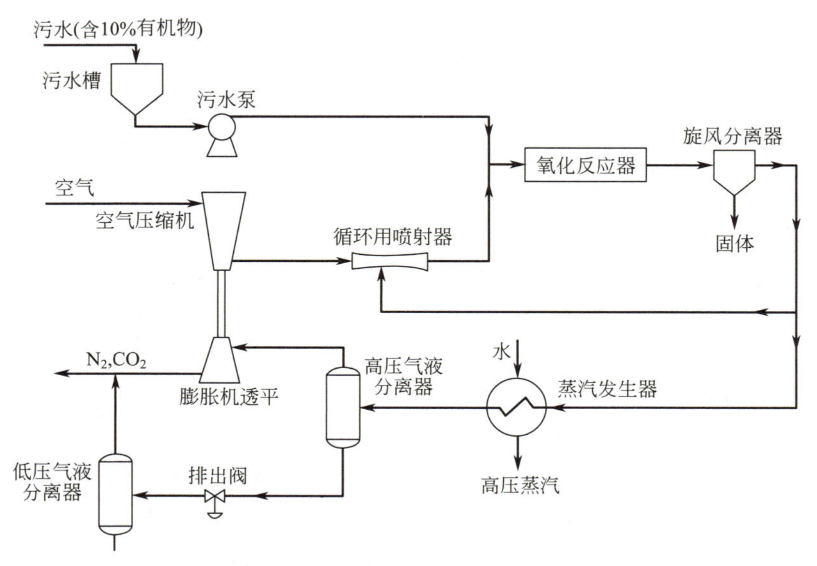

图 5-28 超临界污水处理工艺流程

$$R = \frac{\text{有机物被转化部分}}{\text{进料中的有机物}}$$

5.8 双水相萃取

5.8.1 双水相萃取法概述

双水相萃取法（aqueous two-phase extraction）是利用物质在互不相溶的两水相间分配系数的差异来进行萃取的方法。不同的高分子溶液相互混合可产生两相或多相系统，例如，葡聚糖（dextran）与聚乙二醇（PEG）按一定比例与水混合，溶液混浊，静置平衡后，分成互不相溶的两相，上相富含 PEG，下相富含葡聚糖，见图 5-29。许多高分子混合物的水溶液都可以形成多相系统。如明胶与琼脂或明胶与可溶性淀粉的水溶液混合，形成的胶体乳浊液可分成两相，上相含有大部分琼脂或可溶性淀粉，而大量的明胶则聚集于下相。

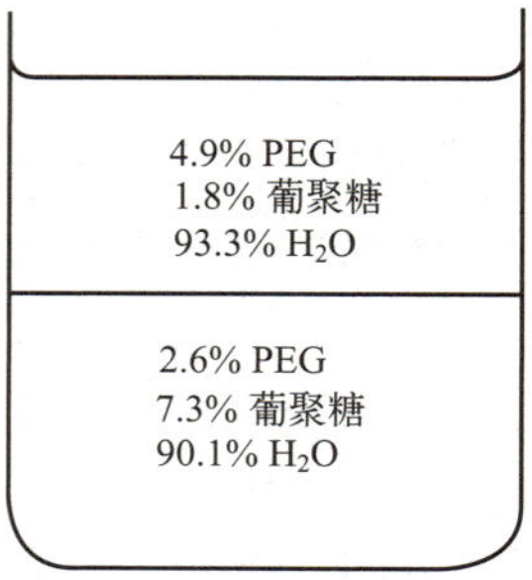

4.9% PEG
1.8% 葡聚糖
93.3% H_2O

2.6% PEG
7.3% 葡聚糖
90.1% H_2O

图 5-29 5% 葡聚糖 500 和 3.5% 聚乙二醇 6000 系统所形成的双水相的组成

当两种高聚物水溶液相互混合时，它们之间的相互作用可以分为三类：①互不相溶（incompatibility），形成两个水相，两种高聚物分别富集于上、下两相；②复合凝聚（complex coacervation），也形成两个水相，但两种高聚物都分配于一相，另一相几乎全部为溶剂水；③完全互溶（complete miscibility），形成均相的高聚物水溶液。

离子型高聚物和非离子型高聚物都能形成双水相系统。根据高聚物之间的作用方式不同，两种高聚物可以产生相互斥力而分别富集于上、下两相，即互不相溶；或者产生相互引力而聚集于同一相，即复合凝聚。

高聚物与低分子量化合物之间也可以形成双水相系统，如聚乙二醇与硫酸铵或硫酸镁水溶液系统，上相富含聚乙二醇，下相富含无机盐。

表 5-8 和表 5-9 列出了一系列高聚物与高聚物、高聚物与低分子量化合物之间形成的双水相系统。

表 5-8 高聚物 - 高聚物 - 水系统

高聚物（P）	高聚物（Q）	高聚物（P）	高聚物（Q）
PEG	葡聚糖 FiColl①	羧甲基葡聚糖钠	PEG-NaCl 甲基纤维素 -NaCl NaCl 聚丙二醇
聚丙二醇	PEG 葡聚糖	羧甲基纤维素钠	PEG-NaCl 甲基纤维素 -NaCl 聚乙烯醇 -NaCl
聚乙烯醇	甲基纤维素 -NaCl 葡聚糖	DEAE- 葡聚糖盐酸盐	PEG-Li_2SO_4 甲基纤维素
FiColl	葡聚糖		

① 商品名，一种多聚蔗糖。

表 5-9 高聚物 - 低分子量化合物 - 水系统

高聚物	低分子量化合物	高聚物	低分子量化合物
聚丙二醇	磷酸盐	聚丙二醇	葡萄糖
甲氧基聚乙二醇	磷酸盐		甘油
PEG	磷酸盐	葡聚糖硫酸钠	NaCl（0℃）

两种高聚物之间形成的双水相系统并不一定是液相，其中一相可以不同程度地呈固体或凝胶状，如 PEG 的分子量小于 1000 时，葡聚糖可形成固态凝胶相。多种互不相溶的高聚物水溶液按一定比例混合时，可形成多相系统，见表 5-10。

表 5-10 多相系统

三相	dextran（6%）-HPD（6%）-PEG（6%） dextran（8%）-FiColl（8%）-PEG（4%） dextran（7.5%）-HPD（7%）-FiColl（11%） dextran-PEG-PPG
四相	dextran（5.5%）-HPD（6%）-FiColl（10.5%）-PEG（5.5%） dextran（4%）-HPD；A（5%）-HPD；B（5%）-HPD；C（5%）-HPD
五相	DS-dextran-FiColl-HPD-PEG dextran（4%）-HPD；a（4%）-HPD；b（4%）-HPD；c（4%）-HPD；d（4%）-HPD
十八相	dextran sulfate（10%）-dextran（2%）-HPDa（2%）-HPD_b（2%）-HPD_c（2%）-HPD_d（2%）

注：括号内数字均为质量分数。dextran 指 dextran 500 或 D48；PEG 分子量为 6000；PPG 为聚丙二醇，单体分子量为 424；DS 为 Na dextran sulfate 500；HPD 为羟丙基葡聚糖 500；A、B、C、a、b、c、d 分别表示不同的取代率。

双水相系统形成的两相均是水溶液，它特别适用于生物大分子和细胞粒子的分离。20 世纪 50 年代以来，双水相萃取已逐渐应用于不同物质的分离纯化，如动植物细胞、微生物细胞、病毒、叶绿体、线粒体、细胞膜、蛋白质、核酸等。溶质在两水相间的分配主要由其表面性质决定，通过在两相间的选择性分配而得到分离。分配能力的大小可用分配系数 k 来表示

$$k=\frac{c_t}{c_b} \tag{5-50}$$

式中，c_t、c_b 分别为被萃取物质在上、下相的浓度，mol/L。

分配系数 k 与溶质的浓度和相体积比无关，它主要取决于相系统的性质、被萃取物质的表面性质和温度。

在双水相萃取系统中，悬浮粒子与其周围物质具有复杂的相互作用，如氢键、离子键、疏水作用等，同时，还包括一些其他较弱的作用力，很难预计哪一种作用占优势。但是，在双水相之间，净作用力一般会存在差异。将一种粒子从相 2 移到相 1 所需的能量如为 ΔE，则当系统达到平衡时，萃取的分配系数可用式（5-51）表示

$$\frac{c_1}{c_2}=e^{\frac{\Delta E}{KT}} \tag{5-51}$$

式中，K 为玻耳兹曼常数；T 为热力学温度，K；c_1 为溶质在相 1 中的浓度，mol/L；c_2 为溶质在相 2 中的浓度，mol/L。

显然，ΔE 与被分配粒子的大小有关，粒子越大，暴露于外界的粒子数越多，与其周围相系统的作用力也越大。故 ΔE 可看作与粒子的表面积 A 或分子量 M 成正比，见式（5-52）和式（5-53）。

$$\frac{c_1}{c_2}=e^{\frac{\lambda A}{KT}} \tag{5-52}$$

$$\frac{c_1}{c_2}=e^{\frac{\lambda M}{KT}} \tag{5-53}$$

式中，λ 为表征粒子性能的参数，与表面积或分子量无关。

如果粒子所带的净电荷为 Z，则在两相间存在电位差 U_1-U_2，ΔE 中应包括电能项 $Z(U_1-U_2)$，即有

$$\frac{c_1}{c_2}=\exp\frac{\lambda_1 A+Z(U_1-U_2)}{KT} \tag{5-54}$$

式中，λ_1 为与粒子大小和净电荷无关，而决定于其他性质的常数。

总之，分配系数由多种因素决定，如粒子大小、疏水性、表面电荷、粒子或大分子的构象等。这些因素微小的变化可导致分配系数较大的变化，因而双水相萃取有较好的选择性。

两种高聚物的水溶液，当它们以不同的比例混合时，可形成均相或两相，可用相图来表示（见图 5-30），高聚物 P、Q 的浓度均以质量分数表示，相图右上部为两相区，左下部为均相区，两相与均相的分界线叫双节线。组成位于 A 点的系统实际上由位于 C、B 两点的两相所组成。同样，组成位于 A' 点的系统由位于 C'、B' 两点的两相组成，BC 和 $B'C'$ 称为系线。当系线向下移动时，长度逐渐减小，这表明两相的差别减小，当达到 K 点时，系线的长度为零，两相间差别消失，K 点称为临界点。

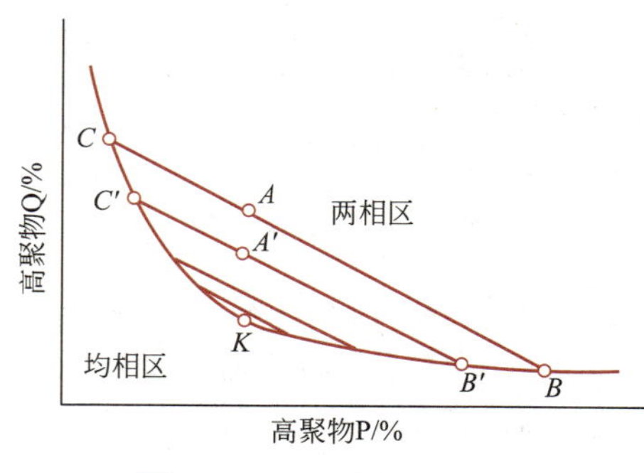

图 5-30 双水相系统相图

假设系统总量为 m_0，高聚物 P 在上、下相的含量分别为 m_t、m_b，则

$$m_t+m_b=m_0 \tag{5-55}$$

$$100m_t=V_t\rho_t c_t \tag{5-56}$$

式中，V_t 为上相体积；ρ_t 为上相密度；c_t 为高聚物 P 在上相的浓度，mol/L。

对于下相同样有

$$100m_b=V_b\rho_b c_b \tag{5-57}$$

式中，下标 b 表示下相。

设 c_0 为高聚物在系统中的总浓度（mol/L），则由物料衡算可得

$$100m_0=(V_t\rho_t+V_b\rho_b)c_0 \tag{5-58}$$

将式（5-56）、式（5-57）、式（5-58）代入式（5-55）得

$$\frac{V_t\rho_t}{V_b\rho_b}=\frac{c_b-c_0}{c_0-c_t} \tag{5-59}$$

由图 5-30 可得

$$\frac{c_b-c_0}{c_0-c_t}=\frac{\overline{AB}}{\overline{AC}} \tag{5-60}$$

将式(5-60)代入式(5-59)，得

$$\frac{V_t\rho_t}{V_b\rho_b}=\frac{\overline{AB}}{\overline{AC}} \tag{5-61}$$

双水相系统含水量高，上、下相密度与水接近（1.0 ～ 1.1g/cm^3）。因此，如果忽略上、下相的密度差，则由式（5-61）可知，相体积比可用系线上 *AB* 与 *AC* 的距离之比来表示。

双水相系统的相图可以由实验来测定。将一定量的高聚物 P 浓溶液置于试管内，然后用已知浓度的高聚物 Q 溶液来滴定。随着高聚物 Q 的加入，试管内溶液由均相突然变混浊，记录 Q 的加量。然后再在试管内加入 1mL 水，溶液又澄清，继续滴加高聚物 Q，溶液又变混浊，计算此时系统的总组成。依此类推，由实验测定一系列双节线上的系统组成点，以高聚物 P 浓度对高聚物 Q 浓度作图，即可得双节线。相图中的临界点是系统上、下相组成相同时由两相转变为均相的分界点。如果制作一系列系线，连接各系线的中点并延长到与双节线相交，该交点 *K* 即为临界点，见图 5-31。PEG- 磷酸盐系统的相图如图 5-32 所示。

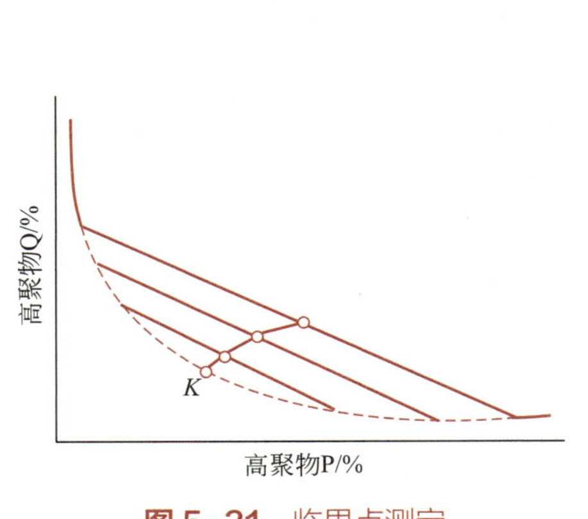

图 5-31 临界点测定

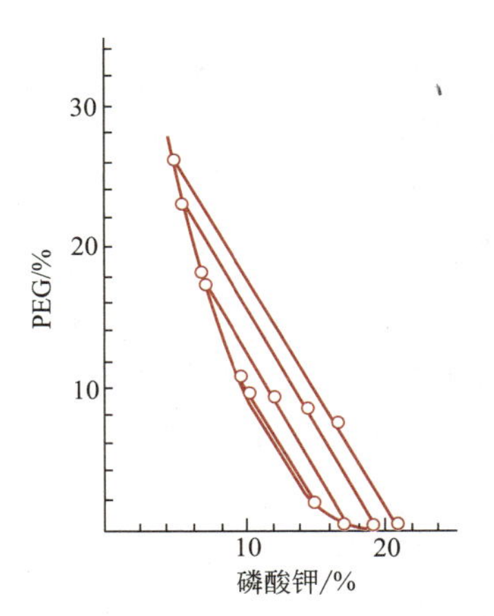

图 5-32 PEG- 磷酸盐系统相图（PEG6000，0℃）

5.8.2 影响双水相萃取的因素

双水相萃取受许多因素的制约，被分配的物质与各种相组分之间存在着复杂的相互作用，作用

力包括氢键、电荷力、范德华力、疏水作用和构象效应等。因此，形成相系统的高聚物的分子量和化学性质、被分配物质的大小和化学性质对双水相萃取都有直接的影响。粒子的表面暴露在外，与相组分相互接触，因而它的分配行为主要依赖其表面性质。盐离子在两相间具有不同的亲和力，由此形成的道南电位对带电分子或粒子的分配具有很大的影响。

影响双水相萃取的因素很多，对影响萃取效果的不同参数可以分别进行研究，也可将各种参数综合考虑以获得满意的分离效果。

分配系数 k 的对数可分解成下列各项

$$\ln k=\ln k^0+\ln k_{\mathrm{el}}+\ln k_{\mathrm{hfob}}+\ln k_{\mathrm{biosp}}+\ln k_{\mathrm{size}}+\ln k_{\mathrm{conf}} \tag{5-62}$$

式中，el、hfob、biosp、size 和 conf 分别表示电化学位、疏水作用、生物亲和力、粒子大小和构象效应对分配系数的贡献，而 k^0 包括其他一些影响因素。另外，各种影响因素也相互联系，相互作用。下面以聚乙二醇 - 葡聚糖双水相系统为例，阐述一些影响双水相萃取的主要因素。

（1）成相高聚物浓度——界面张力　一般来说，双水相萃取时，如果相系统组成位于临界点附近，则蛋白质等大分子的分配系数接近于 1。高聚物浓度增加，系统组成偏离临界点，蛋白质的分配系数也偏离 1，即 $k>1$ 或 $k<1$，但也有例外情况，例如高聚物的浓度增大，分配系数首先增大，达到最大值后便逐渐降低，这说明在上、下相中，两种高聚物的浓度对蛋白质活度系数有不同的影响。

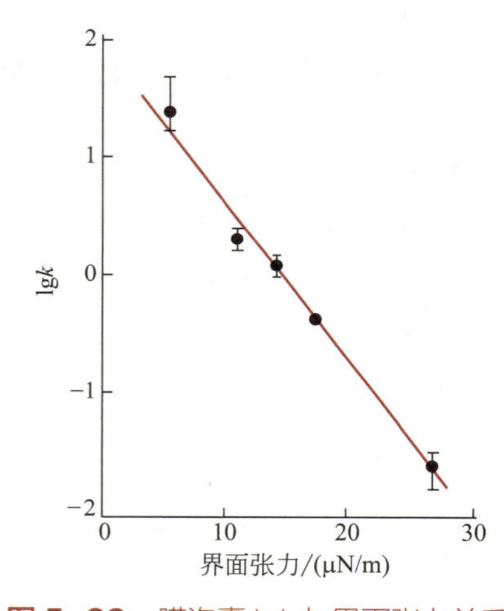

图 5-33　膜泡囊 lg$k$ 与界面张力关系

对于位于临界点附近的相系统，细胞粒子可完全分配于上相或下相，此时不存在界面吸附。高聚物的浓度增大，界面吸附增强，例如接近临界点时，细胞粒子如位于上相，则当高聚物浓度增大时，细胞粒子向界面转移，也有可能完全转移到下相，这主要依赖于它们的表面性质。成相高聚物浓度增加时，两相界面张力也相应增大。膜泡囊的 lg$k$ 值与界面张力几乎成直线关系（见图 5-33）。

（2）成相高聚物的分子量　高聚物的分子量对分配的影响符合下列一般原则：对于给定的相系统，如果一种高聚物被低分子量的同种高聚物所代替，被萃取的大分子物质，如蛋白质、核酸、细胞粒子等，将有利于在低分子量高聚物一侧分配。举例来说，PEG-dextran 系统中，PEG 分子量降低或 dextran 分子量增大，蛋白质分配系数将增大；相反，如果 PEG 分子量增大或 dextran 分子量降低，蛋白质分配系数则减小。也就是说，当成相高聚物浓度、盐浓度、温度等其他条件保持不变时，被分配的蛋白质易被相系统中低分子量高聚物所吸引，而易被高分子量高聚物所排斥。这一原则适用于不同类型的高聚物相系统，也适用于不同类型的被萃取物质。

上述结论表明了分配系数变化的方向，但是分配系数变化的大小主要由被分配物质的分子量决定。小分子物质，如氨基酸、小分子蛋白质，它们的分配系数受高聚物分子量的影响并不像大分子蛋白质那样显著。

以 dextran 500（分子量 500000）代替 dextran 40（分子量 40000），即增大下相成相高聚物的分子量，被萃取的低分子量物质，如细胞色素 c，它的分配系数的增大并不显著。然而，被萃取的高分子量物质，如过氧化氢酶、藻红蛋白，它们的分配系数可增大到原来的 6 ～ 7 倍。

选择相系统时，可改变成相高聚物的分子量以获得所需的分配系数，特别是当所采用的相系统离子组分必须恒定时，改变高聚物分子量更加适用。根据这一原理，不同分子量的蛋白质可以获得较好的分离。

（3）电化学分配（electrochemical partition） 双水相萃取时，盐对带电大分子的分配影响很大。例如，DNA 萃取时，离子组分微小的变化可使 DNA 从一相几乎完全转移到另一相。生物大分子的分配主要决定于离子的种类和各种离子之间的比例，而离子强度在此显得并不重要，这一点可以通过离子在上、下相不均等分配时形成的电位来解释。表 5-11 列出了各种无机盐在 PEG-dextran 双水相系统中的分配情况。

表 5-11 各种无机盐、酸和芳香族化合物的分配系数

化合物	浓度 /（mol/L）	k	化合物	浓度 /（mol/L）	k
LiCl	0.1	1.05	K_2SO_4	0.05	0.84
LiBr	0.1	1.07	H_3PO_4	0.06	1.10
LiI	0.1	1.11	NaH_2PO_4	混合物，每种含 0.03	0.96
NaCl	0.1	0.99	Na_2HPO_4		0.74
NaBr	0.1	1.01	Na_3PO_4	0.06	0.72
NaI	0.1	1.05	枸橼酸	0.1	1.44
KCl	0.1	0.98	枸橼酸钠	0.1	0.81
KBr	0.1	1.00	草酸	0.1	1.13
KI	0.1	1.04	草酸钾	0.1	0.85
Li_2SO_4	0.05	0.95	吡啶①		0.92
Na_2SO_4	0.05	0.88	苯酚②		1.34

① PEG-dextran 系统（7% dextran500，7% PEG4000，质量分数）。

② 0.025mol/L 磷酸盐（钠盐）缓冲液，pH=6.9。

很明显，各种盐的分配系数存在着微小的差异，正是这种微小的不均等分配产生了相间电位，对某种盐来说，离子所带电荷为 Z^+ 和 Z^-，界面电位 U_2–U_1 可用式（5-63）表示

$$U_2 - U_1 = \frac{RT}{(Z^+ + Z^-)F} \ln \frac{k_-}{k_+} \tag{5-63}$$

式中，R 为气体常数；F 为法拉第常数；T 为热力学温度，K；k_+、k_- 为没有相间电位存在时正、负离子的分配系数。

由式（5-63）可知，k_-/k_+ 越大，界面电位越大。也就是说，某种盐解离出来的两种离子，在两相间的亲和力差别越大，界面电位差也越大。

荷电蛋白质的分配系数可用式（5-64）表示

$$\ln k_P = \ln k_P^0 + \frac{FZ}{RT}(U_2 - U_1) \tag{5-64}$$

式中，k_P 为蛋白质分配系数；k_P^0为界面电位为零或蛋白质所带净电荷为零时的分配系数。

对大多数蛋白质来说，由于 Z 值较大，所以相间电位差 U_2–U_1 对 k_P 影响十分显著，k_P 与 Z 成指数关系，如图 5-34 中所示的血清白蛋白于不同 pH 下在四种相系统中的分配系数，这些相系统由于含不同的盐，因而具有不同的界面电位。盐离

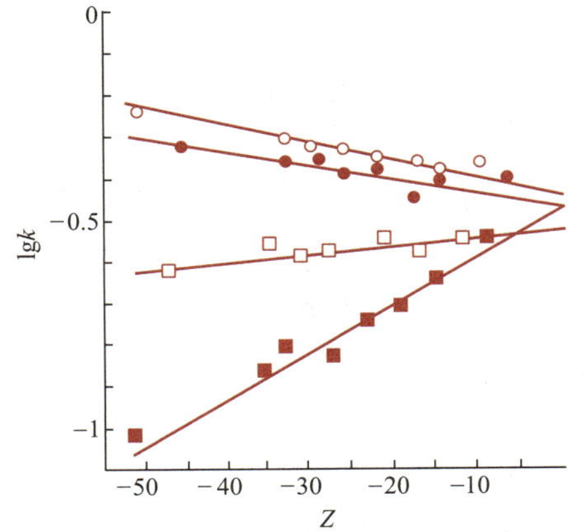

图 5-34 分配系数对数与蛋白所带净电荷的关系

子对双水相萃取的影响适用于所有带电大分子和带电细胞粒子。

值得一提的是，界面电位几乎与离子强度无关，而且在含一定的盐时，离子浓度在 0.005 ～ 0.1mol/L 范围内，蛋白质的分配系数受离子强度的影响很小。也就是说，对一定的盐来说，蛋白质的有效净电荷与离子强度无关。

（4）疏水作用　选择适当的盐组成，相系统的电位差可以消失。排除了电化学效应后，决定分配系数的其他因素，如粒子的表面疏水性能即可占主要地位。成相高聚物的末端偶联上疏水基团后，疏水作用会更加明显。此时，如果被分配的蛋白质具有疏水性的表面，则它的分配系数会发生改变。可以利用这种疏水亲和分配来研究蛋白质和细胞粒子的疏水性质，也可用于分离具有不同疏水性能的分子或粒子。

（5）生物亲和分配　成相高聚物偶联生物亲和配基后，它对生物大分子的分配系数影响很显著，从理论上可推得这种影响。例如，在 PEG 上共价结合一个与蛋白质有亲和力的配基后，设它的分配系数为 $k_{\text{L-PEG}}$，蛋白质分配系数为 k_{P}；蛋白质、配基和 PEG 复合物的分配系数为 $k_{\text{P-L-PEG}}$，它在上、下相的解离常数分别为 K_1、K_2，则不难证明有下列关系式

$$k_{\text{P-L-PEG}} = k_{\text{P}} k_{\text{L-PEG}} \times \frac{K_2}{K_1}$$

如果蛋白质含 N 个独立的连接位点，则

$$k_{\text{P-L-PEG}} = k_{\text{P}} \left(k_{\text{L-PEG}} \times \frac{K_2}{K_1} \right)^N$$

若复合物在上、下相的离解能力相同（$K_1=K_2$），则

$$k_{\text{P-L-PEG}} = k_{\text{P}} (k_{\text{L-PEG}})^N$$

即

$$\lg k_{\text{P-L-PEG}} = \lg k_{\text{P}} + N \lg k_{\text{L-PEG}} \tag{5-65}$$

由于 $k_{\text{L-PEG}}$ 取值范围可以为 10 ～ 100，如果相系统含有过量的 L-PEG，蛋白质所有可结合位点都能达到饱和。由式（5-65）可知，对每一个结合位点，蛋白质分配系数将增大 10 ～ 100 倍，如果蛋白质含有几个可结合位点，k_{P} 值将增大几个数量级。事实上，当 PEG 与亲和配基连接后，k_{P} 值一般增大 10 ～ 10000 倍。图 5-35 表示 Cibachrome-PEG 对磷酸果糖激酶分配系数对数的影响。磷酸果糖激酶含有 16 个结合位点，根据上述推断，在过量的 Cibachrome-PEG 存在下，$\lg k_{\text{P}}$ 应增大 16 倍，事实上 $\lg k_{\text{P}}$ 只增大 3 倍。从理论上来说，这是由于酶表面暴露出的结合位点并非相互独立，含配基的高聚物与酶结合后可阻止它与其他位点进一步结合，而且复合物在上、下相的解离常数也非完全相同。同时，蛋白质与亲和配基结合后，它与相的接触表面也会减小，所有这些因素都会导致 k 值减小。此外，成相高聚物 Cibachrome-PEG 自身的聚合作用也会降低亲和分配的效果。但不管怎样，亲和分配为双水相萃取提供了一种快速、有效、选择性高且易于放大的途径。

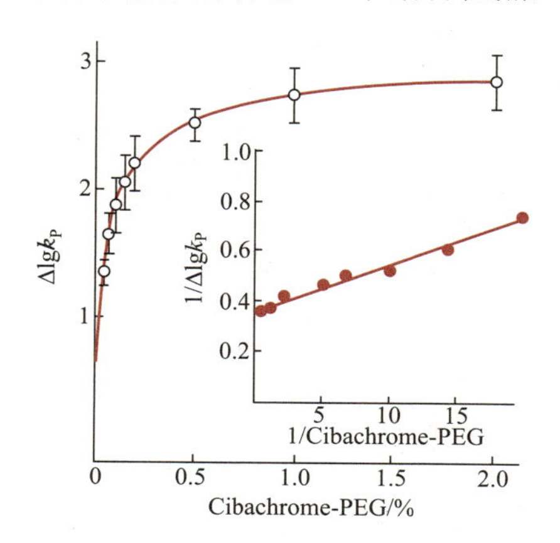

图 5-35　$\Delta\lg k_{\text{P}}$ 与 Cibachrome-PEG 含量的关系

（6）温度及其他因素　温度在双水相分配中是一个重要的参数。但是温度的影响是间接的，它主要影响相的高聚物组成，只有当相系统组成位于临界点附近时，温度对分配系数才具有较明显的作用。

当界面电位为零时，蛋白质分配系数与其所带净电荷无关，即 k 与 pH 无关。但也有例外情况。如血清白蛋白在 pH 较低时其构象要随 pH 而变化，溶菌酶分子可形成二聚体，因而这些蛋白质的 k^0 值随 pH 而变化。所以，可以选择零电位相系统来研究它们的构象变化。

淀粉、纤维素等高聚物具有光学活性，它们可以辨别分子的 D、L 构型。因此，对映体分子在上述高聚物相系统中具有不同的分配特征。同样，一种蛋白质对 D 型或 L 型能选择性地结合而富集于一相中，可将此用于手性分配。例如，在含血清蛋白的相系统中，D、L 型色氨酸可获得分离。

5.8.3 双水相萃取的应用

双水相萃取技术可应用于蛋白质、酶、核酸、人生长激素、干扰素等的分离纯化，它将传统的离心、沉降等固液分离转化为液 - 液分离，工业化的高效液 - 液分离设备为此奠定了基础。双水相系统平衡时间短，含水量高，界面张力低，为生物活性物质提供了温和的分离环境。双水相萃取操作简便、经济省时、易于放大，如系统可从 10mL 直接放大到 $1m^3$ 规模（10^5 倍），而各种试验参数均可按比例放大，产物收率并不降低，这种易于放大的优点在工程中是罕见的。

双水相萃取时，如果分配系数较大，一步萃取即可满足需要。分配系数较低时，根据物质的稳定性，可进行多步萃取或多级萃取。分配系数分别为 k_1、k_2 的两种物质，k_1/k_2 越大，分离因素越大，分离效率越高。若以 G 表示被萃取物质在上、下相的含量之比，则

$$G=\frac{c_t V_t}{c_b V_b}$$

即

$$G=k\frac{V_t}{V_b} \tag{5-66}$$

式（5-66）表明，除分配系数 k 以外，相体积比也影响物质的分离效果。

在生物工程领域中，活性物质一般以稀溶液的形式存在，在进行分离纯化时，首先要进行浓缩，双水相萃取可满足这一要求。利用双水相分配进行粒子浓缩过程，见图 5-36。如果含粒子悬浮液的初始体积为 V_0，粒子浓度为 c_0，加入两种成相高聚物的溶液，其总量为 V，经混合和分相后，产物集中于下相，其体积为 V_b，则上相体积为

$$V_t=V_0+V-V_b \tag{5-67}$$

$$V_t c_t+V_b c_b=V_0 c_0 \tag{5-68}$$

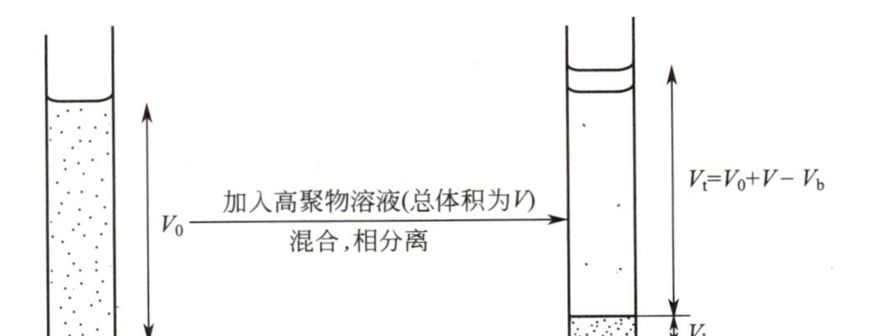

图 5-36 利用双水相分配进行粒子浓缩

产物浓缩效果以浓缩因子 a 表示，即

$$a=\frac{c_b}{c_0} \tag{5-69}$$

由式（5-68）、式（5-69）可得

$$a=\frac{V_0}{V_b\left(1+\frac{V_t}{V_b}k\right)} \tag{5-70}$$

式中，k 为粒子的分配系数，a 值越大，浓缩效果越好。

浓缩收率 y 为

$$y=100\times\frac{c_bV_b}{c_0V_0}$$

或者

$$y=100\times a\frac{V_b}{V_0}$$

$$y=\frac{100}{1+\frac{V_t}{V_b}k} \tag{5-71}$$

由式（5-70）、式（5-71）可见，当相比 V_t/V_b 保持不变，产物的分配系数 k 减小时，浓缩因子和浓缩收率都增大。但是，当 k、V_0 和 V 一定，V_b 减小时，则收率 y 也减小，而浓缩因子 a 却增大。所以，选择 V_b 值时，必须取折中值。

上述公式适用于将粒子浓缩到下相的情况，如粒子被浓缩到上相，则可将 V_b 与 V_t 互换，并以 $1/k$ 代替 k，上述公式仍适用。

双水相体系萃取胞内酶时，PEG-dextran 系统特别适用于从细胞匀浆液中除去核酸和细胞碎片。系统中加入 0.1mol/L NaCl 可使核酸和细胞碎片转移到下相（dextran 相），产物酶位于上相，分配系数为 0.1 ～ 1.0。选择适当的盐组分，经一步或多步萃取，可获得满意的分离效果。如果 NaCl 浓度增大到 2 ～ 5mol/L，几乎所有的蛋白质、酶都转移到上相，下相富含核酸。将上相收集后透析，加入到 PEG- 硫酸铵双水相系统中进行第二步萃取，产物酶位于下相（硫酸铵相），进一步纯化即可获得所需的产品。

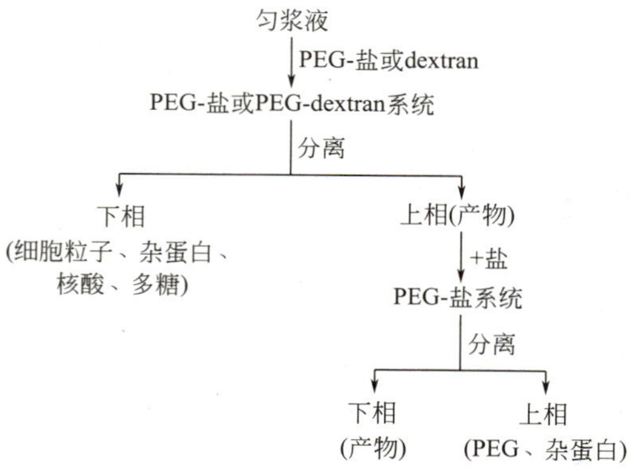

匀浆液
PEG-盐或dextran
PEG-盐或PEG-dextran系统
分离
下相（细胞粒子、杂蛋白、核酸、多糖）
上相（产物）
+盐
PEG-盐系统
分离
下相（产物）
上相（PEG、杂蛋白）

图 5-37 胞内蛋白（酶）双水相两步萃取流程

在 PEG-dextran 双水相系统中，离子组分的变化可使不同的核酸从一相转移到另一相，核酸的萃取也符合一般的大分子分配规律。例如，单链 DNA 和双链 DNA 具有不同的分配系数 k，经一步或多步萃取可获得分离纯化。目前采用一步萃取已成功地从含大量变性 DNA 的样品中分离出了不可逆的交联变性 DNA 分子，在 PEG-dextran 系统中，环状质粒 DNA 可从澄清的大肠杆菌酶解液中分离出来。

图 5-37 为典型的胞内蛋白（酶）双水相两步萃取流程，图 5-38 则为胞内酶连续萃取流程。

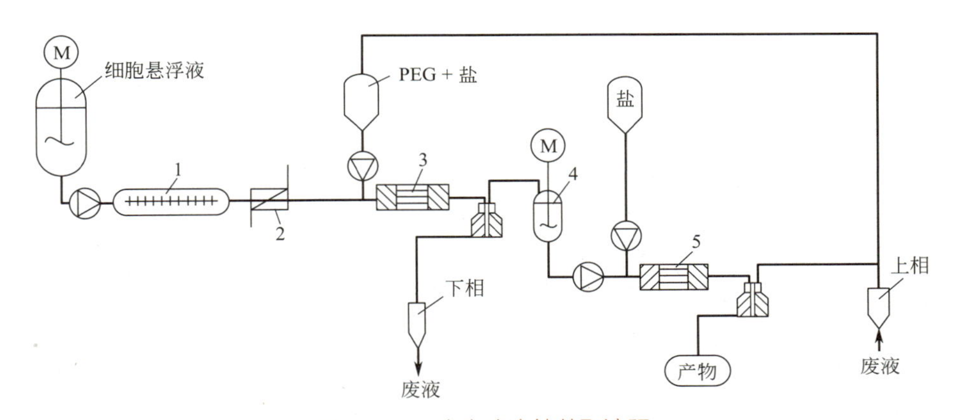

图 5-38 胞内酶连续萃取流程

1—玻璃球磨机；2—热交换器；3,5—静态混合器；4—容器

5.9 反胶团萃取

反胶团（reverse micelle）是表面活性剂在非极性有机溶剂中形成的一种聚集体（aggregate）。通常表面活性剂分子由亲水憎油的极性头和亲油憎水的非极性尾两部分组成。将表面活性剂溶于水中，并使其浓度超过临界胶团浓度（critical micelle concentration，CMC）时，表面活性剂就会在水溶液中聚集在一起而形成聚集体。通常情况下，这种聚集体是水溶液中的胶团，称为正常胶团（normal micelle）。在某些情况下，聚集体也可以为双脂层（bilayer）、脂质体（liposome）等。在胶团中，表面活性剂的排列方式是极性头在外，与水接触，非极性尾在内，形成一个非极性的核。此核可以溶解非极性的物质。

若将表面活性剂溶于非极性的有机溶剂中，并使其浓度超过临界胶团浓度，便会在有机溶剂内形成聚集体，这种聚集体称为反胶团。正常胶团与反胶团的结构比较见图 5-39。在反胶团中，表面活性剂的非极性尾在外与非极性的有机溶剂接触，而极性头则排列在内形成一个极性核。此极性核具有溶解极性物质的能力，极性核溶解于水后，就形成了“水池”。当含有此种反胶团的有机溶剂与蛋白质的水溶液接触后，蛋白质就会溶于此“水池”。由于周围水层和极性头的保护，蛋白质不会与有机溶剂接触，因而不会造成失活。蛋白质在反胶团中的溶解示意图见图 5-40。这种蛋白质在反胶团中溶解情况的解释称为“水壳”模型。

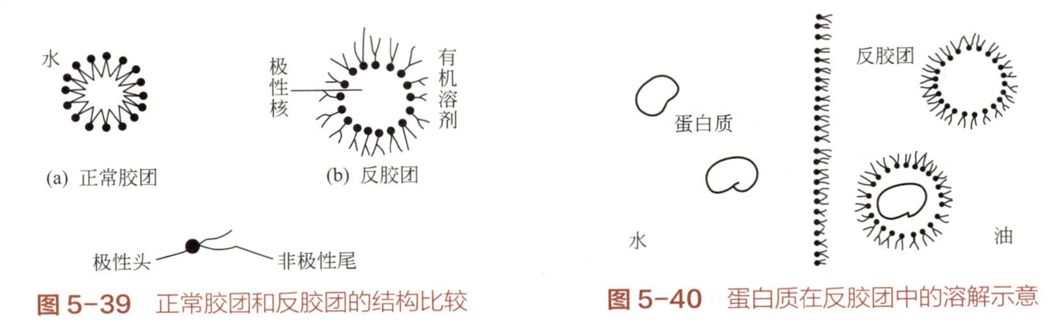

图 5-39 正常胶团和反胶团的结构比较

图 5-40 蛋白质在反胶团中的溶解示意

现在已知的可以通过反胶团溶于有机溶剂的蛋白质有：细胞色素 c（cytochrome c）、α-胰凝乳蛋白酶（α-chymotrypsin）、胰蛋白酶（trypsin）、胃蛋白酶（pepsin）、磷脂酶 A_2

（phospholipase A_2）、乙醇脱氢酶（alcohol dehydrogenase）、核糖核酸酶（ribonuclease）、溶菌酶（lysozyme）、过氧化氢酶（peroxidase）、α- 淀粉酶（α-amylase）、羟类固醇脱氢酶（hydroxysteroid dehydrogenase）等。

用于产生反胶团的表面活性剂有阳离子表面活性剂（季铵盐）和阴离子表面活性剂（AOT）两大类。AOT 为丁二酸 -2- 乙基己基磺酸钠的简称。在反胶团萃取的早期研究中多用季铵盐，目前研究中用得最多的是 AOT。人们普遍使用 AOT 的原因有两个：一是 AOT 所形成的反胶团较大，有利于大分子的蛋白质进入；二是 AOT 形成反胶团时不需要加助表面活性剂（cosurfactant）。当表面活性剂为 AOT 时，最常使用的有机溶剂为异辛烷。

反胶团的形状通常为球形，但也有人认为反胶团应是椭球形或棒形。其半径一般为（10 ～ 100）$\times10^{-10}$m。通常认为这样小的反胶团其大小是均一的。反胶团的大小取决于反胶团的含水量 W_0。W_0 的定义为反胶团中水分子数与表面活性剂分子数之比。因表面活性剂基本上都参与形成反胶团，因而含水量（W_0）约等于水的量比上表面活性剂的量，即有机溶剂中水的物质的量浓度与表面活性剂的物质的量浓度之比。AOT 形成的反胶团的 W_0 最大可达 50 ～ 60，而季铵盐形成的反胶团的 W_0 一般小于 3。

在水相与有机相平衡的情况下，W_0 取决于表面活性剂和溶剂的种类、助表面活性剂、水相中盐的种类和盐的浓度等。在无平衡水相存在的情况下，W_0 可以在一定范围内调节。

蛋白质或其他生物分子进入反胶团中后，肯定会引起反胶团的结构，如大小、聚集数和 W_0 等的变化。这些变化的具体情况有待进一步研究。

5.10 络合萃取

基于可逆络合反应的萃取分离方法简称络合萃取法，它对于极性有机物稀溶液的分离具有高效性和高选择性。近年来，国内外的络合萃取的研究工作十分活跃，研究者主要针对有机羧酸、醇类、酚类、芳香胺类、脂肪胺和带有两性官能团的有机物等稀溶液体系展开大量的研究工作。极性有机物稀溶液的络合萃取技术已渐渐成为分离工程领域研发的重要方向。

在络合萃取工艺过程中，溶液中的待分离溶质和含有络合剂的萃取剂相接触，络合剂和待分离溶质发生反应，形成络合物，并使络合物转移到萃取相内。在逆向反应时，溶质得以同收，萃取剂循环使用。用常用的萃取平衡分配系数作为参数来比较，在低溶质浓度下，络合萃取法能提供相当高的分配系数值，并且溶质的浓度越高，络合剂也越靠近化学计量饱和。因此，络合萃取法可以实现极性有机物在低浓区的完全分离。除此之外，因为溶质的分离取决于络合反应，所以络合萃取法的另外一个突出特点是高选择性。

实施络合萃取法分离极性有机物稀溶液的关键点，在于在不同的体系下，选择不同的络合剂、稀释剂及其组成和助溶剂。

络合剂应该有相应的官能团，和待分离溶质的缔合键能有一定的大小，便于络合物的形成，实现相转移；但是缔合键能也不可以过高，应使络合物能轻易地完成第二步逆向反应，络合剂容易再生。络合剂在发生络合反应、分离溶质的同时，其萃水量要尽可能少或者易实现溶剂中的水的去除。在络合萃职的过程中不应该有其他的副反应，络合剂要选择热稳定的，不易降解和分解，以避免不可逆的损失。络合反应在其正负反应方向上，都需要在不同条件下具有足够快的动力学机制，以便设备的体积在生产过程中不至于太大。

络合萃取的过程中，助溶剂和稀释剂的作用很重要。助溶剂可以是络合剂的良好溶剂。在络合萃取的一部分过程中，络合剂的本身可能是络合物的不良溶解介质，这个时候，助溶剂作为络合物的溶剂，促进络合物的形成和相间转移。稀释剂的主要作用是调节形成的混合萃取剂的黏度、界面张力及密度等，让液液萃取过程方便实施。在一些过程中，如果络合剂或助溶剂的萃水问题是络合萃取技术使用的主要障碍，加入的稀释剂就要起到降低萃取水量的作用。

许多因素都会对络合萃取的平衡造成影响。这些影响一般称为络合萃取的“摆动效应”。利用络合萃取的稀释剂组成摆动效应、pH 摆动效应、挥发性碱 pH 摆动效应和温度摆动效应，来选择最合适的络合萃取剂的再生方法，以保证络合萃取技术的经济可行性。对 4 种摆动效应进行分析，可看出，较为简洁的方法是用 pH 摆动效应来实施络合萃取剂的再生，不过回收产物的化学形态会有改变。一般来说，用其他三种摆动效应来进行溶剂再生的过程中，能耗大小的顺序是：稀释剂组成摆动效应＞温度摆动效应＞挥发性碱 pH 摆动效应。体系的特殊性要求和能耗的比较这两方面应该进行综合考量。

习题

5

1. 判断题

① 萃取分为物理萃取和化学萃取。(　　)

② 固液萃取也叫浸取。(　　)

③ 正己烷从大豆中萃取油脂属于化学萃取。(　　)

2. 选择题

① 根据物化理论，某种化合物在萃取达到平衡时的分配系数取决于（　　）。

A. 在两相中的化学势　　B. 化合物的极性　　C. 表面张力　　D. 溶质的浓度

② 下列不属于多级逆流萃取流程优点的是（　　）。

A. 萃取剂消耗少　　B. 萃取收率高　　C. 萃取流程简单

③ 下列不能形成双水相的体系是（　　）。

A. 硫酸钠和氯化钾　　B. 硫酸铵与 PEG　　C. PEG 与葡聚糖

3. 萃取过程中，如何选择合适的萃取剂？

4. 用醋酸戊酯作萃取剂，以多级逆流萃取流程从红霉素发酵液中萃取红霉素产品。发酵液中红霉素含量为 2.8kg/m^3，设计处理量为 0.05m^3/h。醋酸戊酯流量为 0.5m^3/h，分配系数 k_1=48。求：①产品萃取回收率为 90% 时所需萃取级数；②萃取液用水洗脱，洗脱常数 k_2=0.12，拟用三级洗脱且洗脱率为 95% 时的用水量。

5. 应用萃取法从植物细胞发酵液中提取蛋白质，所用的萃取液为异辛烷。已知此发酵液含蛋白酶 0.5%，萃取平衡关系式为 y=3.2x（y 为萃取相中蛋白酶浓度，x 为水相中与 y 平衡的蛋白酶浓度）。发酵液处理量为 0.1m^3/h，异辛烷流量为 0.06m^3/h。求：①用三级液流萃取操作时，萃余相的蛋白酶浓度和萃取回收率；②应用微分萃取操作，柱高 3m，萃取传质单元高度为 0.8m 时，萃余相蛋白酶浓度及萃取回收率。

6　吸附与离子交换

泳池里会放一种特殊的石头，它们能够通过离子交换作用去除水中的杂质和异味，让水变得清澈透明。这些石头就是离子交换树脂。离子交换树脂是一种具有离子交换功能的高分子材料，能够通过离子交换作用去除水中的钙、镁等金属离子，从而软化水质，去除异味。

思维导图

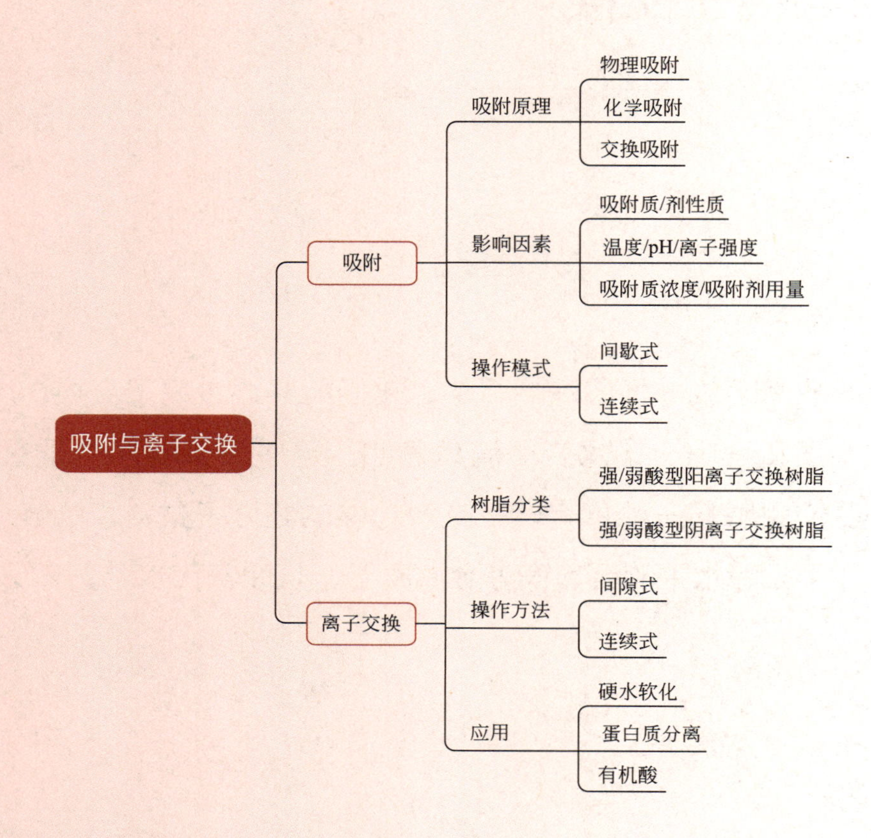
吸附与离子交换
吸附
吸附原理
物理吸附
化学吸附
交换吸附
影响因素
吸附质/剂性质
温度/pH/离子强度
吸附质浓度/吸附剂用量
操作模式
间歇式
连续式
离子交换
树脂分类
强/弱酸型阳离子交换树脂
强/弱酸型阴离子交换树脂
操作方法
间隙式
连续式
应用
硬水软化
蛋白质分离
有机酸

学习目标

- ○ 掌握吸附和离子交换的基本原理；
- ○ 理解吸附和离子交换中的动力学和热力学变化；
- ○ 掌握吸附和离子交换技术在生物分离中的实际应用；
- ○ 具备设计和优化吸附和离子交换过程的能力。

吸附是利用吸附剂对液体或气体中某一组分具有选择性吸附的能力，使其富集在吸附剂表面的过程。被吸附的物质称为吸附质。典型的吸附分离过程包含四个步骤：①将待分离的料液（或气体）通入吸附剂中；②吸附质被吸附到吸附剂表面，此时吸附是有选择性的；③料液流出；④吸附质解吸回收后，将吸附剂再生。

表 6-1 对吸附法与萃取法进行了比较。这两种分离方法都是将溶质从稀溶液中分离出来。吸附除了比萃取具有更高的选择性以外，吸附过程的操作条件温和，应用更广泛，适用于酶等蛋白质的分离纯化；而萃取由于多使用有机溶剂为萃取剂，易造成蛋白质变性，从而使酶活力降低。

表 6-1 吸附过程与萃取过程特性的比较

特性	吸附过程	萃取过程
处理能力	低	高
选择性	高	中等
平衡特性	非线性，溶质分子间存在相互作用，浓度要稀	线性，溶质分子间相互独立，与溶质浓度无关
操作性能	不稳定，周期操作	稳定状态
给料要求	可直接用发酵液或经澄清处理后的发酵液	发酵液必须进行澄清处理
缺点	吸附剂为固体，易造成填料不均，吸附剂可压缩	易出现乳化现象，产物易变性

6.1 吸附类型

根据吸附剂与吸附质之间存在的吸附作用力性质的不同，可将吸附分成物理吸附、化学吸附和交换吸附三种类型。

6.1.1 物理吸附

吸附剂和吸附质之间的作用力是分子间引力（范德华力），这类吸附称为物理吸附。由于分子间引力普遍存在于吸附剂与吸附质之间，所以吸附剂的整个自由界面都起吸附作用，故物理吸附无选择性。因吸附剂与吸附质的种类不同，分子间引力大小各异，因此吸附量可因物系不同而相差很多。物理吸附释放的热与气体的液化热相近，数值较小。物理吸附在低温下也可进行，不需要较高活化能。在物理吸附中，吸附质在固体表面上的吸附可以是单分子层也可以是多分子层。此外，物理吸附类似于凝聚现象，因此吸附速率和解吸速率都较快，易达到吸附平衡状态。但有时吸附速率也很慢，这是由于吸附速率由吸附质在吸附剂颗粒的孔隙中的扩散速率控制所致。

6.1.2 化学吸附

由于固体表面未完全被相邻原子所饱和，还有剩余的成键能力，在吸附剂与吸附质之间有电子转移，形成化学键。因此化学吸附需要较高的活化能，需要在较高温度下进行。化学吸附放出的热量很大，与化学反应相近。由于化学吸附生成化学键，因而只能是单分子层吸附，且不易吸附和解吸，平衡慢。化学吸附的选择性较强，即一种吸附剂只对某种或特定几种物质有吸附作用。

6.1.3 交换吸附

如果吸附剂表面为极性分子或离子所组成，则它会吸引溶液中带相反电荷的离子而形成双电层，这种吸附称为极性吸附。当吸附剂与溶质间发生离子交换时，即吸附剂吸附离子后，同时要放出相应物质的量的反离子于溶液中。离子的电荷是交换吸附的决定因素，离子所带电荷越多，它在吸附剂表面的相反电荷点上的吸附力就越强。

必须指出，各种类型的吸附之间不可能有明确的界线，有时几种吸附同时发生，且很难区别。因此，溶液中的吸附现象较为复杂。

6.2 常用吸附剂

吸附是表面现象，一般固体都有或强或弱的吸附能力，在选择吸附剂时，要求吸附剂具备以下特性：对被分离的物质具有很强的吸附能力，即平衡吸附量大；有较高的吸附选择性；有一定的机械强度，再生容易；性能稳定，价廉易得。

6.2.1 活性炭

活性炭具有吸附力强、分离效果好、价廉易得等特点。由于活性炭生产原料和制备方法不同，吸附力不同，在生产上常因采用不同来源或不同批号的活性炭而得到不同的结果。活性炭色黑质轻，易造成环境污染。

（1）活性炭的分类　粉末活性炭颗粒极细，呈粉末状，其总表面积、吸附力和吸附量大，是活性炭中吸附力最强的一类，但其颗粒太细，影响过滤速率，需要加压或减压操作。

颗粒活性炭的颗粒比粉末活性炭大，其总表面积相应减小，吸附力及吸附量不及粉末活性炭；其过滤速率易于控制，无需加压或减压操作，克服了粉末活性炭的缺点。

锦纶活性炭是以锦纶为黏合剂，将粉末活性炭制成颗粒，其总面积较颗粒活性炭大，较粉末活性炭小，其吸附力较两者弱。因为锦纶不仅单纯起一种黏合作用，也是一种活性炭的脱活性剂，因此可用于分离因前两种活性炭吸附太强而不易洗脱的化合物。如用锦纶活性炭分离酸性氨基酸或碱性氨基酸，流速易控制，操作简便，效果良好。

（2）活性炭的选择及应用　三种活性炭的吸附力中以粉末活性炭为最强，颗粒活性炭次之，锦纶活性炭最弱。在提取分离过程中，根据所分离物质的特性，选择适当吸附力的活性炭是很关键的。当欲分离的物质不易被活性炭吸附时，要选择吸附力强的活性炭；而当欲分离的物质很易被活性炭吸附时，则要选择吸附力弱的活性炭。在首次分离料液时，一般先选用颗粒活性炭；如待分离的物质不能被吸附，则改用粉末活性炭；如待分离的物质吸附后不能洗脱或很难洗脱，造成洗脱溶剂体积过大，洗脱峰不集中时，则应改用锦纶活性炭。

在应用过程中，尽量避免应用粉末活性炭，因其颗粒极细，吸附力太强，许多物质吸附后很难洗脱。

（3）活性炭对物质的吸附规律　活性炭是非极性吸附剂，因此在水溶液中吸附力最强，在有机溶剂中吸附力较弱。在一定条件下，活性炭对不同物质的吸附力不同，一般遵循下列规律。

① 对极性基团（—COOH、—NH_2、—OH 等）多的化合物的吸附力大于极性基团少的化合物。例如，活性炭对酸性氨基酸和碱性氨基酸的吸附力大于中性氨基酸，这是因为酸性氨基酸中的羧基比中性氨基酸多，碱性氨基酸中的氨基（或其他碱性基团）比中性氨基酸多。又如，活性炭对羟脯氨酸的吸附力大于脯氨酸，因为羟基脯氨酸比脯氨酸多一个羟基。

② 对芳香族化合物的吸附力大于脂肪族化合物。可借此性质将芳香族氨基酸与脂肪族氨基酸分开。

③ 活性炭对分子量大的化合物的吸附力大于分子量小的化合物。例如，对寡肽的吸附力大于氨基酸，对多糖的吸附力大于单糖。

④ 发酵液的 pH 与活性炭的吸附效率有关。一般碱性抗生素在中性情况下吸附，酸性条件下解吸附；酸性抗生素在中性情况下吸附，碱性条件下解吸附。

⑤ 活性炭吸附溶质的量在达到平衡前一般随温度提高而增加，但在提高温度时应考虑到溶质对热的稳定性。

6.2.2 活性炭纤维

活性炭纤维是碳素纤维活化制得的一种纤维状吸附剂，与颗粒活性炭相比，有如下特点：①孔细，而且孔径分布范围比较窄；②外表面积大；③吸附与解吸速率较快；④工作吸附容量较大；⑤质量轻，对流体通过的阻力小；⑥成型性能好，可加工成各种形态，如毛毡状、纸片状、布料状和蜂巢状等。由于活性炭纤维具有上述特点，所以它的用途极广。

6.2.3 球形炭化树脂

活性炭虽然具有丰富的微孔结构和优良的吸附性能，但它存在着机械强度低、孔径分布难以控制、不易解吸等缺点。球形吸附剂可以与被处理的气体或液体均匀接触，气体和液体通过球形吸附剂层时阻力小。与其他形状相比，不易掉屑，不会污染被处理物，但是活性炭经球形造粒后，吸附性能显著下降，机械强度也不够理想。为此，可采用球形大孔吸附树脂为原料，经炭化、高温裂解及活化制得球形炭化树脂。

球形炭化树脂的孔径结构、比表面积和其他物理性质在裂解条件相同的情况下是由共聚物所决定的，所以在制备过程中，可以人为地控制聚合条件，在较大范围内改变原料配比即可得到不同孔径结构和不同性能的炭化树脂。

研究表明，炭化树脂对气体物质有良好的吸附作用和选择性，是一种很有前途的新型吸附剂。

6.2.4 大孔网状聚合物吸附剂

大孔网状聚合物吸附剂与经典吸附剂活性炭相比具有许多优点：脱色、去臭效力与活性炭相当；对有机物质具有良好的选择性；吸附树脂的物理化学性质稳定，机械强度好，经久耐用；吸附树脂品种多，可根据不同需要选择不同品种；吸附树脂吸附速率快，易解吸，易再生；吸附树脂一般直径在 0.2 ～ 0.8mm；不污染环境，使用方便。大孔网状聚合物吸附剂价格昂贵，吸附效果易受流速和溶质浓度等因素影响。

大孔网状聚合物在合成过程中没有引入离子交换官能团，只有多孔的骨架，其性质和活性炭、硅胶等吸附剂相似，所以简称大网格吸附剂（俗称大孔树脂吸附剂或吸附树脂）。

（1）大孔网状聚合物吸附剂类型和结构　大孔网状聚合物吸附剂按骨架极性强弱，可分为非极性、中等极性和极性吸附剂三类，其性能见表 6-2。

非极性吸附树脂是以苯乙烯为单体、二乙烯苯为交联剂聚合而成的，故称芳香族吸附剂；中等极性吸附树脂是以甲基丙烯酸酯作为单体和交联剂聚合而成的，也称为脂肪族吸附剂；而含有硫氧、酰胺、氮氧等基团的为极性吸附剂。

表 6-2　大孔网状聚合物吸附剂性能

吸附剂名称	树脂结构	极性	比表面积 /（m^2/g）	孔径 /$\times 10^{-10}$m	孔度 /%	骨架密度 /（g/mL）	交联剂
Amberlite 系列							
XAD-1			100	200	37	1.07	
XAD-2			330	90	42	1.07	
XAD-3	苯乙烯	非极性	526	44	38	1.08	二乙烯苯
XAD-4			750	50	51	1.08	
XAD-5			415	68	43	1.08	
XAD-6	丙烯酸酯	中极性	63	498	49	1.08	
XAD-7	α- 甲基丙烯酸酯	中极性	450	80	55	1.24	双 α- 甲基丙烯酸二乙酯
XAD-8	α- 甲基丙烯酸酯	中极性	140	250	52	1.25	
XAD-9	亚砜	极性	250	80	45	1.26	
XAD-10	丙烯酰胺	极性	69	352			
XAD-11	氧化氮类	强极性	170	210	41	1.18	
XAD-12	氧化氮类	强极性	25	1300	45	1.17	
Diaion 系列							
HP-10			400	300	小	0.64	
HP-20			600	460	大	1.16	
HP-30	苯乙烯	非极性	500 ～ 600	250	大	0.87	二乙烯苯
HP-40			600 ～ 700	250	小	0.63	
HP-50			400 ～ 500	900		0.81	

注：XAD-1 到 XAD-5 化学组成接近，故性质相似，但对分子量大小不同的被吸附物，表现了不同的吸附量；Amberlite 系列为美国 Rohm-Haas 产品，Diaion 系列为日本三菱产品。

影响大孔网状聚合物结构的因素很多，其中以致孔剂的种类、数量和交联剂的用量影响最为显著。一般情况，交联剂用量增大和致孔剂对聚合物的溶胀性能愈差时，制得的吸附剂具有愈高的多孔程度。

影响永久空隙度的重要因素是致孔剂的分子量。例如以聚苯乙烯作为致孔剂时，当聚苯乙烯分子量在 25000 以下时，仅能提高溶胀空隙度；当分子量在 50000 以上时，才能得到永久空隙度。如果所采用的致孔剂（甲苯、乙苯、二氯乙烷和四氯化碳等）只能溶胀聚合物，那么只有当交联度高、致孔剂加量多时，才可能产生永久空隙度。各种类型的大孔网状聚合物的大致结构如图 6-1 ～图 6-5 所示。

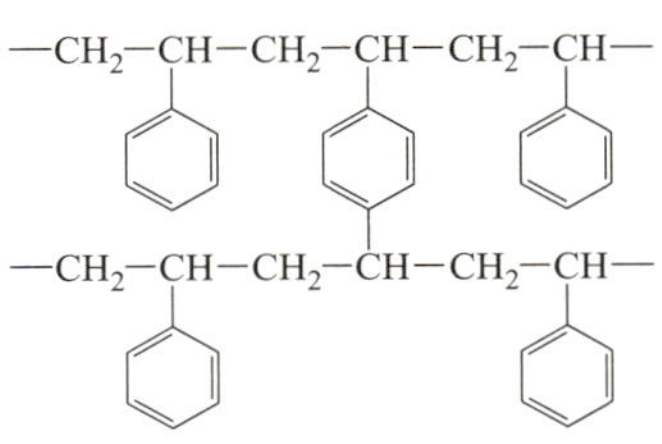

图 6-1 Amberlite XAD-2 或 XAD-4 的结构

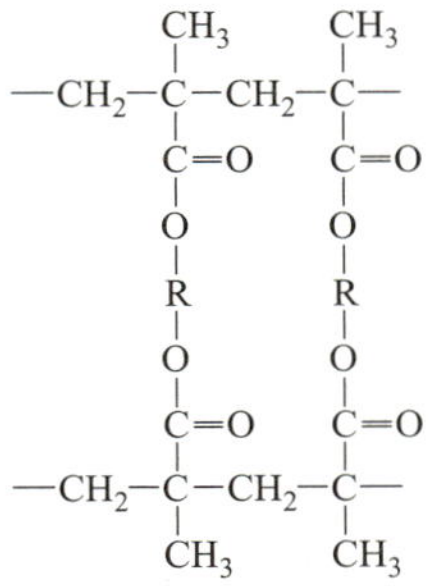

图 6-2 Amberlite XAD-7 的结构

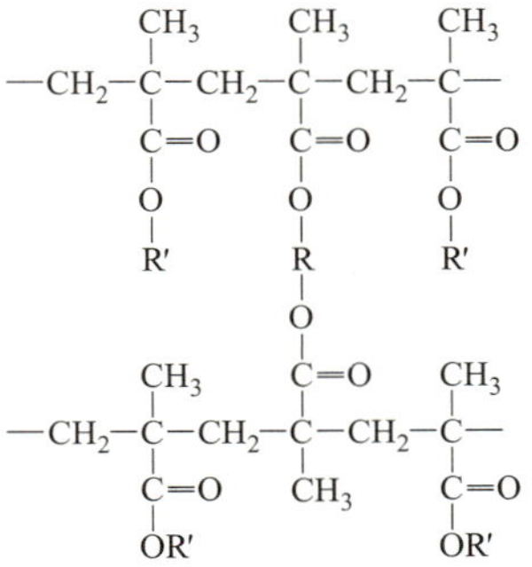

图 6-3 Amberlite XAD-8 的结构

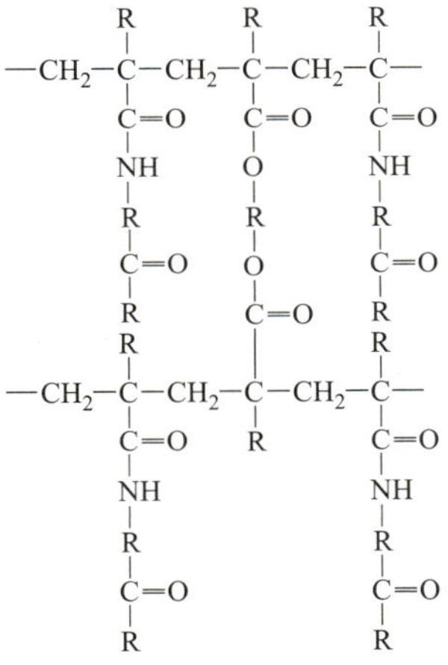

图 6-4 Amberlite XAD-9 的结构

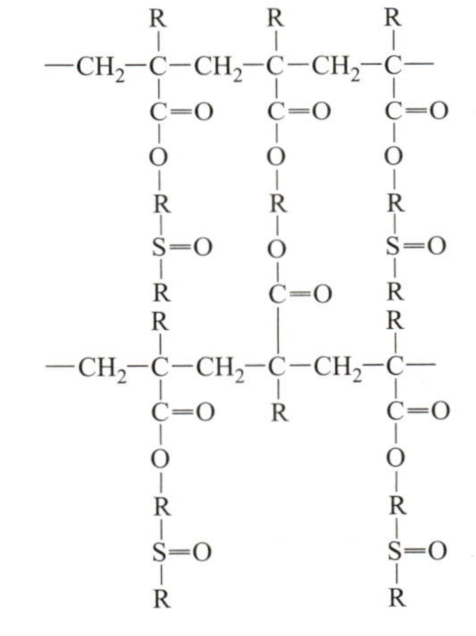

图 6-5 Amberlite XAD-11 的结构

（2）大孔网状聚合物吸附剂吸附机理　大孔网状聚合物是一种非离子型共聚物。它能够借助范德华力从溶液中吸附各种有机物质。大孔网状聚合物吸附剂的吸附能力，不但与树脂的化学结构和物理性能有关，而且与溶质及溶液的性质有关。根据“类似物容易吸附类似物”的原则，一般非极性吸附剂适宜于从极性溶剂（如水）中吸附非极性物质。相反，高极性吸附剂适宜从非极性溶剂中吸附极性物质。而中等极性的吸附剂则在上述两种情况下都具有吸附能力。

大孔网状聚合物吸附剂的吸附作用可用图 6-6 表示。非极性吸附剂从极性溶液中吸附溶质时，溶质分子的憎水性部分优先被吸附，亲水性部分在水相中定向排列［见图 6-6（a）］；相反，中等极性吸附剂从非极性溶剂中吸附溶质时，溶质分子以亲水性部分附着在吸附剂上［见图 6-6（c）］；而当它从极性溶剂中吸附时，则可同时吸附溶质分子的极性和非极性部分［见图 6-6（b）］。

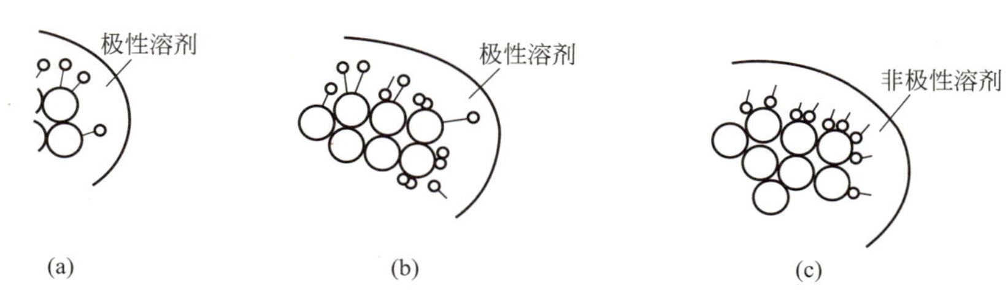

图 6-6 大孔网状聚合物吸附剂吸附作用示意

o亲水性部分；— 疏水性部分；◯ 吸附剂分子

由于是分子吸附，而且大孔网状聚合物吸附剂对有机物质的吸附能力一般低于活性炭，所以解吸比较容易。通常解吸有下列几种方法。

① 最常用的是以低级醇、酮或其水溶液解吸。所选用的溶剂应符合以下两点要求：首先溶剂应能使大孔网状聚合物吸附剂溶胀，这样可减弱溶质与吸附剂之间的吸附力；其次是所选用的溶剂应容易溶解吸附物。因为解吸时不仅需要克服吸附力，而且当溶剂分子扩散到吸附中心后，应能使溶质很快溶解。

② 对弱酸性溶质可用碱来解吸。如 XAD-4 吸附酚后，可用氢氧化钠溶液解吸，此时由于酚转变为酚钠，亲水性较强，因而吸附较差。氢氧化钠最适浓度为 0.2% ～ 0.4%，如超过此浓度，由于盐析作用对解吸反而不利。

③ 对弱碱性溶质可用酸来解吸。

④ 如吸附是在高浓度盐类溶液中进行时，则常常用水洗就能解吸下来。与离子交换不同，无机盐类对这类吸附剂吸附不仅没有影响，反而会使吸附量增大。因此用大网格吸附剂提取有机物时，不必考虑盐类的存在，这也是大网格吸附剂的优点之一。

选择适合的孔径也很重要。在吸附过程中，溶质分子需通过树脂孔道方能到达吸附剂内表面。因此当使用大孔网格吸附剂吸附有机大分子时，孔径必须足够大，但孔径增大，吸附表面积就要减小。研究表明，孔径等于溶质分子直径的 6 倍时比较合适。因此应根据吸附质的极性和分子大小，选择具有适当极性、孔径和表面的吸附剂。例如，吸附酚等分子较小的物质，宜选用孔径小、表面积大的 XAD-4；而吸附烷基苯磺酸钠，则宜用孔径较大、表面积较小的 XAD-2 吸附剂。

6.3 吸附等温线

当固体吸附剂从溶液中吸附溶质达到平衡时，其吸附量与浓度和温度有关，当温度一定时，吸附量与浓度之间的函数关系称为吸附等温线。若吸附剂与吸附质之间的作用力不同，吸附剂表面状态不同，则吸附等温线也将随之改变。

与萃取相似，吸附过程分析是建立在吸附平衡和物料平衡基础之上的。典型的吸附等温线如图 6-7 所示，横坐标表示溶液中溶质的浓度，常以单位溶液体积中溶质的质量表示；纵坐标表示吸附剂表面的溶质吸附量，常以单位质量吸附剂所吸附的溶质质量表示。

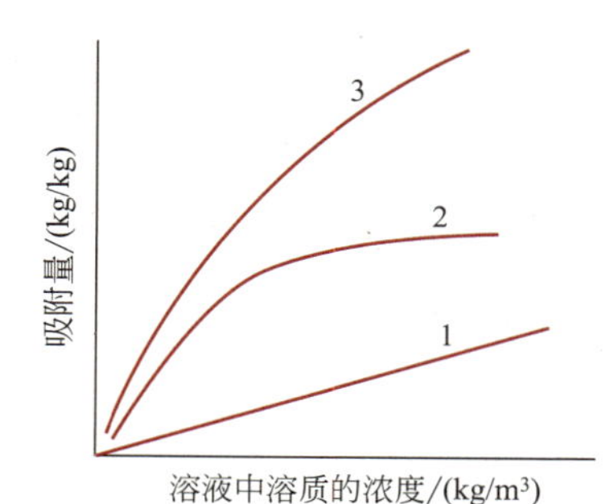

图 6-7 三类常见的吸附等温线

1—线性吸附等温线；2—兰格缪尔吸附等温线；3—弗罗因德利希吸附等温线

图 6-7 中的三类吸附等温线，在生化产品的吸附分离过程中普遍存在。线性吸附等温线（曲线 1）所表达的平衡方程式为

$$q=Kc \tag{6-1}$$

式中，q 为单位质量吸附剂所吸附的溶质质量，kg/kg；K 为吸附平衡常数，m^3/kg；c 为溶液中吸附溶质浓度，kg/m^3。

图 6-7 的曲线 2 为 Langmuir（兰格缪尔）吸附等温线，生物制品（如酶、蛋白质等）分离提取时适合此吸附方程，即

$$q=\frac{q_0 c}{K+c} \tag{6-2}$$

式中，q_0 和 K 是经验常数，可由实验来确定。在这种情况下，最容易的方法是将 q^{-1} 对 c^{-1} 作图，截距是q_0^{-1}，斜率是 K/q_0，q_0 和 K 的单位分别与 q 和 c 的单位一致。

抗生素、类固醇、激素等产品的吸附分离通常符合 Freundlich（弗罗因德利希）吸附等温线，即图 6-7 中的曲线 3。用数学式可表示为

$$q=Kc^n \tag{6-3}$$

式中，K 为吸附平衡常数；n 为指数，均为实验测定常数。

可通过吸附实验，测定不同浓度 c 和吸附量 q 的对应关系，在对数坐标中，直线 $\lg q=n\lg c+\lg K$ 的斜率为 n，截距为 $\lg K$，当求出的 $n<1$ 时，则表示吸附效率高，相反，若 $n>1$，则吸附效果不理想。

上述的吸附等温线同样适用于离子交换吸附。在树脂吸附剂上发生的离子交换反应可表示为

$$Na^+ + HR \rightleftharpoons NaR + H^+ \tag{6-4}$$

其中，HR 和 NaR 在离子交换位置分别对应交换了一个质子，即 H^+ 和 Na^+。假如所有的离子交换位置都交换填充了 H^+ 和 Na^+，那么可以假定这样的平衡成立

$$K=\frac{[NaR][H^+]}{[Na^+][HR]} \tag{6-5}$$

因为离子交换树脂含有的离子交换基团浓度是固定的，设其为 R^-，则有

$$[R^-]=[NaR]+[HR] \tag{6-6}$$

整理式（6-5）、式（6-6），可得

$$[NaR]=\frac{K[R^-][Na^+]}{[H^+]+K[Na^+]} \tag{6-7}$$

在缓冲液中，$[H^+]$ 是常数，因此钠离子的吸附表达式类似于兰格缪尔吸附等温线。

6.4 影响吸附的因素

固体在溶液中的吸附比较复杂，影响因素也较多，主要有吸附剂、吸附质、溶剂的性质以及吸附过程的具体操作条件等。现将主要因素简述如下。

6.4.1 吸附剂的性质

吸附剂的结构决定其理化性质，理化性质对吸附的影响很大。一般要求吸附剂的吸附容量大，吸附速率快和机械强度好。吸附容量除外界条件外，主要与比表面积有关，比表面积越大，空隙度越高，吸附容量越大。吸附速率主要与颗粒度和孔径分布有关，颗粒度越小，吸附速率就越快。孔径适当，有利于吸附物向空隙中扩散，所以要吸附分子量大的物质时，就应选择孔径大的吸附剂；

要吸附分子量小的物质，则需选择比表面积大及孔径较小的吸附剂。

6.4.2 吸附质的性质

吸附质的性质也是影响吸附的因素之一，根据吸附质的性质可以预测相对吸附量的大小，预测相对吸附量有以下几条规律。

① 能使表面张力降低的物质，易为表面所吸附。这条规律是从 Gibbs（吉布斯）吸附方程式推导而来的。也就是说固体的表面张力越小，液体被固体吸附得越多。

② 溶质从较易溶解的溶剂中被吸附时，吸附量较少。

③ 极性吸附剂易吸附极性物质，非极性吸附剂易吸附非极性物质。极性吸附剂适宜从非极性溶剂中吸附极性物质，而非极性吸附剂适宜从极性溶剂中吸附非极性物质。

④ 对于同系列物质，吸附量的变化是有规律的。排序愈后的物质，极性愈差，愈易为非极性吸附剂所吸附，例如，活性炭是非极性的，在水溶液中是一些有机化合物的良好吸附剂；硅胶是极性的，其在有机溶剂中吸附极性物质较为适宜。

特定的吸附剂在某一溶剂中对不同溶质的吸附能力是不同的。例如活性炭在水溶液中对同系列有机化合物的吸附量，随吸附质分子量增大而加大；吸附脂肪酸时吸附量随碳链增长而加大；对多肽的吸附能力大于氨基酸；对多糖的吸附能力大于单糖等。当用硅胶在非极性溶剂中吸附脂肪酸时，吸附量则随碳链的增长而降低。

在实际生产中，脱色和除热原一般用活性炭；去除过敏物质常用白陶土。在制备酶类等药物时，要求采用的吸附剂选择性较强，须选择多种吸附剂进行实验才能确定。

6.4.3 温度

吸附一般是放热的，所以只要达到了吸附平衡，升高温度会使吸附量降低。但在低温时，有些吸附过程往往在短时间达不到平衡，而升高温度会使吸附速率加快，并出现吸附量增加的情况。

对蛋白质或酶类的分子进行吸附时，被吸附的高分子处于伸展状态，因此这类吸附是一个吸热过程。在这种情况下，温度升高会增加吸附量。

此外，生化物质吸附温度的选择，还要考虑它的热稳定性。对酶来说，如果是热不稳定的，一般在 0℃左右进行吸附；如果比较稳定，则可在室温下操作。

6.4.4 溶液 pH 值

溶液的 pH 值往往会影响吸附剂或吸附质解离，进而影响吸附量，对蛋白质或酶类等两性物质，一般在等电点附近吸附量最大。各种溶质吸附的最佳 pH 值需通过实验确定。例如，有机酸类溶于碱，胺类物质溶于酸，所以有机酸在酸性条件下，胺类在碱性条件下较易为非极性吸附剂所吸附。

6.4.5 盐的浓度

盐类对吸附作用的影响比较复杂，有些情况下盐能阻止吸附，如在低浓度盐溶液中吸附的蛋白质或酶，常用高浓度盐溶液进行洗脱。但在另一些情况下盐能促进吸附，甚至有的吸附剂一定要在盐存在下，才能对某种吸附物进行吸附。例如硅胶对某种蛋白质吸附时，硫酸铵的存在，可使吸附量增加许多倍。

正是因为盐对不同物质的吸附有不同的影响，盐的浓度对于选择性吸附很重要，在生产工艺中也要靠实验来确定合适的盐浓度。

6.4.6 吸附物浓度与吸附剂用量

由吸附等温线方程可知，在稀溶液中吸附质的吸附量与其浓度的一次方成正比；而在中等浓度的溶液中吸附量与浓度的 $1/n$ 次方成正比。在吸附达到平衡时，吸附质的浓度称为平衡浓度。普遍的规律是：吸附质的平衡浓度愈大，吸附量也愈大。用活性炭脱色和去热原时，为了避免吸附有效成分，往往将料液适当稀释后进行。当用吸附法对蛋白质或酶进行分离时，常要求其浓度在 1% 以下，以增强吸附剂对吸附质的选择性。

从分离提纯的角度考虑，还应考虑吸附剂的用量。若吸附剂用量过多，会导致成本增高、吸附选择性差及有效成分的损失等。所以吸附剂的用量应综合各种因素，用实验来确定。

6.5 亲和吸附

6.5.1 亲和吸附原理

亲和吸附依靠存在于溶质和吸附剂之间特殊的化学作用，这不同于依靠范德华力的传统吸附及依靠静电相互作用的离子交换吸附。亲和吸附具有更高的选择性，吸附剂由载体与配位体两部分组成。载体与配位体之间以共价键或离子键相连，但载体不与溶质反应。相反，被束缚的配位体有选择地与溶质反应，当溶质为大分子时，这种作用将涉及吸附剂上相邻的几个位点，亲和吸附原理如图 6-8 所示，这种作用表示为“钥匙和锁”的机制。大致可分为三步。

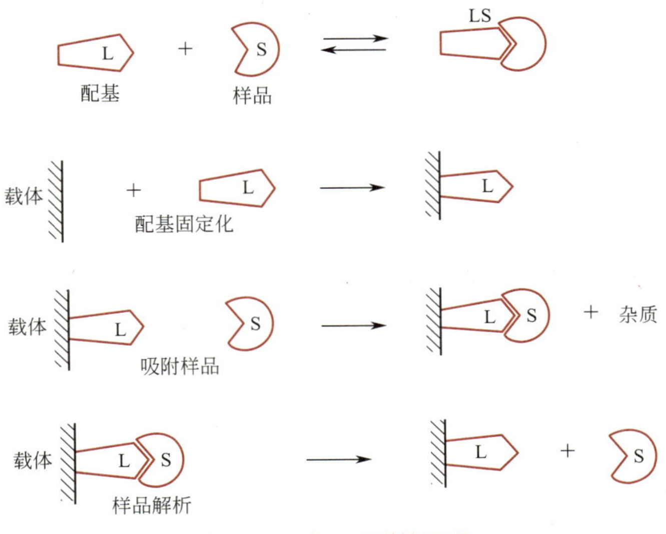

图 6-8 亲和吸附的原理

① 配基固定化 选择合适的配基与不溶性的支撑载体偶联，或共价结合成具有特异亲和性的分离介质。

② 吸附样品 亲和吸附介质选择性吸附酶或其他生物活性物质，杂质与分离介质间没有亲和作用，故不能被吸附而被洗涤去除。

③ 样品解析 选择适宜的条件，使被吸附在亲和介质上的酶或其他生物活性物质解吸。

6.5.2 亲和吸附的特点

亲和吸附的最大优点在于，利用它可从粗提液中经过一次简单的处理得到所需的高纯度活性物质。例如，以胰岛素为配基，珠状琼脂糖为载体制得亲和吸附剂，从肝脏匀浆中成功地提取得到胰岛素受体，该受体经过一步处理就被纯化了 8000 倍。这种技术不但能用来分离一些在生物材料中含量极微的物质，而且可以分离那些性质十分相似的生化物质。此外亲和吸附还具有对设备要求不高、操作简便、适用范围广、特异性强、分离速度快、分离效果好、分离条件温和等优点。其主要缺点是亲和吸附剂通用性较差，要分离一种物质需要重新制备专用的吸附剂；此外，由于洗脱条件较苛刻，需很好地控制洗脱条件，以避免生物活性物质的变性失活。

6.5.3 亲和吸附载体

（1）亲和吸附对载体的要求 载体在亲和吸附中的作用是固载配基，同时提供了配位体与吸附质特异性结合的空间环境。配基和吸附质的结合势必受到载体的影响，所以载体的性质与亲和吸附的效果有密切的关系。理想的载体应符合以下几个条件。

① 载体要具有足够数量的功能基团，方便引入更多的化学活性基团，以供与配基进行共价连接之用。

② 载体必须有较好的理化稳定性和生物惰性，不易为酶破坏，也不能为微生物所利用，便于使用和保存。

③ 载体具有高度的水不溶性和亲水性。保证被吸附的生物分子的稳定性。有助于亲和对达到吸附平衡，并减少因疏水作用造成的非特异性吸附。

④ 载体应具有多孔的立体网状结构，能使被吸附的大分子自由通过，有利于提高配基及配体的有效浓度，有利于亲和对的两种成分在自由溶液中发生相互作用。

⑤ 理想的亲和吸附载体外观上应为大小均匀的刚性小球，以保持良好的流速。通常，细小、球状的载体能极大地促进扩散速率低的生物大分子达到扩散平衡。

（2）常用的亲和吸附载体

① 多孔玻璃载体对酸碱、有机溶剂及生物侵蚀非常稳定，并且本身又特别坚硬，易于化学键合分子臂，是一种极为理想的载体。但由于目前价格昂贵，且有时存在—SiOH 的非特异性吸附，限制了它的使用。

② 聚丙烯酰胺凝胶载体是丙烯酰胺和 *N,N*- 亚甲基双丙烯酰胺的共聚物，是一种良好的载体。具有三维网状结构和碳氢骨架，它的大量酰氨基支链不但使凝胶具有亲水性，而且还可供活化。但在配基偶联后网格缩小，不利于亲和吸附。

③ 纤维素载体是多糖类载体，是一种最经济的可作为固相载体的物质，目前应用最广。纤维

素是自然界中数量最大的大分子生物材料，取材十分方便。但由于纤维素结构紧密、均一性差，不利于大分子渗入，且活化后因带有电荷，非特异性吸附力较强，加上空间位阻等原因，其应用不如凝胶载体广泛。目前主要用于分离与核酸有关的物质，如用寡聚脱氧胸腺嘧啶核苷酸 - 纤维素作固定相分离细胞提取液中的 mRNA。

④ 葡聚糖凝胶载体是经环氧丙烷交联，具有立体网络结构的多糖类物质，其物理及化学性能稳定。亲和吸附时存在的不可逆吸附杂质（如变性蛋白、脂类等）可用强碱处理除去。与琼脂糖凝胶相比较，葡聚糖凝胶孔径小，特别是经配基偶联后，凝胶膨胀度会进一步变小，所以它的应用也受到一定限制。

⑤ 琼脂糖凝胶和交联琼脂糖凝胶载体。琼脂糖凝胶是由 D- 半乳糖和 3,6- 脱水 - 半乳糖相间结合的链状多糖，球状商品称为 Sepharose。它高度亲水，具有极松散的网状结构，可以让分子量上百万的大分子通过。物理和化学性能都比较稳定。通过溴化氰及环氧乙烷类试剂活化，引入活性基团，可在极温和的条件下连接上较多配基，吸附量较大。在非特异性吸附方面，如果缓冲液离子浓度不太高，它对蛋白质几乎没有吸附作用。Sepharose 在室温用 1mol/L 的强酸或强碱处理 2 ～ 3h，不致引起颗粒性质的变化。用较浓的尿素或盐酸胍长期处理，亦不引起吸附性能的减弱，这就保证了吸附剂可以反复使用。球状琼脂糖凝胶的缺点是它不能像葡聚糖凝胶一样进行干燥和冻干，且不能用有机溶剂处理，因为有机溶剂处理可引起球状凝胶产生严重的碎裂。因此，人们就用类似葡聚糖凝胶的交联方法发展出另一种更为理想的交联琼脂糖凝胶，它具有上述凝胶的优点而减少其缺点。

（3）载体的活化与偶联　亲和吸附的载体由于其相对的惰性，往往不能直接与配基连接，偶联前一般需要先活化，活化方法很多，下面对几种常见的方法加以介绍。

① 溴化氰活化法　亲和吸附载体，如琼脂糖、葡聚糖等，在碱性条件下用溴化氰处理，其活化过程见图 6-9，可引入活泼的“亚氨基碳酸盐”中间体，再在弱碱的条件下直接与含有游离脂肪族氨基或芳香族氨基的配基偶联，形成 *N*- 取代的亚氨基碳酸盐、氨基甲酸酯和异脲衍生物。

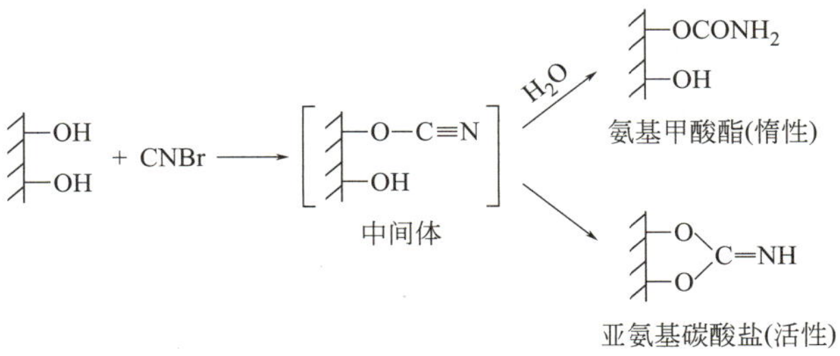

图 6-9　多糖载体溴化氰活化过程

溴化氰活化多糖，特别是活化琼脂糖的简单方法如下：在通风橱内将一定量的琼脂糖与等体积的水混合，并加入装有 pH 电极、磁力搅拌器的反应器中，另取事先充分粉碎的溴化氰（每毫升琼脂糖加 50 ～ 300mg CNBr）加入到上述悬浮液中，立即用 NaOH 调节 pH 至 11。整个反应要求 pH 维持在 11±0.1，温度维持在 20℃左右，反应在 3 ～ 12min 内完成。反应结束后，将大量的冰屑迅速加入到反应液中，并迅速倾入布氏漏斗，用琼脂糖体积 10 ～ 15 倍量的冷缓冲液抽滤洗涤，缓冲液应与下步偶合反应所用的缓冲液相同。商品溴化氰为白色结晶，熔点 51.3℃，沸点 61.3℃，室温下易挥发产生剧毒和有刺激性的蒸气，因而全部操作应在通风橱中进行。

② 高碘酸氧化法　多糖被 0.1mol/L 的高碘酸钠氧化反应 24h 会产生醛，在温和条件下，醛受

赖氨酸上的 $\varepsilon\text{-NH}_2$ 的亲核攻击，生成希夫碱，接着用硼氢化钠还原，生成稳定的烷基胺。

$$\text{多糖载体}\begin{cases}-OH\\-OH\end{cases} + NaIO_4 \longrightarrow -CHO \rightleftharpoons -C{=}N-R \xrightarrow{NaBH_4} -CH_2-NH-R\ (\text{稳定的烷基胺})$$

用高碘酸盐氧化的多糖载体与配基偶联程度与用溴化氰活化一样。但当配基为蛋白质类化合物时，配基的偶联效果不如用溴化氰活化的方法好。

③ 环氧化法 在热的浓碱溶液中，多糖类化合物与环氧氯丙烷作用生成环氧化合物。在碱性条件下，其环氧化合物又能与氨基酸或蛋白质上氨基偶联。另外也有用双环氧衍生物对载体进行活化的方法，但它易使琼脂糖凝胶自身交联，这种交联虽促使它在碱性溶液中的稳定性增强，但吸附的通透性却受到限制，尤其一些稳定性较差的蛋白质不能采用这类活化载体。

$$\underset{\text{多糖载体}}{-OH} + \underset{\text{环氧氯丙烷}}{Cl-CH_2-\overset{\frown O \frown}{CH-CH_2}} \longrightarrow \underset{\text{活化载体}}{-O-CH_2-\overset{\frown O \frown}{CH-CH_2}} + HCl$$

④ 甲苯磺酰氯法 甲苯磺酰氯法是一种较为理想的多糖类载体活化方法。反应在无水丙酮中进行，以吡啶为催化剂。这个方法的主要优点有：活化反应方便、迅速，产物含量可用紫外测定，并能在水中贮存，配基偶联条件温和，产物稳定；与酶偶联效率高，一般在 60% ～ 80%。

$$\underset{\text{多糖载体}}{-OH} + \underset{\text{对甲苯磺酰氯}}{ClSO_2-C_6H_4-CH_3} \longrightarrow \underset{\text{活化多糖}}{-O-SO_2-C_6H_4-CH_3}$$

$$\underset{\text{多糖载体}}{-OH} + \underset{\text{三氟乙基磺酰氯}}{ClSO_2-CH_2CF_3} \longrightarrow \underset{\text{活化多糖}}{-O-SO_2-CH_2CF_3}$$

⑤ 双功能试剂法 利用二乙烯砜等双功能试剂，对琼脂糖类多糖的活化有许多优点：反应速率快，条件温和，能与氨基、糖类、酚、醇类等偶联。在与琼脂糖作用的同时，二乙烯砜自身会聚合，活化后的产物需用水充分洗涤。二乙烯砜也会使琼脂糖交联，使载体刚性增加。已活化的载体在碱性条件下不稳定，易分解。

$$\underset{\text{多糖载体}}{-OH} + \underset{\text{二乙烯砜}}{H_2C{=}CH-SO_2-CH{=}CH_2} \longrightarrow \underset{\text{活化多糖}}{-O-CH_2-CH_2-SO_2-OH{=}CH_2}$$

β- 硫酸酯乙砜基苯胺，适用于纤维素类载体的活化，反应比较方便，试剂容易获得。

$$\underset{\text{纤维素载体}}{-OH} + \underset{\beta\text{-硫酸酯乙砜基苯胺}}{HO-\overset{O}{\underset{O}{\overset{\|}{\underset{\|}{S}}}}-OCH_2CH_2-\overset{O}{\underset{O}{\overset{\|}{\underset{\|}{S}}}}-C_6H_4-NH_2} \xrightarrow[\text{碱性}]{\text{醚化}}$$

$$-OCH_2CH_2-\overset{O}{\underset{O}{\overset{\|}{\underset{\|}{S}}}}-C_6H_4-NH_2 \xrightarrow[HNO_3]{\text{重氮化}} \underset{\text{纤维素重氮盐衍生物}}{-OCH_2CH_2-\overset{O}{\underset{O}{\overset{\|}{\underset{\|}{S}}}}-C_6H_4-N^+{\equiv}NCl^-}$$

⑥ 聚丙烯酰胺凝胶载体的活化法 这类载体具有大量可修饰的酰氨基，能在较广的 pH 范围内稳定使用。聚丙烯酰胺的酰氨基能被含氮化合物（乙二胺、水合肼等）置换产生游离氨，或经碱水解制备多种衍生物。

$$\text{—}\overset{O}{\overset{\|}{C}}\text{—}NH_2 \xrightarrow[90℃]{\text{乙二胺}} \text{—}\overset{O}{\overset{\|}{C}}\text{—}NH\text{—}CH_2\text{—}CH_2\text{—}NH_2$$

聚丙烯酰胺载体 氨己基-聚丙烯酰胺

$$\text{—}\overset{O}{\overset{\|}{C}}\text{—}NH_2 \xrightarrow[50℃]{NH_2\text{—}NH_2\text{水合肼}} \text{—}\overset{O}{\overset{\|}{C}}\text{—}NH_2\text{—}NH_2$$

聚丙烯酰胺载体 酰肼-聚丙烯酰胺

（4）配基偶联的方法

① 碳二亚胺缩合法 碳二亚胺为羧基活化剂，羧基活化后有两条反应路线：一是在亲核试剂进攻下，产生酰基化亲核产物和脲衍生物；二是进行分子内酰基转移，产生 *N*- 酰脲衍生物。常用的羧基活化剂有好几种，常用的环二己基碳二亚胺（DCC）不溶于水，但可溶于吡啶水溶液。反应中的脲衍生物可用有机溶剂（如乙醇、丁醇）洗涤除去。

$$R\text{—}C(=O)O^- + R^1\text{—}N{=}C{=}N\text{—}R^2 \xrightarrow[H^+]{pH=4\sim5} R^1NH\text{—}\underset{NHR^2}{C}\text{—}O\text{—}C(=O)R$$

含羧基的载体 碳二亚胺 活化酯

$$\xrightarrow{R^3\text{—}NH_2} R^1NH\text{—}C(=O)\text{—}NHR^2 + R^3NH\text{—}C(=O)\text{—}R$$

（脲衍生物）

$$\longrightarrow R\text{—}C(=O)\text{—}N(R^1)\text{—}C(=O)\text{—}NH\text{—}R^2$$

$$\xrightarrow{R^2\text{—}SH} R^1NH\text{—}C(=O)\text{—}NHR^2 + R^3S\text{—}C(=O)\text{—}R$$

（脲衍生物） （硫酯衍生物）

水溶性碳二亚胺有 1- 乙基 -3（3- 二甲基氨丙基）- 碳二亚胺酸盐（EDC）和 1- 环己烷 -3（2- 乙基吗啡啉）- 碳二亚胺 - 对甲苯磺酸盐（CMC）。

除了用 DCC 缩合法外，多肽合成还常用 *N*- 乙氧羰基 -1,2- 二氢喹啉（EEDQ）。它先与羧基形成混合酸酐，接着再与配基反应。

$$\text{—}\overset{O}{\overset{\|}{C}}\text{—}OH + \text{EEDQ} \longrightarrow \text{—}\overset{O}{\overset{\|}{C}}\text{—}O\text{—}\overset{O}{\overset{\|}{C}}\text{—}C_2H_5 \xrightarrow{R\text{—}NH_2} \text{—}\overset{O}{\overset{\|}{C}}\text{—}NH\text{—}R$$

含羧基载体 EEDQ 混合酸酐 固定化配基

（EEDQ：二氢喹啉环 2 位连 —O—C_2H_5，N 上连 —C(=O)—O—C_2H_5）

此法的优点是 EEDQ 稳定无毒，溶剂为水 - 乙醇溶液，适用于溶解度较低的配基，反应产物便于分离纯化，反应液 pH 稳定，反应时间较短。

② 酸酐法　用 ω- 氨基烷基琼脂糖（或丙烯酰肼衍生物）与 1% 的琥珀酸酐水溶液作用，生成琥珀酰胺烷基琼脂糖衍生物（含羧基的载体）。当反应 pH 不再改变时，反应完全，继续将反应液在 4℃静置 5h，或室温静置 1h。

③ 叠氮化法　聚丙烯酰胺的酰肼衍生物溶于 0℃的盐酸溶液中，迅速加入 1mo1/L 的亚硝酸，反应液搅拌 90s，再加入脂肪胺类配基，反应一段时间，即可制得亲和色谱用凝胶。

$$-\overset{\overset{O}{\|}}{C}-NH_2 \xrightarrow[47\sim50℃]{NH_2-NH_2} -\overset{\overset{O}{\|}}{C}-NH-NH_2 \xrightarrow[0℃]{HNO_2} -\overset{\overset{O}{\|}}{C}-N_3 \xrightarrow[pH=8.5\sim10.5]{R-NH_2} -\overset{\overset{O}{\|}}{C}-NH-R$$

聚丙烯酰胺载体　酰肼衍生物　叠氮衍生物　固定化配基

④ 重氮化法　ε- 氨基烷基琼脂糖衍生物，在 pH9.3 的硼酸钠（或三乙氨）和 40%（体积分数）N,N'- 二甲基甲酰胺（DMF）溶液中，与对硝基苯叠氮化合物在室温下反应 1h，制得对硝基苯甲酰胺烷基琼脂糖衍生物。产品先依次用 50%DMF、25%DMF 和水充分洗涤，接着用 0.1mol/L 连二亚硫酸钠在 40 ～ 50℃还原 40min，最后在 0℃、0.5mol/L HCl 溶液中用 0.1mo1/L 亚硝酸钠处理 7min，制得重氮盐衍生物。将所需配基与该琼脂糖重氮衍生物偶联反应，便可制得亲和吸附剂。

$$-NH-(CH_2)_n-NH_2 \xrightarrow{\text{对硝基苯甲酰氯}} -NH-(CH_2)_n-NH-\overset{\overset{O}{\|}}{C}-C_6H_4-NO_2$$

含氨基载体　对硝基苯甲酰胺烷基琼脂糖

$$\xrightarrow{\text{连二亚硫酸钠}} -NH-(CH_2)_n-NH-\overset{\overset{O}{\|}}{C}-C_6H_4-NH_2 \xrightarrow[0℃]{NaNO_2/HCl}$$

对氨基苯甲酰胺烷基琼脂糖衍生物

$$-NH-(CH_2)_n-NH-\overset{\overset{O}{\|}}{C}-C_6H_4-N^+Cl^- \xrightarrow[\text{R-咪唑}]{R-C_6H_4-OH} \text{固定化配基}$$

琼脂糖重氮盐

（5）用于固定化配基的凝胶衍生物

① CNBr 活化的 Sepharose 4B　它是 Sepharose 4B 经 CNBr 活化，并在不破坏球状结构的前提下，经冷冻干燥而制成。1g 冻干凝胶溶胀后的体积约为 3.5mL。CNBr 活化的 Sepharose 4B 可偶联蛋白和核酸类配基。例如，人血红蛋白偶联到活化 Sepharose 4B 上，可制成吸附血红蛋白抗体的亲和吸附剂，用醋酸进行梯度洗脱。CNBr 活化 Sepharose 4B 经同位素标记后还可用于免疫测定。

② AH-Sepharose 4B 和 CH-Sepharose 4B　AH-Sepharose 4B［Sepharose-NH-$(CH_2)_6$-NH_2］和 CH-Sepharose 4B［Sepharose-NH-$(CH_2)_5$-COOH］为含有 6 个碳原子的“手臂”的琼脂糖衍生物，前者末端为氨基，后者末端为羧基。

AH-Sepharose 4B 用于固载含有羧基的一类配基。例如，将 UDP 葡萄糖醛酸偶联到 AH-Sepharose 4B 上可制得亲和吸附剂，利用该吸附剂经一步纯化，鸡胚中的胶原转葡萄糖基酶的纯化达 3000 倍。

CH-Sepharose 4B 能与含有一级氨基的配基偶联。例如，甘露糖胺固定在 CH-Sepharose 4B 上能吸附 α-D- 甘露糖苷酶，而直接固定在活化琼脂糖上，则没有吸附作用。

③ 环氧活化型 Sepharose 6B　它由 Sepharose 6B 与 1,4- 双 -（2,3- 环氧丙氧基）丁烷活化而成：

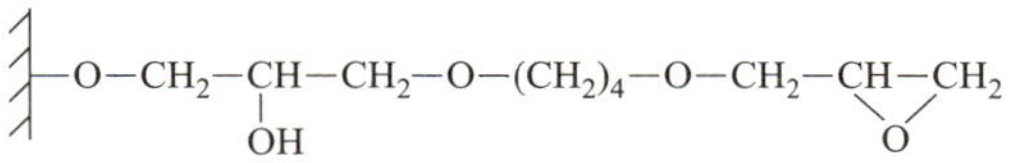

$$\text{—O—CH}_2\text{—}\underset{\text{OH}}{\text{CH}}\text{—CH}_2\text{—O—(CH}_2)_4\text{—O—CH}_2\text{—CH—CH}_2\ (\text{环氧基，O})$$

它是环氧基与亲水“手臂”以醚键连接，并与多糖载体偶联形成的衍生物，可与含有氨基的配基形成烷基胺；与含有硫醇基的配基形成硫醚；也能与羟基作用。每毫升溶胀的环氧活化型 Sepharose 6B 含环氧基 15 ～ 20μmol。这类衍生物适用于小分子配基的固定化（如胆碱、乙醇胺、糖类等）。它能偶联对凝集素有专一性作用的糖，用于纯化凝集素，也能用于偶联脂多糖、蛋白等大分子配基。

④ 活化型亲和胶 10（Affi-Gel 10）和活化型亲和胶 15（Affi-Gel 15）　它是由 *N*- 羟琥珀酰亚胺与琼脂糖的衍生物所形成的活化酯。Affi-Gel 10 的“手臂链”长为 10 个碳原子，当在缓冲液中偶联配基或活化酯水解时，产生一些负电荷，有利于碱性蛋白或中性蛋白偶联；Affi-Gel 15 有 15 个碳原子的“手臂链”，能产生一些正电荷，故有利于酸性蛋白的偶联。

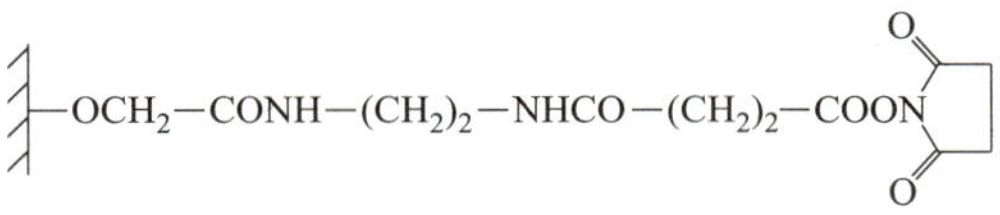

$$\text{—OCH}_2\text{—CONH—(CH}_2)_2\text{—NHCO—(CH}_2)_2\text{—COON}(\text{琥珀酰亚胺})$$

Affi-Gel 10

$$\text{—OCH}_2\text{—CONH—(CH}_2)_3\text{—}\underset{\text{H}^+}{\overset{\text{CH}_3}{\text{N}}}\text{—(CH}_2)_3\text{—NHCO—(CH}_2)_2\text{—COON}(\text{琥珀酰亚胺})$$

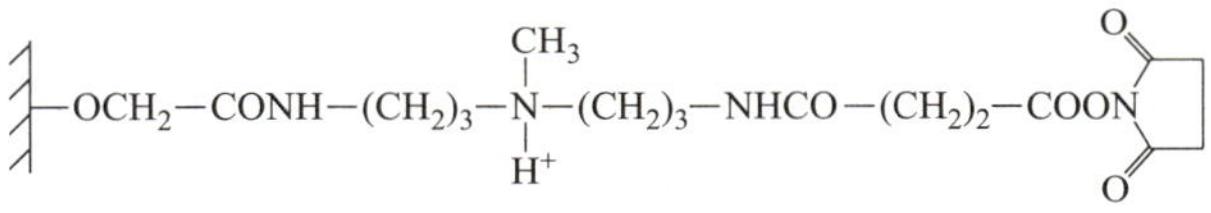

Affi-Gel 15

⑤ CM- 生物胶 A（CM Bio-Gel A）、亲和胶 202 和亲和胶 102　它们都是琼脂糖活化型载体。CM Bio-Gel A 无“手臂”，末端为羧基的琼脂糖衍生物，它也是一种离子交换剂；Affi-Gel 202 具有 10 个碳原子的“手臂链”，末端也具有羧基，它的疏水作用比一般单纯碳氢键小；Affi-Gel 102 具有 6 个碳原子“手臂链”，末端为氨基，也没有疏水性。

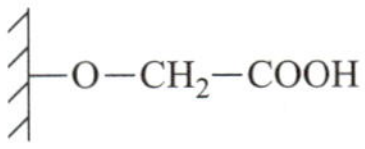

$$\text{—O—CH}_2\text{—COOH}$$

CM Bio-Gel A

$$\text{—OCH}_2\text{—CONH—(CH}_2)_2\text{—NH}_2$$

Affi-Gel 102

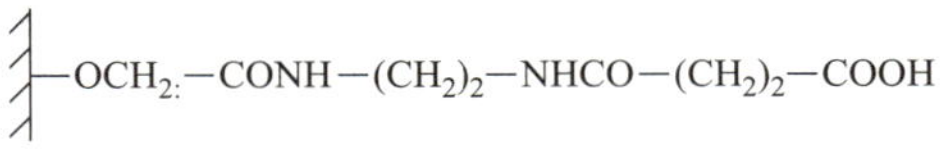

$$\text{—OCH}_2\text{—CONH—(CH}_2)_2\text{—NHCO—(CH}_2)_2\text{—COOH}$$

Affi-Gel 202

以聚丙烯酰胺凝胶为载体的有生物胶 P-2（Bio-Gel P-2）和生物胶 P-150（Bio-Gel P-150）。含有羧基的配基通过水溶性碳二亚胺法能与这类载体偶联组成亲和吸附剂。

6.5.4 影响吸附剂亲和力的因素

为了提高亲和吸附的效果，通常希望固定相中的配基与流动相中的配体具有较强的亲和力。亲和力大小除由亲和对本身的解离常数决定外，还受许多因素的影响，其中包括亲和吸附剂的微环境、载体空间位阻、配基结构以及配基和配体的浓度、载体孔径等。

（1）配基浓度对亲和力的影响　亲和力是亲和吸附的基础，合适的亲和吸附剂必须与配体有足够的亲和结合力。为了将亲和配体与其他物质分开，在实际亲和吸附时，通常需要阻留值≥ 10。假设有效配基浓度为 10^{-3}mol/L，则亲和对解离常数≤ 10^{-4}。也就是说，若解离常数＞ 10^{-4} 时阻留值将小于 10，不能使配体得到良好的分离。事实上，尽管配基以最合适方式与载体偶联，其与配体的亲和力的下降还是很明显的。配基固定化后其亲和力一般要下降 2 ～ 3 个数量级。所以，如游离配基的亲和对解离常数大于 10^{-5}，就难以制得有效的亲和吸附剂。

对于低亲和力系统，为了取得较好的配体分离效果，必须提高载体上配基的有效浓度。此外，较高的配体浓度在亲和吸附时有时会呈现“累增效应”，即提高了亲和吸附剂的吸附能力，因为高的配体浓度有利于它在配基上的吸附和浓集。

（2）空间位阻的影响　有的亲和对两物质间原有很高的亲和力，但当其一方作为配基制成亲和吸附剂时，与相应配体的亲和力可能完全消失。配基与载体不适当的偶联发生将导致其分子结构变化，并且可能造成空间位阻。这种现象对于亲和力低或分子量特大的亲和对以及小分子配基更明显。所以在制备该类吸附剂时需要在载体与配基之间插入一段适当长度的“手臂”，以增加与载体相连的配基的活动度并减轻载体的空间位阻。常用的“手臂”多为烃链。

（3）配基与载体的结合位点的影响　在多肽或蛋白质等大分子作配基时，由于它们具有数个可供偶联的功能基团，必须控制偶联反应的条件，使它以最少的键与载体连接，这样有利于保持蛋白质原有的高级结构，从而使亲和吸附剂具有较大的亲和能力。

蛋白质分子中的游离氨基常与溴化氰活化的琼脂糖，或者与其他载体的重氮衍生物、叠氮衍生物等发生反应而偶联。大多数蛋白质含有较多的 ε-NH_2，而且暴露在整个分子的表面，所以当偶联反应在 pH ≥ 9.5 时，蛋白质分子便会通过很多氨基与载体相连；若在较低的 pH 条件下进行偶联，就能减少蛋白质分子与载体的连接点，从而减少偶联过程对配基构象的影响，保证了较高的亲和吸附力。

（4）载体孔径的影响　载体的孔隙是配体向配基接近的运动通道，所以载体的孔径大小对吸附剂的亲和能力有决定性影响。例如，对分子量较小的葡萄球菌核酸酶，用 Sepharose 4B 制得的吸附剂，比用 Bio-Gel P-300 制得的吸附剂有高得多的亲和力；而对分子量大的 β- 半乳糖苷酶，用琼脂糖作载体吸附剂是有效的，用生物胶作载体却无效。这是因为配基多位于凝胶环内，Bio-Gel 的孔径不够大，阻碍了配体的进入。

若配基和大分子的亲和力很高（如抗原与抗体），或是配体是很大的颗粒（如细胞器和完整细胞），载体的多孔性就显得不很重要了，这是因为配体与配基的作用仅发生在凝胶表面，用半抗原 -Bio-Gel P-6 分离产生相应抗体的细胞，以及用胰岛素 - 琼脂糖分离含有胰岛素受体的细胞膜时，即是如此。

（5）微环境的影响　微环境在这里主要指化学方面的，包括载体及“手臂”的电性、极性，乃至次级化学键对配基亲和力的影响。载体和“手臂”的存在会引起离子交换作用的发生，影响亲和吸附剂的吸附特异性。在选择载体、“手臂”以及进行连接反应时，都应当避免引入含离子键的基团。

极性很低或无极性的基团由于疏水作用的存在，也会引起非特异性吸附作用：这种影响有时有助于亲和力的提高，加强了亲和吸附的效果；但在另外的场合下，却有碍于亲和配基与配体的结合，大大降低亲和吸附的效果。

此外，配基与载体和“手臂”氢键的相互作用可能会使其强烈缔合，从而妨碍了与配体的亲和吸附。如 AMP 衍生物通过含肽键和羟基的亲水“手臂”与 Sepharose 4B 连接制成的吸附剂完全不能与依赖于 NAD^+ 的脱氢酶亲和吸附。

6.6 间歇吸附

与单级萃取相似，间歇吸附（图 6-10）依靠两个基本方程，一是吸附等温线，最常用的是弗罗因德利希吸附等温线，即

$$q=Kc^n \tag{6-8}$$

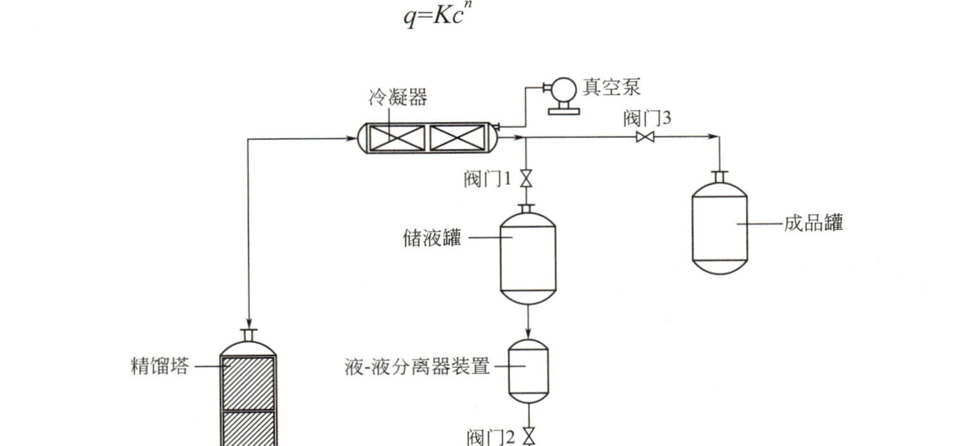

图 6-10 间歇吸附示意图

另一个方程是根据质量衡算得出的操作线方程，设 Q 为进料量（m^3），W 为吸附剂量，c_0 和 c 分别为进料和吸附残液中吸附质浓度，q_0 和 q 分别为初始和最终吸附剂的吸附量。根据质量衡算有

$$c_0Q+q_0W=cQ+qW \tag{6-9}$$

将式（6-9）整理可得操作方程

$$q=q_0+\frac{Q}{W}(c_0-c) \tag{6-10}$$

式（6-8）、式（6-10）可使用图解法或数学解析法求解。图 6-11 为间歇吸附操作的图解法，解题过程为：先在直角坐标上绘出吸附平衡曲线和操作曲线。平衡线与操作线的交点为（c，p），其横坐标表示吸附液中吸附质的浓度，纵坐标 q 表示操作平衡时的吸附量。在此，操作线的斜率为负值，截距$q=q_0+\dfrac{Q}{W}c_0$。

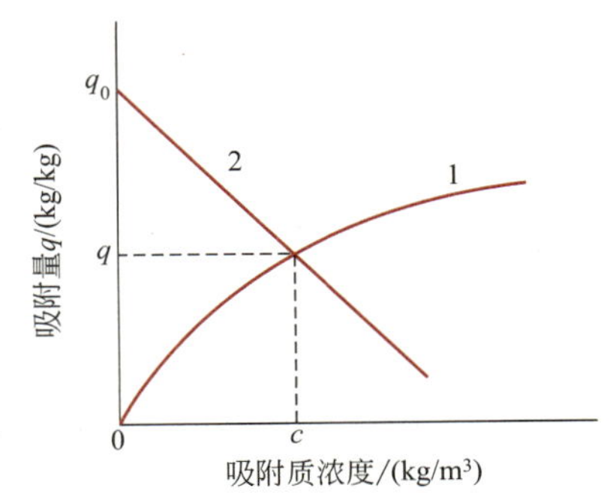

图 6-11 间歇吸附操作的图解

1—平衡曲线；2—操作曲线

【例 6-1】 应用活性炭从植物细胞培养液中吸附分离类固醇，由实验数据回归得出其吸附平衡方程 $q=0.68c^{0.38}$（kg 吸附质 /kg 吸附剂）。已知发酵液的类固醇含量为 0.58kg/m^3，有发酵液量 2m^3，应用 8kg 新鲜活性炭。求类固醇的回收率。

【解】 根据题设及操作线公式（6-10），可得操作线方程为

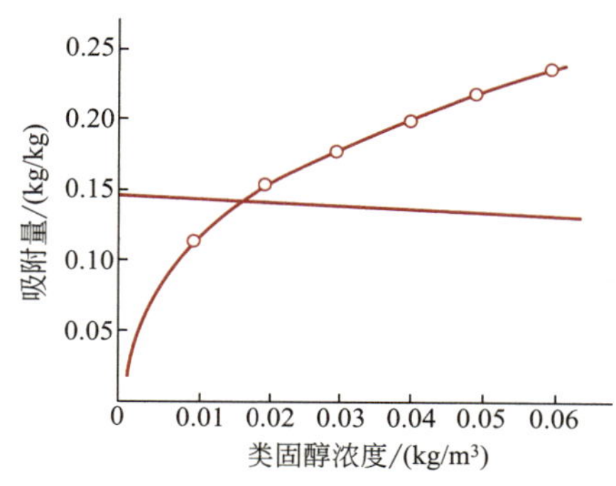

图 6-12 活性炭吸附类固醇的操作曲线

$$q = q_0 + \frac{Q}{W}(c_0 - c)$$

代入已知数据有

$$q=0.145-0.25c$$

在直角坐标上作曲线 $q=0.68c^{0.38}$ 和直线 $q=0.145-0.25c$，如图 6-12 所示。其交点为 $q=0.14\text{kg/kg}$，$c=0.0155\text{kg/m}^3$。故产品的吸附回收率为

$$\frac{0.58-0.0155}{0.58}\times 100\% = 97.3\%$$

6.7 连续搅拌吸附

上节介绍的间歇吸附操作，适用于小规模生产操作，对于大规模生产的产物分离纯化，常用连续搅拌槽进行吸附操作（图 6-13），可直接把发酵液送进吸附系统进行分离处理，而无需预先把发酵液中的固态物质分离除去。

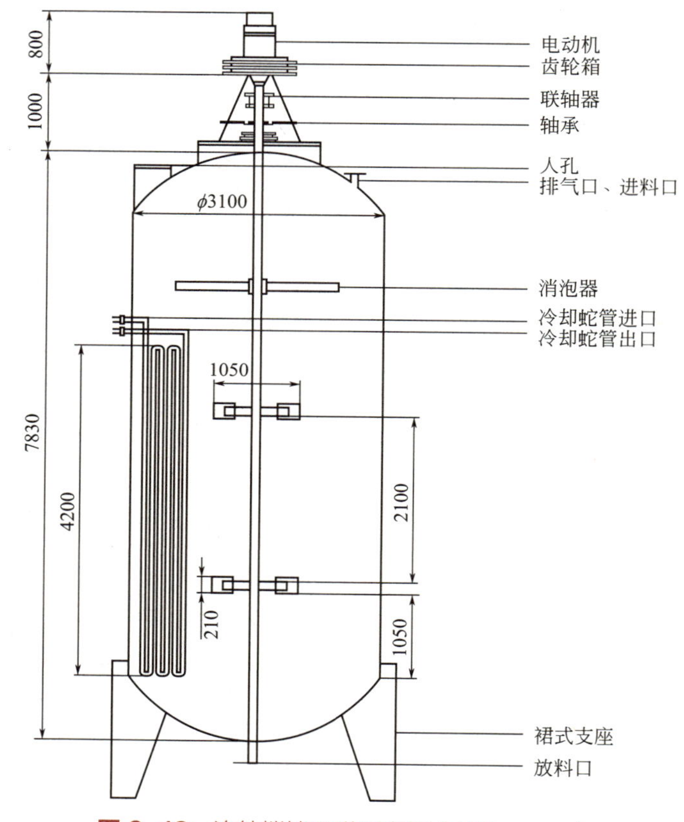

图 6-13 连续搅拌吸附示意图（单位：mm）

连续搅拌槽上典型的连续吸附操作如图 6-14 所示。开始时，搅拌槽内是不含溶质的纯溶剂和吸附剂；待分离的料液连续进入搅拌吸附槽，流速为 Q，吸附质浓度恒为 c_0；经吸附分离后，同样

以流速 Q 连续流出，流出液中含吸附质的浓度为 c，c 是随时间而变化的。操作开始时，吸附剂中的吸附质浓度 $q=0$，但随着吸附操作的进行，q 随时间而改变。根据反应工程理论，连续搅拌槽内的物料是均匀混合的，故流出的吸附质浓度应与槽内浓度相同。

对连续搅拌槽吸附操作，需要解决的工程问题是设备的放大，即如何把小型搅拌槽实验装置取得的吸收结果进行工业规模的放大设计。图 6-14 所示的 3 条吸附曲线中，1 线表示的是没有吸附作用（或基本没有吸附）时槽内流出的料液中吸附质浓度随时间的改变。显而易见，开始时流出液中吸附质的浓度升高很快。3 线表示的是无限迅速吸附的特例；而 2 线则是最常见的介于上述两种情况的吸附动力学曲线。

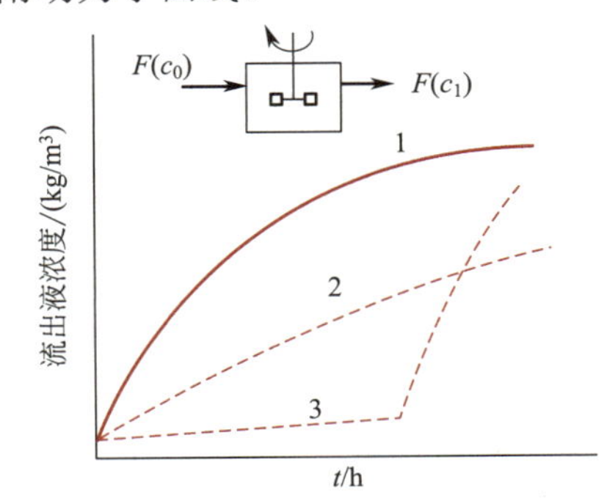

图 6-14　连续搅拌槽的吸附操作

1—吸附剂对吸附质不吸附；2— 一般的吸附操作；3—表示快速吸附

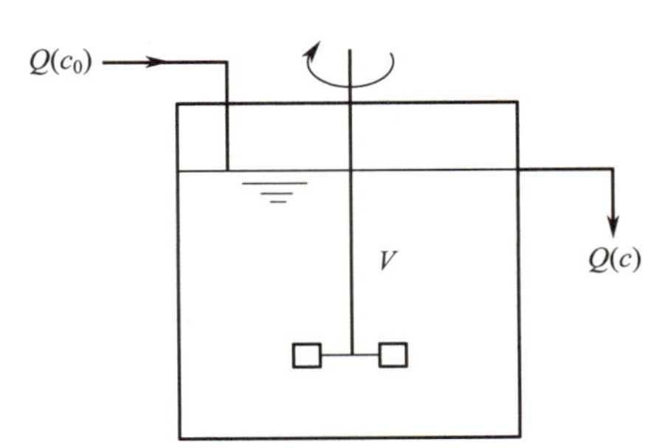

图 6-15　吸附操作的动力学分析

下面对连续搅拌槽吸附操作的动力学进行分析，见图 6-15。首先，由吸附质的质量衡算可得出：

$$\varepsilon V\frac{\mathrm{d}c}{\mathrm{d}t}=Q(c_0-c)-(1-\varepsilon)V\frac{\mathrm{d}q}{\mathrm{d}t} \tag{6-11}$$

式中，ε 为搅拌槽装料容积中溶液分率；$1-\varepsilon$ 为固体吸附剂在搅拌槽装料容积中的体积分率；V 为搅拌槽装料容积，m^3；c_0 为进料所含吸附质的浓度；c 为排料所含吸附质的浓度；Q 为进料（排料）流速，m^3/s 或 m^3/h；q 为单位容积吸附剂的溶质吸附量，kg/m^3。

同理，由吸附剂的质量衡算可得

$$(1-\varepsilon)V\frac{\mathrm{d}q}{\mathrm{d}t}=Vr \tag{6-12}$$

式中，r 为单位容积（有效容积）的吸附速率，kg/（m^3·s）。

在式（6-11）、式（6-12）中，单位容积吸附速率 r 的表达式仍属未知。

根据传质理论，液相吸附过程中物质传递可分成三个过程。

① 外扩散　吸附质由液相主体扩散到吸附剂固体外表面。

② 内扩散　吸附质由吸附剂固体表面沿其微孔隙扩散到吸附点。

③ 吸附　吸附质被吸附于活性点上。

因第 3 步吸附过程比第 1、2 步快得多，故目前公认的有两种吸附动力学机理，即：

① 吸附速率由溶质从液相主体到吸附剂固体表面的外扩散速率所控制；

② 吸附速率由在吸附剂粒子内的扩散和反应速率所控制。

假定吸附过程遵循第 1 个机理，则吸附速率为

$$r=ka(c-c^*) \tag{6-13}$$

式中，k 为传质系数，m/s，主要受搅拌条件影响；a 为单位有效容积中吸附剂的表面积，m^2/m^3；

c^* 为溶液中与吸附剂平衡的溶质浓度，kg/m^3。

假如吸附过程遵从弗罗因德利希吸附等温式，则

$$q=K(c^*)^n \tag{6-14}$$

6.8 固定床吸附过程分析

固定床吸附操作是最普遍而又最重要的吸附分离方式（图 6-16）。所谓固定床就是内部盛满吸附剂的柱式塔，含目的产物（吸附质）的料液从柱的一端进入，流经吸附剂后从柱的另一端流出。操作开始时，由于绝大部分吸附质被吸附剂滞留，故吸附残液中溶质浓度较低；随着吸附过程的继续，流出残液的吸附质浓度逐渐升高，到某一时刻，其浓度则急剧增大，此时则被称作吸附过程的穿透点。此时应立即停止操作，并把吸附剂再生后重新使用。

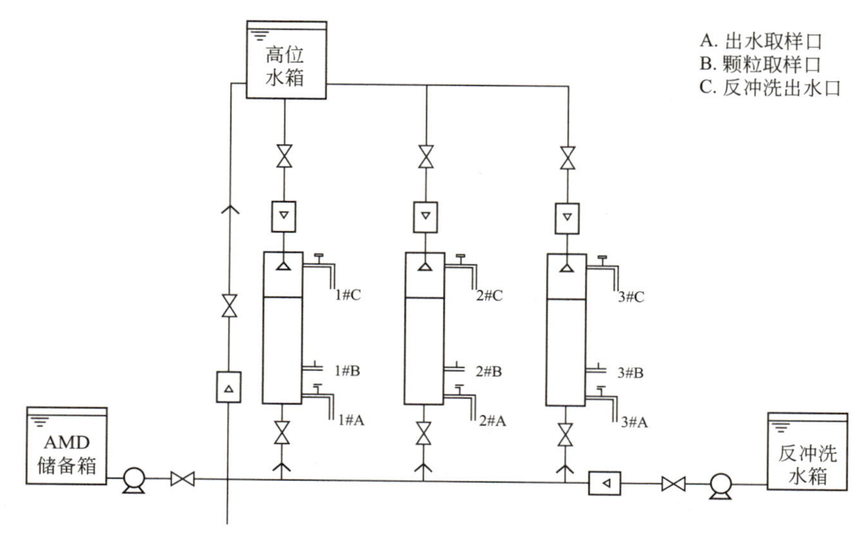

图 6-16 固定床吸附示意图

固定床吸附过程随时间的变化及穿透点见图 6-17，沿床层高度浓度变化及穿透曲线见图 6-18。

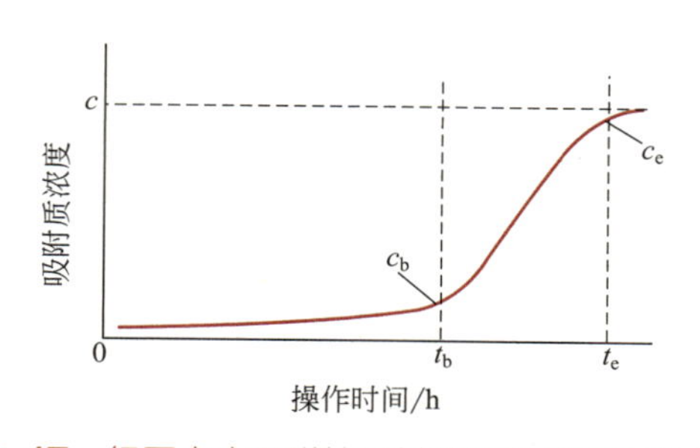

图 6-17 经固定床吸附柱后料液的吸附质浓度变化

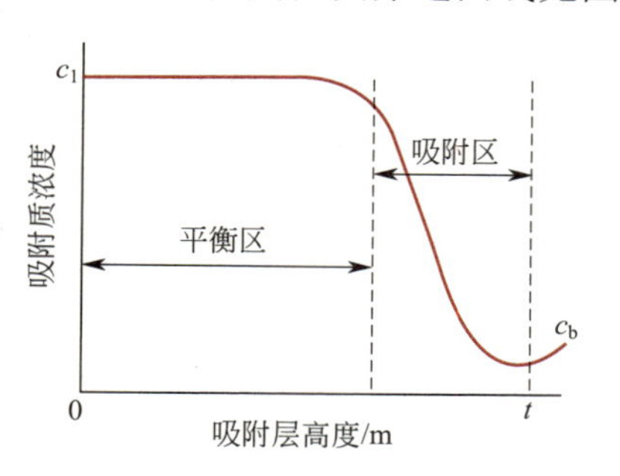

图 6-18 沿固定床吸附层高度的吸附质浓度变化

尽管固定床吸附设备似乎很简单，操作也相当直观，但要进行动力学分析却很复杂。因为固定床吸附过程是不稳定的、非线性的。而且，因吸附剂粒子的非均质的影响，所以在固定床吸附设备的放大设计时必须谨慎从事。

下面介绍与固定床吸附的放大过程有关的动力学方程及其解析。

固定床吸附过程可用四个基本方程描述。第一个是清液中溶质的质量衡算方程，即

$$\varepsilon\frac{\partial c}{\partial t}=D\frac{\partial^2 F}{\partial Z^2}-v\frac{\partial c}{\partial Z}-(1-\varepsilon)\frac{\partial q}{\partial t} \tag{6-15}$$

（累积量＝扩散量－流出量－吸附量）

式中，ε 为固定床的空隙分率；F 为空截面流速，$W=Q/A$；Q 为进料流量，m^3/s；A 为固定床面积；D 为吸附质扩散系数，m^2/s。

第二个方程是被吸附的溶质的质量衡算方程，即

$$(1-\varepsilon)\frac{\partial q}{\partial t}=r \tag{6-16}$$

式（6-16）中的 r 是吸附速率。同上节连续搅拌槽中的吸附操作类似，吸附速率可由溶质从液相主体传递到吸附剂表面的传质速率控制，见式（6-13）。

由上述的式（6-15）、式（6-16）所表述的固定床吸附过程动力学是非线性的互相关联的，故用数值法求解。但是，由于固体的吸附实际上存在返混，对于不同的吸附剂和吸附质，其传质速率系数 k 相差很大，吸附速率往往不只受到溶质在溶液内的传质速率的影响，且受到溶质在吸附剂内的扩散速率的影响限制。所以由上述联立方程组得出的数值解与实验结果常有较大的误差，故只能定性描述。吸附设备的设计计算需凭经验公式或实验数据进行计算。

如上所述，固定床吸附器由于存在返混等问题，若用动力学方程理论求解不仅计算繁杂，且结果与实际误差大。以下介绍两种较实用的计算方法。

（1）近似计算法　先做出两个假定：①料液流经床层时是柱塞流，无返混现象；②床层内传质阻力为零，吸附速率无限大，故传质区为零。

根据上述假设，开始时进入吸附床的料液中的吸附质在床层进口处即全部被吸附，该处即逐渐成为饱和区。随着待处理料液的不断进入，沿床层高度方向吸附剂逐渐达到吸附平衡态。设料液在进口处的吸附质浓度为 c_0，液流速度为 F，吸附器的床层截面积为 A。根据上述公式可计算出在吸附开始 τ 时间后，床层对溶质的吸附量。

本方法的关键是固定床吸附穿透曲线的实验测定，见图 6-15。由图 6-15 可见，吸附质在吸附柱出口处的浓度 c 是时间的函数，当 $t=0$ 时，$c=0$；然后 c 缓慢上升，经吸附操作一定时间 t_b 后（此时对应的 $c=c_b$），浓度 c 急速上升，最终等于料液进口浓度 c_0；当 $t=t_b$ 时，$c=c_b$，此时吸附床已达吸附饱和态，已失效。但实际上，c_b 和 c_e 是不稳定的，为方便计算，通常取 $c_b=0.1c_0$，$c_e=0.9c_0$。

由图 6-15 可见，在正常吸附操作时间里，可把吸附床分成两段，即吸附平衡段和吸附段。前者从吸附后高度 $Z=0$ 到 $Z=l(1-\Delta t/t_b)$，而后者的高度为 $l\Delta t/t_b$。其中，$\Delta t=t_e-t_b$，l 为有吸附剂的固定床实际长度。

由上所述，可估算吸附剂在吸附柱的填充率 η。对于吸附平衡段，吸附溶质量为：

$$q=\frac{1}{2}q_f \tag{6-17}$$

式中，q_f 为平衡吸附量，kg 吸附质 /kg 吸附剂。

所以，固定床吸附柱的吸附能力分率为：

$$f=\frac{q_f l(1-\Delta t/t_b)+0.5q[l-l(1-\Delta t/t_b)]}{q_0 l}$$

$$=1-\Delta t/(2t_b) \tag{6-18}$$

由式（6-18）可知，Δt 越小即吸附区越短，吸附剂填充率就越高。

（2）穿透曲线微分计算法 由固定床吸附动力学的分析，可把整个吸附床沿高度分成 3 个区，即料液进口端的饱和区、吸附区和未利用区。吸附区的计算主要是制定吸附操作的周期，主要计算项目有：传质区长度、达到穿透点所需时间及穿透点出现时床层所达到的饱和程度。

为简化计算，先做出三个假定：①吸附过程在等温下进行；②吸附为优惠型吸附等温线（即为弗罗因德利希吸附等温线和兰格缪尔吸附等温线）；③料液流过吸附床呈严格的柱塞流，无返混。

由上述 3 个假定及吸附分离动力学可见，假设固定床无限长，可在稳定状态下完成吸附分离过程，则进口端溶质浓度 c_0 和吸附量 q_0 平衡；而出口端 $c=0$，$q=0$。对整个吸附固定床进行吸附质的物料衡算，可得

$$Q(c_0-0)=Z(q-0) \tag{6-19}$$

式（6-19）是固定床吸附柱的操作线方程，如图 6-19 所示。

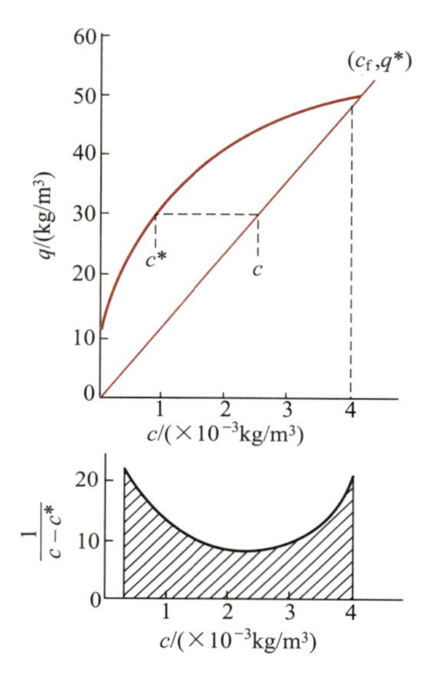

图 6-19 固定床吸附柱操作线与曲线微分计算

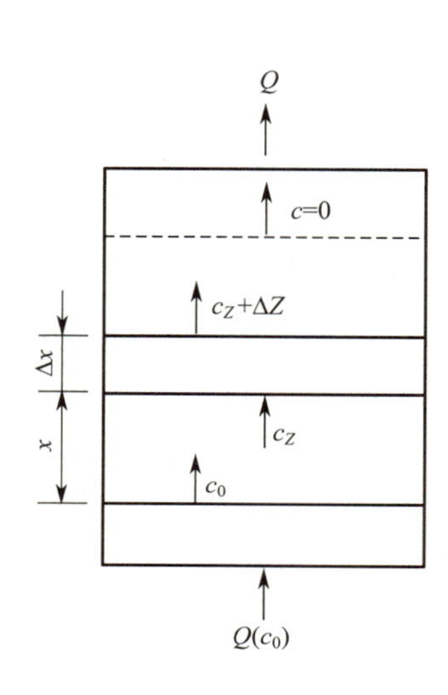

图 6-20 固定床吸附质量衡算

在图 6-19 上，可根据式（6-3）做出平衡线方程 $q=K(c^*)^n$。又根据溶质在某一小区间内的质量衡算，如图 6-20 所示，可得质量衡算式：

积累 = 进入溶质 − 流出溶质 − 被吸附溶质

在稳定状态下，可得

$$AF=(c_Z-c_{Z+\Delta Z})-kaA\Delta Z(c-c^*)=0 \tag{6-20}$$

令 $\Delta Z\to0$，则可得吸附微分式

$$F=\frac{\mathrm{d}c}{\mathrm{d}Z}+ka(c-c^*)=0 \tag{6-21}$$

微分方程（6-21）的边界条件为

$$\begin{cases}Z=0，\ c=c_0\\ Z=l，\ c=c_\mathrm{f}\end{cases} \tag{6-22}$$

把式（6-22）的边界条件代入微分式（6-21）并进行定积分，可得使吸附质浓度 c_0 降至 c_f 所需

的吸附床层高度为

$$l=\frac{F}{ka}\int_{c_0}^{c_f}\frac{\mathrm{d}c}{(c-c^*)} \tag{6-23}$$

由式（6-23）所表示的积分值可用极值积分法求解。具体方法是：在 c-q 图（即图 6-19）上选定某一浓度 c 值，从操作线对应读出吸附量 q，相应于同一 q 值再在平衡线上找出平衡浓度 c^*。对应不同的 c 与 c^*，绘出以 c 为横坐标、以 $\left(\frac{1}{c-c^*}\right)$ 为纵坐标的点，连接成曲线，最后得出在区间［c_f，c_0］上曲线与横坐标包围的面积（如图 6-19 上阴影部分），此面积值就等于定积分 $\int_{c_0}^{c_f}\frac{\mathrm{d}c}{(c-c^*)}$ 的值。

【例 6-2】 用固定床吸附器分离乳酸脱氢酶，料液含酶量为 1.7×10^{-3}kg/m³。吸附柱高 1.3m，直径 0.07m，吸附剂为改性纤维素，吸附床空隙率为 30%。假定在此条件下，吸附动力学方程为线性吸附等温式，即 $q=38c$（kg/m³）。在上述条件下，到达穿透点的时间 t_b=6.4h，饱和时间 t_e=10h。求：①到达穿透点时吸附带高度；②到达穿透点时平衡带高度；③吸附能力分率。

【解】 ① 由题设条件可知，溶液流经吸附带时间为

$$\Delta t=t_e-t_b=10-6.4=3.6\text{（h）}$$

故到达穿透点时吸附带长度为

$$\frac{3.6}{6.4}\times1.3=0.73\text{（m）}$$

② 相应的平衡吸附带高度为

$$1.3-0.73=0.57\text{（m）}$$

③ 根据式（6-18）可得出吸附能力分率为

$$f=1-\frac{\Delta t}{2t_b}=1-\frac{3.6}{2\times6.4}=71.9\%$$

【例 6-3】 用一阴离子交换树脂固定床吸附分离某抗生素。通过间歇吸附实验，测定了该吸附动力学方程符合弗罗因德利希吸附等温式，即 $q=32c^{1/3}$，q 和 c 的单位为 kg/m³。所用的固定床柱长 1.0m，直径为 0.03m，吸附剂树脂的体积分数为 0.67（即空隙率为 0.33），料液中含抗生素 4.3kg/m³。当吸附操作空截面流速为 0.03m/min 时，吸附穿透曲线如图 6-21 所示。求：①若溶液浓度 c=0.4kg/m³ 时停止吸附操作，料液损失量；②假定此吸附柱在 c=4.0kg/m³ 时就达饱和点，求吸附柱被利用的分率。

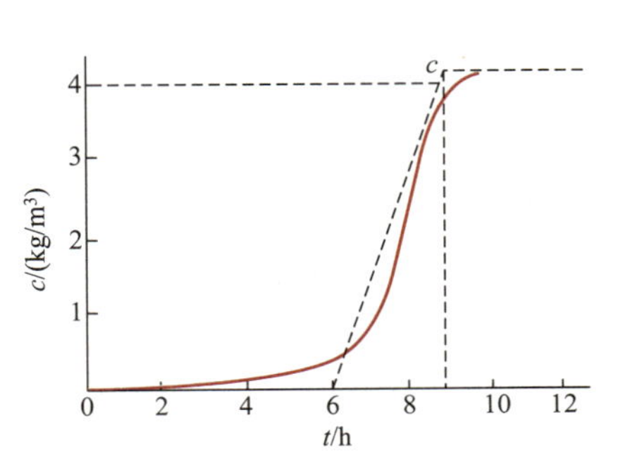

图 6-21 固定床吸附抗生素操作

【解】 ① 由图 6-21 可得吸附穿透点在 t_b=6.3h。所以应用数值积分法求出流出液损失（在流出液溶质 c=0.4kg/m³ 时就停止操作）分率为

$$\int_0^{6.3}c\mathrm{d}t/(c_f\times6.3)=0.02=2\%$$

② 由图 6-21 可得出，流出液吸附质（抗生素）浓度为 4kg/m³，对应的操作时间为 9h。故可根据式（6-18）求出固定床吸附能力的利用分率为

$$f=1-\frac{\Delta t}{2t_b}=1-\frac{9-6.3}{2\times6.3}=0.786=78.6\%$$

6.9 离子交换

离子交换法是应用合成的离子交换树脂作为吸附剂，将溶液中的物质依靠库仑力吸附在树脂上，然后用合适的洗脱剂将吸附质从树脂上洗脱下来，达到分离、浓缩、提纯的目的。

离子交换法广泛应用于脱色、转盐、脱盐以及制备软水、无盐水等。随着新树脂的出现和应用技术的进步，离子交换技术已广泛渗透到水处理、金属冶炼、原子能科学技术、海洋资源开发、化工生产、糖类精制、食品加工、医药卫生、分析化学及环境保护等领域。

6.9.1 离子交换的基本概念

离子交换法是利用溶液中各种带电粒子与离子交换剂之间结合力的差异进行物质分离的操作方法。带电粒子与离子交换剂间的作用力是静电力，它们的结合是可逆的，即在一定的条件下能够结合，条件改变后也可以被释放出来。离子交换树脂的单元结构由三部分组成：交联的具有三维空间立体结构的网格骨架（通常以 R 表示）、联结骨架上的功能基［活性基，如—SO_3^-、—$N(CH_3)_3^+$］以及和活性基所带电荷相反的活性离子（即可交换离子，如 H^+、OH^-）。惰性不溶的网格骨架和活性基团是连成一体的，不能自由移动。活性离子则可以在网格骨架和溶液间自由迁移。当树脂处在溶液中时，其表面的活性离子可以与溶液中的同性离子，按与树脂功能基的化学亲和力不同产生交换过程。活性基团是决定离子交换树脂性能的主要因素。如果活性基释放的活性离子是阳离子，这种离子交换树脂能和溶液中的其他阳离子发生交换，这类树脂称为阳离子交换树脂；如果活性基释放的活性离子是阴离子，则这种离子交换树脂能交换溶液中的阴离子，称为阴离子交换树脂。离子交换树脂的示意图及其构造模型和交换过程见图 6-22、图 6-23。

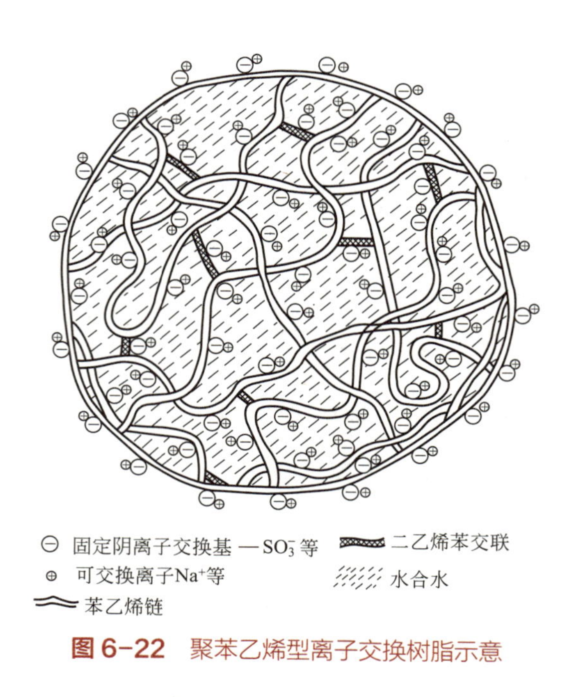

图 6-22 聚苯乙烯型离子交换树脂示意

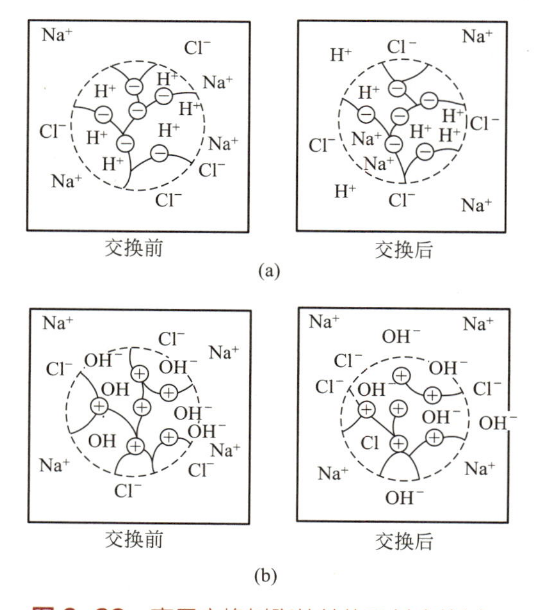

图 6-23 离子交换树脂的结构及其交换过程

（a）阳离子交换树脂；（b）阴离子交换树脂

6.9.2 离子交换树脂的分类

离子交换树脂由三部分构成：惰性的不溶性的高分子固定骨架，又称载体；与载体以共价键联结的不能移动的活性基团，又称功能基团；与功能基团以离子键联结的可移动的活性离子，也称平衡离子。如苯乙烯磺酸型钠树脂，其骨架是聚苯乙烯高分子材料，活性基团是磺酸基，平衡离子为钠离子。

离子交换树脂有多种分类方法，其中主要的有四种：第一种按树脂骨架的主要成分分类，如聚苯乙烯型树脂（001×7）、聚丙烯酸型树脂（112×4）、环氧氯丙烷型多烯多胺型树脂（330）、酚醛型树脂（122）等；第二种按树脂骨架聚合的方法分类，可分为共聚型树脂（001×7）和缩聚型树脂（122）；第三种按骨架的物理结构分类，可分为凝胶型树脂（201×7）（亦称微孔树脂）、大网格树脂（D201）（亦称大孔树脂），以及均孔树脂；第四种按活性基团分类，可分为含酸性基团的阳离子交换树脂和含碱性基团的阴离子交换树脂。根据活性基团的电离程度强弱不同又可分为强酸性和弱酸性阳离子交换树脂及强碱性和弱碱性阴离子交换树脂。此外还有含其他功能基团的螯合树脂、氧化还原树脂以及两性树脂等。下面按活性基团分类方法讨论各种树脂的功能。

6.9.2.1 阳离子交换树脂

阳离子交换树脂按照其酸性强弱可以分为三类。

（1）强酸性阳离子交换树脂　这类树脂的活性基团有磺酸基团（$—SO_3H$）和次甲基磺酸基团（$—CH_2SO_3H$）。它们都是强酸性基团，其电离程度大且不受溶液pH变化的影响，当pH值在1～14范围内时，均能进行离子交换反应。以001×7树脂为例，其交换反应如下。

中和：
$$RSO_3^- H^+ + Na^+OH^- \longrightarrow RSO_3^- Na^+ + H_2O \quad (6\text{-}24)$$

中性盐分解：
$$RSO_3^- H^+ + Na^+Cl^- \rightleftharpoons RSO_3^- Na^+ + H^+Cl^- \quad (6\text{-}25)$$

复分解：
$$RSO_3^- Na^+ + K^+Cl^- \rightleftharpoons RSO_3^- K^+ + Na^+Cl^- \quad (6\text{-}26)$$

应用式（6-26）复分解反应原理，可将青霉素钾盐转成青霉素钠盐，其反应式如下

$$R—SO_3^- Na^+ + Pen^- K^+ \longrightarrow R—SO_3^- K^+ + Pen^- Na^+ \quad (6\text{-}27)$$

强酸树脂与H^+结合力弱，因此再生成氢型时比较困难，耗酸量大。常用的强酸性阳离子交换树脂有1×4.1×7和1×14等型号。除大量用于水处理外，在氨基糖苷类抗生素提取中应用较多，如链霉素、卡那霉素、庆大霉素、巴龙霉素、新霉素、春雷霉素、青紫霉素、去甲基万古霉素以及短杆菌肽等。

（2）弱酸性阳离子交换树脂　弱酸性阳离子交换树脂主要是羧酸型树脂和酚型树脂，这类树脂的活性基有羧酸基团（—COOH）、氧酸基团（$—OCH_2COOH$）、酚羟基团（$—C_6H_5OH$）及β-双酮基团（$—COCH_2COCH_3$）等。它们都是弱酸性基团，其电离程度受溶液pH的变化影响很大，在酸性溶液中几乎不发生交换反应，其交换能力随溶液pH的下降而减小，随pH值的升高而递增。以羧酸阳离子交换树脂为例，其交换容量与溶液pH的关系如表6-3所示。

表6-3　阳离子交换树脂在不同pH下的交换容量

pH	5	6	7	8	9
交换容量/（mmol/g）	0.8	2.5	8.0	9.0	9.0

因此羧酸型阳离子树脂必须在 pH ＞ 7 的溶液中才能正常工作，对酸性更弱的酚型树脂，则应在 pH ＞ 9 的溶液中才能进行反应。

中和：
$$RCOO^-H^++Na^+OH^- \rightleftharpoons RCOO^-Na^++H_2O \tag{6-28}$$

$RCOO^-Na^+$ 在水中不稳定，遇水易水解成 $RCOO^-H^+$，同时产生 NaOH，故钠型羧酸树脂不易洗涤到中性，一般洗到出口 pH 9 ～ 9.5 即可，洗水量也不宜过多。

复分解：
$$RCOO^-Na^++KCl \rightleftharpoons RCOO^-K^++Na^+Cl^- \tag{6-29}$$

110-Na 型树脂提取链霉素即应用式（6-29）复分解原理

$$R(COO^-Na^+)_3+Str\cdot 3H^+Cl^- \longrightarrow R(COO^-)_3Str\cdot 3H^++3NaCl \tag{6-30}$$

和强酸性阳离子交换树脂性质相反，H^+ 和弱酸性阳离子树脂的结合力很强，故易再生成氢型，耗酸量亦少。在抗生素工业中，110 树脂常用于链霉素、柔红霉素的提取，而 122 树脂用来提取博莱霉素和链霉素脱色。

（3）中强酸性阳离子交换树脂　中强酸性阳离子交换树脂酸度介于强酸性阳离子交换树脂和弱酸性阳离子交换树脂中间，即含磷酸基团［$—PO(OH)_2$］和次磷酸基团［—PHO(OH)］的树脂。

6.9.2.2　阴离子交换树脂

阴离子交换树脂也可按其碱性强弱不同分为以下三类。

（1）强碱性阴离子交换树脂　这类树脂的活性基是季铵基团，有三甲氨基团 $RN^+(CH_3)_3OH^-$（Ⅰ型）和二甲基 -β- 羟基乙基氨基团 $RN^+(CH_3)_2(C_2H_4OH)OH^-$（Ⅱ型）。和强酸性阳离子交换树脂相似，其活性基团电离程度较强，不受溶液 pH 变化的影响，在 pH=1 ～ 14 范围内均可使用，其交换反应如下。

中和：
$$R—N^+(CH_3)_3OH^-+H^+Cl^- \longrightarrow R—N^+(CH_3)_3Cl^-+H_2O \tag{6-31}$$

中性盐分解：
$$RN^+(CH_3)_3OH+Na^+Cl^- \longleftrightarrow RN^+(CH_3)_3Cl^-+Na^+OH^- \tag{6-32}$$

复分解：
$$RN^+(CH_3)_3Cl^-+Na_2^+SO_4^{2-} \rightleftharpoons R[N^+(CH_3)_3]_2SO_4^{2-}+2Na^+Cl^- \tag{6-33}$$

这类树脂成氯型时较羟型稳定，耐热性亦较好。因此，商品大多以氯型出售。Ⅰ型树脂的热稳定性、抗氧化性、机械强度、使用寿命均好于Ⅱ型树脂，但再生较难；Ⅱ型树脂抗有机物污染好于Ⅰ型，Ⅱ型树脂碱性亦弱于Ⅰ型，由于 OH^- 和强碱性阴离子交换树脂结合力较弱，再生剂 NaOH 用量较大。这类树脂主要用于制备无盐水（除去$HSiO_3^-$、CO_3^{2-}等弱酸根），及卡那霉素、巴龙霉素、新霉素等的精制。

（2）弱碱性阴离子交换树脂　这类树脂的活性基团有伯胺基团（$—NH_2$）、仲胺（—NHR）和叔胺［$—N(R)_2$］以及吡啶（C_6H_5N）等基团。其活性基团的电离程度弱，和弱酸性阳离子交换树脂一样交换能力受溶液 pH 的变化影响很大，pH 越低，交换能力越高，反之则小，故在 pH ＜ 7 的溶液中使用。其交换反应如下。

中和：
$$RN^+H_3OH^-+HCl \rightleftharpoons RN^+H_3Cl^-+H_2O \tag{6-34}$$

复分解：
$$R(N^+H_3Cl^-)_2+Na_2^+SO_4^{2-} \rightleftharpoons R(N^+H_3)_2SO_4^{2-}+2NaCl \tag{6-35}$$

羟型伯胺树脂还可与—CHO 发生缩合反应：

$$RN^+H_3OH^-+R'CHO \longrightarrow RNH{=}CR'+H_2O \tag{6-36}$$

和弱酸性阳离子交换树脂相似，弱碱性阴离子交换树脂生成的盐 $RN^+H_3Cl^-$ 易水解成 $RN^+H_3OH^-$，这说明 OH^- 结合力很强，故用 NaOH 再生成羟型较容易，耗碱量亦少，甚至可用 Na_2CO_3 再生。

（3）中强碱性阴离子交换树脂　中强碱性阴离子交换树脂则兼有以上两类活性基团。

表 6-4 将强酸性、弱酸性阳离子交换树脂及强碱性、弱碱性阴离子交换树脂的性能作了比较。

表 6-4　四类树脂性能的比较

类型 / 性能	阳离子交换树脂		阴离子交换树脂	
	强酸性	弱酸性	强碱性	弱碱性
活性基团	磺酸	羧酸	季铵	伯胺、仲胺、叔胺
结构式	$R-SO_3H$ 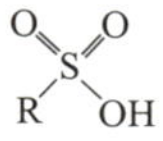	R-COOH 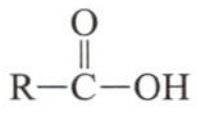	$R_4N^+X^-$ 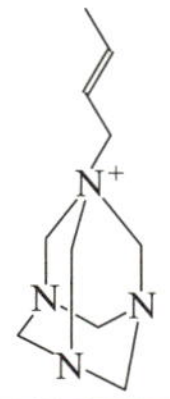	RNH_2、R_2NH、R_3N 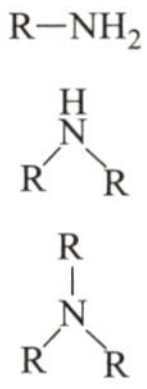 $R-NH_2$
pH 对交换能力的影响	无	在酸性溶液中交换能力很小	无	在碱性溶液中交换能力很小
盐的稳定性	稳定	洗涤时水解	稳定	洗涤时水解
再生	用 3 ～ 5 倍再生剂	用 1.5 ～ 2 倍再生剂	用 3 ～ 5 倍再生剂	用 1.5 ～ 2 倍再生剂，可用碳酸钠或氨水
交换速度	快	慢（除非离子化）	快	慢（除非离子化）

注：再生剂用量指该树脂交换容量的倍数。

离子交换树脂活性基团的解离程度强弱，即解离常数（p*K*）不同，决定了该树脂的强弱。因此，活性基团的 p*K* 值能直接表征树脂的强、弱程度。对阳离子交换树脂来说，p*K* 值愈小，酸性愈强。反之，对阴离子交换树脂来说，p*K* 值愈大，碱性愈强。表 6-5 是几种常用树脂活性基团的 p*K* 值。

表 6-5　离子交换树脂官能团的解离常数

阳离子交换树脂		阴离子交换树脂	
官能团	p*K*	官能团	p*K*
$-SO_3H$	< 1	$-N(CH_3)_3OH$	> 13
$-PO(OH)_2$	pK_1 2~3	$-N(C_2H_4OH)(CH_3)_2OH$	12~13
	pK_2 7~8	$-(C_5H_5N)OH$	11~12
		$-NHR, -NR_2$	9~11
$-COOH$	4~6	$-NH_2$	7~9
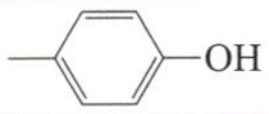 $-C_6H_4-OH$	9 ～ 10	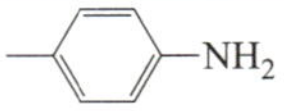 $-C_6H_4-NH_2$	5 ～ 6

由于合成原料、合成副反应或人为目的等原因，合成的离子交换树脂中可含有两种以上的酸性或碱性基团。如在阳离子交换树脂中，兼含有磺酸基和羧酸基的有 KBU-1.Imac C-19 树脂；兼含有磺酸基和酚羟基的有 FK-Katex 树脂。

6.9.2.3　新型离子交换树脂

除了上述多种离子交换树脂外，还有一些特殊结构的树脂，如大网格离子交换树脂、均孔型离子交换树脂及多糖基的离子交换树脂等。

20 世纪 60 年代，在凝胶型树脂（gel type resin）基础上开发了一种新品种——大网格离子交换树脂（大孔离子交换树脂）(macroporous resin)，它的开发和应用大大拓展了离子交换技术。大孔离子交换树脂（以下简称大孔树脂）和大孔吸附剂（macroporous adsorbent）具有相同的骨架，在合成大孔吸附剂后再引入化学功能基便可制成大孔离子交换树脂。

普通凝胶树脂具亲水性，含有水分，呈溶胀状态，分子链间距拉开；形成“孔隙”，这种“孔隙”孔径很小，一般小于3nm，称为微孔。它随外界条件而变化，且失水后孔隙闭合而消失，由于是非长久性、不稳定性的，所以称为“暂时孔”。因此凝胶树脂在干裂或非水介质中没有交换能力，这就限制了离子交换技术的应用。在水介质中，凝胶树脂吸附有机大分子比较困难，而且有的被吸附后亦不容易洗脱，产生不可逆的“有机污染”，使交换能力下降。降低交联度，使“孔隙”增大，交换能力和抗有机污染有所改善，但交联度下降，机械强度相应降低，导致树脂易破碎，严重的根本无法使用。而使用大孔树脂则可避免或减轻上述缺点。

大孔树脂的基本性能和凝胶树脂相似，但其“孔隙”是在合成时由于加入惰性的致孔剂，待网格骨架固化和链结构单元形成后，用溶剂萃取或水洗蒸馏将致孔剂去掉，留下了不受外界条件影响的孔隙，因此叫“永久孔”，其孔径远大于3nm，可达到100mm甚至可达1000mm以上，故称“大孔”。由于大孔对光线的漫反射，从外观上看大孔树脂呈不透明状，而凝胶树脂则呈透明状。在大孔树脂制备中致孔剂主要有三种化合物。

① 能与单体互溶而不能使聚合物溶胀的不良溶剂，如C_4～C_{10}的醇、庚烷、异辛烷、烷烃酯。最常用的是200号溶剂汽油。

② 和单体互溶并能溶胀共聚物的良溶剂，如甲苯、乙苯、二氯乙烷、四氯化碳等。

③ 高分子聚合物，如聚苯乙烯、聚丙烯酸酯等，以聚苯乙烯较常用，其分子量大小是影响永久孔隙度的重要因素。

用良溶剂致孔，孔径较小，比表面较大；用不良溶剂致孔，孔径较大、比表面较小；用聚苯乙烯致孔，孔径更大，比表面更小。因此合成大孔共聚物时可以通过选择交联度、致孔剂种类和搭配（配成混合致孔剂）人为地调控合成所需要的大孔树脂。

大孔树脂的孔结构、孔径分布以及和凝胶树脂结构、物理性能的比较见表6-6、图6-24及表6-7。

表6-6 大孔离子交换树脂的孔结构

树脂		比表面积/(m^2/g)	平均孔径/Å[1]	孔径范围①/Å	假密度/(g/mL)
大孔树脂	Amberlite 200	54.8		600～3000	0.982
	Amberlyst XN-1005	125.5	80	200～4000	0.795
	Amberlite IRA-93	32.4	375	1700～7500	0.576
	Amberlite IRA-900	18.4	175	1400～2200	0.891
	Amberlite IRA-904	46.9	375	2100～12000	0.555
	Amberlite IRA-911	71.3	80	700～3000	0.836
	Amberlite IRC-50	1.8	800	2000～20000	1.263
凝胶树脂	Amberlite IR-120	＜0.1	无	无	1.463
	Amberlite IRA-401	＜0.1	无	无	1.136

[1] 1Å=10^{-10}m。

续表

树 脂		骨架密度②/（g/mL）	孔体积③		总交换量/（mmol/g）	水分 /%
			mL/mL 以树脂计	mL/g 以树脂计		
大孔树脂	Amberlite 200	1.527	0.357	0.363	4.8	49
	Amberlyst XN-1005	1.359	0.416	0.523	3.5	44
	Amberlite IRA-93	1.096	0.475	0.826	4.8	50
	Amberlite IRA-900	1.135	0.216	0.242	4.4	62
	Amberlite IRA-904	1.114	0.502	0.906	2.6	60
	Amberlite IRA-911	1.237	0.324	0.388	2.7	44
	Amberlite IRC-50	1.369	0.171	0.152	10.2	45
凝胶树脂	Amberlite IR-120	1.488	0.003	—	4.6	46
	Amberlite IRA-401	1.131	0.004	—	4.0	56

①指孔体积的 5.0% ~ 95.0% 范围的孔径。

②即真密度，指骨架本身的密度，不包括颗粒内部结构空隙。

③由假密度和骨架密度计算而得。

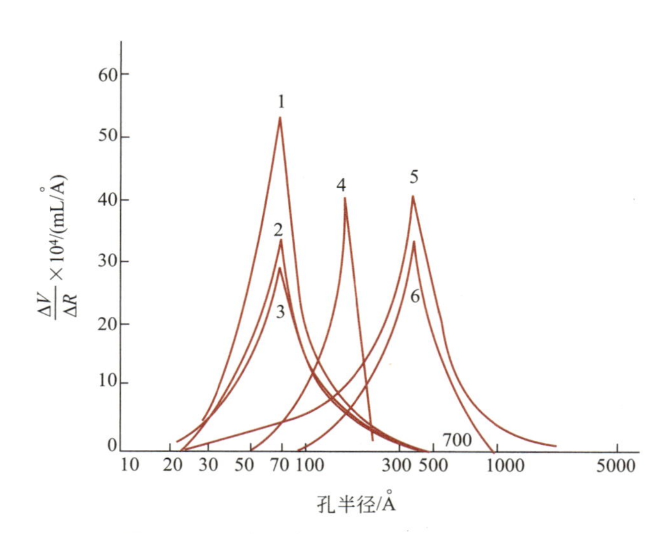

图 6-24 大孔离子交换树脂的孔径分布

1—Amberlite 200；2—Amberlys XN-1005；3—Amberlite IRA-911；
4—Amberlite IRA-900；5—Amberlite IRA-904；6—Amberlite IRA-93

表 6-7 大孔树脂与凝胶树脂孔结构、物理性能比较

项目	交联度/%	比表面积/（m²/g）	孔径/μm	孔隙度/（mL/mL）	外观	孔结构
大孔树脂	15 ～ 25	25 ～ 150	8 ～ 1000	0.15 ～ 0.55	不透明	大孔、凝胶孔
凝胶树脂	2 ～ 10	＜ 0.1	＜ 3.0	0.01 ～ 0.02	透明（或半透明）	凝胶孔

注：美国 IRA-938 孔径达到 2500 ~ 25000nm。

和凝胶树脂相比，大孔树脂有以下特点：①交联度高、溶胀度小，有较好的理化稳定性；②有较大的孔度、孔径和比表面，给离子交换提供良好的接触条件，交换速度快，有较好的抗有机污染性能，其永久性孔隙在水合作用时起缓冲作用，耐胀缩不易破碎；③适于吸附有机大分子和非水体系中的离子交换，容易进行功能基反应，在有机反应中可作催化剂；④流体阻力小，工艺参数比较稳定。

大孔树脂亦有装填密度小、体积交换容量小、洗脱剂用量大以及价格高和一次性投资较大等缺点，因此，并非可以全部取代凝胶树脂。

6.9.2.4　两性树脂（包括热再生树脂、蛇笼树脂）

同时含有酸、碱两种基团的树脂叫两性树脂，有强碱 - 弱酸和弱碱 - 弱酸两种类型，其相反电荷的活性基团可以在同一分子链上，亦可以在两条互相接近的大分子链上。

研究表明，弱酸 - 弱碱合体的两性树脂在室温下能吸附 NaCl 等盐类。在 70 ～ 80℃时盐型树脂的分解反应达到初步脱盐而不用酸碱再生剂的这种树脂叫热再生树脂。主要用于苦咸水的淡化及废水处理，商品有 Sirolite TR-10、Sirolite-20、Amberlite XD-2、Amberlite XD-4、Amberlite XD-5。其反应式如下

$$\mathrm{RCOOH+R'NR''_2+NaCl} \xrightleftharpoons[70\sim80^\circ\mathrm{C}]{20\sim25^\circ\mathrm{C}} \mathrm{RCOONa+R'NR''_2HCl} \tag{6-37}$$

这类树脂之所以能用热水再生是由于当温度自 25℃升至 85℃时，水的离解程度增加，使 H^+ 和 OH^- 的浓度增大 30 倍，这类树脂可作再生剂。

蛇笼树脂兼有阴阳离子交换功能基，这两种功能基共价连接在树脂骨架上，如交联的阴离子交换树脂为“笼”、线型的聚丙烯为“蛇”，“蛇”被关在笼中不漏出，这种树脂功能基互相很接近，可用于脱盐，使用后只需用大量水洗即可恢复其交换能力。蛇笼树脂利用其阴阳两种功能基截留、阻滞溶液中强电解质（盐）、排斥有机物（如乙二醇），使有机物先随流出液漏出，这种分离方法称为离子阻滞法。应用于糖类、乙二醇、甘油等有机物的除盐。

6.9.2.5　均孔型离子交换树脂

均孔型树脂也是凝胶型树脂，主要是阴离子交换树脂，与普通凝胶型树脂相比，其骨架的交联度比较均匀。该类树脂代号为 IP 或 IR。普通凝胶型树脂在聚合时因二乙烯苯的聚合反应速率大于苯乙烯，故反应不易控制，往往造成凝胶不同部位的交联度相差很大，致使凝胶强度不好，抗污染能力差。

如果在聚合时不用二乙烯苯作交联剂，而采用氯甲基化反应进行交联，交联氯甲基化后的珠体，用不同的胺进行胺化，就可制成各种均孔型阴离子交换树脂，简称 IP 型树脂。这样制得的阴离子交换树脂，交联度均匀，孔径大小一致，质量和体积交换容量都较高，膨胀度、密度适中，机械强度好，抗污染和再生能力也强。如 Amberlite IRA 型树脂即为均孔型阴离子交换树脂。另外，利用线型聚合物通过 Friedel-Crafts 反应生成次甲基桥交联合成亦能获得孔径大小均匀的树脂，其交联反应式如下。

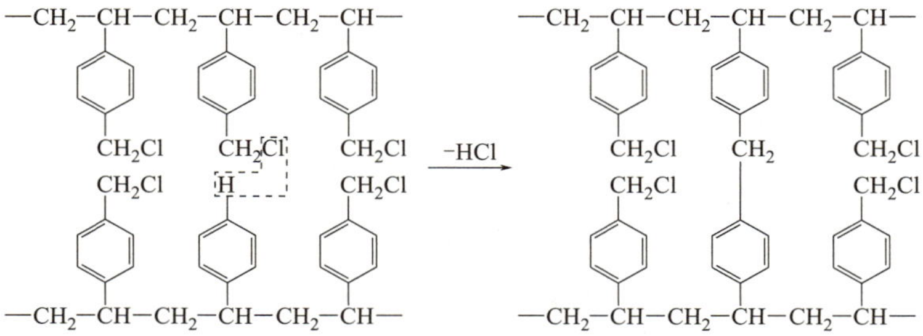

—CH_2—CH—CH_2—CH—CH_2—CH—　　　　—CH_2—CH—CH_2—CH—CH_2—CH—

CH_2Cl　CH_2Cl　CH_2Cl　$\xrightarrow{-HCl}$　CH_2Cl　CH_2　CH_2Cl

CH_2Cl　H　CH_2Cl　　　　CH_2Cl　　CH_2Cl

—CH_2—CH—CH_2—CH—CH_2—CH—　　　　—CH_2—CH—CH_2—CH—CH_2—CH—　　(6-38)

均孔型树脂内部结构与普通凝胶型、大网格离子交换树脂不同，图 6-25 给出了三种树脂内部结构示意图。

图 6-25 普通凝胶型和大孔型、均孔型树脂内部结构示意

6.9.2.6 螯合树脂

螯合树脂含有螯合功能基团，对某些离子具有特殊选择性吸附能力。因为它既有生成离子键又有形成配位键的能力，在螯合物形成后，结构形状有的像螃蟹，故称作螯合树脂。以氨基羧酸和氨基磷酸螯合树脂为例，其合成反应式如下。

$$\sim C_6H_4-CH_2NH_2 \begin{cases} \xrightarrow[NaOH]{ClCH_3COOH} \sim C_6H_4-CH_2N(CH_2COONa)_2 \\ \xrightarrow[NaOH]{HCHO+H_3PO_3} \sim C_6H_4-CH_2NHCH_2PO_3H \end{cases} \tag{6-39}$$

氨基羧酸树脂螯合 Ca^{2+} 的反应如下（类似于 EDTA），用盐酸可进行再生。

$$\sim C_6H_4-CH_2N(CH_2-C(=O)ONa)_2 + Ca^{2+} \longrightarrow \sim C_6H_4-CH_2N(CH_2-C(=O)O)_2Ca \xrightarrow{HCl} \sim C_6H_4-CH_2N(CH_2COOH)_2 \tag{6-40}$$

Dowex-1、CR-10、上树 751、南大 D401 都属氨基羧酸树脂，主要用于氯碱工业离子膜法的制碱工艺中盐水的二次精制，去除 Ca^{2+}、Mg^{2+}，以保护离子交换膜，提高产品浓度和质量，降低能耗，提高电解时电流效率。氨基磷酸树脂除 Mg^{2+} 的能力优于氨基羧酸树脂。除上述两种外，还有对UO_2^{2+}、Fe^{3+}、Pb^{2+} 结合力很强的磷酸类树脂 [$RPO(OH)_2$]，它与 Al^{3+}、Fe^{3+} 形成配合物，用于饮水除氟；多羟基类 [$R\text{-}CH_2N(CH_3)C_6H_8(OH)_5$] 对硼有特殊的选择性；各种多胺弱碱性树脂均可生成胺的配合物形式，同时也可与 Cu^{2+}、Zn^{2+} 形成配合物。

6.9.2.7 多糖基离子交换剂

生物大分子的离子交换要求固相载体具有亲水性和较大的交换空间，还要求固相载体对其生物活性有稳定作用（至少没有变性作用），并便于洗脱。这些都是使用人工高聚物作载体时难以满足的，只有采用生物来源的稳定的高聚物——多糖作载体时，才能满足分离生物大分子的全部要求。根据载体多糖种类的不同，多糖基离子交换剂可以分为离子交换纤维素和葡聚糖凝胶离子交换剂两大类。

（1）离子交换纤维素　离子交换纤维素为开放的长链骨架，大分子物质能自由地在其中扩散和交换，亲水性强，表面积大，易吸附大分子；交换基团稀疏，对大分子的实际交换容量大；吸附力弱，交换和洗脱条件缓和，不易引起变性；分辨力强，能分离复杂的生物大分子混合物。

根据联结于纤维素骨架上的活性基团的性质，可分为阳离子交换纤维素和阴离子交换纤维素两大类。每大类又分为强酸（碱）型、中强酸（碱）型、弱酸（碱）型三类。常用的离子交换纤维素的主要特征见表6-8。

表6-8　常用的离子交换纤维素的特征

类型		离子交换剂名称	活性基结构	简写	交换容量/（mmol/g）	p*K*	特点
阳离子交换纤维素	强酸型	甲基磺酸纤维素	$-O-CH_2-SO_3^-$（$-S(=O)_2-O^-$）	SM			
		乙基磺酸纤维素	$-O-CH_2-CH_2-SO_3^-$（$-S(=O)_2-O^-$）	SE	0.2～0.3	2.2	用于极低pH
	中强酸型	磷酸纤维素	$-O-P(=O)(O)-O^-$	P	0.7～7.4	pK_1=1～2 pK_2= 6.0～6.2	用于极低pH
	弱酸型	羧甲基纤维素	$-O-CH_2-C(=O)-O^-$	CM	0.5～1.0	3.6	适用于中性和碱性蛋白质分离，pH＞4应用
阴离子交换纤维素	强碱型	二乙基氨基乙基纤维素	$-O-(CH_2)_2-N^+H(C_2H_5)-C_2H_5$	DEAE	0.1～1.1	9.1～9.2	在pH＜8.6应用，适用于中性和酸性蛋白质的分离
		三乙基氨基乙基纤维素	$-O-(CH_2)_2-N^+(C_2H_5)(C_2H_5)-C_2H_5$	TEAE	0.5～1.0	10	
		胍乙基纤维素	$-O-(CH_2)_2NH-C(=NH)-NH_2$	GE	0.2～0.5	＞12	在极高pH仍可使用
	中强碱型	氨基乙基纤维素	$-O-CH_2-CH_2-NH_3^+$	AE	0.3～1.0	8.5～9.0	适用于分离核苷、核酸和病毒
		ECTE-OLA-纤维素	$O-(CH_2)_2N^+(C_2H_5OH)_3$	ECTEOLA	0.1～0.5	7.4～7.6	
		苄基化的DEAE纤维素		DBD	0.8		适用于分离核酸
		苄基化萘酰基DEAE纤维素		BND	0.8		适用于分离核酸
		聚乙亚胺吸附的纤维素	$-(C_2H_4NH)_n-C_2H_4NH_2$	PEL	0.1～0.3	9.5	适用于分离核苷酸
	弱碱型	对氨基苄基纤维素	$-O-CH_2-C_6H_4-NH_2$	PAB	0.2～0.5		

注：p*K*为在0.5mol/L NaCl中的表观电离常数负对数。

离子交换纤维素除外形为较长的纤维型外，还有进一步加工而成的微粒型，前者比较普通，适用于制备；后者粒度细，溶胀性小，适用于柱层分离分析。

① 离子交换纤维素的制备

a. 羧甲基纤维素（CMC）的制备

$$\text{纤维素}-OH \xrightarrow[\text{碱化}]{NaOH} \text{纤维素钠}-ONa \xrightarrow[\text{(交联)}]{\text{二氯乙酸}} \xrightarrow[\text{(引入羧甲基)}]{\text{一氯乙酸}} -O-CH_2COOH\ (CMC)$$

b. 二乙氨基乙基纤维素（DEAEC）的制备

$$(C_2H_5)_2N-CH_2CH_2OH + SOCl_2 \longrightarrow (C_2H_5)_2N-CH_2CH_2Cl \cdot HCl \xrightarrow{-ONa} DEAEC$$

② 离子交换纤维素的交换作用　离子交换纤维素与离子交换树脂相似，既可静态交换，也可动态交换，但因为离子交换纤维素比较轻、细，操作时须仔细一些。又因为它交换基团密度低，吸附力弱，总交换容量低，交换体系中缓冲盐的浓度不宜高（一般控制在 0.001 ～ 0.02mol/L），过高会大大减少蛋白质的吸附量。

③ 离子交换纤维素的选择　与离子交换树脂的选择相似，一般情况下，在介质中带正电的物质用阳离子交换剂；带负电的物质用阴离子交换剂。物质的带电性质可用电泳法确定。对于已知等电点的两性物质，可根据其等电点及介质的 pH 确定其带电状态，同时考虑该物质的稳定性和溶解度，选择合适的 pH 范围。

实验室中最常用的为 DEAEC，CMC 或 DEAE-Sephadex，CM-Sephadex。如需在低 pH 下操作时，可用 P- 纤维素，SM- 纤维素或 SE-Sephadex，而需在 pH10 以上操作的可用 GE- 纤维素。对大分子两性物质（如蛋白质），其选择情况见图 6-26。

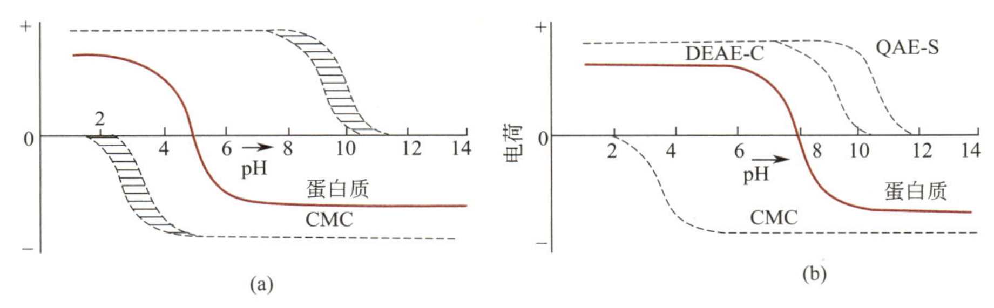

图 6-26　蛋白质离子交换分离中交换剂的选择

（a）酸性蛋白；（b）碱性蛋白

图 6-26（a）表示酸性蛋白质（等电点约为 pH=5）的解离曲线和 DEAE- 纤维素及 CM- 纤维素的解离曲线。蛋白质作为一个阴离子，它的 DEAE- 纤维素柱色谱可在 pH=5.5 ～ 9.0 范围内进行，在这个 pH 范围内，蛋白质和交换剂都是解离的，带相反的电荷。在 CM- 纤维素上色谱则须限于较窄的 pH 范围内（pH=3.5 ～ 4.5）进行。

图 6-26（b）表示碱性蛋白质（pH=8）和羧甲基纤维素，DEAE- 纤维素及强碱离子交换剂 QAE-Sephadex 的解离曲线。蛋白质作为一个阳离子，用羧甲基纤维素色谱可在 pH=3.5 ～ 7.5 进行，如作为阴离子用 DEAE- 纤维素，色谱则仅限于 pH=8.5 ～ 9.5 的范围内进行，而用 QAE-Sephadex 可在 pH=8.5 ～ 11.0 进行。在实际工作中，还须考虑目标物的稳定性和杂质情况。

④ 离子交换纤维素的解吸　对离子交换纤维素进行吸附后的洗脱一般比从离子交换树脂上的洗脱缓和。无论是升高环境的 pH 值还是降低 pH 值或是增加离子强度都能将被吸附物质洗脱下来。现以羧甲基纤维素为例加以说明（图 6-27）。

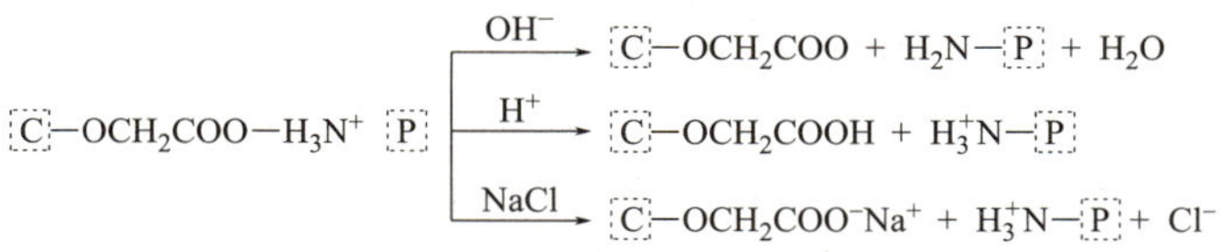

$$C-OCH_2COO-H_3N^+\ P \begin{cases} \xrightarrow{OH^-} C-OCH_2COO + H_2N-P + H_2O \\ \xrightarrow{H^+} C-OCH_2COOH + H_3^+N-P \\ \xrightarrow{NaCl} C-OCH_2COO^-Na^+ + H_3^+N-P + Cl^- \end{cases}$$

图 6-27 离子交换纤维素的解吸过程

H_2N—P—蛋白质；C—纤维素

⑤ 离子交换纤维素的处理和再生 离子交换纤维素的处理和再生与离子交换树脂相似，只是浸泡用的酸碱浓度要适当降低，处理时间也从4h缩短为0.3～1h。离子交换纤维素在使用前须用多量水浸泡、漂洗，使之充分溶胀。然后用数十倍的（如50倍）0.5mol/L盐酸和0.5mol/L氢氧化钠溶液反复浸泡处理，每次换液皆须用水洗至近中性。第二步处理时按交换的需要决定平衡离子。最后以交换用缓冲液平衡备用。所要注意的是，离子交换纤维素相对来说不耐酸，所以用酸处理的浓度和时间须小心控制。对阴离子交换纤维素来说，即使在pH3的环境中长期浸泡也是不利的。此外，在用碱处理时，阳离子交换纤维素膨胀很大，以致影响过滤或流速。克服的办法是在0.5mol/L的NaOH中加上0.5mol/L的NaCl，防止膨胀。

（2）葡聚糖凝胶离子交换剂 葡聚糖凝胶离子交换剂又称作离子交换交联葡聚糖，它是将活性交换基团连接于葡聚糖凝胶上制成的各种交换剂。由于交联葡聚糖具有一定孔隙的三维结构，所以兼有分子筛的作用。它与离子交换纤维素不同的地方还有电荷密度，交换容量较大，膨胀度受环境pH值及离子强度的影响也较大。表6-9列出了一些常用葡聚糖凝胶离子交换剂的主要特征。

表 6-9 常用的葡聚糖凝胶离子交换剂的主要特征

商品名	化学名	类型	活性基结构	反离子	对小离子吸附容量/(mmol/g)	对血红蛋白吸附容量/(g/g)	稳定pH
CM-Sephadex C-25	羧甲基	弱酸阳离子	$—CH_2—COO^-$	Na^+	4.5±0.5	0.4	6～10
CM-Sephadex C-50	羧甲基	弱酸阳离子	$—CH_2—COO^-$	Na^+		9	
DEAE-Sephadex A-25	二乙基氨基乙基	中强碱阴离子	$—(CH_2)_2—NH^+(C_2H_5)_2$	Cl^-	3.5±0.5	0.5	9～2
DEAE-Sephadex A-50	二乙氨基乙基	中强碱阴离子	$—(CH_2)_2—NH^+(C_2H_5)_2Cl^-$		5		
QAE-Sephadex A-25	季铵乙基	强碱阴离子	$—(CH_2)_2N^+(C_2H_5)(C_2H_5)CH_2CH(OH)CH_3$	Cl^-	3.0±0.4	0.3	10～2
QAE-Sephadex A-50	季铵乙基	强碱阴离子	$—(CH_2)_2N^+(C_2H_5)(C_2H_5)CH_2CH(OH)CH_3$	Cl^-		6	
SE-Sephadex C-25	磺乙基	强酸阳离子	$—(CH_2)_2—SO_3^-$	Na^+	2.3±0.3	0.2	2～10
SE-Sephadex C-50	磺乙基	强酸阳离子	$—(CH_2)_2—SO_3^-$	Na^+		3	
SP-Sephadex C-25	磺丙基	强酸阳离子	$—(CH_2)_2—SO_3^-$	Na^+	2.3±0.3	0.2	10～2
SP-Sephadex C-50	磺丙基	强酸阳离子	$—(CH_2)_3—SO_3^-$	Na^+		7	
CM-Sephadex CL-6B	羧甲基	强酸阳离子	$—CH_2COO^-$	Na^+	13±2	10.0	3～10
DEAE-Sephadex CL-6B	二乙基氨基乙基	中强碱阴离子	$—(CH_2)_2—NH^+(C_2H_5)_2$	Cl^-	12±2	10.0	3～10

这类离子交换剂命名时将交换活性基团写在前面，然后写骨架 Sephadex（或 Sepharose），最后写原骨架的编号。为使阳离子交换剂与阴离子交换剂便于区别，在编号前添一字母“C”（阳离子）或“A”（阴离子）。该类交换剂的编号与其母体（载体）凝胶相同。如载体 Sephadex G-25 构成的离子交换剂有 CM-Sephadex C-25、DEAE-Sephadex A-25 及 QAE-Sephadex A-25 等。该类离子交换剂由于载体亲水，对生物大分子的变性作用小，具有离子交换和分子筛的双重作用及对生物分子有很高的分辨率，多用于蛋白质、多肽类生化药物的分离。

离子交换交联葡聚糖在使用方法和处理上与离子交换纤维素相近。一般来说，其化学稳定性较母体略有下降，在不同溶液中的胀缩程度较母体大一些。

离子交换交联葡聚糖有很高的电荷密度，故比离子交换纤维素有更大的总交换容量，但当洗脱介质的 pH 值或离子强度变化时，会引起凝胶体积的较大变化，由此而影响流速，这是它的一个缺点。

6.9.3 离子交换树脂的命名

离子交换树脂的命名，国际上迄今还没有统一的规则，国外多以厂家或商品牌号、代号来表示。我国早期生产的树脂亦有类似情况，如 732、717、724 等，一直沿用至今。20 世纪 60 年代后逐步规范统一的命名法是：1 ～ 100 为强酸性阳离子交换树脂（如 1×7）；101 ～ 200 为弱酸性阳离子交换树脂（如 101×4，110）；201 ～ 300 为强碱性阴离子交换树脂（如 201×7，201×4）；301 ～ 400 为弱碱性阴离子交换树脂（如 311×4，330）。1977 年我国颁布的规范化命名法规定离子交换树脂的型号由 3 位阿拉伯数字组成：第一位数字代表产品的分类，第二位数字代表骨架，第三位数字为顺序号，用以区别基团、交联度等。分类代号和骨架代号都分成 7 种，分别以 0 ～ 6 七个数字表示，其含义见表 6-10。

表 6-10 国产离子交换树脂命名法的分类代号及骨架代号

代号	分类名称	骨架名称	代号	分类名称	骨架名称
0	强酸性	苯乙烯系	4	螯合性	乙烯吡啶系
1	弱酸性	丙烯酸系	5	两性	脲醛系
2	强碱性	酚醛系	6	氧化还原	氯乙烯系
3	弱碱性	环氧系			

对凝胶型离子交换树脂，在型号后面加“×”号连接一阿拉伯数字表示交联度；对大孔型离子交换树脂，则在型号前加字母“D”表示。上述命名原则可以图 6-28 来表示。

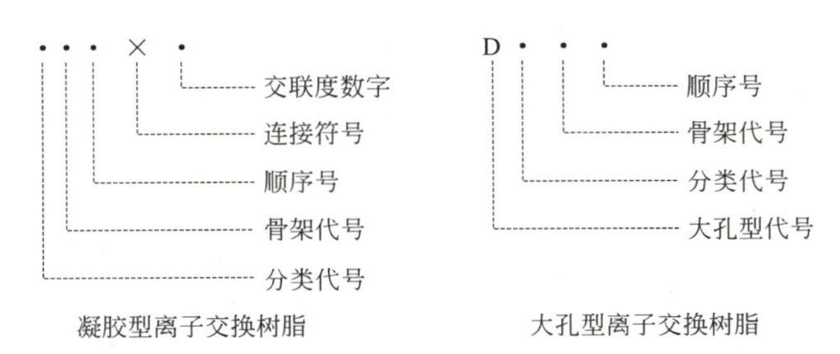

图 6-28 国产离子交换树脂命名原则图示

例如 001×7 表示凝胶型苯乙烯系强酸性阳离子交换树脂（交联度 7%）；D201 表示大孔型苯乙烯系季铵Ⅰ型强碱性阴离子交换树脂。

6.9.4 离子交换树脂的制备

离子交换树脂的合成属于反应性高分子合成的一个分支，是应用高分子聚合和有机化学反应原理来合成带有活性基团的多价高聚物。目前主要的合成方法有两大类。

6.9.4.1 加聚法

以具有一个和两个以上双键的单体做原料，在含有分散剂的介质中，在搅拌加热下进行悬浮聚合，得到有立体网状结构的珠体，然后进行化学反应，引入活性基团便可得到离子交换树脂。构成树脂分子链的主要成分，常用的有苯乙烯、丙烯酸酯类、丙烯腈、乙烯吡啶等。赋予树脂立体结构的交联剂，常用的是双烯键单体，如二乙烯苯。交联剂对离子交换树脂的理化性能有多方面的影响，其含量就是树脂的交联度，在离子交换树脂合成时，应严格控制交联剂的用量。

配制单体相时需加入引发剂和稳定剂。引发剂是一种活性较大的化合物，受热或辐射后分解为自由基再去激发双键单体分子，形成活性单体的自由基，使单体发生链接、交联的连锁反应。常用的引发剂有过氧化苯甲酰、偶氮二异丁腈，质量体积比在 0.5% ～ 1%；稳定剂起保护作用，防止球粒凝胶化过程中发生粘连，常用的有聚乙烯醇、明胶、淀粉、氯化钠水溶液等，用量为分散相的 1% 左右。悬浮聚合时单体相和分散相（水相）之间的比例一般为 1/4 ～ 1/2。

6.9.4.2 逐步共聚法

由两个或两个以上带有功能基的单体，通过功能基之间的相互作用而进行反应。一般伴随有低分子物（如水或卤化氢等）的析出，但亦有生成低聚物或不析出低分子物的情况。共聚法合成球形树脂通常以透平油或二氯苯作为分散介质进行悬浮聚合制成，例如酚醛型、多乙烯多胺 - 环氧氯丙烷型等的球形树脂的生产。

引入树脂活性基团的方法有两种：一种是所用的单体本身就有功能基（如丙烯酸、苯酚、水杨酸、多烯多胺）或含有某些结构，在聚合后可通过水解、胺解等反应形成功能基；另一种是单体本身不含功能基成分，在合成共聚体后再进行化学反应引入功能基（如磺化、氯甲基化 - 胺化等）。国内生产的离子交换树脂，以聚苯乙烯系和丙烯酸系品种最多，应用亦最为广泛。苯乙烯、二乙烯苯竞聚率不同（苯乙烯自身、二乙烯苯单体自身以及它们之间的聚合速率均不同），二乙烯苯自身聚合速率最快，苯乙烯最慢。所以共聚体的交联度并不均匀，一般是内大（紧）外小（松）。以 8% 交联度为例，有 3% ～ 30% 交联度的差别。这种不均性导致树脂易破损和有机物污染。下面分别介绍几种离子交换树脂的合成工艺路线。

（1）苯乙烯型离子交换树脂　苯乙烯型离子交换树脂的骨架由苯乙烯与二乙烯苯经过氧化苯甲酰催化聚合而成。这是最常用的一类离子交换树脂，由苯乙烯和二乙烯苯的共聚物作为骨架，再引入所需要的酸性或碱性基团。例如聚苯乙烯磺酸型阳离子交换树脂是由苯乙烯（母体）与二乙烯苯（交联剂）共聚后再磺化引入磺酸基而成的（图 6-29）。其中苯乙烯是主要成分，形成线型直链并带有可解离的磺酸基，而二乙烯苯把直链交联起来形成网状结构，所得的产物类似于海绵结构。磺酸根连在树脂上，氢离子与磺酸根的负电荷平衡，颗粒内部就像一个苯磺酸的溶液，只是酸根不能自由移动，只有氢离子才能与外来的同性离子相互交换。

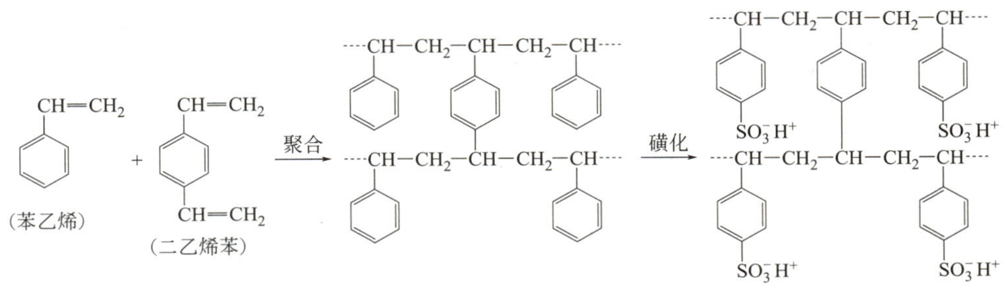

CH═CH_2（苯乙烯）+ CH═CH_2 CH═CH_2（二乙烯苯）
聚合
···CH—CH_2—CH—CH_2—CH···
···CH—CH_2—CH—CH_2—CH···
磺化
···CH—CH_2—CH—CH_2—CH···
$SO_3^-H^+$ $SO_3^-H^+$
···CH—CH_2—CH—CH_2—CH···
$SO_3^-H^+$ $SO_3^-H^+$

图 6-29 聚苯乙烯型离子交换树脂的形成

通过加入不同的悬浮液稳定剂和控制介质的温度、黏度及机械搅拌速率可得到不同大小规格的树脂（直径 1μm ~ 2mm），而改变二乙烯苯的量则可得到不同交联度的树脂。

树脂交联度即聚合反应中二乙烯苯占总投料的质量分数。合成后的载体，如用氯磺酸或发烟硫酸引入磺酸基可制成强酸性阳离子交换树脂。载体也可由氯甲醚进行氯甲基化后再引入季铵基团或伯氨基、仲氨基、叔氨基，成为碱性离子交换树脂。由于氯甲基化时的副反应，使得碱性阴离子树脂的交联度常高于阳离子交换树脂。

（2）酚醛型离子交换树脂　以弱酸 122 树脂为例，它由水杨酸、苯酚和甲醛缩聚而成。先将水杨酸和甲醛在盐酸催化下，缩合得如下线状结构。

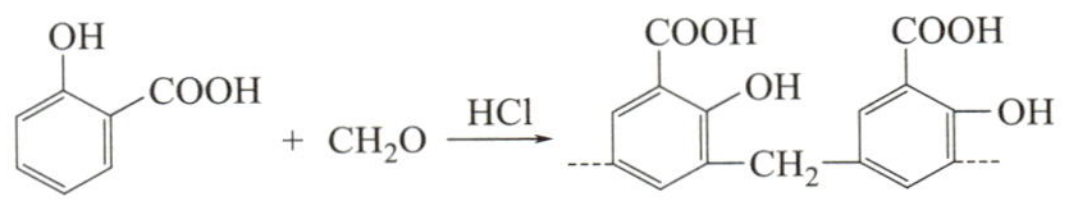

OH COOH + CH_2O —HCl→ COOH OH COOH OH ···CH_2···

然后在碱性条件下，加入苯酚和甲醛作为交联剂，在一定温度下进行如下反应。

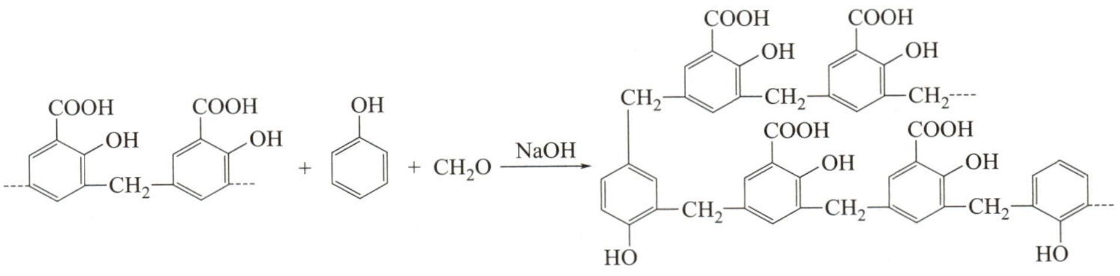

COOH OH COOH OH ···CH_2··· + OH + CH_2O —NaOH→ COOH OH COOH OH CH_2 CH_2 CH_2···· COOH OH COOH OH CH_2 CH_2 CH_2 HO HO

最后在透平油中加少量油酸钠作为分散剂，可制成球形树脂。

（3）多乙烯多胺 - 环氧氯丙烷树脂　环氧氯丙烷是很强的缩聚剂，能和叔氨基相结合，形成强碱性季铵基团。将环氧氯丙烷缓缓滴加到多乙烯胺中，形成树脂浆，然后将树脂浆在透平油中分散成球形，其反应如下：

$$-NH_2 + ClCH_2-\underset{\backslash O/}{CH-CH_2} + HN\lt \longrightarrow -NH-CH_2-\underset{OH}{\underset{|}{CH}}-CH_2-N\lt + HCl$$

继续反应可得如下结构

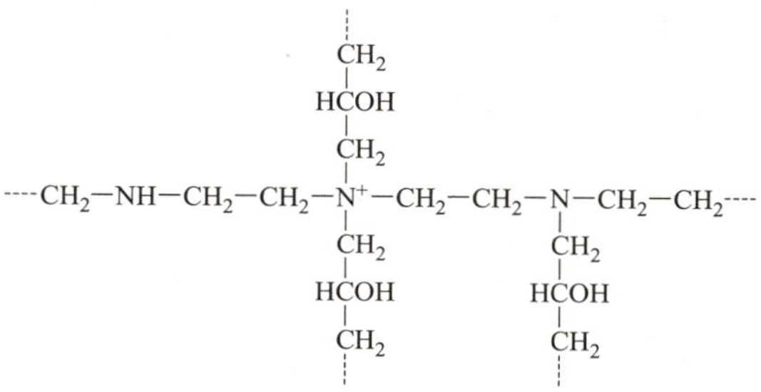

$$\cdots CH_2-NH-CH_2-CH_2-\overset{+}{N}(CH_2-CHOH-CH_2\cdots)(CH_2-CHOH-CH_2\cdots)-CH_2-CH_2-N(CH_2-CHOH-CH_2\cdots)-CH_2-CH_2\cdots$$

此即为弱碱 330（701）树脂，它同时含有伯胺、仲胺、叔胺，还含有少量季铵基团。

（4）丙烯酸型阳离子交换树脂　丙烯酸型阳离子交换树脂在载体聚合前已将活性基团引入单体。

将丙烯酸甲酯与二乙烯苯以过氧化苯甲酰作为引发剂，在水相悬浮聚合，共聚物再经水解即可得到树脂（图 6-30）。

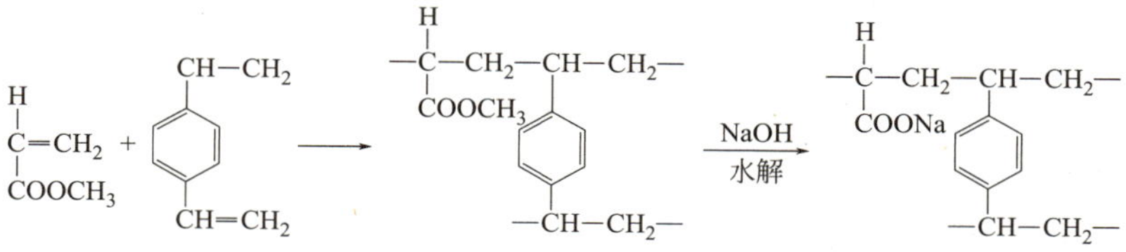

$$H(COOCH_3)C=CH_2 + CH_2=CH-C_6H_4-CH=CH_2 \longrightarrow -CH(COOCH_3)-CH_2-CH(C_6H_4-CH(-)-CH_2-)-CH_2- \xrightarrow[水解]{NaOH} -CH(COONa)-CH_2-CH(C_6H_4-CH(-)-CH_2-)-CH_2-$$

图 6-30　丙烯酸型阳离子交换树脂的形成

属于这类树脂的有弱酸 110 树脂，用于链霉素提取分离。实验表明，弱酸 110 树脂的交联度如大于 3%，链霉素等大分子便不能进入全部活性中心，所以吸附容量较低。但如降低交联度，则由于膨胀度大，树脂机械强度减弱，且会使容积交换容量降低。为弥补这一不足，可以采用两次聚合的方法，即将一次聚合物与单体混合物（含有引发剂）搅拌混合，使聚合物吸饱单体，然后加热进行第二次聚合。两次聚合的聚合物比一次聚合的结构紧密。化学交联度虽然没有改变，但链相互牵制，也能限制链的移动（图 6-31），其作用和化学交联一样。

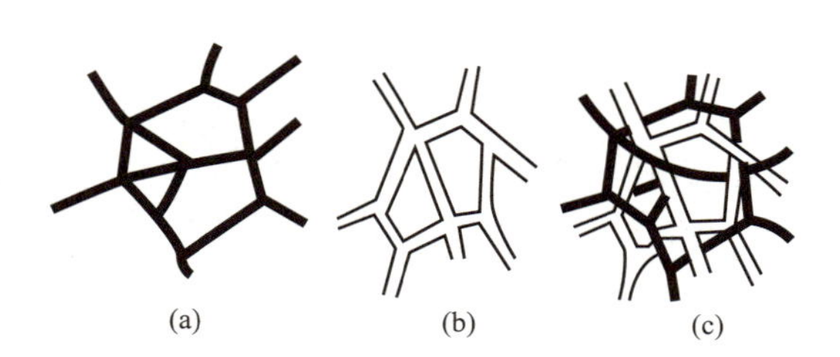

图 6-31　两次聚合中链的相互牵制示意

（a），（b）一次聚合；（c）二次聚合

这类树脂具有较高的交换容量，每克干树脂可交换 10mmol 物质。在 pH8 以下，这类树脂中的羧基不能完全解离，因此要在高 pH 值下树脂才有完全的交换容量，由于相邻羧基距离较短而产生缔合作用，有很高的表观 pH 值，在低离子强度下特别明显。这种高度缔合的非离子化羧基使树脂的表面形成亲水层，对极性分子能起到有效的吸附作用。

属于这一类型的还有弱酸 101×4（724）树脂，它由甲基丙烯酸、甲基丙烯酸甲酯和二乙烯苯三元共聚而得。

丙烯酸酯 - 二乙烯苯共聚物以多乙烯多胺胺解还可制得弱碱性树脂。

$$-CH_2-CH-CH_2-\underset{COOCH_3}{\overset{H}{C}}- \;(\text{苯环}-CH_2-CH-)+NH_2-C_2H_4NH-C_2H_4NH-C_2H_4NH-C_2H_4NH_2$$

$$\xrightarrow[\text{油浴加热}]{175\sim185℃} -CH_2-CH-CH_2-\overset{H}{C}-CONH-C_2H_4NH-C_2H_4NH-C_2H_4NH-C_2H_4NH_2 \;(\text{苯环}-CH_2-CH-)+CH_3OH$$

由此得到的弱碱性树脂还可与甲酸和甲醛发生甲基化反应，以增强其碱性，得到的树脂具有下列结构。

$$-CH_2-CH-CH_2-\underset{CONH-C_2H_4\underset{CH_3}{N}-C_2H_4\underset{CH_3}{N}-C_2H_4\underset{CH_3}{N}-C_2H_4N(CH_3)_2}{\overset{H}{C}}- \;(\text{苯环}-CH_2-CH-)$$

此即 703 树脂，具有交换速率快、溶胀度小、机械强度高、耐化学试剂、稳定性好、再生率高、抗污染能力强等特点。

（5）其他离子交换树脂　由丙烯酸或甲基丙烯酸在季铵型阴离子交换树脂（如 Dowex）中聚合而成的一类树脂称蛇笼树脂（snake-cage resins），其结构如下

$$\begin{array}{l} CH-\text{环}-CH_2-N^+(CH_3)_3{}^-O-CO-CH \\ CH_2 \qquad\qquad\qquad\qquad\qquad\qquad\quad CH_2 \\ CH-\text{环}-CH_2-N^+(CH_3)_3{}^-O-CO-CH \\ CH_2 \end{array}$$

由于树脂中的羧基（—COO^-）和季铵基团 [—$N^+(CH_3)_3$] 是等物质的量的，故树脂在反应上是中性的。这类树脂常用于脱盐，例如当 NaCl 溶液通过这类树脂柱时，则 Na^+ 被树脂中的—COO^- 除去，而 Cl^- 则被季铵基团除去，故脱盐后的溶液没有明显的 pH 值改变，随后用水洗柱即可回收盐。这类树脂也可用来从电解质中分离非电解质，因为非电解质直接通过柱流出，另外也用于从处于等电点状态的大分子两性电解质上分离电解质，因为前者不能进入树脂的网孔中。

选择性离子交换剂是利用某些特殊的有机化合物可与某些金属离子起选择性反应的原理而制备的。

螯合树脂是利用金属离子与有机试剂生成螯合物的性质而制备的。如用含汞的树脂分离含巯基的化合物（辅酶 A、半胱氨酸、谷胱甘肽等）。

吸附树脂是一类表面积很大，吸附能力强，但离子交换能力很小的树脂，主要用于脱色和除去蛋白质等，也称为脱色树脂。

电子交换树脂所交换的不是离子而是电子。交换反应是一个氧化还原反应，也称氧化还原树脂，可用于氧化剂或还原剂的再生。

6

6.9.5 离子交换树脂的理化性能

离子交换树脂不溶于水，一般酸、碱溶液和有机溶剂，是一种具有良好化学稳定性的高分子聚合物。离子交换树脂必须具备一定要求的理化性能方能选用。

（1）外观　大多数商品树脂多制成球形，其直径为 0.2 ～ 1.2mm（16 ～ 70 目）。球形的优点是增大比表面、提高机械强度和减少流体阻力。普通凝胶型树脂是透明珠球，大孔树脂呈不透明雾状球珠。树脂的色泽随合成原料、工艺条件不同而异，一般有黄、白、黄褐及红棕等几种色泽。为便于观察交换过程中色带的分布情况，以选用浅色树脂为宜。树脂使用后色泽逐步变深，通常不会明显影响交换容量。生物分离过程中，一般使用粒度为 16 ～ 60 目占 90% 以上的球形树脂。粒度过小、堆积密度大，容易产生阻塞；粒度过大、强度下降、装填量少、内扩散时间延长，不利于有机大分子的交换吸附。

（2）机械强度　测定机械强度的方法一般是将离子交换树脂先经过酸、碱溶液处理后，将一定量的树脂置于球磨机或振荡筛中撞击、磨损，一定时间后取出过筛，以完好树脂的质量分数来表示。商品树脂的机械强度通常规定在 90% 以上，生物分离中则要求在 95% 以上。

（3）含水量　每克干树脂吸收水分的量称为含水量，一般是 0.3 ～ 0.7g，交联度、活性基团性质及数量、活性离子的性质对树脂含水量的影响和对树脂膨胀度的影响相似。例如高交联度的树脂，含水量就低。

常用的 1×14 树脂含 30% ～ 40% 水分，1×7 树脂含水量为 46% ～ 52%。

干燥的树脂易破碎，故商品树脂均以湿态密封包装。冬季贮运，应有防冻措施。干燥树脂初次使用前，应先用盐水浸润后再用水逐步稀释，防止暴胀破碎。

（4）交换容量　交换容量是表征树脂活性基数量——交换能力的质要参数，其表示方法有质量交换容量（mmol/g 干树脂）和体积交换容量（mmol/mL 树脂）两种，后一种表示法较直观、实际地反映生产设备的能力。

工作交换容量也叫实用交换量，即在某一特定的应用条件下树脂表现出来的交换量，交换基团未完全利用。树脂失效后要经再生后方能重新使用。因此，再生剂用量对工作交换容量影响很大，在指定的再生剂用量条件下的交换容量就称再生交换容量。一般情况下，交换容量、工作交换容量和再生交换容量三者的关系为：再生交换容量 =0.5 ～ 1.0 倍交换容量；工作交换容量 =0.3 ～ 0.9 倍再生交换容量。工作交换容量与再生交换容量之比称为离子交换树脂利用率。

离子交换树脂的交换容量和交联度有关。将苯乙烯、二乙烯苯树脂交联度减小，则单位质量的活性基增多，质量交换容量增大，反之则减小。

（5）稳定性

① 化学稳定性　苯乙烯系磺酸树脂对各种有机溶剂、强酸、强碱等稳定，可长期受饱和氨水、0.1mol/L $KMnO_4$、0.1mol/L HNO_3 及温热 NaOH 等溶液浸泡而不发生明显破坏。一般聚苯乙烯型的树脂化学稳定性比缩聚型树脂好；阳离子交换树脂比阴离子交换树脂好；阴离子交换树脂中弱碱性树脂最差。低交联度阴离子交换树脂在碱液中长期浸泡易降解破坏，羟型阴离子交换树脂稳定性差，故以氯型存放为宜。

② 热稳定性　干燥的树脂受热易降解破坏。强酸、强碱性树脂的盐型比游离酸（碱）型稳定，苯乙烯系树脂比酚羟系树脂稳定，阳离子交换树脂比阴离子交换树脂稳定。各种树脂的最高操作温度见表 6-11。

表 6-11 各种离子交换树脂的最高工作温度

类型	强酸性离子交换树脂		弱酸性离子交换树脂		强碱性离子交换树脂		弱碱性离子交换树脂	
最高工作温度/℃	Na 型	H 型	Na 型	H 型	Cl 型	OH 型	丙烯酸系 OH 型	苯乙烯系 Cl 型
	100 ～ 120	150	120	120	< 76	< 60	< 60	< 94

（6）膨胀度　干树脂在水或有机溶剂中溶胀，湿树脂在功能基离子转型或再生后水洗涤时亦有溶胀现象，其根本原因是极性功能基团强烈吸水或高分子骨架非极性部分吸附有机溶剂所导致的体积变化。当树脂浸在水溶液中时，活性离子因热运动可在树脂空隙的一定距离内运动，由于内部和外部溶液的浓度差，存在着渗透压，这种压力使外部水分渗入树脂内部促使树脂骨架变形，空隙扩大而使树脂体积膨胀，反之则缩小。当树脂骨架的内、外部渗透压达到平衡时，体积便停止变化，此时的膨胀度最大。测定膨胀前后树脂的体积比，即可算出膨胀系数。如果渗透压超过树脂骨架的强度极限，大分子链发生断裂，树脂就会出现裂纹，甚至破碎。影响树脂膨胀度的因素主要有以下几方面。

① 交联度　一般凝胶树脂的膨胀度随交联度的增大而减小，交联度大，结构中线性舒展的活动性小，树脂骨架弹力较大，所以溶胀度亦小，反之则大。干树脂溶胀前后体积之比称为膨胀系数，以 $K_{膨胀}$ 表示。膨胀系数或溶胀体积与树脂交联度有关。如图 6-32、图 6-33 所示。

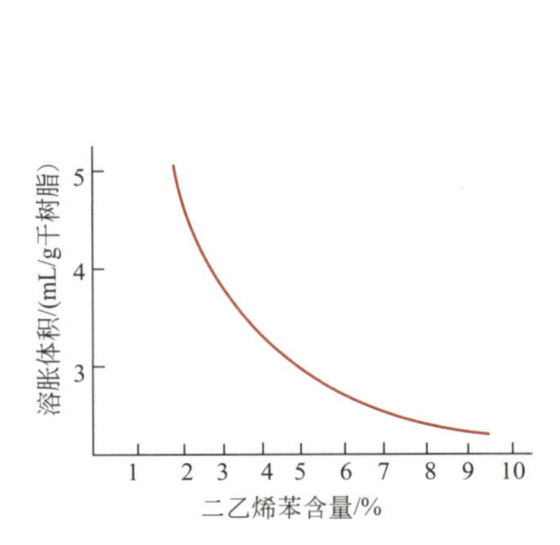

图 6-32　Ⅰ型强碱性树脂溶胀体积与交联度的关系

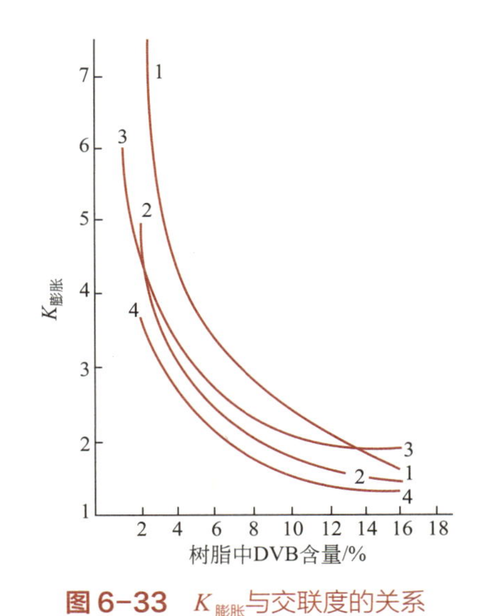

图 6-33　$K_{膨胀}$ 与交联度的关系

1—磺酸基树脂（H 型）；2—磺酸基树脂（Na 型）；3—羧基树脂（H 型）；4—弱碱树脂（Cl 型），如—$N(CH_3)_3Cl$

② 活性基团的性质和数量　树脂上活性基团的亲水性强，则膨胀度较大，若是相同交联度氢型树脂，弱酸性树脂比强酸性树脂膨胀度小；对活性基团相同的树脂，其溶胀度随活性基团数量的增加而增加。

③ 活性离子的性质　活性离子对膨胀度的影响是由于离子水合情况不同而引起的，活性离子的水合程度愈大，树脂的膨胀度降低。一般来说，膨胀度随活性离子的价数升高而降低；同价离子时，膨胀度则随裸离子半径的增大而减小，但 H^+ 和 OH^- 例外。在设计离子交换罐时，树脂的装填

系数应以工艺过程中膨胀度最大时的离子形式为上限参数，避免发生装量过多或设备利用率低的现象。

④ 介质的性质和浓度 经水溶胀后的树脂，如和低级醇或高浓度电解质溶液（如酸、碱或盐溶液）接触时，由于水分从树脂内部向外部转移，使树脂体积缩小，相反，则会膨胀。设计树脂装量时应注意。

⑤ 骨架结构无机离子交换树脂因链的刚性，不易溶胀；有机离子交换树脂由于碳 - 碳链的柔韧性及无定形的凝胶性质，膨胀系数较大。大孔离子交换树脂的交联度比较大，所含空隙又有缓冲作用，故膨胀系数较小。在弱酸性阳离子交换树脂中，聚丙烯酸系的膨胀度大于聚苯乙烯系，这是由于大分子链结构和化学基团的综合效应，而聚苯乙烯大分子链为非极性，刚性较强，起的作用较大。

（7）湿真密度 湿真密度又称堆积密度，是指单位体积湿树脂的质量，可用比重瓶法测定。取湿树脂，在布氏漏斗中抽去附着水分，称取 5g 抽干样品，放入校正的比重瓶中，将比重瓶放入真空干燥器中抽去溶解的空气，取出比重瓶，用冷开水补至刻度，再称重，按式（6-41）计算湿真密度

$$v = \frac{m_3}{m_1 - m_2} \tag{6-41}$$

式中，v 为湿真密度；m_1 为充满水的比重瓶（未加树脂）和试样的质量，g；m_2 为加入树脂并充满水的比重瓶质量，g；m_3 为试样质量，g。

一般树脂的湿真密度为 1.1 ～ 1.4g/mL。活性基团愈多，其值愈大。在应用混合床或叠床工艺时，应尽量选取湿真密度差值较大的两种树脂，以利于分层和再生。

（8）孔度、孔径、比表面 离子交换树脂的孔度是指每单位质量或体积树脂所含有的孔隙体积，单位以 mL/g 或 mL/mL 表示。树脂的孔径大小与合成方法、原料性质等密切相关，凝胶树脂的孔径取决于交联度，在湿态时只有几纳米大。大孔树脂孔径在干态或湿态时相差不大。通过交联度、致孔剂的变化，其孔径可在几纳米到上千纳米范围内变化。孔径大小对离子交换树脂选择性的影响很大，对吸附有机大分子尤为重要。在合适的孔径基础上，选择比表面较大的树脂，有利于提高吸附量和交换速率。

（9）滴定曲线 与无机酸碱一样，离子交换树脂是不溶性的多元酸或多元碱，同样具有滴定曲线。滴定曲线能定性地反映树脂活性基团的特征，从滴定曲线图谱便可鉴别树脂酸碱度的强弱。

分别在几个大试管中各放入 1g 树脂（氢型或羟型），其中一个试管中放入 50mL 0.1mol/L NaCl 溶液，其他试管中加入不同量的 0.1mol/L 的 NaOH 或 0.1mol/L 的 HCl，再稀释至 50mL，静置 1 昼夜（强酸性树脂或强碱性树脂）或 7 昼夜（弱酸性树脂或弱碱性树脂），令其达到平衡。测定平衡时的 pH 值。以每克干树脂所加的毫摩尔 NaOH 或 HCl 为横坐标，以平衡 pH 值为纵坐标，就得到滴定曲线。各种树脂的滴定曲线见图 6-34。几种国产树脂的滴定曲线见图 6-35 ～图 6-37。

对于强酸性树脂或强碱性树脂，滴定曲线有一段是水平的，到某一点即突然升高或降低，这表示树脂的官能团已饱和；而对于弱碱性树脂或弱酸性树脂，则无水平部分，曲线逐步变化。

由滴定曲线的转折点的位置，可估计其总交换容量；而由转折点的数目，可推知官能团的数目。曲线还表示交换容量随 pH 值的变化，所以滴定曲线较全面地表征了树脂官能团的性质。

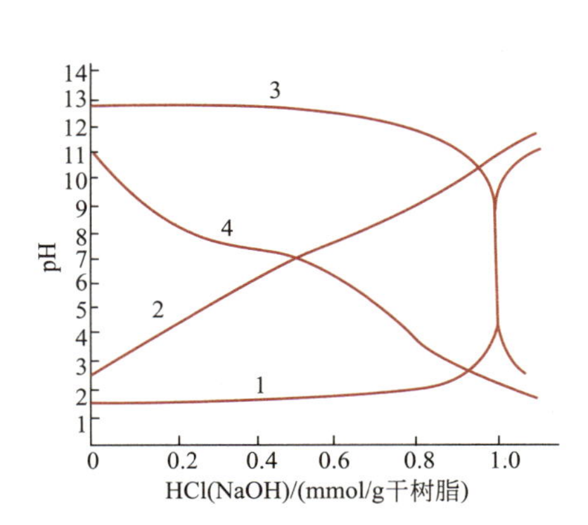

图 6-34 各种离子交换树脂的滴定曲线

1—强酸性树脂 Amberlite IR-120；
2—弱酸性树脂 Amberlite IRC-84；
3—强碱性树脂 Amberlite IRA-400；
4—弱碱性树脂 Amberlite IR-45

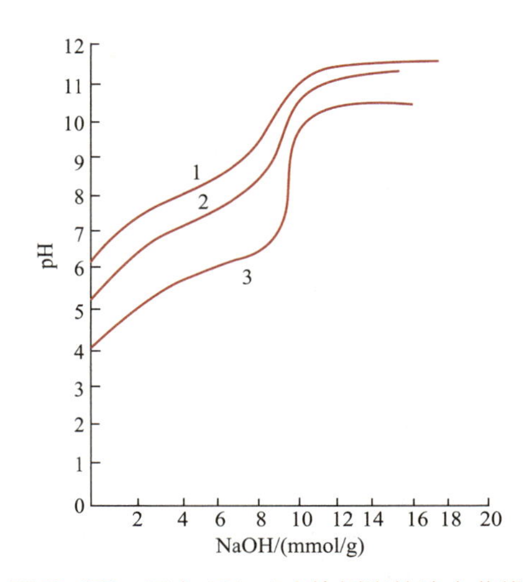

图 6-35 国产 101×4 交换树脂的滴定曲线

1—无盐水；2—0.01mol/L NaCl；3—1mol/L NaCl

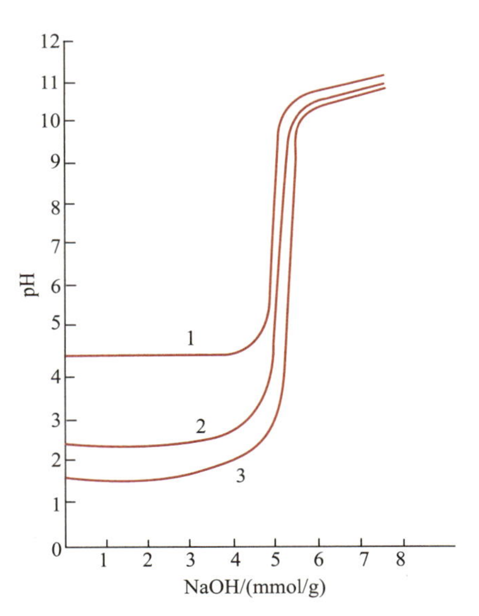

图 6-36 国产 1×12 阳离子交换树脂的滴定曲线

1—无盐水；2—0.01mol/L NaCl；3—1mol/L NaCl

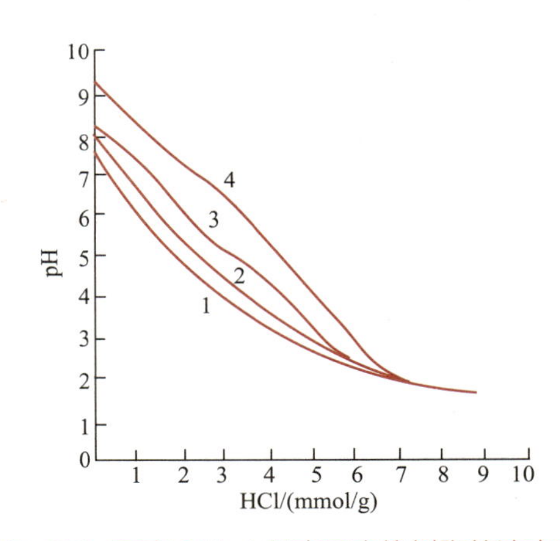

图 6-37 国产 311×4 阴离子交换树脂的滴定曲线

1—无盐水；2—0.001mol/L NaCl；
3—0.01mol/L NaCl；4—0.1mol/L NaCl

6.9.6 离子交换过程理论

6.9.6.1 离子交换平衡方程式

一般公认离子交换过程是按化学反应进行的。例如链霉素（以 Str 表示）是三价离子，它能取代 3mol 的钠离子。

$$3RCOONa+Str^{3+} \rightleftharpoons (RCOO)_3Str+3Na^+$$

而且交换过程是可逆的，最后达到平衡，平衡状态和过程的方向无关。例如当溶液中链霉素离子的浓度增大或减少时，反应可以向右方或左方进行，并且当树脂和溶液的接触时间增长时，最后达到平衡状态。此时，树脂上和溶液中的浓度都为定值，和自左方或自右方达到平衡无关。

由此可见，离子交换过程可以看作可逆多相化学反应。与一般的多相化学反应不同，当发生交换时，树脂体积常发生改变，因而引起溶剂分子（通常为水）的转移。这些溶剂分子的传递，当然也会引起自由能或化学位的改变。假定发生交换反应时，树脂体积收缩，就会有水分子从树脂相转入液相中，因此离子交换方程式可写成如下形式：

$$\frac{1}{Z_1}A_1+\frac{1}{Z_2}\bar{A}_2+n_S\bar{S} \rightleftharpoons \frac{1}{Z_1}\bar{A}_1+\frac{1}{Z_2}A_2+n_SS \tag{6-42}$$

式中，A_1、A_2为液相中的离子；$\bar{A}_1$、$\bar{A}_2$为吸附在树脂上的离子；Z_1、Z_2分别为离子A_1、A_2的价数；S、$\bar{S}$分别为液相和树脂中的溶剂（水）；n_S为当离子交换时，溶剂自树脂相移入液相的物质的量，mmol。

当发生上述交换时，化学位的改变等于

$$\Delta\phi=\frac{1}{Z_1}\bar{\mu}_1+\frac{1}{Z_2}\mu_2-\frac{1}{Z_1}\mu_1-\frac{1}{Z_2}\bar{\mu}_2+n_S(\mu_S-\bar{\mu}_S) \tag{6-43}$$

式中，μ_1、μ_2为溶液中离子的化学位；$\bar{\mu}_1$、$\bar{\mu}_2$为吸附在树脂上的离子的化学位；μ_S、$\bar{\mu}_S$为溶剂分子在液相和树脂相中的化学位。

溶液中离子的化学位与活度的关系为

$$\mu_i=\mu_i^{\ominus}+RT\ln a_i \tag{6-44}$$

式中，a_i为溶液中离子的活度；$\mu_i^{\ominus}$为溶液中离子的标准化学位。

可以把树脂上的离子看作固体溶液的一个组分，则对吸附在树脂上的离子，其化学位也可列出类似的方程式

$$\bar{\mu}_i=\bar{\mu}_i^{\ominus}+RT\ln\bar{a}_i \tag{6-45}$$

式中，$\bar{a}_i$为吸附在树脂上的离子的活度；$\bar{\mu}_i^{\ominus}$为树脂上离子的标准化学位。

当平衡时，$\Delta\phi=0$，将式（6-44）和式（6-45）代入式（6-43）中，得

$$\frac{1}{Z_1}(\bar{\mu}_1^{\ominus}+RT\ln\bar{a}_1)+\frac{1}{Z_2}(\mu_2^{\ominus}+RT\ln a_2)-\frac{1}{Z_1}(\mu_1^{\ominus}+RT\ln a_1)$$

$$-\frac{1}{Z_2}(\bar{\mu}_2^{\ominus}+RT\ln\bar{a}_2)+n_S(\mu_S-\bar{\mu}_S)=0 \tag{6-46}$$

式（6-46）可改写为

$$RT\ln\frac{\bar{a}_1^{\frac{1}{Z_1}}a_2^{\frac{1}{Z_2}}}{a_1^{\frac{1}{Z_1}}\bar{a}_2^{\frac{1}{Z_2}}}=\gamma-n_S(\mu_S-\bar{\mu}_S) \tag{6-47}$$

式中，常数γ的值完全决定于离子的标准化学位。

如为一价离子间交换且假定离子和树脂的化合能全部反映在活度系数中，即$\mu_1^{\ominus}=\bar{\mu}_1^{\ominus}$，$\mu_2^{\ominus}=\bar{\mu}_2^{\ominus}$则式（6-47）成为

$$RT\ln\frac{\overline{a}_1 a_2}{a_1\overline{a}_2}=-n_S(\mu_S-\overline{\mu}_S)$$

等式的右边表示溶剂分子传递，也就是树脂收缩而引起的自由能的变化，应该等于渗透压所做的功，即格雷戈公式。

$$RT\ln\frac{\overline{a}_1 a_2}{a_1\overline{a}_2}=\pi(\overline{V}_2-\overline{V}_1) \tag{6-48}$$

式中，$\overline{V}_1$、$\overline{V}_2$分别为离子1和离子2吸附在树脂上的偏摩尔体积；$\frac{\overline{a}_1 a_2}{a_1\overline{a}_2}$为尼柯尔斯基方程中的交换常数$K$值；$\overline{a}_1$，$\overline{a}_2$和$a_1$，$a_2$分别为树脂上及溶液中的两种离子的活度；$\pi$为树脂渗透压（与树脂的弹性力有关，$\pi$值随交联度上升而增大）。

对于非膨胀性树脂，n_S=0，式（6-47）成为

$$RT\ln\frac{\overline{a}_1^{\frac{1}{Z_1}}a_2^{\frac{1}{Z_2}}}{a_1^{\frac{1}{Z_1}}\overline{a}_2^{\frac{1}{Z_2}}}=\gamma \text{ 或 } \frac{\overline{a}_1^{\frac{1}{Z_1}}}{\overline{a}_2^{\frac{1}{Z_2}}}=K\frac{a_1^{\frac{1}{Z_1}}}{a_2^{\frac{1}{Z_2}}} \tag{6-49}$$

对于稀溶液，可以用浓度代替活度，则式（6-49）成为

$$\frac{m_1^{\frac{1}{Z_1}}}{m_2^{\frac{1}{Z_2}}}=K\frac{c_1^{\frac{1}{Z_1}}}{c_2^{\frac{1}{Z_2}}} \tag{6-50}$$

式中，m_1、m_2为树脂上离子的浓度，mmol/g干树脂；c_1、c_2为溶液中离子的浓度，mmol/mL；K为离子交换常数。

式（6-50）中的各个量都可以量度，容易用实验验证，因此具有实际意义。

许多研究证明无机离子的交换确实服从于上述方程式。但对有机大分子的吸附，需作一些修改。以钠型羧基阳离子交换树脂吸附链霉素为例来说明，因为链霉素离子在中性pH时为三价，离子交换平衡方程式有如下形式

$$\frac{m_1^{\frac{1}{3}}}{m_2}=K\frac{c_1^{\frac{1}{3}}}{c_2}$$

其中下标1代表链霉素，下标2代表钠离子。但如以$m_1^{\frac{1}{3}}/m_2$对$c_1^{\frac{1}{3}}/c_2$作图，得不到一条直线。试验表明，当树脂颗粒比较大时，由于链霉素在树脂内扩散速率很慢，达到平衡需要很长时间，故存在假平衡。当将树脂颗粒减小时，交换速率和交换容量都增加。但颗粒粉碎到一定程度时，交换容量不再增加，说明已达到真平衡，见图6-38。由图6-38可见，即使达到真平衡时，国产弱酸101×4树脂对链霉素的吸附量仅为2.33mmol/g，仍小于对无机离子的总交换量（9.35mmol/g干氢型，相当于7.80mmol/g干钠型）。因此可以认为树脂内部的活性中心，由于其空间排列的关系，并不是全都能吸附链霉素。树脂上的活性中心排列过密，其中一部分被链霉素离子遮住，以使后来的链霉素离子就不能到达这些活性中心。

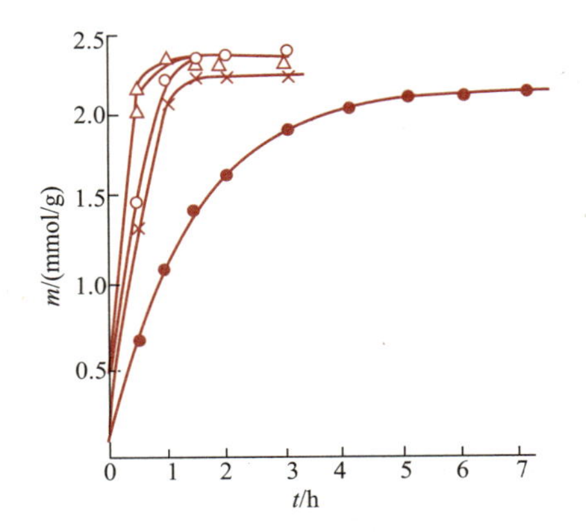

图6-38 不同颗粒度的钠型101×4树脂吸附链霉素（以Str表示）的速度曲线

△ 特征长度 L=0.056mm；

○ 直径 d=0.09～0.12mm；

× 直径 d=0.15～0.20mm；

● 直径 d=0.25～0.50mm，温度29℃±0.5℃

因此实际上只有一部分活性中心吸附链霉素。若只考虑能吸附链霉素这一部分活性中心，即不要把离子交换平衡方程式中的 m_2 理解为每克树脂所实际吸附的钠离子物质的量（mmol），而把它理解为树脂对链霉素的交换容量减去树脂吸附链霉素的物质的量（mmol），则链霉素在羧基树脂的交换就服从离子交换平衡方程式。据此，方程式（6-50）对交换大离子的场合，具有如下形式：

$$\frac{m_1^{\frac{1}{Z_1}}}{(m-m_1)^{\frac{1}{Z_2}}}=K\frac{c_1^{\frac{1}{Z_1}}}{c_2^{\frac{1}{Z_2}}} \tag{6-51}$$

式中，m 为对有机大离子的交换容量，mmol/g。

利用上述方程式测得在国产弱酸 101×4 树脂上，链霉素和钠离子交换的平衡常数为 0.63（25 ～ 30℃）。

从这个概念出发，为了提高树脂对链霉素的选择性，曾在树脂中加入惰性成分，使活性中心之间的距离增长（但仍维持足够的亲水性，使树脂有相当的膨胀度）。这样，虽然树脂的总交换容量减少了，但对链霉素的相对交换容量（指树脂吸附大分子交换容量与理论上能达到的交换容量之比，用百分率表示）却增大了。当相对交换容量达到 100% 时，树脂就几乎只吸链霉素，很少吸杂质，因此在以后的洗脱液中，灰分就可大大降低。

过去我国在生产上用以提取链霉素的弱酸 101×4 树脂在合成时加入少量甲基丙烯酸甲酯，后者即是惰性的，不起交换作用。

6.9.6.2　离子交换速度

（1）交换机理　设有一颗树脂放在溶液中，发生下列交换反应

$$A^{+}+RB \rightleftharpoons RA+B^{+}$$

不论溶液的运动情况怎样，在树脂表面上始终存在着一层薄膜，起交换的离子只能借分子扩散而通过这层薄膜（图 6-39）。搅拌越激烈，这层薄膜的厚度也就越薄，液相主体中的浓度就越趋向均匀一致。一般来说，树脂的总交换容量和其颗粒的大小无关。由此可知，不仅在树脂表面，而且在树脂内部，都发生交换作用。因此和所有多相化学反应一样，离子交换过程应包括下列五个步骤：

① A^+ 自溶液中扩散到树脂表面；

② A^+ 从树脂表面再扩散到树脂内部的活性中心；

③ A^+ 与 RB 在活性中心上发生复分解反应；

④ B^+ 自树脂内部的活性中心扩散到树脂表面；

⑤ B^+ 再从树脂表面扩散到溶液中。

众所周知，多步骤过程的总速率决定于最慢的一个步骤的速率（称为控制步骤）。要想提高整个过程的速率，最有效的办法是提高控制步骤的速率。首先应该注意到，根据电荷中性原则，步骤①和⑤同时发生且速率相等。即有 1mol A^+ 扩散经过薄膜到达颗粒表面，同时必有 1mol 的 B^+ 以相反方向从颗粒表面扩散到液体中。同样，步骤②和④同时发生，方向相反，速率相等。因此实际上只有三个步骤：外部扩散（经过液膜的扩散）、内部扩散（在颗粒内部的扩散）和化学交换反应。一般来说离子间的交换反应，速度是很快的，有

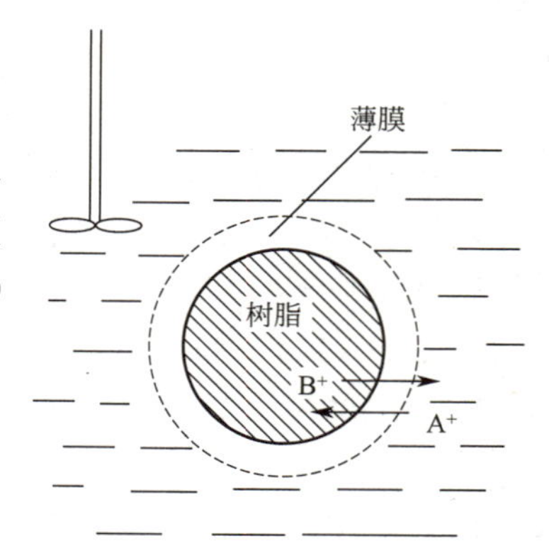

图 6-39　离子交换过程的机理

时甚至快到难以测定。所以除极个别的场合外，一般都是化学反应不是控制步骤，而扩散是控制步骤。

究竟是内部扩散还是外部扩散是控制步骤，要随操作条件而变。一般来说，液相速度越快或搅拌越激烈、浓度越浓、颗粒越大、吸附越弱，越是趋向于内部扩散控制。相反液体流速慢、浓度稀、颗粒细、吸附强，越是趋向于外部扩散控制。当树脂吸附抗生素等分子时，由于在树脂内扩散速率慢，常常为内部扩散控制。

（2）交换速度方程式　由于交换速度方程式的推导比较复杂，现仅列出其结果如下。

当为外部扩散控制时：

$$\ln(1-F)=-K_1t \tag{6-52}$$

式中，K_1 为外扩散速率常数，$K_1=\dfrac{3D^1}{r_0\Delta r_0 r}$；$D^1$ 为液相中的扩散系数；r_0 为树脂颗粒半径；Δr_0 为颗粒表面薄膜层的厚度；r 为吸附常数，当达到平衡时，固相浓度与液相浓度之比，在稀溶液中，它为一常数；F 为当时间为 t 时树脂的饱和度，即树脂上的吸附量与平衡吸附量之比。

当为内部扩散控制时

$$F=1-\frac{6}{\pi^2}\sum_{n=1}^{\infty}\frac{1}{n^2}\mathrm{e}^{-\frac{D^i n^2\pi^2 t}{r_0^2}} \tag{6-53}$$

式中，D^i 为树脂内的扩散系数。

如令

$$B=\frac{D^i\pi^2}{r_0^2} \tag{6-54}$$

则式(6-53)成为

$$F=1-\frac{6}{\pi^2}\sum_{n=1}^{\infty}\frac{1}{n^2}\mathrm{e}^{-Btn^2} \tag{6-55}$$

由 Bt 的值，就可求得 F。F 与 Bt 的关系可由文献查得。由此就能从实验得到的 F 值求出 Bt。将 Bt 与 t 为坐标作图，如得到一直线，就可证明交换系内部扩散控制。

6.9.6.3 影响交换速度的因素

① 颗粒大小　颗粒减小无论对内部扩散控制或外部扩散控制的场合，都有利于交换速度的提高，比较式（6-52）和式（6-53）可知，对内扩散的场合，影响更为显著，因为式（6-52）中，半径 r_0 是一次方，而在式（6-53）中则为二次方。

由图 6-40 和表 6-12 可看出颗粒大小的影响。交换速度和直线的斜率 B 成正比，可见颗粒小时，B 大，所以速度大，但内扩散系数基本上是相等的。

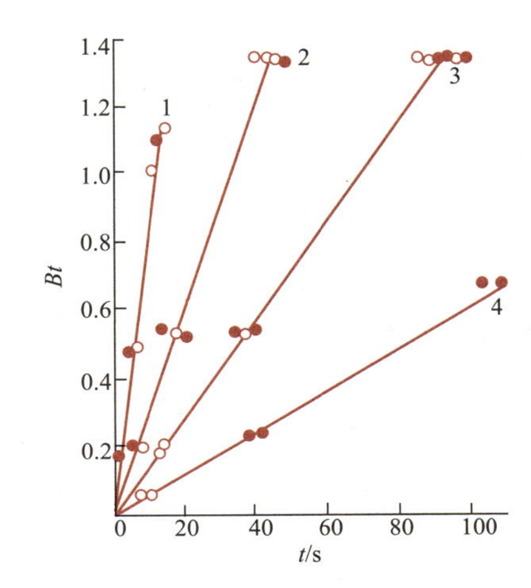

图 6-40　颗粒大小对交换速度的影响

○ 0.91mol/L Na^+；● 1.82mol/L Na^+

② 交联度　交联度愈低树脂愈易膨胀，在树脂内部扩散就越容易。所以当内扩散控制时，降低树脂交联度，能提高交换速度。例如比较图 6-40 中直线 1 和 3，可见 5% DVB 的树脂交换速度较快，其内扩散系数 D^i 约为 17% DVB 树脂的 6 倍（见表 6-12）。

表 6-12　在磺酸基聚苯乙烯树脂上，交换过程 $HR+Na^+ \longrightarrow NaR+H^+$ 的速度数据

图 6-39 中直线编号	DVB/%	r_0/cm	温度 /℃	B	$D^i \times 10^6$	半饱和时间 /s
1	5	0.0272	25	0.082	6.1	3.7
2	17	0.0273	50	0.029	2.2	10.4
3	17	0.0273	25	0.0143	1.08	21.0
4	17	0.0446	25	0.0016	1.23	49

③ 温度　比较图 6-40 中直线 2 和 3，可以看出温度的影响。温度从 25℃升至 50℃，扩散系数 D^i 增大 1 倍，因而交换速度也增加 1 倍（见表 6-12）。

④ 离子的化合价　离子在树脂中扩散时，和树脂骨架（和扩散离子的电荷相反）间存在库仑引力。离子的化合价愈高，这种引力愈大，因此扩散速率就愈小。原子价增加 1 价，内扩散系数的值就要减少一个数量级。例如在某种阳离子交换树脂上，钠离子的扩散系数等于 $2.76\times10^{-7}cm^2/s$，而锌离子则仅为 $2.89\times10^{-8}cm^2/s$。

⑤ 离子的大小　小离子的交换速度比较快。例如用NH_4^+型磺酸基聚苯乙烯树脂去交换下列离子时，达到半饱和的时间分别为：Na^+1.25min；$N(CH_3)_4^+$ 1.75min；$N(C_2H_5)_4^+$ 3min；$C_6H_5N(CH_3)_2CH_2C_6H_5^+$ 1 周。

大分子在树脂中的扩散速率特别慢，因为大分子会和树脂骨架碰撞，甚至使骨架变形。有时可利用大分子和小分子在某种树脂上交换速度不同，而达到分离的目的，这种树脂称为分子筛。

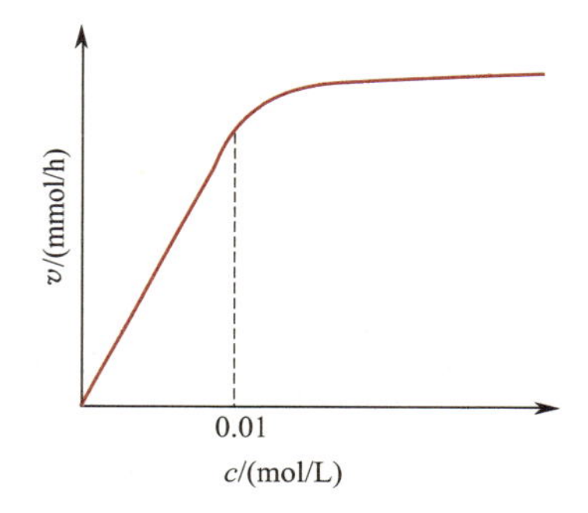

图 6-41　溶液浓度对交换速度的影响

⑥ 搅拌速率　当液膜控制时，增加搅拌速率会使交换速度增加。但增大到一定程度后再继续增加转速，对交换速度影响就比较小。

⑦ 溶液浓度　当溶液浓度为 0.001mo1/L 时一般为外扩散控制。当浓度增加时，交换速度也按比例增加。当浓度达到 0.01mol/L 左右时，浓度再增加，交换速度就增加得较慢。此时内扩散和外扩散同时起作用。当浓度再继续增加，交换速度达到极限值后就不再增大，此时已转变为内扩散控制。溶液浓度对离子交换速度的影响见图 6-41，由图可见，当浓度小于 0.01mol/L 时，交换速度与溶液浓度成正比。

6.9.6.4　离子交换过程的运动学

通常离子交换系在固定床中进行，在固定床中离子运动的规律称为运动学。试设想有一离子交换柱，原来在树脂上的是离子 2，现在通入离子 1 的溶液去取代它。当离子 1 逐渐通入时，离子 2 被取代，在树脂层的上部逐渐形成一层树脂，其中只含有离子 1。接着流入的离子 1 溶液通过这层树脂时，显然不起交换作用，而当它继续往下流时，即发生交换，这时，离子 1 的浓度逐渐减至零，而离子 2 的浓度逐渐增至离子 1 的原始物质的量浓度 c_0（因交换按物质的量进行）。再继续往下流时，由于溶液中已不含离子 1，故也不发生交换。离子 1 自起始浓度 c_0 降至零这一段树脂层称为交换带交换过程（见图 6-42），交换过程只在交换带内进行。

因为离子交换按物质的量进行，所以图 6-42 中曲线 1 和 2 是对称的，互为镜像关系，这两种离子在交换带中互相混在一起，没有分层，见图 6-42（a）。当它们继续向下流时，如条件选择适当，交换带逐步变窄，两种离子逐渐分层，离子 2 集中在前面，离子 1 集中在后面，中间形成一较明显

的分界线，见图 6-42（b），这样继续往下流交换带越来越窄，分界线也就越来越明显，一直到柱的出口。在流出液中，开始出来的是树脂层空隙中水分，而后出来的是离子 2，在某一时候，流出液中出现离子 1，此时称为漏出点，以后离子 1 增至原始浓度，而离子 2 的浓度减至零，离子 1 的流出曲线陡直，见图 6-42（c）。但如条件选择得不恰当，交换带逐渐变宽，两种离子就互相重叠在一起，则流出曲线变得平坦。

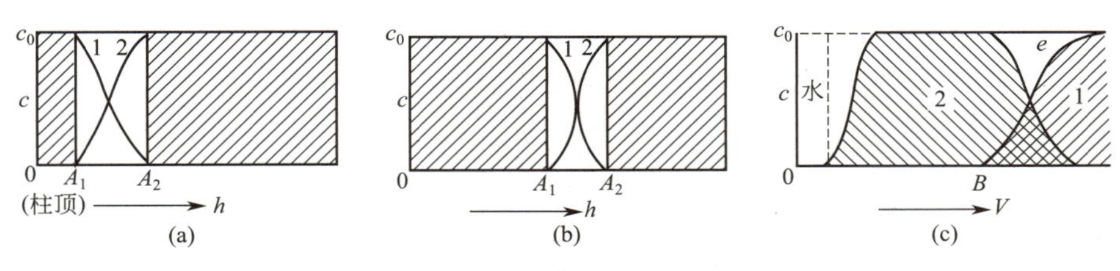

图 6-42　离子交换过程

（a），（b）离子的分层；（c）理想的流出曲线

h—柱的高度；c—物质的量浓度；c_0—原始物质的量浓度；V—流出液体积；

$A_1 \sim A_2$—交换带；B—离子 1 的漏出点；e—离子 1 的流出曲线

虽然无法知道离子在柱中的运动情况，但从流出曲线的形状，可以判断离子分层是否清楚，因为流出曲线的形状是和将要流出柱的交换带相对应的。有明显分界线的好处，不仅在于可使离子分开，而且在吸附时，可以提高树脂饱和度，减少吸附离子的漏出，而在解吸时，则可使洗脱液浓度提高。从发酵液中吸附抗生素时，常会使离子层分界线发生某种程度的模糊。因此只有在柱的上部，树脂才为抗生素所完全饱和。为使树脂达到最大饱和度，必须采用几根柱串联的系统。只有当有很多抗生素从第一根柱漏到第二根，甚至第三根柱时，第一根柱才能为抗生素所饱和，为使工艺系统不过分复杂，必须使这种漏出量减至最小，这只有当离子层分界线清晰时才能实现。所以研究离子在柱中的运动情况和分界线清晰的条件，有很大的实际意义。分界线清晰的情况可分三种，叙述如下。

（1）情况 1　如交换离子的价数相等，即 $Z_1=Z_2$，则分界线清晰条件为吸附离子（离子 1）对解吸离子（离子 2）的交换常数 K 应大于 1。如 $K<1$，则分层不清楚；如 $K=1$，则分界线保持原样而向下流动。

（2）情况 2　若 $Z_1 \neq Z_2$，则分界线清晰的条件就比较复杂，它不仅是交换常数 K 而且和树脂的交换容量 m、被吸附离子的浓度以及离子所带电荷数有关。

令 c_0 为被吸附离子的原始浓度，且

$$c_{临界} = mK^{\frac{Z_1Z_2}{Z_1-Z_2}} \tag{6-56}$$

如 $Z_1<Z_2$，则当 $c_0>c_{临界}$时，离子分层清楚；如 $Z_1>Z_2$，则当 $c_0<c_{临界}$时，分层清楚。

（3）情况 3　当参与反应的物质是弱电解质时，离子层的变形还和其电离度有关。

如为等价离子交换，分界线清晰条件为

$$K\frac{a_1}{a_2}>1 \tag{6-57}$$

式中，a_1、a_2 分别为吸附离子与解吸离子的电离度。

如为不等价离子交换，且 $Z_1<Z_2$，则 $c_0>c_{临界}$时，分层清楚；反之，如 $Z_1>Z_2$，则 $c_0<c_{临界}$时，分层清楚。其中

$$c_{临界} = mK^{\frac{Z_1Z_2}{Z_1-Z_2}}\left(\frac{a_1}{a_2}\right)^{\frac{Z_1}{Z_1-Z_2}} \tag{6-58}$$

据上所述，在离子交换中，要使离子层分层明显可以从三个方面进行：①对于等价离子交换，应选用平衡常数大于 1 的系统；当被吸附离子与树脂间的化学亲和力大于原先在树脂上的离子与树脂间的化学亲和力时，就符合这种条件；②对于不等价离子交换，应选择适宜的被吸附离子的浓度；③对于弱电解质可设法改变离子的电离度。第一种和第二种方法在很多场合下，虽然可采用，但有其局限性，因为交换常数的数值最多变化 10 ～ 100 倍，而浓度的变化一般也只能在 0.1 ～ 10mol/L。当用高价离子去取代低价离子时，常需采用低的浓度，但这样常会使流出液的浓度过稀。利用第三种方法有很大优点，根据方程式（6-57）和式（6-58），减少解吸物质的电离度和增加吸附物质的电离度，会导致分层清楚。由于电离度可在很大范围内变化（几个数量级），所以即使当平衡常数的值很小时，也有可能使分层清楚。由此可知，当在阳离子交换树脂上洗脱弱电解质时，应提高溶液的 pH；而在阴离子交换中，应降低 pH 值使分层清楚。要改变电离度。还可利用有机溶剂，通常当有机溶剂存在时，弱电解质的电离度就降低，并能影响交换常数的值。

6.9.7 离子交换的选择性

离子交换树脂的选择性就是某种树脂对不同离子交换亲和能力的差别，离子和树脂活性基的亲和力越大，就越易被该树脂所吸附。离子交换选择性集中地反映在交换常数 K 值上，交换常数亦叫交换势或交换系数，可用式（6-59）表示。

$$K_{A}^{B} = \frac{[R-B][A]_S}{[R-A][B]_S} \tag{6-59}$$

式中，[R–A]、[R–B] 表示结合在树脂上的 A 离子和 B 离子的浓度；$[A]_S$、$[B]_S$ 表示溶液中 A 离子和 B 离子的浓度。

式（6-59）可改写成

$$K_{A}^{B} = \frac{[R-B]/[R-A]}{[B]_S/[A]_S} \tag{6-60}$$

式中，K_A^B为树脂上的 A 离子、B 离子浓度比与溶液中 A 离子、B 离子浓度比的比值。$K_A^B > 1$ 表示树脂上 B 离子与 A 离子的相对含量比溶液中高。即 B 离子对树脂的亲和力大于 A 离子，K_A^B值越大，B 离子越易被交换。

选择系数随测定方法和具体条件不同而异，受多种因素的影响、差别较大，实用时应作具体比较和分析。对分子量较大的有机大离子的交换，由于有空间位阻的影响，平衡公式要进行调整，计算比较复杂，生产上一般用小试测得的数据来选择树脂。表 6-13 和表 6-14 列举了几种树脂对各种离子的交换常数。

影响离子交换选择性的因素很多，如离子水合半径、离子价、离子强度、溶液的酸碱度、有机溶剂和树脂的交联度、活性基团的分布和性质、载体骨架等，下面分别加以讨论。

（1）离子水合半径　对无机离子而言，离子水合半径越小，离子对树脂活性基的亲和力就越大，也就越易被吸附。这是因为离子在水溶液中都要与水分子发生水合作用形成水合离子，此时的半径才表达离子在溶液中的大小。当原子序数增加时，离子半径亦随之增加，离子表面电荷密度相对减少；水合能降低、吸附的水分子减少，水合半径亦因此减小，离子的树脂活性基的结合力则增大。表 6-15 列举了各种阴离子的水合作用和半径。

表 6-13 强酸性树脂对不同阳离子的交换常数

树脂＼阳离子	Na^+	Ba^{2+}	Mg^{2+}	Cd^{2+}	Ni^{2+}	Co^{2+}	Mn^{2+}
磷酸树脂	0.2	2.0	2.3	3.0	17.0	23	51
磺酸树脂	1.5	8.7	2.5	7.9	3.0	2.8	2.3
树脂＼阳离子	Ca^{2+}	Zn^{2+}	Cu^{2+}	H^+	Fe^{2+}	Pb^{2+}	
磷酸树脂	195	370	890	1000		5000	
磺酸树脂	2.9	2.7	2.9	1.0	2.5	7.5	

表 6-14 强碱性树脂对各种阴离子的交换常数

树脂＼阴离子	枸橼酸	OH^-	I^-	C_6H_5O	HSO_4^-	ClO_3^-	NO_3^-
Ⅰ型强碱	220	1.0	175	110	85	74	65
Ⅱ型强碱	23	1.0	17	27	15	12	8
树脂＼阴离子	Br^-	CN^-	HSO_3^-	BrO_3^-	NO_3^-	Cl^-	
Ⅰ型强碱	50	28	27	27	65	22	
Ⅱ型强碱	6	3	3	3	8	23	
树脂＼阴离子	HCO_3^-	IO_3^-	$HCOO^-$	CH_3COO^-	$CH_2{=}CHCOO^-$	F^-	
Ⅰ型强碱	6.0	5.5	4.6	3.2	2.6	1.6	
Ⅱ型强碱	1.2	0.5	0.5	0.5	0.3	0.3	

表 6-15 各种阳离子的水合作用与离子半径

项目＼阳离子	一价					二价			
	Li^+	Na^+	K^+	Rb^+	Cs^+	Mg^{2+}	Ca^{2+}	Sr^{2+}	Ba^{2+}
原子序数	3	11	19	37	55	12	20	38	56
裸半径 /μm	0.068	0.098	0.133	0.149	0.165	0.069	0.117	0.134	0.149
水合半径 /μm	0.1	0.79	0.53	0.509	0.505	0.108	0.96	0.96	0.88
水合水 /（mol 水 /mol）	12.6	8.4	4.0	—	—	13.3	10.0	8.2	4.1

按水合半径次序，各种离子对树脂亲和力大小的次序如下。

对一价阳离子：$Li \geqslant Na^+$、$K^+ \approx NH_4^+ < Rb^+ < Cs^+ < Ag^+ < Ti^+$

对二价阳离子：$Mg^{2+} \approx Zr^{2+} < Cu^{2+} \approx Ni^{2+} < Co^{2+} < Ca^{2+} < Sr^{2+} < Pb^{2+} < Ba^{2+}$

对一价阴离子：$F^- < HCO_3^- < Cl^- < HSO_3^- < Br^- < NO_3^- < I^- < ClO_4^-$

同价离子中水合半径小的能取代水合半径大的。但在非水介质中，在高温、高浓度下，差别缩小，有时甚至相反。

H^+ 和 OH^- 在上述序列中的位置则与树脂和功能基性质有关，H^+ 和强酸性树脂的结合力很弱，其位序和 Li^+ 相当；而对弱酸性树脂，H^+ 具有最强的置换能力，其交换序列在同价金属离子之后。

同理，OH^- 的置换位置亦取决于树脂碱性基团的强弱，对强碱性树脂，其位序在 F^- 之前，对弱碱性树脂则落在ClO_4^-之后，强酸、强碱性树脂较弱酸、弱碱性树脂难再生，且酸碱用量大，原因就在于此。

（2）离子价　在讨论这个问题时，为叙述方便，设离子交换平衡后溶液中两种离子的浓度比是定值 P，即

$$c_1/c_2=P \tag{6-61}$$

所以

$$c_1=c_2P \tag{6-62}$$

将式（6-62）代入尼柯尔斯基方程式，则

$$\frac{m_1^{\frac{1}{Z_1}}}{m_2^{\frac{1}{Z_2}}}=K\frac{(c_2P)^{\frac{1}{Z_1}}}{c_2^{\frac{1}{Z_2}}}=KP^{\frac{1}{Z_1}}\frac{c_2^{\frac{1}{Z_1}}}{c_2^{\frac{1}{Z_2}}}=KP^{\frac{1}{Z_1}}c_2^{\frac{Z_2-Z_1}{Z_1Z_2}} \tag{6-63}$$

根据式（6-63），在交换离子（A_1）的价电数大于平衡离子（A_2），即 $Z_1>Z_2$ 时，若溶液较稀（c_2 较小），m_1 值将增大，有利于交换（当然，溶液过稀、体积过大会给操作带来不便）。所以说在稀溶液中，树脂吸附高价离子的倾向很大。现以链霉素离子的吸附为例，说明溶液稀释对吸附的影响，见表 6-16。

表 6-16　当有钠离子存在时，溶液的稀释对苯氧乙酸 - 酚 - 甲醛树脂吸附链霉素的影响

（树脂对链霉素的交换容量为 3.17mmol/g）

溶液中离子浓度 /（mmol/mL）		链霉素的吸附量 /（mmol/g）	溶液中离子浓度 /（mmol/mL）		链霉素的吸附量 /（mmol/g）
链霉素	钠离子		链霉素	钠离子	
0.00517	1.500	0.256	0.00103	0.300	1.93
0.00258	0.750	0.800	0.00052	0.150	2.76

例如，当 $K=2$，$P=1$，$m_1+m_2=1$，$c_2=0.1$mol/L，$Z_2=1$ 时，若 $Z_1=2$，则 $m_1=0.9$，$m_2=0.1$，$\frac{m_2}{m_1}=\frac{1}{9}$；若 $Z_1=3$，则 $m_1=0.97$，$m_2=0.03$，$\frac{m_2}{m_1}=\frac{1}{32}$。

可见，在较稀的溶液中，树脂几乎仅吸附高价离子。

（3）溶液的 pH　溶液的酸碱度直接决定树脂交换基团及交换离子的解离程度，不但影响树脂的交换容量，对交换的选择性影响也很大。对于强酸、强碱性树脂，溶液 pH 主要是左右交换离子的解离度，决定它带何种电荷以及电荷量，从而可知它是否被树脂吸附或吸附的强弱。对于弱酸、弱碱性树脂，溶液的 pH 还是影响树脂解离程度和吸附能力的重要因素。但过强的交换能力有时会影响到交换的选择性，同时增加洗脱的困难。对生物活性分子而言，过强的吸附以及剧烈的洗脱条件会增加变性失活的机会。另外，树脂的解离程度与活性基团的水合程度也有密切关系。水合度高的溶胀度大，选择吸附能力下降。这就是为什么在分离蛋白质或酶时较少选用强酸、强碱性树脂的原因。

（4）离子强度　一方面，高的离子强度必与目标物离子进行竞争，减少有效交换容量；另一方面，离子的存在会增加蛋白质分子以及树脂活性基团的水合作用，降低吸附选择性和交换速度。所以一般在保证目标蛋白质的溶解度和溶液缓冲能力的前提下，尽可能采用低离子强度。

（5）有机溶剂的影响　离子交换树脂在水和非水体系中的行为是不同的。有机溶剂的存在会使

树脂收缩，这是由于结构变紧密降低了吸附有机离子的能力而相对提高了吸附无机离子的能力的关系。有机溶剂使离子溶剂化程度降低、易水合的无机离子降低程度大于有机离子；有机溶剂会降低有机物的电离度。这两种因素就使得在有机溶剂存在时，不利于有机离子的吸附。利用这个特性，常在洗涤剂中加适当有机溶剂来洗脱难洗脱的有机物质。

（6）交联度、膨胀度、分子筛　对凝胶型树脂来说，交联度大、结构紧密、膨胀度小，树脂筛分能力大，促使吸附量增加，其交换常数亦大。相反，交联度小、结构松弛、膨胀度大，吸附量减少，交换常数值亦减少。表 6-17 列举了强酸性阳离子树脂在不同的交联度下对各种离子的交换常数。

表 6-17　强酸性阳离子树脂在不同的交联度下对各种离子的交换常数

交联度 \ 离子	Li^+	H^+	Na^+	NH_4^+	K^+	Rb^+	Cs^+	Ag^+	Mg^{2+}
4%	1.00	1.32	1.58	1.90	2.27	2.46	2.67	4.73	2.95
8%	1.00	1.27	1.98	2.55	2.90	3.16	3.25	8.51	3.29
16%	1.00	1.47	2.37	3.34	4.50	4.62	4.66	22.90	3.51
交联度 \ 离子	Zn^{2+}	Co^{2+}	Cu^{2+}	Mn^{2+}	Ni^{2+}	Ca^{2+}	Sr^{2+}	Pb^{2+}	Ba^{2+}
4%	3.13	3.23	3.29	3.42	3.45	4.15	4.70	6.56	7.47
8%	3.47	3.74	3.85	4.09	3.93	5.16	6.51	9.91	11.5
16%	3.78	3.81	4.46	4.91	4.06	7.27	10.10	18.0	20.8

在离子交换过程中，树脂体积缩小释放能量，树脂体积膨胀吸收能量。对等价离子而言，交换过程中，树脂体积改变引起的能量变化可用前述的格雷戈公式（6-48）表示。交联度上升，π 值增加，K 值也增大。树脂潜在的选择能力提高。

图 6-43 表示在羧基树脂上，链霉素离子与钠离子的交换等温线与树脂膨胀度的关系。由图 6-43 可见，在膨胀系数较小的树脂上，直线的斜率（K 值）较大，亦即树脂对抗生素离子的选择性随交联度增大而增大。同时，由图 6-44 可知，树脂膨胀对抗生素的交换容量的影响也十分显著。

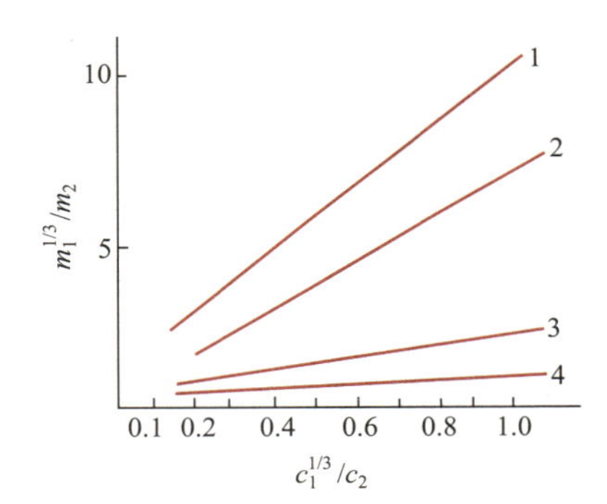

图 6-43　在甲基丙烯酸－丙烯酰胺树脂，链霉素与钠离子交换等温线与树脂膨胀度的关系

1—膨胀系数：1.9；2—膨胀系数 3；3—膨胀系数 4.5；4—膨胀系数 5.2

离子交换反应是在树脂颗粒内外部表层上的官能团上进行的，因此，要求树脂溶胀后有一定的孔度、孔道（一般较扩散离子大 3 ～ 5 倍），以便离子进出反应。水合无机离子半径一般在 1nm 以下，凝胶树脂溶胀态下的孔径在 2 ～ 4nm。所以无机离子容易进出，交换选择性遵循前面所述的规律。对于有机大分子的离子交换却有两种对立的影响，一种是选择性的影响，即膨胀度增大时，树脂交换容量降低，即 K 值减小；另一种是“空间效应”（空间位阻）因素的影响，即膨胀后树脂的孔度、孔径达不到大离子自由进出的空间要求，树脂的交换容量很小（仅表面交换），但在降低交联度、提高膨胀度后，适应了离子进出交换的空间要求，K 值反而明显增大，即交换容量增大，此时“空间效应”起主导地位，交换容量随膨胀度的增大而增加。然而当膨胀度上升到一定值时，树脂内部为大分子所达到的程度变化不大，此时，“空间效应”不再起主导地位，而选择性影响却显示出来，交换容量也就随膨胀度的增加而降低，于是出现了有最大点的曲线吸附，土霉素的量与树脂膨胀度之间的关系见图 6-45。

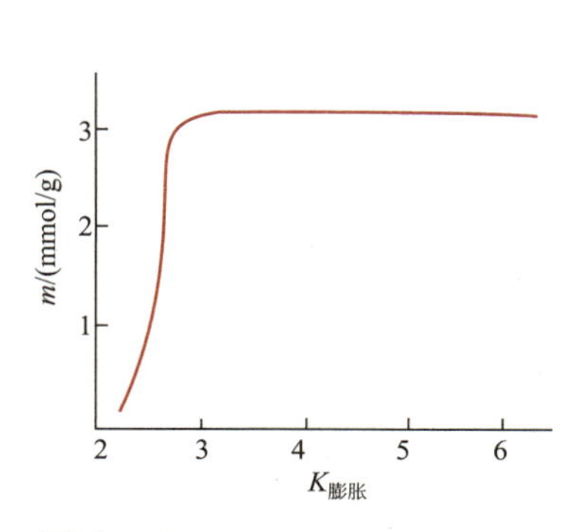

图 6-44　Amberlite IRA-400 阴离子交换树脂对青霉素的交换容量与膨胀度的关系

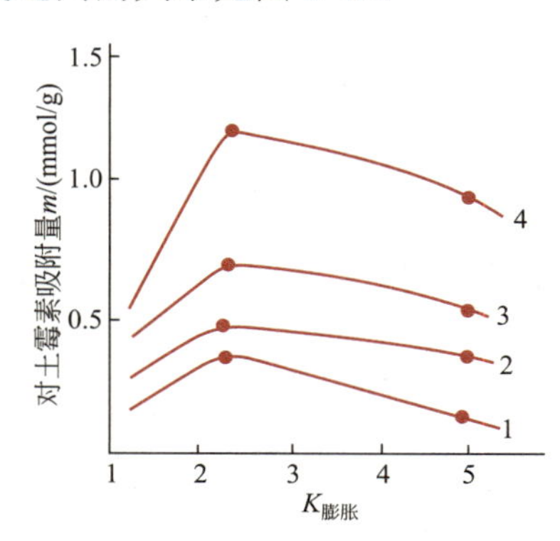

图 6-45　用磺酸基树脂 CBC 从含有 HCl 的溶液中吸附土霉素的量与树脂膨胀度之间的关系

1—0.1mol/L HCl；2—0.25mol/L HCl；3—0.5mol/L HCl；4—1.0mol/L HCl；原始溶液中土霉素浓度为 0.4mg/mL

若增大树脂的交联度，有机大分子则不能进入树脂内部，但无机离子不受阻碍。或可认为有机大分子与无机离子在树脂内扩散速率不等，利用这一原理将大分子和无机离子分开的方法称为分子筛法。在抗生素，如链霉素、庆大霉素、去甲基万古霉素生产中，利用高交联度的 1×14 树脂去除 Ca^{2+}、Mg^{2+}，能达到降低灰分、减少抗生素损失的目的。

（7）树脂与离子间的辅助力　离子交换树脂与被吸附离子间的作用力除静电力外，还存在一种辅助力，这一辅助力存在于被交换离子是有机离子的情况下。通常，无机离子进行交换时的交换常数 K 多在 1 ～ 10，而有机离子交换时，分子量越大，交换常数越大，K 值有时可高达 10^2 ～ 10^3，这种现象单纯采用静电吸附力无法解释，实际上是由于存在着一些辅助力。

氢原子具有和其他原子不同的特点，即当它交出唯一的电子构成键后便成为无电子的原子核状态，因此没有电子的 H^+ 不被其他原子或离子的电子层所排斥，相反地更容易被吸引，这就使 H^+ 能趋近其他原子并和它们的电子相互作用。例如氢原子和负电性很强的 N、O、S 等原子很容易形成氢键。科研人员提出：四环素类抗生素分子中酰氨基（—CO—NH_2）上的 H 和磺酸树脂的功能基（—SO_3H）上的氧易形成氢键，所以 K 值明显增大，科研人员亦认为含—SO_3H、—$PO(OH)_2$ 功能基的阳离子交换树脂之所以能吸附青霉素阴离子，并非离子交换作用而是青霉素的肽基团和树脂功能基的氧原子之间生成氢键的结果，如下所示

R—S(=O)(=O)—OH ········ H—N(—R′)—C(=O)—R²

（磺酸树脂）　（青霉素）

尿素是一种中性物质，因能形成氢键，常用来破坏蛋白质中的氢键，所以尿素溶液很容易将青霉素从磺酸树脂上洗脱下来。

除氢键外，亦存在着树脂与被交换离子间的范德华力。例如，骨架内含有脂肪烃、苯环和萘环的树脂，它对芳香族化合物的吸附能力依次相应增加；酚磺酸树脂对一价季铵盐类阳离子的亲和力随离子的水合半径的增加而增加，这种现象与无机离子交换情况相反，这是由于吸附大分子时起主

导作用的是范德华力而不是静电力。

另有一些研究表明，树脂吸附大离子后，在被吸附离子间相互存在辅助力，树脂吸附的大离子愈多，辅助力愈大。

6.9.8 偶极离子吸附

两性化合物如氨基酸、蛋白质、多肽、6-氨基青霉烷酸（6-APA）等均具有酸、碱两重性质，能够分别和酸或碱作用生成盐。溶液的 pH 值不同，两性化合物以阳离子、阴离子或偶极离子三种电化学状态存在。它们在水溶液中的离解可用下列方程表示

$$R^1-\underset{\underset{NH_2}{|}}{CH}-COOH \text{（两性化合物）}$$

$$\updownarrow$$

$$\underset{\text{阴离子}}{R^1-\underset{\underset{NH_2}{|}}{CH}-COO^-} \underset{pK_2}{\overset{H^+}{\rightleftharpoons}} \underset{\text{偶极离子}}{R^1-\underset{\underset{NH_3^+}{|}}{CH}-COO^-} \underset{pK_1}{\rightleftharpoons} \underset{\text{阳离子}}{R^1-\underset{\underset{NH_3^+}{|}}{CH}-COOH}$$

应用氢型磺酸树脂吸附丙氨酸时，发现不是等物质的量的交换，而且流出液中没有 H^+ 存在；而在用酸洗脱时，则丙氨酸和 H^+ 是等物质的量的关系，因此认为吸附按下列方程式进行

$$RSO_3^-H^+ + H_3^+NR^1COO^- \rightleftharpoons RSO_3^-H_3^+NR^1COO^-H^+$$

也就是说，H^+ 转移到偶极离子的负电荷端，偶极离子变成阳离子而吸附在树脂上，所以流出液中不存在 H^+。此时没有静电斥力存在，没有离子置换。当用酸洗脱时，两性化合物则以阳离子形式被 H^+ 置换下来。

$$RSO_3^-H_3^+NR^1COOH \longrightarrow RSO_3^-H^+ + H_3N^+R^1COOH$$

相反，如用钠型树脂吸附时，—COO^-Na^+ 要电离成—COO^-，其负电性与树脂高分子骨架负电性基团之间产生静电斥力，使交换受阻［见式（6-65）］，吸附量锐减（见表 6-18）。

表 6-18 氢型和钠型磺酸树脂吸附氨基酸容量的比较 mmol/g

吸附容量	甘氨酸	丙氨酸	白氨酸	甘氨酸
氢型树脂	2.20	1.75	1.92	1.20
钠型树脂	0.020	0.011	0.030	0.044

注：最后一项用苯乙烯 - 丁二烯型树脂，前三项均用苯乙烯 - 二烯苯型树脂。

$$RSO_3^-Na^+ + H_3^+NR^1COO^- \rightleftharpoons RSO_3^-H_3^+NR^1COO^-Na^+ \tag{6-64}$$

将氨基酸和含无机离子的混合液通过钠型强酸性树脂，无机离子被吸附，氨基酸不被吸附而随流出液流出，可达到分离的目的。

当氨基酸中的烃基增长或在丙酮溶液中进行交换时（有机溶剂降低羧基的电离程度），静电斥力的影响减弱，钠型树脂的交换容量便接近于氢型树脂，当 $pH \leqslant pK_1$ 时；偶极离子变成阳离子，反应则按式（6-65）进行

$$RSO_3^-H^+ + H_3^+NR^1COOH \rightleftharpoons RSO_3^-H_3N^+R^1COOH + H^+ \tag{6-65}$$

另一实验是适当增加溶液中离子强度时，可使这种偶极排斥力减弱，从而增加氨基酸的吸附量，但继续增加盐浓度时，氨基酸的吸附量开始下降，钠型树脂吸附量与盐浓度的关系如图 6-46 所示。

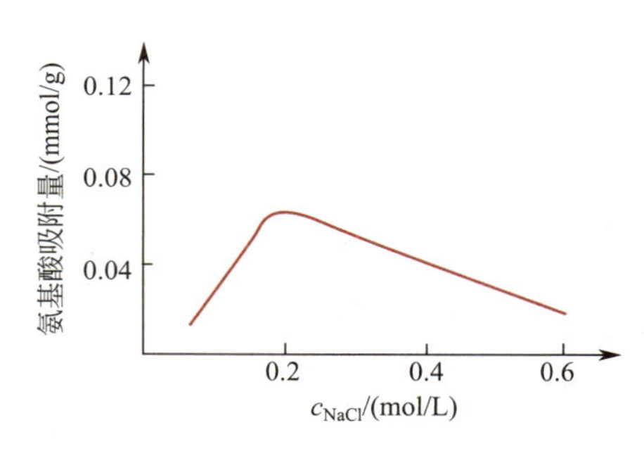

图 6-46 钠型树脂吸附量与盐浓度的关系

6.9.9 离子交换操作方法

6.9.9.1 树脂的选择

选择离子交换树脂的主要依据是被分离物的性质和分离目的。包括被分离物和主要杂质的解离特性、分子量、浓度、稳定性、所处介质的性质以及分离的具体条件和要求。然后从性质各异的多种树脂中选择出最适宜的品种进行分离操作。

其中最重要的一条是根据分离要求和分离环境保证分离目标物与主要杂质对树脂的吸附力有足够的差异。当目标物具有较强的碱性和酸性时，宜选用弱酸性树脂或弱碱性树脂。这样有利于提高选择性，并便于洗脱。如目标物是弱酸性或弱碱性的小分子物质时，往往选用强碱、强酸性树脂。如氨基酸的分离多用强酸性树脂，以保证有足够的结合力，便于分步洗脱。对于大多数蛋白质、酶和其他生物大分子的分离多采用弱碱性树脂或弱酸性树脂，以减少生物大分子的变性，有利于洗脱，并提高选择性。

就树脂而言，要求有适宜的孔径，孔径太小交换速度慢，有效交换容量下降（尤对生物大分子），若孔径太大也会导致选择性下降。此外树脂的化学稳定性及力学性能也需考虑，在既定的操作条件下有足够的化学耐受性和良好的物理性能以利操作。一般树脂都有较高的化学稳定性，能经受酸、碱和有机溶剂的处理。但含苯酚的磺酸型树脂及胺型阴离子树脂不宜与强碱长时间接触，尤其是在加热的情况下。对树脂的特殊结合力也要给予足够的注意，如树脂对某些金属离子的结合以及辅助力的作用。

6.9.9.2 树脂的处理和再生

（1）树脂的预处理　市售树脂在处理前先要去杂、过筛，粒度过大时可稍加粉碎。对于粉碎后的树脂或粒度不均匀的树脂应进行筛选和浮选处理，以求得粒度适宜的树脂供使用。经过筛、去杂后的树脂往往还需要水洗去杂（如木屑、泥沙），再用酒精或其他溶剂浸泡以去除吸附的少量有机物质。

树脂经上述多种物理处理后便可进入化学处理了。具体方法是用 8 ～ 10 倍量的 1mol/L 盐酸或氢氧化钠溶液交替浸泡（搅拌）。例如 732 树脂在用作氨基酸分离前先以 8 ～ 10 倍于树脂体积的 1mol/L 盐酸搅拌浸泡 4h，然后用水反复洗至近中性；再以 8 ～ 10 倍体积的 1mol/L 氢氧化钠溶液搅拌浸泡 4h；反复以水洗至近中性后又用 8 ～ 10 倍体积的 1mol/L 盐酸浸泡；最后水洗至中性备用。其中最后一步用酸处理使之变为氢型树脂的操作也可称为转型。对强酸性阳离子树脂来说，应用状态还可以是钠型。若把上面的酸 - 碱 - 酸处理，改作碱 - 酸 - 碱处理便可得到钠型树脂。对阴离子交换树脂，最后用氢氧化钠溶液处理便呈羟型，若用盐酸溶液处理则为氯型树脂。对于分离蛋白质、酶等物质，往往要求在一定的 pH 范围及离子强度下进行操作。因此，转型完毕的树脂还须用相应的缓冲液平衡数小时后备用。

（2）树脂的再生、转型的毒化　所谓再生就是让使用过的树脂重新获得使用性能的处理过程。离子交换树脂一般都要多次使用。对使用后的树脂首先要去杂，即用大量水冲洗，以去除树脂表面和孔隙内部物理吸附的各种杂质。然后再用酸、碱处理除去与功能基团结合的杂质，使其恢复原有的静电吸附能力。转型即树脂去杂后，为了发挥其交换性能，按照使用要求赋予平衡离子的过程。对于弱酸性树脂或弱碱性树脂须用碱（NaOH）或酸（HCl）转型。对于强酸性树脂或强碱性树脂除使用碱、酸外还可以用相应的盐溶液转型。在稳定性方面，碱性树脂不及酸性树脂，在处理和再生过程中应加以注意。

毒化是指树脂失去交换性能后不能用一般的再生手段重获交换能力的现象。如大分子有机物或沉淀物严重堵塞孔隙，活性基团脱落，生成不可逆化合物等。重金属离子对树脂的毒化属第三种类型。对已毒化的树脂在用常规方法处理后，再用酸、碱加热（40～50℃），浸泡，以求溶出难溶杂质。也有用有机溶剂加热浸泡处理的。对不同的毒化原因须采用不同的措施，但不是所有被毒化的树脂都能逆转，重新获得交换能力。

6.9.9.3　基本操作方法

（1）离子交换操作的方式　离子交换操作一般分为静态和动态两种。静态交换是将树脂与交换溶液混合置于一定的容器中搅拌进行。静态交换操作简单、设备要求低，分批进行，交换不完全。不适宜用作多种成分的分离，树脂有一定损耗。

动态交换是先将树脂装柱，交换溶液以平流方式通过柱床进行交换。该法无需搅拌，交换完全，操作连续，而且可以使吸附与洗脱在柱床的不同部位同时进行。适合于多组分分离，例如用一根 732 树脂交换柱可以分离多种氨基酸。

最简单的间歇离子交换装置就是采用一个具有搅拌器的罐。稍加改进的一种方法是在罐的底部设有一块筛板以支撑离子交换剂，用压缩空气进行搅动，以达到流体化的目的，这种循环操作装置参见图 6-47。

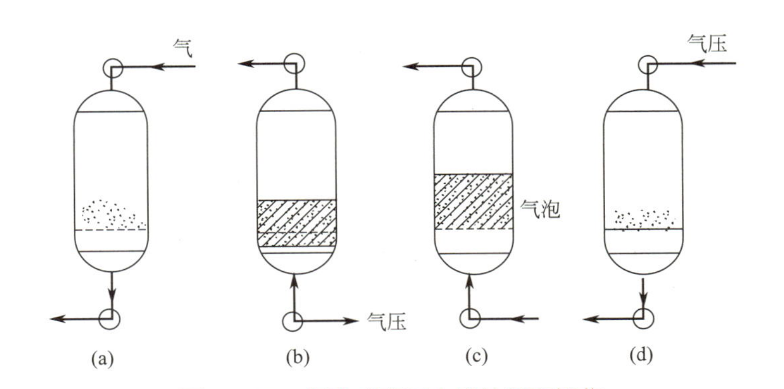

图 6-47　间歇式离子交换的循环操作

（a）空罐；（b）装罐；（c）平衡；（d）排放

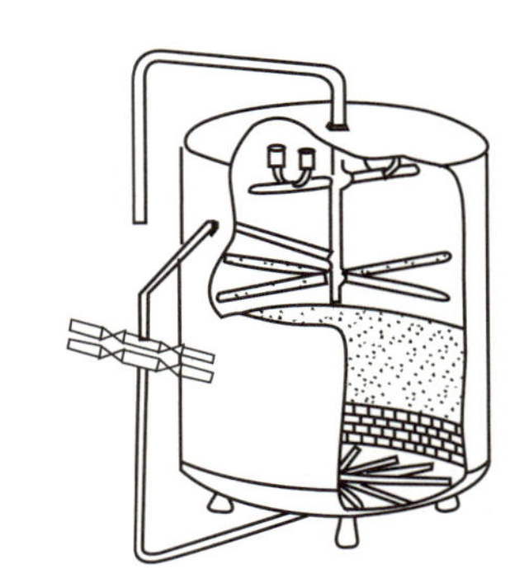

图 6-48　柱式离子交换罐剖视图

柱式固定床是离子交换单元最常用而又有效的装置。图 6-48 是典型柱式离子交换罐的剖视图。

柱式固定床单元装置的主体是一个直立式的罐，其有两种加料方式，即重力加料和压力加料。采用重力加料时，罐是开放式的；采用压力加料时，罐是封闭的。压力加料又有两种加压方式，即气压力式和水压力式。

柱式离子交换罐通常用不锈钢制成。小型装置（直径 30cm 以下）可用塑料制造，大型设备则采用普通钢制成。为了避免腐蚀，罐的内部衬以橡胶、聚氯乙烯或聚乙烯，管道则使用聚氯乙烯或聚乙烯制成的管。所有阀门都采用工厂专用设备。

这种类型的单元装置需符合下面几点要求：①要有一个合适的离子交换树脂床支撑体；②有进料口和出料口，进料能分布均匀流过树脂床；③有逆洗控制装置和逆洗液出口，要使逆洗压力分布均匀，要考虑因逆洗树脂膨胀所需的“自由空间”；④选择适当再生剂的容器、引入再生剂的方法及淋洗水的引入方式。

（2）洗脱方式　离子交换完成后将树脂所吸附的物质释放出来重新转入溶液的过程称作洗脱。洗脱方式也分静态与动态两种。一般说来，动态交换也称作动态洗脱，静态交换也称作静态洗脱。洗脱液分酸、碱、盐、溶剂等类。酸、碱洗脱液旨在改变吸附物的电荷或改变树脂活性基团的解离状态，以消除静电结合力，迫使目标物被释放出来，盐类洗脱液是通过高浓度的带同种电荷的离子与目标物竞争树脂上的活性基团，并取而代之，使吸附物游离。实际工作中，静态洗脱可进行一次，也可进行多次反复洗脱，旨在提高目标物收率。

动态洗脱在离子交换柱上进行。洗脱液的 pH 值和离子强度可以始终不变，也可以按分离的要求人为地分阶段改变其 pH 值或离子强度，这就是阶段洗脱，常用于多组分分离。这种洗脱液的改变也可以通过仪器（如梯度混合仪）来完成，使洗脱条件的改变连续化，其洗脱效果优于阶段洗脱。这种连续梯度洗脱特别适用于高分辨率的分析目的。连续梯度的制备除用自动化的梯度混合仪外，还可以使用市售或自制的梯度混合器。图 6-49 为梯度形成示意图。A 瓶中是低浓度盐溶液，B 瓶中为高浓度盐溶液。洗脱开始后 A 瓶中的盐浓度随时间而改变，由起始浓度 c_A 逐渐升高，直至终浓度 c_B，形成连续的浓度梯度。欲知溶液中某一时刻的洗脱液浓度，可以从式（6-66）求得

$$c = c_A - (c_A - c_B)V^{\frac{A_A}{A_B}} \tag{6-66}$$

式中，c_A、c_B 为两容器中的盐浓度；A_A 和 A_B 分别为两容器的截面积；V 为已流出洗脱量对溶液总量的比值。

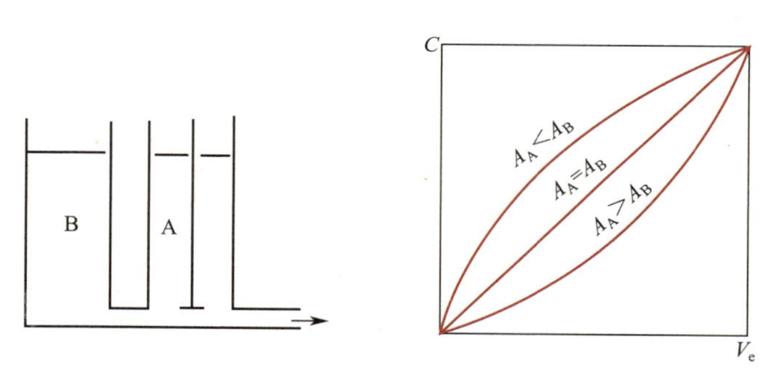

图 6-49　梯度混合仪及所形成的浓度梯度曲线

当两容器截面积相等，即 $A_A=A_B$ 时为线性梯度；$A_A > A_B$ 时为凹形梯度；$A_A < A_B$ 时为凸形梯度；所形成的浓度梯度曲线见图 6-49。

（3）再生方式　再生时可以采用顺流再生方式，即再生液自上向下流动，也可以用逆流再生方式，即再生液自下而上流动。图 6-50 对逆流再生过程与通常采用的顺流再生过程进行了比较。

在逆流再生过程中，再生剂从单元的底部分布器进入，均匀地通过树脂床向上流动，从树脂床的面上通过一个废液收集器而流出，与再生剂向上流动的同时，淋洗的水从喷洒器喷入，经树脂床向下流动，再从下部引出，与再生废液一起排出。再生剂向上流动与淋洗水向下流动达到一定的平衡状态使树脂床不致向上浮动，需要控制两种溶液的适当流速。

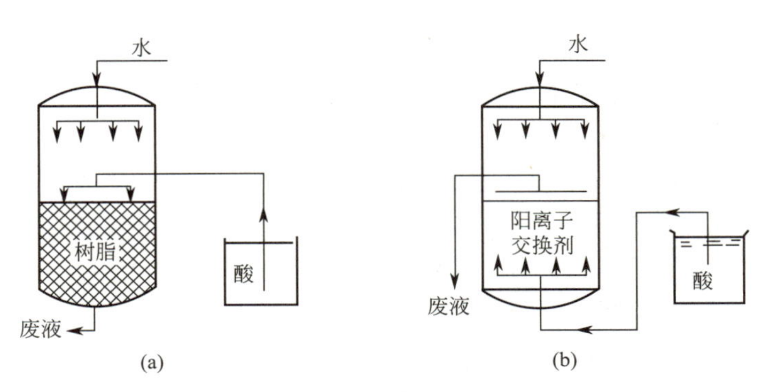

图 6-50 顺流再生与逆流再生过程的比较

（a）顺流再生；（b）逆流再生

在树脂再生过程中，随着再生剂的通入，再生程度（即再生树脂占整个树脂量的百分率）也不断提高，但当再生程度达到一定值时，再要提高，再生剂耗量要大大增加，很不经济，因此通常并不将树脂再生达到百分之百。

6.9.10 软水与无盐水的制备

纯水几乎不含任何离子，软水含 Na^+ 而不含 Ca^{2+}、Mg^{2+}，普通的井水、自来水等都是含有 Ca^{2+}、Mg^{2+} 的硬水，不能直接供给锅炉和原药生产用水，必须进行软化。软化的方法很多，本节只讨论应用离子交换树脂法制备软水和无盐水。

水的硬度通常用度（H°）表示，1H° 是指 1kg 水中含有相当于 10mg CaO 的硬度；而纯度是指 1t 水中所含有的总硬度。

（1）软水制备　利用钠型磺酸树脂除去水中的 Ca^{2+}、Mg^{2+} 等碱金属离子后即可制得软水，其交换反应式为

$$2RSO_3Na+Ca(HCO_3)_2 \longrightarrow (RSO_3)_2Ca+2NaHCO_3$$

失效后的树脂用 10% ～ 15% 工业盐水再生成 Na 型，即可重复使用，再生反应式

$$RSO_3H+MeX \longrightarrow RSO_3Me+HX \tag{6-67}$$

$$ROH+HX \rightleftharpoons RX+H_2O \tag{6-68}$$

式中，Me 代表金属离子；X 代表阴离子。

国内制软水一般采用磺化煤或 1×7 磺酸树脂，前者交换容量小易破碎，已逐步被淘汰。

（2）无盐水制备　无盐水制备是利用氢型阳离子交换树脂和羟型阴离子交换树脂的组合以除去水中所有的离子，其反应式如下

$$RSO_3H+MeX \rightleftharpoons RSO_3Me+HX \tag{6-69}$$

$$R'OH+HX \longrightarrow R'X+H_2O \tag{6-70}$$

式中，Me 代表金属离子；X 代表阴离子。

阳离子交换树脂一般用强酸性树脂（氢型弱酸性树脂在水中不起交换作用），阴离子交换树脂可以用强碱性树脂或弱碱性树脂。弱碱性树脂再生剂用量少，交换容量也高于强碱性树脂，但弱碱性树脂不能除去弱酸性阴离子，如硅酸、碳酸等。在实际应用时，可根据原水质量和供水要求等具体情况，采取不同的组合。如一般用强酸 - 弱碱或强酸 - 强碱树脂。当对水质要求高时，经过一次组合脱盐。如还达不到要求，可采用两次组合，例如，强酸 - 弱碱 - 强酸 - 强碱或强酸 - 强碱 - 强酸 -

强碱混合床。

当原水中重碳酸盐或碳酸盐含量高时，可在强酸塔或弱碱塔后面，加一除气塔，以除去 CO_2，这样可减轻强碱塔的负荷。

混合床由阳离子交换树脂、阴离子交换树脂混合而成，脱盐效果很好。但再生操作不便，故适宜于装在强酸 - 强碱性树脂组合的后面，以除去残留的少量盐分，提高水质。

当水流过阳离子交换树脂时，发生的交换反应系可逆反应，如式（6-70）所示，故不能将全部 Me^+ 都除去，这些阳离子就通过阳离子交换树脂而漏出。但在混合床中所发生的反应可用式（6-69）和式（6-70）合并来表示

$$RSO_3H+R'OH+MeX \longrightarrow RSO_3Me+R'X+H_2O \tag{6-71}$$

最后生成的反应产物是水，故反应完全，如同无数对阳离子交换树脂、阴离子交换树脂串联一样，所制得的无盐水，比电阻可达 $1.8\times10^7\Omega/cm$，而普通阳离子交换树脂、阴离子交换树脂组合（称为复床）所制得的无盐水，比电阻最高约为 $10^6\Omega/cm$。

混合床另一重大优点是可避免在脱盐过程中溶液酸碱度的变化。经过第一柱（阳离子交换树脂）时，溶液变酸，而经过第二柱（阴离子交换树脂）时，溶液又变碱，这种酸碱度变化对于抗生素等不稳定物质的影响很大。在链霉素精制中，曾研究用强酸 1×25 和弱碱 311×4 树脂组成混合床脱盐，有一定的效果。

混合床的操作较复杂，其操作方法如图 6-51 所示。另外，无盐水也可用离子交换膜制造。

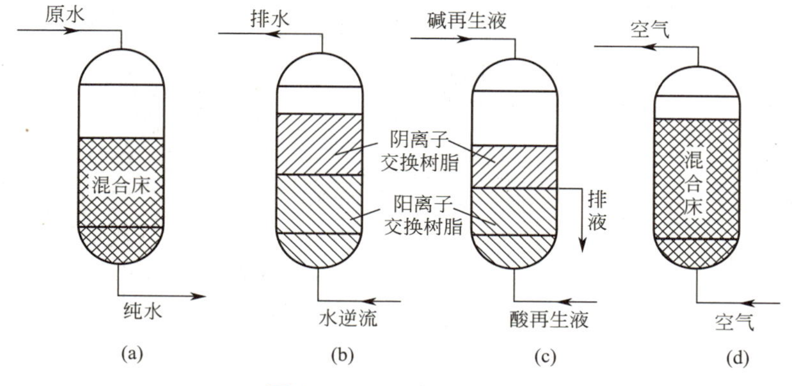

图 6-51 混合床的操作

（a）为水制备时的情形；（b）为制备结束，用水逆流冲洗，阳离子交换树脂、阴离子交换树脂根据相对密度不同分层，一般阳离子交换树脂较重在下面，阴离子交换树脂在上面；（c）为上部、下部同时通入碱、酸再生，废液自中间排出；（d）为再生结束，通入空气，将阳离子交换树脂、阴离子交换树脂混合、准备制水

通常以离子交换法处理水时，只考虑无机离子的交换，没有考虑有机杂质的影响。如果以地下水作为水源，则有机杂质的影响很小，但如果以地面水作为水源时，则有机杂质的影响不能忽视。有机物质一般为酸性，故对阴离子交换树脂污染较严重。污染分两种，一种是机械性阻塞树脂颗粒，经逆流一般可恢复，另一种为化学性不可逆吸附，如吸附单宁酸、腐殖酸后，会促使树脂失效。

阴离子树脂因有机物污染后，一般颜色变深，用漂白粉处理，可使颜色变白，但交换能力不能完全恢复，而且会使树脂损坏。还可用含 10%NaCl 和 1%NaOH 的溶液处理，能去除树脂上的色素。因为碱性食盐溶液对树脂没有损害，故可经常用来处理。处理后的树脂交换能力虽不能完全恢复，但有显著改善，大网格树脂或均孔树脂具有抗有机污染能力较强、工作交换容量高、再生剂耗

用低、淋洗容易等优点，故用于水处理效果较好。强碱Ⅱ型树脂抗有机污染能力也较强。

顺流再生时，未再生树脂层在交换塔下部。无盐水的质量主要取决于离开交换塔时（即交换塔下部）的树脂层，故顺流再生时，出来的水质量差；相反，逆流再生时，交换塔下部树脂层再生程度最好，故水质较好。顺流再生与逆流再生水质的比较见图 6-52。逆流再生时，切忌树脂乱层。防止乱层有很多种方法，现举两例，逆流再生操作方式见图 6-53。在图 6-53（a）中，当再生剂自下而上流动时，同时有水自上向下流动，两种溶液自塔上部的集液装置中排出。在图 6-53（b）中，再生剂同时自塔的上部和下部通入，而从塔中部的集液装置中排出，也有采用塔的上部通入 29 ～ 49kPa 空气来压住树脂，出水的水质较好，再生剂耗量约为顺流再生的 1/2 ～ 7/10。

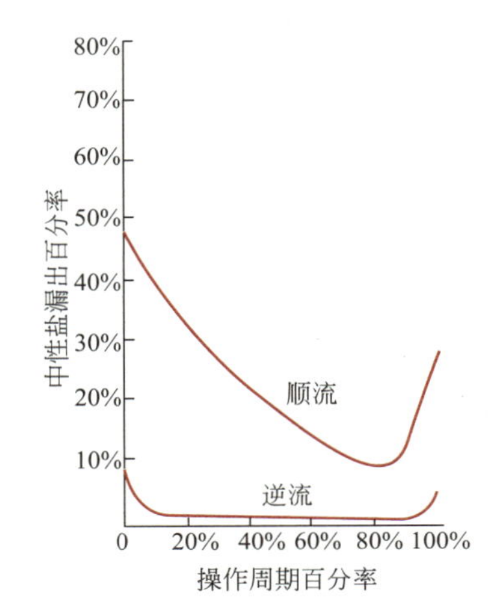

图 6-52 顺流再生与逆流再生水质的比较

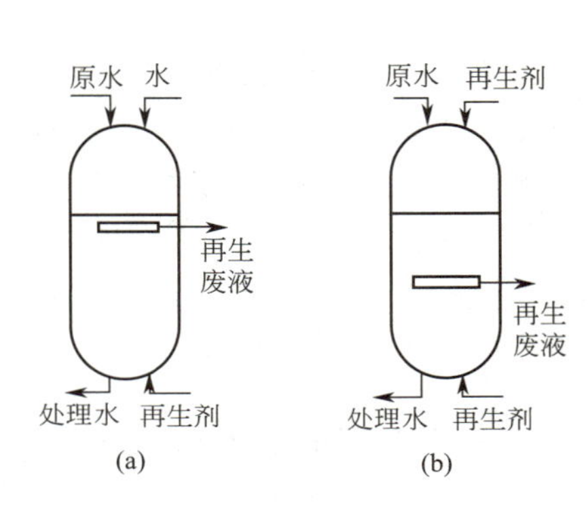

图 6-53 逆流再生操作方式

6.9.11 离子交换提取蛋白质

自 20 世纪 80 年代以来随着对高纯度蛋白质需求的日益增长，离子交换法提取蛋白质得到了高速发展。这种方法与凝胶过滤、分配色谱、亲和色谱及电泳等方法相比，具有较高的交换吸附容量及分离容量，不仅用于工业规模制备，而且可用于蛋白质的分析测定。传统的离子交换树脂并不适用于蛋白质提取，这是由于它们的交联度较大，空隙较小，不允许蛋白质等大分子进入，而且电荷密度较高，牢固地结合和骨架的憎水性使吸着的蛋白质易变性，因此这种提取蛋白质的方法成功与否在很大程度上取决于适用于蛋白质提取的新型离子交换剂的开发以及作为理论基础的蛋白质的离子交换平衡及动力学研究进展。

6.9.11.1 蛋白质的离子交换平衡

蛋白质与离子交换剂之间的相互作用是十分复杂的，不仅仅是依靠离子间的静电引力，还有氢键、疏水作用和范德华力等弱键。本章 6.4 已叙述过离子交换过程可以看作可逆多相化学反应，是按化学反应进行的，考虑到蛋白质与无机离子的差别，离子交换平衡过程需作适当修改。

蛋白质的质量作用定律假定，电荷数为 Z 的蛋白质 P 以 Z 个相同的键与具有相反符号电荷的 Z 个交换剂的固定交换位置相结合，同时从离子交换剂上取代了 Z 个一价反离子 C，忽略质子及同离子的影响，可写出交换反应的选择系数。

$$K_S = \frac{\bar{m}_P}{m_P}\left(\frac{m_C}{\bar{m}_C}\right) \tag{6-72}$$

式中，m_C 表示浓度，符号上的横线表示交换剂相，没有横线的表示溶液相。

式（6-44）在形式上与无机离子没有差别，实际上，差别主要反映在 Z 的意义及数值上。因为不但蛋白质有相当大的体积和一定的形状，而且离子交换剂也有一定的“地形”以及其上的固定交换位置分布不均匀，所以蛋白质的净电荷并没有全部用于与交换剂相结合，交换剂上也有一部分固定位置并不与蛋白质生成键。因而在同一交换剂上，同一蛋白质的价键数是不相同的，式（6-72）中的 Z 值是指平均值。

6.9.11.2 蛋白质的离子交换动力学

前已讨论过离子交换反应速率和粒内的扩散系数。一般来说，通常测到的是蛋白质在离子交换剂中浓度很低情况下的互扩散系数。与无机离子一样，互扩散系数不是一个常数，随交换剂的组成而变。与无机离子相比，蛋白质的互扩散系数的复杂性还来源于：蛋白质体积大，扩散速率慢，还有筛分效应；蛋白质在不同的 pH 值下，可以带有不同数目及符号的电荷，蛋白质与离子交换剂之间有可能形成氢键等弱键；同时存在的无机盐对蛋白质和交换剂的电荷有屏蔽作用。因此，蛋白质在离子交换剂内的扩散要复杂得多。

6.9.11.3 适用于蛋白质提取的离子交换剂

蛋白质是高分子量化合物，它的体积比无机离子大得多；蛋白质是带有许多可解离基团的多价的两性电解质，在不同的 pH 值下，可以带不同数目的正电荷或负电荷；蛋白质有四级结构，只有在温和条件下，才能维持高级结构，否则将遭到破坏而变性。因此，除一般树脂具备的性能外，适用于蛋白质分离纯化用树脂还需有特殊的性能：首先，必须具备良好的亲水性；其次需具备均匀的大网结构，以容纳大体积蛋白质；选择适当电荷密度的交换剂，以免引起蛋白质空间构象变化导致失活；粒度越小，分辨率越高，一般分为粗、中粗、细、超细等不同规格，要求粒径均匀；根据应用的目的不同可选用工业级、分析级、生物级、分子生物级等不同级别的交换剂。根据上述要求，常用于蛋白质提取的交换剂有多种，下面分别加以介绍。

（1）多糖类　以多糖为母体的离子交换剂是经典的分离生物大分子的材料。纤维素、交联葡聚糖、交联琼脂糖树脂均为具有网状结构的亲水性骨架，已有直径为 180cm 的大型交换柱的产品。

① 纤维素骨架　具有松散的亲水性网络，有较大的表面积及较好的通透性。交换容量通常为 0.2 ～ 2mmol/g，主要牌号有 DEAE-Sephacel、Cellulose、D、DEAE 基、Cellex P、Cellex CM、CM 基。阴离子交换剂二乙氨基乙基纤维素（DEAE Cellulose）的结构见图 6-54。

② 交联葡聚糖　主要牌号 Sephadex。交联葡聚糖凝胶上引入 DEAE、QA、CM、SP 等功能基成为四类离子交换树脂。图 6-55 为几种主要交联葡聚糖离子交换剂的结构。

③ 交联琼脂糖　琼脂糖凝胶由精制的琼脂糖经交联制备而成，其性能如表 6-19 所示。

（2）聚乙烯醇类　这类树脂骨架为聚乙烯醇亲水多孔骨架，聚乙烯醇经交联后得到不溶的母体。其网状结构均有排阻极限，亦具有分子筛作用，除优良的机械强度外，还有抗微生物腐蚀的优点，易于保存，这是糖类树脂所不及的。例如，日本及美国联合推出的牌号为 Toyopearl 的产品即属于这类树脂。

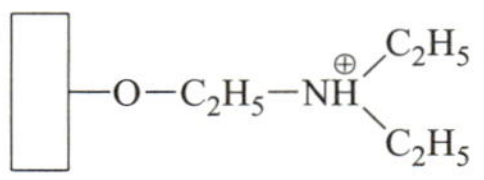

图 6-54 阴离子交换剂二乙氨基乙基纤维素（DEAE Cellulose）的结构

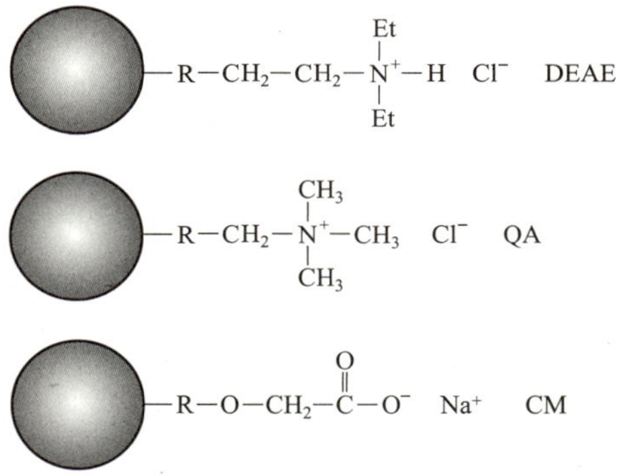

图 6-55 几种主要交联葡聚糖离子交换剂的结构

表 6-19 琼脂糖离子交换树脂性能

牌 号	功能基	交换容量 /（mmol/mL）	血红蛋白吸附量 /（mg/mol）
DEAE-Sepharose CL-6B	$—OC_2H_4N(C_2H_5)_2$	0.15±0.02	110
CM-Sepharose CL-6B	$—O—CH_2—COOH$	0.12±0.02	—
DEAE Bio-Gel A	$—O—C_2H_4N(C_2H_5)_2$	0.02±0.005	45±10
CM Bio-Gel A	$—O—CH_2—COOH$	0.02±0.005	45±10

（3）聚丙烯酸羟乙酯类　这类树脂是由甲基丙烯酸乙酯与双甲基丙烯酸乙二醇酯共聚而成的大孔珠体的离子交换树脂。这类产品是 Spheron 牌号树脂是以大孔珠体（HEMA-EDMA）为母体的离子交换树脂。

（4）Mono 系离子交换树脂　是一种新型的，且颗粒均匀、耐高压的性能优良的离子交换树脂，适用于高压液相色谱填料，但价格昂贵。

6.9.11.4 离子交换分离蛋白质的一般步骤

蛋白质分子的离子交换分离较无机离子复杂，其吸附行为与离子间的静电引力、氢键、疏水作用以及范德华力有关；同时，由于蛋白质是生物大分子物质，因此其扩散行为也较无机离子复杂。以固定床离子交换分离蛋白质为例，一般的分离过程分为以下几个步骤。

（1）平衡　以平衡缓冲液冲洗装填好的分离柱。若采用的是阴离子交换树脂，则缓冲液的 pH 值应高于目标蛋白的 p*I* 1 ～ 2 个单位，特殊情况下可进一步提高缓冲液 pH 值，以确保目标蛋白在树脂上有足够强的保留；此外，待分离体系中的组分在平衡缓冲液中应足够稳定，不能形成沉淀。平衡分离柱的目的是使离子交换树脂表面的碱性（或酸性）配基完全被平衡缓冲液中的反离子所饱和，确保分离柱处于稳定的状态。

（2）吸附　含目标物的样品溶液进入平衡的离子交换分离柱，样品液中的各组分依据其离子交换亲和力（即所带电荷的种类和数量）的大小与离子交换剂发生作用，目标物分子吸附于树脂上，并释放出反离子。吸附时应注意样品液中的无机离子浓度不能过高，否则会极大地影响目标物分子在树脂上的吸附，如果条件允许建议在吸附分离前对样品溶液进行透析处理，透析液一般为平衡缓冲液。

（3）洗脱　待样品吸附完成后，以洗脱剂对吸附于离子交换树脂上的目标物进行洗脱。洗脱剂一般含有高浓度的反离子，通过其竞争性吸附实现目标物的洗脱。为了进一步提高分离的选择性，通常会采用梯度洗脱法，逐渐提高洗脱剂浓度，吸附于树脂上的各种蛋白质分子将依据其所带电荷的多寡，被依次洗脱下来，实现选择性分离的目的。

（4）再生　通过使用高浓度的洗脱剂使离子交换树脂重新获得吸附能力。具体的分离过程如图6-56所示。

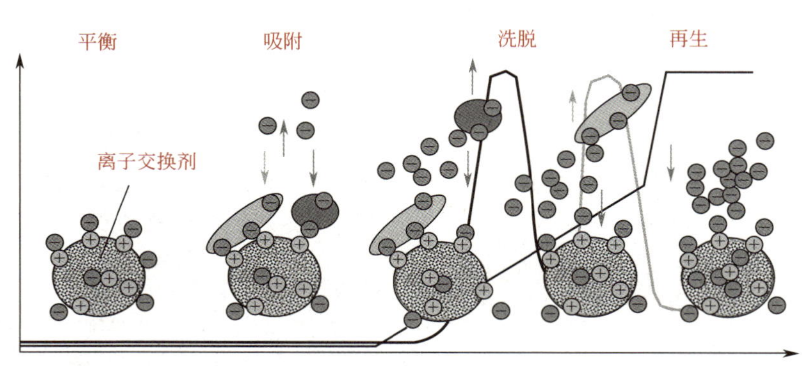

图 6-56　离子交换分离蛋白质的一般过程

6.9.11.5　应用举例

乳清是干酪生产的副产物，为黄绿色液体，其平均组成为：蛋白质 0.6%，无机盐 0.6%，脂肪 0.06%，乳糖 4.6%。利用 Spherosil QMA（强碱性离子交换剂）从乳清中提取蛋白质，处理量为每天 100t，吸附 pH 值为 6.6，用 0.1mol/L HCl 洗脱，洗脱液中蛋白质浓度为 6%，干燥后得到的蛋白质纯度为 90% ～ 95%。

习题

1. 选择题

① 当吸附操作达到穿透点时，应（　　）操作。

A. 继续吸附　　B. 停止吸附　　C. 停止再生　　D. 停止洗脱

② 针对配基的生物学特异性的蛋白质分离方法是（　　）。

A. 凝胶过滤　　B. 离子交换层析　　C. 亲和层析　　D. 纸层析

③ 吸附色谱分离的依据是（　　）。

A. 固定相对各物质的吸附力不同　　B. 各物质分子大小不同

C. 各物质在流动相和固定相的分配系数不同　　D. 各物质与专一分子的亲和力不同

④ 依离子价或水化半径不同，离子交换树脂对不同离子亲和能力不同。树脂对下列离子亲和力排序正确的有（　　）。

A. $Fe^{3+} > Ca^{2+} > Na^{+}$　　B. $Na^{+} > Ca^{2+} > Fe^{3+}$

C. 硫酸根＞柠檬酸根＞硝酸根　　D. 硝酸根＞硫酸根＞柠檬酸根

2. 填空题

① 吸附按作用力主要分为________和________。

② ________和________是评价吸附剂性能的主要参数。

③ 生物分离过程常用的吸附剂有________________________________。

④ 离子交换剂分________________和________________，前者对________具有交换能力，活性基团为________；后者对________具有交换能力，活性基团为________。

⑤ 物理吸附中溶质能否在吸附剂上吸附或吸附量的多少取决于____________________________和____________________。

3. 匹配题

① 强酸性阳离子交换树脂（　　）。

② 弱酸性阳离子交换树脂（　　）。

③ 强碱性阴离子交换树脂（　　）。

④ 弱碱性阴离子交换树脂（　　）。

A. 伯胺基团 $-NH_2$　　B. 三甲氨基团 $RN^+(CH_3)_3OH^-$　　C. 磺酸基团 $-SO_3H$

D. 羧酸基团 -COOH　　E. 氧酸基团 $-OCH_2COOH$　　F. 次甲基磺酸基团 $-CH_2SO_3H$

G. 吡啶 C_6H_5N　　H. 磷酸基团 $-PO(OH)_2$

4. 计算题

① 用改性葡聚糖树脂吸附分离氧化酶，饱和吸附量为 $8\times10^{-3}mol/m^3$，且吸附遵循兰格缪尔吸附等温式，吸附常数 $K=2.2\times10^{-5}mol/m^3$。现有含酶量为 $4\times10^{-3}mol/m^3$ 的该种酶液，拟用葡聚糖树脂吸附分离 $1.5m^3$ 该种酶液，若要实现 95% 的吸附提取率，求所需的吸附剂量。

② 应用离子交换树脂作吸附剂分离抗生素，饱和吸附量为 0.062kg 抗生素 /kg 干树脂；当抗生素浓度为 $0.082kg/m^3$ 时，吸附量为 0.043kg/kg。假定此吸附属兰格缪尔等温吸附，求料液含抗生素 $0.3kg/m^3$ 时的吸附量。

③ 用树脂吸附柱吸附分离碱性蛋白酶，柱内径 0.02m，树脂层高 0.08m；料液的酶浓度 $0.2kg/m^3$，给料速度 8.12mL/s，树脂层空隙率是 35%，吸附剂（含水树脂）的表观密度为 $1030kg/m^3$。到达吸附穿透点和饱和点时，流过的料液量分别为 $1.5\times10^{-4}m^3$ 和 $4.5\times10^{-4}m^3$。求：a. 此吸附柱对碱性蛋白酶的吸附能力。b. 当选定流过的料液量为 $2\times10^{-4}m^3$、穿透浓度为 $0.01kg/m^3$ 时，吸附剂床层利用的百分率。

④ 应用聚丙烯酰胺树脂作吸附剂在填充床吸附柱上分离纯化 α- 淀粉酶。吸附床空隙率为 35%，吸附剂填充密度为 $1030kg/m^3$。据初步实验结果，直径为 0.02m、高为 0.060m 的吸附柱可完全吸附分离 0.15L 浓度为 $0.2kg/m^3$ 的酶液。此外，该柱处理 0.45L 酶液后就达完全饱和状态点，假如在这两点间吸附过程的时间 - 浓度关系为直线，且符合弗罗因德利希吸附等温式 $q=Kc^{0.6}$。求当料液中酶浓度为 $0.4kg/m^3$ 时，流出液含酶量到达穿透点和饱和点时所处理的料液体积。

5. 论述题

① 亲和吸附的原理和特点是什么？

② 常用的离子交换树脂类型有哪些？影响离子交换速度的因素有哪些？

③ 用于蛋白质提取分离的离子交换剂有哪些特殊要求？

7 膜分离

N95 口罩和医用外科口罩有什么区别？

“大白”们的防护服是怎么做到阻隔病毒的？

纸尿裤为什么既透气又不渗水？

直饮水可以直接饮用的黑科技是什么？

上述问题都与本章内容密切相关，让我们来进入本章的学习。

思维导图

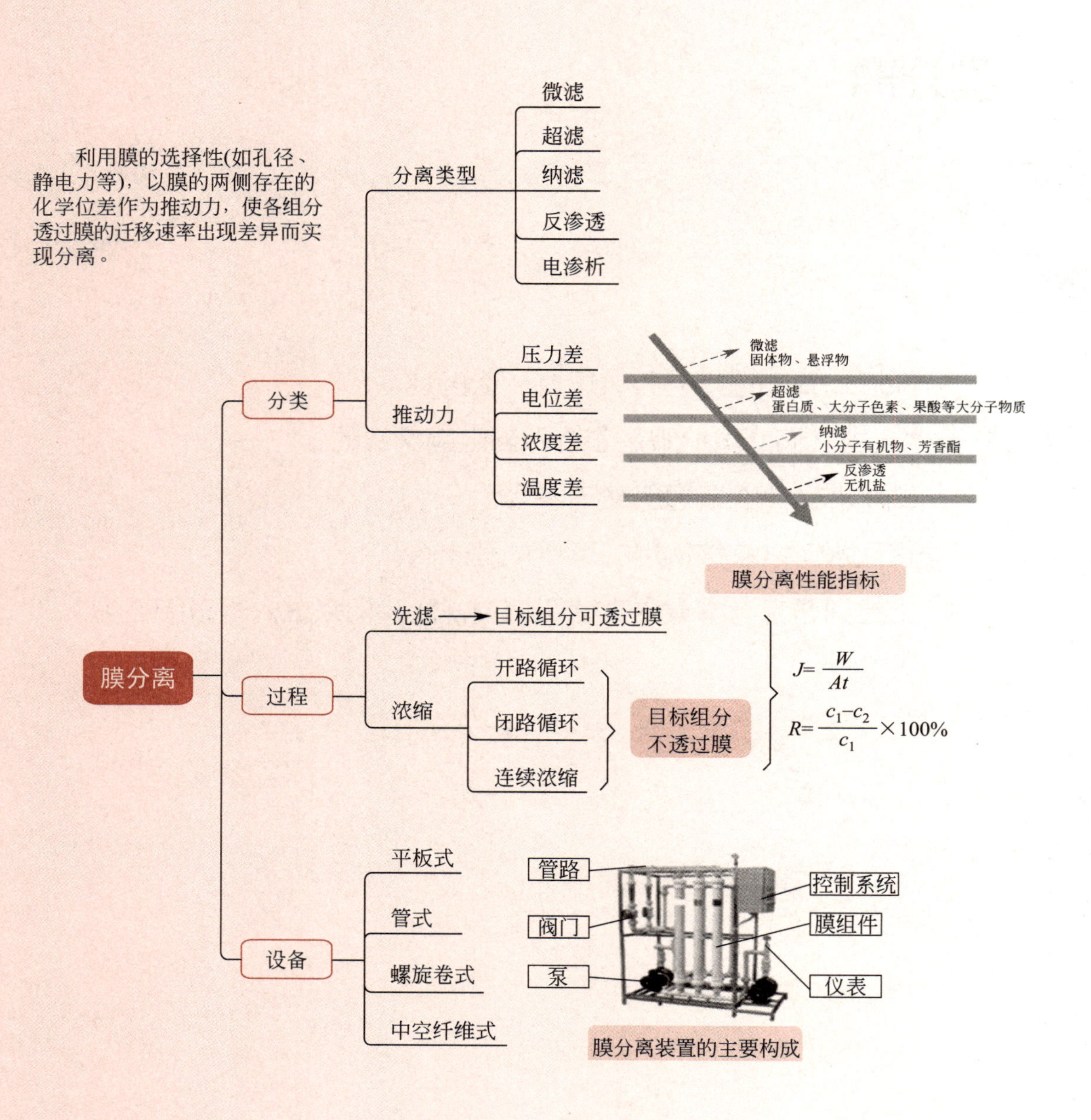

利用膜的选择性(如孔径、静电力等)，以膜的两侧存在的化学位差作为推动力，使各组分透过膜的迁移速率出现差异而实现分离。
膜分离
分类
分离类型
微滤
超滤
纳滤
反渗透
电渗析
推动力
压力差
电位差
浓度差
温度差
微滤
固体物、悬浮物
超滤
蛋白质、大分子色素、果酸等大分子物质
纳滤
小分子有机物、芳香酯
反渗透
无机盐
过程
洗滤
目标组分可透过膜
浓缩
开路循环
闭路循环
连续浓缩
目标组分不透过膜
膜分离性能指标
$J=\frac{W}{At}$
$R=\frac{c_1-c_2}{c_1}\times100\%$
设备
平板式
管式
螺旋卷式
中空纤维式
管路
阀门
泵
控制系统
膜组件
仪表
膜分离装置的主要构成

学习目标

- 了解常用膜分离技术的分类；
- 掌握膜分离的基本原理和过程；
- 掌握膜分离的主要装置和设备。

7.1 概述

近20年发展起来的膜分离技术，已广泛用于生物工程、食品、医药、化工等工业生产及水处理等各个领域；而电泳则是基因工程、细胞工程以及分析测试等的重要分离手段。

膜分离是利用膜的选择性，以膜的两侧存在一定量的能量差作为推动力，由于溶液中各组分透过膜的迁移率不同而实现物质的分离。膜分离操作属于速率控制的传质过程，具有设备简单、可在室温或低温下操作、无相变、处理效率高、节能等优点，适用于热敏性的生物工程产物的分离纯化。

基本的膜分离设备由泵、膜组件和相连的集液器组成，膜分离系统示意见图7-1。

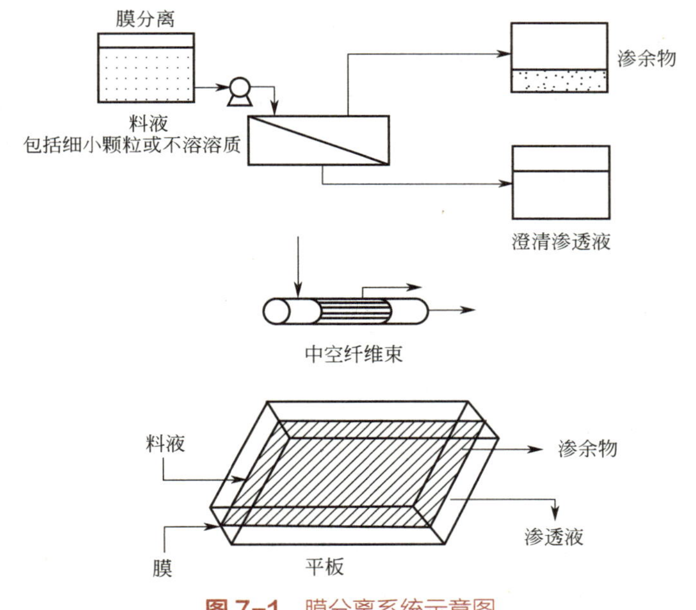

图7-1 膜分离系统示意图

生物分离中常见的膜分离类型包括：微滤（MF）、超滤（UF）、纳滤（NF）、反渗透（RO）、渗透汽化（PV）和电渗析（ED）等。相关膜分离的特点及其应用特性如表7-1所示。

表7-1 生物分离中常见的膜分离类型

类型	分离膜特性	推动力	应用范围	应用举例
微滤	对称微孔膜 0.05～10μm	压力差 0.1～0.5MPa	除菌、细胞分离、澄清	水中微小颗粒物去除，培养基除菌，细胞收集等
超滤	不对称微孔膜 （1～20）×10^{-3}μm	压力差 0.2～1.0MPa	胶体、可溶性生物大分子的分离	酶和蛋白质的分离纯化，生物大分子杂质的去除

续表

类型	分离膜特性	推动力	应用范围	应用举例
纳滤	带皮层的不对称微孔膜 1 ～ 2nm	压力差 0.8 ～ 3.0MPa	小分子有机物与无机盐的分离	多糖、抗生素的浓缩，脱盐
反渗透	带皮层的不对称膜 ≤ 1nm	压力差 1 ～ 10MPa	小分子溶质浓缩、脱盐	醇、有机酸、糖类的浓缩，去离子水的制备
渗透汽化	致密膜或复合膜	浓度差	小分子有机物与水的分离	醇水分离、有机溶剂脱水
电渗析	离子交换膜	电位差	离子和大分子蛋白质的分离	产物脱盐，氨基酸的分离提取，去离子水的制备

7.2 基本的膜分离过程

（1）微滤　微滤膜孔径一般为 0.1 ～ 10μm，可用于去除溶液中的微小颗粒。

微滤使用的无机膜或有机膜孔径为 0.1 ～ 10μm，其中较常使用的是 0.2 ～ 2μm 的滤膜。超滤膜有平板式、折叠式和中空纤维式等型式。每根中空纤维膜管直径在 1 ～ 2mm，大量中空纤维膜管集中成束，结构类似于换热器。在过滤时，泵压推动细胞发酵液经过中空纤维，同时也为滤液透过滤膜提供推动力。对于管式微滤器，当酵母细胞浓度为 100g/L 时，渗透速度可达 100L/（$h·m^2$），而对于中空纤维过滤器，当酵母细胞浓度为 250g/L 时，渗透速度为 40L/（$h·m^2$）。当然，膜的实际孔径会在一定范围内有所变化，从而使一些颗粒漏过。

（2）超滤和反渗透　超滤是一种分子水平的膜分离技术，超滤膜能截留分子质量为 10^2 ～ 10^5 Da 或更大的溶质。通常用于截留产物，而允许分子量较小的溶质和溶剂分子通过。被截留的部分称为截留物，流过膜的液体称为透过物。由于透过物的流速可随膜孔径的增大而增加，所以在保证溶质能够被截留的基础上，所选择膜的截留分子量应尽可能大。实验规模的超滤常使用板式超滤膜，而工业上一般使用中空纤维式膜或板式膜。为了提高分离效率，通常采用较高的流体切向速度，减少膜表面的溶质分子堆积。超滤装置由支撑基质和结合在基质上的膜组成，设备构造类似于微滤装置。超滤过程中的反压高达 600psi[1]，推动力由泵压提供。这种过滤方式常被用于浓缩蛋白质。

反渗透膜的截留分子量小于超滤膜。过滤过程中的反渗透压高达 1000psi，主要用于去除水中的盐类，透过物为水。

反渗透和超滤过程均受浓差极化的影响，在分离过程中，随着截留溶质在膜表面的堆积，膜通量会有所降低，吸附在膜上的污垢也会使有效膜孔隙度降低。而使膜表面产生湍流，或使流体快速流过膜表面，可降低浓差极化程度。同时，为了避免膜表面结垢，还需要通过预过滤除去料液中的颗粒、细胞和胶质。

7.3 膜通量

当膜两侧渗透压差很小时，膜通量 j_v 符合 Darcy 定律。

---

[1] 1psi=6894.76Pa。

研究表明，膜通量分别与膜通透性、液压和渗透压之差成正比，即

$$j_v=K_p(\Delta p-\sigma\Delta\Pi)=\frac{\Delta p}{\mu}\times\frac{1}{(L_c/k)}-\frac{\sigma\Delta\Pi}{\mu}\times\frac{1}{(L_c/k)} \tag{7-1}$$

式中，j_v 为体积通量，L/（m^2·h）；K_p 为渗透常数，cm/（s·atm）；μ 为黏度，cP；Δp 为膜两侧的压力差（$p_{in}-p_{out}$）；σ 为 Staverman 排斥系数；$\Delta\Pi$ 为渗透压差（$\Pi_{in}-\Pi_{out}$）。

流体的渗透压差（$\Delta\Pi$）随系数 σ 变化而变化，$\Delta\Pi$ 的大小受透过膜的溶质影响。若膜对所有溶质都截留，则 σ=1；反之，若膜可以让溶质和溶剂自由通过，则 σ=0；当介于两者之间时，$0<\sigma<1$。

Π_{in} 表示位于膜截留一侧（上游）浓溶液的渗透压，Π_{out} 表示位于膜透过一侧（下游）的渗透压。渗透压示意见图 7-2。

在膜分离过程中，由泵提供的压力使上游溶质的浓度增加，渗透压 Π_{in} 随之增加，从而导致膜两侧的压差增加。因此，当泵压一定时，膜的净通量（溶剂通过膜的量）将最终趋近于 0。为了提高膜通量可以增加泵压，但不能超过膜的机械稳定值。考虑到膜的类型和材料，膜能承受的最大压力一般为 7 ～ 70bar。

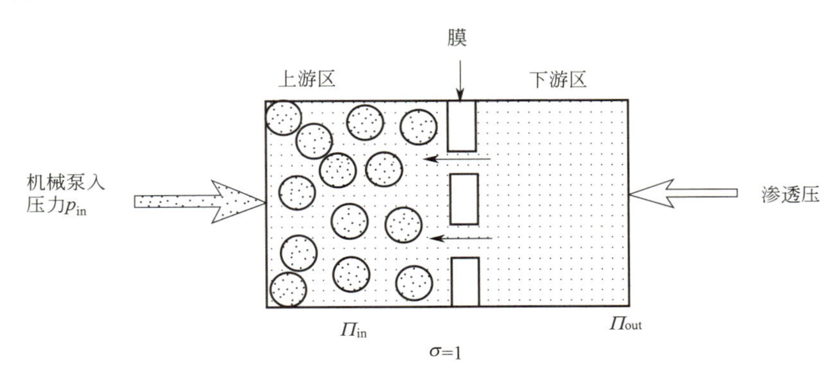

图 7-2 渗透压示意

7.4 渗透压的计算

膜分离过程中，膜两侧的渗透压可根据吉布斯和范特霍夫方程计算。在一个给定的开放系统中，根据吉布斯方程有

$$dG=-SdT+VdP+\mu_1dn_1+\mu_2dn_2+\mu_3dn_3+\cdots-SdT+VdP+\sum\mu_idn_i \tag{7-2}$$

式中，μ_i 为组分 i 的化学势；n_i 为组分 i 的物质的量。

化学势为一种推动力，表示为由于系统组成变化导致的自由能变化。

$$\mu_i=\left(\frac{\partial G}{\partial n_i}\right)_{T,\ p,\ n_j} \tag{7-3}$$

式中，j 表示除 i 以外的其他组分。

假定溶剂蒸汽为理想气体，且液体不可压缩，系统的渗透压可由吉布斯方程导出式（7-4）和式（7-5）。

吉布斯方程可写为

$$\left(\frac{\partial G}{\partial P}\right)_{T,\ n_j}=V \tag{7-4}$$

方程（7-4）的二阶导数等于方程（7-3）中化学势的导数。

$$\left(\frac{\partial \mu_i}{\partial p}\right)_{T,\ n_i,\ n_j}=\left(\frac{\partial^2 G}{\partial n_i \partial p}\right)_{T,\ n_j}=\left(\frac{\partial_V}{\partial n_i}\right)_{T,\ p,\ n_j}=V_i \tag{7-5}$$

式中，V_i 为组分 i 的偏摩尔体积。

由方程（7-5）可得用化学势定义的偏摩尔体积：

$$V_i=\left(\frac{\partial \mu_i}{\partial p}\right)_{T,\ n_i,\ n_j} \tag{7-6}$$

重新整理方程（7-6）为：

$$\mathrm{d}\mu_i=V_i\mathrm{d}p \tag{7-7}$$

通过变换理想气体方程取代 V_i，则可得方程式（7-8）：

$$\mathrm{d}\mu_i=RT\frac{\mathrm{d}p_i}{p_i} \tag{7-8}$$

由于溶质浓度的变化会导致蒸气压变化，从而引起化学势改变。对式（7-8）积分可得到化学势的表达式：

$$\mu_i-\mu_i^0=RT\ln\frac{p}{p^0} \tag{7-9}$$

式中，$p=x_1p^0$（Raoult 定律），p 是溶液蒸气压；p^0 是纯溶剂在该温度下的蒸气压。整理式（7-9）得到：

$$\mu_1^0-\mu_1=-RT\ln x_1 \tag{7-10}$$

式中，μ_1^0是纯水的化学势；x_1 是水的摩尔分数。x_1 一般小于 1，所以 $\ln x_1$ 为负，式（7-10）右边为正。由于$\mu_1^0>\mu_1$时，水会从化学势高的一边（如纯水）流向化学势低的一边，即含有溶质的水溶液一边。若让水向反方向流动，需要提供一个外部的静水压 p^*（$p^*>p^0$）以提高化学势 μ_1，见式（7-11）：

$$\mu_1=\mu_1^0+RT\ln x_1+V_1\int_{p^0}^{p^*}\mathrm{d}p \tag{7-11}$$

式中，V_1 是不可压缩液体的摩尔体积。

图 7-2 中的压力 p_{in} 相当于式（7-11）中的 p^*。

当膜两侧化学势相等$\mu_1=\mu_1^0$，对式（7-11）积分可得：

$$\mu_1-\mu_1^0=RT\ln x_1+V_1(p^*-p_0)=RT\ln x_1+V_1\Pi=0 \tag{7-12}$$

或

$$\Pi=\frac{-RT}{V_1}\ln x_1 \tag{7-13}$$

对于由水和溶质组成的二元体系，范特霍夫方程是式（7-13）的一个特例。若水的摩尔分数 x_1 大于溶质的摩尔分数 x_2，则

$$\ln x_1=\ln(1-x_2)\cong -x_2 \tag{7-14}$$

因为 $x_1+x_2=1$，若 $n_1\gg n_2$，则溶质的摩尔分数可表示为：

$$x_2=\frac{n_2}{n_1+n_2}\cong\frac{n_2}{n_1} \tag{7-15}$$

式中，n_1 和 n_2 分别为水和溶质的物质的量。

由式（7-13）与式（7-14）、式（7-15）合并，得到范特霍夫方程：

$$\Pi = c_2RT = \frac{n_2}{V_1 n_1}RT \tag{7-16}$$

式中，V_1 为溶剂的摩尔体积；n_1 为溶剂物质的量；V_1n_1 为溶剂体积；c_2 为溶质物质的量浓度。

由于膜分离体系中渗透压的计算一般基于单一主要溶质的主体相浓度，定义为 c_B，则 $c_2=c_B$。注意，式（7-13）和式（7-16）中的浓度定义不同。式（7-13）中吉布斯模型中的渗透压由水的摩尔分数得到；而范特霍夫模型基于溶质的浓度。范特霍夫方程形式与理想气体方程相似，但其物理意义是不同的。

表 7-2 比较了上述两个方程对特定体系渗透压的计算结果。虽然通过吉布斯模型得到的计算值与实验值相近，但两个模型的计算值均小于实验值。范特霍夫方程仅适用于物质的低浓度的情况，此时渗透压与溶质浓度呈线性关系。在较高浓度时，如表 7-2 所示，范特霍夫方程计算得到的渗透压大大低于实验值。尽管如此，范特霍夫方程还是能在许多生物技术生产中使用，尤其是对大分子，因为其最大浓度远小于 1mol/L。由于范特霍夫方程用溶质表示溶液浓度，而不是用水的浓度来表示，所以具有广泛的适用性。表 7-2 同时表明，低分子量的物质（如蔗糖），其浓糖浆的渗透压可达到几百个大气压。

表 7-2 30℃时蔗糖水溶液的渗透压

蔗糖溶液摩尔质量②	渗透压①/atm		
	范特霍夫模型方程［式（7-16）］	吉布斯模型方程［式（7-13）］	实验值
0.991	20.3	26.8	27.2
1.646	30.3	47.3	47.5
2.366	39.0	72.6	72.5
3.263	47.8	107.6	105.9
4.108	54.2	143.3	144.0
5.332	61.5	199.0	204.3

① 气体常数 R 为：0.082506L · atm/（mol · K）。
② 摩尔质量定义为每 1000g 溶剂的溶质物质的量。
注：引自 Cheryan《超滤手册》第 21 页表 1.3，1986 年，技术出版社。

在 25℃，150mmol/L NaCl，在不同 pH 下，牛血清蛋白浓度的渗透压见图 7-3。

前已述及，式（7-16）虽然形式与理想气体方程相似，但其含义有很大不同。对于理想气体具有不同的含义。水中电解质（如 NaCl）的渗透压需要考虑到不同的离子态，式（7-16）可以变形为：

$$\Pi = c_BRT = \left(\frac{-\ln a_w}{V_w}\right)RT = \frac{\phi\sum_i}{\frac{1000}{M_W}V_w}c_BRT \tag{7-17}$$

式中，R 为气体常数，R=82.056cm^3 · atm/（mol · K）；T 为温度，K；a_w 为水活度，无量纲；V_W 为水的偏摩尔体积；$\sum_i$ 为 1mol 电解质的总离子物质的量；M_W 为水的摩尔质量；c_B 为溶质浓度，mol/L；ϕ 为渗透系数。

1000/M_W 表示 1L 水的质量（1000g/L）除以其摩尔质量（18g/mol），即每升水有 55.55mol。某溶质，如 NaCl，分解为 Na^+ 和 Cl^-，1mol 溶质形成 2mol 离子，则 $\sum_i$=2。因此，在 300K 时，20gNaCl 溶于 1L 水，其渗透压可由式（7-17）计算得到：

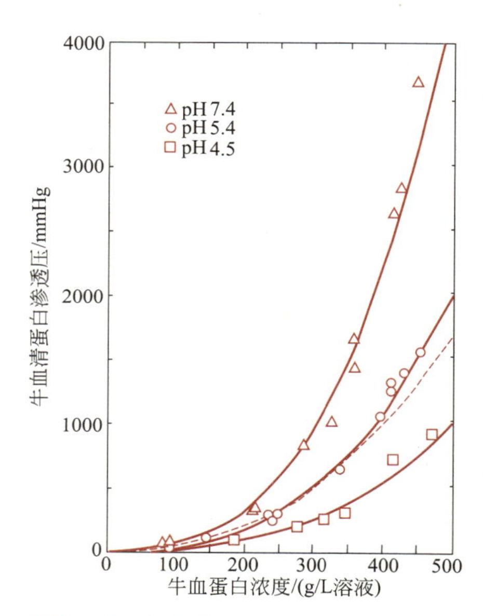

图 7-3 在 25℃，150mmol/L NaCl，在不同 pH 下，牛血清蛋白浓度的渗透压

（实线表示与多项式最匹配的数据）

$$\Pi=\frac{2\times1}{1000/18\times0.018}\times\frac{20.0}{58.44}\times82.056\times\frac{1}{1000}\times300=16.8(\text{atm})$$

而当相同质量的非电离、可溶的大分子物质（分子量假定为 20000）溶于 1L 水中，其溶液的渗透压可根据式（7-17）计算得到：

$$\Pi=\frac{20}{20000}\times82.056\times\frac{1}{1000}\times300=0.0246(\text{atm})$$

在此分子质量范围内的生物多聚物有：聚合度为 123 左右（由 123 个单体组成）的糊精和淀粉，或含有 100 ～ 150 个氨基酸残基组成的蛋白质。当 pH 高于或低于蛋白质等电点时，荷电的氨基酸残基会解离，并使蛋白质带电荷，因此 $\sum_i>1$。但是，蛋白质的 $\sum_i$ 小于盐类，如 NaCl（$\sum_i=2$）。溶解蛋白质的缓冲液由盐类组成，缓冲盐对渗透压的贡献远大于蛋白质本身。若浓缩或分离用膜的孔径较大，小分子盐可以自由通过，则由于盐浓度差造成的膜两侧渗透压差，相比于膜两侧的静压力（推动力）是很小的。因此方程（7-1）所示的渗透压差可忽略，则方程简化为

$$j_v=K_p\Delta p \tag{7-18}$$

其中，膜通量与压降成正比，K_p 代表渗透常数。式（7-18）为 Darcy 定律的一种形式，表示当膜两侧渗透压较小时，膜通量与过膜压降成正比。但当操作流速受浓差极化所限时，情况就有所不同了。

7.5 影响膜通量的主要因素

（1）浓差极化降低膜通量　溶质的浓差极化（见图 7-4）使溶质在膜表面浓集，堵住膜孔，并使通过膜通量降低。但这种现象是可逆的。当去除泵压后，溶质可重新扩散进入溶液。膜孔堵塞是因为大分子或小颗粒在膜表面被吸附，形成凝胶层并最终堵塞膜孔。这种凝胶称为污垢（fouling）。当流体静压力消失后，凝胶不会自动消失。为了避免结垢，需要对料液进行预处理和澄清。

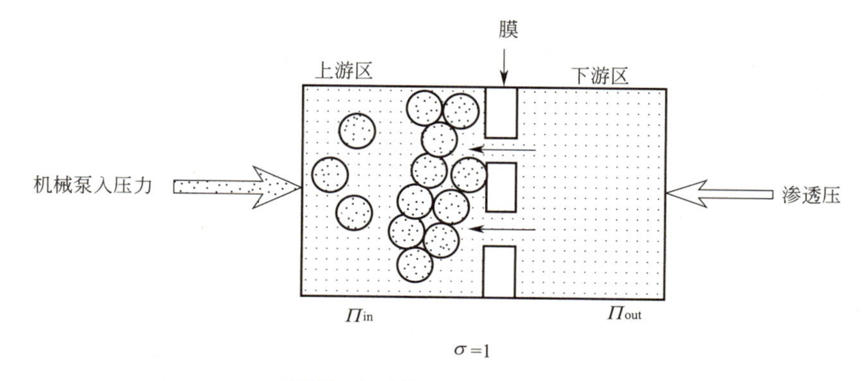

图 7-4 溶质浓差极化示意

Wheelwright（1991）提出了膜分离过程中的膜通量方程，形式与过滤方程相似，但过滤阻力用膜的特性参数和溶液黏度表示：

$$j_{\mathrm{v}}=\frac{\Delta p}{\mu(R_{\mathrm{m,men}}+R_{\mathrm{m,gel}})} \tag{7-19}$$

式中，$R_{\mathrm{m,\ men}}$ 为膜阻力 atm·s/（cP·cm）；$R_{\mathrm{m,\ gel}}$ 为由浓差极化或污垢堵塞膜孔引起的阻力系数，atm · s/（cP · cm）。

$R_{\mathrm{m,\ men}}$ 和 $R_{\mathrm{m,\ gel}}$ 与膜特性和过滤操作条件有关。液体通过膜表面的速度、料液种类及温度都会影响阻力系数 $R_{\mathrm{m,\ gel}}$，其值的大小可以反映溶质分子在膜表面附近形成浓缩层的情况。

（2）膜通量随温度及液体流速的增加而增加　液体黏度与温度成反比，但与料液浓度成正比。考虑到式（7-1）中液体黏度为分母，应该通过增加温度或减小料液浓度而使通量增加。Cheryan（1986）用中空纤维超滤膜对大豆粉萃取物进行脱脂时所得到的数据可以说明这一规律（图 7-5）。同时，液体流动速率也会相应增加膜通量（图 7-6）。对于中空纤维膜，当浓差极化不是影响膜通量主要因素，且流过膜管的液体呈层流（$Re<1800$）时，这一现象可用动量守恒来解释。

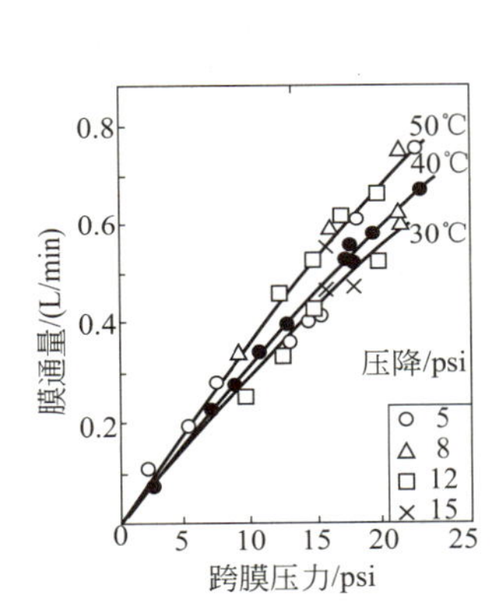

图 7-5　中空纤维超滤（通量为跨膜压力和脱脂大豆粉末萃取物温度的方程）
（1psi=6894.76Pa）

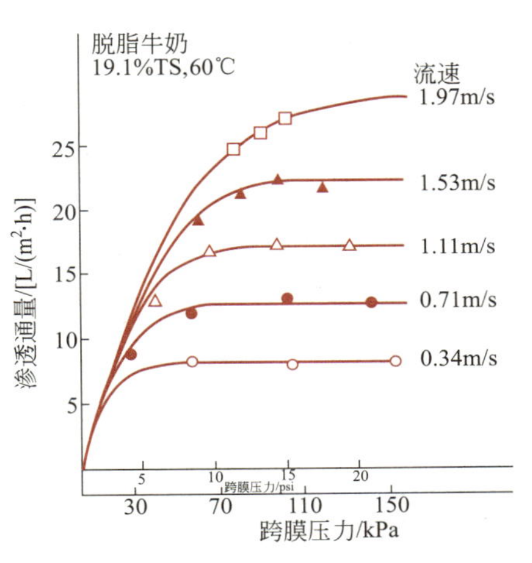

图 7-6　渗透通量与跨膜压力的关系

$$j_{\mathrm{v}}=\frac{\varepsilon_{\mathrm{surface}}r^{2}\Delta p}{8\mu\Delta x} \tag{7-20}$$

式中，j_{v} 为体积通量；$\varepsilon_{\mathrm{surface}}$ 为膜表面空隙率（膜孔面积与膜总面积之比）；r 为平均膜孔半径；Δp 为跨膜流体静压力差（假设 $\Delta p\ll\sigma\Delta\Pi$）；$\mu$ 为渗透过膜的液体黏度；Δx 为膜厚度。

当料液浓度或压力较大时，膜通量与压力无关，传质作用成为主要控制因素，此时式（7-20）不再适用。膜通量由压力控制向传质控制转化的区间见图 7-7。

（3）通量方程分为渗透压依赖型、静水压依赖型及压力无关（浓差极化）型　膜通量与跨膜压力的关系有三种形式，见图 7-8。在低压和低溶质浓度时［见图 7-8（i）］，渗透压起到重要作用。当跨膜压力增加时，水压为主要驱动力［见图 7-8（ii）］。压力达到最大时，膜上存在黏性体和凝胶层，使溶质不能透过膜，此时膜通量由传质控制，通量为常量且与压力无关［见图 7-8（iii）］。这种现象由浓差极化引起。

当溶质分子由于对流作用，传递并浓缩在膜表面附近的一个高浓度流体层时，溶质进入该流体层和扩散回液相主体之间存在一个平衡。可以表示为：

$$j_{\mathrm{s}}=j_{\mathrm{v}}c_{\mathrm{B}} \tag{7-21}$$

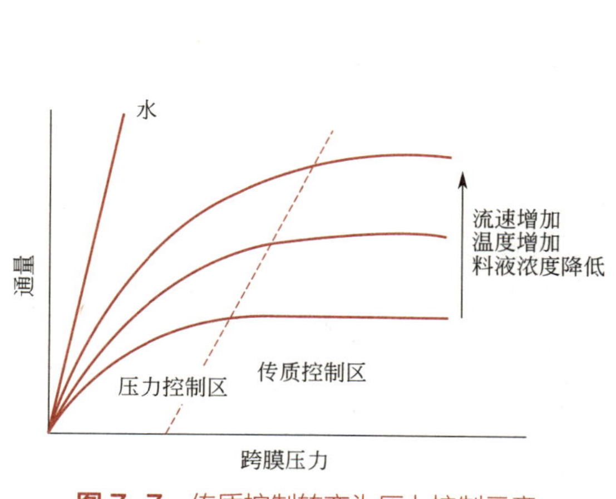

图 7-7 传质控制转变为压力控制示意

（通量为压力的方程）

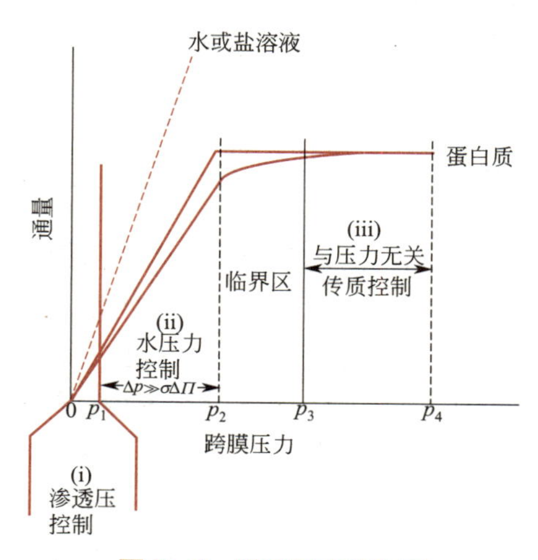

图 7-8 膜通量表观表示

式中，$j_v c_B$ 为溶质传递到膜表面的速度，mol/（cm^2·s）；j_s 为溶质扩散回液相主体的速度。

$$j_s=D\frac{\mathrm{d}c_B}{\mathrm{d}x} \tag{7-22}$$

式中，D 为扩散系数，cm^2/s；$\frac{\mathrm{d}c_B}{\mathrm{d}x}$ 为溶质浓度梯度；c_B 为被截留溶质在液相主体中的浓度，mol/cm^3。

式（7-22）表示膜表面的被截留溶质通过扩散作用重回主液相的速度。在稳态条件下，溶质对流传递到膜表面的速度等于溶质反扩散到主液相的速度，即：

$$D\frac{\mathrm{d}C_B}{\mathrm{d}x}=j_v c_B \tag{7-23}$$

整理式（7-23）为：

$$j_v\int_{x_1}^{x_2}\mathrm{d}x=D\int_{c_{B,bulk}}^{c_{B,gel}}\frac{\mathrm{d}c_B}{c_B} \tag{7-24}$$

方程积分后得：

$$j_v(x_2-x_1)=D\ln\frac{c_{B,gel}}{c_{B,bulk}} \tag{7-25}$$

式中，$c_{B,gel}$ 为膜表面胶体层中溶质浓度，mol/cm^3；$c_{B,bulk}$ 为主液相中溶质浓度，mol/cm^3；x_2-x_1 为产生浓度梯度的边缘层厚度，$x_2-x_1=\delta$，cm。

由于传质系数 $k_{mt}=\frac{D}{\delta}$，其中 k_{mt} 单位为 mL/（cm^2·s），与膜通量单位相同。通量 j_v 为：

$$j_v=k_{mt}\ln\left(\frac{c_{B,gel}}{c_{B,bulk}}\right) \tag{7-26}$$

7.6 超滤

超滤技术是最近几十年迅速发展起来的一项分子级薄膜分离手段，它以特殊的超滤膜为分离介质，以膜两侧的压力差为推动力，将不同分子量的物质进行选择性分离。

超滤膜的最小截留分子质量为500Da，在生物工程中可用来分离蛋白质、酶、核酸、多糖、多肽、抗生素、病毒等。超滤的优点是没有相的转移，无需添加任何强烈化学物质，可以在低温下操作，过滤速率较快，便于做无菌处理等。所有这些都能使分离操作简化，避免了生物活性物质的活力损失和变性。由于超滤技术有以下优点，故常用于以下几方面：

① 大分子物质的脱盐和浓缩以及大分子溶剂系统的交换平衡；

② 小分子物质的纯化；

③ 大分子物质的分级分离；

④ 生化制剂或其他制剂的去热原处理。

超滤技术已成为制药工业、食品工业、电子工业以及环境保护诸领域中不可缺少的有力工具。

7.6.1 超滤膜

膜是超滤的关键器材，为了提高滤液的透过速度，膜表面单位面积上能穿过某种分子的“孔穴”应该多，而孔隙的长度应该小。这样就造成了流速和膜强度之间的矛盾。

7.6.1.1 超滤膜的构造

不同类型膜的纵切面的模式图如图7-9所示。早期的膜是所谓“各向同性膜”[图7-9（a）]，膜的厚度较大，孔隙为一定直径的圆柱形。这种膜流速低，易阻塞。

为了解决透过速度与机械强度的矛盾，最好的办法是制备在厚度方向上物质结构和性质不同的膜，即所谓“各向异性膜”。该类膜正反两面的结构不一致，其中一面是各向异性扩散膜，膜质分为两层，其“功能层”是具有一定孔径的多孔“皮肤层”，厚度为0.1～1μm；另一层是孔隙大得多的“海绵层”，或称“支持层”，厚度约1mm[图7-9（b）]。“皮肤层”决定了膜的选择透过性质，而：“海绵层”增大了它的机械强度。这种膜不易阻塞，流速要比各向同性膜快数十倍。目前超滤所用的膜基本上都是各向异性扩散膜。

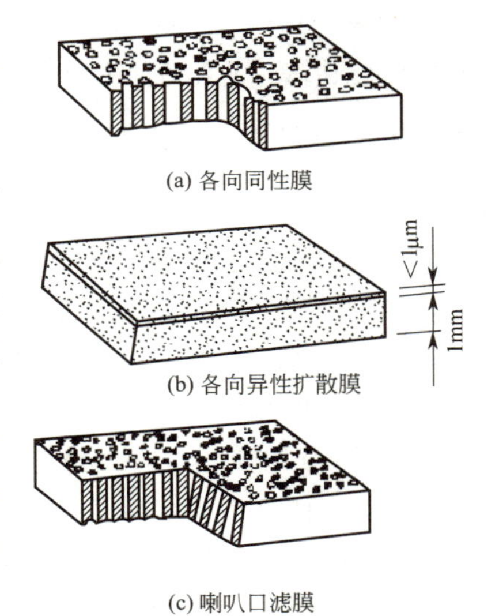

图7-9 不同类型膜的纵切面的模式

另一类各向异性膜是所谓的“喇叭口滤膜”，其孔隙不是圆柱体，而是梯形圆台，正面孔径小而反面孔径大，这种膜有较好的抗阻塞性能及较高的流速[图7-9（c）]。根据使用要求，超滤膜可制成不同的形状和组合件，如平面膜、中空纤维膜、螺旋卷式膜、组合式板膜、管式膜等。

7.6.1.2 超滤膜的制造

可用来制造超滤膜的材料很多，有纤维素硝酸酯（或醋酸酯）、芳香酰胺纤维（尼龙）、芳香聚砜、丙烯腈-氯乙烯共聚物等。这些材料制成的膜都应用于水溶物质的分离。

制造膜的方法除常用的入水凝冻法外，还有喷涂法或浮贴功能薄膜于微孔基膜上，也有以无电极辉光放电法在微孔基膜上将膜材料聚合或一层超薄滤膜而制备复合膜。若膜质为无机材料，则用烧结或黏结法与多孔膜基结合成复合膜。

我国近年来也开始研制和生产各种超滤膜，并有大量商品应市。现将应用较多的方法，即以纤维素醋酸酯的入水凝冻法制备各向异性膜的工艺简介如下。

（1）制膜材料　二醋酸纤维素（结合酸 54.5% ～ 56%，黏度 500cP），溶剂为丙酮，添加剂为甲酰胺。

（2）制膜液的配制　将 25g 醋酸纤维素、100mL 丙酮、80mL 甲酰胺加入密封容器内，间歇搅拌使其溶解。用两层粗棉布、一层尼龙布在 $3kgf/cm^2$[1] 的压力下过滤，将淡黄色清亮黏稠滤液在室温下静置 12h，待滤液中小气泡完全消失后，立即制膜。在此过程中需密封防止丙酮蒸发，制膜液放置过久会变性、发红，影响成膜质量。

（3）制膜操作　制膜工具为平滑玻璃板及刮膜刀（两端绕以直径为 0.27mm 的细铜丝，以控制膜的厚度）。制膜室最好恒温［(20±1) ℃］、恒湿（相对湿度 75% ～ 80%）。制膜液倒在玻璃板一端，立即用刮刀均匀刮膜，刮好的膜在空气中蒸发 5s 后立即把玻璃膜板浸入 4 ～ 5℃的冷水中，1h 后取出，自玻璃板上取下薄膜（实际厚度为 0.14 ～ 0.17mm）。贴在玻璃板上的一面为反面，孔径大；另一面为小孔径的功能面，即所谓“皮肤层”。制成的膜贮于 0.02% 的叠氮化钠水溶液中保存。大多数的膜制造过程不外乎上述的成胶、刮膜和成膜三个基本步骤。

刮膜后黏胶溶液表面的溶剂蒸发最快，醋酸纤维素分子因此浓缩形成微密表层，该表层妨碍底层溶剂的蒸发。冷浸时溶剂和添加剂逐渐被漂洗出来，醋酸纤维素分子则形成凝胶而沉积下来。由于表层沉积快故结构细密孔径小，而底层沉积作用慢，所以结构疏松，形成较大的孔径。这样就形成了表层、底层结构不同的各向异性膜。

要制备优良的超滤膜，首先要选择合适的成膜材料，还要寻找适宜的制膜溶胶体系，即溶解膜基的溶剂、添加剂以及成膜材料对溶剂、添加剂的相对比例，膜胶液黏度等。最后要探索适宜的成膜条件，包括刮膜的温度、湿度、蒸发时间、冷却的温度和时间等。适当地控制以上诸多因素，可以制得不同孔径的膜：①增加添加剂与成膜材料的比例或添加剂与溶剂的比例，可使膜表面孔径增大，而增加溶剂的比例会使膜表面孔径减小；②降低刮膜温度或减少刮好的膜在空气中的蒸发时间，会使膜表面孔径增大，相反，升高刮膜温度或延长膜蒸发时间，可使膜孔径减小；③随甲酰胺量的增加，膜的孔径增大，如甲酰胺和丙酮之比为 50/60（体积比）时，可获得截留分子量 35000 的膜；当甲酰胺与丙酮之比为 35/65（体积比）时，可获得截留分子量 23000 的膜。

7.6.1.3　超滤膜的选用

在实施超滤技术时，超滤膜的性能关系极大。商品膜的规格型号甚多，在选择时必须注意以下几点。

（1）截留分子量　超滤膜的孔径一般在（10 ～ 100）$\times10^{-10}$m，但超滤膜通常不以其孔径大小作为指标，而以截留分子量作为指标。所谓“分子量截留值”是指阻留率达 90% 以上的最小被截留物质的分子量。它表示了每种超滤膜所额定的截留溶质分子量的范围，大于这个范围的溶质分子绝大多数不能通过该超滤膜。表 7-3 为一些超滤膜对各种溶质分子的阻留率。由于额定截留分子量的水平多以球形溶质分子的测定结果表示，而受试溶质分子能否被截留及阻留率的大小还与其分子形

[1] $1kgf/cm^2$=98.0665kPa。

状、化学结合力、溶液条件及膜孔径差异有关，所以相同分子量的溶质阻留率不尽相同。用具有相同分子量及截留值的不同膜材料制备的超滤膜对同一物质的阻留率也不完全一致。故分子量截留值仅作选膜的参考。一般选用的膜的额定截留值应稍低于所分离或浓缩溶质的分子量。

表 7-4 列举了一些常见的超滤膜及透析膜的性质。一些中空纤维膜对不同溶质分子的阻留率测定结果见表 7-5。

表 7-3 一些超滤膜对溶质分子的阻留率

溶质分子名称	分子量	阻留率/%									
		UM[1]-0.5（55[2]）	UM-2（55）	UM-10（55）	PM-10（55）	UM-20（55）	PM-30（55）	XM-50（55）	XM-100A（10）	XM-100（10）	CF-50A（离心力为1000×g）
D-丙氨酸	89	80	0	0	0	0	0	0	0	0	—
DL-苯丙氨酸	165	90	0	0	0	0	0	0	0	0	—
色氨酸	204	80	0	0	0	0	0	0	0	0	—
蔗糖	342	80	50	25	0	—	0	0	0	—	—
棉子糖	594	90	—	50	0	—	0	0	0	—	—
杆菌肽	1400	75	60	50	35	—	—	—	—	—	—
菊粉	5000	—	80	60	—	5	—	—	—	—	—
葡聚糖 T10	10000	—	90	90	—	—	—	—	—	—	—
细胞色素 c	12400	> 95	> 95	90	90	—	45	30	35	0	10
聚乙二醇	16000	> 95	> 95	80	—	—	—	—	—	—	—
肌红蛋白	18000	> 95	> 95	95	< 85	60	35	20	—	—	60
α-糜蛋白酶原	24500	> 95	> 98	> 95	> 95	90	75	85	25	0	—
胃蛋白酶原	35000	> 99	> 99	> 99	> 99	—	80	—	—	—	40
卵清蛋白	45000	> 99	> 99	> 99	> 99	—		—	—	—	—
红细胞	64000	> 99	> 99	> 99	> 99	> 95	95	95	45	10	65
白蛋白	67000	> 98	> 98	> 98	> 98	95	> 90	> 90	45	10	90
葡聚糖 T110	110000	> 99	> 99	> 99	30	—	20	10	5	0	0
醛缩酶	142000	> 99	> 99	> 99	> 99	—	> 99	> 95	—	50	> 90
免疫球蛋白（7S）	160000	> 98	> 98	> 98	> 98	> 98	> 98	> 98	90	60	—
脱铁铁蛋白	480000	> 98	> 98	> 98	> 98	> 98	> 98	> 98	> 95	85	—
免疫球蛋白（19S）	960000	> 98	> 98	> 98	> 98	> 98	> 98	> 98	> 98	> 98	—

① 膜的型号。
② 括号内数据为操作压力，单位为 lbf/in^2，1lbf/in^2=6894.76Pa。

（2）超滤膜性质和使用条件　在使用超滤技术时除考虑分子量截留值和流率外，还须了解各种超滤膜的性质和使用条件。

① 操作温度　不同的膜基材料对温度的耐受能力差异很大。如 UM、XM、HM、OM 型膜使用温度不超过 50℃，而 PM、HP 型膜则能耐受高温灭菌（120℃）。

② 化学耐受性　不同型号的超滤膜与各种溶剂或药物的作用也存在很大差异。使用前必须查明膜的化学组成，了解其化学耐受性。如 DM 型膜禁用强碱、氨水、肼、二甲基甲酰胺、二甲基亚砜、二甲基乙酰胺等；XM、HX 型超滤膜禁用丙酮、乙腈、糠醛、硝基乙烷、硝基甲烷、环酮、胺类等；UM 型膜则禁用强离子型表面活性剂和去污剂，而且可用的溶剂也不能超过一定的浓度，

如磷酸缓冲液浓度不得大于0.05mol/L，HCl和HNO_3的溶液浓度不得超过10%，酚浓度不得超过0.5%，碱的pH值不能大于12；PM和HP型膜禁用芳香烃、氯化烃、酮类、芳香族烃化物、脂肪族酯类、二甲基甲酰胺、二甲基亚砜以及浓度大于10%的磷酸等。

表7-4 一些常见超滤膜及透析膜的性质

型号	制造单位	组成材料	流动速率（p=100lbf/in^2）/[mL/(cm^2·min)]	分子量截留值（保留80%～100%）
PEM膜	Gelman	均质纤维素	0.02	60000（蛋白质）
Diaflo UM-0.5	Amicon	高分子电解质配合物（离子交换膜）	0.05	340（蔗糖）
Diaflo UM-2	Amicon	高分子电解质配合物	0.1	600（棉子糖）
Diaflo UM-10	Amicon	高分子电解质配合物	0.3	10000（葡聚糖10）
Diaflo PM-10	Amicon	芳香族多聚物	0.5	10000（细胞色素c）
Diaflo PM-30	Amicon	芳香族多聚物	0.7	30000（卵白蛋白）
Diaflo XM-50	Amicon	烯类物质	0.7	50000（白蛋白）
Diaflo XM-100A	Amicon	烯类物质	0.9	100000（7S球蛋白）
Diaflo XM-300	Amicon	烯类物质	1.1	300000（硫铁蛋白）
HFA-100	Abcor Inc	非均质纤维素	0.07	10000（葡聚糖10）
HFA-200	Abcor Inc	非均质纤维素	0.4	20000（葡聚糖10）
HFA-300	Abcor Inc	非均质纤维素	1.4	70000（白蛋白）
PSAC	Millipore corp	非均质纤维素	0.33	750～1250（溴甲酚绿）
PSED	Millipore corp	非均质纤维素	0.75	25000（α-胰凝乳蛋白酶）
PSDM	Millipore corp	非均质纤维素	1.00	40000（卵白蛋白）
CXA-10	上海医工院	纤维素	＞0.03	12400（细胞色素c）
CXA-25	上海医工院	纤维素	＞0.1	24500（α-糜蛋白酶原）
CXA-50	上海医工院	纤维素	0.25	67000（牛血清白蛋白）

注：1lbf/in^2=6894.76Pa。

表7-5 一些中空纤维膜对不同溶质分子的阻留率

溶质分子名称	分子量	阻留率/%				
		H_1P_2 H_5P_2	H_1P_5 $H_{10}P_5$	H_1P_{10} H_5P_{10} $H_{10}P_{10}$	$H_1\times50$ $H_{10}\times50$	H_1P_{100} 10×100
棉子糖	594	0	5	—	—	—
多聚-DL-丙氨酸	1000～500	65	—	—	—	—
胰岛素	5000	—	15	0	0	0
$PVPK_{15}$	10000	80	70	50	0	0
肌红蛋白	17000	＞98	95	90	30	0
PVP K_{30}	40000	＞98	85	70	50	15
白蛋白	67000	＞98	＞98	＞98	90	20
PVP K_{60}	160000	＞98	＞98	＞98	—	70

注：测定条件为0.7kgf/cm^2（68646Pa）。PVP=polyvinylpyrrolidone，聚乙烯吡咯烷酮。

③ 膜的吸附性质　由于各种膜的化学组成不同，对各种溶质分子的吸附情况也不相同。使用超滤膜时，希望它对溶质的吸附尽可能少些。此外，某些介质也会影响膜的吸附能力，例如磷酸缓冲液常会增加膜的吸附作用。

④ 膜的无菌处理　许多生化物质及生化药物需要在无菌条件下进行处理，所以必须对超滤器及超滤膜实行无菌化。除了有的超滤器及膜可以进行高热灭菌外，不少膜及超滤器不耐受高温，因此通常采用化学灭菌法。常用的试剂有 70% 乙醇、5% 甲醛、20% 的环氧乙烷等。许多超滤设备还有配套的清洁剂和消毒剂，给超滤工作带来了一定的便利。

7.6.2 超滤装置

超滤装置中，膜的几何形状是超滤的关键，要使料液成错流流动，以达到超滤的效果。超滤膜的主要类型有四种（见图 7-10）：即板式、管式、螺旋卷式和中空纤维式。不论何种形式，其使用和设计的共同要求是：①尽可能大的有效膜面积；②为膜提供可靠的支撑装置，这是因为膜很薄，其中还含有百分之几十的水分，仅仅靠膜本身不能承受很高压力，因此，除了增加膜本身强度外，还必须采用辅助支撑装置；③提供可引出透过液的方法；④使膜表面的浓差极化达最小值。四种类型的装置介绍如下。

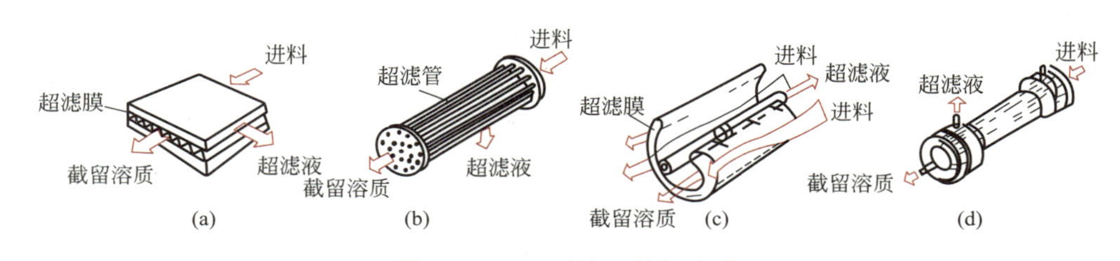

图 7-10　四种主要的超滤膜
（a）板式；（b）管式；（c）螺旋卷式；（d）中空纤维式

（1）板式　板式装置的基本元件是过滤板，它由在一多孔筛板或微孔板上的两面各粘上一张薄膜组成。过滤板有矩形和圆形的，其放置方式有密闭型和敞开型两种。

① 敞开型　板式敞开型装置的构成见图 7-11。将若干矩形过滤板和夹板相互组装在一起，用长螺栓夹紧或用压紧螺栓顶紧，类似于板式换热器。支撑板和膜组成的过滤板与夹板的组合情况见图 7-12。支撑板的材料为不锈钢多孔筛板或烧结青铜，而较好的材料是微孔玻璃纤维层压板或带沟槽的模压酚醛板。夹板面上具有冲压波纹，四周带有橡胶密封圈，组装时凸出的密封圈与过滤板间形成通道。波纹则起湍流元件作用，使液体在通道中流动时形成湍流，以减少浓差极化现象。料液从上部板孔组成的通道中流通，经板间间隙向下流动，从下板孔通道中流出进行循环。透过液从支撑板的微孔中集合于板侧通道，经透明管路流入集液槽。

这种结构形式的优点是：每块过滤板都有单独的透过液通道，观察方便，一旦膜破损可以立即发觉并立即关闭这一过滤板的流出液阀门，即使不立即调换膜也不影响整台设备的工作；过滤板的数量可根据需要随意增减；单位体积中所含有的过滤面积大；结构紧凑；清洗、检修和换膜方便。缺点是过滤板及密封圈不能承受过高的压力，故此种装置通常用于超滤。

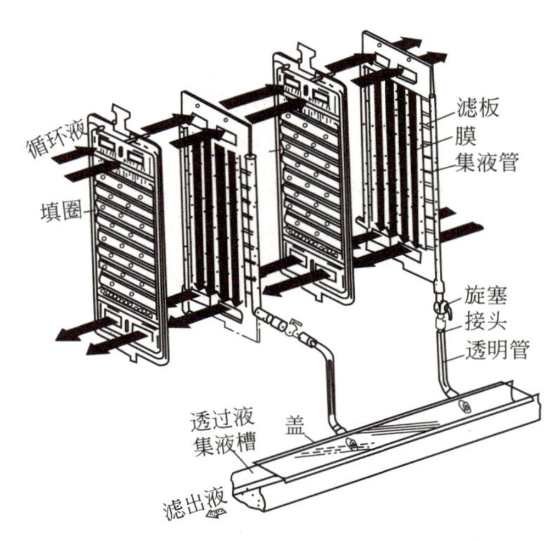

图 7-11　敞开型板式超滤器的构成

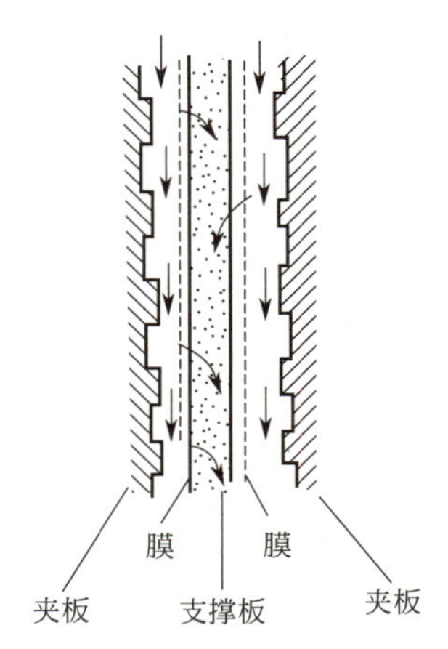

图 7-12　过滤板和夹板的组合

② 密闭型　将多组圆形过滤板组装入一压力容器中的装置，称为密闭型或压力容器型，每组过滤板用不锈钢隔板分开，各组之间是液流的流向，滤板用不锈钢隔板分开，各组之间液流的流向是串联的。由于液流经过滤板后渗出一部分透过液，液流量不断减小，为了使液流速度的变化不太大，每组板的数量从进口到出口逐渐减少。容器中央贯穿一根带有小孔的透过液管与每块滤板的径向沟槽连接，透过液即由此管流出器外。

这种类型的装置由于依靠容器承受压力，两支撑板靠背放置，使两侧压力相互抵消，故支撑板的强度要求不高（大都仅为 2.5mm），器内其他各零部件也大多处于压力平衡状态，故可承受很高压力，适用于反渗透操作。缺点是制造要求高。结构复杂，黏膜薄，特别牢固，如有一处泄漏，则整个装置都要停转进行检修，而且安装、检修及更换膜等均不方便。

（2）管式　管式装置的形式很多：按管的排列方式有单管（管径一般为 25mm）及管束（管径一般为 15mm）；按液流的流动方式有管内流和管外流；按管的类型有直通管和狭沟管。由于受单管和管外流式液体的湍流情况限制，故目前多采用管内流管束式装置，其外形见图 7-13。管子是膜的支撑体，有微孔管和钻孔管两种，微孔管采用微孔环氧玻璃钢管和玻璃纤维环氧树脂增强管；钻孔管采用增强塑料管，不锈钢管或铜管，人工钻孔或用激光打孔（孔径为 1.5mm）。将管状膜用尼龙布（或滤纸）仔细包好装入管内（称间接膜），也可直接在管内浇膜（称直接膜）。管口的密封很重要，如有渗漏将直接影响它的工作。图 7-13 还介绍了两种密封形式，其中图 7-13(a) 为喇叭口式；图 7-13（b）为 O 形圈式。喇叭口式密封承受压力较低，通常用于超滤，而 O 形圈式密封能承受较高压力，可用于反渗透。

狭沟管式超滤装置（图 7-14）也有内流和外流之分，它是在带有狭沟的管式筒形膜上包上纺织物衬填，以增加膜的强度。对于内流型，衬填应包在膜管外面［图 7-14（a）］；对于外流型，则应包在膜的内面［图 7-14（b）］。内流型狭沟能起湍流作用，而外流型则不能起此作用，仅作为透过液的流通道而已。这种类型在反渗透中用得较多。

管式超滤装置由于其结构简单，适应性强，压力损失小，透过量大，清洗、安装方便，并能耐高压，适宜于处理高黏度及稠厚液体，故比其他类型的超滤装置应用得更为广泛。

（3）螺旋卷式　螺旋卷式装置的主要元件是螺旋卷，它是将膜、支撑材料、膜间隔材料依次迭好，围绕一中心管卷紧［图 7-15（a）］，形成一个膜组［图 7-15（b）］。料液在膜表面通过间隔材料沿轴向流动，而透过液则以螺旋的形式由中心管流出。将第一个膜组与第二个膜组顺次连接装入压力容器中，即成螺旋卷反渗透装置单元（图 7-16）。

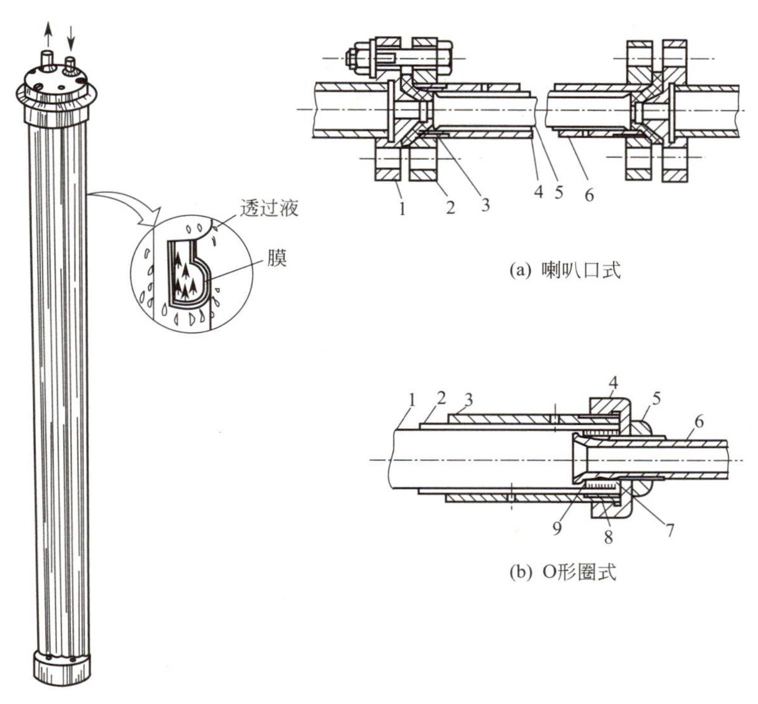

图 7-13　管束式超滤装置

1—管状膜；2—尼龙布（或滤纸）；3—支撑管；4—锁紧螺母；5—压紧螺母；6—连接管；7—低压侧 O 形密封圈；8—套筒；9—高压侧 O 形密封圈

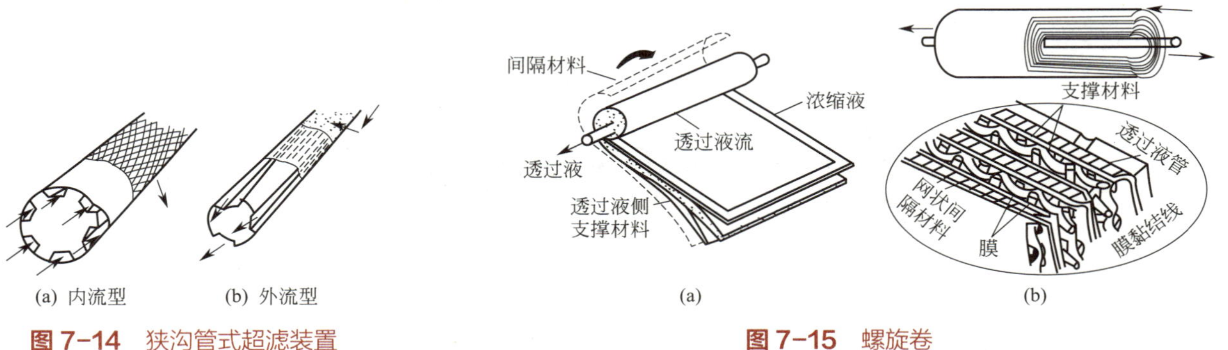

图 7-14　狭沟管式超滤装置

图 7-15　螺旋卷

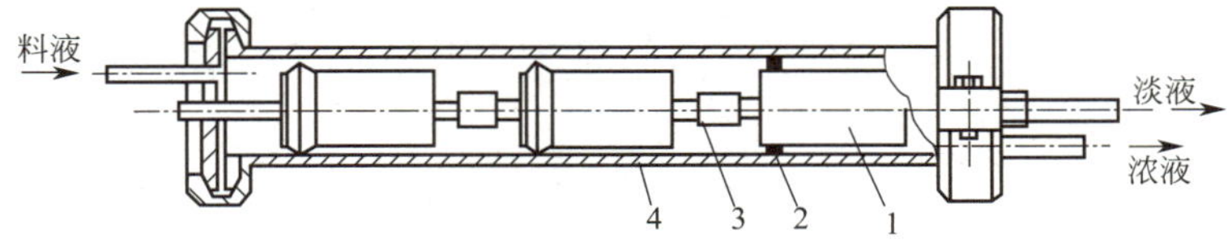

图 7-16　螺旋卷反渗透装置

1—螺旋圈；2—密封圈；3—连接器；4—外壳

中心管（透过液集中管）可用铜、不锈钢或聚氯乙烯管制成，管上钻小孔。透过液侧的支撑材料采用玻璃微粒层（中间颗粒较大，表面颗粒较小），两面衬以微孔涤纶布。也可采用密胺甲醛增强的菱纹编织物制成的新型支撑材料，这种材料阻力小、厚度薄。料液侧的间隔材料要考虑减少浓差极化和降低压降。

螺旋卷式的优点是：螺旋卷中所包含的膜面积很大，湍流情况良好，适用于反渗透。缺点是膜两侧的液体阻力都较大，膜与膜边缘有粘接要求，以及制造、装配要求高，清洗、检修不便。

（4）中空纤维式　中空纤维式膜装置是将制膜材料纺成的空心丝（见表 7-6），由于中空纤维很细，它能承受很高压力而无需任何支撑物，使得设备结构大大简化。通常用于反渗透及超滤的中空纤维过滤器也有内流和外流之分。

表 7-6　中空纤维式超滤膜

厂　名	Amicon（美）	旭化成（日）
中空纤维组成	聚磺酸类	丙烯腈类物质
中空纤维内径 /mm	0.5，1.1	0.8，1.4
中空纤维外径 /mm		1.4，2.3
分子量截留值	10000，50000，80000	13000
纯水的透水率 / [m^3/（ m^2 • d • kg/cm^2 ）]	2，2.2，4.3	4.8，3.6
可使用压力 /（kgf/cm^2）	1.7	3
使用 pH 值范围	1.5 ～ 13	2 ～ 10
可使用温度 /℃	50	50

中空纤维超滤装置如图 7-17 所示。图 7-17（a）是一种外流型中空纤维过滤器，用环氧树脂将许多中空纤维的两端胶合在一起，装入一管壳中，料液从一端经分布管流入，在纤维管外流动，透过液自纤维中流出，在管板一端流出。高压料液在管外流动有很多特点，例如，纤维管能承受向内的压力比向外的拉力要大得多，而且即使纤维强度不够时，纤维管只能被压扁或者中空部分被阻塞，但不会破裂，这就能防止因膜的破裂而使料液进入透过液中。对内流型，当发生污染甚至流道阻塞时这样细的管子在管内清洗是很困难的，而在管外清洗就很方便。

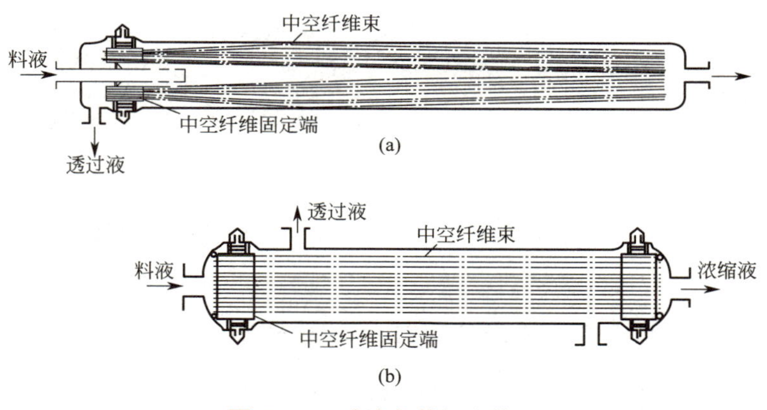

图 7-17　中空纤维超滤装置

用于超滤的中空纤维过滤器因其操作压力不高，也可采用料液进管内（内流型）的装置［图 7-17（b）］。

中空纤维有细丝型和粗丝型两种。细丝型适用于黏性低的溶液，粗丝型可用于黏性较高和带有微小颗粒的溶液。中空纤维缺点是不能处理胶体溶液，但如果采用带有自动反洗装置的外压式过滤器，则可较容易地处理胶体溶液。采用自动反洗操作可使浓差极化减到最低限度，膜表面几乎不需要定期冲洗，使维护大为简化。

不论何种类型的膜装置，都必须对进料液预先处理，以除去其中的颗粒悬浮物胶体和某些不纯物，这对延长膜的使用寿命和防止膜孔阻塞都是非常重要的。料液的预处理还包括调节适当的 pH 值和温度。对料液需进行循环的场合，料液温度会逐渐升高，故还需设置冷却器加以冷却。

7.6.3 超滤过程分析

为了计算给定体积的样品超滤所需要的时间，必须对超滤过程进行分析。根据前述的理论，如式（7-1）溶剂透过滤膜的速度为

$$J_w=K_p(\Delta p-\sigma\Delta\Pi)$$

若溶质均被滤膜排斥，则排斥系数 $\sigma\approx1$；对于稀溶液，$\Pi=RTc$，代入式（7-1），得

$$J_w=K_p(\Delta p-RTc) \tag{7-27}$$

式中，R 为气体常数，8.314J/（mol·K）；T 为溶液的热力学温度，K；c 为膜表面的溶质浓度。因此，只要知道 c 就可算出渗透压 Π 的值。

超滤是在外压作用下进行的。外压迫使分子量较小的溶质通过薄膜，而大分子被截留于膜表面，并逐渐形成浓度梯度，出现“浓差极化”现象（图 7-18）。越接近膜，大分子的浓度越高，构成一定的凝胶薄层或沉积层。浓差极化现象不但引起流速下降，同时影响到膜的透过选择性。在超滤开始时，透过单位薄膜面积的流量因膜两侧压力差的增高而增大，但由于沉积层也随之增厚，到沉积层达到一个临界值时，滤速不再增加，甚至反而下降。这个沉积层，又称“边界层”，其阻力往往超过膜本身的阻力，就像在超滤膜上又附加了一层“次级膜”。对于各向同性膜，大分子的堆积常造成堵塞而完全丧失透过能力。所以在进行超滤装置设计时，克服浓差极化，提高透过选择性和流率，是必须考虑的重要因素。

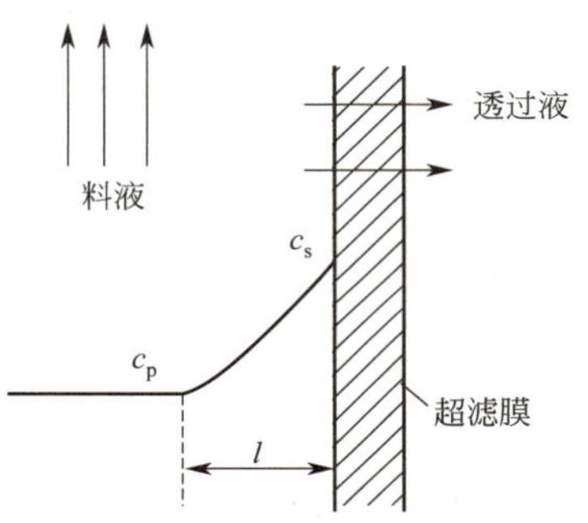

图 7-18 超滤的浓差极化示意

克服浓差极化的主要措施有振动、搅拌、错流、切流等技术，但应注意，过于激烈的措施易使蛋白质等生物大分子变性失活。此外，将某种水解酶类固定于膜上，能降解造成极化现象的大分子，提高流速，但这种措施只适用于一些特殊情况。

对超滤操作过程进行分析，可根据质量守恒原理，由于大分子溶质不能透过膜，从液流主体传递到膜表面的大分子溶质量应等于该溶质从壁面通过扩散回到液流主体的量，即

$$cJ_w=-D\frac{\mathrm{d}c}{\mathrm{d}x} \tag{7-28}$$

上述微分方程边界层条件为

$$\begin{cases}x=0,\ \ c=c_0\\ x=l,\ \ c=c_s\end{cases} \tag{7-29}$$

其边界层浓度变化如图 7-18 所示。其中，l 为膜表面存在的滞流边界层，c_0 为液流主体的溶质浓度，c_s 为膜表面的溶质浓度。

应用式（7-29）的边界层条件，积分式（7-28）得

$$J_w=\frac{D}{l}\ln\frac{c_s}{c_0} \tag{7-30}$$

由式（7-30）可知，对一定的过滤系统，超滤速率与浓差系数（c_s/c_0）的对数值成正比。

对于蛋白质大分子稀溶液，浓差极化可忽略，即 $c_s=c_0$ 结合式（7-27），对溶剂进行质量衡算，可得超滤系统的过滤速率为

$$\frac{\mathrm{d}V}{\mathrm{d}t}=-AJ_w=-AL_p\Delta p\left(1-\frac{RTc_0}{\Delta p}\right) \tag{7-31}$$

式中，V 为透过液体积，m^3。

对于间歇超滤系统，大分子溶质数 N 在浓缩前后维持不变，即

$$c_0=N/V \tag{7-32}$$

故式（7-31）变成

$$\frac{\mathrm{d}V}{\mathrm{d}t}=-AL_p\Delta p\left(1-\frac{RTN/\Delta p}{V}\right) \tag{7-33}$$

上述微分方程（7-33）的初始条件为

$$t=t_0 \text{ 和 } V=V_0 \tag{7-34}$$

以式（7-34）的初始条件代入，积分式（7-33），并整理可得出料液体积从超滤开始时的 V_0 减少至 V 时所经历的间歇操作时间为

$$t=\frac{1}{AL_p\Delta p}\left[(V_0-V)+\frac{RTV}{\Delta p}\ln\left(\frac{V_0\Delta p-RTN}{V\Delta p-RTN}\right)\right] \tag{7-35}$$

【例 7-1】 用平板式超滤装置精制浓缩木瓜蛋白酶溶液，其质量体积含量为 0.5%，此蛋白酶的扩散系数 $D=1.45\times10^{-10}m^2/s$，滤膜表面的滞流边界层厚度为 $1.7\times10^{-5}m$。求滞流边界层滤膜表面的蛋白酶浓度。

【解】 根据式（7-30），可得边界层滤膜表面的蛋白酶含量 c_s 与主体浓度 c_0 的比值

$$\frac{c_s}{c_0}=\exp\left(\frac{J_wl}{D}\right)$$

$$=\exp\left(\frac{9.2\times10^{-6}\times1.7\times10^{-5}}{1.45\times10^{-10}}\right)$$

$$=2.94$$

故膜表面的蛋白酶含量为

$$c_s=2.94c_0=2.94\times0.5\%=1.47\%$$

可见，在料液含蛋白酶 0.5% 时，超滤过程已产生明显的浓差极化。

【例 7-2】 应用中空纤维式超滤器精制牛痘疫苗溶液，使原含量0.08%的疫苗增浓至2.1%(w/v)，其分子量 M=18000，扩散系数 $D=1\times10^{-10}m^2/s$。超滤器过滤面积为 $10m^2$，操作温度为 4℃，超滤压差 3.0MPa。经实验测定，超滤的初始滤速为 $2.16\times10^{-3}m^3$（$m^2\cdot h$）。求：①若忽略浓差极化，估算超滤处理 $1.0m^3$ 疫苗原液所需的时间 t；②估算浓差极化对超滤时间的影响。

【解】 ① 根据式（7-35），忽略浓差极化，则超滤时间为

$$t=\frac{1}{AL_p\Delta p}(V_0-V)$$

$$=\frac{1}{(10\times2.16\times10^{-3})/3600}\left(1-\frac{1.0\times0.08\%}{2.1\%}\right)$$

$$=1.6\times10^5(s)\approx44.5(h)$$

② 考虑浓差极化，则超滤时间为

$$t=\frac{1}{AL_{\mathrm{p}}\Delta p}\left[(V-V_0)+\frac{RTN}{\Delta p}\ln\left(\frac{V_0-RTN/\Delta p}{V-RTN/\Delta p}\right)\right]$$

而
$$\frac{RTN}{\Delta p}=\frac{8.314\times277.2\times(1\times10^6\times0.08\%/18000)}{3\times10^6}$$
$$=3.41\times10^{-5}(\mathrm{m^3})$$
$$V=V_0c_0/c=1.0=0.08\%/2.1\%$$
$$=0.038(\mathrm{m^3})$$

故
$$t=\frac{\left[1-0.038+3.41\times10^{-5}\ln\left(\frac{1-3.41\times10^{-5}}{0.038-3.41\times10^{-5}}\right)\right]}{10\times2.16\times10^{-3}/3600}$$
$$=1.6002\times10^5(\mathrm{s})$$

由计算结果可见，这种情况下浓差极化对超滤几乎没有影响，这是因为溶质是大分子蛋白质的缘故。

7.6.4 超滤的应用

（1）浓缩和脱盐　使用超滤方法对生物大分子溶液进行浓缩或脱盐的情况最多，其优点是不消耗试剂，无相转移，可在低温下进行，操作简便。浓缩的同时还可脱掉盐和其他小分子杂质，既节省了能源和溶剂，也提高了经济效益。浓缩的效果随具体样品而异，蛋白质的最终浓度可达40% ～ 50%。脱盐的方法有稀释法和渗滤法两种。

① 在稀释超滤法的操作过程中，盐离子等小分子杂质随溶剂（水）不断透过滤膜而除去，当浓缩到一定程度时再加入溶剂至原体积，如此反复多次，绝大部分小分子物质可被除去。其脱盐程度可按式（7-36）计算

$$c_{\mathrm{f}}=\left(\frac{V_{\mathrm{i}}}{V_{\mathrm{d}}}\right)^{n-1}c_{\mathrm{i}}\tag{7-36}$$

式中，c_{f} 为超滤液中的最终盐浓度；c_{i} 为原样品溶液中的盐浓度；V_{d} 为原样品溶液的体积；V_{i} 为样品液的剩余体积；n 为重复稀释次数。

稀释超滤是分批进行的，振动型、搅拌型及小棒型滤器均可使用。

② 渗滤法脱盐是连续进行的，原理与稀释法相同，可自动进行脱盐操作。在整个超滤过程中大分子浓度始终不变，对保持稳定性有利。

（2）分级分离与纯化　当溶液中不同溶质的分子量相差较大时，可采用不同分子量截留值的超滤膜进行多次渗滤。串联式超滤装置如图 7-19 所示，按分子量截留值由大到小串联几个超滤器，各自保持一定体积，用 10 ～ 20 倍体积的缓冲液逐级洗下，不同分子量物质相应下移，在各滤器中获得不同分子量范围的组分，从而使大分子得到分离和纯化，同时也进行了浓缩。如 Pellicon Cassette 系统及 Amicon Corporation DC_2 系统可用于胸腺素的脱热原、除盐及浓缩，并可成功地从释放出血

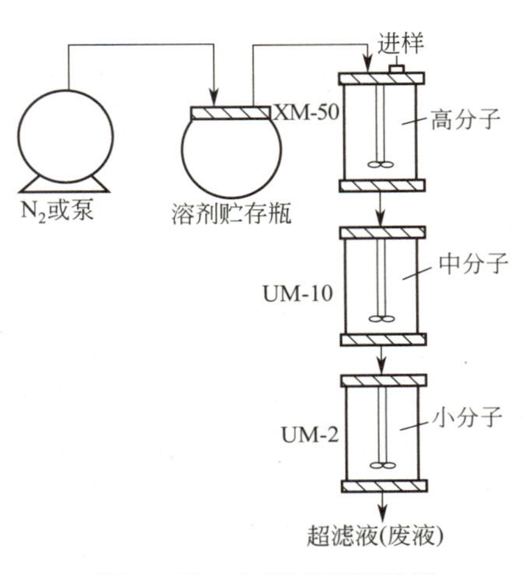

图 7-19　串联式超滤装置

红蛋白的红细胞系统中将红细胞膜、血红蛋白及无机盐分开。

在采用超滤装置进行不同分子量溶质的分级分离时，浅道系统型串联装置比搅拌系统型装置分离效果好。

（3）超滤分离与酶反应器（或发酵罐）联用 超滤分离与酶反应器联用多见于酶促分解反应，即大分子底物变成小分子产物后被超滤除去，保留下来的酶分子和底物返回反应器再行反应，连续除去底物，反复进行反应，结果大大提高了底物利用率，减少了酶用量并增加了酶反应速率。超滤分离与酶反应器联用装置见图 7-20。这类装置已广泛用于纤维素糖化、蛋白酶对蛋白质的水解、淀粉酶对淀粉的水解以及大豆酶解产物的分离等。

超滤与发酵联用见图 7-21，联用可以使超滤回收的营养物继续供给细菌利用，而产物及有毒物不断滤去，以减少对微生物的抑制。微生物分泌至胞外的大分子产物在超滤时被截留还是透过膜，主要取决于对膜的选择。如果超滤时营养物的损失太多，还需适当补充，以维持微生物的正常生长环境。

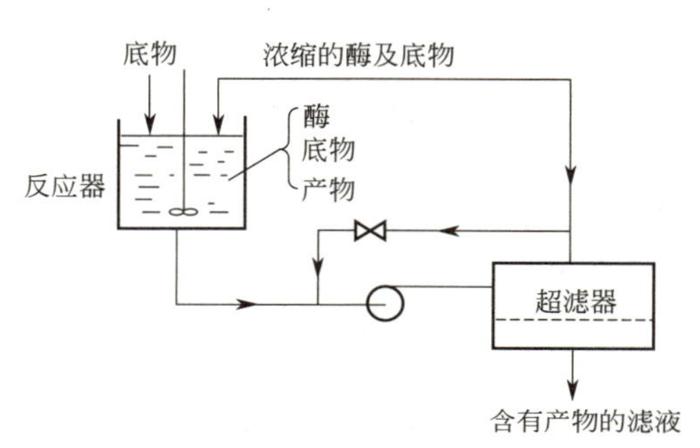

图 7-20 超滤分离与酶反应器联用装置

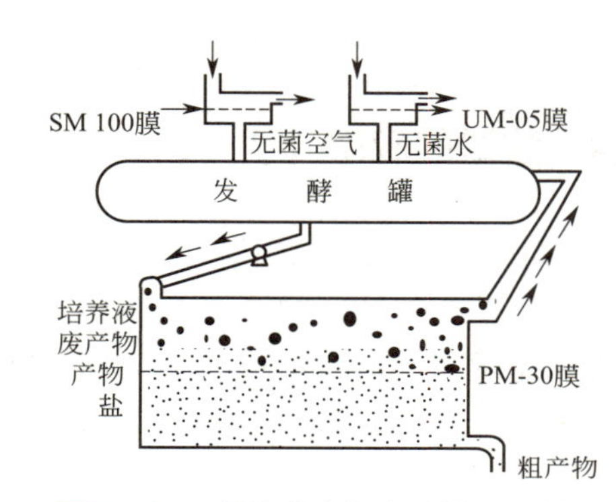

图 7-21 超滤分离与发酵罐联用装置

此外，用吸附、交联、共价键结合等方法将各种酶做成单酶膜或多酶膜，已大量用于生化分析及食品、医药工业。

7.7 反渗透

7.7.1 反渗透膜及其分离原理

反渗透是一种以压力差为推动力，从溶液中分离出溶剂的膜分离操作。对反渗透膜一侧的料液施加压力，当压力超过它的渗透压时，溶剂会逆着自然渗透的方向作反向渗透，从而在膜的低压侧得到透过的溶剂，即渗透液；高压侧得到浓缩的溶液，即浓缩液。渗透压的大小决定于溶液的种类、浓度和温度，与半透膜的性质无关。目前投入工业化生产的反渗透膜通常使用非对称复合膜，由很薄的致密层和多孔支撑层复合而成。多孔支撑层又称基膜，起增强机械强度的作用；致密层也称表皮层，起脱盐作用，故又称脱盐层。基膜的材料以聚砜为主，脱盐层的材料主要为芳香聚酰胺。

反渗透膜主要通过膜的脱盐率、水通量和耐氯及抗污染性能等指标进行考量。脱盐率是决定反渗透膜应用可行性的关键指标；提高膜的水通量则能够降低压力能耗、操作成本和膜清洗成本；提高膜的耐氯及抗污染性能可以提升膜的稳定性能，延长膜的使用寿命，降低处理及清洗成本。目前工业中的反渗透分离所用的膜组件形式以中空纤维式或卷式膜组件为主。

物质通过反渗透膜的传递理论有如下三种：

（1）孔流模型　该模型认为溶解物质在通过膜的微小细孔时被过滤除去，认为反渗透膜表层存在致密的网孔，盐通过膜的传输主要是由膜孔内的对流引起的，依次可建立 Nernst-Plank 方程，在适当的边界条件下可积分求解该方程获得相关的反渗透脱除率。

（2）溶解 - 扩散模型　Lonsdaie 等提出解释反渗透现象的溶解 - 扩散模型。将反渗透的活性表面层看作致密无孔的膜，并假设溶质和溶剂都能溶于均质的非多孔膜表面层内，各自在浓度或压力造成的化学势推动下扩散通过膜。溶解度的差异及溶质和溶剂在膜相中扩散性的差异影响着它们通过膜的能量大小。其具体过程分为：第一步，溶质和溶剂在膜的料液侧表面外吸附和溶解；第二步，溶质和溶剂之间没有相互作用，它们在各自化学位差的推动下以分子扩散方式通过反渗透膜的活性层；第三步，溶质和溶剂在膜的透过液侧表面解吸。

在以上溶质和溶剂透过膜的过程中，一般假设第一步、第三步进行得很快，此时透过速率取决于第二步，即溶质和溶剂在化学位差的推动下以分子扩散方式通过膜。由于膜的选择性，使气体混合物或液体混合物得以分离。而物质的渗透能力，不仅取决于扩散系数，并且决定于其在膜中的溶解度。

（3）优先吸附 - 毛细孔流动理论　当液体中溶有不同种类物质时，其表面张力将发生不同的变化。例如水中溶有醇、酸、醛、脂等有机物质，可使其表面张力减小，但溶入某些无机盐类，反而使其表面张力稍有增加，这是因为溶质的分散是不均匀的，即溶质在溶液表面层中的浓度和溶液内部浓度不同，这就是溶液的表面吸附现象。当水溶液与高分子多孔膜接触时，若膜的化学性质使膜对溶质负吸附，对水是优先的正吸附，则在膜与溶液界面上将形成一层被膜吸附的一定厚度的纯水层，它在外压作用下，将通过膜表面的毛细孔，从而可得纯水。

7.7.2 影响反渗透膜分离性能的因素

（1）回收率与组分浓度　透过液占进料液的百分比为反渗透分离的回收率，回收率高有利于提高浓缩倍数或回收更多的水资源，但是过高的回收率将产生高浓度的浓缩液，进而加剧浓差极化现象，渗透压迅速增加导致有效压差降低，使渗透通量和脱盐率迅速下降，严重时甚至会在膜表面产生结垢，导致分离能耗增加。同样，渗透压与进水中所含盐分或有机物浓度成正比，进水含盐量越高，浓度差也越大，透盐率上升，从而导致脱盐率下降。

（2）温度　升高温度有利于降低黏度，能显著增加渗透通量，降低能耗。但是温度超过 40℃会破坏一般的反渗透膜材料，并会扩张膜孔，导致分离精度降低。

（3）操作压力　增大压力能提高反渗透分离的推动力，增加渗透通量，但是操作压力过高也会加剧凝胶极化现象，导致膜污染加剧，进而使渗透通量降低。

（4）膜组件的内部结构与膜面流速　由于反渗透过程不可避免会产生浓差极化现象，因此需要保持与膜面平行的高流速并产生明显的湍动，促进流体混合来降低膜表面边界层的厚度，减少溶质在膜表面的集聚，避免渗透通量的迅速衰减，需要膜组件内有合适的流道结构并选择合理的循环流速。

7.7.3　反渗透的应用

反渗透膜能截留水中的各种无机离子、胶体物质和分子量超过 100 的有机物，从而获得纯水，也可用于大分子有机物溶液的预浓缩。与其他传统分离工程相比，反渗透分离过程有其独特的优势：①压力是反渗透分离过程的推动力，不需要经过能量密集交换的相变，能耗低；②反渗透不需要大量的沉淀剂和吸附剂，运行成本低；③反渗透分离工程设计和操作简单，建设周期短；④反渗透净化效率高，对环境友好。

（1）水处理　反渗透技术在生活和工业水处理中已有广泛应用，如海水和苦咸水淡化、医用和工业用水的生产、纯水和超纯水的制备、工业废水处理等。例如新加坡建立了数个基于反渗透技术的海水淡化工厂，日产淡水超过 45 万立方米。而以自来水为原料，经过微滤、超滤处理后再经过反渗透、离子交换处理脱除离子，经过终端微滤处理后即可获得符合药典标准的医用注射用水，并从根本上解决了传统蒸馏法制水不能除尽细菌内毒素的难题。由于反渗透法制水具有低能耗、高效率和水质稳定的优势，目前绝大部分医药、食品、电子、化工和能源企业均普遍采用反渗透法制备高质量的工艺用水。反渗透膜对活性染料 MB-R 染色废水的脱色率接近 100%，同时反渗透膜对废水中无机盐的截留率大于 98%，获得的反渗透渗透液几乎为无色透明，可回用于染色工艺。

（2）生物基产品的浓缩　反渗透技术用于生物基产品浓缩已经应用于工业生产中。例如将反渗透技术应用于中药鼻炎康提取液、复方珍珠暗疮提取液和 VC 银翘提取液的浓缩过程中，结果表明，经反渗透工艺能有效脱水 60% 以上，中药的主要有效成分保留率达 90%。而将反渗透用于低温浓缩绿茶汁则极大地抑制了绿茶汁在生产过程中的氧化褐变以及熟汤味，可以得到色、香、味俱佳的浓缩绿茶汁。色氨酸发酵液经过脱色处理后，产品浓度被稀释到 11g/L，通过反渗透膜进行浓缩，在 1.3MPa 的操作压力下可将色氨酸浓缩到近 25g/L，浓缩过程中的色氨酸损失不足 1%，在降低能耗的同时显著提高了产品回收率。用反渗透膜浓缩工艺对香菇多糖提取液进行浓缩，与传统的真空浓缩相比，在进膜压力 20MPa、多糖浓度 6.48mg/mL、进膜温度 30℃时能取得较好的浓缩效果，多糖被浓缩至 20.82mg/mL，回收率 85% 以上，优于真空浓缩，且 DPPH 自由基清除能力也明显优于真空浓缩的产品，具有更好的生理活性。

7.8　纳滤

7.8.1　纳滤膜及其分离原理

纳滤膜是 20 世纪 80 年代末期问世的一种新型分离膜，是允许溶剂分子或某些低分子量溶质或低价离子透过的一种功能性的荷电半透膜，大多是复合膜，通过界面缩聚及缩合法在微孔基膜上复合一层具有纳米级孔径的由聚电解质构成的超薄分离层（材质以聚酰胺为主）。因而，纳滤膜对无机盐具有一定的截留率，其截留分子量介于反渗透膜和超滤膜之间，为 200 ～ 2000，纳滤膜的孔径一般为 1 ～ 2nm。目前商用纳滤膜组件多为卷式膜，卷式膜拥有较大的膜比表面积，造价低，但分离过程中容易发生膜间隙内堵塞。管式膜不易堵塞，清洗方便，但膜比表面积小，造价高。平板式膜组件易产生浓差极化现象，膜污染严重，一般只用于小型选膜实验中。

纳滤膜分离过程属于压力驱动下的膜分离过程，其分离机制包括：①基于电荷排斥效应的电荷模型；②基于空间位阻效应的细孔模型；③同时考虑以上两种效应的静电排斥和立体阻碍模型。由于纳滤膜是荷电膜，能进行电性吸附，与常见的微滤膜及超滤膜相比，纳滤膜的分离机理除了筛分效应和溶解扩散作用，其电荷效应也不可忽视。纳滤膜对中性不带电荷的物质（如糖类物质）的截留是根据膜的纳米级微孔的筛分效应，而对于离子的截留性能主要取决于离子与膜之间的静电相互作用。由于对不同电荷和不同价数的离子具有不同的 Donnan 电位，对于含有不同价态离子的体系，根据道南效应（Donnan effect），不同离子透过纳滤膜的比例也不同，因此纳滤膜对各种离子的选择性有差异。当多价离子浓度达到一定值，单价离子的截留率甚至出现负值，即透过液中单价离子浓度大于料液浓度。因此道南效应在纳滤分离中往往起主导作用，其机理为：带有荷电基团的膜置于含盐溶剂中时，溶液中的反离子（所带电荷与膜内固定电荷相反的离子）在膜内浓度大于其在主体溶液中的浓度，而同名离子在膜内的浓度则低于其在主体溶液中的浓度，由此形成的 Donnan 位差阻止了同名离子从主体溶液向膜内的扩散，为了保持电中性，反离子也被膜截留。 以纳滤膜分离 Na_2SO_4 与 NaCl 的过程为例（图 7-22），由于 Na_2SO_4 的存在导致 Na^+ 浓度较高，Na^+ 透过率增加，因此膜两边的电中性被打破，又因为一价离子 Cl^- 的透过速率高于二价离子SO_4^{2-}，为了维持膜两边的电中性，导致更多的 Cl^- 透过膜，最终表现为 NaCl 的截留率明显低于 Na_2SO_4。

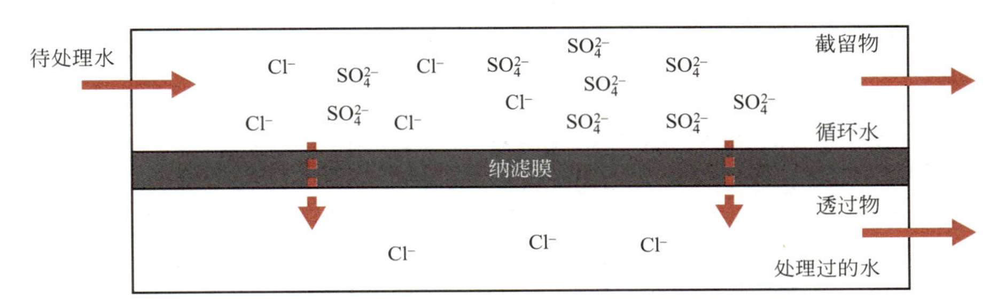

图 7-22 纳滤膜分离 Cl^- 和SO_4^{2-}的示意图

7.8.2 影响纳滤膜分离性能的因素

（1）操作压力 增大压力能提高纳滤分离的推动力，增加渗透通量和脱盐率，但当操作压力过高，膜两侧盐浓度增大，有降低截留率的趋势。

（2）温度 升高温度有利于降低黏度，能显著增加渗透通量，降低能耗。但过高的操作温度会扩张纳滤膜的膜孔，导致分离精度降低。

（3）回收率及组分浓度 随着回收率的提高，渗透通量和截留率均会下降，高回收率将产生高浓度的浓缩液，进而加剧浓差极化现象，使渗透通量和脱盐率迅速下降，严重时甚至会在膜表面产生结垢。组分浓度的影响与此类似。

（4）料液流速 随着流速的提高，渗透通量和截留率均会增大，这是因为高流速会削弱膜表面浓差极化，但当流速达到一定程度使主体浓度和膜液界面处浓度趋于一致时，渗透通量和截留率均趋向稳定。

（5）化合物分子量与离子价数半径 根据筛分原理，分子量越大截留率越高，这里不再叙述。纳滤膜对离子的截留率受共离子的强烈影响。对于分离同种离子，在该离子浓度恒定条件下，共离子价数相等，共离子半径越小，膜对其截留率越小，反之截留率越高。而根据道南效应，纳滤膜对多价离子的截留率远高于对单价离子的截留率。

（6）pH 纳滤膜是荷电膜，不同的 pH 下会改变氨基酸等两性化合物的荷电性，根据道南效应会改变其截留率，当 pH 达到该物质与膜的等电点时，其截留率会显著提高。

7.8.3 纳滤的应用

纳滤膜可以有效地去除二价和多价离子、去除分子量大于 200 的各类物质，可部分去除单价离子和分子量低于 200 的物质。纳滤膜的分离性能明显优于超滤和微滤，而与反渗透膜相比具有部分去除单价离子、过程渗透压低、操作压力低、节能等优点。纳滤应用于浓缩纯化过程可在常温下进行，无相变，无化学反应，不会破坏生物活性，不会改变化合物结构，特别适合分离热敏性的生物小分子及有机电解质。此外纳滤可脱除产品的盐分，减少产品灰分，提高产品纯度，更符合医药食品产业需求，相对于溶剂脱盐，不仅产品品质更好，且收率还能有所提高。

（1）在中草药天然产物浓缩纯化中的应用 枸杞多糖具有增强机体免疫力、抗疲劳、抗肿瘤等作用，在室温下对枸杞多糖提取液进行纳滤浓缩，浓缩液通过冻干获得干粉，所得产物中的枸杞多糖成分达 35%，要比传统水煮法提取物多 20 ～ 30 倍。黄芩苷是中药中重要的有效成分，具有杀菌、抗炎等作用，国内多采用加热真空蒸发等传统工艺进行黄芩苷有效成分的浓缩，存在着药液焦化、有效成分损失大等问题。而在室温下采用微滤 - 超滤 - 纳滤多级膜浓缩黄芩苷提取液，可以除去黄芩苷提取液的 55% 水分，黄芩苷的保留率为 96%，纳滤膜可回收超滤透过液中流失的全部黄芩苷。麻黄碱（麻黄素）具有拟肾上腺素的药理作用，国内采用沿袭 40 年的苯提法，产生大量高浓度、高色度的工艺废水，严重污染环境；将经过预处理的麻黄草浸煮液先用纳滤分离，有效去除了盐分特别是高价离子及色素，以降低进入反渗透组件溶液的渗透压，提高了反渗透效率。纳滤可截留 50% 的麻黄碱，与反渗透浓缩液合并，麻黄碱提取率达 96%（苯提法仅为 80%），废水量亦显著减少。

中药复方是多种成分通过多种途径，作用于机体多个靶点，发挥整合作用。而临床应用要求复方制剂在保证疗效的基础上做到剂量小，服用方便。因而尽可能保留复方的多种有效成分是中药复方提取分离首先要考虑的问题。采用超滤和纳滤组合方式对银黄水煎液进行分离、浓缩，用于银黄口服液的制备，以有效成分黄芩苷、绿原酸为检测指标。结果表明：纳滤膜（MWCO 300Da）分离所得的浓缩液中黄芩苷的含量提高近 3.8 倍，黄芩苷收率达 84.12%，绿原酸含量提高了 4 倍，绿原酸收率达 91.30%，渗透液中几乎无有效成分损失，产品澄明度好。

（2）在生化产品浓缩纯化中的应用 各种氨基酸、多肽、抗生素及维生素是医药行业中广泛使用的原材料，由于纳滤膜可分离分子量较小的有机物，适合用于氨基酸、多肽及维生素的提纯与浓缩等。

离子与荷电膜之间存在道南效应，即相同电荷排斥而相反电荷吸引的作用。氨基酸和多肽带有离子官能团如羧基或氨基，在 pH 等于等电点时，表现为净电荷为零，而当 pH 高于或低于等电点时，它们会分别携带负电荷或正电荷。由于纳滤膜带有静电官能团，基于静电相互作用，对离子有一定的截留率，可用于分离氨基酸和多肽。当溶质是电中性的，并且溶质大小比所用的纳滤膜孔径小时，纳滤膜对于处于等电点状态的氨基酸和多肽等溶质的截留率几乎为零，而对于偏离等电点状态的氨基酸和多肽等溶质，因为溶质离子与膜之间产生静电排斥，纳滤膜对它们表现出较高的截留率。图 7-23 表明了静电效应分离的机制。

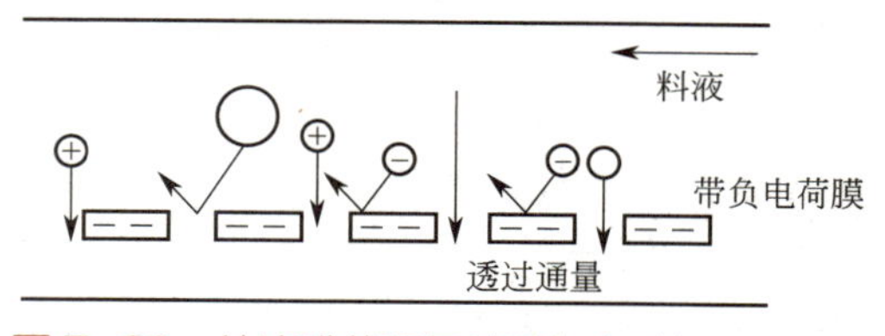

图 7-23 纳滤膜截留氨基酸与多肽机理示意图

以纳滤分离L-苯丙氨酸和L-天冬氨酸为例，尽管两者分子量差别较小，但是在不同pH值下，两者具有不同的形态分布。当pH值在3～8时，静电荷为零的L-苯丙氨酸分子占90%以上，纳滤分离实验表明：在此pH范围内，纳滤膜对L-苯丙氨酸的截留率几乎为零；而当pH大于8后，携带负电荷的L-苯丙氨酸比例增大，纳滤膜对L-苯丙氨酸的截留率逐渐增大，至pH9.5时，L-苯丙氨酸的截留率达到80%。而对于L-天冬氨酸，pH值在5～8时，L-天冬氨酸的一价负离子占90%以上，该条件下，纳滤膜对L-天冬氨酸的截留率可达到90%。而当pH小于5时，L-天冬氨酸携带的负电荷逐渐减少，纳滤膜对其截留率随之减小，当pH降至2.8时，接近L-天冬氨酸的等电点，携带的净电荷几乎为零，L-天冬氨酸处于未解离状态，纳滤膜对其几乎无截留作用。pH大于8以后，随着L-天冬氨酸携带的负电荷增加，L-天冬氨酸的二价负离子增加，纳滤膜对L-天冬氨酸的截留率略有增加。由此可见当调控溶液pH为8时，纳滤膜可透过L-苯丙氨酸，截留L-天冬氨酸，从而实现两种氨基酸的分离。此外纳滤膜还被应用于L-鸟氨酸、L-丝氨酸、L-色氨酸、谷氨酸、谷氨酰胺的浓缩及脱盐纯化中。

由于纳滤膜具有分离效率高、节能、不破坏产品结构、少污染等特点，在医药产品生产中也得到了日益广泛的应用。抗生素原料一般在原料液中含量较少，浓度较低，用传统的结晶方法回收率低，损失大，真空浓缩则会破坏其抗菌活性。而纳滤不破坏其生物活性且损失较少。对6-氨基青霉烷酸（6-APA）进行纳滤分离，采用截留分子量约为200的管式纳滤膜，膜的平均截留率在99%以上，而透析损失率小于1%，浓缩效果比较理想。另外，纳滤膜还成功地应用于庆大霉素、金霉素、红霉素、土霉素、螺旋霉素等多种抗生素的浓缩生产中。

习题

1. 膜分离在生物产物的回收和纯化方面的应用有哪些方面？
2. 膜污染的主要原因是什么？
3. 应用超滤技术纯化一分子量中等的抗生素，抗生素浓度为15mol/L，操作温度28℃，压强0.45MPa。假设超滤膜完全排斥抗生素，求超滤过程的有效压力。
4. 现有一种超滤膜，厚度为4×10^{-6}m，在1.2MPa的压差下，纯水滤速为3.09×10^{-4}m/s。若用这种超滤膜处理1mol/L尿素溶液，求其超滤速率。

8　沉析

思维导图

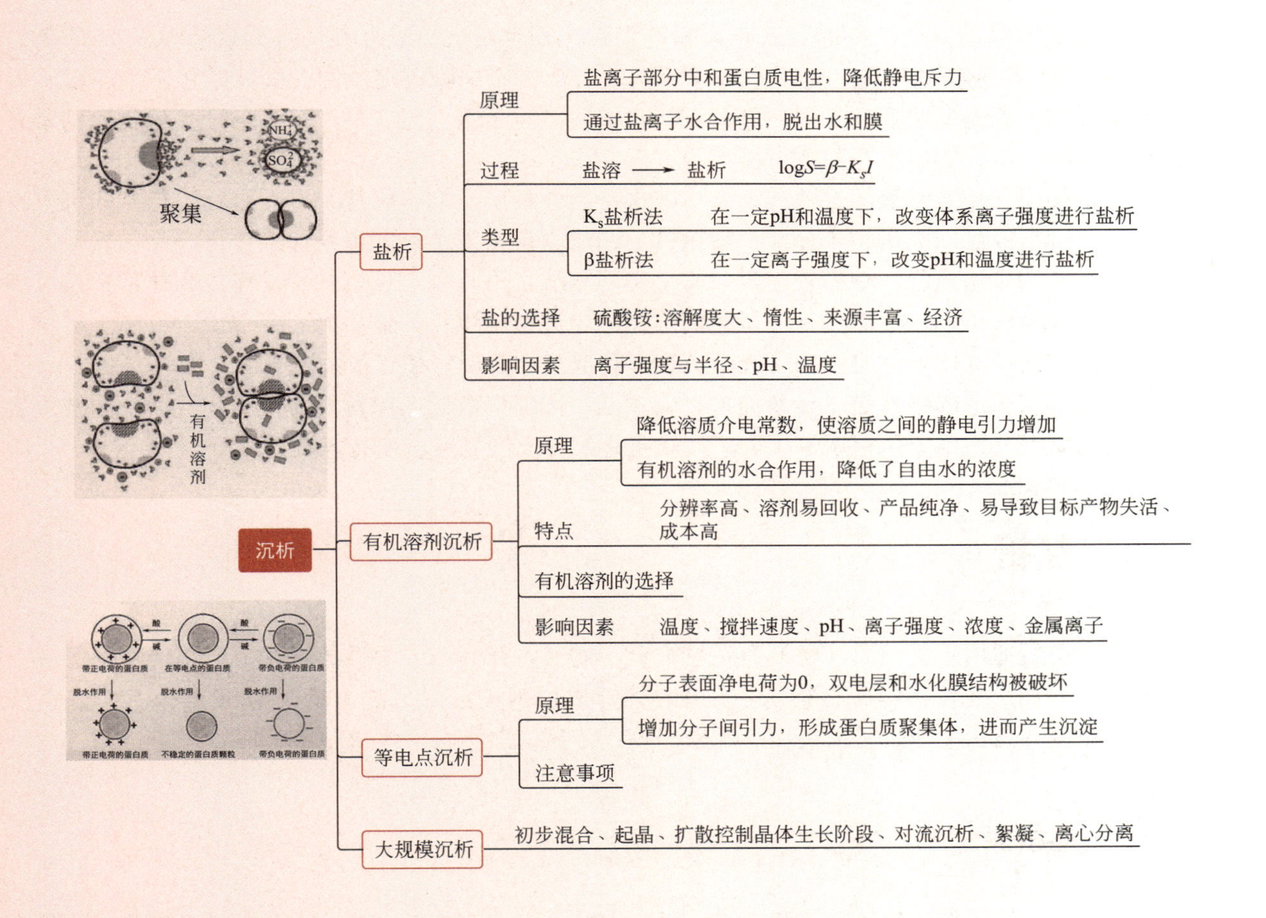

沉析
盐析
原理
盐离子部分中和蛋白质电性，降低静电斥力
通过盐离子水合作用，脱出水和膜
过程
盐溶 ⟶ 盐析　$\log S=\beta-K_sI$
类型
K_s盐析法　在一定pH和温度下，改变体系离子强度进行盐析
β盐析法　在一定离子强度下，改变pH和温度进行盐析
盐的选择　硫酸铵:溶解度大、惰性、来源丰富、经济
影响因素　离子强度与半径、pH、温度
有机溶剂沉析
原理
降低溶质介电常数，使溶质之间的静电引力增加
有机溶剂的水合作用，降低了自由水的浓度
特点
分辨率高、溶剂易回收、产品纯净、易导致目标产物失活、成本高
有机溶剂的选择
影响因素　温度、搅拌速度、pH、离子强度、浓度、金属离子
等电点沉析
原理
分子表面净电荷为0，双电层和水化膜结构被破坏
增加分子间引力，形成蛋白质聚集体，进而产生沉淀
注意事项
大规模沉析
初步混合、起晶、扩散控制晶体生长阶段、对流沉析、絮凝、离心分离
聚集
有机溶剂

学习目标

- ○ 学习沉析技术；
- ○ 掌握沉析法纯化蛋白质的优点；
- ○ 了解沉析的一般操作步骤；
- ○ 掌握盐析、有机溶剂沉析、等电点沉析的原理；
- ○ 掌握影响盐析效果的主要因素。

沉析法（precipitation）常用于生化物质的纯化。它是利用沉析剂使需提取的生化物质或杂质在溶液中的溶解度降低而形成无定形固体沉淀的过程，包括盐析、机溶剂沉淀、等电点沉淀等技术。

沉析法具有简单、经济和浓缩倍数高的优点，广泛用于生化物质的提取。它不仅适用于抗生素、有机酸等小分子物质，在蛋白质、酶、多肽、核酸和其他细胞组分的回收和分离中应用更多。对于小分子生化物质常采用等电点沉析或形成复盐沉析，如抗生素生产中，四环素类抗生素可采用等电点或尿素复盐沉析法提取。青霉素和链霉素早期也用沉析法，利用青霉素与 *N*,*N*- 二苄基乙二胺（DBED）形成复盐沉淀，链霉素与苯甲胺缩合形成希夫碱沉淀，并在酸性条件下分解以制得成品。苹果酸、枸橼酸和乳酸都采用钙盐沉析法提取。对于蛋白质（酶）等大分子生化物质则常采用盐析、有机溶剂、等电点及某些沉析剂的沉析方法。

沉析操作常在发酵液经过滤或离心（除去不溶性杂质及细胞碎片）以后进行，得到的沉析物可直接干燥制得成品或经进一步提纯，如透析、超滤、色谱或结晶制得高纯度生化产品。操作方式可分连续法和间歇法两种，规模较小时，常采用间歇法。不管哪一种方式，操作步骤通常都按三步进行：首先加入沉析剂，然后进行沉析物的陈化，促进粒子生长，最后离心或过滤，收集沉析物。加沉析剂的方式和陈化条件对产物的纯度、收率和沉淀物的形状都有很大影响。

因此，沉析法的优点是：设备简单、成本低，浓缩倍数高，原材料易得等，既适用于抗生素等小分子物质，又适用于蛋白质等大分子；缺点是：分离产物纯度低且需要后续处理。

8.1 盐析

盐析主要适用于蛋白质（酶）等生物大分子物质。在高浓度中性盐存在下，它们在水溶液中的溶解度降低而产生沉淀，称盐析法。盐析法是一种经典的分离方法，早在 1859 年，盐析法就被用于从血液中分离蛋白质，目前仍广泛用来回收或分离蛋白质。

8.1.1 盐析原理

蛋白质（酶）等生物大分子物质以一种亲水胶体形式存在于水溶液中，无外界影响时，呈稳定的分散状态，其主要原因是：第一，蛋白质为两性物质，一定 pH 下表面显示一定的电性，由于静电斥力作用，使分子间相互排斥；第二，蛋白质分子周围，水分子成有序排列，在其表面上形成了水合膜，水合膜层能保护蛋白质粒子，避免其因碰撞而聚沉。

当向蛋白质溶液中逐渐加入中性盐时，会产生两种现象：低盐情况下，随着中性盐离子强度的增加，蛋白质溶解度增大，称盐溶现象。但是，在高盐浓度时，蛋白质溶解度随之减小，发生了盐析作用。产生盐析作用的一个原因是盐离子与蛋白质表面具相反电性的离子基团结合，形成离子对，因此盐离子部分中和了蛋白质的电性，使蛋白质分子之间电排斥作用减弱而能相互靠拢，聚集起来。蛋白质的盐析机理示意图见图 8-1。盐析作用的另一个原因是中性盐的亲水性比蛋白质大，盐离子在水中发生水合而使蛋白质脱去了水合膜，暴露出疏水区域，由于疏水区域的相互作用，使其沉淀。

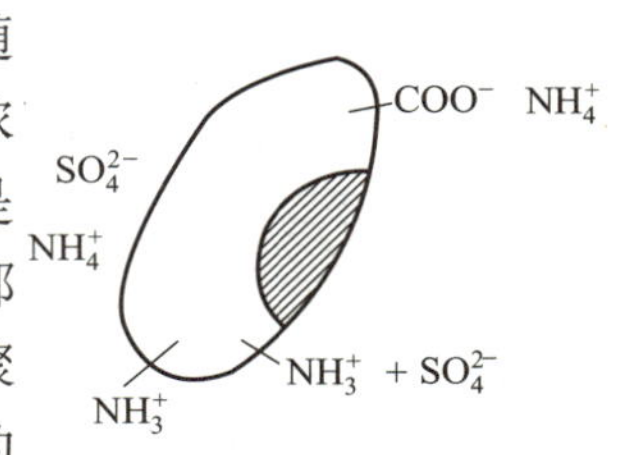

图 8-1 蛋白质的盐析机理示意

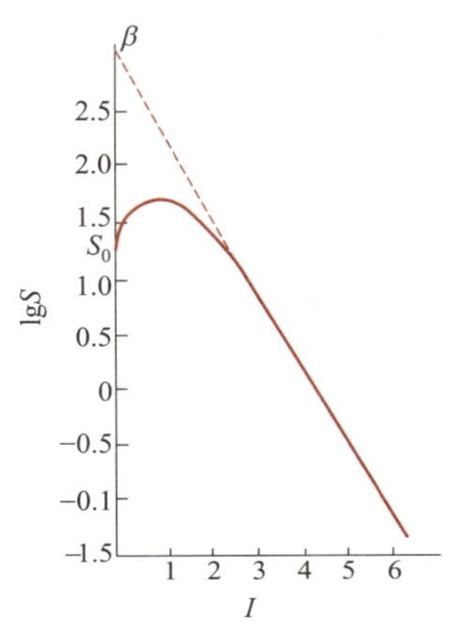

图 8-2 25℃下，pH6.6 时碳氧血红蛋白 lg$S$ 与（NH_4）$_2SO_4$ 离子强度 I 关系

蛋白质在水中的溶解度不仅与中性盐离子的浓度有关，还与离子所带电荷数有关，高价离子影响更显著，通常用离子强度来表示对盐析的影响。图 8-2 表示盐离子强度与蛋白质溶解度之间的关系，直线部分为盐析区，曲线部分表示盐溶。在盐析区，服从下列数学表达式（Cohn 经验式）：

$$\lg S=\beta-K_sI \tag{8-1}$$

式中，S 为蛋白质溶解度，mol/L；I 为盐离子强度，$I=\frac{1}{2}\sum c_iZ_i^2$；$c_i$ 为 i 离子浓度，mol/L；Z_i 为 i 离子化合价；β 和 K_s 对特定的盐析系统为常数。

式（8-1）中 β 的物理意义是：当盐离子强度为零时，蛋白质溶解度的对数值，在图 8-2 中是直线向纵轴延伸的截距，它与蛋白质的种类、温度和溶液 pH 有关，与无机盐无关。K_s 是盐析常数，为直线的斜率，与蛋白质和盐的种类有关，但与温度和 pH 无关。表 8-1 列出了一些蛋白质的盐析常数。由表 8-1 可见中性盐的阴离子对 K_s 的影响是主要的，阴离子的价数高，盐析常数大。阳离子有时效果相反。由图 8-2 可以看出盐析常数 K_s 大时，溶质溶解度受盐浓度的影响大，盐析效果好。反之 K_s 小时盐析效果差，生物大分子因表面电荷多，分子量大，溶解度受盐浓度的影响大，其 K_s 值比一般小分子要高 10 ～ 20 倍。在一定的盐析环境中 β 值是蛋白质的特征常数，一氧化碳血红蛋白在不同电解质中的溶解度曲线见图 8-3，中性盐的种类对 β 的影响趋于零。但环境温度及 pH 值变化对 β 影响很大。一般来说生物分子处于等电点附近时 β 值最小。温度对 β 值的影响随溶质种类而异，大多数蛋白质的 β 值随温度升高而下降。

表 8-1 一些蛋白质的盐析常数 L/mol

蛋白质	氯化钠	硫酸镁	硫酸铵	硫酸钠	磷酸钾	枸橼酸钠
β- 乳球蛋白				0.63		
血红蛋白（马）		0.33	0.71	0.76	1.00	0.69
血红蛋白（人）					2.00	
肌红蛋白（马）			0.94			
卵清蛋白			1.22			
纤维蛋白原	1.07		1.46		2.16	

以式（8-1）为基础将盐析方法分为两种类型：① 在一定的 pH 和温度下改变离子强度（盐浓度）

进行盐析，称作 K_s 盐析法；② 在一定离子强度下仅改变 pH 和温度进行盐析，称作 β 盐析法。

在多数情况下，尤其是在生产中，往往是向提取液中加入固体中性盐或其饱和溶液，以改变溶液的离子强度（温度及 pH 基本不变），使目标物或杂蛋白沉淀析出。这样做使被盐析物质的溶解度剧烈下降，易产生共沉现象，故分辨率不高。这就使 K_s 盐析法多用于提取液的前期分离工作。

在分离的后期阶段，为了求得较好的分辨率，或者为了达到结晶的目的，有时应用 β 盐析法。β 盐析法由于溶质溶解变化缓慢且变化幅度小，沉淀分辨率比 K_s 盐析好。通常粗提蛋白质时用 K_s 盐析法，进一步分离纯化用 β 盐析法。

8.1.2　盐析用盐的选择

按照盐析理论，离子强度对蛋白质等溶质的溶解度起着决定性的影响。但在相同的离子强度下，离子的种类对蛋白质的溶解度也有一定程度的影响。加上各种蛋白质分子与不同离子结合力的差异和盐析过程中的相互作用，蛋白质分子本身发生变化，使盐析行为远比经典的盐析理论复杂。一般的解释是（Hofmeister 提出）半径小的高价离子在盐析时的作用较强，半径大的低价离子作用较弱。图 8-3 表示不同盐类对同一蛋白质的不同盐析作用。其 K_s 值的顺序为磷酸钾＞硫酸钠＞硫酸铵＞枸橼酸钠＞硫酸镁。镁离子半径虽比铵离子小，但在高盐浓度下镁离子产生一层离子雾，因而半径大增，降低了盐析效应。选用盐析用盐要考虑以下几个主要问题。

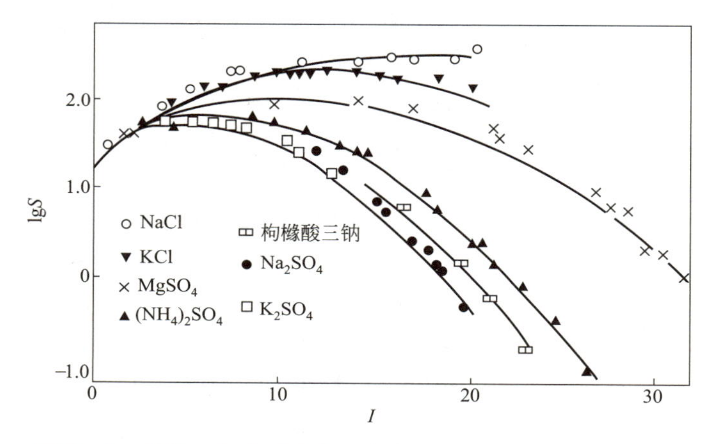

图 8-3　25℃一氧化碳血红蛋白在不同电解质中溶解度曲线

① 盐析作用要强。一般来说多价阴离子的盐析作用强，但有时多价阳离子反而使盐析作用降低。

② 盐析用盐须有足够大的溶解度，且溶解度受温度影响应尽可能地小。这样便于获得高浓度盐溶液，有利于操作，尤其是在较低温度（0 ～ 4℃）下的操作，不致造成盐结晶析出，影响盐析效果。

③ 盐析用盐在生物学上是惰性的，不致影响蛋白质等生物分子的活性。最好不引入给分离或测定带来麻烦的杂质。

④ 来源丰富、经济。

表 8-2 列出了最常见的盐析用盐的有关特性。

表 8-2 常用盐析用盐的有关性质

盐的种类	盐析作用	溶解度	溶解度受温度影响	缓冲能力	其他性质
硫酸铵	大	大	小	小	含氮，便宜
硫酸钠	大	较小	大	小	不含氮，较贵
磷酸盐	小	较小	大	大	不含氮，贵

下面列出两类离子盐析效果强弱的经验规律。

阴离子：$C_6H_5O_7^{3-}$ > $C_4H_4O_6^{2-}$ > SO_4^{2-} > F^- > IO_3^- > $H_2PO_4^-$ > Ac^- > BrO_3^- > Cl^- > Br^- > NO_3^- > ClO_4^- > I^- > SCN^-

阳离子：Ti^{3+} > Al^{3+} > H^+ > Ba^{2+} > Sr^{2+} > Ca^{2+} > Mg^{2+} > Cs^+ > Rb^+ > NH_4^+ > K^+ > Na^+ > Li^+

硫酸铵具有盐析效应强、溶解度大且受温度影响小等特点，在盐析中使用最多。在 25℃时，1L 水中能溶解 767g 硫酸铵固体，相当于 4mol/L 的浓度。该饱和溶液的 pH 值在 4.5 ～ 5.5 范围内。使用时多用浓氨水调整到 pH7 左右。盐析要求很高时，则可将硫酸铵进行重结晶，有时还需通入 H_2S 以去除重金属。

硫酸钠溶解度较低，尤其在低温下，例如，在 0℃时仅 138g/L，30℃时上升为 326g/L，增加幅度为 137%（表 8-3），它不含氮，是个优点，但应用远不如硫酸铵广泛。

表 8-3 不同温度下硫酸钠的溶解度

温度 /℃	0	10	20	25	30	32
溶解度 /（g/L）	138	184	248	282	326	340

磷酸盐、枸橼酸盐也较常用，且有缓冲能力强的优点，但因溶解度低，易与某些金属离子生成沉淀，应用都不如硫酸铵广泛。

8.1.3 影响盐析的因素

蛋白质的盐析效果受蛋白质自身性质（氨基酸序列、相对分子质量和空间结构等）的影响，反映在方程中就是对 K 和 β 的影响。K 值随蛋白质相对分子质量的增大或分子不对称性的增强而增大，即结构不对称、相对分子质量大的蛋白质易于盐析沉淀。不同蛋白质的 β 值也不同。对特定的蛋白质，影响盐析效果的主要因素有无机盐种类及浓度、溶液 pH、盐析温度及蛋白质浓度等。

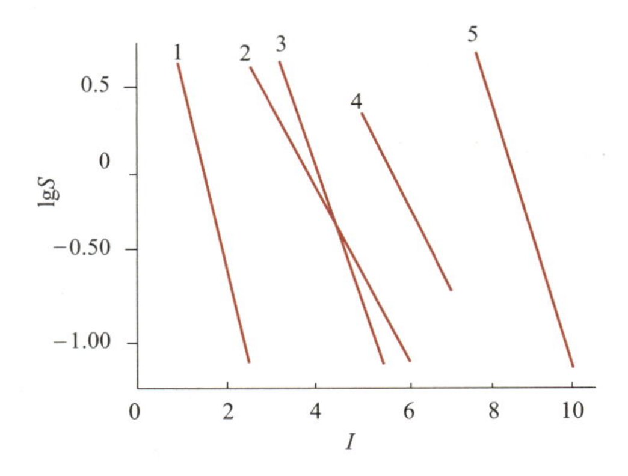

图 8-4 几种蛋白质析出时所需硫酸铵的离子强度

1—纤维蛋白原；2—血红蛋白；3—拟球蛋白；4—血清蛋白；5—肌红蛋白

（1）溶质（蛋白质等）种类的影响　不同溶质的 K_s 和 β 值均相同，因而它们的盐析行为也不同，蛋白质析出时所需硫酸铵的离子强度见图 8-4。这是盐析分离法的基本依据。人血浆蛋白质的分步分离（蛋白质浓度 1% ～ 2%）就是利用 K_s 盐析法，见表 8-4。

表 8-4 血浆蛋白的分步盐析结果

硫酸铵饱和度 /%	沉淀的蛋白质	硫酸铵饱和度 /%	沉淀的蛋白质
20	纤维蛋白原	＞ 50	白蛋白
28 ～ 33	优球蛋白	80	肌红蛋白
33 ～ 50（35）	拟球蛋白		

盐析法除了前面所说的经济、简便、安全等优点外，不足之处是分辨率不够高，分离物中的中性盐须除去等。除盐的方法有超滤、透析、凝胶过滤，将沉淀重新溶解后再以有机溶剂沉淀，如树脂除盐。

（2）溶质（蛋白质等）浓度的影响 盐析过程中蛋白质等溶质的溶解度显著下降，但不是 0。以沉淀形式析出的部分溶质仅仅是原有浓度与该离子强度下溶解度的差值。不同浓度的同种蛋白质溶液要产生沉淀所要求的临界盐浓度不同。在相同的离子强度条件下，各种蛋白质的溶解度也不同。所以当对高浓度的蛋白质混合液实施盐析时，杂质蛋白被同时沉淀下来（共沉作用）的可能性增大，数量也增加。另外，大量的目标蛋白沉淀也会通过分子间的相互作用吸附一定数量的它种蛋白质，从而降低了分辨率，影响了分离效果。例如，血浆蛋白含量高于 3% 时，白蛋白的硫酸铵极限饱和含量下降，低于 50%，以使其与球蛋白共沉淀；又如羧基肌红蛋白含量在 3% 时，硫酸铵极限饱和含量为 58%，当含量降到 0.3% 时，硫酸铵极限饱和含量上升为 66%。总的说来，蛋白质浓度大时，中性盐的极限饱和浓度低，共沉作用强，分辨率低，但用盐量减少、蛋白质的溶解损失小。相反，蛋白质浓度较小时，中性盐的极限饱和浓度增高，共沉作用小、分辨率较高，但用盐量大，蛋白质的回收率较低，所以在盐析时首先要根据实际条件调节蛋白质溶液的浓度。一般常将蛋白质的含量控制在 2% ～ 3% 为宜。

（3）pH 对盐析的影响 一般认为，蛋白质分子表面所带的净电荷越多，它的溶解度就越大，当外界环境使其表面净电荷为零时，溶解度将达到一个相对的最低值。所以调节溶液的 pH 或加入与蛋白质分子表面极性基团结合的离子（称反离子）可以改变它的溶解度。图 8-5 显示了在 25℃时不同 pH 条件下血红蛋白的溶解特征。由图 8-5 可见，在血红蛋白等电点附近（pH=6.60）其溶解度最小，所以往往调整选择蛋白质溶液的 pH 值于沉淀目标物等电点附近进行盐析。这样做产生沉淀所消耗的中性盐较少，蛋白质的回收率也高，同时部分地减少了共沉作用。值得注意的是，蛋白质等高分子化合物的表观等电点受介质环境的影响，尤其是在高盐溶液中，分子表面电荷分布会发生变化，等电点往往发生偏移，与负离子结合的蛋白质，其等电点常向酸侧移动。当蛋白质分子结合较多的 Mg^{+}、Zn^{2+} 等阳离子时等电点则向高 pH 偏移。

（4）盐析温度的影响 一般来说在低盐浓度下蛋白质等生物大分子的溶解度与其他无机物、有机物相似，即温度升高，溶解度升高。但对于多数蛋白质、肽而言，在高盐浓度下，它们的溶解度反而降低，如不同温度下，血红蛋白结合物在浓磷酸缓冲液中的溶解度（见图 8-6）。只有少数蛋白质例外，如胃蛋白酶、大豆球蛋白，它们在高盐浓度下的溶解度随温度上升而增高。而卵球蛋白的溶解度几乎不受温度影响，卵清蛋白在 25℃时溶解度最小。

8.1.4 盐析操作

盐析法是蛋白质分离的主要方法之一，其突出的特点是试剂成本低，操作简单安全，不需要特别昂贵的设备，所用盐不影响生物分子的活性。

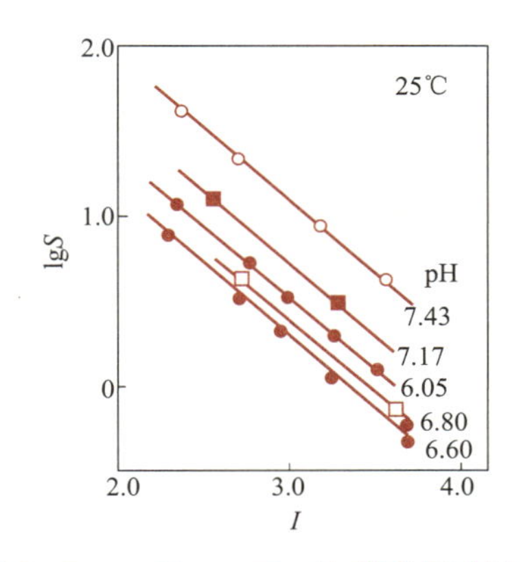

图 8-5 不同 pH 下，浓磷酸缓冲液中血红蛋白的溶解度曲线

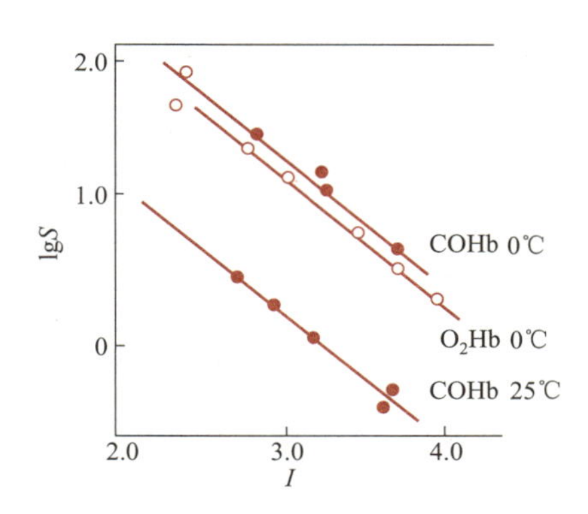

图 8-6 不同温度下，血红蛋白结合物在浓磷酸缓冲液中的溶解度

无论在实验室，还是在生产上，除少数有特殊要求的盐析以外，大多数情况下都采用硫酸铵进行盐析。可按两种方式将硫酸铵加入溶液中：一种是直接加固体 $(NH_4)_2SO_4$ 粉末，工业生产常采用这种方式，加入时速度不能太快，应分批加入，并充分搅拌，使其完全溶解和防止局部浓度过高；另一种是加入硫酸铵饱和溶液，在实验室和小规模生产中，或 $(NH_4)_2SO_4$ 浓度无需太高时，可采用这种方式，它可防止溶液局部过浓，但加入量较多时，料液会被稀释。

硫酸铵的加入量有不同的表示方法。常用“饱和度”来表征其在溶液中的最终浓度，25℃时 $(NH_4)_2SO_4$ 的饱和浓度为 4.1mol/L［即 767g$(NH_4)_2SO_4$/L 溶液］，定义它为 100% 饱和度，为了达到所需要的饱和度，应加入固体 $(NH_4)_2SO_4$ 的量可由表 8-5 查得，或由式（8-2）计算而得。

$$X=\frac{G(P_2-P_1)}{1-AP_2} \tag{8-2}$$

式中，X 为 1L 溶液所需加入 $(NH_4)_2SO_4$ 的质量，g；G 为经验常数，0℃时为 515，20℃时为 513；P_1 和 P_2 分别为初始和最终溶液的饱和度，%；A 为常数，0℃时为 0.27，20℃时为 0.29。

由于硫酸铵溶解度受温度影响不大，表 8-5 和式（8-2）也可用于其他温度场合。如果加入 $(NH_4)_2SO_4$ 饱和溶液，为达到一定饱和度，所需加入的饱和 $(NH_4)_2SO_4$ 溶液的体积可由式（8-3）求得。

$$V_a=V_0\frac{P_2-P_1}{1-P_2} \tag{8-3}$$

式中，V_a 为加入的饱和 $(NH_4)_2SO_4$ 体积，L；V_0 为蛋白质溶液的原始体积，L。

表 8-5 硫酸铵饱和度的配制（25℃）

原有硫酸铵饱和度 /%	需要达到的硫酸铵的饱和度 /%																
	10	20	25	30	33	35	40	45	50	55	60	65	70	75	80	90	100
0	56	114	114	176	196	209	243	277	313	351	390	430	472	516	561	662	767
10		57	86	118	137	150	183	216	251	288	326	365	406	449	494	592	694
20			29	59	78	91	123	155	189	225	262	300	340	382	424	520	619
25				30	49	61	93	125	158	193	230	267	307	348	390	485	383
30					19	30	62	94	127	162	198	235	273	314	356	449	546
33						12	43	74	107	142	177	214	252	292	333	426	522
35							31	63	94	129	164	200	238	278	319	411	506

续表

原有硫酸铵饱和度 /%	需要达到的硫酸铵的饱和度 /%																
	10	20	25	30	33	35	40	45	50	55	60	65	70	75	80	90	100
40								31	63	97	132	168	205	245	285	375	496
45									32	65	99	134	171	210	250	339	431
50										33	66	101	137	176	214	302	392
55											33	67	103	141	179	264	353
60												34	69	105	143	227	314
65													34	70	107	190	275
70														35	72	152	237
75															36	115	198
80																77	157
90																	79

特别需要说明的是，除蛋白质和酶以外，多肽、多糖、核酸和病毒等也可以用盐析法进行沉淀分离。如 43% 饱和度的硫酸铵可以使 DNA 和 RNA 沉淀，而 tRNA 保留在上清液 ;20%~40% 饱和度的硫酸铵可以使许多病毒沉淀。

8.2　有机溶剂沉析

8.2.1　有机溶剂沉析原理

向水溶液中加入一定量亲水性的有机溶剂，降低溶质的溶解度，使其沉淀析出的分离纯化方法，称为“有机溶剂沉析法”。其机理主要有两点。

① 亲水性有机溶剂加入溶液后降低了介质的介电常数，使溶质分子之间的静电引力增加，聚集形成沉淀。根据库仑公式

$$F=\frac{q_1q_2}{Kr^2} \tag{8-4}$$

两带电质点间的静电作用力在质点电量不变、质点间距离不变的情况下与介质的介电常数成反比，表 8-6 是一些有机溶剂的介电常数。

表 8-6　一些有机溶剂的介电常数

溶剂	介电常数	溶剂	介电常数
水	80	2.5mol/L 尿素	84
20% 乙醇	70	5mol/L 尿素	91
40% 乙醇	60	丙酮	22
60% 乙醇	48	甲醇	33
100% 乙醇	24	丙醇	23
2.5mol/L 甘氨酸	137		

② 水溶性有机溶剂本身的水合作用降低了自由水的浓度，压缩了亲水溶质分子表面原有水合层的厚度，降低了它的亲水性，导致脱水凝集。以上两个因素相比较，脱水作用较静电作用占更主要地位。

由表 8-6 可见，乙醇、丙酮的介电常数都较低，是最常用的沉淀用溶剂。2.5mol/L 甘氨酸的介电常数很大，可以作蛋白质等生物高分子溶液的稳定剂。

有机溶剂沉析生物高分子的优点是分辨能力比盐析法高，即一种蛋白质或其它溶质只在一个比较窄的有机溶剂浓度范围内沉淀，且沉淀后的样品不需脱盐，过滤分离也比较容易；有机溶剂容易回收分离，样品中的残留低，产品洁净。但应注意：溶剂溶解会产生热，需控制在低温下操作；对某些具有生物活性的大分子会引起变性失活；溶剂消耗量大，成本比无机盐高；一些有机溶剂易燃，需注意操作安全，防燃防爆；一些溶剂具有毒性，需要防护。

8.2.2 沉析溶剂的选择

沉析用的有机溶剂的选择，主要应考虑以下几方面的因素。

① 介电常数小，沉析作用强。

② 对生物分子的变性作用小。

③ 毒性小，挥发性适中。沸点过低虽有利于溶剂的除去和回收，但挥发损失较大，且给劳动保护及安全生产带来麻烦。

④ 沉析用溶剂一般需能与水无限混溶，一些与水部分混溶或微溶的溶剂，如氯仿、乙醚等也有使用，但使用对象和方法不尽相同。

乙醇具有沉析作用强、沸点适中、无毒等优点，广泛用于沉析蛋白质、核酸、多糖等生物高分子及核苷酸、氨基酸等。

丙酮沉析作用大于乙醇。用丙酮代替乙醇作沉析剂一般可以减少用量 1/4 ～ 1/3。但因其具有沸点较低、挥发损失大、对肝脏有一定毒性、着火点低等缺点，使得它的应用不及乙醇广泛。

甲醇沉析作用与乙醇相当，但对蛋白质的变性作用比乙醇、丙酮都小，由于口服有剧毒，使其不能广泛应用。

其他溶剂，如二甲基甲酰胺、二甲基亚砜、2- 甲基 -2,4- 戊二醇（MPD）和乙腈也可作沉析剂用，但远不如上述乙醇、丙酮、甲醇使用普遍。

8.2.3 影响有机溶剂沉析的因素

（1）温度　有机溶剂与水混合时要产生相当数量的热量，一些有机溶剂的溶解热如表 8-7 所示，溶解热使体系的温度升高，增加了有机溶剂对蛋白质的变性作用。因此，在使用有机溶剂沉析生物高分子时，一定要控制在低温下进行。由于大多数蛋白质在乙醇 - 水混合溶液中的溶解度随温度下降而减少，低温对提高收率也是有利的。为了达到此目的，常将待分离的溶液和有机溶剂分别进行预冷，后者最好预冷至 –20 ～ –10℃，在具体操作时还应不断搅拌，搅拌的作用一方面是为了散热，另一方面是为了防止溶剂局部过浓引起的变性作用和分辨率下降现象发生。同时，溶剂的加入速度也须控制，不宜太快。

8

表 8-7　一些有机溶剂的溶解热

物质	分子量	比热温度	溶剂水的物质的量 /mol	产热量 /（kJ/mol）
甲醇	32	25℃	25	6.65
乙醇	46	18℃	200	11.17
丙醇	60	常温	∞	12.76
丙酮	58	常温	∞	10.50
硫酸铵	132	18℃	400	–9.96

用有机溶剂沉析蛋白质时，温度须严格控制。因为蛋白质在有机溶剂存在时，溶解度多随温度升高而增加，如果形成沉淀后温度升高，沉淀可能重新溶解，如果温度下降，可能使沉淀增多（其中包括杂蛋白）。在有些情况下，把沉淀后清液的温度降低，可沉淀出另一种产品，这就是所谓的温差分级沉淀。

为了减少溶剂对蛋白质的变性作用，通常使沉淀在低温下作短时间的老化处理（0.5 ～ 2h）后即进行过滤或离心分离，接着真空抽去剩余溶剂或将沉淀溶入大量缓冲液中以稀释溶剂，旨在减少有机溶剂与目标物的接触。

（2）溶液 pH　溶液的 pH 值对溶剂的沉淀效果有很大的影响，适宜的 pH 值可使沉析效果增强，提高产品收率，同时还可提高分辨率。许多蛋白质在等电点附近有较好的沉析效果，但不是所有的蛋白质都是这样，甚至有少数蛋白质在等电点附近不太稳定，在控制溶液 pH 时有一点要特别注意，即务必使溶液中大多数蛋白质分子带有相同电荷，而不要让目标物与主要杂质分子带相反电荷，以免出现严重的共沉作用。

（3）离子强度　较低离子强度的存在往往有利于沉析作用，甚至还有保护蛋白质，防止变性，减少水和溶剂相互溶解及稳定介质 pH 值的作用。用溶剂沉析蛋白质时离子强度以 0.01 ～ 0.05mol/L 为好，通常不应超过 5% 的含量。常用的助沉剂多为低浓度单价盐，如醋酸钠、醋酸铵、氯化钠等。这是增加了蛋白质分子的表面电荷，从而增强了分子间引力之故，但在离子强度较高时（0.2mol/L 以上），往往须增加溶剂的用量才能使沉淀析出。介质中离子强度很高时，沉淀物中会夹有较多的盐，所以若要对盐析后的上清液施行溶剂沉淀，则必须事先除盐。

（4）样品浓度　与盐析相似，样品较稀时，将增加溶剂的投入量和损耗，降低了溶质收率，且容易发生稀释变性，但稀的样品共沉作用小，分离效果较好。反之浓的样品会增强共沉作用，降低分辨率，然而减少了溶剂用量，提高了回收率，变性的危险性也小于稀溶液。一般认为蛋白质的初浓度以 0.5% ～ 2% 为好，黏多糖则以 1% ～ 2% 较合适。

（5）金属离子的助沉作用　在用溶剂沉析生物高分子时还须注意到一些金属离子，如 Zn^{2+}、Ca^{2+} 等可与某些呈阴离子状态的蛋白质形成复合物，这种复合物的溶解度大大降低而不影响生物活性，有利于沉淀形成，并降低溶剂耗量，0.005 ～ 0.02mol/L 的 Zn^{2+} 可使溶剂用量减少 1/3 ～ 1/2，使用时要避免与这些金属离子形成难溶盐的阴离子存在（如磷酸根）。实际操作时往往先加溶剂沉淀除去杂蛋白，再加 Zn^{2+} 沉淀目标物。现以一段胰岛素精制工艺加以说明（图 8-7）。

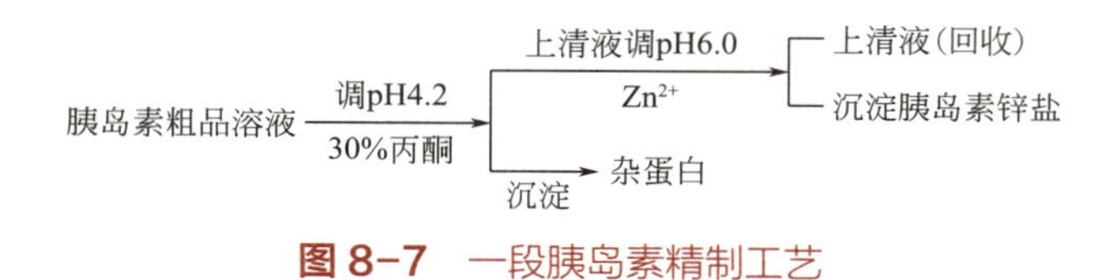

图 8-7　一段胰岛素精制工艺

与盐析法相比，有机溶剂沉析法具有如下优点：乙醇等有机溶剂易挥发除去，不会残留于成品中，产品更纯净；沉淀物与母液间的密度差较大，容易分离，适合于离心分离收集沉淀物。有机溶剂沉析法的主要缺点是容易使蛋白质变性，因此操作条件应严加控制。另外，采用大量有机溶剂，成本较高，为节省用量，常将蛋白质溶液适当浓缩，并要采取溶剂回收措施。有机溶剂一般是易燃易爆的，车间和设备都应有防护措施。

8.3 等电点沉析法

8.3.1 等电点沉析原理

两性电解质在溶液 pH 处于等电点（p*I*）时，分子表面净电荷为零，导致赖以稳定的双电层及水合膜削弱或破坏，分子间引力增加，溶解度降低。调节溶液的 pH 值，使两性溶质溶解度下降，析出沉淀的操作称为等电点沉析法。

等电点沉析法操作十分简便，试剂消耗少，给体系引入的外来物（杂质）也少，是一种常用的分离纯化方法，不同离子强度下，同种蛋白质的溶解度与 pH 的关系见图 8-8。从图 8-8 不难看出，两性溶质在等电点及等电点附近仍有相当的溶解度（有时甚至比较大），所以等电点沉析往往不完全，加上许多生物分子的等电点比较接近，故很少单独使用等电点沉析法作为主要纯化手段，往往与盐析、有机溶剂沉析等方法联合使用。在实际工作中普遍用等电点法作为去杂手段。

与盐析和有机溶剂沉淀相比，等电点沉析法无需后续的脱盐和去有机溶剂理。但是，如果沉析操作时的 pH 值过低或过高，可能引起目标蛋白质的变性。

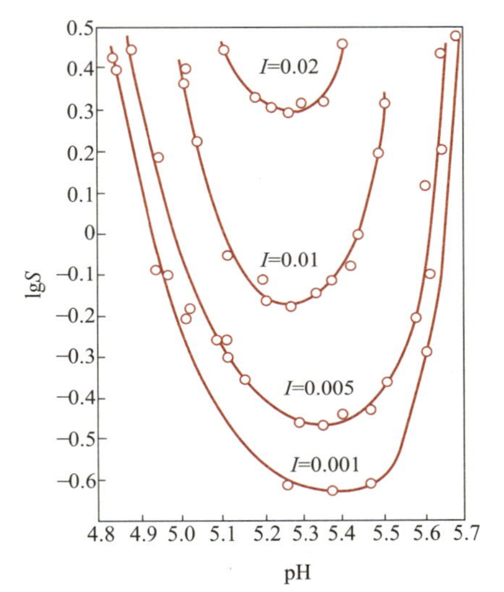

图 8-8 不同离子强度下同种蛋白质的溶解度与 pH 的关系

8.3.2 等电点沉析操作

在进行等电点沉析操作时需要注意以下几个问题。

① 生物高分子的等电点易受盐离子的影响发生变化，若蛋白质分子结合的阳离子多，如 Ca^{2+}、Mg^{2+}、Zn^{2+}，等电点升高；若结合阴离子多，如 Cl^{-}、SO_4^{2-}、HPO_4^{2-}，则等电点降低。自然界中许多蛋白质较易结合阴离子，使等电点向酸侧移动。

② 在使用等电点沉析时还应考虑目的物的稳定性。有些蛋白质或酶在等电点附近不稳定，如 *α*- 糜蛋白酶（p*I*=8.1 ～ 8.6），胰蛋白酶（p*I*=10.1），它们在中性或偏碱性的环境中由于自身或其他蛋白水解酶的作用而部分降解失活。所以在实际操作中应避免溶液 pH 上升至 5 以上。

③ 生物大分子在等电点附近盐溶作用很明显，所以无论是单独使用还是与溶剂沉析法合用，都必须控制溶液的离子强度。

8.4 其他沉析法

在生化制备中经常使用的沉析方法还有成盐沉析法、变性沉析法及共沉析法等。所使用的沉析剂有金属盐、有机酸类、表面活性剂、离子型或非离子型的多聚物、变性剂及其他一些化合物。

8.4.1 水溶性非离子型多聚物沉析剂

非离子型多聚物是20世纪60年代发展起来的一类重要沉析剂，最早应用于提纯免疫球蛋白（IgG）和沉析一些细菌与病毒，近年来逐渐广泛应用于核酸和酶的分离纯化。这类非离子型多聚物包括各种不同分子量的聚乙二醇（polyethylene glycol，PEG）、壬苯乙烯化氧（NPEO）、葡聚糖、右旋糖酐硫酸酯等，其中应用最多的是聚乙二醇，其结构式是：

$$HO—(CH_2—CH_2—O)_n—CH_2—CH_2—OH$$

用非离子型多聚物沉析生物大分子和微粒，一般有两种方法，一种方法是选用两种水溶性非离子型多聚物，组成液-液两相系统，使生物大分子或微粒在两相系统中不等量分配，而造成分离。这一方法是由于不同生物分子和微粒表面结构不同，有不同分配系数，并且因离子强度、pH值和温度等因素的影响，从而增强分离的效果。另一种方法是选用一种水溶性非离子型多聚物，使生物大分子或微粒在同一液相中，由于被排斥相互凝集而沉淀析出。对后一种方法，操作时应先离心除去粗大悬浮颗粒，调整溶液pH值和温度至适度，然后加入中性盐和多聚物至一定浓度，冷贮一段时间后，即形成沉淀。

所得到的沉淀中含有大量沉析剂。除去的方法有吸附法、乙醇沉淀法及盐析法等。例如，将沉淀物溶于磷酸缓冲液中，用35%硫酸铵沉淀蛋白质，PEG则留在上清中，用DEAE-纤维素吸附目标物也常用，此时PEG不被吸附。用20%乙醇处理沉淀复合物，离心后也可将PEG除去（留在上清液中）。

用葡聚糖和聚乙二醇作为二相系统分离单链DNA、双链DNA和多种RNA制剂，在20世纪60年代也有过报道。近30多年来发展很快，特别是用聚乙二醇沉淀分离质粒DNA，已相当普遍。一般在0.01mol/L磷酸缓冲液中加聚乙二醇达10%浓度，即可将DNA沉淀下来。在遗传工程中所用的质粒DNA的分子量一般在10^6范围。选用的PEG分子量常为6000（即PEG6000），因它易与分子量在10^6范围的DNA结合而沉淀。

8.4.2 生成盐类复合物的沉析剂

生物大分子和小分子都可以生成盐类复合物沉析，此法一般可分为：①与生物分子的酸性官能团作用的金属复合盐法（如铜盐、银盐、锌盐、铅盐、锂盐、钙盐等）；②与生物分子的碱性官能团作用的有机酸复合盐法（如苦味酸盐、苦酮酸盐，单宁酸盐等）；③无机复合盐法（如磷钨酸盐、磷钼酸盐等）。以上盐类复合物都具有很低的溶解度，极容易沉淀析出，若沉淀为金属复合盐，可通以H_2S使金属变成硫化物而除去；若为有机酸盐、磷钨酸盐，则加入无机酸并用乙醚萃取，把有机酸、磷钨酸等移入乙醚中除去；或用离子交换法除去。但值得注意的是，重金属、某些有机酸与无机酸和蛋白质形成复合盐后，常使蛋白质不可逆地沉淀，应用时必须谨慎。

（1）金属复合盐　许多有机物包括蛋白质在内，在碱性溶液中带负电荷，都能与金属离子形成沉淀。所用的金属离子，根据它们与有机物作用的机制可分为三大类。第一类包括 Mn^{2+}、Fe^{2+}、Co^{2+}、Ni^{2+}、Cu^{2+}、Zn^{2+} 和 Cd^{2+}，它们主要作用于羧酸、胺及杂环等含氮化合物；第二类包括 Ca^{2+}、Ba^{2+}、Mg^{2+} 和 Pb^{2+}，这些金属离子也能和羧酸起作用，但对含氮物质的配基没有亲和力；第三类金属包括 Hg^{2+}、Ag^{+} 和 Pb^{2+}，这类金属离子对含硫氢基的化合物具有特殊的亲和力。蛋白质和酶分子中含有羧基、氨基、咪唑基和硫氢基等，均可以和上述金属离子作用形成盐类复合物。

蛋白质 - 金属复合物的重要性质是它们的溶解度对介质的介电常数非常敏感。调整水溶液的介电常数（如加入有机溶剂），用 Zn^{2+}、Ba^{2+} 等金属离子可以把许多蛋白质沉淀下来，而所用金属离子强度约为 0.02mol/L 左右即可。金属盐复合物沉淀也适用于核酸或其他小分子，金属离子还可沉淀氨基酸、多肽及有机酸等。

（2）有机酸类复合盐　含氮有机酸如苦味酸、苦酮酸和单宁等，能够与有机分子的碱性官能团形成复合物而沉淀析出。但这些有机酸与蛋白质形成盐复合物沉淀时，常常发生不可逆的沉淀反应。工业上应用此法制备蛋白质时，需采取较温和条件，有时还加入一定的稳定剂，以防止蛋白质变性。

① 单宁即鞣酸，广泛存在于植物界，其分子结构可看作是一种五 - 双没食子酸酰基葡萄糖，为多元酚类化合物，分子上有羧基和多个羟基。由于蛋白质分子中有许多氨基、亚氨基和羧基等，这样就有可能在蛋白质分子与单宁分子间形成为数众多的氢键而结合在一起，从而生成巨大的复合物颗粒沉淀下来。

单宁沉淀蛋白质的能力与蛋白质种类、环境 pH 值及单宁本身的来源（种类）和浓度有关。由于单宁与蛋白质的结合相对比较牢固，用一般方法不易将它们分开。故多采用竞争结合法。即选用比蛋白质更强的结合剂与单宁结合，使蛋白质游离释放出来。这类竞争性结合剂有乙烯氮戊环酮（PVP），它与单宁形成氢键的能力很强。此外，聚乙二醇、聚氧乙烯及山梨糖醇甘油酸酯也可用来从单宁复合物中分离蛋白质。

② 雷凡诺（2- 乙氧基 -6,9- 二氨基吖啶乳酸盐，2-ethoxy-6,9-diaminoacidine lactate）是一种吖啶染料。虽然其沉淀机理比一般有机酸盐复杂，但其与蛋白质作用主要也是通过形成盐的复合物而沉淀的。此种染料对提纯血浆中 γ- 球蛋白有较好效果。实际应用时以 0.4% 的雷凡诺溶液加到血浆中，调 pH7.6 ～ 7.8，除 γ- 球蛋白外，可将血浆中其他蛋白质沉淀下来。然后将沉淀物溶解再以 5%NaCl 将雷凡诺沉淀除去（或通过活性炭柱或马铃薯淀粉吸附除去）。溶液中的 γ- 球蛋白可用 25% 乙醇或加等体积硫酸铵饱和溶液沉淀回收。使用雷凡诺沉淀蛋白质，不影响蛋白质活性，并可通过调整 pH 值，分段沉淀一系列蛋白质组分。但蛋白质的等电点在 pH3.5 以下或 pH9.0 以上，不被雷凡诺沉淀。核酸大分子也可在较低 pH 值时（pH2.4 左右），被雷凡诺沉淀。

③ 三氯乙酸（TCA）沉淀蛋白质迅速而完全，一般会引起变性。但在低温下短时间作用可使有些较稳定的蛋白质或酶保持原有的活力，如用 2.5% 浓度 TCA 处理胰蛋白、抑肽酶或细胞色素 c 提取液，可以除去大量杂蛋白而对酶活性没有影响。此法多用于目标物比较稳定且分离杂蛋白相对困难的场合，如分离细胞色素 c 工艺（图 8-9）。

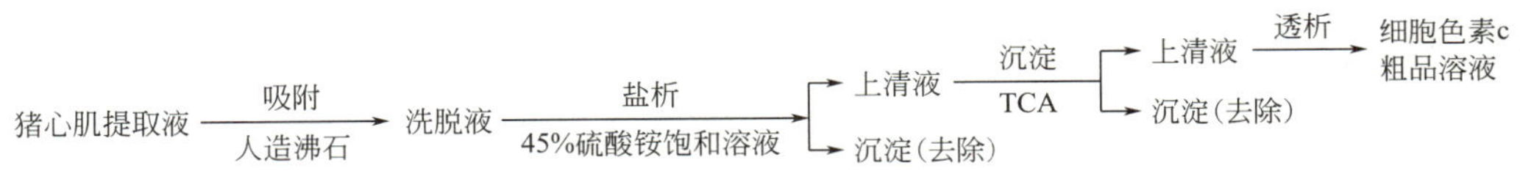

图 8-9　TCA 沉析法分离细胞色素 c

8.4.3　离子型表面活性剂

十六烷基三甲基季铵盐溴化物（CTAB）、十六烷基氯化吡啶（CPC）、十二烷基硫酸钠（SDS）等皆属于离子型表面活性剂。前两种化合物用于沉淀酸性多糖类物质，SDS 等用于分离膜蛋白或核蛋白。

8.4.4　离子型多聚物沉析剂

离子型多聚物沉析剂可与蛋白质等生物大分子形成类似离子键而结合起来，是一类温和的沉析剂。常用的核酸（多聚阴离子）可作用于碱性蛋白质，鱼精蛋白（多聚阳离子）则作用于酸性蛋白质。此外还有人工合成的离子型聚合物。因多聚电解质与蛋白质分子发生静电作用，所以调整溶液 pH 值，使蛋白质分子带有不同电荷，与上述多聚物作用后得以分离。

8.4.5　氨基酸类沉析剂

从氨基酸混合物液中（如蛋白质水解液）提取某种特定氨基酸时，除采用等电点沉析、柱色谱等方法外还可使用一些特殊的沉析剂，如从猪血纤维水解液中制取组氨酸时，用氯化汞使其形成汞盐析出，沉淀洗净后制成悬液，再向沉淀中通入 H_2S 气体即可使组氨酸重新游离；用苯甲醛沉淀精氨酸，用邻二甲基苯磺酸沉淀亮氨酸在生产上也有应用；另外还有苯偶氮苯磺酸沉淀丙氨酸和丝氨酸；2,4- 二硝基萘酚 -7- 磺酸沉淀精氨酸；二氨合硫氰化铬氨选择性沉淀脯氨酸和羟脯氨酸等。从酵母酸性提取液中分离谷胱甘肽时，先使其生成亚铜盐沉淀，然后以 H_2S 解吸，再用丙酮将谷胱甘肽沉淀析出。

8.4.6　分离核酸用沉析剂

在制备核酸时，常在核蛋白提取液中加入酚或氯仿、水合三氯乙醛、十二烷基硫酸钠等。它们破坏核酸与蛋白质分子间的离子键和氢键，使两者分离，并选择性地使其中的蛋白质部分变性沉淀，而使核酸留在溶液中有利于提取。

硫酸链霉素和鱼精蛋白为多价阳离子，带有大量正电荷，可使带大量负电荷的核酸发生直接沉淀。由于成本偏高，加之沉淀后分离较困难，使用不多。

8.4.7　分离黏多糖的沉析剂

一些黏多糖的沉析剂，除了较多地使用乙醇外，十六烷基三甲基季铵盐溴化物（CTAB），十六烷基氯化吡啶等阳离子表面活性剂也是用于分离黏多糖的有效沉析剂。CTAB 具有下列结构：

$$CH_3—(CH_2)_{14}—CH_2—N^+(CH_3)_3 \cdot Br^-$$

季铵基团上的阳离子与黏多糖分子上的阴离子可以形成季铵配合物。此配合物在低离子强度的水溶液中不溶解，但当溶液离子强度增加至一定范围，配合物则逐渐解离，最后溶解。除了离子强度的影响外，CTAB 对各种黏多糖的分级沉淀效果与各种黏多糖硫酸化程度和溶液 pH 值有关。由于 CTAB 的沉析效力极强，能从很稀的溶液中（如万分之一浓度）通过选择性沉淀回收黏多糖。

8.4.8 选择变性沉析法

这一特殊方法主要是破坏杂质，保存目标物。其原理是利用蛋白质、酶和核酸等生物大分子对某些物理或化学因素的敏感性不同，而有选择地使之变性沉淀，以达到分离提纯的目的。

① 使用选择性变性剂，如表面活性剂、重金属盐、有机酸、酚、卤代烷等，使提取液中的蛋白质或部分杂质蛋白发生变性，使之与目标物分离，如制取核酸时用氯仿将蛋白质沉淀分离。

② 选择性热变性，利用蛋白质等生物大分子对热的稳定性不同，加热破坏某些组分，而保存另一些组分，如脱氧核糖核酸酶对热稳定性比核糖核酸酶差，加热处理可使混杂在核糖核酸酶中的脱氧核糖核酸酶变性沉淀。又如由黑曲霉发酵制备脂肪酶时，常混杂有大量淀粉酶，当把混合粗酶液在 40℃水浴中保温 2.5h（pH=3.4），90% 以上的淀粉酶将受热变性而除去。热变性方法简单易行，在制备一些对热稳定的小分子物质过程中，对除去一些大分子蛋白质和核酸特别有用。

③ 选择性的酸碱变性。利用酸、碱变性有选择地除杂蛋白在生化制备中的例子也很多，如用 2.5% 浓度的三氯乙酸处理胰蛋白酶、抑肽酶或细胞色素 c 粗提取液，均可除去大量杂蛋白，而对所提取的酶活性没有影响。有时还把酸碱变性与热变性结合起来使用，效果更为显著。但使用前，必须对制备物的热稳定性和酸碱稳定性有足够了解，切勿盲目使用。例如胰蛋白酶在 pH2.0 的酸性溶液中可耐极高温度，而且热变性后产生的沉淀是可逆的。冷却后沉淀溶解即可恢复原来活性。还有些酶与底物或者竞争性抑制剂结合后，对 pH 值或热的稳定性显著增加，则可以采用较强烈的酸碱变性和加热方法除去杂蛋白。

上述这类沉析剂或沉析方法普遍存在选择性不强，或易引起变性失活等缺点，使用时都应注意环境条件的温和，并在沉淀完成后尽快除去沉析剂。有时仅在沉淀物不作收集的特殊情况下使用。

8.5 大规模沉析

所谓“大规模”并不仅指数吨或数千克的生产规模，而是比现有的实验方法的生产能力大 10 倍或更多一点的过程。换句话说，是过程的放大。

大规模沉析和小规模沉析都涉及同样的平衡理论。例如，一种特定的物质在大规模流程和小规模流程中的溶解度是一样的。在大规模生产流程中，化学反应动力学可能会变化，但应尽量使其保持不变，例如，在实验室小试中，在 5min 内析出直径为 300μm 的沉淀，若要得到相同的沉淀，就必须在大规模生产中找到适宜的反应条件。

在单位体积溶液受到一定的搅拌时，沉淀的效果相同。为进一步地说明，把沉析过程理想化为以下六个步骤。

（1）初步混合　将溶质的料液与溶剂或盐混合。

（2）起晶　出现小晶体，开始出现沉淀。

（3）扩散控制晶种生长　沉析作用由于扩散而加快。

（4）对流沉析 流动和混合促进了沉淀的生长。

（5）絮凝 胶体粒子聚结成较大的絮凝体。

（6）离心 可通过离心操作把沉淀物分离出来。

以上这些步骤可能是同时发生的，不过在以下讨论中，认为它们是按顺序发生的。

8.5.1 初步混合

均匀混合所需的时间为

$$t=\frac{l^2}{4D} \tag{8-5}$$

式中，l 为末级湍流混合长度；D 是溶质的扩散系数。

湍流是因混合而产生的，并在湍流场中依次分解：

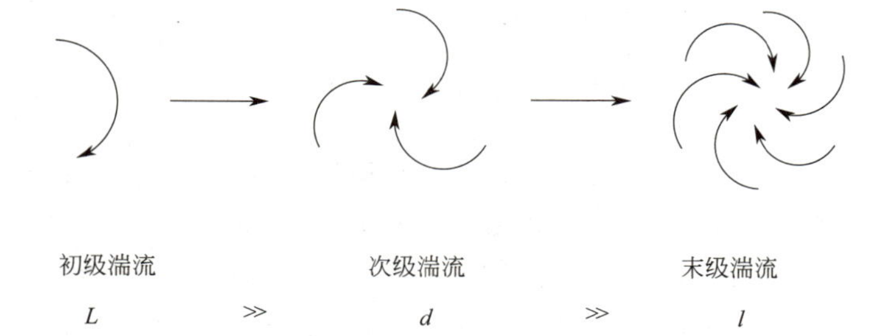

初级湍流 次级湍流 末级湍流

$L \gg d \gg l$

末级湍流是各向同性的。按照 Kolmogoroff 理论

$$l=\left(\frac{\rho\mu^3}{P/V}\right)^{\frac{1}{4}} \tag{8-6}$$

式中，ρ 是溶液密度；P/V 为单位体积的输入功率；μ 为黏度。

8.5.2 起晶

在此阶段出现微小的颗粒，并开始生长，在无机体系中，起晶可能很慢，过饱和状态要维持很长时间，但对生物分离体系，起晶过程瞬间即可完成。

8.5.3 扩散控制晶体生长阶段

起晶之后，沉淀粒子随着溶质在周围溶液中向周围扩散并开始生长，这一生长过程通常采用二级微分方程表示。

$$\frac{\mathrm{d}y_\mathrm{i}}{\mathrm{d}t}=-Ky_\mathrm{i}^2 \tag{8-7}$$

式中，y_i 为溶质的浓度；K 为常数。

速率常数为扩散系数 D 的函数

$$K=8\pi Dd\bar{N} \tag{8-8}$$

式中，d 是溶剂颗粒的直径；$\bar{N}$为阿伏伽德罗常数。

对式（8-7）积分可得

$$\frac{1}{y_i}=\frac{1}{y_{i0}}+Kt \tag{8-9}$$

式中，y_{i0} 为初始溶质浓度。

根据物料平衡，有

$$y_i\bar{M}_i=y_{i0}\bar{M}_0 \tag{8-10}$$

式中，$\bar{M}_i$为测定沉析物的平均分子量；$\bar{M}_0$为起始操作时溶质的平均分子量。

将式（8-10）代入式（8-9）可得

$$\bar{M}_i=\bar{M}_0(1+y_{i0}Kt) \tag{8-11}$$

由式（8-8）可知，因$\bar{N}$为常数，故 K 正比于 Dd。研究表明，扩散系数 D 与粒子直径成反比，故 K 被认为是常数。

8.5.4 对流沉析

扩散限制了细小颗粒的生长，但对于较大粒子的生长则影响不大。对流混合对沉析粒子的生长起较大作用，和扩散限制生长类似，对流混合生长也遵循二级动力学方程，即

$$\frac{dy_i}{dt}=-Ky_i^2 \tag{8-12}$$

式中，K 为对流混合生长速率常数，$K=\frac{2}{3}a\bar{N}d^3\left[\frac{P/N}{\rho v}\right]^{1/2}$；$\alpha$ 为黏附系数，是一个与颗粒增大无关的经验常数；v 是运动黏度。

因为颗粒直径及速率常数 K 为时间的函数，直接对式（8-12）积分很困难。因此引入溶质的体积分数 ϕ

$$\phi=\frac{1}{6}\pi d^3y_i\bar{N} \tag{8-13}$$

显然 ϕ 是与时间无关的常数，令

$$G=\left[\frac{P/V}{\rho v}\right]^{\frac{1}{2}}$$

则式（8-12）变为

$$-\frac{dy_i}{dt}=\frac{4}{\pi}\alpha\phi Gy_i \tag{8-14}$$

式中，G 为混合所引起的速度梯度的方根。

积分式（8-14）得

$$\frac{y_i}{y_{i0}}=\exp\left(-\frac{4}{\pi}\alpha\phi Gt\right) \tag{8-15}$$

式（8-15）说明颗粒浓度在流动控制区的变化符合一级反应动力学规律。同时也反映出一种指数衰减的规律。

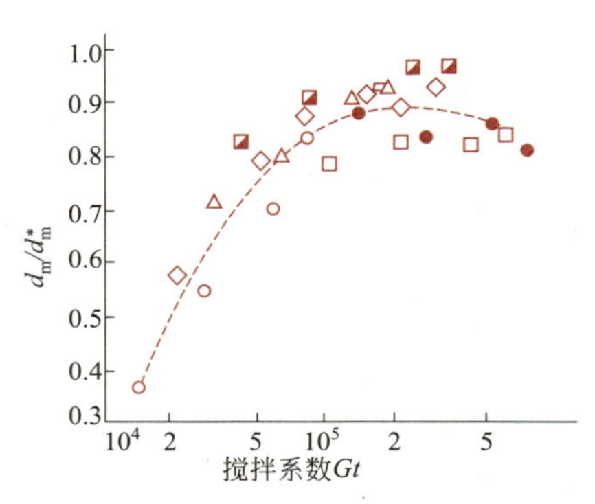

图 8-10　颗粒直径与原直径之比与 Gt 对应的指数函数关系

式（8-15）中 Gt 是一个无量纲变量，又称为搅拌数（Camp 数），显然颗粒直径与 Gt 亦有指数函数关系，如图 8-10 所示。图 8-10 中表示大豆蛋白在剪切应力场中的变化剪切速率 G=1.7×10s^{-1}，平均剪切时间 t=0.065s，蛋白浓度为 30kg/m^3，平均初始直径的单位为 1μm，标记为 53.5（○）、23.4（△）、19.5（◇）、15.2（□）、10.2（◪）、8.8（●），如果采用连续沉析装置，则颗粒浓度减少与在混合液中停留时间的关系如下。

平推流：

$$\ln\left(\frac{y_0}{y_i}\right)=\frac{4}{\pi}\alpha\phi Gt \tag{8-16}$$

全混流，对 m 个连续全混流反应器有

$$t_{CSTR}=\frac{\pi m}{4\alpha\phi G}\left[\left(\frac{y_0}{y_i}\right)^{y_m}-1\right] \tag{8-17}$$

8.5.5　絮凝阶段

沉析过程的最后一步是沉淀物的絮凝聚集，一般而言，小颗粒生产阶段的湍流可能会破坏絮凝块，因此该沉析步骤通常在一个非搅拌槽中进行；不过也有研究发现，在中等强度的搅拌下可以加速絮凝作用；此外，合成高聚物往往可以加速絮凝作用，因此可将其用作过滤或离心的预处理剂。

应该注意的是，以上几个过程往往是同时进行的；在离心和过滤之前要进行沉析预处理，该预处理必须有一定的时间和搅拌强度，以蛋白质为例，其沉析粒子的大小与搅拌时间的关系如图 8-11 所示。

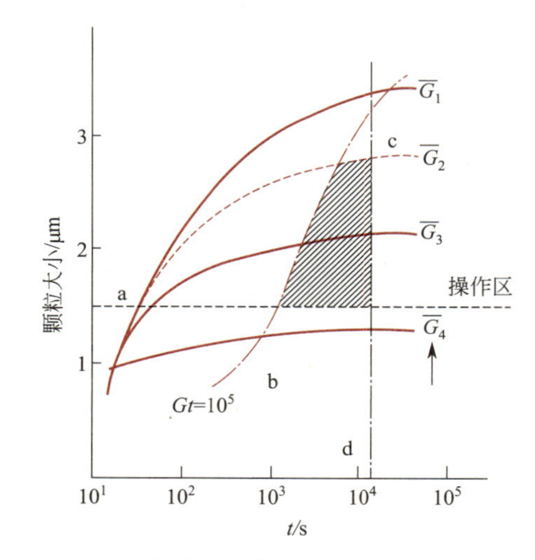

图 8-11　蛋白质沉析粒子大小与搅拌时间的关系

a—离心所需的最小粒径；b—最优搅拌数（$Gt=10^5$）；c—提供均匀混合的最小搅拌速率；d—最大搅拌时间

间隙操作的适宜区为图中阴影部分，阴影区符合以下四个约束条件：①离心操作对颗粒尺寸有一个最低要求；② Gt 值要足以提供强烈的沉析作用；③足够的搅拌以提供良好的混合；④不能超出一定的搅拌时间。

【例 8-1】　有一混合酶液含胆甾醇氧化酶和脱氢酶，现需用沉析法从中取出脱氢酶以获得纯的胆甾醇氧化酶。已知脱氢酶的分子量为 2.5×10^{-5}，沉析物的密度是 1300kg/m^3，粒子直径为 1.04×18^{-8}m，扩散系数为 4.1×10^{-11}m^2/s。拟用突然改变混合酶液 pH 值的方法来沉析，沉析槽装液容积 1m^3，搅拌器功率 1kW。进料浓度为 0.2kg/m^2，黏附系数 α 为 0.05s。设料液的物性和水近似，忽略起晶时间，求：①扩散限制生长过程经历时间 t；②在 t 时刻时沉析粒子的浓度；③沉析粒子长大至 0.1mm 时所需时间。

【解】①根据方程（8-5）、式（8-6），可得出扩散限制生长过程经历时间为

$$t=\frac{1}{4D}\left(\frac{\rho\mu^3}{P/V}\right)^{1/2}=\frac{1}{4\times4.1\times10^{-11}}\left[\frac{1000\times(10^{-6})^3}{1000/1}\right]^{1/2}$$

$$=6.1\,(\mathrm{s})$$

②据题设，进料浓度为

$$y_0=\frac{0.2}{2.5\times10^{-5}}=8\times10^{-3}(\mathrm{mol/m^3})$$

据方程式（8-9）可得 t 时刻沉析粒子的浓度为

$$y_t=\frac{y_0}{1+y_0Kt}$$

而

$$K=8\pi Dd\bar{N}$$

$$=8\pi\times4.1\times10^{-11}\times1.04\times10^{-8}\times6.02\times10^{23}$$

$$=6.45\times10^{6}\mathrm{m^3/(mol\cdot s)}$$

故

$$y_t=\frac{8\times10^{-4}}{1+8\times10^{-4}\times6.45\times10^{6}\times6.1}$$

$$=2.54\times10^{-8}(\mathrm{mol/m^3})$$

由计算结果可知，在扩散限制阶段，生成的过氧化氢酶沉析浓度 y_t 远比料液中酶的含量低得多，还需经历对流混合生长阶段使沉析粒子增大。

③由题给条件可求得粒子直径 d=10^{-4}m 的沉析物的平均分子量为

$$\bar{M}=\frac{1}{6}\pi d^3\rho\bar{N}$$

$$=\frac{\pi}{6}(10^{-4})^3\times1300\times6.02\times10^{23}$$

$$=4.10\times10^{14}$$

相应的沉淀浓度为

$$y_t=\frac{y_0\bar{M}_0}{\bar{M}}=\frac{0.2}{4.1\times10^{14}}$$

$$=4.88\times10^{-16}(\mathrm{mol/m^3})$$

根据式（8-15），可求得沉析粒子直径增大至 0.1mm 时所经历的时间为

$$t=\ln\left(\frac{y_t}{y_0}\right)\frac{\pi}{(-4)\alpha\phi}\left(\frac{\rho\nu}{P/V}\right)^{1/2}$$

而

$$\phi=\frac{1}{6}\pi d^3y_t\bar{N}$$

$$=\frac{\pi}{6}(10^{-4})^3\times4.88\times10^{-16}\times6.02\times10^{23}$$

$$=1.538\times10^{-4}$$

$$\frac{\rho\nu}{P/V}=\frac{1300\times10^{-6}}{1000/1}=1.3\times10^{-6}$$

故
$$t=\ln\left(\frac{4.88\times10^{-16}}{8\times10^{-4}}\right)\frac{\pi}{(-4)\times0.05\times1.538\times10^{-4}}$$
$$(1.3\times10^{-6})^{1/2}=3275(\mathrm{s})\approx54.6(\mathrm{min})$$

从上述的计算结果可知，胆甾醇脱氢酶沉析过程最慢的一步是对沉析的对流混合生长，这一步约需 1h。所以，在沉析分离过程放大设计时，这是关键。同时，由最慢的对流混合沉析过程耗时计算式可知，若要把小试结果放大，则需保持单位溶液搅拌功率 P/V 不变，则理论上其沉析过程时间 t 也不变。

习题

1. 判断题：

① β 盐析法常用于提取液的前处理，K_s 盐析法常用于初步的纯化（　　）。

② 氯化钠对蛋白质的盐析作用优于硫酸铵（　　）。

③ 乙酸乙酯可用于有机溶剂沉析（　　）。

④ 当溶液 pH 值处于等电点时，分子表面净电荷为 0，双电层和水化膜结构被破坏，由于分子间引力，形成蛋白质聚集体产生沉淀（　　）。

2. 选择题

① 有机溶剂能够沉淀蛋白质的原因（　　）。

A. 介电常数大　　B. 介电常数小

C. 中和电荷　　D. 与蛋白质相互反应

② 将四环素粗品溶于 pH 2 的水中，用氨水调 pH4.5 ～ 4.6，28 ～ 30℃保温，即有四环素沉淀结晶析出。此沉淀方法称为（　　）。

A. 有机溶剂结晶法　　B. 等电点法

C. 透析结晶法　　D. 盐析结晶法

③ 调节体系（　　），使两性电解质的溶解度下降，析出的操作称为等电点沉淀。

A. 温度　　B.pH

C. 离子浓度　　D. 溶液极性

3. 计算题

① 100L 含 10g/L 牛血清蛋白的溶液（内含 5g/L 的未知蛋白 x）用 $(NH_4)_2SO_4$ 处理，如要达到回收 90% 的血清蛋白，沉淀常数如下：

蛋白质	β	K_s
牛血清蛋白	21.6	7.65
未知蛋白 x	20.0	7.00

设以上特征与其他蛋白的存在无关，求沉淀的纯度。

② 牛血清蛋白在 2.8mol/L 及 3.0mol/L $(NH_4)_2SO_4$ 溶液中的溶解度分别为 1.2g/L 及 0.26g/L。求牛

血清蛋白在 3.5mol/L $(NH_4)_2SO_4$ 中的溶解度。

4. 论述题

① 简述有机溶剂沉析的原理。

② 简述等电点沉析的原理。

③ 影响盐析的主要因素有哪些？

9 色谱分离法

思维导图

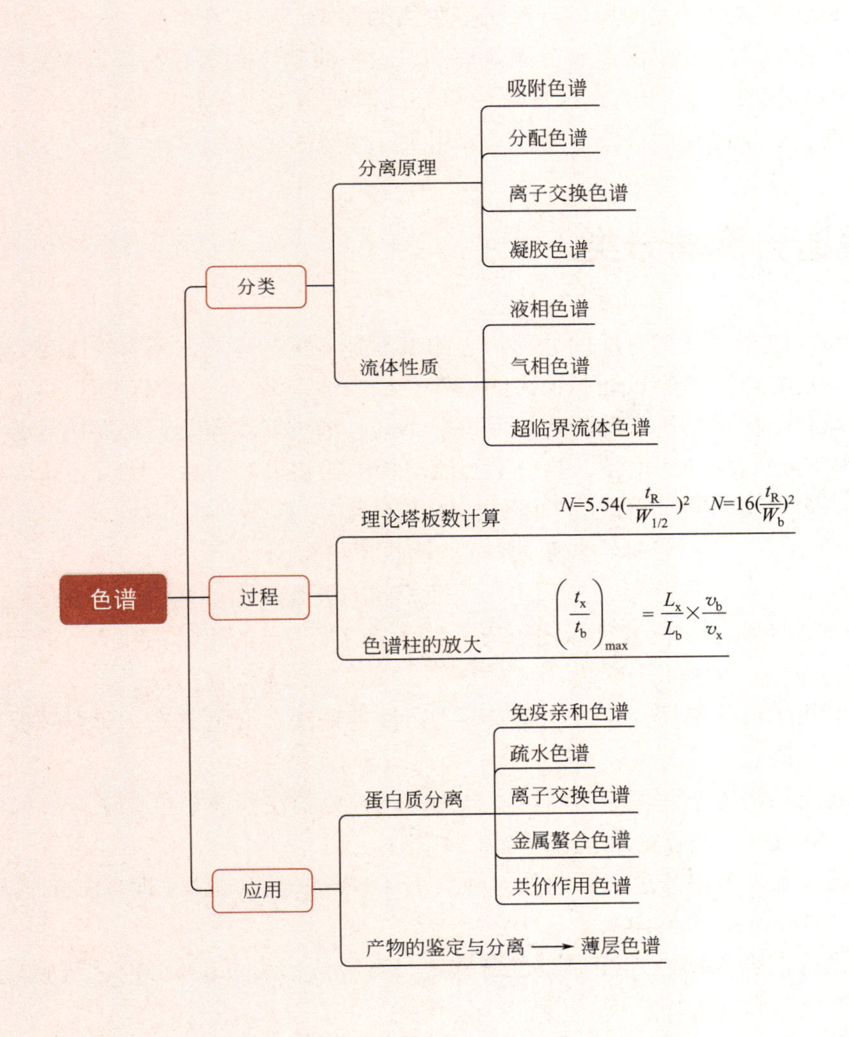

色谱
分类
分离原理
吸附色谱
分配色谱
离子交换色谱
凝胶色谱
流体性质
液相色谱
气相色谱
超临界流体色谱
过程
理论塔板数计算
$N=5.54(\frac{t_R}{W_{1/2}})^2$ $N=16(\frac{t_R}{W_b})^2$
色谱柱的放大
$\left(\frac{t_x}{t_b}\right)_{max}=\frac{L_x}{L_b}\times\frac{v_b}{v_x}$
应用
蛋白质分离
免疫亲和色谱
疏水色谱
离子交换色谱
金属螯合色谱
共价作用色谱
产物的鉴定与分离 ⟶ 薄层色谱

学习目标

- ○ 学习色谱分离技术；
- ○ 指出色谱分离技术的几种分类；
- ○ 简要描述吸附色谱及其分类和基本原理；
- ○ 分配色谱定义；
- ○ 简要描述离子交换色谱的分类及应用；
- ○ 简要描述凝胶色谱的分离原理及分类；
- ○ 简要描述离子交换及疏水作用层析的原理；
- ○ 掌握高效液相色谱的分离原理及应用；
- ○ 举例蛋白质分离的常用色谱方法。

色谱分离法是研究开发的用以分离酶等生物活性蛋白质以及多肽、核酸、多糖等生物大分子物质的一种新技术。色谱分离法具有分离效率高、设备简单、操作方便、条件温和、不易造成物质变性等优点，操作方法和条件的多样性使色谱分离能适用于多种物质的提纯。其不足之处是处理量小、操作周期长、不能连续操作，因此主要用于实验室中。

9.1 色谱分离法分类

色谱法是一组相关分离方法的总称，它的机理是多种多样的，但不管哪种方法都必须包括两个相。一相是固定相，通常为表面积很大的或多孔性固体；另一相是流动相，是液体或气体。当流动相流过固定相时，由于物质在两相的分配情况不同，经过多次差别分配而达到分离，或者说，易分配于固定相中的物质移动速度慢，易分配于流动相中的物质移动速度快，因而逐步分离。

根据分离的机理不同，色谱法可以分为如下 4 类。

① 吸附色谱法　依据目标物与杂质与吸附剂之间的吸附力不同而分离。

② 分配色谱法　依据目标物与杂质在两液相间的分配系数不同而分离。

③ 离子交换色谱法　依据目标物与杂质对离子交换树脂的化学亲和力不同而分离。

④ 凝胶色谱法　依据目标物与杂质的分子大小或形状不同而分离。

根据固定相的形状不同，色谱法可以分为：柱色谱法、纸色谱法、薄层（板）色谱法、凝胶色谱法、旋转薄层色谱法等。

根据流动相的物态不同，色谱法可以分为：气相色谱法和液相色谱法。气相色谱法分离效果很好，但仅用于能汽化的物质，在抗生素生产中很少应用。

根据实验技术，色谱分离法可以分为迎头法（frontal analysis）、顶替法（displacement analysis）和洗脱分析法（elution analysis）。

迎头法系将混合物溶液连续通过色谱柱，只有吸附力最弱的组分以纯物质状态最先自柱中流出，其他各组分都不能进行分离。

顶替法系利用一种吸附力比各被吸附组分都强的物质来洗脱，这种物质称为顶替剂。此法处理量较大，且各组分分层清楚，但层与层相连，故不易将各组分分离完全。

洗脱分析法系先将混合物尽量浓缩，使体积缩小，引入色谱柱上部，然后用纯溶剂洗脱，洗脱溶剂可以是原来溶解混合物的溶剂，也可选用另外的溶剂。此法能使各组分分层且分离完全，层与层间隔着一层溶剂。此法应用最广，而迎头法和顶替法则很少应用。本章仅讨论洗脱分析法。

过程检查 9.1

○ 蛋白质分离常用的色谱法有哪些？

9.2 色谱分离基本概念

设将欲分离的混合物从色谱柱的左端注入，随后加入洗脱剂（流动相）冲洗，色谱分离纯化过程见图 9-1。

如混合液体中各组分和固定相不发生作用，则各组分都以流动相的速度向下移动，因而得不到分离。实际上各组分和固定相间常存在一定的亲和力，故各组分的移动速度小于流动相的速度，如果亲和力不等，则各组分的移动速度也不一样，因而能得到分离。

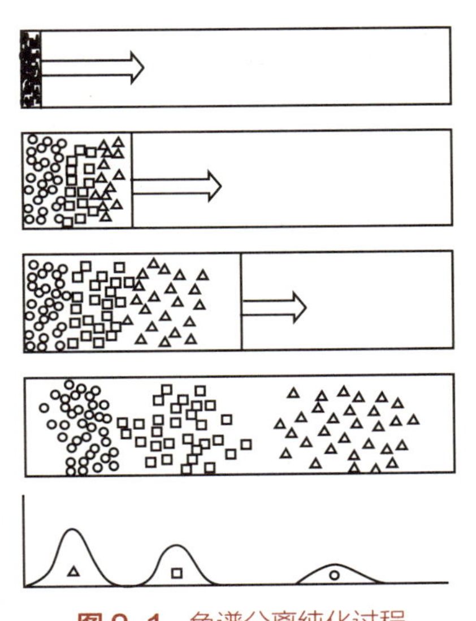

图 9-1 色谱分离纯化过程

图 9-1 中各组分对固定相的亲和力大小次序为：白球分子（○）＞正方块分子（□）＞三角形分子（△）。当继续加入洗脱剂，若色谱系统选择适当，且柱有足够长度时，则混合物中三种组分逐渐分开，三角形分子跑在最前面，首先从柱中洗出；白球分子与固定相的亲和力最强，最后流出色谱柱。这种移动速度的差别（即差速迁移）是色谱分离法的基础。加入洗脱剂使各组分分开的操作称为展开（development）。而展开后各组分的分布情况称为色谱图（chromatogram）。显然，可以选择多种多样的物质作为固定相和流动相，故色谱分离法具有广阔的应用前景。

在吸附薄层色谱过程中，展开剂（溶剂）是不断供给的，所以在原点上溶质与展开剂之间的平衡就不断地遭到破坏，即吸附在原点上的物质不断地被解吸。其次，解吸出来的物质溶解于展开剂中并随之向前移动，遇到新的吸附剂表面，物质和展开剂又会部分地被吸附而建立暂时的平衡，但立即又受到不断地移动上来的展开剂的破坏，因而又有一部分物质解吸并随展开剂向前移动，如此吸附 - 解吸 - 吸附的交替过程构成了吸附色谱法的分离基础。吸附力较弱的组分，首先被展开剂解吸下来，推向前去，故有较高的 R_f 值，吸附力强的组分，被截留下来，解吸较慢，被推移不远，所以 R_f 值较低。

溶质在色谱柱（纸或板）中的移动可以用阻滞因子（retardation factor，在纸色谱中称为比移值，即 R_f 值）或洗脱容积（elution volume）V_e 来表征。两者都表示溶质分子在流动相中的停留时间。在一定的色谱系统中，各种物质有不同的阻滞因子或洗脱容积。改变固定相、流动相和操作条件，可使阻滞程度从完全阻滞到自由定向移动的很大范围内变化。假如溶质 - 固定相 - 流动相所组成的色谱系统能很快达到平衡，则阻滞因子或洗脱容积和分配系数有关。

9.2.1 分配系数

在吸附色谱法中，平衡关系一般用 Langmuir（朗格缪尔）方程式表示

$$q=\frac{ac}{1+bc} \tag{9-1}$$

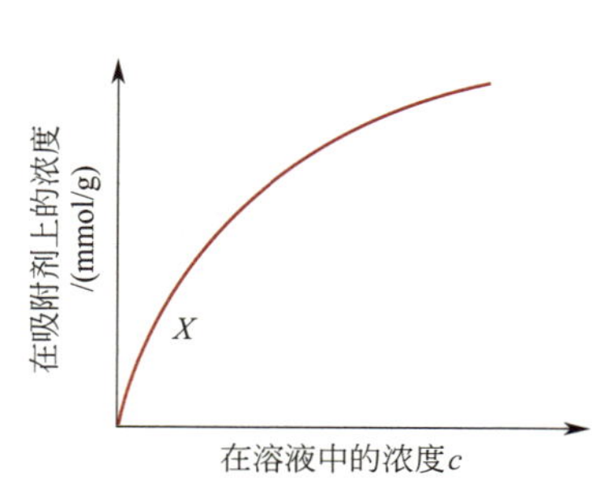

图 9-2 吸附等温线

式中，q，c 分别为溶质在固定相和流动相的浓度；a，b 为常数。

当浓度很低时，即 c 很小时（在 X 点以下），平衡关系为一直线吸附等温线（见图 9-2）。

在分配色谱法中，平衡关系服从于分配定律。在低浓度时，分配系数为一常数，故平衡关系也为一直线［式（9-2）］。

$$\frac{c_1}{c_2}=K \tag{9-2}$$

在凝胶色谱法中，分配系数表示凝胶颗粒内部水分中溶质分子所能达到的部分，故用一定的凝胶分离一定的溶质时，分配系数也为一常数。

综上所述，不论色谱分离的机理怎样，当溶质浓度较低时，固定相浓度和流动相浓度都成线性的平衡关系，即两者之比可用分配系数 K_d 来表示。

$$K_d=\frac{q}{c} \tag{9-3}$$

式中，K_d 为常数。

9.2.2 阻滞因子 R_f

阻滞因子（或 R_f 值）是在色谱系统中溶质的移动速度和一理想标准物质（通常是和固定相没有亲和力的流动相，即 K_d=0 的物质）的移动速度之比，即

$$R_f=\frac{\text{溶质的移动速度}}{\text{流动相在色谱系统中的移动速度}}=\frac{\text{溶质的移动距离}}{\text{在同一时间内溶剂（前缘）的移动距离}} \tag{9-4}$$

令 A_s 为固定相平均截面积，A_m 为流动相的平衡截面积（A_s+A_m=A_t，即系统或柱的总截面积）。如体积为 V 的流动相流过色谱系统，流速很慢，可以认为溶质在两相间的分配达到平衡，则

$$\text{溶质移动距离}=\frac{V}{\text{能进行分配的有效截面积}}=\frac{V}{A_m+K_dA_s} \tag{9-5}$$

$$\text{流动相移动距离}=\frac{V}{A_m} \tag{9-6}$$

由式（9-5）和式（9-6）可得

$$R_{\mathrm{f}}=\frac{A_{\mathrm{m}}}{A_{\mathrm{m}}+K_{\mathrm{d}}A_{\mathrm{s}}} \tag{9-7}$$

因此当 A_{m}、A_{s} 一定时（它们决定于装柱紧密程度），一定的分配系数 K_{d} 有相应的 R_{f} 值。

9.2.3 洗脱容积 V_{e}

在柱色谱法中，使溶质从柱中流出时所通过的流动相体积，称为洗脱容积，这一概念在凝胶色谱法中用得很多。

令色谱柱的长度为 L。设在 t 时间内流过的流动相的体积为 V，则流动相的体积速度为 V/t。而根据式（9-6），溶质的移动速度为$\dfrac{V}{t(A_{\mathrm{m}}+K_{\mathrm{d}}A_{\mathrm{s}})}$。溶质流出色谱柱所需时间为$\dfrac{L(A_{\mathrm{m}}+A_{\mathrm{d}}A_{\mathrm{s}})}{V/t}$，此时流过的流动相体积 $V_{\mathrm{e}}=L(A_{\mathrm{m}}+K_{\mathrm{d}}A_{\mathrm{s}})$。

如令色谱柱中流动相体积 $LA_{\mathrm{m}}=V_{\mathrm{m}}$；色谱柱中固定相体积，$LA_{\mathrm{s}}=V_{\mathrm{s}}$，则有

$$V_{\mathrm{e}}=V_{\mathrm{m}}+K_{\mathrm{d}}V_{\mathrm{s}} \tag{9-8}$$

由式（9-9）可见，不同的溶质有不同的洗脱容积 V_{e}，后者决定于分配系数。

9.2.4 色谱法的塔板理论

塔板理论可以给出在不同瞬间溶质在柱中的分布和各组分的分离程度与柱高之间的关系。所谓的“理论塔板高度”是指这样一段柱高，自这段柱中流出的液体（流动相）和其中固定相平均浓度平衡。设想把柱等分成若干段，每一段高度等于一块理论板。假定分配系数是常数且没有纵向扩散，则不难推断，第 r 块塔板上溶质的质量分数为

$$f_{r}=\frac{n!}{r!\ (n-r)\ !}\left(\frac{1}{E+1}\right)^{n-r}\left(\frac{E}{E+1}\right)^{r} \tag{9-9}$$

式中，n 为色谱柱的理论塔板数；$E=\dfrac{\text{流动相中所含溶质的量}}{\text{固定相中所含溶质的量}}=\dfrac{A_{\mathrm{m}}}{K_{\mathrm{d}}A_{\mathrm{s}}}$。

当 n 很大时，式（9-9）变为

$$f_{\mathrm{r}}=\frac{1}{\sqrt{2\pi nE/\ (E+1)^{2}}}\mathrm{e}^{-\frac{r-nE/\ (E+1)^{2}}{2nE/\ (E+1)^{2}}} \tag{9-10}$$

用图来表示，即成一钟罩形曲线（正态分布曲线）。当 $r=\dfrac{nE}{E+1}$时，f_{r} 最大，即最大浓度塔板 $r_{\max}=\dfrac{nE}{E+1}$，而最大浓度塔板上溶质的量为

$$f_{\max}=\frac{E+1}{\sqrt{2\pi nE}} \tag{9-11}$$

由式（9-11）可见，n 值愈大，即加入溶剂愈多，展开时间愈长，即色带愈往下流动，其高峰浓度逐渐减小，色带逐渐扩大（色带变化过程见图 9-3）。

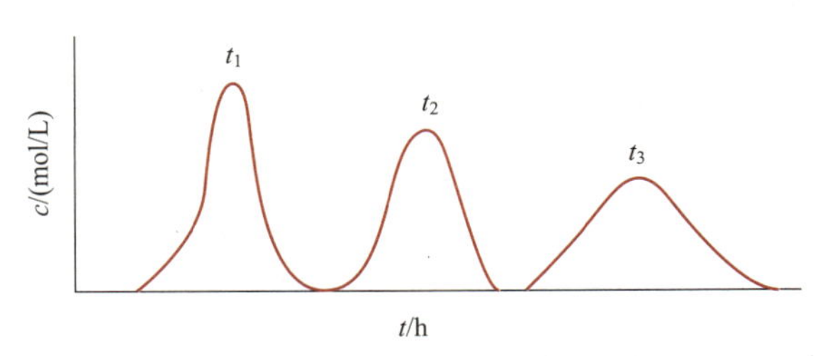

图 9-3 色带的变化过程

由此也可求出 R_{f} 的值

$$R_f=\frac{\text{溶质最大浓度区所移动距离}}{\text{溶剂（前缘）所移动距离}}$$

$$=\frac{r_{\max}}{n}=\frac{E}{E+1}=\frac{A_m}{A_m+K_d A_s}$$

9.2.5 色谱分离回收率和纯度

前已述及色谱分离过程包括两个主要步骤，即目的产物（溶质）与固定相作用和流动相（溶剂）将目的产物洗脱回收。对色谱分离的回收率及纯度可用洗脱时间或收集洗出液序号来分析。

设 c 为溶质浓度，q_v 为流动相流量，从洗脱时间 t_1 至 t 为实际收集目的产物时间，则在这段洗脱收集时间内被洗出的目的产物的量为

$$W_t=\int_{t_1}^{t} cq_v\mathrm{d}t \tag{9-12}$$

显然，色谱法吸附的目的产物总量为

$$W_0=\int_{0}^{\infty} cq_v\mathrm{d}t \tag{9-13}$$

故目的产物的回收率为

$$y=\frac{W_t}{W_0}=\frac{\int_{t_1}^{t} cq_v\mathrm{d}t}{\int_{0}^{\infty} cq_v\mathrm{d}t} \tag{9-14}$$

而目的产物的纯度为

$$P=\frac{\int_{t_1}^{t} cq_v\mathrm{d}t}{\sum_{i=1}^{n}\int_{t_1}^{t} c_i q_v\mathrm{d}t} \tag{9-15}$$

式中，n 为料液所含的溶质总量；i 为目的产物溶质。

在式（9-12）～式（9-15）中，流动相流量已知，但流动相的目的产物浓度 c 则为未知量。根据研究结果，最常用的 c 的近似表达方式为高斯分布式，即

$$c=c_m\exp\left[-\frac{(t/t_m-1)^2}{2\sigma^2}\right] \tag{9-16}$$

式中，c_m 为流动相目的产物最大浓度，kg/m^3；t_m 为相应于 c_m 的洗脱时间，s；σ 为与峰值的标准偏差。

若用洗脱液的体积来表示 c，则

$$c=c_m\exp\left[-\frac{(V/V_m-1)^2}{2\sigma^2}\right] \tag{9-17}$$

式中，V_m 为洗脱出最大浓度 c_m 所需的洗脱液量，m^3；V 为相应洗脱时间 t 的洗脱液量。

式（9-17）中的 $V=q_v t$，上述各式中有关的参数均可由实验直接测定或通过计算求取。

综合式（9-12）～式（9-17），可得出色谱分离目的产物的洗脱总回收量为

$$W_t=\int_{t_1}^{t} q_v c_m\exp\left[-\frac{(t/t_m-1)^2}{2\sigma^2}\right]\mathrm{d}t$$

$$\approx q_v c_m\int_{t_1}^{t}\exp\left[-\left(\frac{t/t_m-1}{\sqrt{2}\sigma}\right)^2\right]\mathrm{d}t$$

$$=\left[\sqrt{\frac{\pi}{2}}q_v c_m t_m \sigma\right]c_m\left[erf\left(\frac{t/t_m-1}{\sqrt{2}\sigma}\right)-erf\left(\frac{t_1/t_m-1}{\sqrt{2}\sigma}\right)\right] \tag{9-18}$$

式（9-18）中，误差函数为

$$erf(x)=\frac{\sqrt{2}}{\pi}\int_0^x e^{-u^2}du \tag{9-19}$$

对应不同 x 的误差函数见表 9-1。

表 9-1　误差函数 $erf(x)$ 的值

x	0	1	2	3	4	5	6	7	8	9
0	0	0.011	0.023	0.034	0.045	0.056	0.068	0.079	0.090	0.101
0.1	0.112	0.124	0.135	0.146	0.157	0.168	0.179	0.190	0.201	0.212
0.2	0.223	0.234	0.244	0.255	0.266	0.276	0.287	0.297	0.308	0.318
0.3	0.329	0.340	0.349	0.359	0.369	0.379	0.389	0.399	0.409	0.419
0.4	0.428	0.438	0.447	0.457	0.446	0.475	0.485	0.494	0.503	0.512
0.5	0.521	0.529	0.538	0.546	0.555	0.563	0.572	0.580	0.588	0.596
0.6	0.604	0.611	0.619	0.627	0.634	0.642	0.649	0.657	0.664	0.671
0.7	0.678	0.685	0.691	0.698	0.705	0.711	0.717	0.724	0.730	0.736
0.8	0.742	0.748	0.754	0.759	0.765	0.771	0.776	0.781	0.787	0.792
0.9	0.797	0.802	0.807	0.812	0.816	0.821	0.825	0.830	0.834	0.839
1.0	0.843	0.847	0.851	0.855	0.859	0.862	0.866	0.870	0.873	0.877
1.1	0.880	0.884	0.887	0.890	0.893	0.896	0.899	0.902	0.905	0.908
1.2	0.910	0.913	0.916	0.918	0.921	0.923	0.925	0.928	0.930	0.932
1.3	0.934	0.936	0.938	0.940	0.942	0.944	0.946	0.947	0.949	0.951
1.4	0.952	0.954	0.955	0.957	0.958	0.960	0.961	0.962	0.964	0.965
1.5	0.966	0.967	0.968	0.970	0.971	0.972	0.973	0.974	0.975	0.975
1.6	0.976	0.977	0.978	0.979	0.980	0.980	0.981	0.982	0.982	0.983
1.7	0.984	0.984	0.985	0.986	0.986	0.987	0.987	0.988	0.988	0.989
1.8	0.989	0.990	0.990	0.990	0.991	0.991	0.991	0.992	0.992	0.992
1.9	0.993	0.993	0.993	0.994	0.994	0.994	0.994	0.995	0.995	0.995
2.0	0.995	0.997	0.998	0.999	0.999	1.000	1.000	1.000	1.000	1.000

由式（9-18）不难看出，目的产物有效洗脱流出仅集中在较短的时间内，故实际上可把 c_m 视作常数，积分的上下限可从 $t=0$ 至 $t=+\infty$。

若以洗脱时间表示，则色谱分离的回收率为

$$y=\frac{1}{2}\left[erf\left(\frac{t/t_m-1}{\sqrt{2}\sigma}\right)-erf\left(\frac{t_1/t_m-1}{\sqrt{2}\sigma}\right)\right] \tag{9-20}$$

若以色谱柱吸附树脂的容积为参数，则分离回收率表示为

$$y=\frac{1}{2}\left[erf\left(\frac{V/V_m-1}{\sqrt{2}\sigma}\right)-erf\left(\frac{V_1/V_m-1}{\sqrt{2}\sigma}\right)\right] \tag{9-21}$$

目的产物（溶质 i）的纯度为

$$P=\frac{c_{\mathrm{m}i}y_i}{\sum_{i=1}^{n}c_{\mathrm{m}i}y_i} \tag{9-22}$$

上述各式的物理意义可由式（9-20）的特殊情况得出，即

① 若 $t=t_1$，则回收率为 0。

② 若 $t_1=0$，则误差函数$erf\left(\frac{t_1/t_\mathrm{m}-1}{\sqrt{2}\sigma}\right)=-1$，分离回收率为

$$y=\frac{1}{2}\left[1+erf\left(\frac{t/t_\mathrm{m}-1}{\sqrt{2}\sigma}\right)\right] \tag{9-23}$$

③ 若 $t=t_\mathrm{m}$，则 $y=0.5$。说明此时进入色谱柱的目的产物（溶质）已有 50% 被洗提出来。

④ 若以洗提液量代替洗提时间，则相应的产物回收率为

$$y=\frac{1}{2}\left[1+erf\left(\frac{V/V_\mathrm{m}-1}{\sqrt{2}\sigma}\right)\right] \tag{9-24}$$

下面举例说明如何应用上述各计算式进行色谱分离产物回收率的计算。

【例 9-1】 应用聚丙烯酰胺凝胶洗提色谱柱分离尿激酶，小试结果为：洗提液容积为 $0.174\mathrm{m}^3$ 时，洗提液含酶量为 $0.0063\mathrm{kg/m}^3$；而当洗提液量达 $0.19\mathrm{m}^3$ 时，流出的洗提液酶浓度达最大值 $c_\mathrm{m}=0.0152\mathrm{kg/m}^3$。已知色谱柱凝胶珠容积为 $0.02\mathrm{m}^3$。求色谱分离过程的 σ 值以及洗提液量为 $0.19\mathrm{m}^3$ 和 $0.20\mathrm{m}^3$ 时酶的回收率。

【解】 ① 应用式（9-18），可得

$$\sigma=\sqrt{\frac{(V/V_0-1)^2}{2\ln(c_0/c)}}=\sqrt{\frac{(0.174/0.19-1)^2}{2\ln(0.0152/0.0063)}}$$

$$=0.0634$$

② 由题设，流出的洗提液量达 $0.19\mathrm{m}^3$ 时，洗提液含酶量达最大值，根据式（9-23），此时的产物回收率应为 50%。

③ 当收集的洗提液总量达 $0.2\mathrm{m}^3$ 时，根据式（9-24）可得相应的酶产物回收率

$$y=\frac{1}{2}\left[1+erf\left(\frac{0.2/0.19-1}{\sqrt{2}\times0.0634}\right)\right]$$

$$=0.797=79.7\%$$

由上述计算结果可看出，收集的洗提液越多，回收率越高。但实际上，由于原料液中除了目的产物外，还含有副产物或其他杂质，故洗提回收率提高的同时，产物纯度往往相应降低，二者变化关系如图 9-4 所示。

此外，洗提液回收量就越大，产物精制（蒸馏过程等）所需要的设备投资和操作费用就越大，最终导致了产品成本的增加。

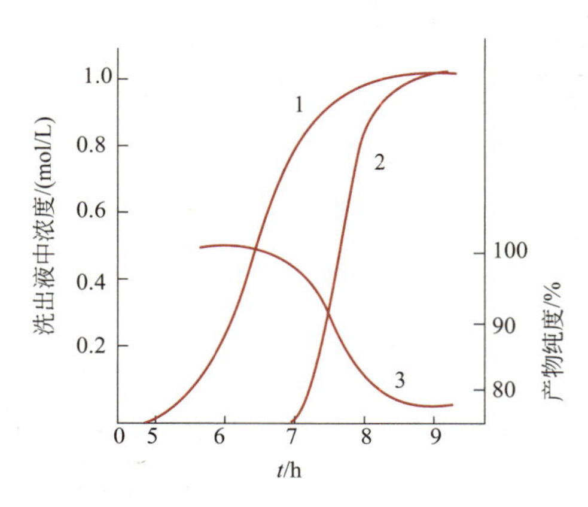

图 9-4　色谱分离洗提时间与产物纯度变化

1—产物相对浓度；2—杂质相对浓度；3—产物纯度

过程检查 9.2

○ 什么是色谱柱的理论塔板数?

9.3 吸附色谱法

吸附色谱法是靠溶质与吸附剂之间的分子吸附力的差异而分离的方法。吸附力主要是范德华力，有时也可能形成氢键或化学键（化学吸附）。吸附色谱法的关键是选择吸附剂和展开剂。

9.3.1 吸附色谱法的基本原理

当溶液中某组分的分子在运动中碰到一个固体表面时，分子会贴在固定表面上，这就发生了吸附作用。一般来说，任何一种固体表面都有一定程度的吸引力。这是因为固体表面上的质点（离子或原子）和内部质点的环境不同。在内部的质点间的相互作用力是对称的，其力场是相互抵消的。而处在固体表面的质点，其所受的力是不对称的，其向内的一面受到固体内部质点的作用力大，而表面层所受的作用力小，于是产生固体表面的剩余作用力，这就是固体可以吸附溶液组分分子的原因，也就是吸附作用的实质，或称分子吸附力的实质。

吸附作用按其作用力的本质来划分，可分为物理吸附和化学吸附两大类型。

① 物理吸附的主要特点　吸附的作用力是分子间的一般作用力，即范德华力。没有化学键的生成和破坏；物理吸附是具有普遍性的，一般无选择性；吸附速率快，吸附过程是可逆的；同时，吸附热（分子吸附在固体表面上所放出的热）数值较小，为（2 ～ 4）$\times10^4$J/mol，被吸附的分子不限于一层，可以单层或多层。

② 化学吸附的特点　吸附作用力除分子作用力外还有类似化学键力，诸如电子的转移或分子与表面共用电子等。由于被吸附分子之间要有成键的可能，所以有选择性；吸附速率慢，需在较高温度才能发生；不易解吸；吸附热数值较大，为（4 ～ 40）$\times10^4$J/mol；被吸附的分子一般是单层的。

物理吸附与化学吸附可以同时发生，两者不是截然无关的。它们在一定条件下可以互相转化，例如，在低温时是物理吸附，当升温到一定程度后转化为化学吸附。

在吸附色谱过程中，溶质、溶剂和吸附三者是相互联系又相互竞争的，构成了色谱分离过程。

9.3.2 吸附剂

在吸附色谱中所用的吸附剂主要是氧化铝、硅胶、聚酰胺等，它们的分子中都含有未共用电子的氧原子和能形成氢键的—OH 和 $\rangle$NH基团。

```
  O—H   O—               O—H   O—                H  O
  |     |                |     |                 |  ‖
—O—Al—O—Al—        —O—Si—O—Si—        —CH2—N—C—(CH2)5—
                         |     |
   氧化铝                  硅胶                  聚酰胺
```

9

吸附质与吸附剂之间的作用力包括色散力、定向力、诱导力和氢键作用力。前三者即为一般所谓的范德华力。在非极性或弱极性分子之间，由于分子内电子运动所产生的瞬时偶极而引起的作用力即色散力。极性吸附剂与极性吸附分子永久偶极之间的作用力称为定向力。被吸附物质的极性越大，与极性吸附剂的作用就越强。极性吸附表面与非极性的被吸附物之间相互作用，使非极性分子产生诱导偶极而吸附在表面上，这种作用力就是诱导力。氢键是一种特殊的分子间作用力，与范德华力不同之处在于它具有方向性和饱和性。氢键是当氢原子处在两个电负性强的原子之间而形成的，以 X—H···Y 表示。X、Y 表示电负性很大的原子，例如，F、O、N、X 等原子与 H 之间以共价键相连，由于 X 的电负性大，H 略带正电，所以能和 Y 原子上的自由电子对相吸引而形成氢键。氢键的强弱和 X、Y 的电负性大小有关，也与 Y 原子的半径有关。Y 原子的电负性越大，半径越小，氢键越强。碳原子电负性小，不能形成氢键，所以烃类与吸附剂之间不能形成氢键。这 4 种作用力的强弱次序是氢键＞定向力＞诱导力＞色散力。因而在各类有机化合物中，饱和烃的吸附力最小。如果分子中含有某些官能团，例如，$—NO_2$、—COOR、—CHO、—OH、—COOH、$—NH_2$、$\rangle$NH，则有显著的氢键存在，吸附力增大。由实验结果得知，含单官能团的有机化合物与硅胶或氧化铝亲和力大小次序如下：

羧酸＞醇、酰胺＞伯胺＞酯、醛、酮＞腈、叔胺、硝基化合物＞醚＞烯＞卤代烃＞烷烃

分子中双键数目增加，亲和力也增大，特别是当双键处于共轭时更是如此。芳环的影响比双键大。芳香族化合物随着环的数目增加，吸附亲和力也增大。同系物中，则分子量愈大，吸附力愈强。

这里讨论的规律在下述薄层色谱和高效液相色谱中可用来选择吸附剂、展开剂和估算 R_f 值的顺序。下面分别介绍六种吸附剂。

（1）氧化铝

① 中性氧化铝（pH7 ～ 7.5） 将商品色谱用碱性氧化铝加 5% ～ 10% 盐酸，室温浸泡 1h，除去可溶性杂质和铁、镁等，用水洗到无氯离子为止。然后干燥、过筛，在 180 ～ 200℃活化。

② 碱性氧化铝（pH9） 即化学纯氧化铝或商品色谱用碱性氧化铝。

③ 酸性氧化铝（pH3.5 ～ 4.5） 碱性氧化铝加 3 ～ 4 倍的 1mol/L 盐酸溶液搅拌、过滤，所得氧化铝用蒸馏水洗至石蕊试纸显微酸性为止，干燥，在 180 ～ 200℃活化。

氧化铝的酸碱性可按下法检测：取 1g 氧化铝，加蒸馏水 10mL，煮沸 10min，冷却，滤液用 pH 计或试纸测试。

氧化铝的活度标定：氧化铝的活度标定用赫尔曼雷克（Hermanek）法，此法可标定Ⅱ～Ⅴ级的氧化铝，绝对不含水的氧化铝为Ⅰ级。方法如下：取 0.02mL 染料溶液（偶氮苯 30mg 和对甲氧基偶氮苯、苏丹黄、苏丹红、对氨基偶氮苯各 20mg，溶于 50mL 四氯化碳中），滴加于氧化铝薄层上（铺层法见后），用四氯化碳展开后，比较其 R_f 值，从表 9-2 确定氧化铝的活度级别。

表 9-2 氧化铝活度的赫尔曼雷克定级法

R_f值 / 活度级别 / 偶氮染料	Ⅱ级	Ⅲ级	Ⅳ级	Ⅴ级
偶氮苯	0.59	0.74	0.85	0.95
对甲氧基偶氮苯	0.16	0.49	0.69	0.89
苏丹黄	0.01	0.25	0.57	0.78
苏丹红	0	0.10	0.33	0.56
对氨基偶氮苯	0	0.03	0.08	0.19

另一种简便快速标定氧化铝活度的方法：取 6 种染料，依极性大小编号，Ⅰ．偶氮苯，Ⅱ．对甲氧基偶氮苯，Ⅲ．苏丹黄，Ⅳ．苏丹红，Ⅴ．对氨基偶氮苯，Ⅵ．对羟基偶氮苯，分别把它们配成万分之四的干燥的石油醚∶苯 =4∶1（体积比）溶液。把溶液点在薄层板上，每种 2 ～ 4μg。用干燥的石油醚（60 ～ 90℃）展开，展开距离为 10cm。观察哪种编号染料斑点中心移动距离在（1±0.5）cm，则活度即为该编号的数字。例如，对甲氧基偶氮苯的距离为（1±0.5）cm，则此吸附剂属于Ⅱ级，如苏丹黄在这距离则为Ⅲ级，如二者都属这一范围，即为Ⅱ～Ⅲ级。此法快速，只需 5 ～ 10min，并且也可用于硅胶活度的标定。

（2）硅胶　在色谱法中，硅胶应用也很广。其结构为

$$\begin{array}{ccccc} & | & & | & \\ & O & & O & \\ & | & & | & \\ — & Si & —O— & Si & —OH \\ & | & & | & \\ & O & & O & \\ & | & & | & \end{array}$$

它具有多孔性的硅氧烷交联结构，骨架表面具有很多硅醇基团，能吸附很多水分。此种水分子几乎以游离状态存在，加热时能除去。在高温下（500℃）硅胶的硅醇结构被破坏，便失去活性。

色谱用的硅胶通常由水玻璃加酸制得。取水玻璃（硅酸钠 Na_2SiO_3）100kg，缓慢注入 25kg（13% ～ 15%）盐酸，不断搅拌，得稀粥状硅胶。待酸加完，pH 约升至 6.5。放置两昼夜，用水漂洗约 10 次，过滤，洗至无氯离子存在，在 350℃高温炉保温 4h，过筛，取 100 ～ 200 目颗粒即可用于色谱法中。

商品色谱用硅胶在进行实验前，一般先检查其是否为中性溶液。取硅胶 1 份混悬于 100 份水中放置，应得澄清的中性溶液。如为酸性，则应用大量水洗至中性，再进行活化。

由于硅胶易吸水，因此最好在 120℃活化 24h。硅胶一般可不作活化测定，如有需要，可采用氧化铝的定级法。

不含黏合剂的硅胶的活度标定与上述方法相类似，点加染料溶液后用四氯化碳展开，按表 9-3 算出级别。

表 9-3　硅胶活度定级法

活度级别 / R_f值 / 偶氮染料	Ⅱ	Ⅲ	Ⅳ	Ⅴ
偶氮苯	0.61	0.70	0.83	0.86
对甲氧基偶氮苯	0.28	0.43	0.67	0.79
苏丹黄	0.18	0.30	0.53	0.64
苏丹红	0.11	0.13	0.40	0.50
对氨基偶氮苯	0.04	0.07	0.20	0.20
对羟基偶氮苯	0.01	0.01	0.07	0.18

常用的硅胶活度和氧化铝一样为Ⅱ～Ⅲ级。如硅胶的活度太大，可在干粉中加入 4% ～ 6% 的水搅拌均匀，使其活度降低一级。

吸附剂的颗粒大小，对色谱速度、分离效果及 R_f 值均有明显的影响。颗粒太大，则其总表面积相对较小，吸附量降低，展开速度快，色谱后组分的斑点扩散较大，致使分离效果不好。若颗粒较小，则色谱速度较慢。

硅胶的活性与含水量有关，如表 9-4 所示。含水量高则吸附力减弱，当游离水含量在 17% 以上时，吸附力极低，可作为分配色谱的载体。

表 9-4　硅胶活性与含水量的关系

加入水分 /%	0	5	15	25	38
活性等级	Ⅰ	Ⅱ	Ⅲ	Ⅳ	Ⅴ

硅胶比氧化铝容易再生，可以甲醇或乙醇充分洗涤，再以水洗，晾干，在 120℃活化 24h。也可用下面方法再生：加入 5 ～ 10 倍体积的 1% 的氢氧化钠，煮沸 30min，过滤，用水洗至中性，然后活化。

（3）活性炭　活性炭由动物的骨头、木屑、煤屑高温炭化而成。活性炭分为粉末活性炭和颗粒活性炭两种，前者吸附能力很强，对流体阻力很大，如与硅藻土以 1 ∶ 1 混合，则可用于柱色谱法中。

活性炭是憎水性吸附剂，适宜于从水溶液中吸附非极性物质。一般来说，它对极性弱的化合物的吸附能力大于极性强的化合物；对芳香族化合物的吸附能力大于脂肪族化合物；对分子量大的化合物的吸附能力大于分子量小的化合物；对不饱和化合物的吸附能力大于饱和化合物。

活性炭柱色谱法适用于分离水溶性物质（如氨基酸、糖类及某些苷类），其特点是样品上柱量大，分离效果好，来源容易，价格便宜，适用于大量制备性分离。但是，由于活性炭的生产原料不同，制备方法及规格不一，其吸附力不像氧化铝、硅胶那样容易控制，故应用不广。

有的活性炭活性很高，不适宜用于色谱法中。此时，可以加醇类或脂肪酸降低其活性。

活性炭的回收方法是：先用水洗，再用稀氢氧化钠（5% 左右）洗，然后用水洗，最后用酸中和。但活性炭价廉，一般不回收。

（4）纤维素

① 天然纤维素　质量较好的纸浆就是天然纤维素与水的混合物，纸浆干燥后，粉碎而制成粉末，可用于制薄层，也可用于柱色谱填充剂。

② 微晶纤维素　棉花是比较纯的纤维素，纤维素分子由排列得比较规则的微小结晶区域（一般约占分子组成的 85% 以上）和分子排列杂乱的无定形区域交联而成。若将棉花用盐酸水解分子中的无定形区域，大部分溶解，其余部分为微小结晶型的、聚合度大为降低的微晶纤维素。具体制造步骤如下：把脱脂棉撕成小块，在大蒸发皿中加适量 5% 盐酸溶液浸沉棉花，煮沸约 3h，经常搅拌，棉花即变成粉末状。放冷后倾出上层酸液，纤维素粉用布氏漏斗过滤，再用蒸馏水洗到滤液中无氯粒子为止。然后分别用乙醇及丙酮洗到滤液无色。待溶液挥发后，将纤维素在 80℃干燥 2h，研细，过 80 目筛。

③ 离子交换纤维素　离子交换纤维是使纤维素起化学反应后其分子中的一部分羟基的氢原子被阳离子或阴离子取代基取代制成。

取代阴离子交换基的有：二乙氨基乙基——$C_2H_4N(C_2H_5)_2$，简称 DEAF- 纤维素；三乙氨基乙基——$C_2H_4N^+(C_2H_5)_3$，简称 TEAE- 纤维素；氨基乙基——$C_2H_4NH_2$，简称 AE- 纤维素。

取代阳离子交换基的有：羧甲基——CH_2COOH，简称 CM- 纤维素。

此外，也可在纤维素粉中加入离子交换树脂细粉与水一同混匀后制成具有离子交换性能的吸附剂。

（5）聚酰胺　取锦纶丝 100g，在室温下溶于浓盐酸 300mL 中，先加 50% 乙醇 17000mL 稀释，再加水 4000mL 稀释，并剧烈搅拌，使聚酰胺成细粉析出后，抽滤。滤出的细粉用 5% 氢氧化钠溶液洗至 pH10 左右，再用水洗至 pH7 ～ 8，滤干。粉末在空气中晾到半干，通过 20 ～ 40 目筛，继续晾干。然后在 80℃干燥，把粉末装入色谱柱，用氯仿和乙醇（1∶1）混合液洗涤至流出液无色，再用乙醇洗涤一次。将聚酰胺粉自色谱柱中取出，放入蒸发皿内，在空气中晾干，再经 80℃干燥，过 80 目筛。

（6）硅藻土　硅藻土采用 3mol/L 盐酸处理，以除去可溶性杂质，再用蒸馏水洗到不含氯离子。此外，其他无机吸附剂有氧化钙、氧化镁、碳酸钙和碳酸镁等；有机吸附剂有淀粉、蔗糖、锦纶等。锦纶是聚酰胺的一种，吸附主要靠产生氢键。

9.3.3 展开剂

在吸附色谱中，溶剂的选择一般应由实验确定。溶剂的极性越大，则对同一化合物的洗脱能力也越大（它在这种溶剂中有一定的溶解度），R_f 增加。因此如果用某一种溶剂展开某一部分，当发现它的 R_f 值太小时，就可考虑改用一种极性较大的溶剂，或者在原来的溶剂中加入一定量另一种极性较大的溶剂。

前面已提到在吸附色谱法中，组分的展开过程涉及吸附剂、被分离化合物和溶剂三者之间的相互竞争，情况很复杂。到目前为止还只是凭经验来选择，三角形图解法可作为一个初步估计的方法，如图 9-5 所示，实线三角形是可以旋转的，假设分离烃类物质时，则将三角形的一个角旋向“被分离物质”中亲脂性位置上，即转成虚线三角形的位置。此时，其余两只角便指出所要求的展开剂（非极性）和吸附剂的活性级（Ⅰ～Ⅱ级）。

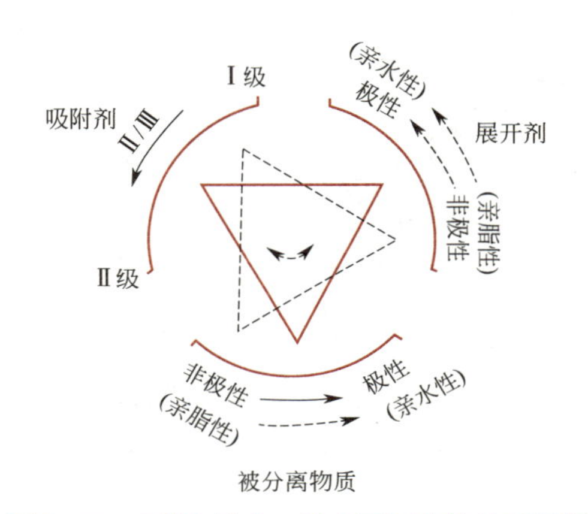

图 9-5　吸附色谱中三种主要因素的关系图解

选择展开剂有两个原则：①展开剂对被分离物质应有一定的解吸能力，但不能太大，在一般情况下，展开剂的极性应该比被分离物质略小；②展开剂应对被分离物质有一定的溶解度。

第一个原则是从展开剂与被分离物质对吸附剂的活性表面的竞争能力来考虑的。首先，展开剂应对吸附剂有一定的亲和力，这样才能把被分离物质从吸附剂表面解吸出来。但是展开剂的竞争能力不能太强，否则由于被分离物质在展开过程中重新被吸附得太少，以致被分离物质将会随着溶剂前沿向前移动，而不能达到分离的目的。第二个原则是因为如果被顶替出来的物质不能溶于展开剂中，它就不能随着展开剂向前移动。

极性的强弱与介电常数有关，介电常数愈大，极性愈强。常用溶剂的极性次序为（括号内数字为介电常数）：己烷（1.88）＜环己烷（2）＜四氯化碳（2.2）＜甲苯（2.37）＜苯（2.3）＜氯仿（5.2）＜乙醚（4.5）＜醋酸乙酯（6.1）＜丙酮（21.5）＜正丙醇（22.2）＜乙醇（25.8）＜甲醇（31.2）＜水（81.0）＜冰醋酸。

科研人员从实践中总结了一些常见溶剂的洗脱能力顺序，列于表 9-5 及表 9-6 中。

表 9-5　在硅胶薄层上展开剂洗脱能力顺序

溶剂	洗脱能力递增									
	戊烷	四氯化碳	苯	氯仿	二氯甲烷	乙醚	乙酸乙酯	丙酮	二氧六环	乙腈
溶剂强度参数	0	0.11	0.25	0.26	0.32	0.38	0.38	0.47	0.49	0.50

表 9-6　在氧化铝薄层上展开剂洗脱能力顺序

溶　剂	溶剂强度参数	溶　剂	溶剂强度参数	溶　剂	溶剂强度参数
1. 氯代烷	0.25	14. 氯苯	0.30	27. 乙酸甲酯	0.60
2. 正戊烷	0.00	15. 苯	0.32	28. 二甲亚砜	0.62
3. 异辛烷	0.01	16. 乙醚	0.38	29. 苯胺	0.62
4. 石油醚	0.01	17. 氯仿	0.40	30. 硝基甲烷	0.64
5. 环己烷	0.04	18. 二氯甲烷	0.42	31. 乙腈	0.65
6. 环戊烷	0.05	19. 甲基异丁基酮	0.43	32. 吡啶	0.71
7. 二硫化碳	0.15	20. 四氢呋喃	0.45	33. 丁基溶纤剂	0.74
8. 四氯化碳	0.18	21. 二氯乙烷	0.49	34. 异丙醇	0.82
9. 二甲苯	0.26	22. 甲基乙基酮	0.51	35. 正丙醇	0.82
10. 异丙醚	0.28	23.1- 硝基丙烷	0.53	36. 乙醇	0.88
11. 氯代异丙烷	0.29	24. 丙酮	0.56	37. 甲醇	0.95
12. 甲苯	0.29	25. 二氧六环	0.56	38. 乙二醇	1.11
13. 氯代正丙烷	0.30	26. 乙酸乙酯	0.58	39. 乙酸	大

必须指出，虽然这些表中列出了展开剂洗脱能力溶剂强度参数的具体数字，但由于研究者的工作对象不同和操作条件等的差异，这些顺序只能作一般参考。

在实际工作中常用两种或三种溶剂混合物作展开剂，这样分离效果往往比单纯的溶剂好，有利于更细致调配展开剂的极性。表 9-7 中提供了一些二元混合溶剂的洗脱顺序。

表 9-7　二元体系展开剂的洗脱顺序

1. 石油醚	15. 苯：丙酮（8：2）	29. 乙醚：甲醇（99：1）
2. 环己烷	16. 氯仿：甲醇（99：1）	30. 乙醚：二甲基酰胺（99：1）
3. 二硫化碳	17. 苯：甲醇（9：1）	31. 乙酸乙酯
4. 四氯化碳	18. 氯仿：丙酮（85：15）	32. 乙酸乙酯：甲醇（99：1）
5. 苯：氯仿（1：1）	19. 苯：乙醚（4：6）	33. 苯：丙酮（1：1）
6. 环己烷：乙酸乙酯（8：2）	20. 苯：乙酸乙酯（1：1）	34. 氯仿：甲醇（9：1）
7. 氯仿：丙酮（95：5）	21. 环己烷：乙酸乙酯（2：8）	35. 二氧六环
8. 苯：丙酮（9：1）	22. 乙酸丁酯	36. 丙酮
9. 苯：乙酸乙酯（8：2）	23. 氯仿：甲醇（95：5）	37. 甲醇
10. 氯仿：乙醚（6：4）	24. 氯仿：丙酮（7：3）	38. 二氧六环：水（9：1）
11. 苯：甲醇（95：5）	25. 苯：乙酸乙酯（3：7）	39. 吡啶
12. 苯：乙醇（6：4）	26. 乙酸丁酯：甲醇（99：1）	40. 酸
13. 环己烷：乙酸乙酯（1：1）	27. 苯：乙醚（1：9）	
14. 氯仿：乙醚（8：2）	28. 乙醚	

根据吸附剂和展开剂的极性、化合物的吸附性和吸附剂在展开剂中的溶解度或分配系数来选择展开剂是一般原则，在实际工作中大都还要经过实验来确定合适的展开剂。

在吸附色谱法中，对溶剂的纯度要求较高。溶剂需经干燥去除极性杂质。常用溶剂的精制方法如下。

① 石油醚　石油醚中如含有不饱和碳氢化合物，可用浓硫酸洗至不变色，再用高锰酸钾溶液

洗（10g 高锰酸钾溶于 1000mL 蒸馏水中，加 100mL 浓硫酸）至高锰酸钾不退色为止。最后要使用蒸馏水洗至中性，无水氯化钙干燥。蒸馏收集沸程 30 ～ 60℃或 60 ～ 90℃或 90℃以上的馏分，以金属钠丝干燥。

② 苯　用 15% 浓硫酸洗涤 2 ～ 3 次，水洗至中性，无水氯化钙干燥，蒸馏收集沸点 80℃的馏分，金属钠丝干燥。

③ 乙醚　1000mL 乙醚约用 100mL 硫酸亚铁溶液（60g 硫酸亚铁溶于 6mL 浓硫酸中，再加 110mL 蒸馏水）洗 3 ～ 4 次，至硫酸亚铁溶液不变色，以除去乙醚中的过氧化物。水洗至中性，无水氯化钙干燥，蒸馏，收集沸程 34 ～ 35℃的馏分，金属钠丝干燥。

④ 丙酮　500mL 丙酮加 20g 高锰酸钾放置半天，滤出丙酮，再加 20g 高锰酸钾加热回流 4h，直至高锰酸钾不变色为止。蒸馏收集沸点 56℃的馏分。

⑤ 乙酸乙酯　先用 5% 碳酸钠洗 2 次，再用饱和氯化钙溶液洗涤数次，最后用蒸馏水洗至中性，无水硫酸钠干燥，蒸馏收集。

⑥ 乙醇　10g 镁条与 20g 普通无水乙醇加热回流至镁条全部作用，生成乙醇镁（如果镁条不溶，则可加少量碘催化）然后加入 1000mL 乙醇，加热回流 2 ～ 3h，收集沸点为 78℃的馏分。

⑦ 氯仿　通常含有 1% 乙醇作为稳定剂，可以用浓硫酸，然后用水洗至中性，再以五氧化二磷干燥并蒸馏。注意不能用钠干燥，否则会引起爆炸。

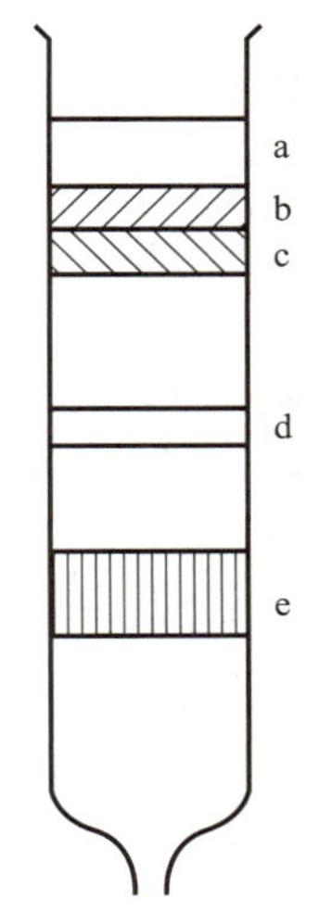

图 9-6　丝裂霉素氯仿萃取液的氧化铝柱色谱法

a—深紫红色环；b—深紫红色；c—淡紫红色；d—蓝紫色；e—淡紫红色

9.3.4　应用举例

丝裂霉素的发酵滤液用活性炭吸附，丙酮洗脱，蒸去丙酮的浓缩水溶液用氯仿萃取。氯仿萃取液上氧化铝柱，先用氯仿冲洗，能部分分带，接着以氯仿 - 丙酮（3 ∶ 2）展开，约 2h 后，能分出如图 9-6 的色带。其中蓝色色带 d 为有效成分丝裂霉素 C。将柱推出，切取蓝紫色部分，用 10% 甲醇 - 氯仿洗脱，减压蒸干，在甲醇 - 苯中结晶，即可得蓝色丝裂霉素 C 结晶。

过程检查 9.3

○ 吸附色谱的关键要素是什么？

9.4　分配色谱法

分配色谱法是靠溶质在固定相和流动相之间的分配系数不同而分离的方法。通常固定相吸着在一种多孔物质上（载体），而以载体空隙内液体作为流动相。如载体为滤纸，则称纸色谱法。在分配柱色谱法中所用的载体，主要有硅胶、硅藻土、纤维素等，近年来也有用有机载体的，如聚乙烯粉等。固定相一般用水、缓冲液或为水所饱和的有机溶剂。在水中添加某些物质作为固定相，其目的在于控制溶质的电离度，有时还能减轻色带“拖尾”现象。流动相一般用为水所饱和的有机溶剂或水-有机溶剂（和水互溶）不混合液。

如所处理的溶质憎水性很强，如高级脂肪酸等，则可将载体经适当的处理，吸着有机溶剂作为固定相，而以水作为流动相，进行色谱分离，这称为反相色谱法。

9.4.1 载体

载体是惰性的，没有吸附能力，能吸留较大量的固定相的液体。分配柱色谱法中所用的载体主要有三类。

（1）硅胶　能吸留大量水分，但不同批号的硅胶，性质往往不同，且同时有吸附作用。色谱用硅胶最好先以盐酸洗涤以除去残留的铁和铝，然后用蒸馏水洗至中性，再用酒精洗。临用前在120℃干燥至恒重。装柱时将硅胶加一半质量的水或适当的缓冲液在研钵内混匀，再加入展开剂，调节成浆状，放入色谱柱中。

样品上柱可采取3种方法：若样品能溶于流动相溶剂，则可用少量溶剂溶解后上柱；若样品难溶于流动相，易溶于固定相，则可用少量固定相溶解，吸着在固定相上，装于柱顶再展开；若样品在两相中溶解度均不大，则可溶于适当的溶剂，与干燥的固定相拌匀，待溶剂挥发掉后，加固定相溶剂搅匀再上柱。

（2）硅藻土　硅藻土具有微孔结构，不具吸附作用，是现在应用最多的载体。其处理和装柱方法基本上和硅胶相似，但在装柱时，要将搅拌成浆状的硅藻土分批小量放入柱中，用一端成平盘的棒把硅藻土压紧压平。

流动相的流速与硅藻土所含水分有关，水分太多，流动困难，一般每克硅藻土最多可吸附2～3mL水溶液。

（3）纤维素　纤维素是常用的载体，使用前可用稀盐酸或醋酸处理，再用水洗净。用纤维素进行分配色谱法实际上相当于纸色谱法的放大。

必须指出，在分配色谱法中，固定相和流动相应事先相互饱和后再使用，至少流动相应先用固定相饱和，否则在以后展开时就要通入大量流动相，会把载体中固定相逐渐溶掉，只剩下载体，这样就不能称为分配色谱法。

9.4.2 分配色谱的展开剂选择

若所分离的化合物的极性基团相同和类似，但非极性部分（化合物的母核烃基部分）的大小及构型不同，或者所分离的各种化合物溶解度相差较大，或者所分离化合物的极性太强不适于吸附色谱分离时，可考虑采用分配色谱法。分配色谱法是根据各组分在固定相与展开剂流动相中的分配系数不同来进行分离的。一般在选择展开剂时，首先选择各组分溶解度相差大的溶剂。

在进行分配色谱时，展开剂必须先用固定相饱和，否则在展开过程中，展开剂会把担体上的固定相带走，致使色谱柱性质改变，影响分离效果。饱和的方法就是将过量固定相加到展开剂中，在分液漏斗内激烈振摇，然后静置分层，分出展开剂备用。根据不同固定相选择不同展开剂，示例见表9-8。

表 9-8 分配色谱常用展开剂示例

载　体	固定相	展开剂(流动相)
纤维素	水	水饱和的酚；水饱和的正丁醇；正丁醇：乙酸：水（4：1：5）；异丙醇：NH_4OH：水（45：5：10）等
硅藻土 纤维素 （硅胶）	乙二醇 丙二醇 聚乙二醇 甲酰胺	正己烷；正己烷：苯（1：1）；苯；苯：氯仿（1：1） 异丙醚：甲酸：水（90：7：3）；氯仿；以上也可用 苯：庚烷：氯仿：二乙胺（60：50：10：0.2）；氯仿 与乙二醇同
硅藻土 纤维素 硅胶	液体石蜡 正十一烷 硅油	甲醇：水或丙酮：水（95：5，90：10，80：20，70：30） 乙酸乙酯：水或丙腈：水（95：5，90：10，80：20，70：30） 乙酸：丙腈：水（10：70：25） 氯仿：甲醇：水（75：25：5）

9.4.3 应用举例

由发酵制得的赤霉素常常是一种混合物，它的分离方法如下：用硅藻土掺入 pH6.2 缓冲液，填充于柱中作为固定相，然后将 500mL 赤霉素混合物溶于 pH6.2 缓冲液中上柱，以无水乙醚作为展开剂。每收集 200mL 作为一个区分。最先流出的第 1 ～ 12 区分为赤霉素 A_{17}，$[\alpha]_D$ 为 +36°，其后流出的第 22 ～ 40 区分为赤霉素 A_3，$[\alpha]_D$ 为 +92°，赤霉素 A_1 和赤霉素 A_3 的分离见图 9-7。

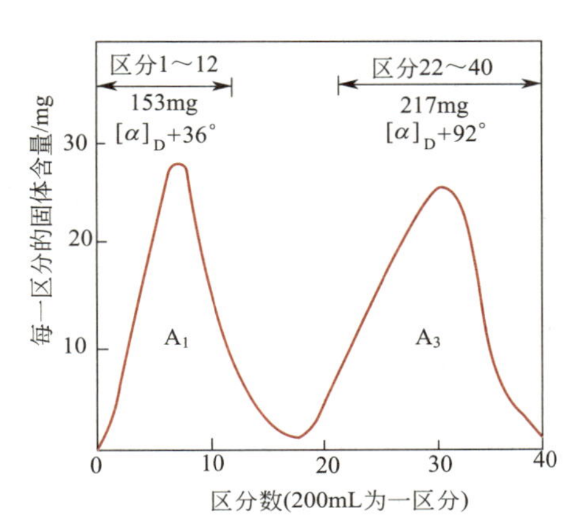

图 9-7 赤霉素 A_1 和赤霉素 A_3 的分离

9.5 离子交换色谱法

离子交换色谱法是利用离子交换树脂作为固定相，以适宜的溶剂作为流动相，使溶质按它们的离子交换亲和力的不同而得到分离的方法。离子交换色谱法通常按下面方法操作：先将树脂用展开剂处理，使树脂转变为展开剂离子的型式，然后将溶解在少量溶剂（通常为展开剂）中的试样加到色谱柱的上部，再通入展开剂展开，流出液分部收集，测定其含量。

9.5.1 离子交换色谱法对树脂的要求

离子交换色谱法通常需用较细树脂（50 ～ 100 目），有时甚至用 200 ～ 400 目（0.074 ～ 0.038mm）。但一般的树脂，粒度较大，大部分为 20 ～ 35 目（0.82 ～ 0.42mm），因此需要将树脂粉碎、过筛后使用。过筛分干法和湿法两种，阳离子交换树脂不能用氢型树脂，因为这种树脂对筛子有腐蚀作用。干筛虽然较简单，但干树脂在水中要溶胀，使实际使用时粒度仍不均匀。利用水力浮选法，将树脂分级比较方便。改变水的流速就可得到不同粒度的树脂，流速愈慢，流出的树脂粒度愈小。

对于大分子物质的色谱法，还应注意选择低交联度的树脂。例如对分子量大于 400 的物质，通常选用交联度等于 2 或更低的树脂。

9.5.2 应用举例

9.5.2.1 氨基酸和碱性肽类的离子交换色谱法

（1）原理 肽混合物的碱性组分结合在氢型阳离子交换树脂 Amberlite IRC-50 上，而中性和酸性组分刚被洗去，结合的肽可通过增加 H^+ 浓度逐渐从柱中洗脱出来。

（2）操作

① 树脂的准备 将 Amberlite IRC-50（200 ～ 400 目）树脂悬浮在 0.4mol/L 乙酸中，沉降后，倾去上清液。湿沉淀与 5 倍体积的 0.4mol/L 乙酸混合并加热到 60℃。30min 后，将糊状物冷却，倾滗，以 0.4mol/L 乙酸洗涤，然后用大量蒸馏水漂洗至中性。

② 色谱 将待分级分离的样品调节到 pH=5 ～ 6，然后将溶液稀释，15mg 物质的体积应为 30 ～ 40mL。将样品慢慢上柱，色谱柱以等体积蒸馏水洗涤，然后开始洗脱。洗脱液用自动部分收集器收集，每管 1mL。每管中的肽含量通过点滴样品的茚三酮反应进行检测。将迁移率相同的各管合并，在 P_2O_5 真空干燥器干燥并以纸色谱核对。

9.5.2.2 碱性水溶性抗生素的分离和分析

（1）原理 碱性抗生素带正电荷，实际上和强碱性树脂不起交换作用。相反，树脂骨架（带正电荷）和抗生素正离子间存在着斥力。由于各组分斥力的不同而获得分离，故也称为离子排斥色谱法（ion exclusion chromatography）。

（2）操作 卡那霉素 A、卡那霉素 B、卡那霉素 C 可以用强碱性树脂 Dowex 1×2（OH 型），以水作展开剂，进行离子交换色谱法分离。在 0.9cm×39cm 的色谱柱中（树脂用量 25 ～ 50mL，粒度 200 ～ 400 目），流速控制在 20 ～ 30mL/h，所得流出曲线见图 9-8。

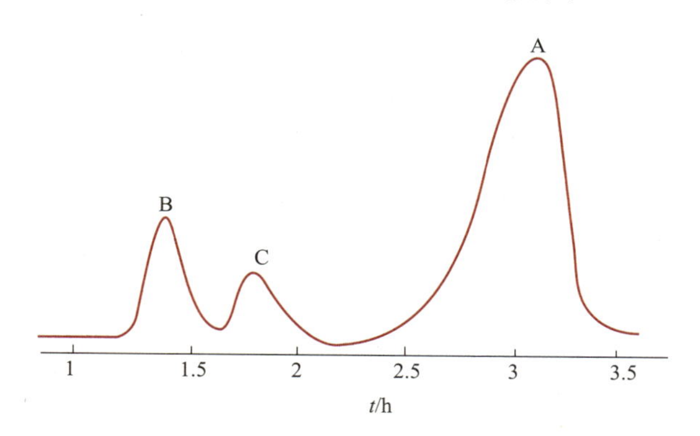

图 9-8 卡那霉素 A、卡那霉素 B、卡那霉素 C 的分离曲线

卡那霉素 B 最先流出，接着卡那霉素 C，最后卡那霉素 A 流出。此法特别适于有卡那霉素 A、卡那霉素 C 组分存在时检定卡那霉素 B 组分，因为用生物检定法测定卡那霉素 A 中的卡那霉素 B 含量时，由于卡那霉素 C 的存在，会使结果偏高。

其他多组分的碱性水溶性抗生素，如新霉素、庆大霉素等都可以在强碱性树脂上分离成各个组分。

过程检查 9.4

○ 离子交换的分配系数与离子浓度呈什么关系？

9.6 凝胶色谱法

凝胶色谱也叫凝胶扩散色谱、排阻色谱或限制扩散色谱等，它是将样品混合物通过一定孔径的凝胶固定相，由于流经体积的差异，使不同分子量的组分得以分离的色谱方法。

9.6.1 基本原理

将凝胶装于色谱柱中，加入混合液，内含不同分子量的物质，凝胶色谱原理如图 9-9 所示。图中大、小黑点分别代表大分子量与小分子量的溶质，见图 9-9（a）。小分子溶质能透入凝胶内，换句话说，凝胶内部空间全都能为小分子溶质所到达，凝胶内部浓度一致。大分子溶质不能透入凝胶内［见图 9-9（b）］，随溶液顺凝胶间隙下流，下移速度较小分子溶质快。因而色谱分离的结果是，不同分子量的溶质能得到分离，大分子溶质先自柱中流出［见图 9-9（c）］。

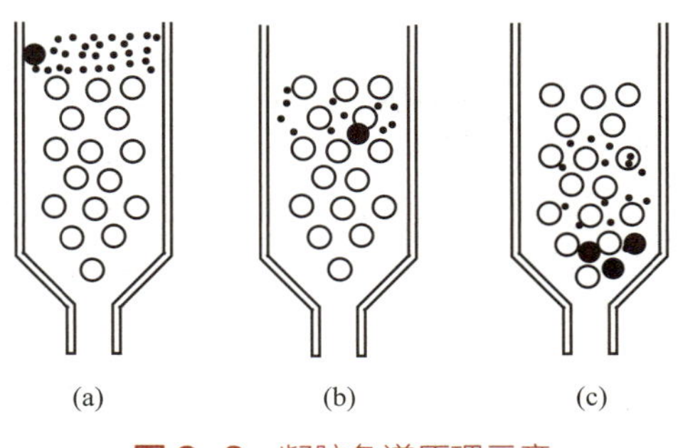

图 9-9　凝胶色谱原理示意

○凝胶颗粒；●大分子溶质；•小分子溶质

如上所述，溶质在柱中移动速度可以用洗脱容积 V_e 来表示，大分子溶质比小分子溶质移动速度快，V_e 可用式（9-25）表示

$$V_e=V_m+K_dV_s \tag{9-25}$$

式中，V_m 代表凝胶外部水分；V_s 代表凝胶内部水分；K_d 是分配系数，代表固定相和流动相浓度之比。

在凝胶色谱法中，凝胶内部水分起固定相作用，而外部水分作为流动相。由于凝胶的网状结构，大分子完全被排阻，K_d=0；小分子能自由进入凝胶内部，凝胶内外浓度一致，K_d=1；而对中等大小的分子，只有部分凝胶内部空间能达到，故内部浓度小于外部浓度，$0 < K_d < 1$。但在实际操作中，有时 $K_d > 1$，此时除分子筛效应外，可能伴有吸附作用。

设有两种溶质，其分配系数分别为 K_{d1} 和 K_{d2}，则两者洗脱容积的差为 $\Delta V_e=(K_{d1}-K_{d2})V_s$，由此可见，欲将两溶质完全分离，试料的体积最大可等于 ΔV_e，在实际操作中，色带常扩散变形，试料的体积应选择小于 ΔV_e。

9.6.2 凝胶色谱的特点

① 凝胶色谱操作简便，所需设备简单。有时只要有一根色谱柱便可进行工作。分离介质（凝胶）完全不需要像离子交换剂那样复杂的再生过程便可重复使用。

② 分离效果较好，重复性最高。最突出的是样品回收率高，接近 100%。

③ 分离条件缓和。凝胶骨架亲水，分离过程又不涉及化学键的变化，所以对分离物的活性没有不良影响。

④ 应用广泛。适用于各种生化物质，如肽类、激素、蛋白质、多糖、核酸的分离纯化，脱盐、浓缩以及分析测定等。分离的分子质量范围也很宽，如 Sephadex G 类为 10^2 ～ 10^5Da；Sepharose 类为 10^5 ～ 10^8Da。

⑤ 分辨率不高，分离操作较慢。由于凝胶色谱是以物质分子量的不同作为分离依据的，分子量的差异仅表现在流速的差异上，所以分离时流速必须严格把握，因而分离操作一般较慢，而且对于分子量相差不多的物质难以实现很好的分离。此外，凝胶色谱要求样品黏度不宜太高。凝胶颗粒有时还有非特异性吸附现象。

9.6.3 凝胶的结构和性质

9.6.3.1 葡聚糖凝胶的构造和性质

葡聚糖凝胶是应用最广的一类凝胶，国外商品为Sephadex。它由葡聚糖（dextran）交联而得。葡聚糖是血浆代用品，由蔗糖发酵得到。发酵得到的葡聚糖分子量大小差别很大，用乙醇进行分部沉淀后，选分子量为 3×10^4 ～ 5×10^4 的部分，经交联后就得到不溶于水的葡聚糖凝胶。

交联剂可用环氧氯丙烷（epichlorhydrin）等，它和醇在碱性条件下的作用如下：

$$\mathrm{ROH + \underset{\diagdown O \diagup}{H_2C{-}CH}{-}CH_2Cl \xrightarrow{OH^-} R{-}O{-}CH_2{-}CH(OH){-}CH_2Cl}$$

$$\mathrm{R{-}O{-}CH_2{-}CH(OH){-}CH_2Cl + NaOH \longrightarrow R{-}O{-}CH_2{-}\underset{\diagdown O \diagup}{CH{-}CH_2} + NaCl + H_2O}$$

$$\mathrm{R{-}O{-}CH_2{-}\underset{\diagdown O \diagup}{CH{-}CH_2} + HO{-}R^1 \longrightarrow R{-}O{-}CH_2{-}CH(OH){-}CH_2{-}O{-}R^1}$$

葡聚糖和环氧氯丙烷在碱性条件下，以透平油作为分散介质，在40℃进行交联，然后用酒精脱水、烘干、过筛即得葡聚糖凝胶，具有如图9-10所示的结构。

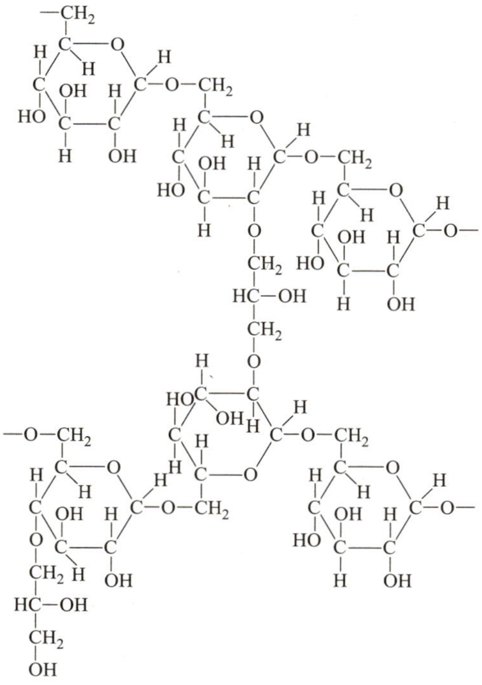

图 9-10　葡聚糖凝胶

在制备凝胶时添加不同比例的交联剂可得到交联度不同的凝胶。交联剂在原料总质量中所占的百分比称为交联度。交联度愈大，网状结构愈紧密，吸水量愈少，吸水后体积膨胀愈少；反之交联度愈小，网状结构愈疏松，吸水量愈多，吸水后体积膨胀也愈大。交联度的大小对葡聚糖凝胶的性能有最直接的影响，见表 9-9。

表 9-9 葡聚糖凝胶的性能与交联度的关系

编号	交联度	吸液量	膨胀速度	凝胶网孔	分离限	凝胶强度
大	小	大	慢	大	大	小
小	大	小	快	小	小	大

具有上述分子结构的葡聚糖凝胶商品称作 Sephadex G 类。字母 G 后的编号为其吸液量［每克干胶膨胀时吸水的体积（mL）］的 10 倍。如 Sephadex G-25 每克干胶吸水量为 2.5mL。

凝胶除了在水中吸液膨胀外，还可以在乙醇、甲酰胺、二甲亚砜等溶剂中溶胀和使用。凝胶的吸液量和膨胀时间随吸液量、溶剂品种和溶胀温度而异。吸水量少的凝胶，溶胀达到饱和的时间短，如 Sephadex G-25 只需溶胀 3h；而吸水多的 Sephadex G-100 需在常温下溶胀 3 天才能饱和。

商品葡聚糖除注明与吸液量、分离范围有关的编号外，还应标明其粒度范围、如干胶直径为 100 ～ 300μm 的为粗粒，20 ～ 80μm 的为细粒，40 ～ 120μm 的为中粒。凝胶粒度的不同会给分离效果带来一定的影响，可根据使用要求加以选用。表 9-10 列出了葡聚糖凝胶的主要性质。

表 9-10 葡聚糖凝胶（G 类）的性质

凝胶规格		吸水量 /（mL/g）	膨胀体积 /（mL/g）	分离范围 /Da		浸泡时间 /h	
型号	干粒直径 /μm			肽或球状蛋白质	多糖	20℃	100℃
G-10	40 ～ 120	1.0±0.1	2 ～ 3	约 700	约 700	3	1
G-15	40 ～ 120	1.5±0.2	2.5 ～ 3.5	约 1500	约 1500	3	1
G-25	粗粒 100 ～ 300 中粒 50 ～ 150 细粒 20 ～ 80 极细 10 ～ 40	2.5±0.2	4 ～ 6	1000 ～ 5000	100 ～ 5000	3	1
G-50	粗粒 100 ～ 300 中粒 50 ～ 150 细粒 20 ～ 80 极细 10 ～ 40	5.0±0.3	9 ～ 11	1500 ～ 30000	500 ～ 10000	3	1
G-75	40 ～ 120 极细 10 ～ 40	7.5±0.5	12 ～ 15	3000 ～ 70000	1000 ～ 5000	24	3
G-100	40 ～ 120 极细 10 ～ 40	10±1.0	15 ～ 20	4000 ～ 150000	1000 ～ 100000	72	5
G-150	40 ～ 120 极细 10 ～ 40	15±1.5	20 ～ 30 18 ～ 20	5000 ～ 400000	1000 ～ 150000	72	5
G-200	40 ～ 120 极细 10 ～ 40	20±1.2	30 ～ 40 20 ～ 25	5000 ～ 800000	1000 ～ 200000	72	5

葡聚糖凝胶能被强酸、强碱和氧化剂破坏，但对稀酸、稀碱和盐溶液稳定，如能耐受 1mol/L 盐酸在 100℃以下处理 2h，而不发生分解；在 0.25mol/L 氢氧化钠溶液中 60℃加热 60 天不被破坏。此外，它还能经受高压灭菌（98kPa，30min）。但以上这些已经接近葡聚糖凝胶稳定性的极限。葡聚糖凝胶的稳定性随交联度降低而下降，其对许多有机溶剂，如醇类、砜类、甲酰胺等稳定。

葡聚糖凝胶含有少量羧基，故对阳离子有轻微的吸附作用（对阴离子排斥）。克服这种吸附作用的办法是增大分离介质的离子强度。若离子强度大于 0.02mol/L 时，这种吸附便已微不足道。

（1）湿法　用过的凝胶洗净后悬浮于蒸馏水或缓冲液中，加入一定量的防腐剂再置于普通冰箱中作短期保存（6 个月以内）。常用的防腐剂有 0.02% 的叠氮化钠，0.02% 的三氯叔丁醇，还有洗必泰、硫柳汞、醋酸苯汞等。

（2）干法　一般是用浓度逐渐升高的乙醇分步处理洗净的凝胶（如 20%、40%、60%、80% 等），使其脱水收缩，再抽滤除去乙醇，用 60 ～ 80℃暖风吹干。这样得到的干胶颗粒可以在室温下保存，但处理不好时凝胶孔径可能略有改变。

（3）半缩法　半缩法为以上两法的过渡法。即用 60% ～ 70% 的乙醇使凝胶部分脱水收缩，然后封口，置 4℃冰箱保存。

9.6.3.2 聚丙烯酰胺凝胶

聚丙烯酰胺凝胶是一种全化学合成的人工凝胶。其商品名为生物凝胶 -P（Bio-GelP）。该凝胶由丙烯酰胺（单体），以亚甲基双丙烯酰胺（双体）为交联剂，经四甲基乙二胺催化，通过自由基引发（光引发、化学引发等）聚合而成（图 9-11），再经干燥成型处理制成颗粒状干粉商品，在溶剂中吸液膨胀后便成一定粒度的凝胶。

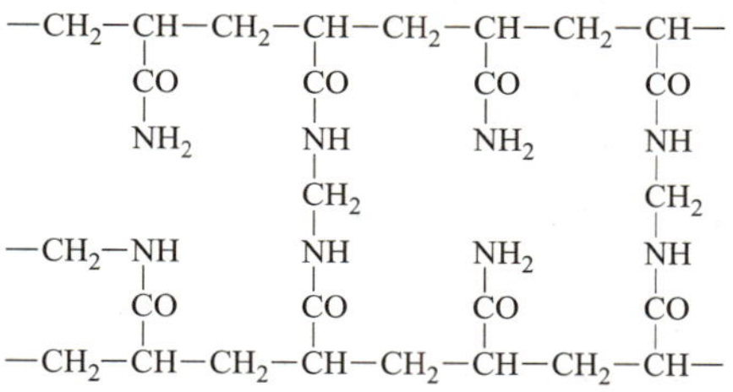

```
—CH2—CH—CH2—CH—CH2—CH—CH2—CH—
      |        |        |        |
      CO       CO       CO       CO
      |        |        |        |
      NH2      NH       NH2      NH
               |                 |
               CH2               CH2
               |                 |
—CH2—NH        NH       NH2      NH
      |        |        |        |
      CO       CO       CO       CO
      |        |        |        |
—CH2—CH—CH2—CH—CH2—CH—CH2—CH—
```

图 9-11　聚丙烯酰胺凝胶的结构

生物凝胶的孔径可以通过调整交联度，即聚合时对双体的加入比例（一般 1% ～ 25%），以及凝胶总浓度（一般为 5% ～ 25%）加以控制。凝胶总浓度或交联度增加，孔径则减小。

与葡聚糖凝胶相比，生物凝胶的化学稳定性好，凝胶成分不易脱落，可在很宽的 pH 范围下使用（一般为 pH=2 ～ 11，过酸时酰胺键易水解）；机械强度好，可在中压下使用并具有很好的流畅度。因凝胶骨架上没有带电基团，故无非特异性吸附现象，有较高分辨率。生物胶还有一个特点是不为微生物所利用，使用和保存都很方便。

商品生物凝胶的编号大致上反映出它的分离界限，如 Bio-Gel P-100，将编号乘以 1000 为 100000，正是它的排阻极限。如 Bio-Gel P-10，将编号乘以 1000 为 10000，接近其排阻极限 20000。表 9-11 列举了各种型号生物胶的有关性质。

表 9-11　聚丙烯酰胺凝胶的性质

生物胶	吸水量 /（mL/g）	膨胀体积 /（mL/g）	分离范围（分子量）	溶胀时间 /h	
P-2	1.5	3.0	100 ～ 1800	4	2
P-4	2.4	4.8	800 ～ 40000	4	2
P-6	3.7	7.4	1000 ～ 6000	4	2
P-10	4.5	9.0	1500 ～ 20000	4	2
P-30	5.7	11.4	2500 ～ 40000	12	3
P-60	7.2	14.4	10000 ～ 60000	12	3
P-100	7.5	15.0	5000 ～ 100000	24	5
P-150	9.2	18.4	15000 ～ 150000	24	5
P-200	14.7	29.4	30000 ～ 200000	48	5
P-300	18.0	36.0	60000 ～ 400000	48	5

P-2 ～ P-10 各型号的凝胶粒度都有 4 种规格，粗（150 ～ 300μm）、中（75 ～ 150μm）、细（40 ～ 75μm）、极细（1 ～ 40μm）；P-30 ～ P-300 各种型号的凝胶粒度都只有粗、中、极细三种规格。

9.6.3.3 琼脂糖类凝胶

（1）琼脂糖凝胶 琼脂糖凝胶来源于一种海藻多糖琼脂。用氯化十六烷基吡啶或聚乙烯醇等将琼脂中带负电基团（磺酸基和羧基）的琼脂胶沉淀除去，所得的中性多糖成分即为琼脂糖。其结构是由 β-D- 半乳糖与 3,6- 脱水 -L- 半乳糖以 α-1,3- 糖苷和 β-1,4- 糖苷键相间连接而成的长链状分子。其结构见图 9-12。

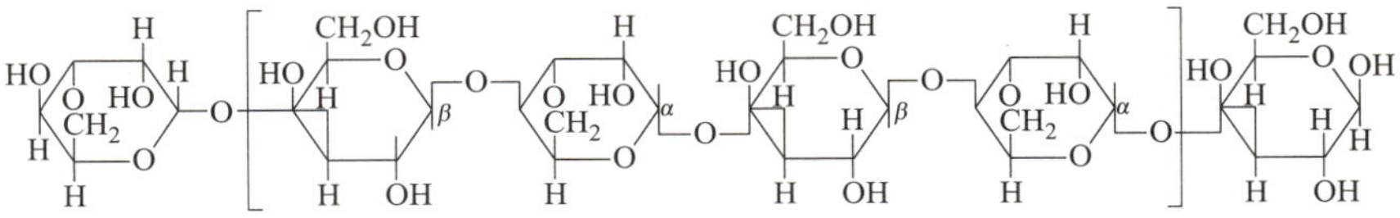

图 9-12 琼脂糖凝胶的结构

琼脂糖凝胶骨架各线型分子间没有共价键的交联，其结合力仅仅为氢键，键能比较弱。它与葡聚糖不同，其凝胶孔径由琼脂糖的浓度决定。

琼脂糖凝胶的化学稳定性较差，一般只能在 pH4 ～ 9 范围内正常使用。凝胶颗粒的强度也较低，如遇脱水、干燥、冷冻、有机溶剂处理或加热至 40℃以上即失去原有性能。市售商品是含水量 0.02% 叠氮化钠，10^{-3}mol/L EDTA 的凝胶颗粒悬液。琼脂糖凝胶与硼酸可形成配位化合物，使其结构改变，孔径发生变化，所以应避免在硼酸缓冲液中作分子筛色谱操作。

琼脂糖凝胶颗粒的强度很低，操作时须十分小心。另外，由于凝胶颗粒弹性小，柱高引起的压力能导致变形，致使流速降低甚至堵塞，所以装柱时应设法对柱压加以调整。

由于琼脂糖凝胶没有带电基团，所以对蛋白质的非特异性吸附力明显低于葡聚糖凝胶。在介质离子强度＞ 0.01mol/L 时已不存在明显吸附。

琼脂糖凝胶的一个很大的特征是分离的分子量范围非常大，大大地超过了生物凝胶和葡聚糖凝胶。分离范围随着凝胶浓度上升而下降，颗粒强度却随浓度上升而提高。

国内琼脂糖凝胶产品主要有 3 个规格：琼脂糖凝胶（Sepharose）2B、4B、6B，分别表示琼脂糖浓度为 2%、4%、6%。表 9-12、表 9-13 列出了常见琼脂糖凝胶的性质和几种生物大分子有效分配系数。

表 9-12 琼脂糖凝胶的性质

商品名称	琼脂糖浓度 /%	分离范围（对蛋白质）/Da	商品名称	琼脂糖浓度 /%	分离范围（对蛋白质）/Da
Sepharose 6B	6	$10^4 \sim 4\times10^6$	Bio-Gel A-50m	2	$10^5 \sim 5\times10^7$
Sepharose 4B	4	$6\times10^4 \sim 2\times10^7$	Bio-Gel A-150m	1	$10^6 \sim 1.5\times10^8$
Sepharose 2B	2	$7\times10^4 \sim 4\times10^7$	Sagarac 10	10	$10^4 \sim 2.5\times10^5$
Bio-Gel A-0.5m	10	$10^4 \sim 5\times10^5$	Sagarac 8	8	$2.5\times10^4 \sim 7\times10^5$
Bio-Gel A-1.5m	8	$10^4 \sim 1.5\times10^6$	Sagarac 6	6	$5\times10^4 \sim 2\times10^6$
Bio-Gel A-5m	6	$10^4 \sim 5\times10^6$	Sagarac 4	4	$2\times10^5 \sim 1.5\times10^7$
Bio-Gel A-15m	4	$4\times10^4 \sim 1.5\times10^7$	Sagarac 2	2	$5\times10^5 \sim 1.5\times10^8$

表 9-13 几种蛋白质在 Sephadex G-200、Sepharose 4B 和 Sepharose 6B 上的有效分配系数

蛋白质	分子量 /×10^3	Stokes 半径 /×10^{-3}cm	Sepharose		Sephadex G-200
			4B	6B	
核糖核酸酶	13.7	19.2	0.86	0.78	0.75
卵清蛋白	45	27.3	0.72	0.62	0.53
铁传递蛋白	71	36.1	0.68	0.53	0.40
葡萄糖氧化酶	186		0.60	0.42	0.27
甲状腺球蛋白	670	82.5	0.45	0.27	0.00
α- 结晶蛋白	1000		0.38	0.22	0.00

（2）架桥琼脂糖凝胶（Sepharose CL） 架桥琼脂糖凝胶为琼脂线型分子经 1,3- 二溴丙醇交联的产品，又称交联琼脂糖凝胶，其结构见图 9-13。凝胶孔径均匀，机械强度明显加大。表 9-14 列出了 Sepharose CL 的某些性质。

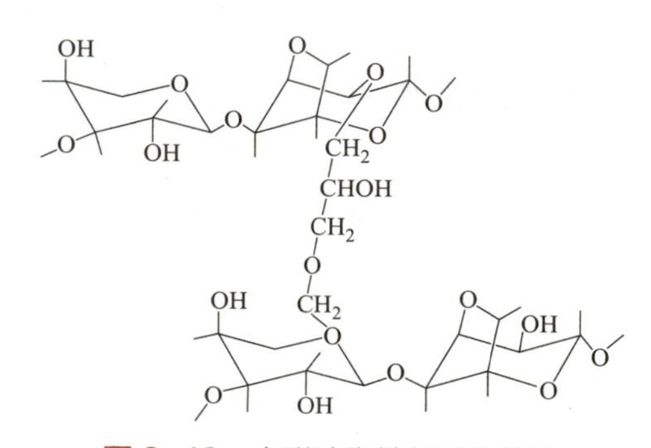

图 9-13 交联琼脂糖凝胶的结构

表 9-14 Sepharose CL 的性质

种 类	膨润粒子的大小 /μm	凝胶浓度 /%	排出界限点分子量		最大操作压 /cmH_2O
			蛋白质	多糖体	
Sepharose CL-6B	40 ～ 210	6	4×10^6	1×10^6	90
Sepharose CL-4B	40 ～ 190	4	2×10^7	5×10^7	60
Sepharose CL-2B	60 ～ 250	2	4×10^7	2×10^7	30

注：1cmH_2O=98.06Pa。

与琼脂糖凝胶相比，这类凝胶对热和化学物质的稳定性大大增加。在 pH3 ～ 14 范围内稳定，在碱性介质中尤为稳定。在氧化剂作用下，部分多糖链水解。

交联琼脂糖凝胶能用于有机溶剂，但从一个溶剂（A）转换到另一个溶剂（B）中时，必须逐步更换，首先（70%A）/（30%B），然后（30%A）/（70%B），最后达到纯 B。如果 A 和 B 不互溶，必须通过一个能互溶的中间介质来转换。

（3）超胶（ultro-gel ACA） 超胶是琼脂糖与聚丙烯酰胺的混合凝胶。它比 Sepharose 凝胶的化学稳定性好，强度也高，可在 pH3 ～ 10 范围内使用，但对热的稳定性没有改变。商品名称后面的编号皆为两位数，各表示混合胶中聚丙烯酰胺与琼脂糖的百分比，超胶的分离分子量范围介于琼脂糖凝胶与生物凝胶 -P 之间，其性质见表 9-15。

表 9-15 超胶的性质

超胶的种类	聚丙烯酰胺/%	琼脂糖/%	膨润粒子的大小/μm	球状蛋白质的分离范围（分子量）	最大流速/[mL/(cm^2·h)]
ACA22	2	2	60～140	100000～1200000	3.5
ACA34	3	4	60～140	20000～350000	10
ACA44	4	4	60～140	10000～130000	18
ACA54	5	4	60～140	5000～70000	18

注：2.5cm×100cm 柱测定最大流速。

（4）多孔玻璃微球　工业用玻璃由于原料配方不同，常见的有钠玻璃、硼玻璃和铅玻璃等。硼玻璃在 700～800℃高温下加热发生硼酸盐与硅酸盐之间的相分离，冷却后溶去硼酸盐便形成了多孔硅酸盐玻璃，进一步用化学方法和物理方法加工成孔径 10～250nm 的一定粒度的玻璃小球，即所谓的多孔玻璃微球。为了便于操作，还可将若干小球黏合成较大的球形颗粒。

多孔玻璃微球的优点是化学稳定性高、强度大，能在高压下操作，并获得好的流速，故实验的重复性很好。缺点是因有大量的硅羟基存在，对糖类、蛋白质等物质有吸附作用，常用聚乙烯二醇浸泡加以钝化后使用。

多孔玻璃微球商品 Bio-Glas 后面的编号表示其孔径（Å），如 Bio-Glas 500，其孔径即为 500Å。编号越大，分离分子量也越大，多孔玻璃微球的性质见表 9-16。

表 9-16 多孔玻璃微球的性质

型　号	颗粒大小		分离范围（分子量）
	粒度/目数	平均孔径/Å	
Bio-Glas 200	100～200 200～400	200	3×10^3～3×10^4
Bio-Glas 500	100～200 200～400	500	10^4～10^5
Bio-Glas 1000	100～200 200～400	1000	5×10^4～3×10^5
Bio-Glas 1500	100～200 200～400	1500	4×10^5～2×10^6
Bio-Glas 2500	100～200 200～400	2500	8×10^5～9×10^6

（5）疏水性凝胶（hydrophobic gels）　常见的有两大类：聚甲基丙烯酸酯（poly-methacrylate）凝胶和聚苯乙烯凝胶（Styragel 和 Bio-Beads S）。Styragel 商品型号有 11 种，分离分子量范围为 1600～40000000。以二乙苯为介质的悬浮液供应。生物珠（Bio-Beads S）则以干胶应市，只有三种规格，分离分子量小于 2700，只适于分离分子量较小的物质。这两类凝胶专用于分离不溶于水的有机物质，只能在有机溶剂中操作，凝胶体积不随溶剂而改变。

9.6.4 应用举例

（1）脱盐　含盐蛋白质溶液在用凝胶过滤时，低分子量的盐类因进入凝胶颗粒，所以移动减慢，而大分子量的蛋白质则随洗脱液前部较快地通过凝胶粒而获得分离。

为使 100mL 蛋白质溶液脱盐，需要 25g 固体葡聚糖凝胶 G-25。待脱盐的蛋白质溶液体积通常应为柱床体积的 1/5。将固体葡聚糖凝胶搅入 0.05mol/L Tris 缓冲液中（pH7.2），沉降后，倾去上层液（混浊的），直至上层液面与凝胶床面相平。将蛋白质溶液通过此柱，无盐部分的蛋白质可用分光光度计在波长 280mm 处进行光密度测定。

（2）浓缩　强亲水性的固体葡聚糖凝胶从待浓缩的溶液中吸取水分，而溶解的大的分子量蛋白质就被浓缩在留下来的溶液中。

将固体葡聚糖凝胶 G-25（粗）加到待浓缩的溶液中，充分混合，放置 10min 后，离心或过滤。葡聚糖凝胶 G-25 的吸水量约为 2.5g/g，滤液或上清液因此而得以浓缩，但溶液的 pH 和离子强度实际不变。

（3）酶解产物在葡聚糖凝胶 G-50 柱上的预分级分离　一种普通分子量的蛋白质如果通过一些特异酶或化学方法进行降解，会生成相当复杂的肽混合物。为了进行结构研究，必须分离和纯化“粗”水解产物中构成多肽链的所有肽，这是件非常复杂的工作。因此，“粗”水解产物必须进行预分级分离。在目前方法中，凝胶过滤最适于此种目的。

将凝胶与 4 份 0.01mol/L 氨水溶液在室温搅拌 30min，然后沉降，倾去细颗粒的上层液。沉降的葡聚糖凝胶 G-50 再与约 3 份 0.01mol/L 氨水溶液混合并倒入柱中。柱用 5 倍于床体积的 0.01mol/L 氨水溶液洗涤。将 200mg 被分离物质溶于 3 ～ 5mL 0.01mol/L 氨水溶液中，让样品慢慢吸入凝胶柱中，用 0.01mol/L 氨水溶液洗脱，流速 250 ～ 300mL/h，收集各管在紫外 280nm 处吸收的洗脱液，合并，冷冻干燥。也可以用分光光度分析法来检测肽键特征的 OD_{220} 或茚三酮反应等检测方法。

（4）纯化青霉素　青霉素致敏原因是产品中存在一些高分子杂质，如青霉素聚合物，或青霉素降解产物青霉烯酸与蛋白质相结合而形成的青霉噻唑蛋白，具有强烈致敏性的全抗原。

这种高分子杂质可用凝胶色谱法分离，方法如下：取葡聚糖凝胶 G-25，粒度为 20 ～ 80μm。色谱柱直径 1.7cm，高 37cm，带有冷却夹套，冷却水温度为 8 ～ 10℃。展开剂采用 pH7.0，0.1mol/L 磷酸盐缓冲液。样品加入量为凝胶床体积的 4% ～ 10%。青霉素浓度为 1 ∶ 1.2 或 1 ∶ 1.5（即 1g 青霉素溶于 1.2mL 或 1.5mL 缓冲液中），流速 1mL/3min，每收集 5mL 洗脱液为一管。分出的高分子杂质有噻唑基反应。

过程检查 9.5

○ 凝胶色谱的主要应用是什么？

9.7　纸色谱法

纸色谱法是以滤纸为载体的分配色谱法。由于其设备简单，操作方便，所需样品量少，所以应用很广泛。此法不仅能用于定量分析，在新抗生素研究中，还常用于作早期鉴别和决定提取方法等。

纸色谱法的一般操作方法如下：将试样溶于适当溶剂，点样于滤纸的一端，另用一适当溶剂系统，借毛细现象从点样的一端向另一端流动（此称为展开）。展开的滤纸取出晾干，用适当的方法显迹。

9.7.1　滤纸

滤纸一般能吸附 20% ～ 25% 的水分，其中 6% ～ 7% 是以氢键与纤维素的羟基相结合，在通常条件下不易除去，所以和水相混合的溶剂仍然形成两相。在纸色谱中，这种水分组成固定相，而纤维间空隙能通过流动相。

色谱用滤纸的质地必须均匀，纹路要细，杂质含量要少，如含过多金属离子，在显带时会增加斑点；滤纸要具有一定的机械强度，在溶剂润湿后仍能保持原状。

国产色谱用滤纸的性能与规格见表 9-17。

表 9-17 国产色谱用滤纸的性能与规格

型号	标重 /（g/m^2）	厚度 /mm	吸水性（30min 内上升距离）/mm	灰分 /%	性能
1	90	0.17	150 ～ 120	0.08	快速
2	90	0.16	120 ～ 91	0.08	中速
3	90	0.15	90 ～ 60	0.08	慢速
4	180	0.34	151 ～ 121	0.08	快速
5	180	0.32	120 ～ 91	0.08	中速
6	180	0.30	90 ～ 60	0.08	慢速

滤纸一般选用中速滤纸，也可结合展开剂来考虑。以丁醇为主的溶剂系统黏度较大，展开速度慢；相反，以石油醚、氯仿等为主的溶剂则展开速度较快。可据此结合实验要求选择快速、中速或慢速的滤纸。一般定性分析用较薄的滤纸，厚质滤纸则用于制备。

当溶质为弱酸、弱碱或两性物质时，pH 对色谱影响很大，这是因为当溶质成游离状态或成盐时，在两相间分配系数差别很大，因此将滤纸经缓冲液处理，用中性溶剂展开。

9.7.2 展开剂

展开剂可以是单一溶剂，也可以是混合溶剂。展开剂的选择一般可参考前人对类似化合物所选用的溶剂系统，结合自己的实践摸索而决定。选用的溶剂系统应对被分离溶质有一定的溶解度，既不要使它们跑得太快（R_f=1），也不要使它们留在原点不动（R_f=0）。可取溶解度较大的溶剂与较小的溶剂按不同比例配制，有时还须加第三种溶剂，以调节系统的 pH 和使前两种溶剂的互溶度增加。例如用于氨基酸色谱法的溶剂系统正丁醇 - 甲酸 - 水（15∶3∶2），其中正丁醇对各氨基酸的溶解度都很小，水对各氨基酸的溶解度都很大，甲酸起调节 pH 和使正丁醇与水的互溶度增加。

9.7.3 纸色谱操作方法

纸色谱操作按溶剂展开方向，可分为上行、下行和径向三种。上行法中又可分为单向、双向两种。在双向色谱中，采用两种溶剂，将样品滴在矩形滤纸的一个角落上，用一种溶剂展开后将纸晾干，转 90°（即与该溶剂的运动相垂直的方向）后，以另一种溶剂展开。当样品组成比较复杂时，可采用双向色谱法。

（1）点样 可用供熔点测定用的玻璃毛细管点样。如需定量，则可用血细胞计数管，用时将头磨尖，必要时可用水银校正读数。试样应点于距纸底边约 2cm 的起点线上，每点间距 2cm 左右，点的大小一般为直径不超过 0.5cm，也可点成 3 ～ 5mm 横的长条。

对于稀的样品，如点一次数量不够，则可连点几次，但每次点后，须待干后才可点第二次，可以用电吹风吹干，但不能吹得过干，否则样品会牢固地吸在滤纸上，造成“拖尾”现象。如果溶液过稀，点样时溶剂扩散而起展开作用，容易点成空心圈，色谱后会形成畸形斑点。

（2）展开

① 上行色谱法　在上行色谱法中，溶剂自下向上流动，其典型的几种装置见图9-14。如样品较多，可将滤纸卷成圆筒状。装置需注意密封，要保持为展开剂蒸汽所饱和。一般装置最好由悬钩，先使滤纸悬挂于色谱装置中，待滤纸为展开剂蒸汽饱和后，再将它浸入溶剂中展开。温度对色谱法影响也较大，所以要得到重复性结果，温度要维持恒定。

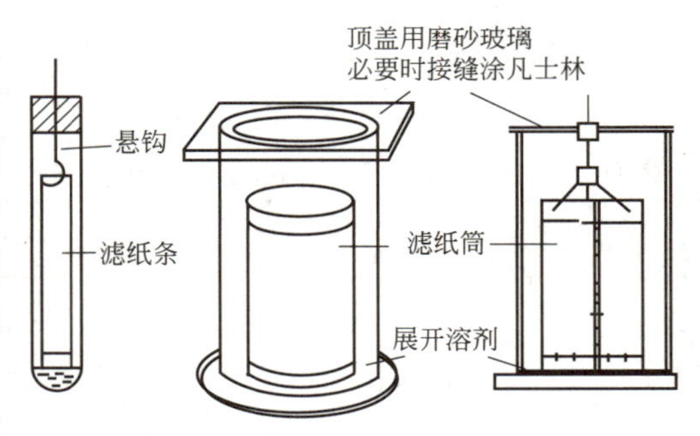

图9-14　上行色谱法装置

在上行色谱法中，毛细管引力方向和重力方向相反，展开剂流动距离有限，对性质接近的组分此法不易分离，此时可改用下行色谱法。

② 下行色谱法　毛细管引力方向和重力方向相同，操作时间可以较长，分离效果较好，其装置见图9-15。滤纸下端宜剪成锯齿状，使溶剂能顺利流下，不致积留液体。

③ 径向色谱法　图9-16为径向色谱法装置。取一张圆形滤纸，等分成若干个扇形，在中心打一小孔，用以插入滤纸芯吸入展开剂，沿水平方向展开［见图9-16（a）］，也可由分液漏斗自上部加入展开剂［见图9-16（b）］。样品点距中心约1cm，每一格扇形可点上一个样品［见图9-16（c）］，展开后色带呈圆弧状。在展开过程中，溶剂前缘不断扩大，因而色带较窄，故分离效果较好。

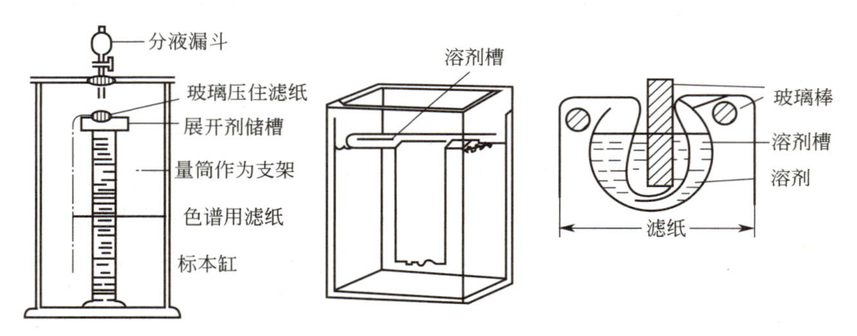

图9-15　下行色谱法装置

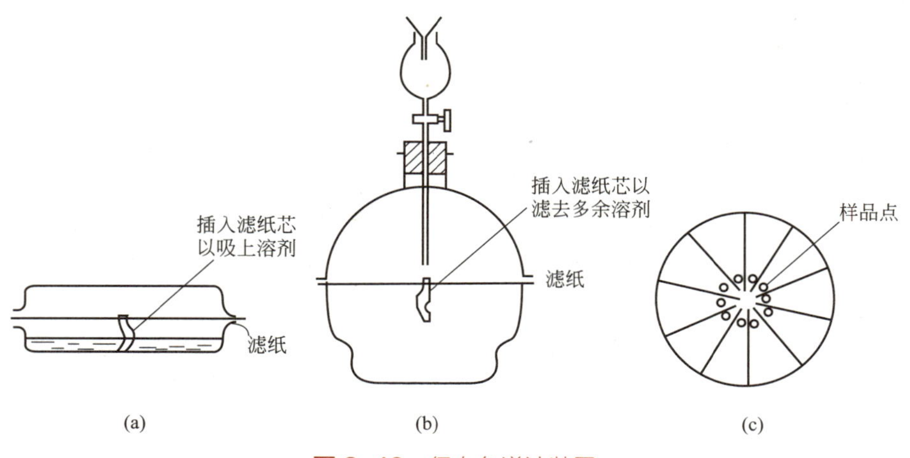

图9-16　径向色谱法装置

（3）显迹　展开后取出滤纸，在溶剂到达的前缘画线作记号，然后室温下阴干，用各种物理化学方法检查色带位置。也可用各种化学试剂显色，在滤纸上喷以化学试剂或将滤纸浸入试剂中，如氨基酸可以用茚三酮试剂显色，链霉素可以用坂口试剂显色。

如需定量测定，则可以将分离后的斑点剪下，用适宜的溶剂将组分洗脱下来，用比色或其他方法定量；也可直接用光密度计测定。

在抗生素色谱法中，常常利用生物显影法，特别是在新抗生素研究中，生物显影法是唯一可用的方法。

9.8 薄层色谱法

薄层色谱法（thin-layer chromatography，TLC），是一种将固定相在固体上铺成薄层进行色谱的方法。1956 年德国学者在研究植物细胞的分析工作中，比较完整地发展了这个方法，目前它已是色谱法的一个重要分支。

9.8.1 薄层色谱法的特点

薄层色谱与前节所介绍的经典纸色谱和将要介绍的高效液相色谱比较起来，它具有下列特点。

① 设备简单，操作方便。只需一块玻璃板和一个展开槽，即可以进行复杂混合物的定性与定量分析，既可用于有机物分析，也可用于无机物分析。它的分析原理与经典柱色谱相同，但是在敞开的薄层上操作，在检查混合物的成分是否分开以及在显色时都比较方便。只要把薄层放在荧光灯下或把显色剂直接喷上即可观察。

② 快速，展开时间短。薄层色谱法的实验操作（如点样、展开及显色等）与纸色谱相同，但是它比纸色谱快速。一般纸色谱需要几小时至几十小时，薄层色谱一般只需十几分钟至几十分钟。

③ 由于广泛采用无机物作吸附剂，薄层色谱可以采用具有腐蚀性的显色剂，如浓硫酸、浓盐酸和浓磷酸等。对于特别难以检出的化合物，可以喷以浓硫酸，然后小心加热，使有机物炭化，显出棕色斑点。而同样情况下，纸色谱则无法检出。

④ 薄层色谱可以广泛地选用各种固定相，比纸色谱有显著的灵活性。它又可以广泛地选用各种流动相，比气相色谱方便。

⑤ 纸色谱由于纤维的性质引起斑点的扩散作用较严重，降低了单位面积中样品的浓度，从而降低了检出的灵敏度。薄层色谱的扩散作用较少，斑点比较密集，检出灵敏度较高。

⑥ 薄层色谱既适于分析小量样品（一般几微克到几十微克，甚至可小到 10^{-11}g），但是也适用于大型制备色谱。例如，把薄层的宽度加大到 30 ～ 40cm，样品溶液点成一条线，把薄层的厚度加到 2 ～ 3mm，分离的量可大到几毫克至几百毫克。

⑦ 技术多样化。一方面有多种展开方式，例如，双向展开、多次展开、分步展开、连续展开、浓度梯度展开等；另一方面，可应用不同的物理化学原理，例如，吸附色谱、分配色谱、离子交换、电泳、等电聚焦法等。对于复杂的混合物不能用简单的薄层色谱法解决时，可采用两种方法相配合进行。

⑧ 与气相色谱比较起来，薄层色谱法更适于分析对热不稳定、难以挥发的样品。但是它不适

于分析挥发性样品。目前 TLC 的自动化程度不及气相色谱法和高效液相色谱法，并且分离效果也不及后两者，因此成分太复杂的混合物样品，用薄层色谱法分析还是有困难的。

用于吸附色谱法中的吸附剂都可用于薄层色谱法中，其中最常用的吸附剂是硅胶和氧化铝。硅胶略带酸性，适用于酸性和中性物质的分离；碱性物质则能与硅胶作用，不易展开或发生拖尾的斑点，不好分离。反之氧化铝略带碱性，适用于碱性和中性物质的分离而不适于分离酸性物质。不过，也可以在铺层时用稀碱液制备硅胶薄层，用稀酸液制备氧化铝薄层以改变它们原来的酸碱性。

应该根据化合物的极性大小来选择吸附活性合适的吸附剂。为了避免试样在吸附剂上被吸附太牢，展不开或不好分离，对极性小的试样可选择吸附活性较高的吸附剂，对极性大的试样，选择活性较低的吸附剂。

硅胶和氧化铝可由活化的方式或者掺入不同比例的硅藻土来调节其吸附活度。

应该注意的是，碱性氧化铝用作吸附剂时，有时能对被吸附的物质产生不良的反应，例如，引起醛、酮的缩合，酯和内酯的水解，醇羟基的脱水，乙酰糖的脱乙酰基，维生素 A 和维生素 K 的破坏等。因此有时需要把碱性氧化铝先转变成中性氧化铝或酸性氧化铝后应用。

硅胶对于样品的副反应较少，但也有萜类中的烃、甘油酯在硅胶薄层上发生异构化，邻羟基黄酮类氧化，甾醇在含卤素的溶剂存在下在硅胶板上发生异构化等副反应。

除了硅胶和氧化铝以外还可用纤维素粉、聚酰胺粉等作吸附剂。

9.8.2 薄层色谱法的操作

9.8.2.1 点样

薄层色谱法中根据不同要求，点样的方式、方法也不同。

做定性分析时，点样量不需要准确，可采用玻璃毛细管点样；做定量分析时，因取样量需要准确，一般采用微量注射器或医用吸血管（端磨尖）；做制备色谱时，需要用较大量试样溶液在大块（20cm×20cm）薄层板的起始线上连续点成一条直的横线。

样品溶于氯仿、丙酮、甲醇等挥发性有机溶剂中。用毛细玻管或医用吸血管或微量注射器将样品滴加到薄层上。点的直径一般不大于 2 ～ 3cm，点与点之间的距离一般为 1.5 ～ 2cm。样品点在距薄层一端 1.5cm 的起始线上，展开剂浸没薄层的一端约 0.5cm。

点样原点的大小对最后斑点面积的影响较大，必须严格控制，对于定量分析（按斑点面积定量）尤其如此，对于较稀的样品溶液在朱点须进行多次滴加时，更须注意。点样最好的方法是，将样品溶液点在 2 ～ 3mm 直径的小圆形滤纸上，点样时将滤纸固定于插在软木塞的小针上，同时在薄层起始线上也制成相同直径的小圆穴（圆穴及滤纸片均可用适当大小的木塞打孔器印出），圆穴中可放入少许淀粉糊，将已点样并除去溶剂后的圆形滤纸片小心放在薄层圆穴中粘住，然后展开。用这种方法，样品溶液体积大至 1 ～ 2mL 也能方便地点完，并能保证原点形状的一致。

在干法制成的薄层上点样，经常把点样处的吸附剂滴成一孔，则必须在点样完毕后用小针头拨动孔旁的吸附剂把此孔填补起来，否则展开后斑点形状不规则，影响分离效果。

在制备薄层色谱法中，可将样品点成长条，如需样量大，则可将吸附剂去一条，将样品溶液与吸附剂搅匀，干燥后再把它仔细地填充在原来的沟槽内，再行展开。

9.8.2.2 展开

展开方式可分为以下三类。

（1）上行展开和下行展开　最常用的展开法是上行展开，就是使展开剂从下往上爬行展开：将滴加样品后的薄层，置入盛有适当展开剂的标本缸、大量筒或方形玻璃缸中，使展开剂浸入薄层的高度约为0.5cm。下行展开是使展开剂由上向下流动。下行展开法由于展开剂受重力的作用而移动较快，所以展开时间比上行展开法快些。具体操作是将展开剂放在上位槽中，借滤纸的毛细管作用转移到薄层上，从而达到分离的效果。

展开槽空间最好先用展开剂蒸气饱和，为了加速饱和过程，可在展开槽内悬浸有展开剂的滤纸。研究表明，在不饱和展开槽中展开，展开槽中展开剂蒸气的浓度由下到上呈梯度增加，吸附剂自空间吸附蒸气的量也相应增加，从而使薄层不同部位上吸附的展开剂具有梯度变化，改善了分离效果。

（2）单次展开和多次展开　用展开剂对薄层展开一次，称为单次展开。若展开分离效果不好时，可把薄层自展开槽中取出，吹去展开剂，重新放入盛有另一种展开剂的展开槽中进行第二次展开。可以使薄层的顶端与外界畅通，以使当展开剂走到薄层的顶端尽头处，可以连续不断地向外界挥发使展开可连续进行，以利于 R_f 值很小的组分得以分离。

（3）单向展开和双向展开　上面谈到的都是单向展开，也可如前面所述纸色谱法双向展开同样的原理，取方形薄层板进行双向展开。

9.8.2.3 显迹

显迹之前应将展开剂挥发除尽，显迹方法有下列几种。

（1）物理显迹法　有些化合物本身发荧光，则展开后一待溶剂挥发即可在紫外灯下观察荧光斑点，用铅笔在薄层上划出记号。有的化合物需在留有少许溶剂的情况下方能显出荧光；有的化合物本来荧光不强，但在碘蒸气中熏一下再观察其荧光，灵敏度有所提高；有的化合物需要与一试剂作用以后才显荧光。如果样品的斑点本身在紫外线下不显荧光，则可采用荧光薄层法检出，即在吸附剂中加入荧光物质或在制好的薄层上喷荧光物质，如0.5%硫酸奎宁溶液等，这样在紫外线下，薄层本身显荧光，而样品的斑点却不显荧光。

（2）化学显迹法

① 蒸气显色　利用一些物质的蒸气与样品作用而显色，例如，固体碘、浓氨水、液体溴等易挥发物质放在密闭容器内（标本缸、玻璃筒），然后将挥发除去展开剂的薄层放入其中显色，显色时间与灵敏度随化合物不同而异，多数有机物遇碘蒸气能显黄 - 黄棕色斑点。显色作用或是碘溶解于测定的化合物，或与化合物发生加成作用，但多数是化合物对碘的吸附作用，因此显色后放置在空气中，斑点即可退色。多数情况下碘是一种非破坏性的显色剂，可将化合物刮下作进一步处理，有利于制备色谱。

② 喷雾显色　将显色剂配成一定浓度的溶液，用喷雾的方法均匀喷洒在薄层上。喷雾时可连一橡皮管或塑料管，用嘴吹或用压缩空气喷。喷雾器与薄层相距最好0.5～0.8m，对于未加黏合剂的薄层，应趁展开剂未干前喷雾显色，以免吸附剂吹散。

（3）生物显迹法　抗生素等生物活性物质就可以用生物显迹法进行。取一张滤纸，用适当的缓冲液润湿，覆盖在板层上，上面用另一块玻璃压住。10～15min后取出滤纸，然后立即覆盖在接有试验菌种的琼脂平板上，在适当温度下，经一定时间培养后，即可显出抑菌圈。

（4）双光速薄层色谱扫描仪 为了直接在薄层上进行斑点所代表成分的含量的定量分析，用一定波长（可见光与紫外线）、一定强度的光速照射薄层上斑点，用光度计测量透射或反射光强度的变化，从而测定化合物含量。测量的方式有两种：透射法与反射法。薄层色谱扫描仪结构示意图见图 9-17。工作时，在被分析物质的最大吸收波长处进行扫描，薄层板以一定速度顺着从起始线到展开剂前沿的方向移动。当斑点经过狭缝时即开始记录其光密度，扫描出如图 9-18 所示的吸收曲线，每个峰代表一个斑点组分，由峰高或几面积即可测知该组分的含量。

透射法的灵敏度大于反射法。透射法测量结果对于薄层厚度的均匀性比较敏感，薄层厚度不均匀，会使空白值不稳定，仪器基线漂移比较大，造成测量误差。双光束薄层扫描仪同时用两个波长和强度相等的光束扫描薄层，其中一个光束扫描斑点，另一个光束扫描邻近的空白薄层作为空白值，记录的是两个测量的差值。选用的波长，一个是斑点中化合物最大吸收峰的波长；另一个是不被化合物所吸收光的波长，一般选择化合物吸收曲线的吸收峰邻近基线处的波长。所以，后者所测得的值即薄层的空白吸收值，记录的是两者的差值。双光束薄层扫描仪由于测量中减去了薄层本身的空白吸收，所以在一定程度上消除了薄层不均匀的影响，使测定准确度得到改进。用反射法测量，薄层厚度不均匀的影响较小，但薄层表面的光洁度均匀性却影响较大。

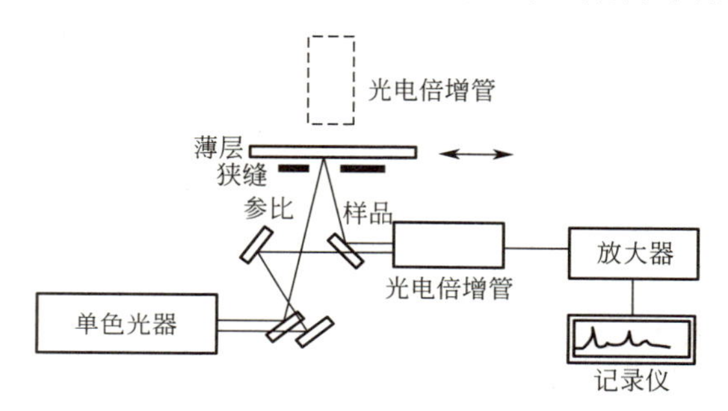

图 9-17 薄层色谱扫描仪结构示意

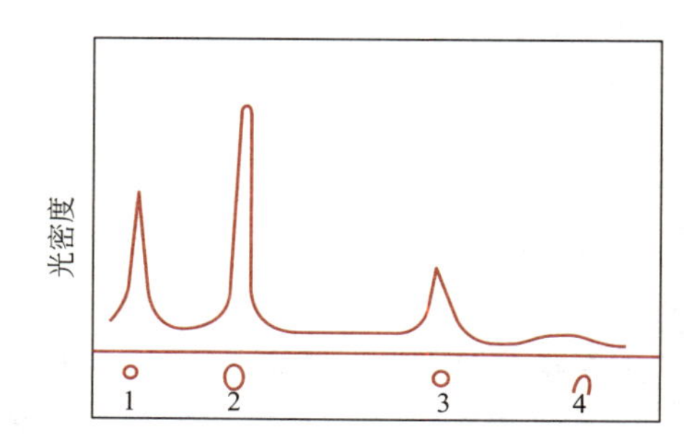

图 9-18 薄层色谱扫描仪的吸收曲线

过程检查 9.6

○ 薄层色谱法原理？

9.9 高压液相色谱

高压液相色谱（high pressure liquid chromatography，HPLC），又名高速液相色谱（high speed liquid chromatography，HSLC）、高效液相色谱（high performance liquid chromatography）、高分辨液相色谱（high resolution liquid chromatography），是在 20 世纪 70 年代前后发展起来的新颖快速的分离分析技术，是在原有的液相柱色谱基础上引入气相色谱的理论并加以改进和发展起来的。HPLC 具有如下特点。

① 高压 供液压力和进样压力都很高，一般是 9.8 ～ 29.4MPa，甚至到 49MPa 以上。

② 高速 载液在色谱柱内的流速较经典液相色谱高得多，可达 1 ～ 5mL/min，个别可达

100mL/min 以上。

③ 高灵敏度　采用了基于光学原理的检测器，如紫外检测器灵敏度可达 5^{-10} ～ 10^{-10}mg/L；荧光检测器的灵敏度可达 10^{-10}g。高压液相色谱的高灵敏度还表现在所需试样很少，微升数量级的样品就足以进行全分析。

④ 高效　由于新型固定相的出现，具有高的分离效率和高的分辨本领，每米柱子可达 5000 塔板数以上，有时一根柱子可以分离 100 个以上的组分。

9.9.1 高压液相色谱分离方法的原理

高压液相的四种色谱分离方法原理见图 9-19。图 9-19 中箭头方向的传质过程，实际上在动态平衡状态下这个过程是可逆的。

（1）液 - 固色谱的分离机理　液 - 固色谱以液体作为流动相，活性吸附剂作固定相。图 9-19（b）中，被分析的样品分子在吸附剂表面的活性中心产生吸附与洗脱过程，被分析样品不进入吸附剂内。与薄层色谱在分离机理上有很大的类似性。主要样品的性能按极性的大小顺序而分离，非极性溶质先流出色谱柱，极性溶质在柱内停留时间长。

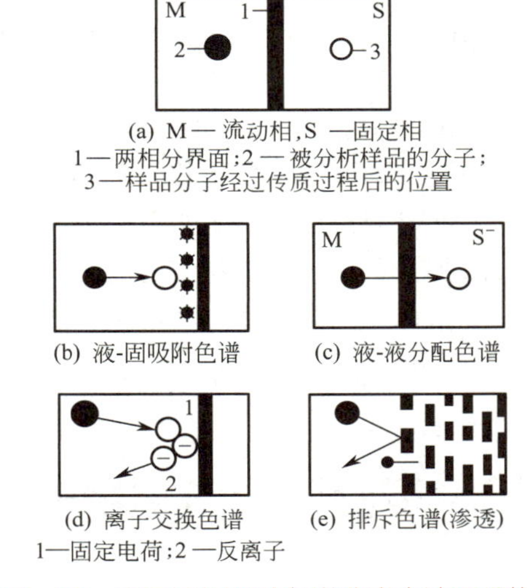

图 9-19　高压液相四种色谱分离方法原理模型

（2）液 - 液分配色谱（LLC）的分离机理　液 - 液色谱以液体作为流动相，把另一种液体涂布在载体上作为固定相。图 9-19（c）中，从理论上说流动相与固定相之间应互不相溶，两者之间有一个明显的分界面。样品溶于流动相后，在色谱柱内经过分界面进入到固定相中，这种分配现象与液 - 液萃取的机理相似，样品各组分借助于它们在两相间的分配系数的差异而获得分离。

（3）离子交换色谱的分离机理（IEC）　以液体作为流动相，以人工合成的离子交换树脂作为固定相，见图 9-19（d），用来分析那些能在溶液中离解成正或负的带电离子的样品，固定相是惰性网状结构，其带固定电荷，溶剂中被溶解的样品如具有与反向缓冲离子相同的电荷便可完成分离。由于不同的物质在溶剂中离解后，对离子交换中心具有不同的亲和力，相当于具有不同的分配系数，亲和力越高，在柱中的保留时间也就越长。

（4）空间排斥色谱（EC）的分离机理　以液体作为流动相，以不同孔穴的凝胶作为固定相［见图 9-19（e）］，固定相通常是化学惰性空间栅格网状结构，它近乎于分子筛效应。当样品进入时随流动相在凝胶外部间隙以及凝胶孔穴旁流过。大尺寸的分子没有渗透作用，较早地被冲洗出来。这样，样品分子基本上是按其分子排斥力大小先后由柱中流出，完成分离和纯化。

9.9.2 制备性高压液相色谱

（1）唑啉头孢菌素（cefazolin）的制备　科研人员成功地应用了反相色谱制备唑啉头孢菌素。

粗制品500mg，C_{18}担体柱尺寸为1.22mm×95mm（外径）×8mm（内径），流动相为水，压力为$150\times1.013\times10^5$Pa，流速2.5mL/min，以UV254nm检测，能分离出足够供核磁共振谱、质谱与紫外等分析用的三种杂质和高纯度的西孢唑啉制备性水平分离图见图9-20。

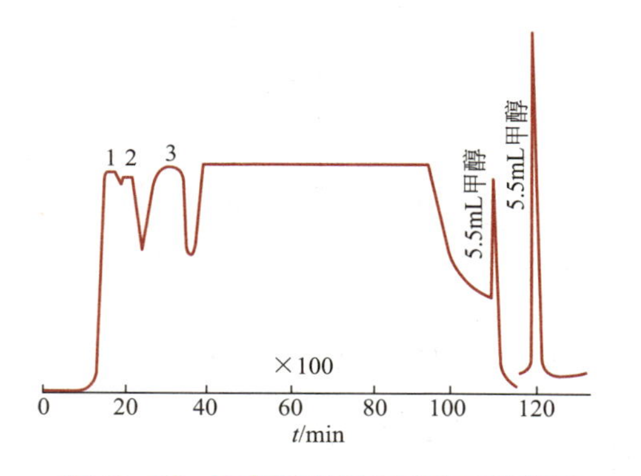

图9-20 西孢唑啉制备性水平分离图

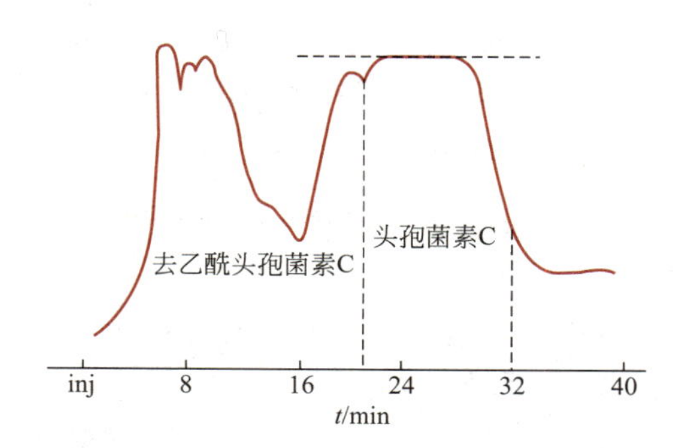

图9-21 由*C.acremonium*产生的头孢菌素C发酵液的制备性色谱

（2）头孢菌素C（cephalosporin C）的制备 头孢霉菌*Cephalosporium acremonium*发酵液的过滤液直接通过高压液相色谱进行制备色谱，可以得到纯品。

研究人员用丙胺化合硅胶键，采用8cm×600cm的柱，将过滤的发酵液0.5～1.5mL注入柱中，收集头孢菌素C，冷冻干燥，即得纯品，图9-21表示的是1.3mL发酵液制备的情况。

色谱条件：检测器UV254nm；流速4mL/min；柱8cm×600cm，以μNH_2键合丙胺化合硅胶键为填料；柱压2000psi；溶剂系统为乙酸∶甲醇∶乙腈∶水（2∶4∶75∶86.5）。

9.10 蛋白质分离常用的色谱法

由于重组DNA和杂交瘤技术的发展，能够获得过去无法得到的分子结构复杂的大分子物质，这些新蛋白质不断出现，对色谱分离技术提出更高的要求。过去用于分离无机离子和低分子量有机物质的色谱分离介质，由于有非特异性吸附而不能使用，用于分离蛋白质的介质的母体必须有足够的亲水性，以保证有较高的收率；同时还应有足够的多孔性，以使大分子能够透过；有足够的强度，以便能在大规模柱中应用；此外还应有良好的化学稳定性和能引入各种官能团，如离子交换基团、憎水烃链、特殊的生物配位体或抗体等，以适应不同技术的要求。

本节对免疫亲和色谱法，疏水作用色谱法，金属螯合色谱法，共价作用色谱法分别作简单介绍。

9.10.1 免疫亲和色谱法

极微量的毒素物质注入动物体内，动物血液中会产生一种抵御该毒素的特殊物质。它与毒素的专一性结合，使毒素不再起干扰作用，这种现象称免疫，所生成的特殊物质为抗体，促使抗体产生的毒素为抗原。由于毒素通常是一种外源蛋白质，所以很多酶、受体蛋白、病毒等物质都可成为抗原，使动物产生抗体。

抗原和抗体的作用具有高度的专一性，并且它们的结合亲和力极强。因此，用适当方法将抗体结合至色谱剂上，便可用来有效地分离和纯化各自互补的免疫物质。这种利用抗原 - 抗体的亲和反应来进行分离纯化的方法称为免疫亲和色谱法（又称免疫色谱法）。利用免疫色谱法先决条件是制得目标蛋白质（酶等）的抗体。抗体的产生是一个很复杂的过程，有传统的多克隆抗体方法和单克隆抗体方法两种，此处重点介绍单克隆抗体。

单克隆抗体法是一门制备免疫物质的新技术，单克隆抗体的制备方法是通过一定数量的小鼠作为试验动物。抗原的总加入量只需 50μg 左右。蛋白质中不同的抗原决定簇，可以产生出不同的抗体克隆。对于这些小鼠的抗体与酶形成的配合物的电离常数 K_p，很可能不同，可以找出一个电离常数在 10^{-6} ～ 10^{-8} 的克隆，这样对洗脱有利。

单克隆抗体制备法的出现，使亲和色谱分离技术的发展有了长足的进步。例如，它对受体蛋白（激素或药物）的亲和色谱技术的发展起了很大的推动作用。

受体蛋白是指能够识别特定化学物质（激素或药物等），并能与之相结合的生物大分子。当受体蛋白与这些化合物结合后将会引起一系列生化反应，并使机体产生特定的生理效应。激素或药物，与各自受体蛋白质的相互作用非常专一，并且亲和力特别高，是已知生物相互作用中结合亲和力最高的一种。因此，在亲和色谱分离中它们的洗脱条件往往十分苛刻。

如果在受体蛋白的亲和色谱操作中，引用了单克隆抗体的技术，便有可能克服上述的困难。这项技术的关键是，能否产生受体蛋白（往往是各类细胞表面蛋白）的单克隆抗体。有了这种受体蛋白的单克隆抗体，便能抑制激素、药物等化合物与受体蛋白的结合。另外，利用单克隆抗体与受体蛋白的专一性结合作用（抗原 - 抗体作用），通过免疫亲和色谱技术，就可以有效地纯化受体蛋白。例如，雌激素受体（estrogen receptor）、肾上腺素 β 受体（β-adrenergic receptor）、糖皮质激素受体（glucocorticoid receptor）、胰岛素受体（insulin receptor）等都可以通过单克隆抗体方法得到纯化。

9.10.2 疏水作用色谱法

在色谱剂基质与起吸附作用的官能团之间接上一段直链碳链（称接枝手臂），往往能够显著地提高分离效果。对于这种作用有三种解释：一是接枝手臂的存在能够排除由多孔基质的骨架引起的空间障碍，增加活性官能团的可动性，从而提高官能团的利用率；二是这些碳链的存在可以确保色谱剂基质的惰性性质，而基质惰性性质正是色谱剂能够具有生物异性吸附、提高分辨率的重要条件；三是接枝手臂的直链碳本身与蛋白质表面某一对应疏水区域相互作用，增加了对蛋白质的吸附能力。三种解释都说明了一些现象。特别是第三种解释，成为近来发展的疏水作用色谱分离技术的基础。

琼脂糖凝胶通过化学修饰（CNBr 活化）后，可以与 α- 氨基烷烃作用，产生碳链长度逐次变化的同系列的烷基琼脂糖——Seph-C_n，其中 n=1 ～ 6，表示碳链中的碳原子数目（图 9-22）。

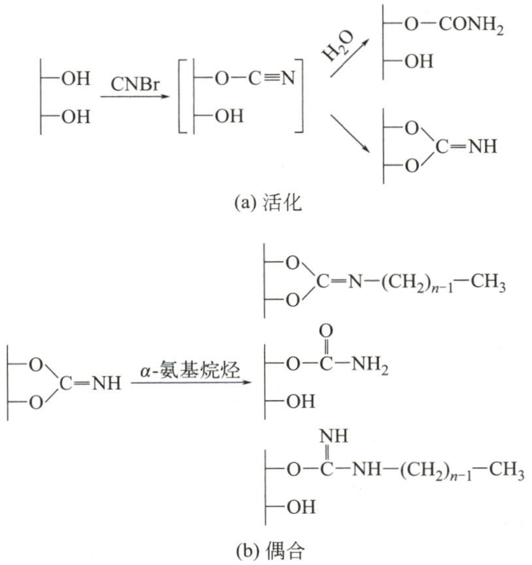

(a) 活化

(b) 偶合

图 9-22 溴化氰活化法及与 α- 氨基烷烃的偶合

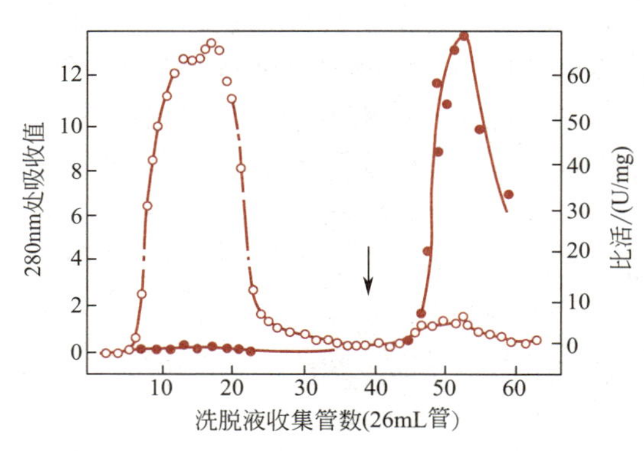

图 9-23 用 Seph-C_4 从兔肌提取液中分离、纯化糖原磷酸化酶 b

•糖原磷酸化酶 b 的比活；∘蛋白类物质在 280nm 处的吸收值；箭头表示用 0.4mol/L 咪唑枸橼酸缓冲液洗脱

从兔肌提取粗液中分离纯化糖原磷酸化酶 b 时，便可采用疏水作用色谱法，根据配套色谱小柱摸索得到的吸附 - 洗脱曲线，采用 Seph-C_4 吸附柱，用 0.4mol/L 咪唑枸橼酸缓冲液洗脱便可分离获得糖原磷酸化酶 b，纯化 60 ～ 100 倍，酶活性回收率达 95% 以上（图 9-23）。

除了 Seph-C_n 之外，还可以用 Seph-C_n-X 制成配套色谱小柱，这里 X 可为—H、—NH_2、—COOH、—OH 和—C_6H_5 等。

疏水作用色谱法与溶液的盐浓度关系很大。一般来说，溶液盐类，例如，硫酸铵等对蛋白质的疏水作用影响最大。因此，在高盐浓度下，大多数蛋白质能被基质吸附，使基质不再成为惰性。根据与盐析同样的道理，在较高盐浓度下，疏水作用色谱法就难以得到很好的分辨率。

对于有一些在水中溶解度较差的蛋白质，例如，球蛋白、膜结合蛋白等，它们在低盐浓度下，也可被牢固吸附，用疏水作用色谱柱也较难将它们分离。

另外，根据疏水作用的机理，如果在洗脱时，在洗脱剂中添加一些有机溶剂，或者添加一些多元醇（特别是乙二醇）或者添加一些非离子型的洗涤剂，都能降低疏水吸附的强度，有利于色层的展开与洗脱，降低洗脱操作温度和降低洗脱剂的 pH 值也往往对洗脱有利。

9.10.3 金属螯合色谱法

利用亚氨二醋酸盐［HN∶$(CH_2COO)_2Me$］，与经过环氧氯丙烷活化的琼脂糖偶合，可以形成一种带有双羧甲基氨基的琼脂糖。这种琼脂糖色谱剂能与过渡金属离子（例如，Cu^{2+}、Zn^{2+}、Fe^{3+} 等）牢固结合，形成色谱剂上稳定的吸附活性中心。

被配位在色谱剂上的金属离子，能为一些配基（例如，H_2O、NH_3，以及反离子等）配位。这样形成的色谱剂称为螯合色谱剂。色谱剂上的双羧甲基氨基基团称为螯合形成基团。除了双羧甲基氨基外，可以作为螯合形成基团的还有水杨酸基、8- 羟基喹啉基、氨基琥珀基等。

在中性条件下，金属螯合色谱剂能与组氨酸上的咪唑基及半胱氨酸上的巯基结合，交换配基。利用这种金属螯合原理进行色谱分离的方法称为金属螯合色谱法。由于蛋白质中含有组氨酸残基和半胱氨酸残基，因此，可以利用金属螯合色谱法来分离纯化蛋白质，其作用过程见图 9-24。

从图 9-24 中不难看出，要使这种作用方式能获得有效的色谱分离效果，其先决条件是，金属离子对色谱剂凝胶的亲和力必须要比对欲分离物质的配位亲和力高，这才能使欲分离物质为色谱剂所“吸附”。

对于选用哪一种金属离子来分离蛋白质样品，一般可以通过实验来决定。

由于螯合形成基团通常是以中性或阴离子形式存在，洗脱一般可以用反离子或降低 pH 值进行。其他非专一性吸附作用，可通过加入某一高浓度的盐（例如 NaCl）来得到解决。用螯合剂（例如 EDTA）洗脱没有选择性，但它可以用来除去结合过强的蛋白质。

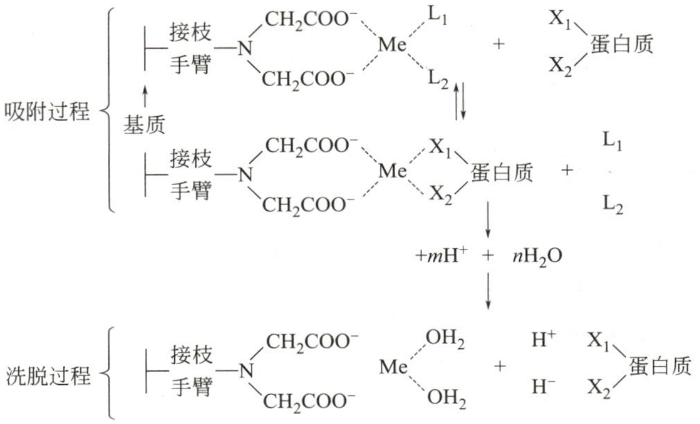

图 9-24　金属螯合色谱法的作用过程

9.10.4　共价作用色谱法

共价作用色谱法是根据巯基化合物与色谱剂上二硫键之间的共价化学反应而进行的色谱分离法。

巯基化合物中的巯基是一种还原基团，很活泼。它可与另一个巯基结合成二硫键（—S—S—）。巯基与—S—S—二硫键能组成一组氧化 - 还原体系。

具有共价反应活性的二硫键色谱剂可采用葡聚糖凝胶或琼脂糖凝胶作材料制得。凝胶通过 CNBr 方法活化后，先后用谷胱甘肽及 2,2’- 吡啶基二硫化合物处理，便得到谷胱二肽型二硫键色谱剂，见图 9-25（a）。凝胶也可通过环氧氯丙烷活化后，再用硫代硫酸盐处理，得到还原型的巯基丙基型凝胶，最后用 2,2’- 吡啶基二硫化合物活化便得到巯基丙基型的二硫键色谱剂，见图 9-25（b）。

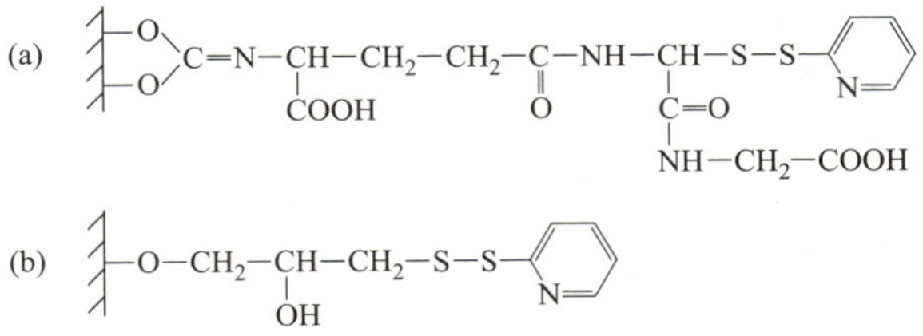

图 9-25　谷胱甘肽型二硫键色谱剂与巯基丙基型二硫键色谱剂

（a）谷胱甘肽型二硫键色谱剂；（b）巯基丙基型二硫键色谱剂

二硫键存在于多种肽分子和蛋白质分子中，它对蛋白质和多肽分子的立体结构有维持稳定的作用。许多蛋白质中还含有未被氧化的半胱氨酸残基，带有巯基，它们能与色谱剂上的二硫键发生共价交换反应。蛋白质通过新的混合二硫键被偶合到色谱剂上，通过巯基 - 二硫键作用的共价色谱法过程见图 9-26。

由于巯基 - 二硫键共价交换反应是可逆的，因此洗脱可以用 L- 半胱氨酸、巯基乙醇、谷胱甘肽，以及二硫苏糖醇等小分子巯基化合物。如果吸附后，柱上有剩余的未反应的巯基吡啶基团，可在洗脱之前，先用 pH4 低浓度（4mol/L）的二硫苏糖醇及 0.1 mol/L 醋酸钠缓冲液洗涤处理。蛋白质的洗脱一般在中性条件下进行。如果洗脱时使用还原能力逐渐增加的巯基化合物，或者逐渐增加巯基化合物的浓度，都可以增加蛋白质的洗脱分辨率，使选择性提高。

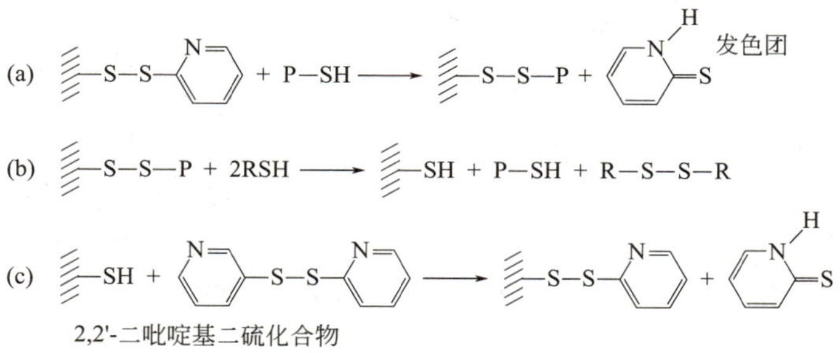

图 9-26　通过巯基 - 二硫键作用的共价色谱法过程

（a）吸附过程；（b）洗脱过程；（c）再生过程

洗脱时，释出的吡啶 -2- 硫酮是一个发色化合物，在 343nm 处能检出。

洗脱后的还原型的巯基色谱剂需要再生，一般用 2,2'- 吡啶基二硫化合物处理。对于还原型的巯基丙基琼脂糖还必须 80℃回流 3h。

二硫键色谱剂价格较贵，再生操作又麻烦，因此这种共价色谱法目前尚未大规模应用。

除了基于巯基 - 二硫键反应的色谱分离法之外，最近又推出了一种新型的共价色谱剂——苯基硼酸盐琼脂糖吸附剂，它的吸附作用通过被固定的硼酸盐与溶液中化合物上的顺羟基基团之间的可逆共价联结进行（图 9-27），因此这种吸附剂对有邻接羟基的化合物具有选择性的吸附作用。

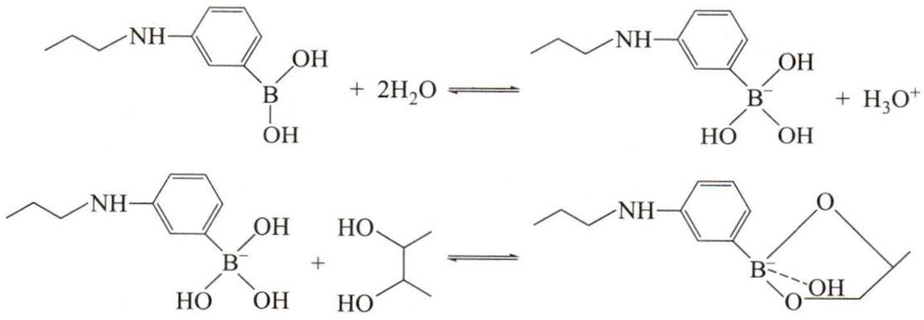

图 9-27　苯基硼酸盐与 1, 2- 顺 - 二元醇化合物的反应

一般蛋白质中很少有这种邻接羟基，但是糖蛋白、核苷酸以及某些带辅基的酶，可以与这种吸附剂结合。苯基硼酸型琼脂糖凝胶可用来分离纯化糖蛋白质和一些辅基上有邻接羟基的酶。

过程检查 9.7

○　亲和色谱分离原理是什么？

9.11　柱色谱的工业放大

柱色谱的放大准则是基于对限制性条件（如传质或孔隙扩散）的选择，以及利用分离度（R_s）、塔板数（N）和容量因子等无量纲参数计算得到色谱柱的尺寸。如果给定了处理量，无论是线性色谱还是非线性色谱，色谱柱的长度、直径、固定相颗粒大小和分离程度都可依据放大准则计算得到。利用放大准则确定分离参数时，可以假定实验室规模下的分离机制在放大过程中没有发生改变。但该假定必须在不同情况下进行验证，尤其是当固定相颗粒大小或流动相在空隙间的流速发生改变时。例如，对于平均粒径大于 40μm 的多孔固定相，孔隙扩散是影响色谱柱效率的主要因素。因此，以粒径为 10μm 的固定相所得到的洗脱曲线不会等同于相同材料，但颗粒大小为 100μm 的固定相条件下的洗脱曲线。对于粒径为 10μm 的固定相，其影响分离的主要因素为传质；而颗粒大小为 100μm 的固定相，影响分离的主要因素则为孔隙扩散。因此，只有在较大粒径固定相上采集的实验数据方可作为柱色谱的放大依据。

9.11.1 利用放大准则确定色谱柱的初始规格

在纯化工艺发展的早期阶段，传质、孔隙扩散和局部平衡模型的详细研究结果未被很好地利用。随着分离工艺的发展，为了优化分离过程，以上的模型和实验数据被广泛应用。为了估算成本，设计时必须首先对色谱设备的尺寸进行初步估计，并利用有限的时间和数据得到估算结果。因此，必须确定放大准则（scale-up rule）。利用放大准则，设计时可以快速获得色谱柱尺寸和操作参数。一旦初步设计完成，选定的色谱柱认为具有可行性，就可以进一步进行实验，并对设计参数加以验证，从而得到完整的模型。因此放大准则的应用是色谱柱放大过程的第一步。

在食品、药品和生物制品的生产过程中，线性色谱起到了主要的作用。利用等度凝胶渗透色谱分离蛋白质的过程就具备了典型的线性色谱特征。在其他分析或制备色谱法中，低浓度溶质分离也常呈现线性特征。当然在某些特殊情况下，线性平衡也会存在于对高浓度溶质的分离过程中。

色谱分离过程放大的基本要求之一是保持各组分间的分离度。通常情况下，在色谱分离时产物会产生一个峰，其他组分经洗脱会在产物的一侧或两侧出峰。例如，利用凝胶渗透色谱对产物脱盐时，利用各组分不同的分子量，可以将产物峰与其他组分分开，而杂质经洗脱后会在产物峰的两侧出峰。在对这样三重体系的分离过程进行放大时，会使所有大分子量杂质集中在第一个峰，所有小分子量杂质集中在第三个峰。而分子量介于二者之间的产物的峰出现在上述两个峰之间。色谱放大的目的就是将产物峰和离产物峰很近的杂质峰分离开来，而这与这两个峰的理论塔板数和容量因子有关。

9

9.11.2 凝胶排阻色谱的放大

由于在凝胶排阻色谱（SEC）中溶质与分离介质之间不存在吸附作用，因而是典型的线性平衡，有其特殊的放大准则。已经证明，对于 40μm 或者更大的颗粒，孔隙扩散是色谱带扩散的主要影响因素。在凝胶排阻色谱中，峰宽和塔板数 N 主要受孔隙扩散的影响，而非传质。

空间排阻色谱的塔板数可以用公式（9-26）表示：

$$N_{\text{porediffusion}} \sim \frac{L}{vd_{\text{p}}^2} \tag{9-26}$$

由于塔板数恒定，因此放大后的色谱柱柱长 L_x 与实验室色谱柱柱长（L_b）的比例关系如下列公式所示。

$$\frac{L_x}{L_b}=\frac{v_x}{v_b}\left(\frac{d_{p,x}}{d_{p,b}}\right)^2 \tag{9-27}$$

式中，v_x和v_b分别代表放大前后的空隙流速；$d_{p,x}$和$d_{p,b}$代表放大前后的固定相颗粒直径。

如果公式（9-27）中右边的比值已知。在确定色谱柱的直径d_{col}时，需规定样品体积与色谱柱体积之比在放大后没有改变。因此

$$\frac{V_{col,x}}{V_{col,b}}=\frac{\pi\left(\frac{d_{col,x}}{2}\right)^2 L_x}{\pi\left(\frac{d_{col,b}}{2}\right)^2 L_b}=\frac{V_{spl,x}}{V_{spl,b}} \tag{9-28}$$

式中，$V_{col,x}$和$V_{col,b}$分别代表放大前后的柱床体积；$V_{spl,x}$和$V_{spl,b}$表示放大前后的样品体积。从而得到

$$\frac{d_{col,x}}{d_{col,b}}=\left(\frac{L_b}{L_x}\times\frac{V_{spl,x}}{V_{spl,b}}\right)^{1/2} \tag{9-29}$$

式中的柱长比（L_b/L_x）为公式（9-27）中的倒数。空间排阻色谱中最大分离时间的比值由流动相的流体体积确定，流动相必须通过柱子直到所有的色谱峰被洗脱出来为止。

$$\left(\frac{t_x}{t_b}\right)_{sec,max}=\frac{L_x}{L_b}\times\frac{v_b}{v_x} \tag{9-30}$$

式（9-30）假定在所有规格的柱子中孔隙流速与颗粒空隙率都相同。分离时间指的是从进样开始到洗脱出所有色谱峰的这段时间，但公式（9-30）只适用于空间排阻色谱。

当固定相的颗粒尺寸减小时，不同流速下的塔板高度也会随之降低。小尺寸固定相的优点在于色谱峰较窄，分离时间较短，分离效果较好，其缺点在于其高昂的价格，以及较高的柱压。各种色谱填料的价格如图9-28所示。从图9-28中可以发现粒径2～100μm的树脂，其价格遵循公式（9-31）中的关系，这种关系在图9-28中已用直线表示出来。

$$C_{cst,sp}=12600(d_p)^{-2.5} \tag{9-31}$$

式中，$C_{cst,sp}$为固定相的价格，\$/g；d_p为固定相颗粒的平均粒径，μm。

塔板高度的下降会导致固定相价格急剧增加，而当固定相的颗粒尺寸小于40μm时，塔板高度受流量的影响会明显减小（见图9-28和图9-29）。由图9-29中颗粒尺寸为10μm的曲线可以看出，流速的变化对塔板高度的影响极小，这对于色谱分离过程是有利的。但是要获得低塔板高度需要较小颗粒尺寸的固定相，从而增加了压降和固定相的价格。许多大规模分离过程中使用的树脂或固定相的尺寸往往超过100μm，在这样尺寸范围内尽管理论塔板高度较高，但其价格较低，且变化范围不大（如图9-28所示，图中的各点所对应的数据为取对数后的值）。

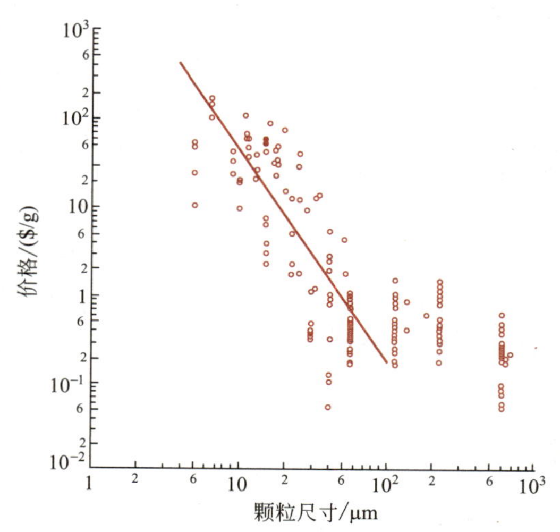

图9-28 不同固定相颗粒尺寸对应的色谱固定相价格（基于376材料）

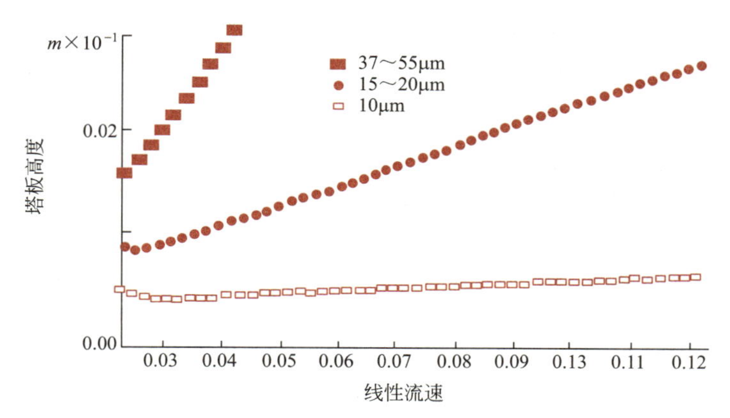

图 9-29 与固定相线性流速有关的颗粒尺寸对塔板高度（H）的影响（Bondapak C18）

色谱柱的压降可以式（9-32）计算：

$$\Delta p=\Phi=\frac{\mu D_{\mathrm{m}}\lambda v}{d_{\mathrm{p}}^{2}}=\frac{\Phi\mu D_{\mathrm{m}}\frac{L}{d_{\mathrm{p}}}\times\frac{vd_{\mathrm{p}}}{D_{\mathrm{m}}}}{d_{\mathrm{p}}^{2}}=\frac{\Phi\mu Lv}{d_{\mathrm{p}}^{2}} \tag{9-32}$$

式中，Φ 为流动阻力参数，无量纲量；$\lambda=L/d_{\mathrm{p}}$，无量纲量；D_{m} 为溶质在流动相中的扩散率，cm/m^2；μ 为流动相的黏度，g/（cm・s）；$v=vd_{\mathrm{p}}/D_{\mathrm{m}}$，无量纲量。

在相同温度和流动相流速条件下比较放大前后色谱柱的长度，由公式（9-33）可看出，压降比和固定相颗粒尺寸比的平方成反比。

$$\frac{\Delta p_{\mathrm{x}}}{\Delta p_{\mathrm{b}}}=\frac{\Phi_{\mathrm{x}}d_{\mathrm{p},1}^{2}}{\Phi_{\mathrm{b}}d_{\mathrm{p},2}^{2}}\approx\left(\frac{d_{\mathrm{p,b}}}{d_{\mathrm{p,x}}}\right)^{2} \tag{9-33}$$

假定不同尺寸的固定相，其 Φ 值相同，因此 $\Phi_{\mathrm{x}}/\Phi_{\mathrm{b}}\approx 1$。当固定相的颗粒大小在 6 ～ 44μm 时，$\Phi$ 的范围为 900 ～ 1000。

对于已知尺寸和固定相颗粒大小的柱子来说，Φ 值可以通过计算柱子的压降获得：

$$\Phi=\frac{\Delta pd_{\mathrm{p}}^{2}}{\mu Lv} \tag{9-34}$$

由式（9-34）可以建立洗脱时间与塔板高度、压降之间的函数关系：

$$t=\frac{\Phi\mu N^{2}H^{2}}{\Delta pd_{\mathrm{p}}^{2}} \tag{9-35}$$

将公式（9-34）的 v 和 L 用 $v=L/t$、$L=NH$ 进行替换，便可得到公式（9-35），这里 H 为塔板高度，N 为塔板数。由于 L 和 d_{p} 已知，只要算出压降和流动阻力参数 Φ，即可确定流动相流速 v。利用 v 可以得到流动相达到最大流速时色谱柱的塔板高度。选择流动相最大流速的一种方法是先确定设备或者固定相所能承受的最大压降，然后将该压降代入公式（9-33）中，从而得到适合条件的最小颗粒尺寸。第二种方法可以利用固定相的价格作为固定相颗粒尺寸选择的标准。在利用这种方法时，对于直径小于 100μm 的固定相颗粒，可以通过公式（9-31）计算得出所需的颗粒尺寸。而对于直径大于 100μm 的固定相颗粒，则可以从图 9-28 中查出相应的颗粒尺寸。一旦选定了固定相的颗粒尺寸，便需要对压降进行检测，确定在该颗粒尺寸条件下，压降没有超出设备的承受范围。确定

了 Δp 后，便可以利用公式（9-32）计算得到流动相流速 v。

【例 9-2】 以一个内径为 10mm，长为 60cm 的空间排阻色谱柱对一个两组分的多肽混合物进行分离，该混合物包括一个高分子量的目标物和一个低分子量的寡肽。该色谱柱的塔板数为 700，需在 4℃的房间内进行操作。在实验室规模的色谱柱中，固定相颗粒的平均直径为 42μm，产生的压降为 30psi（2atm[1]）。由于是注射进样，所以样品所占的柱长为 1.2cm，该段色谱柱的体积为 377μL。一次分离时间为 35min。

该色谱分离过程经放大后，需要填充 100L 相同类型的固定相，但由于成本和操作条件的限制，颗粒尺寸有所增大。从商业的角度上看，使用 42μm 的颗粒作为固定相是不可取的。不论是实验室规模的色谱柱，还是工艺放大后的色谱柱，空隙率都是相同的（ε=0.4）。但是如果要在一定范围内（$\Delta p \leqslant$ 60psi）保持压降不变，那么色谱柱越大，其操作时的流动相流速越低。在选择固定相的颗粒大小时，其价格应不超过 \$500/kg。

试计算：

① 单位体积固定相的价格；

② 压降和满足该压降条件下的流动相的孔隙流速；

③ 100L 色谱柱的直径和长度；

④ 100L 色谱柱进样后，样品流出所需的总时间和单次流动相的最大使用量。

【解】

首先，要考虑样品体积的大小，如果样品体积很小，那么它的变化不会影响洗脱峰的峰宽。可以利用式（9-36）进行判断：

$$V_{spl} < 0.5V_{o,\,plate}+K_D V_{s,\,plate} \tag{9-36}$$

式中，V_{spl} 表示样品体积；$V_{o,\,plate}$ 和 $V_{s,\,plate}$ 表示一个理论塔板中的流动相和固定相体积。如果 K_D=0（完全排斥），则 $K_D V_{s,\,plate}$=0。利用公式（9-37）可以计算得到 $V_{o,\,plate}$

$$\begin{aligned} V_{o,\,plate} &= HA_o\varepsilon_b \\ &= \frac{60\text{cm}}{700\text{块板}}\left[\left(\frac{1}{2}\right)^2\pi\right]\times 0.40 = 0.027\times\frac{\text{cm}^3}{\text{块板}} \end{aligned} \tag{9-37}$$

由于柱子长度、塔板数和柱子直径已经确定。因此，可以将公式（9-36）简化为

$$V_{spl}=0.5\times 0.027=0.0135(\text{mL})$$

如果 K_D=1（完全进入）则

$$\begin{aligned} V_{spl} &= 0.5\times 0.027+K_D[(1-\varepsilon_b)HA_o] \\ &= 0.0135+1\times(1-0.4)\times\left(\frac{60}{700}\right)\times\left(\frac{1}{2}\right)^2\pi = 0.0539(\text{mL}) \end{aligned}$$

固定相的体积 HA_0（$1-\varepsilon_b$）为色谱柱内除流动相所占体积之外的体积。因此，对于实验室中的色谱柱，小的样品量所对应的体积为 13.5 ～ 53.9μL，而实际样品进样量为 377μL。这样的样品体积不算小。因此，如果样品量随柱子体积的增大而增加，那么峰宽也将会随柱子大小的改变而改变，峰宽等于公式（9-38）中的 V_w：

$$V_w = V_{spl} + V_{tot,\,plate}\sqrt{2\pi N} \tag{9-38}$$

如果假设放大过程中 N 相同，则分离效率可保持不变，同时 V_w 符合公式（9-38），那么在进行放大

[1] 1atm=101325Pa。

计算时，可以认为样品体积相对于柱子体积恒定不变。

① 由于受成本的限制，放大后的颗粒尺寸可以利用公式（9-31）计算获得

$$d_{\mathrm{p}}=\left(\frac{12600}{C_{\mathrm{cost,\ sp}}}\right)^{1/2.5}=\left(\frac{12600}{\frac{\$500/\mathrm{kg}}{1000g/\mathrm{kg}}}\right)^{1/2.5}=57.7(\mu\mathrm{m})$$

计算得到的放大后的颗粒尺寸需在图 9-28 所示的价格 - 颗粒尺寸的数据范围内，只有当颗粒尺寸足够大时，才能满足对分离介质成本的要求。

② 为了满足 N=700，柱子的尺寸也将会有所改变。首先需利用公式（9-32）对压降进行分析：

$$\Delta p=\frac{\Phi\mu Lv}{d_{\mathrm{p}}^{2}}$$

由于压降不能超过 60psi，可以假定缓冲液、温度和流动相流速在色谱放大后都相同，则有

$$\frac{\Delta p_{\mathrm{x}}}{\Delta p_{\mathrm{b}}}=\frac{\frac{\Phi\mu L_{\mathrm{x}}v}{d_{\mathrm{p,\ x}}^{2}}}{\frac{\Phi\mu L_{\mathrm{b}}v}{d_{\mathrm{p,\ b}}^{2}}}\cong\frac{L_{\mathrm{x}}}{d_{\mathrm{p,\ x}}^{2}}\times\frac{d_{\mathrm{p,\ b}}^{2}}{L_{\mathrm{b}}} \tag{9-39}$$

假定流动相、温度和填充特性在色谱放大前后都相同，那么在公式（9-39）中，$\Phi\mu$ 可以消去。在确定压降之前，必须计算出柱子的长度。在塔板数和流动相流速保持不变的情况下，可以利用公式（9-40）进行计算：

$$\frac{L_{\mathrm{x}}}{L_{\mathrm{b}}}=\frac{v_{\mathrm{x}}}{v_{\mathrm{b}}}\left(\frac{d_{\mathrm{p,\ x}}}{d_{\mathrm{p,\ b}}}\right)^{2}=\left(\frac{d_{\mathrm{p,\ x}}}{d_{\mathrm{p,\ b}}}\right)^{2}=\left(\frac{57.7}{42}\right)^{2}=1.89 \tag{9-40}$$

因此，100L 柱子的长度为 1.89×60=113（cm），进而得到色谱柱长度的折算参数 λ=113/（57.7×10^{-4}）=1.96×10^{4}，对于放大前的柱子 λ=60/（42×10^{-4}）=1.43×10^{4}。

由公式（9-39）和式（9-40）计算得出的结果，可以发现压降在色谱柱放大前后几乎不变：

$$\Delta p_{\mathrm{x}}=\Delta p_{\mathrm{b}}\frac{L_{\mathrm{x}}}{L_{\mathrm{b}}}\left(\frac{d_{\mathrm{p,\ b}}}{d_{\mathrm{p,\ x}}}\right)^{2}=\Delta p_{\mathrm{b}}\left(\frac{d_{\mathrm{p,\ x}}}{d_{\mathrm{p,\ b}}}\right)^{2}\left(\frac{d_{\mathrm{p,\ b}}}{d_{\mathrm{p,\ x}}}\right)^{2}=\Delta p_{\mathrm{b}}=30\mathrm{psi} \tag{9-41}$$

从式（9-40）和式（9-41）计算得出的结果中可以看出，放大后的色谱柱长度明显增加，但是压降保持不变。这是因为色谱柱长度的增加量和固定相颗粒尺寸比的平方成正比，而压降的增加量则和固定相颗粒尺寸比的平方成反比。在塔板数和流动相流速不变的情况下，色谱柱放大前后的压降几乎相同。但以上的结论仅适用于孔隙扩散控制的色谱过程。

③ 放大后的色谱柱直径：

$$r_{\mathrm{col}}=\sqrt{\frac{V_{\mathrm{col,\ x}}}{\pi L_{\mathrm{x}}}}=\sqrt{\frac{100000\mathrm{cm}^{3}}{\pi\times1.89\times60}}=16.7(\mathrm{cm})\text{或者 }d_{\mathrm{col}}=35.5(\mathrm{cm})$$

④ 样品分离的最长时间可以利用公式（9-30）计算得到：

$$\left(\frac{t_{\mathrm{x}}}{t_{\mathrm{b}}}\right)_{\mathrm{sec,\ max}}=\frac{L_{\mathrm{x}}}{L_{\mathrm{b}}}\times\frac{v_{\mathrm{b}}}{v_{\mathrm{x}}}=1.89$$

所以

$$t_x=1.89t_b=1.89\times35=66(\text{min})$$

由于该色谱为空间排阻色谱，因此在放大前后，流动相的最大体积均等于一个空柱子的体积：

$$V_{\text{col, b}}=\left(\frac{1}{2}\right)^2\pi\times60=47(\text{mL})$$

$$V_{\text{col, x}}=100\text{L}$$

放大前后，流动相的体积分别不超过 47mL 和 100mL。

由上述例子可以看出，在空间排阻色谱中，由于固定相颗粒直径比的平方和柱长成正比，和压降成反比，因此利用色谱放大准则可以非常方便地对色谱柱尺寸进行估算。

习题

1. 判断题

① 展开剂越强，色谱分离效果越好？（　　）

② 吸附色谱适用于蛋白质等生物大分子的分离。（　　）

③ 分配色谱是由固定相和流动相构成的。（　　）

④ 分配色谱中的固定相为惰性载体，不溶于流动相。（　　）

⑤ 离子交换色谱可适用于蛋白质的分离。（　　）

⑥ 共价作用色谱法是根据巯基化合物与层析剂上二硫键之间的共价化学反应而进行的色谱分离法。（　　）

2. 选择题

① 用于蛋白质分离过程中的脱盐和更换缓冲液的色谱是（　　）。

A. 离子交换色谱　B. 亲和色谱　C. 凝胶过滤色谱　D. 反相色谱

② 不能用于吸附色谱的吸附材料是（　　）。

A. 大孔吸附树脂　B. 氧化铝　C. 硅胶　D. 聚酰胺

③ 分配色谱中载体种类有（　　）。

A. 硅胶　B. 硅藻土　C. 纤维素　D. 葡聚糖凝胶

④ 依据物质粒子大小进行分离的色谱方法是（　　）。

A. 离子交换色谱　B. 疏水相互作用色谱　C. 凝胶色谱　D. 亲和色谱

⑤ 针对配基的生物学特异性的蛋白质分离方法是（　　）。

A. 凝胶过滤　B. 离子交换色谱　C. 亲和色谱　D. 纸色谱?

⑥ 薄层色谱（TLC）中，常用的固定相是什么？（　　）

A. 气体　B. 液体　C. 固体　D. 空气

⑦ 下列哪种溶剂不适合作为薄层色谱的展开剂？（　　）

A. 甲醇　B. 乙醇　C. 水　D. 汽油

⑧ 液相色谱中，固定相极性大于流动相极性属于（　　）。

A. 键合相色谱　B. 正相色谱　C. 反相色谱　D. 离子交换色谱

⑨ 在液相色谱中，常用作固定相又可作为键合相基体的物质是（　　）。

A. 分子筛　　B. 硅胶　　C. 氧化铝　　D. 活性炭

⑩ 依据物质粒子大小进行分离的色谱方法是（　　）。

A. 离子交换色谱　　B. 疏水相互作用色谱　　C. 凝胶色谱　　D. 亲和色谱

3. 计算题

① 应用色谱分离纯化巴比妥酸盐，实验中，样液的巴比妥酸盐的含量为 75%，杂质含量为 25%，实测目的产物的保留时间为 450min，而杂质的保留时间为 260min，相应的标准偏差分别为 15min 和 6min。若要获得纯度为 99% 的产品，求相应的产物回收率。

② 应用色谱法分离杆菌肽。已知色谱树脂为球形粒子，直径为 1.2×10^{-4}m，比表面积达 $4.3\times10^{4}\text{m}^2/\text{m}^3$。所用的色谱柱内径为 0.1m，高度为 0.2m，色谱分离流速 $3.0\times10^{-6}\text{m}^3/\text{s}$。已测定其传质系数 $K=1.2V\left(\dfrac{d\rho v}{\nu}\right)^{-0.42}\left(\dfrac{\nu}{D}\right)^{-0.67}$（式中，$v$ 为流速，d 为树脂粒径，ν 为流动相运动黏度，而扩散系数 $D=2.8\times10^{-10}\text{m}^2/\text{s}$）。假定色谱分离过程由传质速率来控制，求标准偏差 σ。

4. 讨论题

在液相柱色谱中，如何根据待分离的样品选择固定相和流动相？

9

10 结晶

走进地质博物馆，你会看到琳琅满目的水晶；手镯，除了金银手镯，还会看到颜色各异的水晶手镯。自然界中晶莹剔透的水晶是如何形成的？是什么影响它们大小的？造成有些水晶晶莹剔透，有些水晶模糊不清的原因又是什么？在糖果生产过程中，结晶的速度和颗粒的大小影响着糖果的质感和口感，如何控制结晶速度和晶体大小的呢？在本章学习中，我们将深入探讨结晶的形成及基本原理、影响因素和有关计算，这些知识将有助于帮助我们解答以上问题。

思维导图

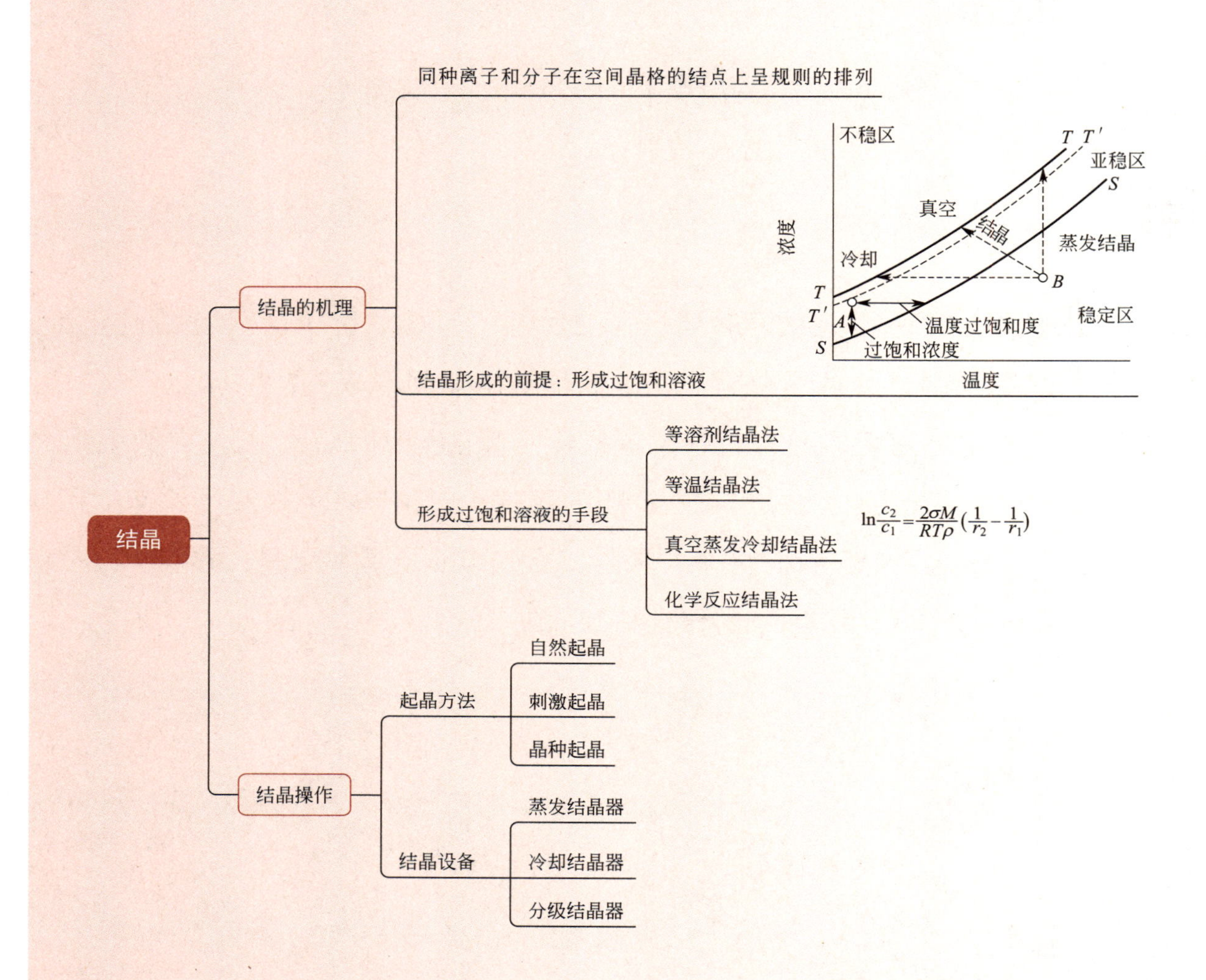
结晶
结晶的机理
同种离子和分子在空间晶格的结点上呈规则的排列
不稳区
T T'
亚稳区
S
真空
结晶
蒸发结晶
浓度
冷却
B
T
T'
A
温度过饱和度
稳定区
S
过饱和浓度
温度
结晶形成的前提：形成过饱和溶液
形成过饱和溶液的手段
等溶剂结晶法
等温结晶法
真空蒸发冷却结晶法
化学反应结晶法
$\ln\frac{c_2}{c_1}=\frac{2\sigma M}{RT\rho}(\frac{1}{r_2}-\frac{1}{r_1})$
结晶操作
起晶方法
自然起晶
刺激起晶
晶种起晶
结晶设备
蒸发结晶器
冷却结晶器
分级结晶器

学习目标

- ○ 描述晶体形成过程，列出结晶过程的影响因素；
- ○ 推导 Kelvin 公式；
- ○ 描述过饱和溶液的制备方法及形成；
- ○ 指出过饱和溶解度曲线与溶解度曲线的不同；
- ○ 描述晶核形成及晶体的生长，描述工业起晶法，晶体生长扩散学说；
- ○ 列出成核速度的影响因素，计算晶体生长速度；
- ○ 描述晶体的纯度大小分布，计算晶体纯度；
- ○ 描述间歇与连续结晶过程，计算间歇与连续结晶过程中的相关参数；
- ○ 列出提高晶体质量的方法。

结晶是化工、生化、轻工等工业生产中常用的制备纯物质的精制技术。溶液中的溶质在一定条件下，因分子有规则地排列结合成晶体，晶体的化学成分均一，具有各种对称的晶状，其特征为离子和分子在空间晶格的结点上有规则地排列。固体有结晶和无定形两种状态，两者的区别就是构成单位（原子、离子或分子）的排列方式不同，前者有规则，后者无规则。在条件变化缓慢时，溶质分子具有足够时间进行排列，有利于结晶形成；相反，当条件变化剧烈，强迫快速析出，溶质分子来不及排列就析出，结果形成无定形沉淀。

由于只有同类分子或离子才能排列成晶体，故结晶过程有良好的选择性，通过结晶溶液中的大部分杂质会留在母液中，再通过过滤、洗涤等就可得到纯度较高的晶体。此外，结晶过程成本低、设备简单、操作方便，所以许多氨基酸、有机酸、抗生素、维生素、核酸等产品的精制均采用结晶法。

10.1 结晶过程的分析

当溶液浓度等于溶质溶解度时，该溶液称为饱和溶液。溶质在饱和溶液中不能析出。溶质浓度超过溶解度时，该溶液称为过饱和溶液。溶质只有在过饱和溶液中才有可能析出。溶解度与温度有关，一般物质的溶解度随温度升高而增加，也有少数例外，温度升高溶解度降低，如红霉素。溶解度还与溶质的分散度有关，即微小晶体的溶解度要比普通晶体的溶解度大。用热力学方法可以推导出溶解度与温度、分散度之间的定量关系式，即开尔文（Kelvin）公式。

$$\ln\frac{c_2}{c_1}=\frac{2\sigma M}{RT\rho}\left(\frac{1}{r_2}-\frac{1}{r_1}\right) \tag{10-1}$$

式中，c_2 为小晶体的溶解度；c_1 为普通晶体的溶解度；σ 为晶体与溶液间的界面张力；ρ 为晶体密度；r_2 为小晶体的半径；r_1 为普通晶体半径；R 为气体常数；T 为热力学温度。

由式（10-1）看出，因为$\frac{2\sigma M}{RT\rho}>0$，$r_1>r_2$，当 r_2 变小时，溶解度 c_2 增大，即小晶体具有较大溶解度。因此过饱和度可用小晶体溶解度 c_2 与普通晶体溶解度 c_1 之比或过饱和溶液浓度 c_2 与饱和溶液浓度 c_1 之比表示，即 $S=\frac{c_2}{c_1}$。

10

结晶是指溶质自动从过饱和溶液中析出形成新相的过程。这一过程不仅包括溶质分子凝聚成固体，还包括这些分子有规律地排列在一定晶格中，这种有规律的排列与表面分子化学键变化有关，因此结晶过程又是一个表面化学反应过程。

形成新相（固相）需要一定的表面自由能，因为要形成新的表面就需对表面张力做功。因此溶液浓度达到饱和浓度时，尚不能析出晶体，当浓度超过饱和浓度，达到一定的过饱和浓度时，才可能有晶体析出，最先析出的微小颗粒是以后结晶的中心，称为晶核。如上所述，微小的晶核具有较大的溶解度，因此，在饱和溶液中，晶核形成后，靠扩散而继续成长为晶体。因此，结晶包括三个过程：过饱和溶液的形成、晶核的形成及晶体的生长。溶液达到过饱和状态是结晶的前提，过饱和度是结晶的推动力。

物质在一般溶解时吸收热量，在结晶时放出热量，称为结晶热，因此结晶又是一个同时有质量和热量传递的过程。

溶解度与温度的关系还可以用饱和曲线和过饱和曲线表示，见图 10-1。

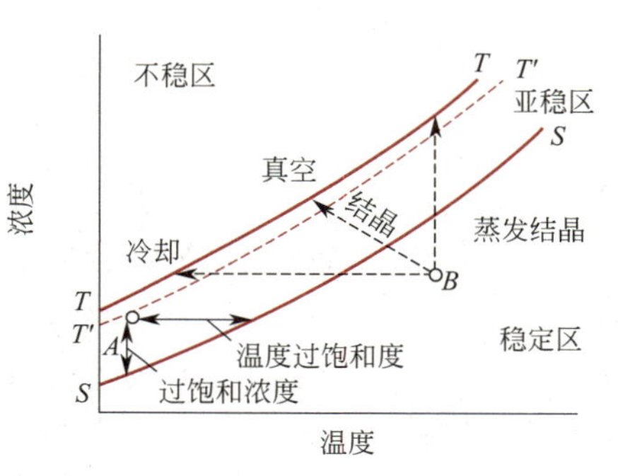

图 10-1　饱和曲线与过饱和曲线

图 10-1 中，曲线 *SS* 为饱和溶解度曲线，此线以下的区域为不饱和区，称为稳定区。曲线 *TT* 为过饱和溶解度曲线，此曲线以上的区域称为不稳区。而介于曲线 *SS* 和 *TT* 之间的区域称为亚稳区。

在稳定区的任一点溶液都是稳定的，无论采用什么措施都不会有结晶析出。在亚稳区的任一点，如不采取措施，溶液也可以长时间保持稳定，如加入晶种，溶质会在晶种上长大，溶液的浓度随之下降到 *SS* 线。亚稳区中各部分的稳定性并不一样，接近 *SS* 线的区域较稳定。而接近 *TT* 线的区域极易受刺激而结晶。因此有人提出把亚稳区再一分为二，上半部为刺激结晶区，下半部为养晶区。

在不稳区的任一点溶液能立即自发结晶，在温度不变时，溶液浓度自动降至 *SS* 线。因此，溶液需要在亚稳区或不稳区才能结晶，在不稳区，结晶生成很快，来不及长大浓度即降至溶解度，所以形成大量细小晶体，这在工业结晶中是不利的。为得到颗粒较大而又整齐的晶体，通常需加入晶种并把溶液浓度控制在亚稳区的养晶区，让晶体缓慢长大，因为养晶区自发产生晶核的可能性很小。

过饱和溶解度曲线与溶解度曲线不同，溶解度曲线是恒定的，而过饱和溶解度曲线的位置受很多因素的影响而变动，例如有无搅拌、搅拌强度的大小、有无晶种、晶种的大小与多少、冷却速度的快慢等。所以过饱和溶解度曲线视为一簇曲线。要使过饱和溶解度曲线有较确定的位置，必须将影响其位置的因素确定。

晶体产量取决于固体与溶液之间的平衡关系。固体物质与其溶液相接触时，如果溶液未达到饱和，则固体溶解；如果溶液饱和，则固体与饱和溶液处于平衡状态，溶解速率等于沉淀速率。只有当溶液浓度超过饱和浓度达到一定的过饱和程度时，才有可能析出晶体。由此可见，过饱和度是结晶的推动力，是结晶必须考虑的一个极其重要因素。

10.2　过饱和溶液的形成

结晶的关键是溶液的过饱和度。要获得理想的晶体，就必须研究过饱和溶液形成的方法。通常工业生产上制备过饱和溶液的方法有五种，下面分别加以介绍。

10.2.1 热饱和溶液冷却

该法适用于溶解度随温度降低而显著减小的场合，而溶解度随温度升高而显著减小的场合宜采用加温结晶。由于该法基本不除去溶剂，而是使溶液冷却降温，也称为等溶剂结晶。

冷却法可分为自然冷却、间壁冷却和直接接触冷却。自然冷却是使溶液在大气中冷却而结晶，此法冷却缓慢、生产能力低、产品质量难以控制，在较大规模的生产中已不采用。间壁冷却是被冷却溶液与冷却剂之间用壁面隔开的冷却方式，此法广泛用于生产。间壁冷却法缺点就在于器壁表面上常有晶体析出，称为晶疤或晶垢，使冷却效果下降，要从冷却面上清除晶疤往往需消耗较多工时。直接接触冷却法包括：以空气为冷却剂与溶液直接接触冷却的方法；与溶液不互溶的碳氢化合物为冷却剂，使溶液与之直接接触而冷却的方法；以及近年来所采用的液态冷冻剂与溶液直接接触，靠冷冻剂汽化而冷却的方法。

10.2.2 部分溶剂蒸发

蒸发法是借蒸发除去部分溶剂的结晶方法，也称等温结晶法，它使溶液在加压，常压或减压下加热蒸发达到过饱和。此法主要适用于溶解度随温度的降低而变化不大的物系或随温度升高溶解度降低的物系。蒸发法结晶消耗热能最多，加热面结垢问题使操作遇到困难，一般不常采用。

10.2.3 真空蒸发冷却法

真空蒸发冷却法是使溶剂在真空下迅速蒸发而绝热冷却，实质上是以冷却及除去部分溶剂的两种效应达到过饱和度。此法是自20世纪50年代以来一直应用较多的结晶方法。这种方法设备简单，操作稳定。最突出的特点是器内无换热面，所以不存在晶垢的问题。

10.2.4 化学反应结晶方法

化学反应结晶法是加入反应剂或调节pH值使新物质产生的方法，当其浓度超过溶解度时，就有结晶析出。例如在头孢菌素C的浓缩液中加入醋酸钾即析出头孢菌素C钾盐；利福霉素S的醋酸丁酯萃取浓缩液中加入氢氧化钠，利福霉素S即转为其钠盐而析出。四环素、氨基酸及6-氨基青霉烷酸等水溶液，当其pH调至等电点附近时就会析出结晶或沉淀。

10.2.5 盐析法

盐析法是向物系中加入某些物质，从而使溶质溶剂中的溶解度降低而析出。这些物质被称为稀释剂或沉淀剂，它们既可以是固体，也可以是液体或气体。稀释剂或沉淀剂最大的特点是极易溶解于原溶液的溶剂中。这种结晶的方法之所以叫作盐析法，就是因为常用固体氯化钠作为沉淀剂使溶液中的溶质尽可能地结晶出来。甲醇、乙醇、丙酮等是常用的液体稀释剂。例如氨基酸水溶液中加入适量乙醇后氨基酸析出。一些易溶于有机溶剂的物质，向其溶液中加入适量水即析出沉淀，所以此法也叫作“水析”结晶法。另外，还可以将氨气直接通入无机盐水溶液中降低其溶解度使无机盐结晶析出。盐析法是这类方法的统称。

盐析法的优点：①可与冷却法结合，提高溶质从母液中的回收率；②结晶过程可将温度保持在较低的水平，有利于热敏性物质的结晶；③在有些情况下，杂质在溶剂与稀释剂的混合液中有较高的溶解度，这样使杂质保留在母液中，从而简化了晶体的提纯。

盐析法最大的缺点是常需处理母液、分离溶剂和稀释剂等的回收设备。

10.3　晶核的形成

晶核形成是一个新相产生的过程，由于要形成新的表面，就需要对表面做功。所以晶核形成时需要消耗一定的能量才能形成固液界面。自动成核时，体系总的吉布斯自由能的改变为 ΔG，它由两项组成：一项为表面过剩吉布斯自由能 ΔG_S（固体表面和主体吉布斯自由能的差）；另一项为体积过剩吉布斯自由能 ΔG_V（晶体中分子与溶液中溶质吉布斯自由能的差）。显然，ΔG_S 为正值，其值为界面张力 σ 与表面积的乘积；而在过饱和溶液中，ΔG_V 为负值。若完整考虑，必须满足 $\Delta G=\Delta G_S+\Delta G_V < 0$ 的条件，才能形成新相核心——晶核。ΔG_V 是负值，但推动晶核产生，一旦产生晶核，必须形成新的界面；ΔG_S 是正值，但阻碍晶核形成。能否产生晶核，取决于两者的相对大小。

10.3.1　临界半径及形核功

设 $\Delta\bar{G}_V$ 为形成单位体积晶体的吉布斯自由能变化，并假定晶核为球形，其半径为 r，体积为 $\frac{4}{3}\pi r^3$，则 $\Delta G_V=\frac{4}{3}\pi r^3\Delta\bar{G}_V$。结晶时形成的新界面应等于 $4\pi r^2$，若以 σ 代表固液界面张力，则 $\Delta G_S=\sigma\Delta A=4\pi r^2\sigma$。在恒温、恒压下，形成一个半径为 r 的晶核，其总吉布斯自由能的变化为

$$\Delta G_V=\frac{4}{3}\pi r^3\Delta\bar{G}_V+4\pi r^2\sigma=4\pi r^2\left(\sigma+\frac{r}{3}\Delta\bar{G}_V\right) \tag{10-2}$$

因式（10-2）右端的两项有相反的符号，因此 ΔG 有一极大值，其变化见图 10-2。

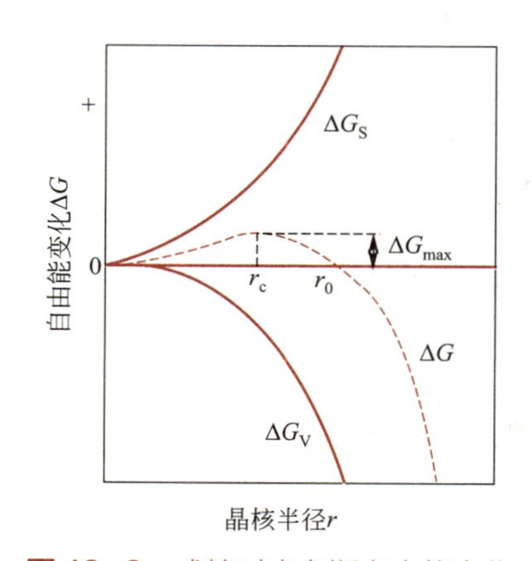

图 10-2　成核时吉布斯自由能变化

当 $r < r_c$ 时，ΔG_S 占优势，由于 ΔG_S 为正值，故 $\Delta G > 0$，晶核不能自动形成，即使形成也将自发溶化而消失。在 $r > r_c$ 时，ΔG_V 占优势，由于 ΔG_V 是负值，所以 ΔG 从最高值开始下降。ΔG-r 曲线上最大点所对应的晶核半径 r_c 称为临界半径，相应的 ΔG_{max} 为临界吉布斯自由能变化。r_0 为 $\Delta G=0$ 时的晶核半径。

由图 10-2 可知：$r_c < r < r_0$ 时，$\Delta G > 0$，晶核不能自动形成，如果外界能补偿其不足的能量（例如通过能量涨落——宏

观体系的能量是组成此体系的大量微观粒子的统计平均值，对个别微观粒子或在微小体积内，其能量可以偏离这个平均值，即为能量涨落），此种晶核也能形成并长大；当 $r > r_0$，则 $\Delta G < 0$，晶核可以自发形成，能够稳定存在并长大。

由图 10-2 看出，临界半径 r_c 所对应的临界吉布斯自由能改变值最大。所以临界半径 r_c 可通过求极大值 $\frac{d(\Delta G)}{dr}=0$ 求出，将式（10-2）对 r 微分

$$\frac{d(\Delta G)}{dr}=8\pi r_c\sigma+4\pi(r_c)^2\Delta\bar{G}_V=0$$

所以

$$\Delta\bar{G}_V=-\frac{2\sigma}{r_c} \tag{10-3}$$

相应的临界吉布斯自由能变化导出如下

$$\Delta G_{max}=4\pi(r_c)^2\left[\sigma+\frac{r_c}{3}\Delta\bar{G}_V\right] \qquad 因为\ \Delta\bar{G}_V=\frac{-2\sigma}{r_c}$$

$$所以\ \Delta G_{max}=4\pi(r_c)^2\left[\sigma-\frac{2}{3}\sigma\right] \qquad 又因为\ \Delta G_S=4\pi r_c^2\sigma$$

所以

$$\Delta G_{max}=\frac{1}{3}4\pi r_c^2\sigma=\frac{1}{3}\Delta G_S \tag{10-4}$$

已知 $\Delta G_{下P}=W'$，所以 ΔG_{max} 就相当于形成临界大小晶核时外界需消耗的功，称为临界形核功。式（10-4）表明，形核功等于形成临界半径晶核时表面吉布斯自由能的 $\frac{1}{3}$，亦即形成晶核时所增加的 ΔG_S 中有 $\frac{2}{3}$ 为 ΔG_V 的降低所抵消，另外 $\frac{1}{3}$ 必须依靠外界做功或体系内的能量涨落来克服。

以上讨论是在无杂质的纯净体系中的形核情况，该体系中各部分形核条件及概率相同（均相形核），如果存在杂质就更易在杂质上形核，而且形核和分布不均匀（非均相形核）。非均相形核功常比均相形核功小。

10.3.2 临界半径与过冷度

临界半径与过冷度的关系如下

$$r_c=\frac{2\sigma MT_o}{\rho\Delta H(T_o-T)}=-\frac{2\sigma MT_o}{D\Delta H\Delta T} \tag{10-5}$$

式中，r_c 为临界半径；σ 为固液界面张力；M 为晶体分子量；ρ 为晶体密度；ΔH 为结晶热（结晶放热，所以 ΔH 为负值）；T_o 为正常凝固点；T 为过冷温度；ΔT 为过冷度。

由式（10-5）看出过冷度愈大，r_c 愈小，易于形核，生成的晶粒就愈细。一般纯净液体均相形核的过冷度可达数十度到数百度，说明自发形核困难。但如在饱和溶液中发生的是非均相形核，则过冷度可大为减少。

10.3.3 成核速率

成核速率为单位时间内在单位体积溶液中生成新晶核的数目。成核速率是决定晶体产品粒度分布的首要动力学因素。工业结晶过程要求有一定的成核速率，如果成核速率超过要求必将导致细小晶体生成，影响产品质量。所以研究晶核形成机理及影响成核速率因素，其目的之一是避免过量晶

核形成。

从绝对反应速率理论的 Arrhenius 公式出发可近似得成核速率公式：

$$B=k\mathrm{e}^{-\Delta G_{\max}/(RT)} \tag{10-6}$$

式中，B 为成核速率；$\Delta G_{\max}$ 为成核时临界吉布斯自由能，是成核时必须逾越的能阈；k 为常数。

通常亦有采用简单经验公式来表示成核速率的，即

$$B=k_n(c-c^*)^n \tag{10-7}$$

式中，k_n 为成核速率常数；c 为溶液中溶质的浓度；c^* 为饱和溶液中溶质的浓度；n 为成核过程中的动力学指数。

由式（10-6）可以看出温度和 $\Delta G_{\max}$ 可影响成核速率，而溶液的过饱和度又影响 $\Delta G_{\max}$。为此根据式（10-2）和式（10-3）得

$$\Delta G_{\max}=\frac{16\pi\sigma^3}{3(\Delta G_{\mathrm{V}})^2}=\frac{4}{3}\pi\sigma r_{\mathrm{c}}^2 \tag{10-8}$$

将 $\frac{c_2}{c_1}=S$，式（10-1）代入式（10-8）得

$$\Delta G_{\max}=\frac{16\pi\sigma^3 M^2}{3(RT\rho\ln S)^2} \tag{10-9}$$

由式（10-9）看出，当 $S=1$ 时，$\ln S=0$，$\Delta G_{\max}$ 无穷大。根据式（10-6），若 $\Delta G_{\max}$ 无穷大，则成核速率为零。所以在饱和溶液中，不能自动成核。在一定温度下，过饱和度对成核速率的影响见图 10-3，式（10-6）和式（10-9）可用图 10-3 中的实线表示。由于过饱和度增大而引起 $\Delta G_{\max}$ 减小，所以成核速率加快。当过饱和度超过某一值时，成核速率增加很快。但实际上成核速率是按图 10-3 中虚线进行的，即在某一过饱和度成核速率达到最大值之后，随过饱和度增大成核速率反而降低。这是因为式（10-6）和式（10-9）没考虑黏度影响。因为温度降低，过饱和度增大，黏度增大，使分子从液相平衡位置到晶核固相表面的跃迁（与扩散类似）比高温更困难，或即扩散活化能增大，阻碍了晶核形成，所以出现了过饱和度增大、成核速率降低的现象。

由式（10-6）看出温度升高，成核速率增大。由实验得出的温率对成核速率的影响见图 10-4，从中可以看出，成核速率随温度升高加快达到最大值后，温度再升高成核速率反而下降。这一现象，由式（10-6）和式（10-9）可以得到答案，即温度升高过饱和度下降从而引起 $\Delta G_{\max}$ 增大，使成核速率下降。所以温度对成核速率的影响是通过过饱和度和 $\Delta G_{\max}$ 实现的。

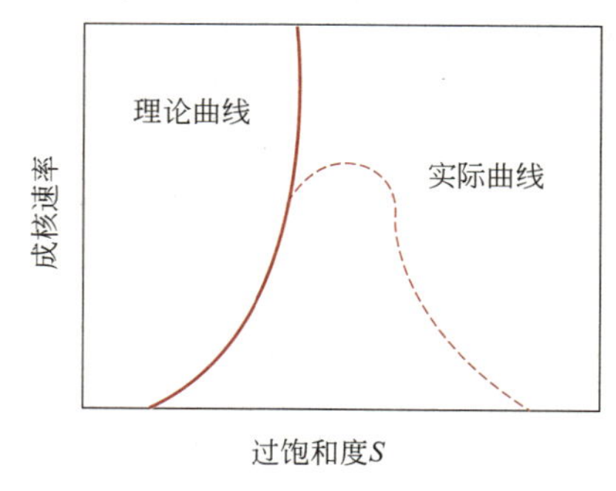

图 10-3 过饱和度对成核速率的影响

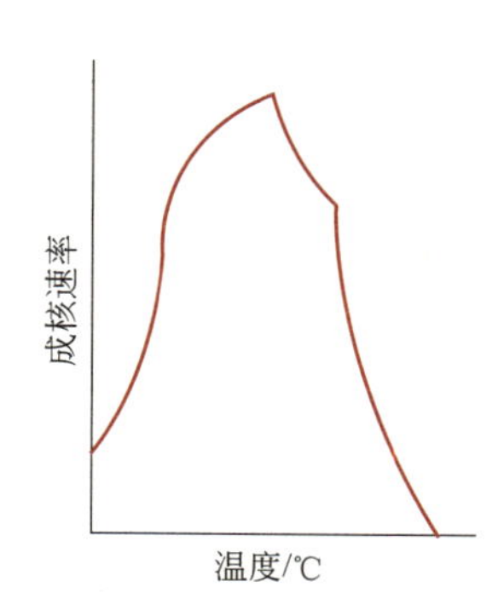

图 10-4 温度对成核速率的影响

成核速率与物质种类有关。对于无机盐类，有下列经验规则：阳离子或阴离子的化合价愈增加，就愈不易成核；而在相同化合价下，含结晶水愈多，就愈不易成核。对于有机物质，一般结构愈复杂、愈大，成核速率就愈慢。例如过饱和度很高的蔗糖溶液，可保持长时间不析出。

真正自动成核的机会很少，加晶种能诱导结晶，晶种可以是同种物质或相同晶型的物质，有时惰性的无定形物质也可作为结晶中心，例如尘埃也能导致结晶。

在饱和溶液中的机械振动可促使冲击表面而生成晶核。机械振动是相变开始的一个原因，这是由于机械振动的作用使溶液中出现浓度的波动，因而产生了高过饱和区，并在其中开始生成晶体。

超声波亦可以加速成核。它对过饱和溶液的有效作用主要取决于辐射的功率，辐射强度越高，则成核开始的极限过饱和度愈低。

10.3.4 工业起晶法

工业结晶中有三种不同的起晶方法，下面分别加以介绍。

① 自然起晶法　在一定温度下使溶液蒸发进入不稳区形成晶核，当生成晶核的数量符合要求时，加入稀溶液使溶液浓度降低至亚稳区，使之不生成新的晶核，溶质即在晶核的表面长大。这是一种古老的起晶方法，因为它要求过饱和浓度较高、蒸发时间长，且具有蒸汽消耗多，不易控制，同时还可能造成溶液色泽加深等现象，现已很少采用。

② 刺激起晶法　将溶液蒸发至亚稳区后，将其加以冷却，进入不稳区，此时即有一定量的晶核形成，由于晶核析出使溶液浓度降低，随即将其控制在亚稳区的养晶区使晶体生长。味精和枸橼酸结晶都可采用先在蒸发器中浓缩至一定浓度后再放入冷却器中搅拌结晶的方法。

③ 晶种起晶法　将溶液蒸发或冷却到亚稳区的较低浓度，投入一定量和一定大小的晶种，使溶液中的过饱和溶质在所加的晶种表面上长大。晶种起晶法是普遍采用的方法，如掌握得当可获得均匀整齐的晶体。

现以冷却结晶为例比较了加晶种与不加晶种以及冷却速度快慢对结晶的影响，见图 10-5。快速冷却不加晶种的情况见图 10-5（a），溶解度迅速穿过亚稳区到达过饱和曲线，即发生自然起晶现象，大量细晶从溶液中析出，溶液浓度很快下降到饱和曲线。由于没有充分的养晶时间，所以小结晶无法长大，所得晶体尺寸细小。缓慢冷却不加晶种的情况见图 10-5（b），虽然结晶速度比图 10-5（a）的情况慢，但能较精确地控制晶种的生长，所得晶体的尺寸也较大，这是一种常用的刺激起晶法。为了缩短操作周期，对饱和溶液开始可缓慢冷却，当浓度下降至养晶区时即可加快冷却速度使晶体生长较快。图 10-5（c）为快速冷却加晶种的情况，溶液很快变成过饱和，在晶种上生长的同时，又生成大量细晶核，因此所得到的产品大小不整齐。缓慢冷却加晶种的情况见图 10-5（d）。整个操作过程始终将浓度控制在亚稳区，溶质在晶种上生长的速度完全为冷却速度所控制，没有自然晶核析出，晶体能有规则地按一定尺寸生长，产品整齐完好。目前很多大规模生产都是采用这种方法。

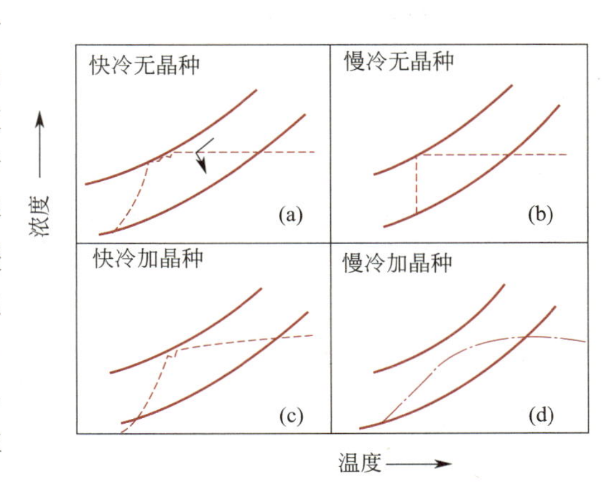

图 10-5　冷却结晶的几种方法比较

10.3.5　晶种控制

添加晶种的结晶方法是工业中常用的方法，晶种直径通常小于 0.1mm，可用湿式球磨机置于惰性介质（如汽油、乙醇）中制得。晶种的加入量 W_S 由实际的溶质附着量 $W=（W_P-W_S）$以及晶种和产品的尺寸决定。

$$W_S=W_P(L_S^3/L_P^3) \tag{10-10}$$

式中，W_S、W_P 分别为晶种和产品的质量，kg；L_S、L_P 分别为晶种和产品晶粒的尺寸，mm。

如果晶种为球形，其直径为 d，密度为 ρ，则一个晶种的质量为 $\pi\rho d^3/6$，对于 100g，d=0.10mm，ρ=2g/cm^3 的晶种约有一亿粒。图 10-6 表示在 100g、0.1mm 的晶种上生长成各种尺寸的晶体（最大为 3mm）时溶质的析出量。从图 10-6 可以看出：对于 1mm 的晶体仅能析出 100kg 溶质，2mm 的晶体就能析出 800kg 溶质，而对于 2.5mm 的晶体则能析出 1500kg 的溶质。

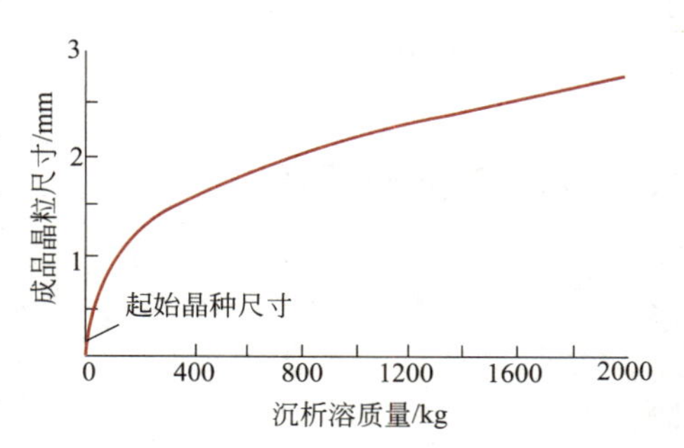

图 10-6　100g、0.1mm 晶种沉析的晶体尺寸和晶体量

加入的晶种不一定是同一种物质，溶质的同系物、衍生物、同分异构体可作为晶种加入，例如，乙基苯胺可用于甲基苯胺的起晶。对纯度要求较高的产品必须使用同种物质起晶。

为了控制晶体的生长，除了晶种以外的晶核（叫作伪晶）不允许生长，进入结晶器的料液中不允许存有晶核，应该避免激烈的搅拌、机械冲击和热冲击，同时应使在不稳区的工作时间最小，对于连续结晶应采取措施除去多余的晶核，如设置细晶捕集器等。

10.4　晶体的生长

在过饱和溶液中已有晶核形成或加入晶种后，以过饱和度为推动力，晶核或晶种将长大，这种现象称为晶体生长。晶体生长理论是固体物理的一个重要组成部分，在过去 20 年里属于一个十分活跃的科学领域，但至今还未能建立统一的晶体生长理论。与工业结晶过程有关的晶体生长理论及模型很多，在此仅就普遍得到应用的扩散学说进行简单介绍。

10.4.1　晶体生长的扩散学说及速度

按照扩散学说，晶体生长过程由如下三个步骤组成：

① 结晶溶质借扩散穿过靠近晶体表面的一个滞流层，从溶液中转移到晶体的表面；

② 到达晶体表面的溶质长入晶面，使晶体增大，同时放出结晶热；

③ 放出来的结晶热传递回溶液中（大多数物质结晶热不大，可忽略）。

第一步扩散过程：溶质经过滞流层只能靠分子扩散。扩散的推动力是液相主体浓度 c 和晶体表面浓度 c_i 的差，即 $c-c_i$。第二步表面反应过程，即溶质长入晶面过程：溶质借助于晶体表面浓度和饱和浓度 c^* 的差即（c_i-c^*）到达晶体表面完成长入晶面的过程。也就是说，c_i-c^* 表示表面反应的推动力。扩散学说可用图 10-7 示意。

由扩散学说可以写出下列方程式

扩散过程：
$$\frac{\mathrm{d}m}{\mathrm{d}t}=k_{\mathrm{d}}A(c-c_{\mathrm{i}}) \tag{10-11}$$

表面反应过程：
$$\frac{\mathrm{d}m}{\mathrm{d}t}=k_{\mathrm{r}}A(c_{\mathrm{i}}-c^{*}) \tag{10-12}$$

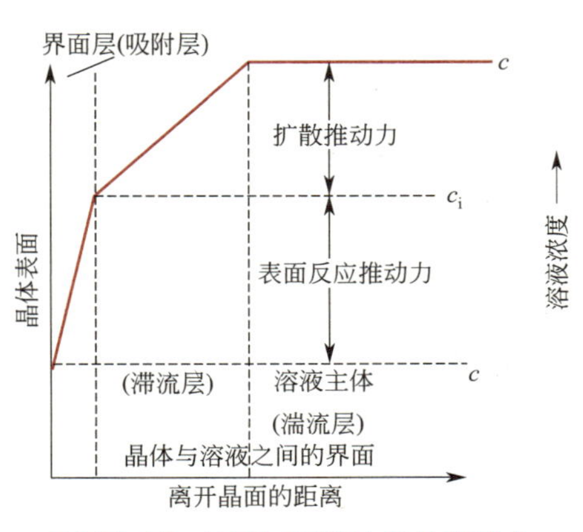

图 10-7 结晶过程的浓度差推动力

式中，$\frac{\mathrm{d}m}{\mathrm{d}t}$为质量传递速度；$k_{\mathrm{d}}$ 为扩散传质系数；k_{r} 为表面反应速率常数；A 为晶体表面积；m 为晶体质量；c 为溶液主体浓度；c_{i} 为溶液界面浓度；c^{*} 为溶液饱和浓度；t 为时间。

合并式（10-11）及式（10-12）得

$$\frac{\mathrm{d}m}{\mathrm{d}t}=\frac{A(c-c^{*})}{\dfrac{1}{k_{\mathrm{d}}}+\dfrac{1}{k_{\mathrm{r}}}} \tag{10-13}$$

式中，$c-c^{*}$ 为总推动力，以浓度差表示的过饱和程度。

令 K 为总的传质系数

$$\frac{1}{K}=\frac{1}{k_{\mathrm{d}}}+\frac{1}{k_{\mathrm{r}}} \tag{10-14}$$

则式（10-14）变为

$$\frac{\mathrm{d}m}{\mathrm{d}t}=KA(c-c^{*}) \tag{10-15}$$

当表面反应速率很快时，k_{r} 很大，其倒数很小，则 K 近似等于 k_{d}，此时结晶过程由扩散速率控制。若扩散速率很高时，k_{d} 值较大，其倒数很小，则 K 近似等于 k_{r}，此时结晶过程由表面反应速率控制。

上述方程的应用较为困难，因为晶体表面积 A 随着晶体质量 m 的变化而变化。如果晶体的几何形状在增长过程中于各个方向保持恒定的增长比例，此时可任意选择某一方向衡量体积的变化，即定义晶体的特征长度

$$l=6m/(\rho A) \tag{10-16}$$

对于立方体晶体，边长为 S 则质量 $m=\rho S^{3}$，表面积 $A=6S^{2}$ 和 $l=S$。以球形颗粒可以用 l 来代替球体直径。l 近似于筛选过的颗粒大小，按照此定义。则

$$m=\rho\phi_{\mathrm{V}}l^{3} \tag{10-17}$$

$$A=6\phi_{\mathrm{A}}l^{2} \tag{10-18}$$

式中，ϕ_{V} 为晶体形状的体积修正因子；ϕ_{A} 为晶体形状的表面修正因子。

式（10-15）可改写为

$$\frac{\mathrm{d}}{\mathrm{d}t}(\rho\phi_{\mathrm{V}}l^{3})=\left(\frac{6\phi_{\mathrm{A}}l^{2}}{1/k_{\mathrm{d}}+1/k_{\mathrm{r}}}\right)(c-c^{*}) \tag{10-19}$$

$$\frac{\mathrm{d}l}{\mathrm{d}t}=\left(\frac{2\rho\phi_{\mathrm{A}}/\phi_{\mathrm{V}}}{1/k_{\mathrm{d}}+1/k_{\mathrm{r}}}\right)(c-c^{*})$$
$$=k_{\mathrm{g}}(c-c^{*})=G_{\mathrm{r}} \tag{10-20}$$

式中，k_{g} 为单个晶体增长的速率常数；G_{r} 为晶体生长速率。

10

10.4.2 影响晶体生长速率的因素

杂质的存在对晶体生长有很大影响，是结晶过程中重要的问题之一。

杂质对晶体生长的影响有 3 种情况。有的杂质能完全制止晶体的生长；有的则能促进生长；还有的能对同一种晶体的不同晶面产生选择性的影响，从而改变晶体外形，有的杂质能在极低的浓度下产生影响，有的却需要在相当高的浓度下才能起作用。

杂质影响晶体生长速率的途径也各不相同：有的是通过改变晶体与溶液之间的界面上液层的特性而影响溶质长入晶面，有的是通过杂质本身在晶面上的吸附，发生阻挡作用；如果杂质和晶体的晶格有相似之处，杂质能长入晶体内而产生影响等。

搅拌能促进扩散加速晶体生长，但同时也能加速晶核形成，一般应以试验为基础，确定适宜的搅拌速率，获得需要的晶体，防止晶簇形成。

温度升高有利于扩散，也有利于表面化学反应速率提高，因而使结晶速率增快。例如卡那霉素 B 采用高温快速结晶。四环素盐酸盐利用它在有机溶剂中，在不同温度下有不同结晶速率的性质，将四环素碱转变成盐酸盐。

过饱和度增高一般会使结晶速率增大，但同时引起黏度增加，结晶速率受阻。

10.5 晶体纯度的计算

使用结晶尤其是重结晶方法可获得高纯度的产物。但晶体中或多或少还是夹带有少量或微量杂质。在这里，引入结晶因素 E 作定量描述。

对目的产物 P，结晶因素 E_P 为晶体中 P 的量与其在滤液中的量的比值。对于杂质 I，结晶因素 E_I 为晶体中 I 的量与其在滤液中的量的比值。而 E_P 与 E_I 的比值被称作分离因素，即

$$\beta=E_P/E_I \tag{10-21}$$

显然，β 值越大，分离程度越好，产物纯度越高。

【例 10-1】 用结晶方法从大豆甾醇中把豆谷甾烯醇和谷甾醇分离，已知豆甾烯醇和谷甾醇总量为 1000kg，混合物中豆甾烯醇的含量为 86.5%（质量分数），结晶后得到豆甾烯醇晶体 550kg，纯度为 96.5%（质量分数），分离结晶后母液中固形物的豆甾烯醇含量为 75%。求结晶过程豆甾烯醇和谷甾醇的分离因素 β。

【解】 根据式（10-21），分离因素为

$$\beta=E_1/E_2$$

其中豆甾烯醇的结晶因素

$$E_1=\frac{550\times96.5\%}{(1000-550)\times75\%}=1.573$$

而谷甾醇的结晶因素

$$E_2=\frac{550\times(1-96.5\%)}{(1000-550)\times(1-75\%)}=0.171$$

故所求的分离因素为

$$\beta=\frac{E_1}{E_2}=\frac{1.573}{0.171}=9.2$$

由以上计算可以看出，β 通常是混合物组分的函数。

10.6 晶体大小分布

结晶过程中产生的不是均一的晶粒，而只是各种大小不一致的晶粒集合体，必须运用质量和能量平衡分析来描述大规模结晶器中晶体的大小分布。

10.6.1 晶体群体密度

典型的结晶大小分布可用其群体密度概念来描述，如图 10-8 所示。

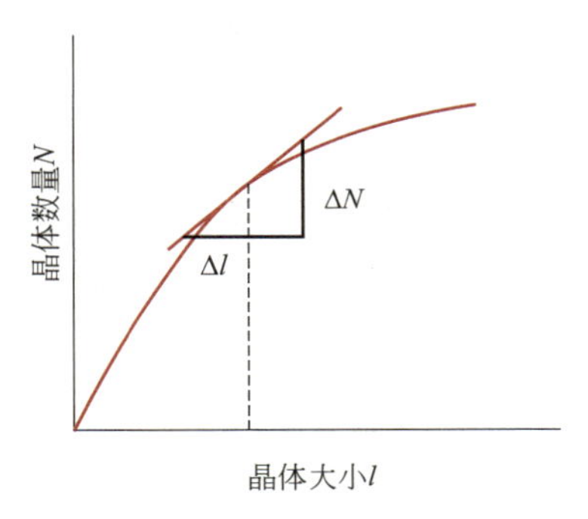

图 10-8 晶体大小及其数量分布

图 10-8 的横坐标是晶体的大小 l，而纵坐标 N 代表单位体积中含有尺寸 0 ～ l 的各种大小晶体的数目。这里，定义曲线的斜率为结晶群体密度 n，即

$$n=\lim_{\Delta l\to 0}\frac{\Delta N}{\Delta l}=\frac{\mathrm{d}N}{\mathrm{d}l} \tag{10-22}$$

群体密度 n 的应用可以用分布的分因素加以说明，这些分因素可由式（10-23）定义

$$f_j=\frac{\int_0^l l_j n(l)\mathrm{d}l}{\int_0^\infty l_j n(l)\mathrm{d}l} \tag{10-23}$$

式（10-23）中的 j 相应于 j 因素。此因素的物理意义可通过下述的特例加以说明。

首先，j=0 对应的分因素就等于大小为 0 ～ l 的结晶体的数量占结晶总数的分率，即

$$f_0=\int_0^l n\mathrm{d}l\Big/\int_0^\infty n\mathrm{d}l \tag{10-24}$$

其次，当 j=3 时，对应的分因素等于大小为 0 ～ l 的晶粒占全体结晶总质量的分率，即

$$f_3=\rho\phi_\mathrm{V}\int_0^l l^3 n\mathrm{d}l\Big/\left(\rho\phi_\mathrm{V}\int_0^\infty l^3 n\mathrm{d}l\right) \tag{10-25}$$

上述的分因素及其物理意义见表 10-1。

表 10-1 晶粒分布的分因素

分因素	物理意义	定义	在连续结晶器中总质量	在连续结晶器中的分率
f_0	晶体数量	$\frac{\int_0^l n(l)\mathrm{d}l}{\int_0^\infty n(l)\mathrm{d}l}$	$\frac{n_0 G_\mathrm{r} V}{Q}$	$1-\mathrm{e}^{-x}$
f_1	晶体大小	$\frac{\int_0^l n(l)\mathrm{d}l}{\int_0^\infty n(l)\mathrm{d}l}$	$n_0\left(\frac{G_\mathrm{r} V}{Q}\right)^2$	$1-(1+x)\mathrm{e}^{-x}$
f_2	晶体面积	$\frac{6\phi_\mathrm{A}\int_0^l l^2 n(l)\mathrm{d}l}{6\phi_\mathrm{A}\int_0^\infty n(l)l^2\mathrm{d}l}$	$12\phi_\mathrm{A} n_0\left(\frac{G_\mathrm{r} V}{Q}\right)^3$	$1-(1+x+0.5x^2)\mathrm{e}^{-x}$

续表

分因素	物理意义	定义	在连续结晶器中总质量	在连续结晶器中的分率
f_3	晶体质量	$\dfrac{\rho\phi_A\int_0^l n(l)l^3\mathrm{d}l}{\rho\phi_A\int_0^\infty n(l)l^3\mathrm{d}l}$	$6\phi_V\rho n_0\left(\dfrac{G_rV}{Q}\right)^4$	$1-\left(1+x+0.5x^2+\dfrac{x^3}{6}\right)\mathrm{e}^{-x}$

注：1.x 为无量纲的长度，其值为 $x=lQ/(G_rV)$。

2.Q 为连续结晶器晶浆流出速率。

3.V 为连续结晶器有效装液容积。

10.6.2　连续结晶过程的晶群密度分布

应用晶群密度是分析连续结晶器操作过程的最佳近似法。图10-9为一搅拌槽式连续结晶器。如图10-9所示，浓度恒为 c_0 的料液连续加入结晶器，且料液虽过饱和但不含晶体；晶浆连续流出。假定结晶器搅拌充分，器内料液完全混合，故流出的晶浆中晶粒大小分布状态与结晶器中晶浆相同。此外，假定晶粒无磨损。

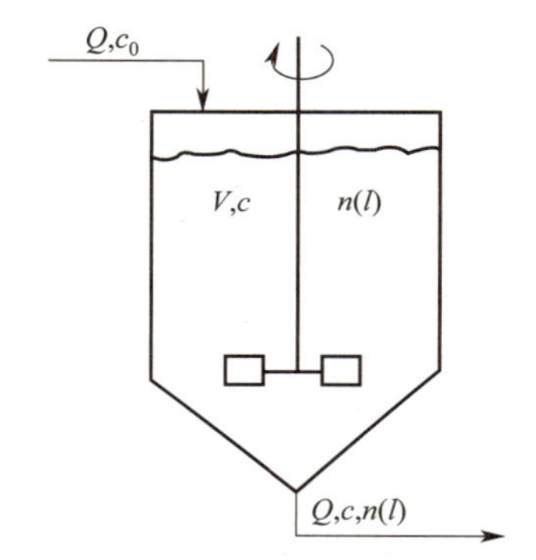

图10-9　搅拌槽式连续结晶过程

下面对晶粒大小为 $l\sim(l+\Delta l)$ 范围内的晶粒数进行衡算：

结晶数的积累 = 新增的晶粒数 – 流出的晶粒数 – 超大的晶粒数

由于假定结晶器的操作处于稳定状态，故结晶数的积累为0，即

$$0=[VnG_r]_l-[VnG_r]_{l+\Delta l}-Qn\Delta l \tag{10-26}$$

式中，G_r 为晶体生长速率，即 $G_r=\mathrm{d}l/\mathrm{d}t$。

当 $\Delta l\rightarrow 0$ 时，式（10-26）变成

$$\frac{V\mathrm{d}(G_rn)}{\mathrm{d}l}+Qn=0 \tag{10-27}$$

假定晶体生长速率 G_r 不受晶粒尺寸 l 的影响，则式（10-27）可写成

$$\frac{\mathrm{d}n}{\mathrm{d}l}=-\frac{nQ}{G_rV} \tag{10-28}$$

当晶粒很微小时，即 $l\rightarrow 0$ 时，结晶群体密度将取决于新晶核生成速率的影响，即此时的晶群密度为

$$n_0=\frac{\mathrm{d}N/\mathrm{d}t}{\mathrm{d}l/\mathrm{d}t}=\frac{B}{G_r} \tag{10-29}$$

式中，B 为成核速率，见式（10-8）。

把式（10-29）作为边界条件，代入式（10-29）进行定积分

$$\int_{n_0}^{n}\frac{\mathrm{d}n}{n}=\int_0^l -\frac{Q}{G_rV}\mathrm{d}l \tag{10-30}$$

积分式（10-30）可得

$$n=n_0\exp\left(-\frac{Ql}{G_rV}\right) \tag{10-31}$$

式（10-31）所表示的结晶群体分布状态与表10-1是相符合的。下面介绍主导晶粒大小的概念。

10.6.3 晶体大小

根据定义，具有一定尺寸即特征尺寸为 l 的晶体质量为

$$dm=\rho\phi_V l^3 n dl \tag{10-32}$$

又根据表 10-1，全部晶体的总质量为

$$m_T=6\phi_V\rho n_0\left(\frac{G_rV}{Q}\right)^4 \tag{10-33}$$

由式（10-31）、式（10-32）并结合式（10-33）可求出晶群质量分率的变化为

$$\frac{d(m/m_T)}{dl}=\frac{l^3}{6}\left(\frac{Q}{G_rV}\right)^4\frac{n}{n_0}=\frac{l^3}{6}\left(\frac{Q}{G_rV}\right)^4\exp\left(\frac{lQ}{G_rV}\right) \tag{10-34}$$

假定特征尺寸为 l_D 的晶群占绝对优势，即此时晶群质量分率的变化可视作 0，则由式（10-34）可得

$$\frac{l_D^3}{6}\left(\frac{Q}{G_rV}\right)^4\exp\left(\frac{Q}{G_rV}\cdot l\right)=0 \tag{10-35}$$

解方程（10-35），可求出主要晶体大小

$$l_D=3G_rV/Q \tag{10-36}$$

式（10-36）表示的主要晶体大小通常是结晶设备设计的基础。

【例 10-2】 一真空连续结晶器有效装料容积为 $10m^3$，内装有赖氨酸晶浆，加料量为 $0.1m^3/min$ 的味精过饱和溶液。其成核速率 $B=1.5\times10^6$ 个 $/(m^3\cdot s)$，实验测定晶体长大速率为 $1.5\times10^{-8}m/s$。求：①主要晶体的大小；②等于或小于主要晶体尺寸的晶体数量；③等于或小于主要晶体尺寸的晶体占全部晶体量的分率；④稳定状态下流出晶浆的浓度。

【解】 ①根据式（10-36），可求出主要晶体大小为

$$l_D=3G_rV/Q=3\times1.5\times10^{-8}\times10/(0.1/60)$$
$$=2.78\times10^{-4}(m)$$

② 根据表 10-1 可得到等于或小于主要晶体尺寸 l_D 的晶体数量为

$$N=\int_0^{l_D}n dl=(n_0G_rV/Q)\left[1-\exp\left(-\frac{l_DQ}{G_rV}\right)\right]$$
$$=(BV/Q)\left[1-\exp\left(-\frac{l_DQ}{G_rV}\right)\right]$$

又根据式（10-36），有 $l_DQ/(G_rV)=3$，故

$$N=\frac{1.5\times10^6\times10}{0.1/60}\times[1-\exp(-3)]$$
$$=8.55\times10^9(m^{-3})$$

③ 上述②晶粒尺寸占总晶体数量分率为

$$f_0=1-\exp\left(-\frac{l_DQ}{G_rV}\right)=1-\exp(-3)=95\%$$

④ 根据式（10-33）可得稳定状态下流出晶浆浓度为

$$m_T=6\phi_V\rho n_0\left(\frac{G_rV}{Q}\right)^4$$

假定赖氨酸晶粒近似于立方晶体，即 $\phi_V=1$；且知赖氨酸密度 $\rho=1500\text{kg/m}^3$，代入上式得

$$m_T=6\times1500\times\frac{1.5\times10^6}{1.5\times10^{-8}}\times\left(\frac{1.5\times10^{-8}\times10}{0.1/60}\right)^4=59(\text{kg/m}^3)$$

【例 10-3】 利用例 10-2 给出的条件，计算赖氨酸晶浆的晶体大小分布，估算被各种标准筛滞留的晶体的质量分率。

【解】 根据表 10-1 可得出无量纲的晶体长度

$$x=\frac{lQ}{G_rV}=\frac{0.1/60}{1.5\times10^{-8}\times10}l=1.11\times10^4 l(\text{m}^{-1})$$

对于 20 目的筛，筛孔尺寸为 8.41×10^{-4}m，用此尺寸代入上述 x 表达式中的 l，可得

$$x=1.11\times10^4\times8.41\times10^{-4}=9.34$$

由表 10-1 的公式可求出能通过 20 目筛的晶体占总晶体质量的分率为

$$f_3=1-\left(1+x+0.5x+\frac{1}{6}x^3\right)\exp(-x)$$

$$=1-\left(1+9.34+0.5\times9.34^2+\frac{9.34^3}{6}\right)\exp(-9.34)$$

$$=98.3\%$$

滞留晶体量为 $1-f_3=1.7\%$

类似地，可求出其他筛孔滞留的晶体分率，如表 10-2 所示。

表 10-2 各种尺寸晶体的分布

筛号 / 目	筛孔尺寸 / ($\times10^{-4}$m)	x	通过的晶体分率 /%	滞留的晶体分率 /%
20	8.41	9.34	98.3	1.7
28	5.95	6.60	83.0	17
48	2.97	3.30	42.0	58
100	1.49	1.65	8.6	91.4

与例 10-3 的计算相反，可从晶体尺寸分布来计算晶体成核速率和晶体长大速率。

【例 10-4】 对一蔗糖连续结晶过程进行筛分测试，得到其晶粒大小分布如表 10-2 所示，不同筛目下的滞留量见表 10-3。同时，蔗糖晶体密度为 1588kg/m^3，晶浆含晶体和结晶停留时间分别为 320kg/m^3 和 2.5h。求：①晶体长大速率；②结晶成核速率；③主要晶体的尺寸；④晶浆的晶体含量。

【解】 根据式（10-22）计算出不同筛目下的晶群密度，即

$$n=\lim_{\Delta l\to0}\frac{\Delta N}{\Delta l}$$

表 10-3 不同筛目下的滞留量

标准筛 / 目	滞留量 /%	标准筛 / 目	滞留量 /%
20	3	48	76
28	14	65	98
35	38		

因 20 目筛的孔径为 8.41×10^{-4}m，而 28 目筛为 5.95×10^{-4}m，故可通过 20 目筛而被 28 目筛滞留的晶体的尺寸差值为

$$\Delta l=(8.41-5.95)\times10^{-4}=2.46\times10^{-4}(\mathrm{m})$$

滞留在 28 目筛上的蔗糖晶体平均尺寸为

$$l=\frac{1}{2}(8.41+5.95)\times10^{-4}=7.18\times10^{-4}(\mathrm{m})$$

根据题给条件，可算出平均直径为 7.18×10^{-4}m 的晶粒的数目，即

$$\begin{aligned}\Delta N&=(14\%-3\%)\times320\div[1588\times(7.18\times7.18\times10^{-4})^3]\\&=5.99\times10^7(\mathrm{m}^{-3})\end{aligned}$$

故 28 目筛上的蔗糖晶体的晶群密度为

$$n_{28}=\lim_{\Delta l\to0}\frac{\Delta N}{\Delta l}=\frac{5.99\times10^7}{2.46\times10^{-4}}=2.43\times10^{11}[\text{个}/(\mathrm{m}^3\cdot\mathrm{m})]$$

对于其他筛号的晶群密度计算结果如表 10-4 所示。

表 10-4 其他筛号的晶群密度

筛号 / 目	滞留晶粒平均尺寸 l/（$\times10^{-4}$m）	晶群密度 n/［个 /（$\mathrm{m}^3\cdot\mathrm{m}$）］	$\ln n$
20	10.2		
28	7.18	2.43×10^{11}	26.22
35	5.08	2.77×10^{12}	28.65
48	3.59	1.66×10^{13}	30.44
65	2.50	2.83×10^{13}	30.97

把上述求算出的 l 与 $\ln n$ 的对应关系作图，如图 10-10 所示。由图 10-10 可知，除了 $l=2.5\times10^{-4}$m 的点外，其余的点均处于一直线上，直线的斜率为 $k=-1.157\times10^4$，且可外推求得直线与纵坐标相交于 $\ln n=34.45$。

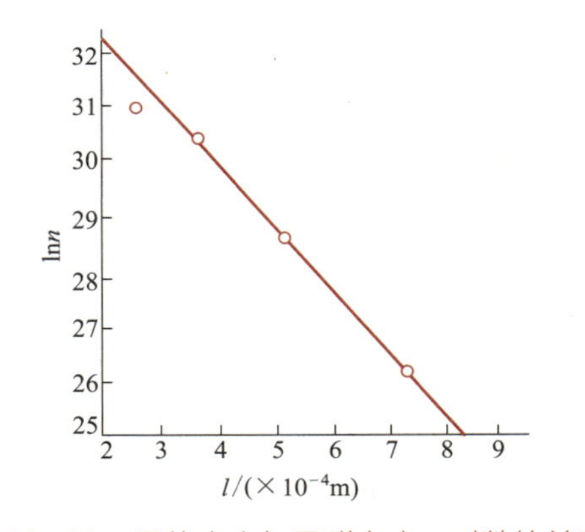

图 10-10 晶体大小与晶群密度 n 对数的关系

① 蔗糖晶粒生长速率的计算根据式（10-31），可得

$$\ln n=\ln n_0-\frac{Q}{G_rV}l$$

故晶体生长速率为

$$G_r=-\frac{Q}{kV}=-\frac{1}{k}\times\frac{1}{V/Q}=-\frac{1}{-1.157\times10^4}\times\frac{1}{2.5\times3600}=9.6\times10^{-9}(\mathrm{m/s})$$

② 根据式（10-29），成核速率为

$$B=G_rn_0$$

而据图 10-10 可得

$$n_0=\exp(34.45)=9.15\times10^{14}[\text{个}/(\mathrm{m}^3\cdot\mathrm{m})]$$

代入得

$$B=9.6\times10^{-9}\times9.15\times10^{14}=8.78\times10^6\ [\text{个}/(\mathrm{m}^3\cdot\mathrm{s})]$$

③ 主要晶体尺寸为

$$l_D=3G_r(V/Q)=3\times9.6\times10^{-9}\times2.5\times3600=2.59\times10^{-4}(\text{m})$$

④ 晶浆的晶体含量为

$$\begin{aligned}m_T&=6\phi_V\rho n_0(G_rV/Q)^4\\&=6\times1\times1588\times9.15\times10^{14}\times(9.6\times10^{-9}\times2.5\times3600)^4\\&=486(\text{kg/m}^3)\end{aligned}$$

由④计算出的晶浆含晶体量与原题设有较大差距，表明晶析实验和筛分过程等数据有较大误差。

10.7 晶体结构

晶体结构是晶体物质的基本属性，对晶体的物理、化学和力学性能等都有着重要的影响。晶体结构是指晶体中实际质点（原子、离子或分子）的具体排列情况。晶体结构可以用空间点阵来描述。空间点阵是代表晶体中原子、原子团或分子分布规律（周期性）的几何点的集合。将晶体中的原子等质点抽象为没有大小、没有质量、不可分辨的点，这些点就是阵点（结点），用假想的直线将这些结点连接起来，所构成的几何框架称为晶格。晶胞是晶格中能反映该晶格特征的最小重复单元，通过晶胞的重复堆砌可以构成整个晶体。根据晶体的晶格常数和对称性等特点，可将晶体分为 7 大晶系，分别是立方晶系、四方晶系、正交晶系（又称斜方晶系）、单斜晶系、菱形晶系（又称三方晶系）、三斜晶系和六方晶系。每个晶系都有其独特的晶胞参数和对称性。

同一种物质可以存在多种晶体结构，比如同为碳原子组成的原子晶体石墨与金刚石，同为 H_2O 组成的分子晶体固态水已报导有 17 种晶体状态，同为甘氨酸（$C_2H_5NO_2$）组成的分子晶体 α-甘氨酸、β- 甘氨酸和 γ- 甘氨酸，同为 $CaCO_3$ 组成离子晶体方解石与文石等，称该物质存在多晶型。多晶型现象是指化学组成相同的物质，在不同的物理化学条件下，能结晶成两种或多种不同结构的晶体的现象，也称为同质异象。此外，化合物在一定的结晶环境中，在成核和晶体生长过程时，环境中的溶剂分子可能与主体分子以不同化学计量比或非化学计量比的方式一起成核、生长进入晶格中，形成结晶水合物（溶剂分子为水时）或结晶溶剂化物（溶剂分子为有机溶剂时）。比如，葡萄糖（$C_6H_{12}O_6$）的晶体存在无水葡萄糖与一水葡萄糖，硫酸铜（$CuSO_4$）的晶体存在无水硫酸铜与五水硫酸铜，5'- 单磷酸胞苷（$C_9H_{14}N_3O_8P$）的晶体存在三水合物和一水合物；千金藤素（$C_{37}H_{38}N_2O_6$）的晶体存在千金藤素乙腈溶剂化物（$C_{37}H_{38}N_2O_6\cdot CH_3CN$）、千金藤素甲醇溶剂化物（$C_{37}H_{38}N_2O_6\cdot 0.5CH_3OH$）、千金藤素乙酸甲酯溶剂化物（$C_{37}H_{38}N_2O_6\cdot C_3H_6O_2$）等。当前应用广泛的晶型鉴别方法有 X 射线衍射法、拉曼光谱法、固体核磁法以及红外光谱法等，其中，X 射线衍射法是目前公认的标准方法。

化合物的晶体结构影响其物理化学性质，比如颜色、形貌、力学性质、稳定性等。对于药物而言，还可以影响药物的溶出速率、生物利用度、机械性能、化学稳定性及运输存储等。近 20 多年来，我国对于晶型的关注越来越多，当下药物开发过程中，晶型的研究已经成为一个新的、必不可少的一个环节。

10.8 间歇结晶过程分析

目前，生物工程产业，无论是味精、抗生素还是其他发酵生产上的结晶过程，大多应用间歇结晶操作。典型的间歇结晶罐示意图如图 10-11 所示。

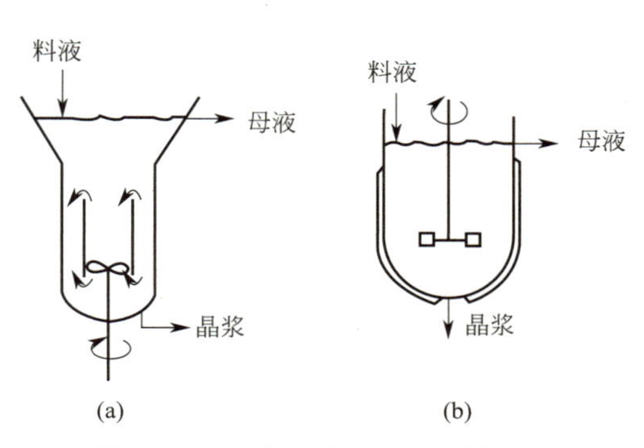

图 10-11 典型的间歇结晶罐示意

（a）带中央导流管结晶罐；（b）夹套换热搅拌结晶罐

当某一产物结晶过程的溶解度和温度关系已确定，且初选了结晶条件，就要进行一系列的结晶试验，探讨溶质初始浓度、结晶时间和最终结晶温度等对结晶操作的影响，从最终的晶体收率、产品的纯度和质量、晶粒大小分布以及表面光泽等结果可确定适宜结晶条件。此外，晶体的坚实度也十分重要，它影响过滤或离心分离、洗涤和产品干燥的后处理过程。

间歇结晶过程虽然操作和设备较简单，但往往得到的晶体产品质量不均一，这主要是由于较难控制过量晶核的生成。而且这些小晶粒有时会沉积在冷却换热面上，导致结晶量和换热量下降，产量降低。针对这个问题，必须通过实验确定结晶过程的冷却曲线。最后，要把小型设备所得的实验结果放大成大规模生产设备，还需解决好结晶过程的放大。

对于不稳定的间歇结晶过程，类似于连续结晶过程的式（10-26）～式（10-28），有

$$V\frac{\partial n}{\partial t}+V\frac{\partial (G_r n)}{\partial l}=0 \tag{10-37}$$

而晶粒长大速率为

$$G_r=\frac{\partial l}{\partial t}=k_y(c-c^*) \tag{10-38}$$

结晶成核速率为

$$B=\frac{\partial n}{\partial t}=G_r n_0=k_n(c-c^*)^n \tag{10-39}$$

式中，B 和 G_r 是过饱和度的函数，对间歇结晶过程，因过饱和度随时间而改变，所以 B 和 G_r 是变量。对间歇结晶过程的分析，目前只能用近似的经验方法解决。

首先，假定晶粒的大小一致。若要计算要维持晶体稳定生长所需的温度，首先要对间歇结晶器进行质量衡算，有

过饱和度的变化 = 温度改变引起的变化 + 晶体长大产生的变化 + 晶核生成导致的变化

许多间歇结晶过程处于亚稳状态，过饱和度相对较低，且往往添加晶种，尽量避免新晶核生成。故上述的质量衡算式中左边的项和等式右边的末项均近似等于零。故结合式（10-39）可得

$$V\frac{\mathrm{d}c^*}{\mathrm{d}t}+\frac{A}{1/k_r+1/k_d}(c-c^*)=0 \tag{10-40}$$

式中，A 为晶体总表面积，m^2。

而饱和浓度 c^* 是温度的函数，可表述为

$$\frac{\mathrm{d}c^*}{\mathrm{d}t}=\frac{\mathrm{d}c^*}{\mathrm{d}\theta}\times\frac{\mathrm{d}\theta}{\mathrm{d}t} \tag{10-41}$$

式中，t 为时间，s；θ 为温度，K。

晶体总表面积取决于晶种质量 m_S 和晶体生长速率常数 G_r，即

$$A=\frac{m_{\mathrm{S}}}{\rho\phi_{\mathrm{V}}l_{\mathrm{i}}^{3}}[6\phi_{\mathrm{A}}(l_i+G_{\mathrm{r}}t)^2] \tag{10-42}$$

式中，ρ 为晶种的密度，kg/m^3；l_i 为晶种的尺寸，m。

而 G_r 为线性生长速率，即

$$G_r=\frac{\mathrm{d}l}{\mathrm{d}t}=\left[\frac{2\phi_{\mathrm{A}}/(\phi_{\mathrm{V}}\rho)}{1/k_{\mathrm{r}}+1/k_{\mathrm{d}}}\right](c-c^*) \tag{10-43}$$

结合式（10-40）和式（10-43），经整理得要维持恒定晶体长大线速所需的温度随时间的变化规律为

$$\frac{\mathrm{d}\theta}{\mathrm{d}t}=-\left(\frac{m_{\mathrm{S}}/V}{\mathrm{d}c^*/\mathrm{d}\theta}\right)\frac{3G_{\mathrm{r}}}{l_{\mathrm{i}}^3}(l_{\mathrm{i}}+G_{\mathrm{r}}t)^2 \tag{10-44}$$

其中，溶解度随温度的变化率（$\mathrm{d}c^*/\mathrm{d}\theta$）往往可视作常数，此时，积分式（10-44）得

$$\theta=\theta_0-\left(\frac{m_{\mathrm{S}}/V}{\alpha}\right)\times\frac{3G_{\mathrm{r}}t}{l_{\mathrm{i}}}\times\left[1+\frac{G_{\mathrm{r}}t}{l_{\mathrm{i}}}+\frac{1}{3}\left(\frac{G_{\mathrm{r}}t}{l_{\mathrm{i}}}\right)^2\right] \tag{10-45}$$

式中，θ_0 为晶体开始生成时的温度，K；α 为溶解度随温度的变化率，即 $\mathrm{d}c^*/\mathrm{d}\theta$。

式（10-45）也可改写成

$$\frac{\theta-\theta_0}{\theta_{\mathrm{f}}-\theta_0}=\frac{m_{\mathrm{S}}}{m_{\mathrm{P}}}(3\eta\beta)\left[1+\eta\beta+\frac{1}{3}(\eta\beta)^2\right] \tag{10-46}$$

式中，θ_f 为结晶过程终温，K；m_P 为终产物结晶体减去晶种后的质量，即 $m_{\mathrm{P}}=(\theta_0-\theta_{\mathrm{f}})V\mathrm{d}c^*/\mathrm{d}\theta$；$\beta$ 为实际结晶时间与结晶工序总时间的比值；η 为结晶过程晶粒的长大与晶种尺寸的比值，即 $\eta=(l_{\mathrm{p}}-l_{\mathrm{i}})/l_{\mathrm{i}}$。

【例 10-5】 传统的四环素结晶精制过程是采用混合氯化溶剂，但由于此混合溶剂中可能含致癌物质，故计划开发一种混合醇溶剂取代它。实验过程在混合醇溶液中四环素饱和溶液的起始温度为20℃，温度范围内四环素溶解变化率为1.14kg/（$m^3\cdot K$）；使用晶种粒度大小为 1×10^{-5}m 的立方晶体，密度为 ρ=1060kg/m^3，且晶种添加量为 3.5×10^{-2}kg/m^3，收获的晶体大小为 8.8×10^{-4}m。结晶过程拟控制过饱和度约为77kg/m^3，晶体的长大受扩散控制，传质系数为 6.5×10^{-7}m/s。假定结晶过程溶液不蒸发。要实现上述的结晶过程，应如何控制过程温度的改变。

【解】 要计算结晶过程温度的改变，可应用前述的式（10-44）或式（10-45）。根据本题给定条件，用式（10-46）更适宜，即

$$\frac{\theta-\theta_0}{\theta_{\mathrm{f}}-\theta_0}=\frac{m_{\mathrm{S}}}{m_{\mathrm{P}}}(3\eta\beta)\left[1+\eta\beta+\frac{1}{3}(\eta\beta)^2\right]$$

据题设条件，可算出晶粒的净长大倍率为

$$\eta=(l_{\mathrm{p}}-l_{\mathrm{i}})/l_{\mathrm{i}}=(8.8\times10^{-4}-1\times10^{-4})/10^{-4}=7.8$$

根据式（10-43），由于结晶过程为扩散控制，故晶粒长大速率为

$$G_{\mathrm{r}}=[2k_1\phi_{\mathrm{A}}/(\phi_{\mathrm{V}}\rho)](c-c^*)=[2\times6.5\times10^{-7}\times1/(1\times1060)]\times77=9.44\times10^{-8}(\mathrm{m/s})$$

结晶过程所需时间为

$$t_{\mathrm{p}}=\frac{l_{\mathrm{p}}-l_{\mathrm{i}}}{G_{\mathrm{r}}}=\frac{8.8\times10^{-4}-1\times10^{-4}}{9.44\times10^{-8}}=8.263\times10^3(\mathrm{s})=2.3(\mathrm{h})$$

故结晶过程（只冷却、不蒸发）的温度随时间的变化为

$$\theta=\theta_0-\left(\frac{m_S V}{\alpha}\right)3\eta\beta\left[1+\eta\beta+\frac{1}{3}(\eta\beta)^2\right]$$

$$=293.2-\left(\frac{3.5\times10^{-2}}{1.14}\right)\times\frac{3\times7.8t}{8.263\times10^3}\left[1+\frac{7.8t}{8.263\times10^3}+\frac{1}{3}\left(\frac{7.8t}{8.263\times10^3}\right)^2\right]$$

$$=293.2-8.694\times10^{-5}t(1+9.44\times10^{-4}t+2.97\times10^{-7}t^2)$$

根据上述计算结果，可知结晶过程 θ 和结晶经过时间 t 的关系。

10.9 晶体质量的评价指标及提高晶体质量的方法

晶体的质量直接影响物质的物理化学性质，进而影响其在各个领域中的应用。明确晶体质量的评价对于提高产品性能、优化生产流程、推进产业质量向高端化、增强市场竞争力等方面都具有重要意义。晶体质量的评价主要集中在纯度、结构和粉末尺度三个方面。

晶体的质量主要从晶体的大小（粒度与粒度分布）、形状（如针状、棒状、片状、块状、球状等）、纯度（化学纯度、光学纯度、晶型纯度）、堆密度及流动性等方面进行评估。工业上通常希望得到粗大而均匀的晶体，因为粗大而粒度分布均匀的晶体较细小不规则的晶体便于过滤与洗涤，在储存过程中不易结块，同时化学纯度往往较高，堆密度较好。但对一些抗生素，药用时有些特殊要求，例如非水溶性抗生素，药用时需作成悬浮液，粒度要求较细；对于一些难溶性的药物，以无定形的形式开发往往能够增加其溶解度。晶型层面，往往选择稳定性较好的晶型进行开发，以减少在生产、储存、使用过程中的晶型变化。但这都不是绝对的，选择什么样的晶体进行开发，取决于具体的应用领域、性能需求、市场壁垒等多种因素，需要具体问题具体分析。

10.9.1 晶体大小

前面已经分别讨论了影响晶核形成及晶体生长的因素，但实际上成核及其生长是同时进行的，因此必须同时考虑这些因素对两者的影响，图 10-12 为过饱和度 S 对成核速率 B、晶体生长速率 $\frac{dm}{dt}$ 和最终晶体平均半径 $\bar{r}$ 的影响示意图。由图 10-12 可以看出，过饱和度增加能使成核速率和晶体生长速率增快，但成核速率增加更快，因而得到细小的晶体。尤其过饱和度很高时影响更为显著。例如生产上常用的青霉素钾盐结晶方法，由于形成的青霉素钾盐难溶于醋酸丁酯，导致过饱和度过高，因此形成较小晶体。采用共沸蒸馏结晶法时，在结晶过程中始终维持较低的过饱和度，因而得到较大的晶体。

当溶液快速冷却时，能达到较高的过饱和度而得到较细小晶体，反之，缓慢冷却常得到较大的晶体。例如土霉素的水溶液以氨水调至 pH=5，温度由 20℃降低到 5℃，使土霉素碱结晶析出，温度降低速率愈大，得到的晶体比表面就愈大，即晶体愈细（图 10-13）。

当溶液的温度升高时，成核速率和晶体生长速率都增大，但对后者影响更显著。因此低温得到较细晶体。例如普鲁卡因青霉素结晶时所需用的晶种，粒度要求在 2μm 左右，所以制备这种晶种时温度要保持在 −10℃左右。

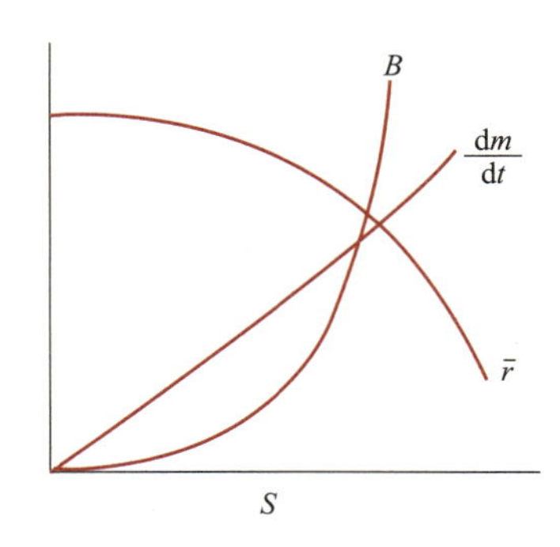

图 10-12　过饱和度 S 对成核速率 B、晶体生长速率 $\frac{dm}{dt}$ 和最终晶体平均半径 $\bar{r}$ 的影响

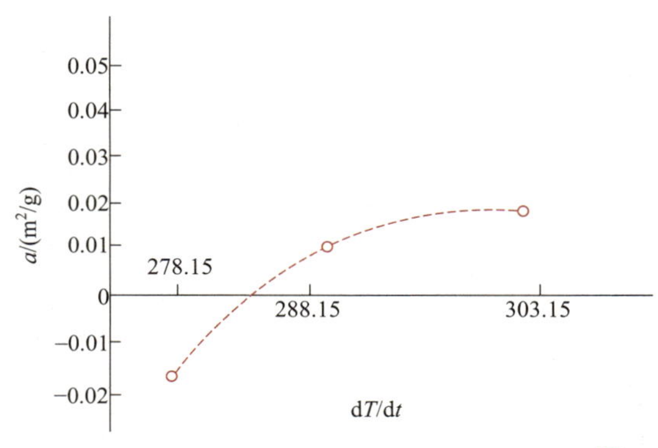

图 10-13　土霉素结晶时，温度变化速率 $\frac{dT}{dt}$ 对比表面 a 的影响

（纵坐标表示偏离平均值的数值）

搅拌能促进成核和加快扩散，提高晶核长大的速率，但当搅拌强度增大到一定程度后，再加快搅拌效果就不显著，相反，晶体还会被打碎。经验表明，搅拌愈快，晶体愈细。例如普鲁卡因青霉素微粒结晶搅拌转速为 1000r/min，制备晶种时，则采用 3000r/min 的转速。图 10-14 为土霉素结晶时，搅拌转速 n 对比表面 a 的影响示意图，从图 10-14 看出土霉素碱结晶时，搅拌转速愈高，晶体的比表面愈大。

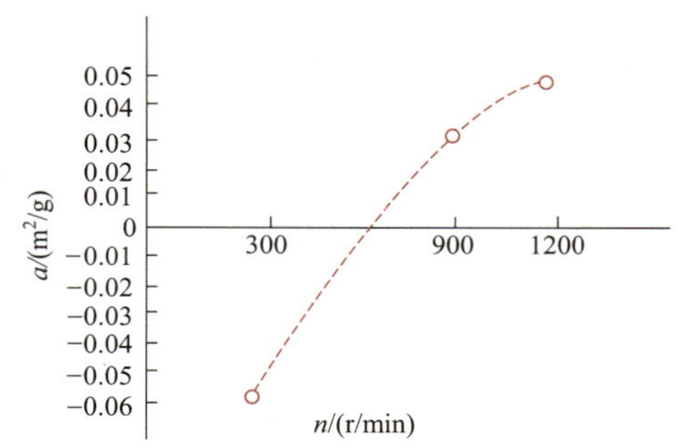

图 10-14　土霉素结晶时，搅拌转速对比表面 a 的影响

（纵坐标表示偏离平均值的数值）

晶种能控制晶体的形状、大小和均匀度，为此要求晶种要有一定的形状、大小，并且比较均匀。普鲁卡因青霉素微粒结晶获得成功，适宜的晶种是一个关键问题。

10.9.2　晶体形状

同种物质的晶体，用不同的结晶方法产生，虽然仍属于同一晶系，但其外形可以完全不同。外形的变化是由于在一个方向生长受阻，或在另一方向生长加速所致。通过一些途径可以改变晶体外形，例如，控制晶体生长速率、过饱和度、结晶温度，选择不同的溶剂，调节溶液 pH 值和有目的地加入某种能改变晶形的杂质等方法。

在结晶过程中，对于某些物质来说，过饱和度对其各晶面的生长速率影响不同，所以提高或降低过饱和度有可能使晶体外形受到显著影响。如果只有在过饱和度超过亚稳区的界限后才能得到所要求的晶体外形，则需向溶液中加入抑制晶核生长的添加剂。

在不同溶剂中结晶常得到不同的外形，如普鲁卡因青霉素在水溶液中结晶得方形晶体，而在醋酸丁酯中结晶得长棒形晶体；光神霉素在醋酸戊酯中结晶得到微粒晶体，而在丙酮中结晶，则得到长柱状晶体。

杂质存在会影响晶形。例如普鲁卡因青霉素结晶中，作为消沫剂的丁醇存在会影响晶形，醋酸丁酯存在会使晶体变得细长。

10.9.3 晶体纯度

结晶过程中，含许多杂质的母液是影响产品纯度的一个重要因素。晶体表面具有一定的物理吸附能力，因此表面上有很多母液和杂质黏附在晶体上。晶体愈细小，比表面积愈大，表面自由能愈高，吸附杂质愈多。若没有处理好，必然降低产品纯度。一般把结晶和溶剂一同放在离心机或过滤机中，搅拌后再离心或抽滤，这样洗涤效果好。边洗涤边过滤的效果较差，因为易形成沟流使有些晶体不能洗到。对于非水溶性晶体，常可用水洗涤，如红霉素、麦迪霉素、制霉菌素等。灰黄霉素也是非水溶性抗生素，若用丁醇洗涤后，其晶体由黄变白，其原因是丁醇将吸附在表面上的色素溶解所致。

当结晶速率过大时（如过饱和度较高，冷却速率很快），常发生若干颗晶体聚结成为“晶簇”现象，此时易将母液等杂质包藏在内，或因晶体对溶剂亲和力大，晶格中常包含溶剂。为防止晶簇产生，在结晶过程中可以进行适度的搅拌。为除去晶格中的有机溶剂只能采用重结晶的方法。如红霉素碱从丙酮中结晶时，每 1 分子红霉素碱可含 1 ～ 3 个分子丙酮，只有在水中重结晶才能除去。

10.9.4 晶体结块

晶体结块给使用带来不便。结块原因目前公认的有结晶理论和毛细管吸附理论两种。

① 结晶理论　由于物理或化学原因，使晶体表面溶解并重结晶，使晶粒之间在接触点上形成了固体联结，即形成晶桥，而呈现结块现象。物理原因是晶体与空气之间进行水分交换。如果晶体是水溶性的，则当某温度下空气中的水蒸气分压大于晶体饱和溶液在该温度下的平衡蒸汽压时，晶体就从空气中吸收水分。晶体吸水后，在晶粒表面形成饱和溶液。当空气中湿度降低时，吸水形成的饱和溶液蒸发，在晶粒相互接触点上形成晶桥而粘连在一起。化学原因是晶体与其存在的杂质或空气中的氧、二氧化碳等发生化学反应，或在晶粒间的液膜中发生复分解反应。由于以上某些反应产物的溶解度较低而析出，从而导致结块。

② 毛细管吸附理论　由于细小晶粒间形成毛细管，其弯月面上的饱和蒸汽压低于外部饱和蒸汽压，这样就为蒸汽在晶粒间的扩散造成条件。另外，晶体虽经干燥，但总会存在一定温度梯度，这种水分的扩散会造成溶解的晶体移动，从而为晶粒间晶桥提供饱和溶液，导致晶体结块。

晶粒形状对结块的影响见图 10-15。均匀整齐的粒状晶体结块倾向较小，即使发生结块，由于晶块结构疏松，单位体积的接触点少，结块易弄碎，如图 10-15（a）所示。粒度不齐的粒状晶体由于大晶粒之间的空隙充填着较小晶粒，单位体积中接触点增多结块倾向较大，而且不易弄碎［见图 10-15（b）］；晶粒均匀整齐但为长柱形，能挤在一起而结块［见图 10-15（c）］；晶体呈长柱状，又不整齐，紧紧地挤在一起，很易结块形成空隙很小的晶块［见图 10-15（d）］。

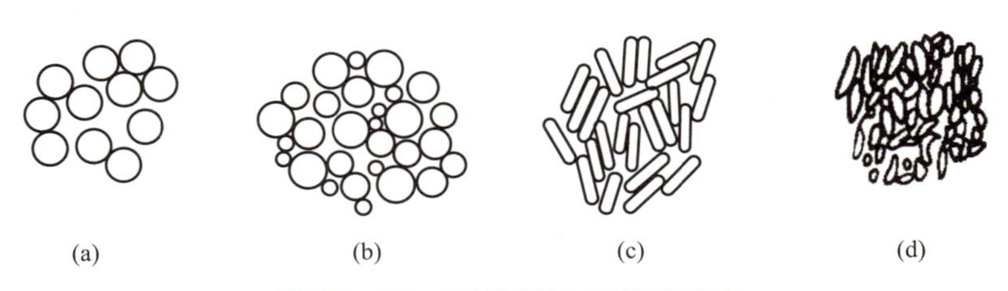

图 10-15　晶粒形状对结块的影响

（a）大而均匀的粒状晶体；（b）不均匀的粒状晶体；（c）大而均匀的长柱状晶体；（d）不均匀的长柱状晶体

大气湿度、温度、压力及贮存时间等对结块也有影响。空气湿度高会使结块严重；温度高增大化学反应速率，使结块速率加快；晶体受压，一方面使晶粒紧密接触增加接触面，另一方面对其溶解度有影响，因此压力增加导致结块严重；随着贮存时间的延长，结块现象趋于严重，这是因为溶解及重结晶反复次数增多所致。

为避免结块，在结晶过程中应控制晶体粒度，保持较窄的粒度分布及良好的晶体外形，还应贮存在干燥、密闭的容器中。

10.9.5 重结晶

溶质的结晶一般是纯物质，但大部分晶体中或多或少总残留有杂质，这是由于：①杂质的溶解度与产物类似，因此会发生共结晶现象；②杂质被包埋于晶阵内；③晶体表面黏附的母液虽经洗涤，但很难彻底除净。所以，工业生产中往往采用重结晶方法以获得纯度较高的产品。

重结晶是利用杂质和结晶物质在不同溶剂和不同温度下的溶解度不同，将晶体用合适的溶剂溶解再次结晶，从而使其纯度提高。

重结晶的关键是选择合适的溶剂，选择溶剂的原则：①溶质在某溶剂中的溶解度随温度升高而迅速增大，冷却时能析出大量结晶；②溶质易溶于某一溶剂而难溶于另一溶剂，若两溶剂互溶，则需通过试验确定两者在混合溶剂中所占比例。

最简单的重结晶方法是把收获的晶体溶解于少量的热溶剂中，然后冷却使之再形成晶体，分离母液后或经洗涤就可获得更高纯度的新晶体。若要求产品的纯度很高，可重复结晶多次。这类简单的重结晶操作可用简图描述，如图 10-16 所示，PI 表示原结晶产物，S 为新加入溶剂，L 为结晶母液。

但这种最简单的重结晶方法的产品收率低。利用式（10-21）表述的分离纯化因素，可得产物 P 的回收率为

$$y_P=[E_P/(1+E_P)]^n \quad (10\text{-}47)$$

式中，n 为重结晶操作次数。

图 10-16 所示的简单重结晶操作，母液未回收目的产物。为了提高结晶产物回收率，可采用如图 10-17 所示的分步结晶纯化方法。

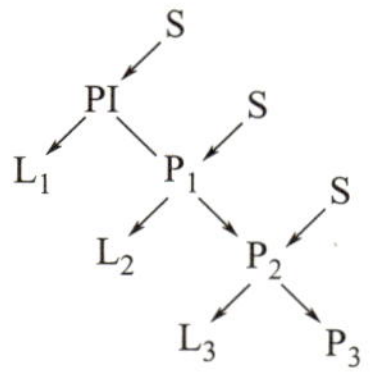

图 10-16 简单的重结晶纯化过程

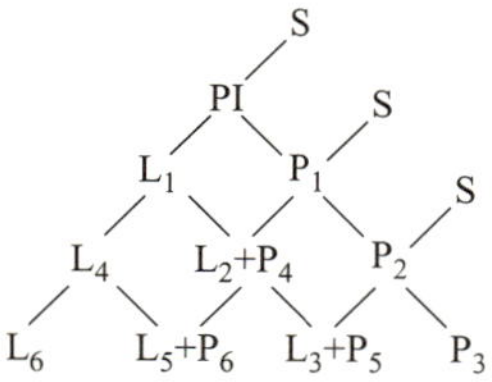

图 10-17 分步结晶纯化方法

如图 10-17 所示，初级结晶产品含目标产物 P 和杂质 I，加入新鲜热溶剂 S 使之溶解，冷却，析出晶体 P_1，母液为 L_1；再使晶体 P_1 溶于少量新鲜溶剂中，再冷却之而获得纯度更高的结晶产品 P_2，余下母液为 L_2；如此重复结晶三次，最后获得高纯度产物 P_3；而母液 L_1 经浓缩、冷却、析出晶体 P_4，相应的母液为 L_4；其中，分离出晶体 P_4，使之溶解于前述的热的母液 L_2 中，冷却之，析出晶体 P_5，相应母液为 L_5……最后获得的纯度不够高的晶体 P_5 和 P_6 可归并到初级结晶产物 PI 中，再经重结晶纯化。相应的母液 L_3、L_5 和 L_6 可部分重新利用。

【例 10-6】 已知大豆甾醇中含 20% 的豆甾烯醇和 80% 谷甾醇，拟应用 6 次简单重结晶技术

分离纯化。由实验知，豆甾烯醇和谷甾醇的结晶因素分别为 E_1=2.0 和 E_2=0.5。求：①最终产物中豆甾烯醇和谷甾醇的回收率；②终产品（豆甾烯醇）的纯度。

【解】①根据式（10-47），可得豆甾烯醇的回收率为

$$y_1=[E_1/(1+E_1)]^6=[2.0/(1+2.0)]^6=0.0878=8.78\%$$

同理得谷甾醇的回收率为

$$y_1=[E_2/(1+E_2)]^6=[0.5/(1+0.5)]^6$$
$$=0.14\%$$

② 在最终结晶产物中，含豆甾烯醇量为

$$w=\frac{8.87\%\times20}{8.87\%\times20+0.14\%\times80}=94\%$$

由上述计算结果可知，简单重结晶技术虽然可实现较高的产品纯度，但目的产物的回收率却很低，大部分的产物都留在母液中。

习题

1. 判断题

① 结晶过程中的冷却速度越快，结晶体的纯度通常越高。（ ）

② 溶液结晶过程中，过饱和是该过程的推动力，使得溶液体系由稳定态向不稳定态过渡，生成新相。（ ）

2. 填空题

① 结晶的过程受到 ________ 等因素的影响。

② 结晶有 _______ 等方式。

③ 在晶体的形成过程中，结晶速度较慢时，晶体的 ______ 通常较大，形态也更加完美。

3. 计算题

① 在林可霉素连续结晶过程中试研究中，获得了如下的筛分结果。

晶体大小 / 筛目	14	20	28	35	48
累积百分率	11%	30%	53%	70%	93%

此外，结晶维持时间为 90min，晶浆中晶体浓度为 100kg/m^3，晶体密度 ρ=1600kg/m^3。求晶体生长速率。

② 某一抗生素结晶纯化结束后得 1×10^{-3}m 的正立方晶体状的结晶 160kg/m^3，若晶体密度为 1040kg/m^3，求需加入的边长为 4×10^{-5}m 正方体的晶种数目。

③ 某发酵厂使用一大型带导流管的连续结晶器，结晶提纯苏氨酸产品。实验测得晶体长大速率为 4.5×10^{-6}m/h，晶浆中晶体浓度达到 420kg/m^3，结晶过程维持时间为 4.6h，试计算结晶的理论晶体尺寸分布（用分别为 14 目、20 目、28 目、35 目、48 目和 65 目的筛分结果表示）。

4. 简答题

① 溶液结晶形成过饱和度有哪几种方法？

② 过溶解度曲线与溶解度曲线有什么关系？

③ 什么是稳定区、亚稳区、不稳区？

④ 过饱和度对晶核生成速率与晶体成长速率各自有何影响？

11 干燥

思维导图

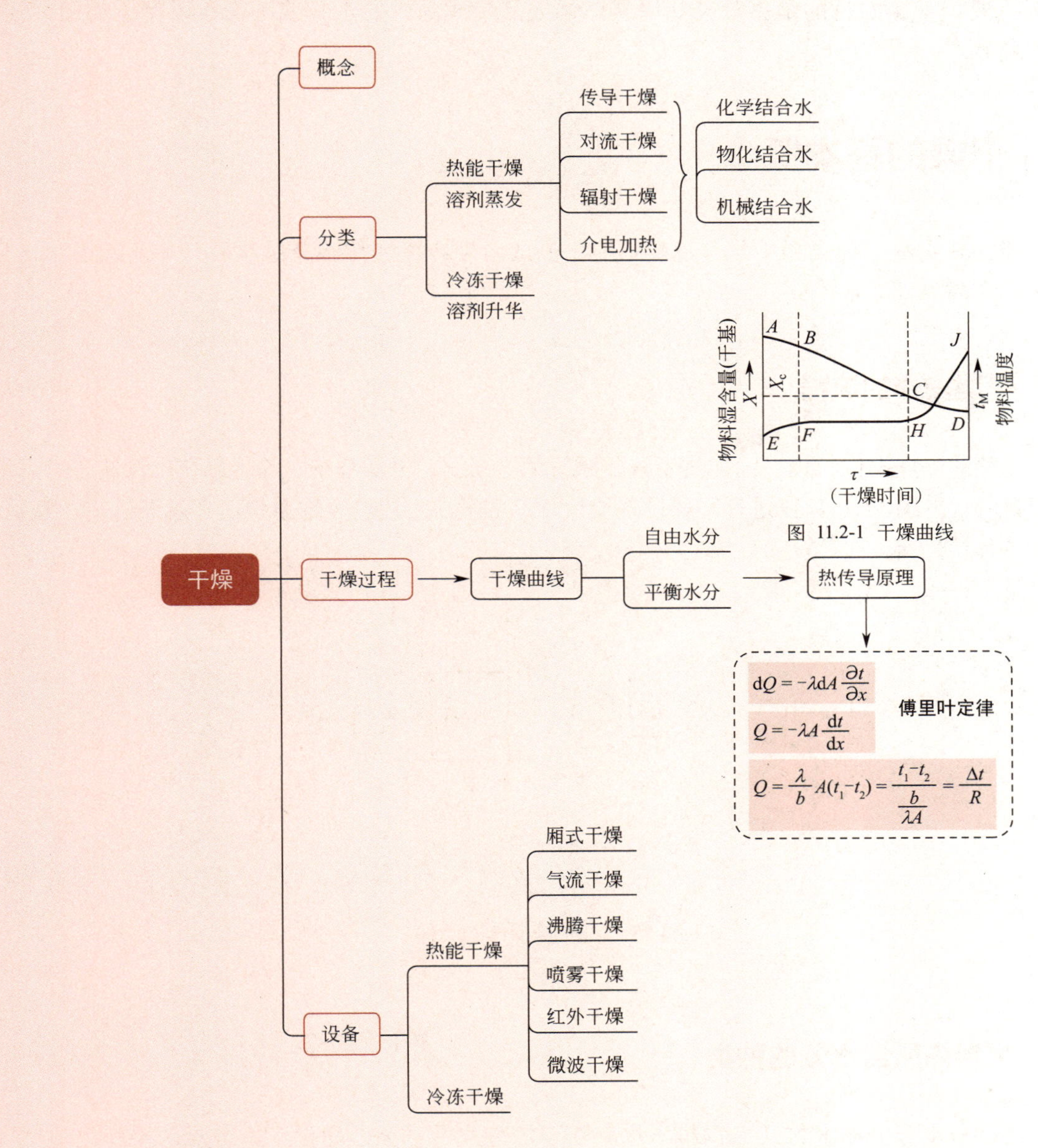

干燥
概念
分类
热能干燥
溶剂蒸发
冷冻干燥
溶剂升华
传导干燥
对流干燥
辐射干燥
介电加热
化学结合水
物化结合水
机械结合水
干燥过程
干燥曲线
自由水分
平衡水分
热传导原理
物料湿含量(干基)
物料温度
(干燥时间)
图 11.2-1 干燥曲线
傅里叶定律
$dQ=-\lambda dA\frac{\partial t}{\partial x}$
$Q=-\lambda A\frac{dt}{dx}$
$Q=\frac{\lambda}{b}A(t_1-t_2)=\frac{t_1-t_2}{\frac{b}{\lambda A}}=\frac{\Delta t}{R}$
设备
热能干燥
冷冻干燥
厢式干燥
气流干燥
沸腾干燥
喷雾干燥
红外干燥
微波干燥

学习目标

- ○ 了解干燥有关基本概念，结合水，非结合水，平衡水分；
- ○ 干燥过程分析，干燥速率曲线，恒速干燥，降速干燥；
- ○ 干燥过程基本计算，水分蒸发量，干燥空气用量；
- ○ 干燥设备的分类与选择原则。

干燥操作往往是生物产品分离的最后一步。由于许多生物产品，如谷氨酸、枸橼酸、苹果酸、丙氨酸、天冬氨酸、酶制剂、单细胞蛋白、抗生素等均为固体产品，因此，干燥操作在生物化工中显得十分重要。干燥的目的是去除某些原料、半成品及成品中的水分或溶剂，以便于加工、使用、运输、贮藏等。

11.1　干燥的基本概念

用热能加热物料，使物料中水分蒸发后而干燥或者用冷冻法使水分结冰后升华而除去。这是工业中常用的干燥方法。

11.1.1　干燥操作的流程

一个完整的干燥操作流程，由加热系统、原料供给系统、干燥系统、除尘系统、气流输送系统和控制系统组成（见图 11-1）。在进行干燥设备设计时，应考虑上述的全部系统，本章仅讨论干燥系统。

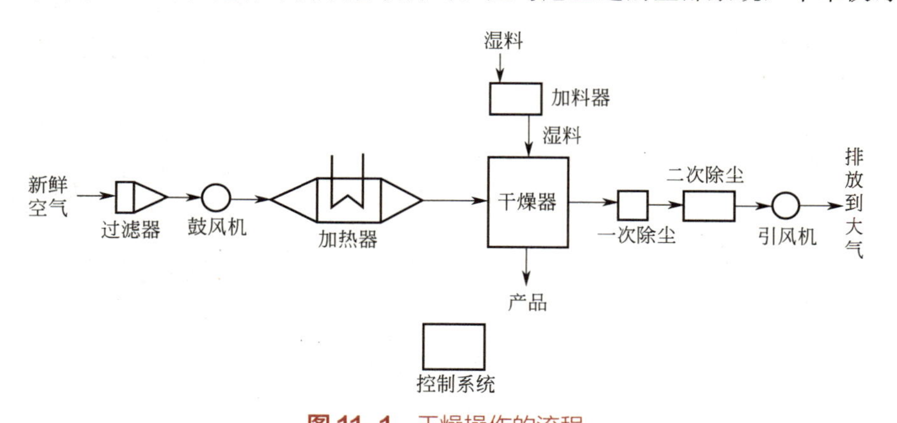

图 11-1　干燥操作的流程

11.1.2　物料内所含水分的种类

（1）物料与水分的结合方式　物料与水分结合的方式有多种，如化学结合水、物理化学结合水及机械结合水，下面分别加以介绍。

① 化学结合水　包括水分与物料的离子结合和结晶型分子结合。若脱掉结晶水，晶体必定被破坏。

② 物理化学结合水　包括吸附、渗透和结构水分。吸附水分既可被物料外表面吸附，也可被物料内表面吸附，因此，吸附水分与物料的结合最强，此结合改变了水分的许多物理性质，如冰点下降、密度增大、蒸汽压下降、介电常数大幅度下降等。渗透水分是由于在物料组织壁内外存在渗透水。结构水分是在胶体形成时，将水分结合在物料的组织内部。

③ 机械结合水　包括毛细管水分、润湿水分和空隙水分。毛细管水分存在于纤维或细小颗粒成团的湿物料中。毛细管半径小于 0.1μm 的为微毛细管，其中的水分，因毛细管力的作用而运动，水分的蒸汽压低于同温度下纯水的蒸汽压；毛细管半径在 0.1 ～ 10μm 的，称巨毛细管，水分受重力作用有较小的运动，毛细管弯月面上的饱和蒸汽压近似地等于平面上的饱和蒸汽压；当毛细管半径大于 10μm 时，其中的水分为空隙水，受重力作用而运动，不降低蒸汽压。润湿水分是水和物料的机械混合，易于加热去除。表 11-1 给出了固体物料中水分的分类。

表 11-1　固体物料中水分的分类

项目	化学结合水		物理化学结合水					机械结合水		
结合键能序列	离子结合	分子结合	吸附水			渗透水	结构水	微毛细管水	巨毛细管水	湿润水
键能 /（kg・m/kmol）		5×10^5	3×10^5					$\geqslant 10^4$	$\leqslant 10^4$	0
键形成条件	水合作用	结晶	氢键 / 溶剂化物理化学吸附			渗透吸入	溶解于胶体中	毛细管凝结		表面凝结
键结构原理	静电场		分子力场			渗透压	水包含于凝胶中	毛细管中的表面张力作用		表面附着力
键破坏条件	离子间化学反应	分子间作用力	所有分子汽化	内表面与外表面解吸	内表面解吸	浓度差	汽化或机械脱水	汽化或机械脱水		汽化或机械脱水
固体结构及湿分特性改变	形成新化合物	形成新晶体	湿分进入，如同溶解作用	湿分存留于微胞或胶体内部	湿分存留于分子层内	物理外观及性质有很大改变，如结合强度		湿分有微小的特性改变，固体结构则无甚变化		
举例	石灰的水合作用	各种无机结晶体	离子 / 分子溶液	亲水性物料	疏水性物料	植物细胞与水溶液	各类凝胶类物质	毛细管 $r\leqslant10^{-7}$m 多孔体 $r\geqslant10^{-7}$m		无孔亲水性物料

（2）物料中水分去除难易程度的分类

① 结合水　这种水分难以去除。它包括物料细胞、纤维管壁、毛细管中所含的水分。

② 非结合水分　这种水分极易去除。它包括物料表面的润湿水分及空隙水分。

（3）干燥法去除水分的分类

① 平衡水分　当一种物料与一定的温度及湿度的空气接触时，物料势必会放出水分或吸收水分，物料的水分将趋于一定值。只要空气状态不变，此时物料中的水分将不因和空气接触的时间延长而再变化，这个定值，就称为该物料在此空气状态下的平衡水分。物料的平衡水分，在相同空气

状态下，随物料的性质和温度而异，由图 11-2 可见，玻璃丝和瓷土的平衡水分接近于零，木材和羊毛平衡水分则较大。

平衡水分代表物料在一定空气状态下的干燥极限，即用热空气干燥法，平衡水分是不能除掉的，各种物料的平衡水分均可用实验测定。

② 自由水分　在干燥过程中能够除去的水分，只是物料中超出平衡水分的部分，这部分水分称为自由水分。

各种水分的关系见图 11-3，如采用热风干燥，棉花只能被 90℃、相对湿度为 20% 的空气干燥到含水 2.7%。

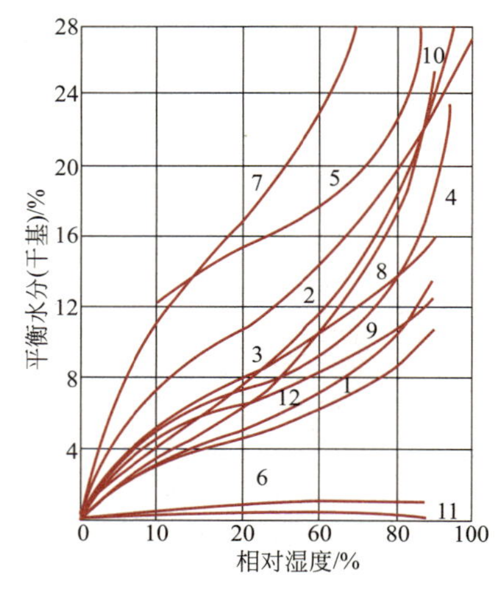

图 11-2　某些物料的平衡水分（物料温度 25℃）

1—新闻纸；2—羊毛、毛织品；3—硝化纤维；4—天然丝；5—皮革；6—瓷土；7—烟叶；8—肥皂；9—牛皮胶；10—木材；11—玻璃丝；12—棉毛

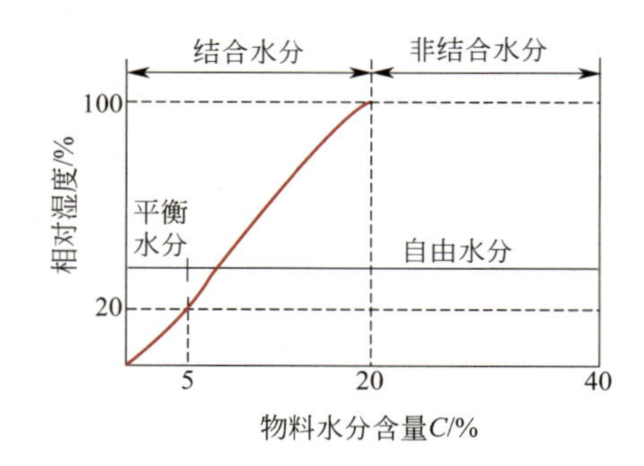

图 11-3　固体物料所含水分示意（温度为常数）

11.2　干燥过程分析

11.2.1　干燥曲线

为了分析固体物料的干燥机理，要在恒定的干燥条件（即保持干燥介质的温度、湿度、流动速度不变，也就是用大量的空气干燥少量的物料）下进行物料的干燥实验，将实验得到的物料湿含量 X（干基）、物料温度 t_M 和时间 τ 之间的数据加以整理，干燥曲线见图 11-4 中的 X-τ 曲线和 t_M-τ 曲线。X-τ 曲线称为干燥曲线。由图 11-4 中的 X-τ 曲线可见，在 ABC 段，物料中水分含量 X 随干燥时间 τ 的增加而下降得比较快；AB 段斜率略小，这时被干燥物料处于预热阶段，空气将部分热量用于

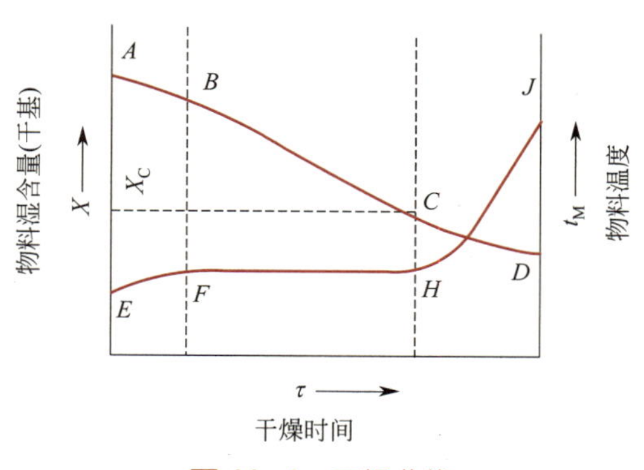

图 11-4　干燥曲线

物料的升温；BC 段斜率较大，此时空气传递给物料的显热基本上等于物料中水分汽化所需的潜热，物料的温度基本上保持不变（参见 t_M-τ 线的 FH 段）；干燥的后一段，即 C 点以后，物料湿含量 X 下降趋势变慢，干燥曲线逐渐变平坦，此时空气将一部分热量供给物料升温（参见 t_M-τ 线的 HJ 段）。

在具体操作时应当注意，在 HJ 段，由于物料温度升高，易引起酶、蛋白质等热敏性物质变性，因此应严格控制此段温度。

11.2.2 干燥速率曲线

干燥速率 v 的定义是单位时间内，单位干燥面积蒸发的水分质量，即

$$v=-\frac{G\mathrm{d}X}{A\mathrm{d}\tau} \tag{11-1}$$

式中，v 为干燥速率，kg/（h·m^2）；G 为绝干物料量，kg；A 为干燥面积，m^2；$\frac{\mathrm{d}X}{\mathrm{d}\tau}$为干燥曲线斜率。

根据干燥速率的定义，将图 11-4 中的 X-τ 线换算成干燥速率曲线，如图 11-5 所示。由干燥速率曲线可知，若不考虑开始时短时间的预热段 AB，则干燥过程基本上可分为两个阶段：ABC 段，v 为常数，此阶段称为恒速干燥阶段；CD 段，干燥速率下降，称为降速干燥阶段。两个干燥阶段有一个转折点 C，与该点对应的物料湿含量称为临界湿含量，用 X_c 表示。

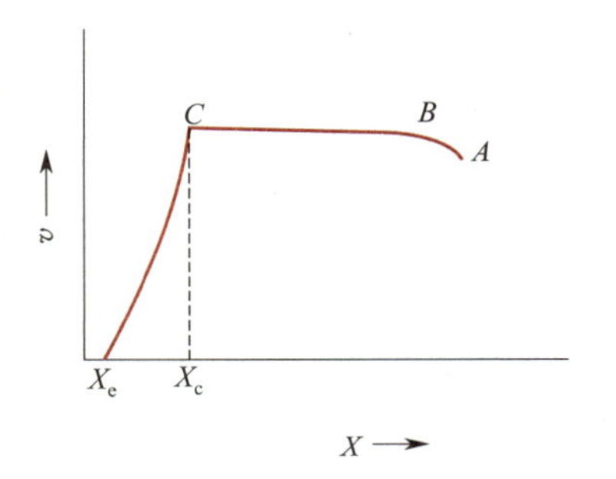

图 11-5 干燥速率曲线

在一般情况下，干燥速率曲线随湿物料与水分的结合方式不同而有差异，但是，干燥速率曲线的基本形状是相似的，这是各种物料干燥过程的共同点。

11.2.3 恒速干燥阶段

恒速干燥阶段，湿物料表面为非结合水所润湿，故湿物料的表面温度必须是该空气状态下的湿球温度。在此阶段内，传热推动力（$t-t_W$）和传质推动力（物料表面饱和水蒸气压和空气中水蒸气分压之差）是定值，传热系数和传质系数亦为定值，故干燥速率必须是一个定值。

由上述分析可见，此阶段的干燥速率决定于物料表面水分汽化的速率，决定于水蒸气通过干燥表面的气膜扩散到气相主体的速率，故恒速干燥阶段又称表面汽化控制阶段，也叫干燥第一阶段。在此阶段，干燥速率和物料湿含量无关，和物料类别无关，物料的干燥速率大约等于纯水的汽化速率。影响干燥速率的主要因素是空气流速、湿度、温度等外部条件。

11.2.4 降速干燥阶段

物料湿含量降至临界点以后，便进入降速干燥阶段。因为在此阶段，物料中非结合水已被蒸发掉，若干燥继续进行，只能蒸发结合水分，而结合水分产生的蒸汽压恒低于同温下纯水的饱和蒸汽压，所以，水蒸气由物料表面扩散至气相主体的传质推动力减小。随着水分的蒸发，传质推动力愈

来愈小，故干燥速率亦愈来愈小。由于蒸发水分愈来愈少，干燥空气的剩余热量只能用来加热湿物料，使物料表面温度不再维持湿球温度而逐渐升高，并局部表面变干。

在降速干燥阶段，干燥速率主要取决于水分和蒸汽在物料内部的扩散速率，因此也把降速干燥阶段称为内部扩散控制阶段。影响干燥速率的主要因素是物料本身的结构、形状和大小等，以及与外部的干燥条件关系大小。

11.3 干燥过程基本计算

干燥过程的基本计算包括水分蒸发量及干燥空气用量。在计算前，先介绍采用空气加热干燥器的基本流程示意图（图 11-6），了解各参数所在的位置及相互关系。新鲜空气（其状态为环境温度 t_0、湿度 x_0、热焓 I_0、干空气流量 L）进入空气加热器，加热后其状态为 t_1、x_1=x_0、I_1、L，进入干燥器，在干燥器中物料被干燥，由含水率 w_1 降至 w_2，物料由 t_{M1} 升至 t_{M2} 后排出干燥器，而干燥空气温度下降，湿度增加（由于空气携带物料蒸发 W kg/h 的水分）后排出干燥器，其状态为 t_2、x_2、I_2、L。

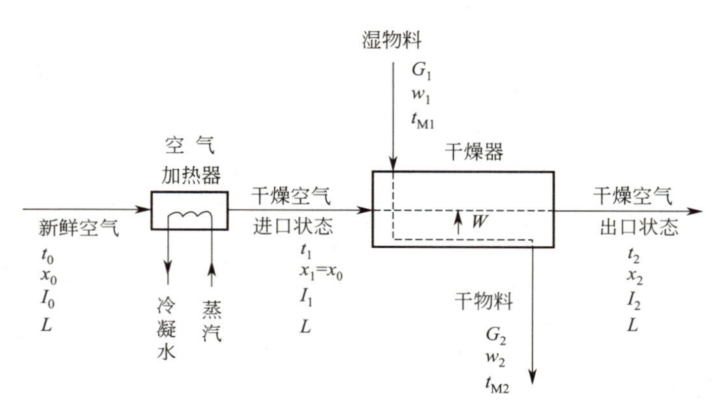

图 11-6 空气加热的干燥器基本流程示意

11.3.1 水分蒸发量

（1）物料中水分含量的表示法

① 湿基含水率 w 湿基含水率的定义

$$w=\frac{\text{湿物料中水分的质量}}{\text{湿物料的总质量}}\times 100\% \quad (11\text{-}2)$$

② 干基含水率 X 干基含水率的定义为

$$X=\frac{\text{湿物料中水分的质量}}{\text{湿物料中绝对干物料的质量}}\times 100\% \quad (11\text{-}3)$$

③ 湿基含水率和干基含水率的关系

$$X=\frac{w}{1-w}\times 100\% \quad (11\text{-}4)$$

【例 11-1】 若已知 100kg 的湿酵母中含水分 60kg，求该酵母湿基含水率及干基湿含量。

【解】根据式（11-2）可求湿基含水率

$$w=\frac{60}{100}\times100\%=60\%$$

由式（11-4）可求干基湿含量

$$X=\frac{w}{1-w}\times100\%=\frac{60}{100-60}\times100\%=\frac{60}{40}\times100\%=150\%$$

（2）水分蒸发量的计算　通常在设计时已知干燥产品产量 G_2，湿含量 w_1、w_2，确定水分蒸发量 W。对干燥器作总物料衡算，可得

$$G_1=G_2+W \tag{11-5}$$

对绝对干物料作物料衡算，可得

$$G_c=G_2\frac{100-w_2}{100}=G_1\frac{w_1-w_2}{100} \tag{11-6}$$

式中，G_1 为进入干燥设备的湿物料质量，kg/h；G_2 为离开干燥器的产品质量，kg/h；G_c 为湿物料中绝对干物料的质量，kg/h；w_1 为湿物料的含水率（湿基），%；w_2 为干燥后产品含水率（湿基），%。

由式（11-5）、式（11-6）可得

$$W=G_2\frac{w_1-w_2}{100-w_1}=G_1\frac{w_1-w_2}{100-w_2} \tag{11-7}$$

及

$$G_1=G_2\frac{w_1-w_2}{100-w_1} \tag{11-8}$$

式中，W 为水分蒸发量，kg/h。

11.3.2　干燥空气用量的计算

若干燥的绝干空气质量流量为 L（L 在干燥过程中不变）。对进出干燥器的空气中的水分进行衡算，得

$$L(x_2-x_1)=W \tag{11-9}$$

$$L=\frac{W}{x_2-x_1} \tag{11-10}$$

式中，L 为绝对干燥空气质量流量，kg/h；x_1 为进干燥器的空气湿度，kg/kg；x_2 为出干燥器的空气湿度，kg/kg。

令

$$l=\frac{L}{W}=\frac{1}{x_2-x_1} \tag{11-11}$$

式中，l 称为比空气用量，即从湿物料中蒸发 1kg 水分所需的干空气量，kg/kg。

由式（11-11）可知，比空气用量只与空气的最初和最终湿度有关，而与干燥过程所经历的途径无关。

为了求得空气出口的湿含量 x_2，需对干燥器作热量衡算。为方便起见，用蒸发 1kg 水分作为干燥器热量衡算的计算基准，以 0℃作为温度基准。在干燥过程达到稳定状态后，对进、出干燥器的各项热量列于表 11-2。干燥所需热量全部由加热器供给，即

$$q=\frac{Q}{W} \tag{11-12}$$

式中，q 为比热量消耗，蒸发 1kg 水所需热量，kJ/kg 水；Q 为干燥所需总热量，kJ/h。

表 11-2 干燥器热量输入输出

输入热量	输出热量
① 湿物料 G_1 带入的热量 因为 $G=G_2+W$，可以认为 G_1 带入的热量为$\frac{G_2G_Mt_{M1}}{W}+\frac{WC_Wt_{M1}}{W}$	① 产品 G_2 带走的热量为$\frac{G_2G_Mt_{M2}}{W}$
② 空气带入的热量$\frac{LI_0}{W}$	② 废气带走的热量为$\frac{LI_2}{W}$
③ 加热器加入的热量 q_H	③ 干燥器的散热损失为 q_L

对整个干燥器作热量衡算，参见图 11-6 及表 11-2，因为输入热量等于输出热量，则得到

$$q=q_H=\frac{I_2-I_0}{x_2-x_0}+\sum q-C_Wt_{M1} \tag{11-13}$$

$$\sum q=q_M+q_L$$

$$q_M=\frac{G_2C_M(t_{M2}-t_{M1})}{W}$$

式中，q_M 为物料所需热量；q_L 为干燥器表面的散热损失；C_W 为水的比热容，4.187kJ/（kg·℃）；C_M 为干物料比热容，kJ/（kg · ℃）。

【例 11-2】 采用气流干燥法干燥树脂。已知树脂产量 G_2=1000kg/h，湿物料含水量 w_1=5%，干燥后产品含水量 w_2=0.25%（以上均为湿基）。用周围大气温度 t_0=20℃，相对湿度 φ_0=80% 的新鲜空气作为干燥介质，经空气加热后进入干燥器，其进口温度 t_1=140℃，出口温度 t_2=95℃。物料入口温度 t_{M1}=50℃，出口温度 t_{M2}=80℃。干物料比热容 C_m=1.256kg/（kg · ℃）。干燥器表面散热损失约为 Q_L=33496kJ/h。求：①若此干燥过程为绝热干燥过程，干燥过程的水分蒸发量、空气用量、热消耗量；②实际干燥过程的空气用量及热量消耗。

【解】 ① 绝热干燥过程，由式（11-7）得水分蒸发量

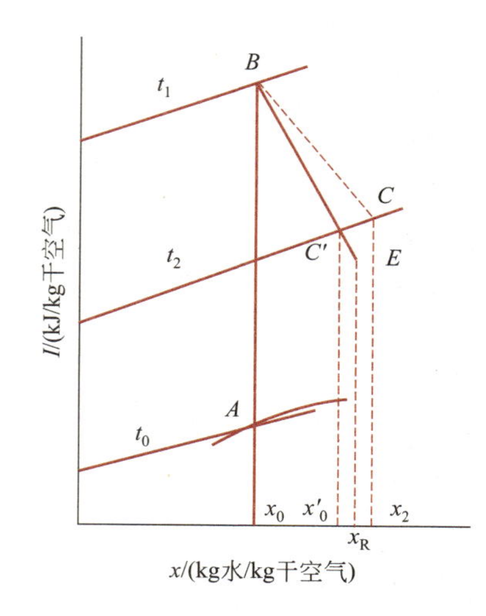

图 11-7 I-x 图

$$W=G_2\frac{w_1-w_2}{100-w_1}=1000\times\frac{5-0.25}{100-5}=50(\text{kg/h})$$

在 I-x 图上（参见图 11-7），大气状态可用 t_0=20 ℃ 及 φ_0=80% 的 A 点表示。在空气加热器中，由 A 点加热到 t_1=140℃（$x_1=x_0$），用 B 点表示。在绝热干燥过程中，空气状态按绝热冷却过程变化，则由点 B 作绝热冷却线的平行线，与 t_2=95℃等温线相交于 C 点（即图中的虚线），C 点便是绝热干燥过程的空气出口状态。

由图 11-7 查出 A 点 x_0=0.0117kg 水 /kg 干空气，I_0=49.8kJ/kg 干空气；B 点 $x_1=x_0$=0.0117kg 水 /kg 干空气，I_1=172.5kJ/kg 干空气；C 点 x_2=0.03kg 水 /kg 干空气，I_2=175kJ/kg 干空气。

利用上述数据，用式（11-11）可以计算出比空气用量为

$$l=\frac{1}{x_2-x_1}=\frac{1}{0.03-0.0117}=54.6(\text{kg 干空气/kg 水})$$

干空气用量为

$$L=lW=54.6\times50=2730(\text{kg 干空气/h})$$

湿空气量为

$$L'=L(1+x_1)=2730\times(1+0.0117)=2762(\text{kg/h})$$

比热量消耗

$$q=\frac{Q}{W}=l(I_1-I_0)=54.6\times(172.5-49.8)=6699.4(\text{kJ/kg 水})$$

② 实际干燥过程。在实际干燥过程中，有干燥器表面散热损失的存在，故 $q_1>0$，进入干燥器的物料要升温，故 $q_M>0$；因此，空气用量及热量消耗均比绝热干燥过程大。

实际干燥过程（相对绝热干燥）是在空气状态 x_0、x_1、t_0、t_1 不变的前提下，设定空气出口温度 t_2、空气出口湿度 x_2、空气出口相对湿度 φ_2 等为已知条件，进行干燥过程的计算。

对于实际干燥过程，空气加热线 AB 与绝热过程相同，但干燥操作线 BC' 不再和绝热冷却线 BC 重合，需用热量衡量式（11-12）计算，因为热量只在加热器内加入，故 $q_H=l(I_1-I_0)$ 与式（11-12）相等，即

$$\frac{I_1-I_0}{x_1-x_0}=\frac{I_2-I_0}{x_2-x_0}+\sum q-C_wt_{M1}$$

由此得

$$\frac{I_2-I_1}{x_2-x_1}=-\sum q+C_wt_{M1}=\text{常数}=m \tag{11-14}$$

由式（11-14）可见，B、C' 点连线为一直线，其斜率为 $-\sum q+C_wt_{M1}$。作直线 BC' 的方法之一如下。

将式变换为如下形式

$$\frac{I-I_1}{x-x_1}=-\sum q+C_wt_{M1} \tag{11-15}$$

取任一 x 值代入式（11-15），算出对应点 E 的 I 值，因斜率相同，且共有一点 B（x_1，I_1），故 B、E 点的连线必为斜率等于 m 的实际操作线，此线与等温线 t_2 的交点 C'，即为实际的空气出口状态。因

$$q_M=\frac{1000\times1.256\times(80-50)}{50}=753.6(\text{kJ/kg})$$

$$q_L=\frac{33496}{50}=669.92(\text{kJ/kg})$$

$$m=-(753.6+669.92)+4.187\times50=-1214.17$$

任意选取 $x_E=0.025$，代入式（11-15）中，得

$$I=I_1-m(x_E-x_1)=172.5-1214.17\times(0.025-0.0117)=156.4(\text{kJ/kg})$$

由 B 点（0.0117，172.5）及 E 点（0.025，156.4）连线，与等温线 t_2=95℃的交点 C' 即为所求。由 C' 点查得 $x'_2=0.0239$。

故
$$l=\frac{1}{x'_2-x_1}=\frac{1}{0.0239-0.0117}=82(\text{kg/kg})$$
$$q=l(I_1-I_0)=82\times(172.5-49.8)=10061(\text{kJ/kg})$$
$$L=Wl=50\times82=4100(\text{kg/h})$$
$$Q=Wq=50\times10161=503050(\text{kJ/h})$$

由上述例题可知，绝热干燥过程与实际干燥过程 L 及 Q 相差很大，一般情况下，干燥操作不能按绝热过程计算。

11.4 干燥的副作用

干燥过程通常需要在较高的温度下对物料进行处理，在生物物质的干燥过程中，酶、蛋白质等活性物在高温下易失活、变性，因此，在对上述热敏性物质进行干燥操作时，需选择合适的干燥设备及干燥方法，以使目的产物的失活、变性为最低。

酶和蛋白质等生物物质失活的动力学一般可看成一级反应动力学模型。

$$\frac{\mathrm{d}P}{\mathrm{d}t}=-KP \tag{11-16}$$

则
$$\ln\frac{P_0}{P}=Kt \tag{11-17}$$

引入阿伦尼乌斯公式

$$K=k\exp\left(-\frac{E}{RT}\right) \tag{11-18}$$

则式（11-17）变为

$$\ln\frac{P_0}{P}=k\exp\left(-\frac{E}{RT}\right)t \tag{11-19}$$

式中，P_0、P 分别为起始时刻产物的活力；E 为活化能；T 为热力学温度；t 为干燥时间。

由式（11-19）可知，干燥过程引起的产物失活或变性与干燥的温度、维持干燥的时间和活化能有关。干燥的时间愈长，温度愈长，温度愈高，产物失活的活化能愈低，产物变质的可能性愈大。

11.5 干燥设备的分类与选择原则

11.5.1 干燥设备分类的目的

工业上被干燥物料的种类极其繁多，物料特性千差万别，这就相应地决定了干燥设备类型的多样性。由于干燥装置组成单元的差别、供热方法的差别、干燥器内空气与物料的运动状态的差别等决定着干燥设备结构的复杂性，因此，到目前为止，干燥器还没有统一的分类方法。将干燥器进行分类，其目的在于：根据物料特性选择干燥器类型，根据干燥器类型，进行干燥设备的工艺计算与结构设计；从分类中还可以看到，同一种物料，可用不同的几种干燥设备来完成，根据分类进行方案比较，选择最佳的干燥设备型式。

11.5.2 干燥装置的不同分类法

干燥装置有不同的分类方法，如按照物料进入干燥器的形状分类，按附加特征的适应性及按操作方法和热量等对干燥器进行分类，各种分类方法见表 11-3 ～表 11-5。

表 11-3 按照物料进入干燥器的形状对干燥器进行分类

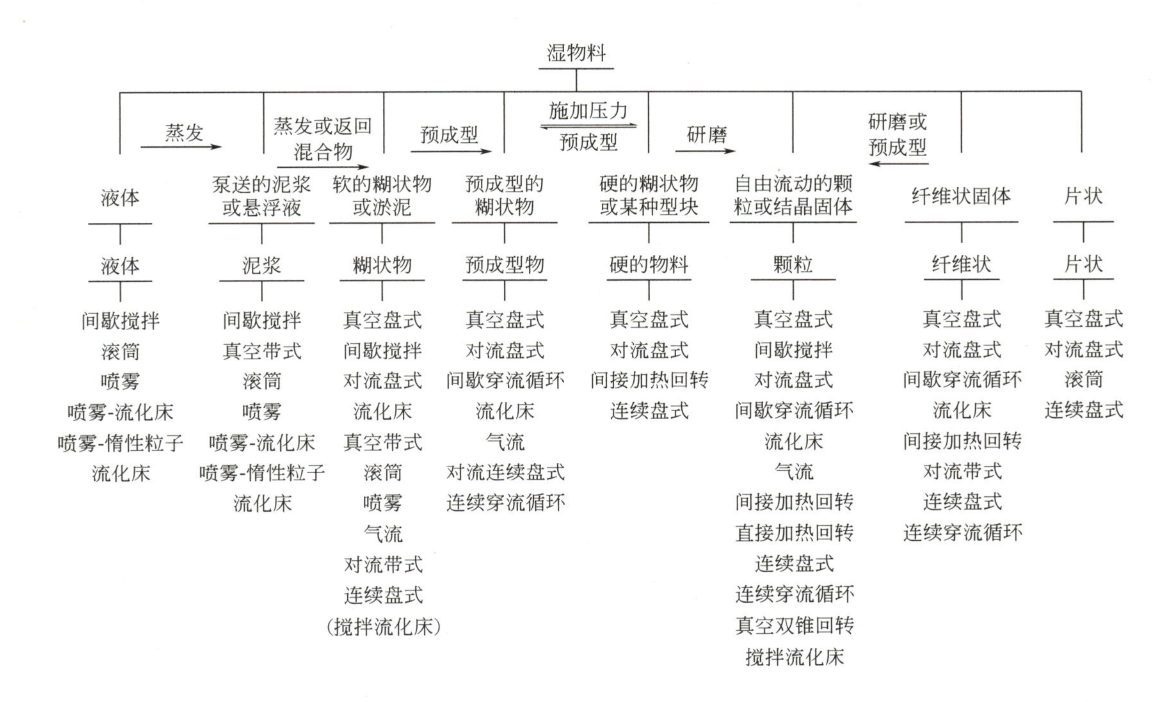

11.5.3 干燥设备选择的原则

干燥设备的选择是非常困难而复杂的问题，这是因为被干燥物料的特性、供热的方法和物料 - 干燥介质系统的流体动力学等必须全部考虑。由于被干燥物料种类繁多，要求各异，所以不可能有一个万能的干燥器，只能选用最佳的干燥方法和干燥器型式。

在选择干燥器类型时首先考虑被干燥物料的性质，诸如，首先考虑湿物料的物理特性，干物料的物理特性、腐蚀性、毒性、可燃性、粒子大小及磨损性；其次考虑物料的干燥特性，如湿分的类型（结合水、非结合水或二者兼有）、初始和最终湿含量、允许的最高干燥温度、产品的色泽、光泽、味等；再次是粉尘与溶剂的回收问题；最后需考虑用户安装地点的可行性，如可用的加热空气的能源类型及电能，排放粉尘条件，噪声及干燥前后的衔接工序。干燥设备最后的选择需综合考虑多方因素，其选择步骤见图 11-8。

表 11-4 按照附加特征的适应性进行干燥器的分类

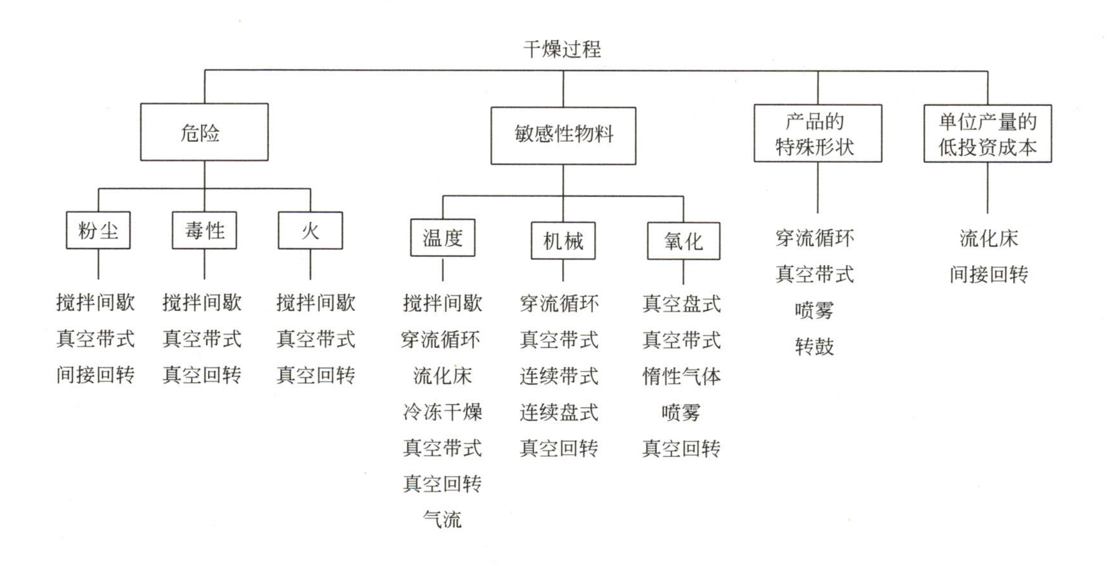

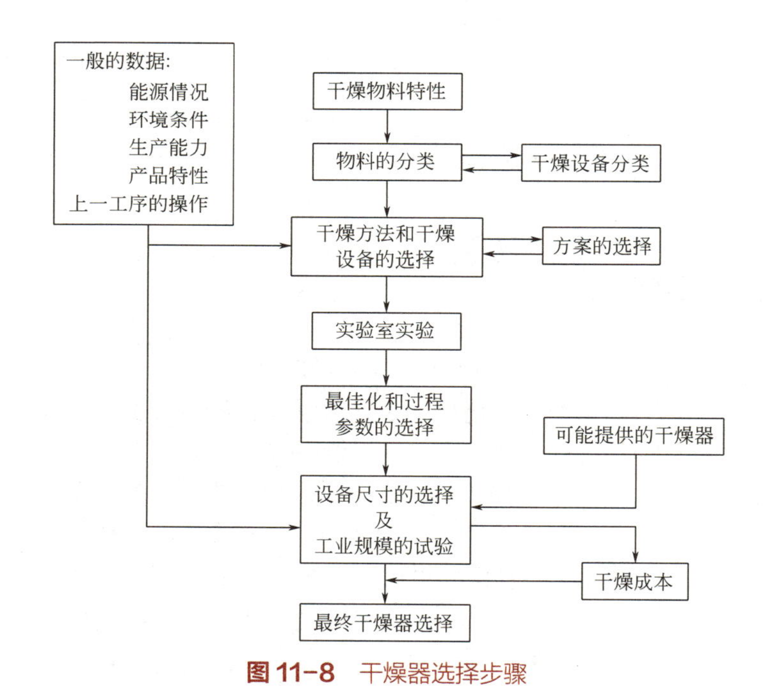

图 11-8 干燥器选择步骤

表 11-5 按操作方法和热量供给方法的干燥器分类

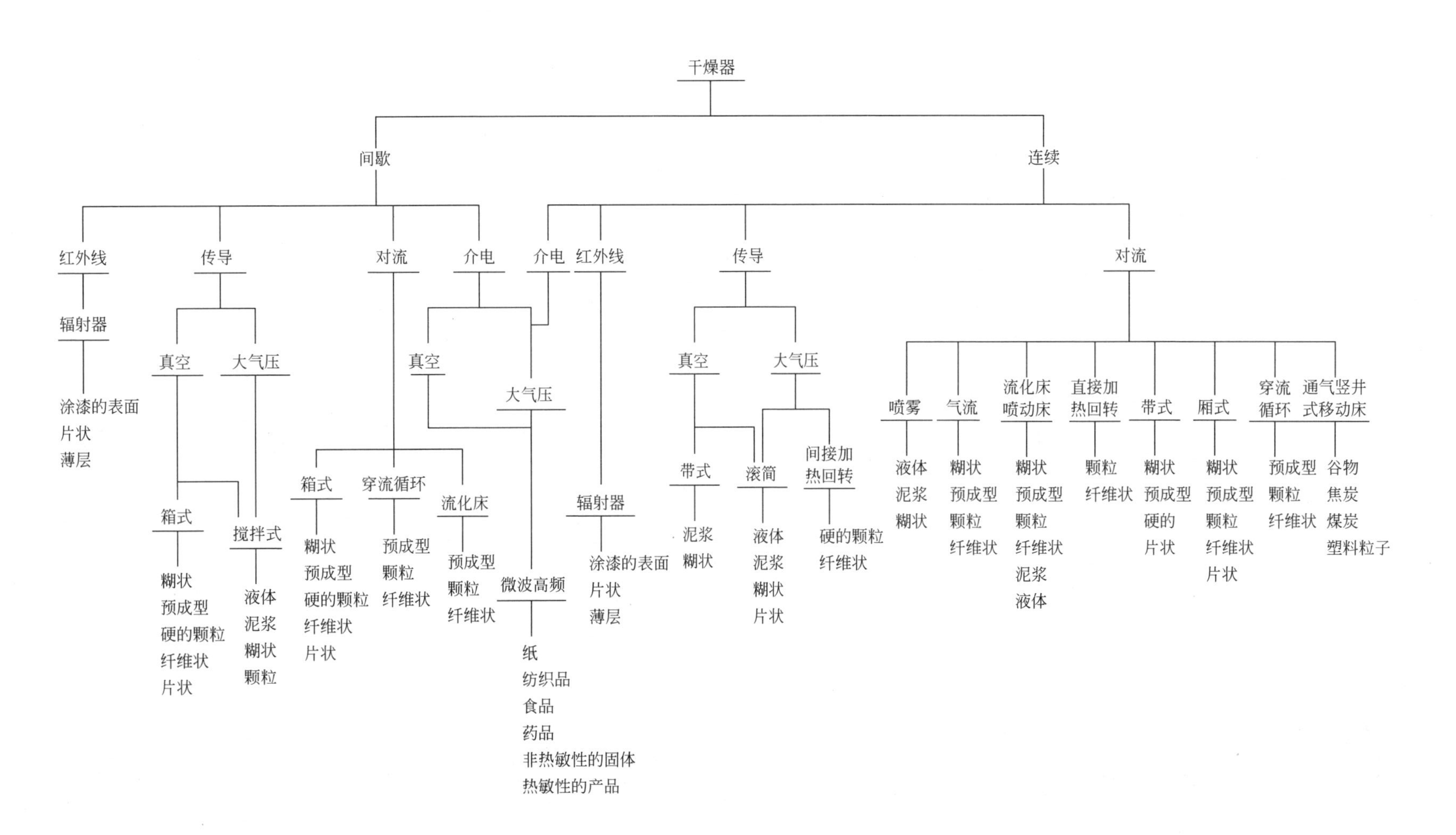

11.6 干燥设备

工业上应用的干燥设备很多，特定的原料和产品性质决定了适用的干燥器类型。

生物物质干燥的主要特点是热敏性和黏稠性。这使干燥过程及设备具有一定的特殊性。

从热敏性的角度而言，已经运用开发的操作单元有以下几种。

（1）瞬时快速干燥——接触时间较短，气流温度高，而物料的温度可能不高。

（2）喷雾干燥——接触时间最短，热效率最低，造粒和干燥同时进行。

（3）气流干燥——接触时间较长。

（4）沸腾干燥——接触时间最长，热效率提高。

（5）低温干燥——非常黏稠的物料，不能进行喷雾干燥如某些动植物组织等；某些酶制剂对温度特别敏感，只能进行低温箱式干燥或真空冷冻干燥等；对于生物黏稠物质的干燥，通常还需要造粒与切丝等辅助手段。对这类干燥过程的设计计算包括在固体内的传质问题，通常阻力很大，测定与数学模拟的工作有相当的难度。

目前正在发展的特殊干燥手段包括：微波干燥及红外干燥。下面分别对各种干燥装置加以介绍。

11.6.1 箱式干燥设备

间歇箱式干燥设备也称盘式干燥器（工厂有时还称呼为烘房、烘箱），是最古老的干燥设备之一，目前仍然被广泛应用着。由于这种干燥设备适用性极广，几乎对所有物料都能进行干燥，再加上它适用于小批量多品种的干燥，可及时更换产品，因此，实验室、研究室及中间工厂都安装有大小不等的箱式干燥设备，这种干燥器的台数是干燥设备中最多的一种。

箱式干燥设备的结构主要由一个或多个室或格组成，其中放上装有被干燥物料的盘，这些盘一般放在小车上，它们像一个设备一样，能够移动，进出干燥室。通常采用一个风机或多个风机输送热空气吹在盘上，进行有效的干燥。

在某些情况下，物料放在打孔的盘上，干燥空气穿过物料实施干燥。干燥室可以用钢板、砖、石棉板等建造，盘用钢板、装被干燥物料的盘用钢板、不锈钢板、铝、铁丝网等制成，具体选用可视被干燥的物料性质而定。

干燥室的辅助设备有架子、小车、风机、加热器、除尘设备等。除尘设备要视情况而定，设置除尘室或设置除尘器。

在干燥器内部按空气流动的方式可分为：自然对流，在盘上的平行强制流动，穿流强制流动。自然对流是干燥器最简单的型式，效率低，应用这种干燥方法只限于原始古老的装置，这种型式由于能量浪费太大，现已淘汰。

在盘上左右流动的强制循环式亦称平行流式干燥装置，如图 11-9 所示，整体为一箱形结构，外壳包以绝热层以防止热损失。在大型箱式干燥器中，料盘放于小车上，小车可以方便地推进推出。箱内安装有风扇、空气加热器、热风整流板、进出风口等。热风的流动方向与物料平行，风速在 0.5 ～ 3m/s 选取，根据干燥物料物性而定，一般取 2 ～ 3m/s。

穿流盘式干燥装置的结构如图 11-10 所示，这种干燥器只适用于粒状、晶状和片状产品，因为物料放在多孔盘上，要防止物料漏掉，同时还要防止空气夹带物料。

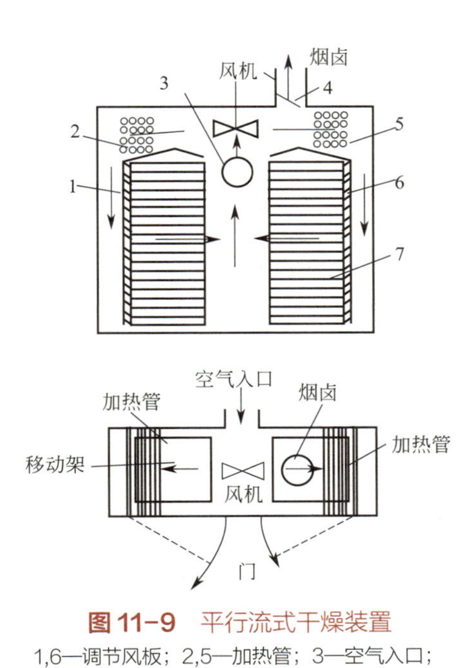

图 11-9　平行流式干燥装置

1,6—调节风板；2,5—加热管；3—空气入口；
4—调节风门；7—移动架

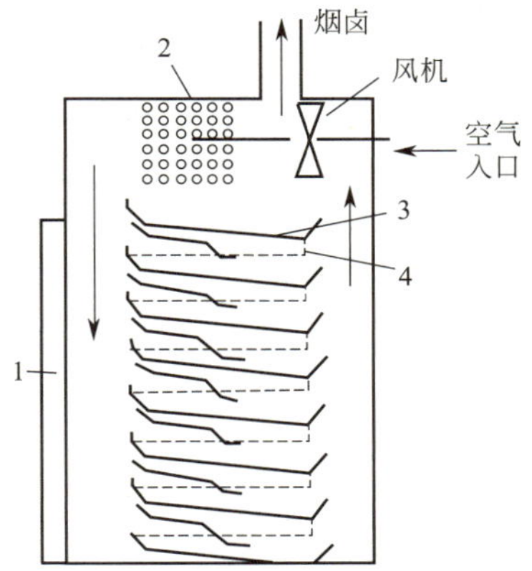

图 11-10　穿流循环盘式干燥器

1—门；2—加热管；3—固定隔板；
4—打孔的盘

11.6.2　气流干燥设备

气流干燥是把湿润状态的泥状、块状、粉粒体状等物料，采用适当的加料方式，将其加入干燥管内，分散在高速流动的热气流中，湿物料在气流输送过程中水分蒸发，得到粉状或粒状干燥产品，此干燥方法称为气流干燥（如图 11-11 所示），由于此种干燥装置结构简单、干燥速率快等，被广泛用于含非结合水的粉状或颗粒物料的干燥。

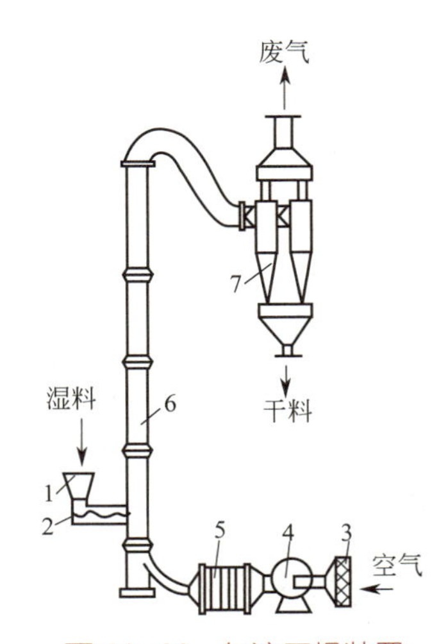

图 11-11　气流干燥装置

1—料斗；2—螺旋加料器；3—空气过滤器；4—风机；
5—预热器；6—干燥管；7—旋风分离器

气流干燥装置主要由预热器、螺旋加料器、干燥管、旋风分离器、风机等主要设备组成。其操作的关键是连续而均匀地加料，并将物料分散于气流中。连续加料可使用各种型式的加料器，图 11-12 为几种常见的加料器。但是，黏结成团的湿物料往往难以分散。为使湿物料在入口处被气流分散，管内的气速应大大超过单个颗粒的沉降速率，常用的气速约在 10 ～ 20m/s。由于干燥管的高度有限，颗粒在管内的停留时间很短，一般仅 2s 左右。因颗粒直径很小，在短时间内仍可将颗粒中的大部分水汽化，使含水量降至临界值以下。

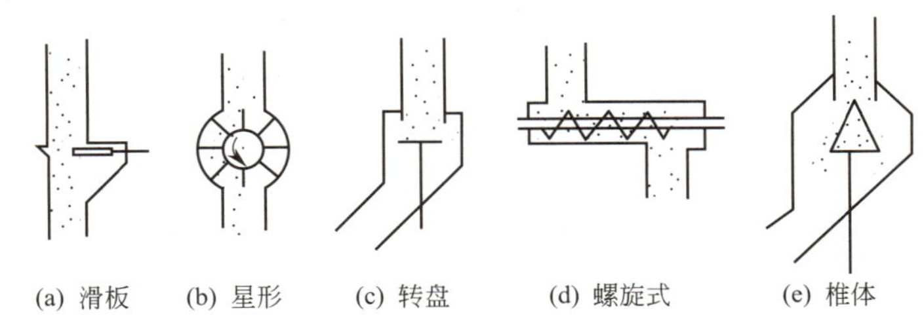

(a) 滑板　(b) 星形　(c) 转盘　(d) 螺旋式　(e) 椎体

图 11-12　常用的几种固体加料器

气流式干燥器是近几年发展起来的一种新型干燥设备。可在数秒钟内完成干燥操作，得到干燥的粉末状产品。由于湿物料在高速的热气流中悬浮，气固的传热表面很大，所以气固的传热系数很大。例如，在雷诺数 Re=10 ～ 15 的情况下，气体与物料间的给热系数可达 232 ～ 1160W/(m^2·℃)，干燥管全管平均体积传热系数达 1160 ～ 4650W/（m^3 · ℃）。这是因为：①气流干燥借助于空气涡流的高速搅动，使蒸发出来的蒸汽所形成的气膜不断破裂，因而减少传质；②物料均匀分散且处于悬浮状态，由于颗粒很小，物料比表面积大大增加。特别是在干燥管前或底部加设机械粉碎装置或借助于鼓风机叶轮的粉碎作用时，效果更好。当物料与热风同时经过粉碎装置时，边粉碎，边干燥，物料的干燥层不断地被击破，暴露出新的表面，不但增加了传热面积，同时也将物料内部的难以渗透至表面的水分因接近表面而变得利于蒸发了。物料在干燥管内停留时间短，仅有 0.5s 至几秒，又是并流操作，特别适用于热敏性物料的干燥。气流干燥器装置简单，占地面积小，易于建造和维修。生产能力大，热效率高。干燥非结合水分时，热效率可达 60%。干燥全过程易于控制。易实现自动化、连续化生产，成本较低。但是气流干燥器也有诸如系统阻力较大，动力消耗较大；气流速度高，物料磨损大，物料易被粉碎、磨损，难以保持干燥前的结晶状态和光泽；对除尘系统要求较高；因为在管内停留时间短，适用于含非结合水分较多的物料，对含结合水分较多的物料干燥时，效率显著降低。

由于被干燥物料性质和形状的不同，对干燥产品要求的不同，出现了各种型式的气流干燥装置。现介绍五种比较典型的且常用的气流干燥装置。

① 为了防止在加料口处大气进入干燥管，可用螺旋加料器将物料加入，气流干燥流程图如图 11-13 所示。

② 物料和热空气一起经过粉碎机，这样热效率较高，因为粉碎机高速搅拌物料和热风，故体积传热系数非常大，达到 3480 ～ 11620W/（m^3 · ℃）。在粉碎机中，通常能够干燥全部蒸发水分的 50% ～ 80%。带有粉碎机的气流干燥装置如图 11-14 所示。

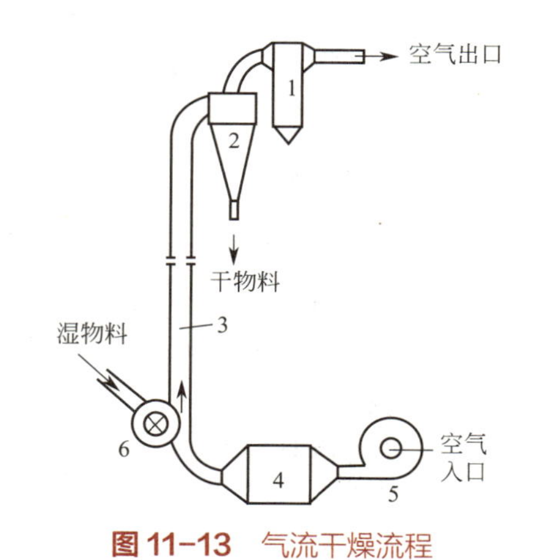

图 11-13 气流干燥流程

1—袋滤器；2—旋风分离器；3—干燥管；4—加热器；5—风机；6—加料器

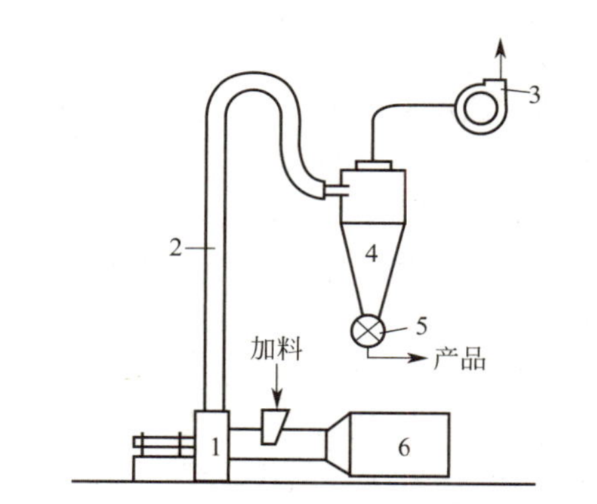

图 11-14 带有粉碎机的气流干燥装置

1—粉碎机；2—干燥管；3—风机；4—旋风分离器；5—旋转阀；6—加热器

③ 由于物料含水分较高，物料供给困难时，可返回部分干燥产品，用混合机和湿料混合，调整到物料和产品不黏结为止。返回部分干料的气流干燥装置如图 11-15 所示。

④ 环形气流干燥装置。这是一种气体和固体围绕一个闭路环形通道循环的干燥装置，如图 11-16 所示。它可以做成任意形状，非常方便布置设备。空气和固体以某一个比例被吸入分级器的

中心。热空气通过喷嘴被引入，并维持围绕环形通道循环。湿物料用星形加料器加入。这种干燥器可以在有限的空间里布置相当长的干燥管。

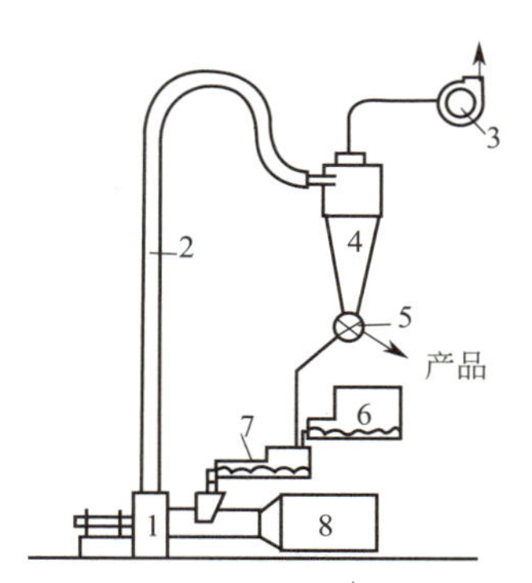

图 11-15　返回部分干料的气流干燥装置

1—粉碎机；2—干燥管；3—风机；4—旋风分离器；5—旋转阀；6—加料器；7—混合机；8—加热器

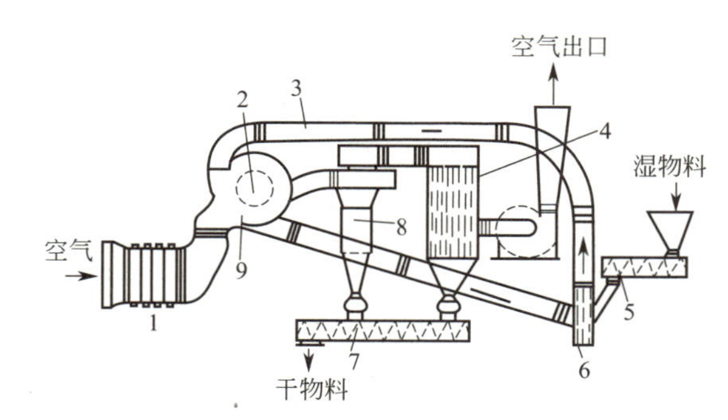

图 11-16　环形气流干燥装置

1—加热器；2—分离器；3—闭路循环管；4—布袋过滤器；5—加料系统；6—粉碎机；7—干品输送器；8—旋风；9—喷射器

⑤ 闭路循环系统的气流干燥。在闭路循环系统中，气体组成封闭的回路，如图 11-17 所示。产品由旋风分离器引出，气体和蒸汽混合物并含有少量细粉尘进入冷却冷凝洗涤器，在此干燥设备内，冷却剂将蒸汽冷凝后由底部排出，微小的粉尘也被洗涤下来，由塔底排出。不凝性气体经过加热器后再循环使用。这种闭路循环系统的气流干燥，一般在下述三方面使用：一种是干燥时，物料和空气接触会变质或发生爆炸，或蒸发的成分是溶剂气体时，使用氮气等惰性气体作干燥介质；第二种是当和蒸发成分相同的溶剂气体作为过热蒸气用时，可达到回收溶剂的作用；第三种为在干燥过程中，产生臭味的气体，干燥后的气体要全部燃烧脱臭，或者采用吸附法脱臭。

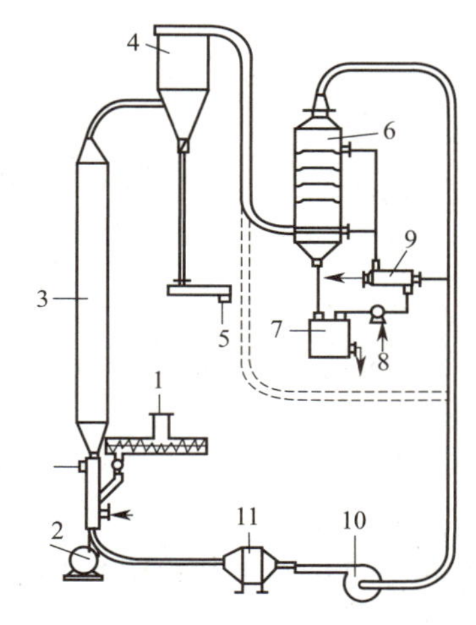

图 11-17　闭路循环系统的气流干燥装置

1—物料入口；2—抛掷装置；3—干燥管；4—袋式过滤器；5—产品出口；6—湿式冷凝器；7—储槽；8—泵；9—冷却器；10—风机；11—加热器

11.6.3　喷雾干燥设备

喷雾干燥设备是生物产品生产中最常被采用的干燥装置，它的功能并非是单一地进行干燥，还包括有造粒、蒸发及分离固体干燥物等一系列过程。

喷雾干燥是采用雾化器，将料液分散为雾滴，在喷雾干燥器内直接用热干燥介质将雾滴干燥，并采用旋风分离器等干燥介质分离而获得干燥产品的一种干燥方法。料液可为溶液、乳浊液或悬浮液，也可以是熔融液、糊状物或滤饼。干燥产品可制成粉状、粒状、空心球或团粒。

图 11-18 是一个基本的喷雾干燥装置流程图。由图 11-18 可见，原料液由泵送至雾化器，雾化后的雾滴与热空气在塔中接触，变成干燥产品，废气经旋风分离器（Ⅰ）分离后排放。塔底部产品和旋风分离器（Ⅰ）的产品经气流输送系统送至旋风分离器（Ⅱ），其下部出料为产品，输送气经循环风机送至旋风分离器（Ⅰ）。

11

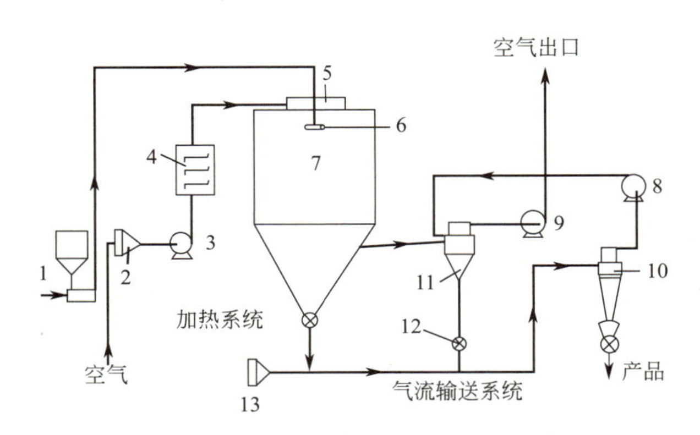

图 11-18　喷雾干燥（带气流输送系统）流程

1—供料系统；2—过滤器；3—鼓风机；4—加热器；5—空气分布器；6—雾化器；7—干燥器；8—循环风机；9—排风机；10—旋风分离器（Ⅱ）；11—旋风分离器（Ⅰ）；12—蝶阀；13—过滤器

采用喷雾干燥，由于雾滴群的表面积很大，物料干燥所需时间很短（15 ～ 30s，甚至几秒），生产能力幅度大，产品质量好，一般蒸发水分可达每小时几千克至几吨，个别装置喷雾量可达每小时数百吨。尽管干燥介质入口温度可达摄氏几百度，但在干燥过程的大部分时间内，物料温度不超过湿球温度，故适用于抗生素、酵母粉和酶制剂等热敏性物料的干燥。产品的颗粒分布、密度、湿含量、色、香、味等可在一定范围内调节。可以将蒸发、结晶、过滤、粉碎等过程用喷雾干燥法一次完成；喷雾干燥易实现机械化、自动化，减少粉尘飞扬。但采用喷雾干燥法干燥过程的能量消耗较大，热效率较低，且该设备外形尺寸过于庞大。

11.6.4　流化床干燥设备

流化床干燥是在流化床中加入湿颗粒物料，在流化床下部通入热风（通常要设置气体分布器，以使气体在床层内均匀分布），在一定的热风速度下，湿物料处于激烈的固体流态化状态，由于气固的混合，热风将热量传递给湿物料，使其温度升高，水分蒸发变成水蒸气，水蒸气被热风带走，热风温度下降，热风温度增加，湿物料在一定的停留时间内达到所要求的干燥状态。流态化干燥也称沸腾干燥，是一种有效的干燥装置，与喷雾干燥和气流干燥不同之处在于物料在沸腾干燥器内的停留时间较长，容易引起物料破坏，因此不适宜干燥热敏性物质，但可用于葡萄糖、味精和枸橼酸、苹果酸等较稳定物料的干燥。流化床干燥设备有多种型式，如图 11-19 所示，现介绍如下。

单层流化床干燥器虽然结构简单、操作方便［如图 11-19（a）］所示，但它热量利用很差，物料在器内停留时间不均，因此不常使用；为了改善上述情况，发展了多层流化床干燥器。图 11-9（b）是一种具有溢流管的多层流化床干燥器，被干燥物料由最上层逐层往下流动，热空气则由下而上，与物料呈逆向流动；在每层中形成一台单独的流化床，多层流化床干燥器由于其对控制的要求很严，并且阻力很大，所以不易推广。图 11-19（c）所示为卧式多室流化床干燥器，此干燥设备系在器内平放一块多孔金属网板，板上方放置若干块纵向隔板，在器的一侧，不断加入被干燥物料，在网的下侧，有热空气不断地送入。热空气通过网板上的小孔，使固体颗粒流化起来，并剧烈地湍动、混合。在这个过程中，气 - 固不断传热、传质，固体粒子内所含水分不断汽化；与此同时，因干燥器结构上的特点，促使物料在干燥器内沿水平方向移动，即自右至左逐次经过各室，至干燥器的左端排出时，物料已被干燥。这种用纵向隔板把整个干燥器分成若干室的目的，旨在改善物料与热空气之间的混合效果，并使得物料在器内具有均匀的停留时间，从而避免部分物料因停留时间过长而遭破坏，或因停留时间太短而干燥不完全的弊端。

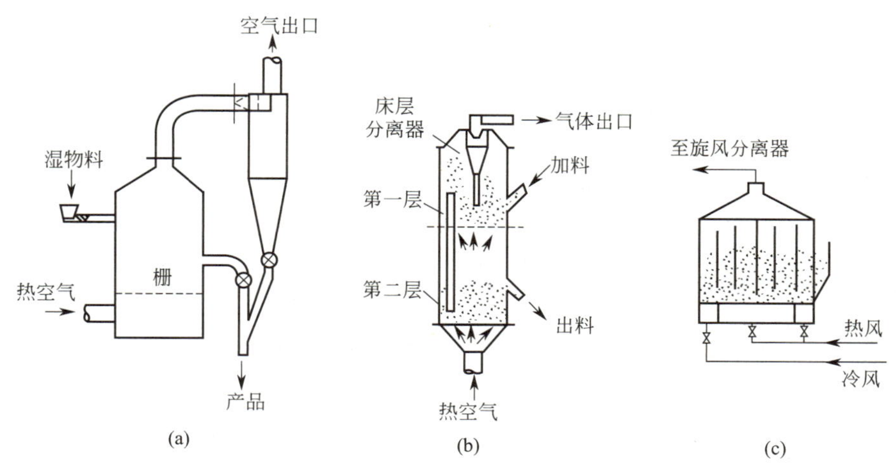

图 11-19 流化床干燥器

（a）单层流化床；（b）多层流化床；（c）卧式多室流化床

11.6.5 红外线干燥

在红外线干燥中，热量通过红外线辐射从加热元件的表面辐射至物料，红外线辐射为波长在 0.75 ～ 1000μm 波段内的电磁辐射。在此频率范围内的辐射由分子热振动激发，而吸收红外线辐射又会引起热振动，因此，在两固体之间通过辐射的方式传递热量，此热量可用于干燥。红外线干燥可获得高的热通量，此热量能使物料产生很大的温度梯度，这从产品质量的观点来看，常常是不允许的，这就是为什么红外线干燥的应用仅限于稀薄的物料。辐射器是产生红外线的主要设备，它有管状、灯状和板状的结构。辐射器的选择取决于被加热物料的吸收性能。

11.6.6 微波干燥

在常规干燥技术中，应用对流、传导和红外线加热时，具有湿分蒸发所需的热量必须穿过湿物料，由表面向内部传递的缺点。用微波产生的电磁能加热整个湿物料，这种干燥方法利用了极性液体的特性，如最普通的水和含盐的液体在微波场中吸收电磁能。因为交流电磁场会使离子和分子偶极子产生与电场方向变化相适应的振动，从而产生摩擦热，使水分蒸发，达到干燥的目的。工业上采用的微波加热专用频率见表 11-6。

表 11-6 微波加热专用频率

频率 /MHz	波段	中心波长 /m	频率 /MHz	波段	中心波长 /m
890 ～ 940	L	0.330	5725 ～ 5875	C	0.052
2400 ～ 2500	S	0.122	22000 ～ 22250	K	0.008

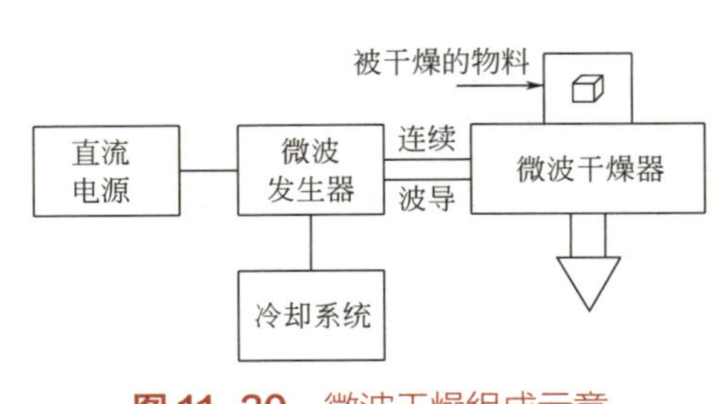

图 11-20 微波干燥组成示意

微波干燥已成功地在医药、食品、皮革生产中应用。

微波干燥系统主要设备组成如图 11-20 所示。目前常用的微波干燥室的型式有多波型干燥器、行波干燥器、螺旋形微波干燥器、流化床内加微波的干燥器等。

微波干燥过程可以分为四个阶段。

①预热阶段　湿固体的温度能够增加到液体的沸点。在这个阶段没有湿含量损失，且物体内部的压力可以看作与大气压相等。

②压力增加阶段　在此阶段中，由大气压上升到压力最大值，此值决定于流动阻力和功率输入。在物体内部产生的蒸汽流向表面。

③恒速干燥阶段　若功率输入恒定不变，物料内部蒸汽流动速率决定于吸收的功率和蒸汽流动的内部阻力。

④降速干燥阶段　物料湿含量降低，其结果是吸收功率下降和湿分运动的推动力下降。但当物料的主体在低湿含量时是电磁能的接收者，则物体温度能够上升。

11.6.7 喷动床干燥设备

喷动床从其流动特征来说，实质上是一个中心向上的稀相流化床与一个四周向下的移动床的组合。图 11-21 为一喷动床流型图。空气由锥体入口管进入，由于流速很高，因此冲开颗粒层形成了一个中央沟道，其中固体颗粒被夹带而上，颗粒进入中央沟道喷动，主要是由锥体部分进入，但也有较高层次侧向移动入沟道的。

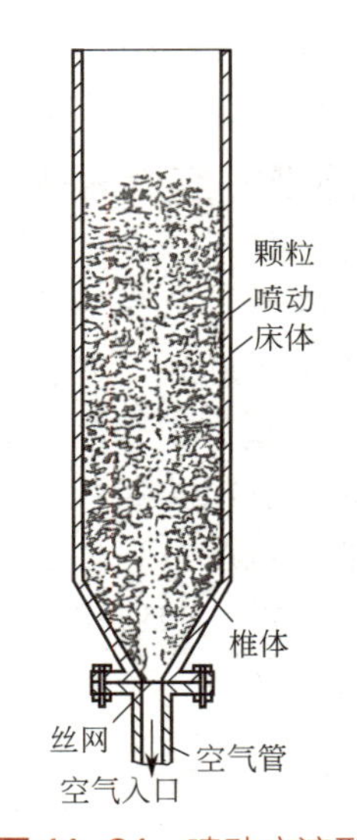

图 11-21 喷动床流型

在中央沟道中，颗粒的浓度随喷动的高度而增加，同时沟道的轮廓变得愈来愈模糊。但中央沟道中的固气比与典型稀相流化系统中的固气比属于同一数量级。在喷动沟道的顶部、颗粒沿径向溢流进入喷动床的环行空间，在这一环隙中固体颗粒因重力而向下移动，其相对位置基本上没有变化，床层空隙率及固体颗粒的运动流型与充气移动床相似。因此向上的稀相流化与向下的充气移动这一两相移动的组合形成了喷动床的流动特征。

喷动床形成发展的四个阶段及与之相应的压降关系曲线见图 11-22、图 11-23。当进入床层的气量转小时，气流仅在喷口附近形成一个小空穴，如图 11-22（a）或图 11-22（b）所示，整个床层为固定床，故随着气量的增加，其床层压降亦继续上升直至 11-23 中 *B* 点。当气量增加超过 *B* 点后，床层开始膨胀而空隙率增大，故压降开始显著下降至 *C* 点，到达 *C* 点时，床层膨胀已十分显著，继续增加气量，床层膨胀变慢，故压降亦下降趋势变慢，如压降曲线中的 *CD* 线所示。当气量略超过 *D* 点，则喷动穿透床层表面，故稀相流化中颗粒浓度急剧下降，特别是在接近喷动床床面的区域内，压降曲线又急剧下降至 *E*，而 *E* 点的喷动床流型处于稳定状态，再增加气量，压降不再变动。

若在形成稳定喷动床后，将气量减小，在 E' 点前，床层仍将保持喷动状态。若再降低气量，压降将突然上升，而喷动流股将被床层淹没，E' 点时的喷动速度称为最小喷动速度 u_{min} 压降上升至 D' 点，在 D' 点喷动几乎完全瓦解，曲线 $D'A'$ 代表经气流松动后颗粒重新排列而处于较疏松的固定床填充状态。

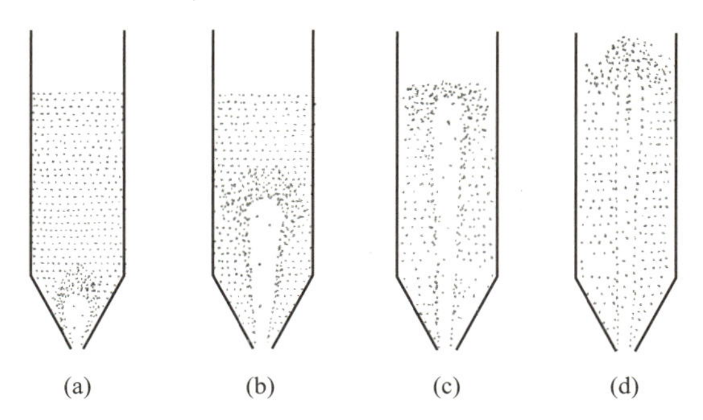

图 11-22 喷动床形成发展的四个阶段

（a）、（b）固定床阶段，内有小空穴；（c）床层膨胀，内部喷动；（d）喷动穿透床层表面

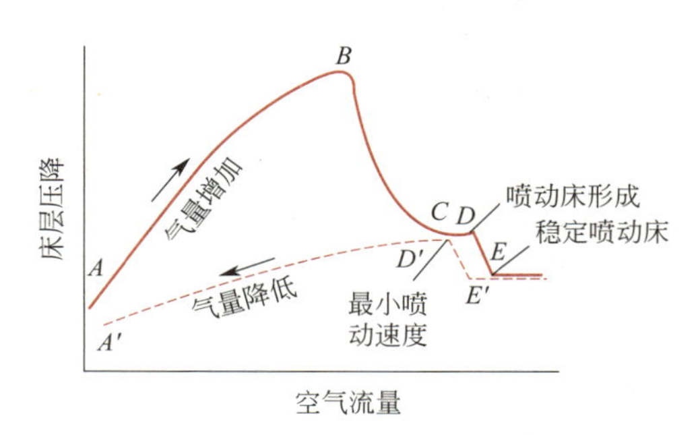

图 11-23 喷动床流量与床层压降关系曲线

喷动床干燥器可用来干燥 1 ～ 8mm 的大颗粒物料，如小麦、豆类、玉米等农产品，此类物料若应用流化床，则由于床层流化、流化速度很大及气量太大等原因而不经济。喷动床干燥器又可用来干燥 40 ～ 80 目或更细一些的粉体物料，因为这些粉体物料很易黏结成团，只能用很高气速的喷动速度去分散这些成团物料。图 11-24 为喷动床干燥小麦的示意图。

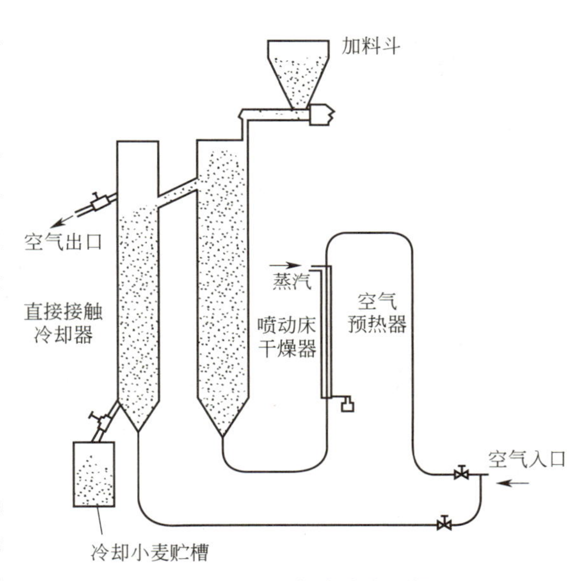

图 11-24 小麦喷动床干燥器

11.6.8 冷冻干燥器

冷冻干燥系指使被干燥液体冷冻成固体，在低温低压条件下利用水的升华性能，使冰直接升华变成水蒸气而除去，以达到干燥目的的一种干燥方法。

冷冻干燥的原理可以从水的相图来说明，如图 11-25 所示，图中 *OA* 线是固液平衡曲线；*OB* 是液气平衡曲线（表示水在不同温度下的蒸汽压曲线）；*OC* 是固气平衡曲线（即冰的升华曲线）；*O* 为三相点。由图 11-25 可见，凡是在三相点 *O* 以上的压力和温度下，物质可由固相变为液相，最后变为气相；在三相点 *O* 以下的压力和温度下，物质可由固相不经过液相直接变成气相，气相遇冷后仍变为固相，这个过程即为升华。例如冰的蒸汽压在 –40℃时为 13.3Pa。在 –60℃时为 1.3Pa，若将 –40℃冰面上的压力降低至 1.3Pa，则固态的冰直接变为水蒸气，并在 –60℃的冷却面上复变为冰，同理，如将 –40℃的冰在 13.3Pa 时加热至 –20℃，也能发生升华现象。

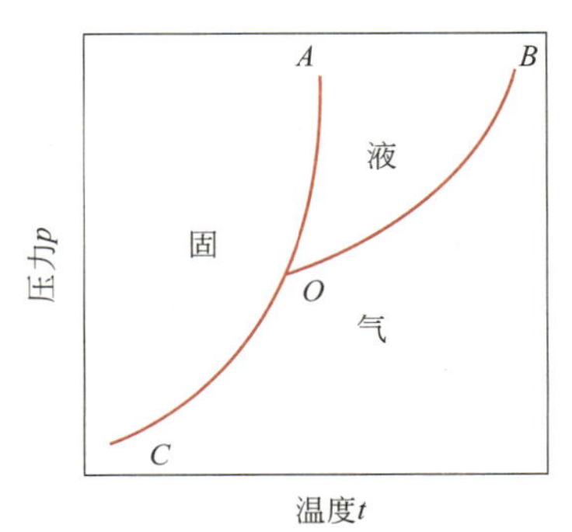

图 11-25 水的三相点相图

冷冻干燥要求高度真空及低温，因而适用于受热易分解破坏的药物。冷冻干燥的成品呈海绵状，易于溶解，故一些生物制品如血浆、抗生素、疫苗，以及一些需呈固体而临用前溶解的注射剂多用此法制备。

冷冻干燥器包括下列几个组成部分。

① 干燥室（又名冻干箱）是一个能抽真空、可降温至 –40℃、加热至 50℃的高低温密封箱，需要冷冻的产品放在干燥室内分层的金属板上进行冷冻，并在真空下加热使水分升华而干燥。此箱上装有指示冷热的仪表、真空度表及观察窗。

② 冷凝器（室）同样为一真空密闭容器，其间密布带有叶片的管道，其温度能降至 –40℃以下，且应维持此温度恒定，以便将干燥室内升华出来的水蒸气冻结在管道叶片表面，待冻干结束后，由其附设的化霜装置除去，从放水口放出。

③ 冷冻机、真空泵、加热电源等也是冷冻干燥装置必不可少的附件。

常用的冷冻剂有氟里昂 12、氟里昂 22 等。

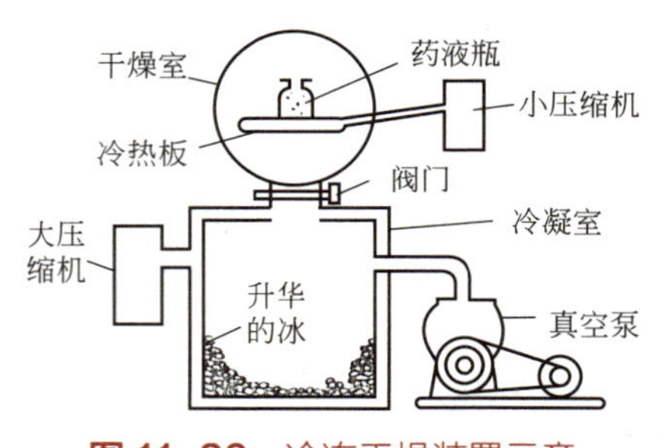

图 11-26 冷冻干燥装置示意

图 11-26 是一种小型冷冻干燥装置示意图。操作时先用小压缩机将药液冷冻至 –40℃，然后用真空泵将压力抽至 1.3Pa；同时用大压缩机将干燥室及冷凝室中温度降至 –40℃以下。关闭小压缩机，利用电源适当缓缓加热，使冷冻的药液温度逐步升高至约 –20℃，药液中的水分即行升华，药瓶中即留有疏松干燥的药物。

进行冷冻干燥时，药液应先冷却至 0℃，然后再放入干燥室冷冻，这样结冰速度快，形成的冰晶较小，且最后干燥的产品疏松易溶；同时要求待干燥的药液不宜过厚，以保持较大的蒸发面；整个干燥过程中必须保持药液一直呈冰冻状态。

为了获得良好的冻干产品，一般在冻干时都根据每种冷冻干燥机的性能和产品的特点，在经过试验的基础上制定出一条冻干曲线，然后控制机器，使冻干过程各阶段的温度变化符合预先制定的冻干曲线。也可以通过一个程序控制器，让机器自动地按照预先设定的冻干曲线来工作，从而得到合乎期望的产品。

用同一台机器干燥不同的产品，以及同一产品用不同的机器干燥时，其冻干曲线不一定相同，这样就需要制定出一系列的冻干曲线，而且在制定冻干曲线时往往要留有一定的保险系数，例如为了防止产品不能完全冻结、抽空时膨胀发泡，升华加热时，温度往往上升缓慢等，这样便延长了整个冻干的时间。

如果在冻干时，预先知道产品的共熔点，则冻干曲线就比较容易制定。所谓共熔点即产品真正全部冻结的温度，也相当于已经冻结的产品开始熔化的温度。当知道某一产品的共熔点时，在预冻时只要使产品温度降到低于共熔点以下几度，产品就能完全冻结，然后保持 1 ～ 2h 就可以抽空升华。在升华时只要控制使产品本身的温度不高于共熔点的温度，产品就不会发生熔化现象。待产品内冻结冰全部升华完毕，再把产品加热到出箱时所许可承受的最高温度，然后在此温度保持 2 ～ 3h，冻干过程就可以结束。

由上可知，产品冻干时，首先需要确定产品的共熔点。一个产品在冻结的时候，当温度达到 0℃时，产品中有部分水开始结成冰，其余部分的浓度将会增加，浓度的增加便引起了凝固点的降低。当温度继续下降到一定数值时，全部产品才凝结成固体。随着冻结过程的进行，物质的结构发生着变化，由液态逐渐变成固态，这个结构的改变从温度上无法测量，但是随着物质结构的改变而同时发生着电阻的改变，进行冻结过程时测量产品的电阻就能知道冻结进行的程度。

纯水是不导电的，但当水中含有杂质时，水的导电性就明显增加，对于一个冻干产品，由于其中含有很复杂的成分，在液态时它是导电的。溶液主要靠离子导电，导电液体的电阻能随温度的改变而改变。当温度降低时，电阻将会增大；当到达共熔点的温度时，全部液体变成固体，这时液体的电阻会发生一个突然增大的现象，这一突变与液体中的离子导电突然停止有关。因此在降温过程中，如果一方面进行温度的测量记录，另一方面进行电阻的测量记录，当温度降到发生电阻的突然增大时，那么这时的温度便是产品的共熔点。

如果对已经冻结的产品进行加热，使之温度上升到熔点时，则冻结产品便开始熔化，离子导电又重新恢复，因此原来突然增大的电阻又会突然减小，表示冻结产品已开始熔化。

在共熔点附近，很小的温度变化，就会引起电阻的明显变化。不同的产品在共熔点时的电阻数值是不相同的，其数值约为几百千欧到几兆欧。利用电阻来控制产品升华时的加热，比用温度控制灵敏得多。

11.6.9 适用于膏糊状物料干燥的设备

生物物质干燥时常常遇到膏糊状物料，该类物料一般流动性极差，在料仓中其物料休止角可超过 $\pi/4$，其黏附性极强，可黏附在垂直表面上也不流落。

膏糊状物料在干燥中的主要特征是黏附性极强，使进料困难，干燥过程中不易分散，易于使已分散的物料重新黏结成团。水分和物料结合的状态属毛细管水、渗透水、吸附水和结构水，故水分在物料中的传递阻力较大，必须设法将物料分散成很小的颗粒，以减少传热传质阻力，做到大幅度降低干燥所需的时间。

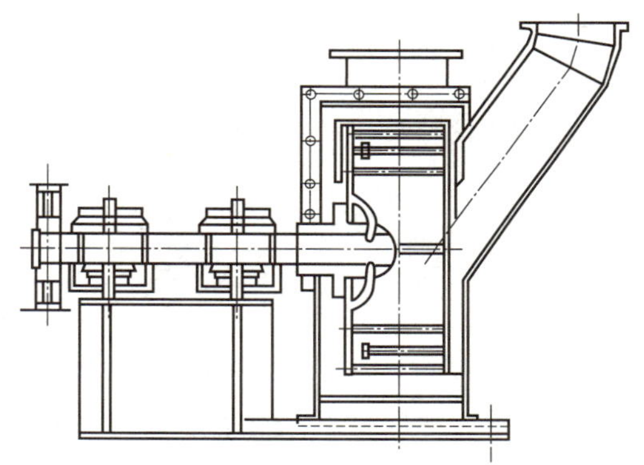

图 11-27 用于膏糊状物料干燥的粉碎机

目前已开发的膏糊状干燥器可分为下列四种类型：粉碎气流干燥；带惰性介质的喷雾流化干燥；强化沸腾气流干燥；膏糊状物料直接喷雾。

（1）粉碎气流干燥　粉碎机的组装图见图 11-27，膏糊状物料粉碎气流干燥运转操作数据见表 11-7。

表 11-7 膏糊状物料粉碎气流干燥运转操作数据

项　目	处理物					
	淀粉	活性污泥	碳酸钙	氢氧化铝	硅藻土	氧化铁
潮湿时形状	滤饼	滤饼	滤饼	滤饼	滤饼	糊状
处理量 /（kg/h）	1000	720	1050	3000	3500	240
干燥前水分（干基）/%	78	567	122	13.6	270	56
干燥后水分（干基）/%	17	11.1	0.5	0.1	11	0.2
物料粒径 /mm	—	—	0.002	0.05	0.06 以下	0.06
热风入口温度 /℃	135	400	400	350	600	425
粉碎机出口气体温度 /℃	46	—	180	130	230	375
出口气体温度 /℃	43	80	120	100	90	225
产品温度 /℃	42	64	70	80	70	60
干燥管直径 /mm	650	1500	750	550	1350	175
干燥管长度 /m	12	20	25	18	25	10

续表

项 目	处理物					
	淀粉	活性污泥	碳酸钙	氢氧化铝	硅藻土	氧化铁
粉碎机						
形式	破碎机	破碎机	破碎机	笼磨	破碎机	笼磨
功率 /kW	25	82	15×2	11	30×2	7.5
排风机						
风量 / (m^3/min)	350	830	400	160	1200	50
静压 /mmH_2O①	400	650	700	600	650	700
功率 /kW	37	150	80	30	250	15
捕集装置						
旋风分离器	2 级	1 级	2 级	1 级	2 级	2 级
其他	文丘里	袋滤器	袋滤器	袋滤器	文丘里	文丘里
	洗涤器				洗涤器	洗涤器
热源	水蒸气	重油	高炉气	重油	重油	重油

① $1mmH_2O$=9.80665Pa。

（2）带惰性介质的喷雾流化干燥 这一方法主要特征是将膏糊状物料进行适量稀释，以达到可以用二流式气流喷嘴或压力式喷嘴予以分散雾化的目的。该设备的主要特征是在圆筒形流化床内预放干燥用的惰性介质玻璃珠或瓷球，其直径在 1 ～ 2mm 或 3 ～ 5mm。经稀释的料浆用高压泵或齿轮泵在距分布板 1/4 ～ 1/3 总床高的距离内用喷嘴喷入流化床内已流化的惰性介质表面上，经热气流干燥及惰性介质的相互碰撞以干粉形式被热气带出床外，经旋风分离器分离而得到产品。此法将干燥与粉碎在同一设备内完成，可以获得很细的成品物料，但因需稀释喷雾，故实际的干燥热效率不高，整个流程的设备由于有稀释及雾化工序，投资较大。

（3）强化沸腾气流干燥 该装置已应用于干燥膏糊状的染料，并已推广应用于干燥炭黑、氢氧化铝、催化剂等膏状物料，其流程及装置如图 11-28 所示。膏糊状物料经定量加料器而后在螺旋加料器里被安装于螺旋加料器头部的多孔圆筒挤压成条，连续加入干燥器内，在下落的过程中受到初步干燥，由于表面上黏附一层干粉，黏结性大减，落到床层底下的强化器里（流化床底部不设多孔板，而是连接一个锥形的带有若干组动牙和静牙的装置，称为强化器，起粉碎作用），在一面干燥、一面粉碎的过程中被粉碎成细粉，又被吹回床层内继续干燥成干粉，最后被气流送入旋风分离器和袋滤器。在一套设备里，把预成型、预干燥、粉碎、干燥结合在一起，解决了膏状物料在流化干燥设备里因黏结而不能流化的问题。

该方法的关键设备是强化器、膏糊状物料的定量加料器及螺旋加料挤条机，其中强化器相当于一卧式锥形粉碎机，而螺旋加料挤条机相当于绞肉机的结构。定量加料器如图 11-29 所示。

该加料器的结构可分为两部分，上部分为搅拌叶片，用以防止物料架桥，下部分为加料螺旋。将物料挤入另一螺旋给料器，然后再进入干燥器。加料量随转速而定，转速是根据物料含水量来调节的，加料量误差一般小于 5%，材料为铸铁或不锈钢。

第一个螺旋尺寸的大小及其在锥形部位置的高低可随黏性物料性质而异，是决定能否加进物料的关键。在转速一定时（8 ～ 12r/min），如其尺寸愈大，位置愈高，则加料量也大，反之则小。

该法的干燥成品亦为细粉，该加料器是一种较好的膏糊状物料干燥器，但因要用高温热源（煤气或燃油），且在强化器内部分物料停留时间过长等原因，应用有一定限制。

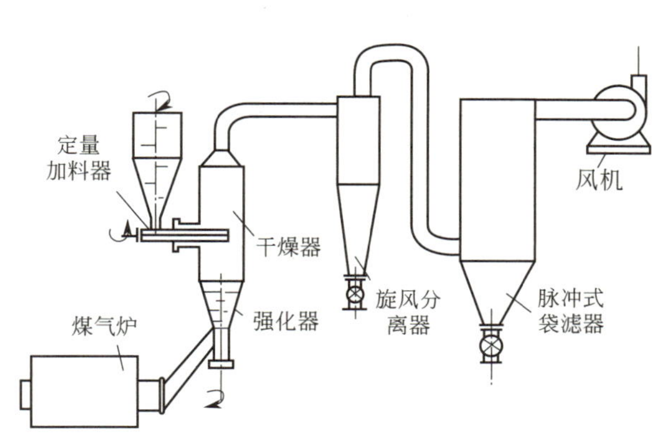

图 11-28　膏糊状物料沸腾气流干燥器流程

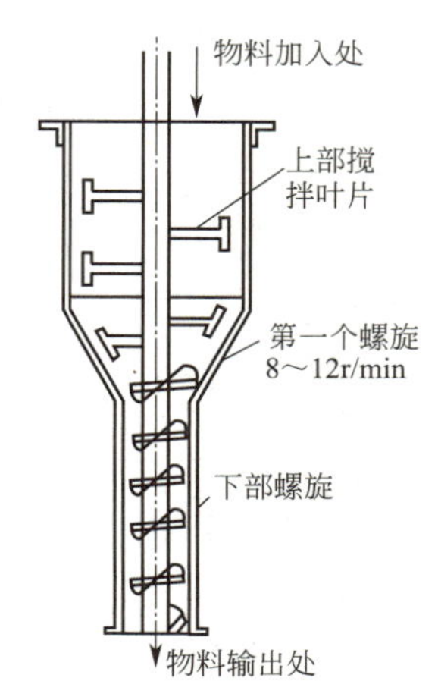

图 11-29　膏糊状物料定量加料器

（4）膏糊状物料直接喷雾　从稀浆喷雾（设其含水率为 75%）变为膏糊状滤饼（设其含水率为 50%）直接喷雾，则欲获得 1kg 绝干产品所去除的水分，两者的差别如下。

稀浆喷雾除水：$\frac{75}{25}=3$（kg/kg）

膏糊状物料喷雾除水：$\frac{50}{50}=1$（kg/kg）

因此，膏糊状物料直接喷雾有以下优点。

① 大大提高喷雾干燥塔的生产能力，膏糊状物料喷雾的生产能力可达 200 ～ 300kg/（m^3·h），而稀浆喷雾则仅为 20 ～ 50kg/（m^3·h）。

② 大大地降低了单位产品的热耗。

③ 喷雾用动力消耗大大降低，一般可在 0.1kW/kg 产品左右，其数值接近压力式雾化器的动力消耗。

④ 由于膏糊状物料含水率低，故经直接喷雾的雾滴所需的干燥时间短，这样可避免湿料粘壁，减小干燥塔的容积。

膏糊状物料直接喷雾干燥的流程如图 11-30 所示。

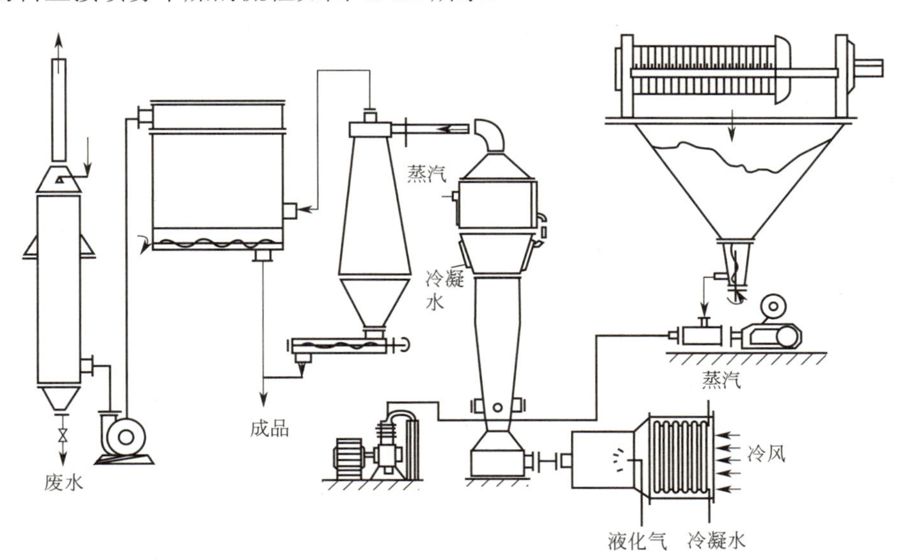

图 11-30　膏糊状物料直接喷雾干燥的流程

干燥是生物分离中一个重要的单元操作之一，但迄今为止，大多数干燥设备的设计在很大程度上仍然依赖于实验室和操作经验，随着生物技术的进一步发展以及新的生物制品、新型高级食品、新型药物制品等产品的出现，传统的干燥设备已不能满足社会需要，这就要求将已有的干燥装置进行结构改造，使其具有新的性能，或研制出新型的干燥器，以满足干燥新产品的需要，进一步推动干燥设备的进步。

知识归纳

- 干燥速率受多种因素影响：干燥速率受到温度、湿度、干燥介质流速和样品特性等多种因素的影响。提高干燥温度可以显著提高干燥速率，但温度过高可能会导致样品品质下降。降低湿度和增加干燥介质的流速也有助于加快干燥速率。
- 不同干燥方法的特点和应用：干燥方法包括自然干燥、热风干燥、真空干燥和冷冻干燥等，每种方法都有其特点和适用范围。例如，烘箱能够更快速地将水分去除，但需要控制好温度以避免质地变硬；自然通风所需时间较长，但适合对温度敏感的样品。
- 干燥设备的选择和使用：常用的干燥设备包括干燥箱、烘房、喷雾干燥器等，其结构和性能对干燥效果有重要影响。例如，旋转圆盘干燥器利用旋转离心力将湿物料甩到圆盘边缘，并通过加热使水分蒸发。
- 干燥过程中的问题与解决方案：在干燥过程中可能会出现氧化、水分不均匀等问题。使用氧化剂如二氧化硅可以减少氧化反应的发生，定期翻动材料可以避免干燥不均匀的问题。
- 不同干燥设备的应用场景：旋转床干燥器适用于颗粒状物料的干燥，流化床干燥器适用于高效干燥，喷雾干燥器适用于液体样品的干燥。

习题

1. 选择题

① 在一定空气状态下，用对流干燥方法干燥物料时，能除去的水分为（　　），不能除去的水分为（　　）。

A. 结合水分　　B. 非结合水分　　C. 平衡水分　　D. 自由水分

② 物料的平衡水分一定是（　　）。

A. 非结合水　　B. 自由水分　　C. 结合水分　　D. 临界水分

③ 同一物料，如恒速阶段的干燥速率加快，则该物料的临界含水量将（　　）。

A. 不变　　B. 减小　　C. 增大　　D. 不一定

④ 利用空气作介质干燥热敏性物料，且干燥处于降速干燥阶段，欲缩短干燥时间，则可采取的最有效的措施是（　　）。

A. 提高干燥介质的温度　　B. 增大干燥面积、减薄物料厚度

C. 降低干燥介质的相对湿度　　D. 提高空气的流速

⑤ 影响干燥过程的恒速干燥阶段的主要因素是什么？

A. 空气流速　　B. 温度、湿度　　C. 物料的大小、物料形状

⑥ 已知物料的临界含水量为 0.18(干基，下同)，现将该物料从初始含水量 0.45 干燥至 0.12，则干燥终了时物料表面温度 θ 为（　　）。

A.$\theta > t_w$　　B.$\theta = t_w$　　C.$\theta = t_d$　　D.$\theta = t$

⑦ 下列属于干燥的副作用的是（　　）。

A. 物料收缩　　B. 化学变化　　C. 生化变化　　D. 物理变化

⑧ 下列哪种设备适用于处理湿度较高的物料?

A. 流化床干燥机　　B. 旋转干燥机　　C. 真空干燥机　　D. 喷雾干燥机

⑨ 冻干中所讲水的类型不包括以下哪种：（　　）

A. 自由水　　B. 结合水　　C. 吸附水　　D. 纯化水

⑩ 对于热敏性、易氧化、易挥发物质、微生物制品等进行干燥，最好的干燥方法是（　　）。

A. 日光　　B. 热空气干燥　　C. 喷雾干燥　　D. 冷冻干燥

⑪ 下列关于喷雾干燥的叙述，错误的是（　　）。

A. 喷雾干燥是流化技术用于液态物料的一种干燥方法

B. 进行喷雾干燥的药液，不宜太稠厚（相对密度 1.35 ～ 1.38）

C. 喷雾时喷头将药液喷成雾状，液滴在热气流中被迅速干燥

D. 喷雾干燥产品为疏松粉末，溶化性较好

E. 喷雾时进风温度较高，多数成分极易因受热而破坏

2. 填空题

① 在等速干燥阶段，干燥速率 ______，物料表面始终保持被润湿，物料表面温度等于 ______，而在干燥的降速阶段物料的温度 ______。

② 体物料的干燥是属于 ______ 过程，干燥过程得以进行的条件是物料表面所产生的水汽（或其他蒸汽）压力 ______。

③ 已知某物料含水量 X=0.4kg・kg^{-1}，从该物料干燥速率曲线可知：临界含水量 X_c=0.25kg・kg^{-1}，平衡含水量 X^*=0.05kg・kg^{-1}，则物料的非结合水分为 ______，自由水分为 ______，可除去的结合水分为 ______。

3. 计算题

一干燥器，湿物料处理量为 800kg・h。要求物料干燥后含水量由 30% 减至 4%(均为湿基)。干燥介质为空气，初温 15℃，相对湿度为 50%，经预热器 加热至 120℃进入干燥器，出干燥器时降温至 45℃，相对湿度为 80%。试求：

（a）水分蒸发量 W;

（b）空气消耗量 L、单位空气消耗量 L^*。

12 辅助操作

本书前面几章已论述了原料中不溶物的去除、产物粗分离、纯化和产品精制等操作，着重于单元操作的定量分析，包括质量守恒、能量平衡以及过程的动力学关系，指出了各种单元操作之间的类似之处。目的在于建立综合各种操作过程的生物分离方法。

单一的单元操作往往不能解决全部问题，还需要一些辅助操作，辅助操作的作用是：①为主流程提供必要的辅助条件；②保护环境，使人类和产品免受污染。

12.1 水质及热原的去除

12.1.1 水质与供水

评估水质有两方面：微生物污染和化学杂质，生产过程中存在有机物时，常使微生物污染得以传播，从而引起产品的变质，生产针剂用水，严格控制微生物更是十分必要。

水中微量的化学物质可能会引起产品质量的降低，化学物质污染有三种可能的情况：它能随产品被分离；它能和产品一起被提纯和浓缩；它能不受回收率的影响，在最终产品中的浓度等于原料中的浓度。水按下列标准分成四类。

第一类是用于公用事业的普通水。

第二类来自城市的供水系统和水井，一般经过过滤和加氯消毒，用于生活用水和大部分化工生产。

第三类是纯化水，通过去离子化再加上超滤，一般不含化学物质，但不能用于严格控制微生物的场合，通常在储水体系中设置一种循环回路，这种系统能维持在高温下（28℃）使微生物减至最小值。纯化水用于常规生化过程。

第四类水有严格的质量标准，有一些特殊的要求，这一类一般为注射用水。

12.1.1.1 注射用水的质量要求

注射用水的质量要求在药典中已有严格规定，除蒸馏水的检查项目，如酸碱度、氯化物、硫酸盐、钙盐、铵盐、二氧化碳、易氧化物、不挥发物及重金属等应符合规定外，热原检查亦应合格。一般水中含有悬浮物、气体、无机物、有机物、细菌及热原等，因此，必须将一般的水经过预处理，并用重蒸馏等方法处理后，才能得到符合要求的注射用水。采用超滤或离子交换等新方法须反复验证。

12.1.1.2 水源的选择、检查与预处理

无论采用哪种方法制备注射用水，都必须选择适当的水源，并进行针对性预处理后再供蒸馏、离子交换或电渗析之用，这是保证和提高注射用水质量的重要步骤。

（1）水源选择 水源可分为自来水与天然水两大类。自来水因经过净化、消毒，可直接用蒸馏法制备注射用水。天然水（包括江水、河水、湖水、塘水、井水、泉水等）成分较为复杂，主要含悬浮物、无机盐类、有机物、细菌及热原等杂质。一般井水、泉水等地下水，因通过地层滤过，含泥土、悬浮物、寄生虫等较少，但含无机盐类较多；河水、湖水等比较混浊，含泥土、悬浮物、微生物较多；至于塘水则含悬浮物、有机物、微生物等杂质更多，水质较差。因此，在实际工作中，以选择含盐量低、水质好、污染少的水源为好。

（2）原水预处理的方法 为了保证注射用水的质量，需根据所用原水的质量，选择合适的处理方法。

① 滤过澄清法 当水中泥沙、悬浮物较多时，可采用此法除去。一般比较简便而常用的过滤装置有砂滤桶、砂滤缸或砂滤池，可根据供水量设置不同容量的过滤装置。滤层用碎石、粗砂、细砂、木炭等材料组成，滤层厚度应以不超过桶或缸高度的 2/3 为宜。过滤材料用前需经处理，碎石

和沙子分别用水冲洗干净，无泥土；木炭选用中等大小炭粒用水冲洗至无尘土和色素，再用 1% 盐酸煮沸半小时，以除去木炭中金属及金属氧化物，然后用水洗至酸碱度与常水相同为止。一般混浊不清的水经过上述处理后，即可澄清。

当用水量较少，原水中只含少量有机物、细菌及其他杂质时，可采用砂滤棒滤器。

② 凝聚法 采用凝聚剂，如明矾、硫酸铝、碱式氯化铝等，使水中的悬浮物等杂质凝聚成絮状沉淀而除去。

a. 明矾 明矾是 $KAl(SO_4)_2 \cdot 12H_2O$ 或 $K_2SO_4 \cdot Al_2(SO_4)_3 \cdot 24H_2O$，它是一种复盐，经水解作用或与水中的碳酸盐、重碳酸盐作用而生成氢氧化铝胶体，此胶体比表面大，吸附力强，将水中的悬浮物、微生物吸附凝聚在一起而沉淀除去。其反应如下（因 K_2SO_4 不参与反应，故在反应式中省去）。

$$Al_2(SO_4)_3+6H_2O \longrightarrow 2Al(OH)_3\downarrow +3H_2SO_4$$

$$Al_2(SO_4)_3+3Ca(HCO_3)_2 \longrightarrow 3CaSO_4\downarrow +2Al(OH)_3\downarrow +3CO_2\uparrow$$

$$Al_2(SO_4)_3+3CaCO_3+3H_2O \longrightarrow 3CaSO_4\downarrow +2Al(OH)_3\downarrow +3CO_2\uparrow$$

明矾的用量一般为 0.01 ～ 0.2g/L，应视水质情况而定。以明矾为凝聚剂时一般可不加石灰，因为有 K_2SO_4 这一强电解质存在，可以减少 $Al(OH)_3$ 胶粒所带的电荷，降低胶粒间的同电相斥力，从而使胶体不稳定而聚沉。

与明胶凝聚作用相同的有硫酸铝［$Al_2(SO_4)_3 \cdot 18H_2O$］，所不同的是硫酸铝本身的水溶液 pH 值为 4.0 ～ 5.0，使用时需调节水的 pH 值至近中性。因硫酸铝加入水中后，发生水解作用（$Al^{3+}+3H_2O \rightleftharpoons Al(OH)_3\downarrow +3H^+$），使水偏酸性，不利于硫酸铝的进一步水解，并可使形成的 $Al(OH)_3$ 胶体（两性氢氧化物）复溶解，因此可用石灰或少量氢氧化钠调至近中性。硫酸铝用量一般为 0.001% ～ 0.02%。

b. 碱式氯化铝法 碱式氯化铝（又称羟基氯化铝、聚合氯化铝）是一种新型无机离子凝聚剂，它是介于三氯化铝和氢氧化铝之间的中间水解产物，通过羟基架桥而聚合，组成不定，一般通式为 $Al_m(OH)_nCl_{3m-n} \cdot xH_2O$（$m \leqslant 10$，$1 \leqslant n \leqslant 5$）。精制品为白色或黄色固体，也有无色或黄褐色透明液体。

碱式氯化铝在水中由于羟基的架桥作用而和铝离子生成羟基多核配合物，此配合物以［$Al_6(OH)_{15}$］$^{3+}$、［$Al_6(OH)_{14}$］$^{4+}$、［$Al_8(OH)_{20}$］$^{4+}$ 等形式存在，并带有大量正电荷，能有效地吸附水中带有负电荷的污物胶粒，电荷被中和，因而与被吸附的污物在一起形成较大的絮凝体而聚沉；同时由于它的分子量和架桥结构均较一般无机凝聚剂大，所以它具有较强的架桥吸附性能，不仅能除去水中悬浮物，还能使微生物吸附沉淀。此外，本品形成的絮凝体较牢固，生成速率和沉淀速率均较快。一般用量 0.05 ～ 0.1g/L。pH 值在 6.5 ～ 7.5 时效果最好。

研究表明，含热原的自来水中加入 0.01% 高岭土和 0.005% 碱式氯化铝（必要时用碳酸钠调 pH 值为 6.5 ～ 7.5）搅拌、静置，有破坏热原的作用。

c. 石灰 - 高锰酸钾法 原水若被微生物等有机物严重污染，采用上述方法尚不能满足要求时，可辅以高锰酸钾处理，进一步除去有机物。

用高锰酸钾处理水时，其反应物、产物与 pH 值有关。当水用明矾处理后，水呈弱酸性，高锰酸钾在水中反应如下：

$$2KMnO_4+6H^+ \longrightarrow 2Mn^{2+}+2K^++5[O]+3H_2O$$

水中 Mn^{2+} 增加，对树脂交换不利，因此，一般可将原水用石灰法处理，使水呈弱碱性，此时

高锰酸钾在水中的反应为

$$2KMnO_4+3H_2O \xrightarrow{\text{中性或弱碱性}} 2MnO(OH)_2\downarrow+2KOH+3[O]$$

生成的新生态的氧可氧化热原等有机物，同时生成的水合二氧化锰胶状物对热原等有机物有吸附凝聚作用，而石灰又可降低原水中碳酸氢钙、碳酸氢镁含量。但过量的高锰酸钾会使树脂氧化而变色、裂解，可加还原剂硫酸锰除去。其反应如下

$$2KMnO_4+3MnSO_4+7H_2O \longrightarrow 5MnO(OH)_2\downarrow+K_2SO_4+2H_2SO_4$$

本法的操作是先在原水中加入少量石灰水至 pH=8（酚酞指示剂呈粉红色），然后加入 1% 高锰酸钾溶液，使水呈极淡的紫红色，以 15min 内不退色为度，再加入 1% ～ 2% 硫酸锰溶液适量，使高锰酸钾紫色褪去，澄清、滤过备用。

12.1.1.3 蒸馏水制备注射用水

蒸馏法是目前制备注射用水最常用而可靠的方法。其原理是：加热常水至沸腾，使之汽化为蒸汽，蒸汽经冷凝成液体。易挥发的物质成为气体挥发逸出，原来溶于水中的大多数杂质和热原都不挥发，仍留在残液中，因而常水通过蒸馏可得到纯净的蒸馏水。一般经两次蒸馏的水为重蒸馏水，不含热原，可作注射用水。

用蒸馏法制备注射用水所应用的蒸馏设备式样很多，较普遍应用的有单蒸馏器和重蒸馏器（亭式、塔式两种）。它们的结构主要由蒸锅、隔沫器（也称挡板）和冷凝器三部分组成。

12.1.1.4 去离子水的设备

制备注射剂，用新鲜重蒸馏水为溶剂是比较理想的，但此法效率低，耗用大量的燃料；采用离子交换树脂制备注射用水，制得的水纯度较高，设备简单，操作方便，节省燃料，成本低廉，特别是小型离子交换装置携带方便。采用离子交换法的缺点是在热原问题上不稳定，但如原水的水质较好，装置使用合理，也可以除去热原得到注射用水。

12.1.2 热原及其去除方法

在临床上静脉注射大量输液时，有的患者有时出现不良反应，常在半小时至 1h 内使患者产生发冷，继而颤抖、发热、出汗、昏晕、呕吐等症状，有时体温升至 40℃以上，严重者甚至昏迷、虚脱，如不及时抢救，可危及生命安全，这种现象称为“热原反应”。主要是由于注射液（或注射用具）中含有热原所引起，为了杜绝热原反应，应该了解热原的特性，在整个配制过程中防止污染热原，并采取有效措施将热原除去。

热原是指某些能够致热的微生物的尸体及其代谢物，主要是细菌的一种内毒素。内毒素是革兰氏阴性杆菌细胞壁成分，是死菌体裂解产物，大多由磷脂、脂多糖及蛋白质组成的复合物。致热作用最强的是革兰氏阴性杆菌（如伤寒杆菌、副伤寒杆菌、大肠杆菌、变形杆菌、铜绿假单胞菌等），其次是革兰氏阳性杆菌，革兰氏阳性球菌最弱。霉菌、酵母、病毒也能产生热原。

热原的最小致热量（指能使动物体温平均上升 0.5 ～ 0.6℃需要的热原量），因菌种、抽出方法、提纯程度等而异。如从大肠杆菌中由热酚提取精制的热原，兔最小致热量为 0.001 ～ 0.002μg/kg ；由

伤寒杆菌制得的热原，兔最小致热量为 0.2μg/kg；由链球菌制得的热原，兔最小致热量约为 10μg/kg。由于内毒素存在于菌体细胞壁，因此，防止细胞的污染和增殖，是制备注射剂，特别是输液时防止热原污染的关键问题。

热原在注射针剂中出现的原因通常有：①从溶剂中带入；②从原料中带入；③从用具或容器中带入；④从设备过程中污染；⑤由于包装不严密或灭菌不完全而产生热原；⑥从输液器中带入。

热原一般具有下列性质。

① 耐热性　热原在 60℃加热 1h 不受影响，100℃也不会发生热解。但热原的耐热性有一定的限度，如 120℃加热 4h 能破坏 98%，在 180 ～ 200℃ 干热 2h 以上或 250℃加热 30min 可彻底破坏。但是，由于热原的来源不同，其耐热性也有差异，如从大肠杆菌产生的热原对低温（40 ～ 50℃）已不稳定，热原的耐热性不能一概而论，应具体情况具体分析，实际工作中，要慎重处理，以彻底破坏热原。

② 滤过性　热原体积小，为 1 ～ 5nm，故能通过除菌滤器而进入滤液中，石棉滤板也有一定吸附热原的作用。

③ 水溶性及不挥发性　热原能溶于水。热原本身不挥发，但因具水溶性，可随水汽雾滴进入蒸馏水中，故蒸馏器需有隔沫装置。

④ 其他　热原能被强酸、强碱所破坏；也能被氧化剂，如高锰酸钾或过氧化氢，或超声波所破坏；能被活性炭等吸附剂所吸附；热原在溶液中带有一定的电荷，因而可被某些离子交换树脂吸附。

去除热原是制备药用生物化工产品，特别是针剂所必需的操作，以下介绍两种除热原的方法。

① 除去溶液中热原的方法　根据上述热原的性质，溶液中的热原可用石棉滤器吸附除去。由于石棉滤器存在一些缺点，故在注射剂配制中常采用活性炭吸附的方法。一般在溶液中加入 0.1% ～ 0.5% 的活性炭煮沸并搅拌 15min，即能除去大部分热原，活性炭还有脱色、助滤作用。

溶液中的热原可被离子交换树脂所吸附。国内外报道可用离子交换树脂吸附水中的热原，并已用于大生产。目前认为强碱性阴离子交换树脂分离水中的热原效果最好，强酸性阳离子交换树脂除去热原能力很弱。

此外，国内用分子筛阴离子交换剂（二乙氨基乙基葡聚糖凝胶 A-25）除去水中的热原，取得了较好效果。试验结果说明，将 700 ～ 800g 二乙氨基乙基葡聚糖凝胶 A-25 装入交换柱中，以 80L/h 的流速交换，可制得 5 ～ 8t 无热原去离子水。

② 除去容器上热原的方法　常用酸碱处理法及干热灭菌法两种。热原可被强酸或强碱所破坏，所以玻璃、瓷质及塑料用具可用此法除去热原。注射用针筒，或其他玻璃器皿，应洗涤清洁后烘干，在 150℃加热 30min 以上破坏热原。

12.2　溶剂回收

在上述的许多分离方法中有的可能产生水和有机溶剂的混合物，例如，有机溶剂的萃取过程，添加有机溶剂促进沉淀或结晶，以及混合溶剂用于吸附、离子交换和色谱分离等多个单元操作。大量的溶剂被使用以后，不能直接把它们排入周围环境中，而是必须将它们从排放物中除去。此外，溶剂的相对价格较贵，通常通过回收和再循环来降低成本。

回收过程决定于液体的本身特性，尤其依赖于溶剂的浓度，这种回收常常是一种简单的间歇蒸馏。在回收过程中，溶剂从进料中蒸发冷凝，非挥发性的底部剩余物排往废水处理系统，通常用于溶剂回收的设备如图 12-1 所示。

提馏塔用于从水溶液中排除少量的挥发性溶剂，精馏塔适用于挥发性溶剂中排除少量水。

在操作过程中，一次间歇蒸馏往往达不到要求，需要进一步精馏。

要在组分之间进行相对完全的分离，需将汽提塔与精馏塔组合，如图 12-2 所示，在一单塔中联合精馏和汽提两部分，进料可能是液体或蒸汽，从塔的中部进入，底部得到挥发性相对低的组分，顶端得到挥发性相对高的组分。溶剂回收的原理与设备在化工原理中讨论很多，本书不再赘述。

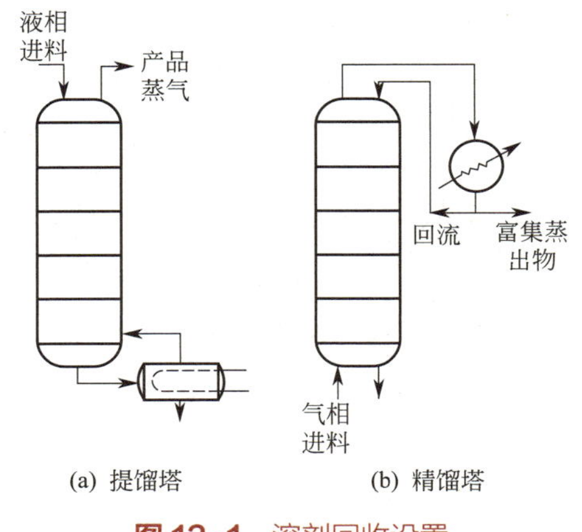

图 12-1 溶剂回收设置

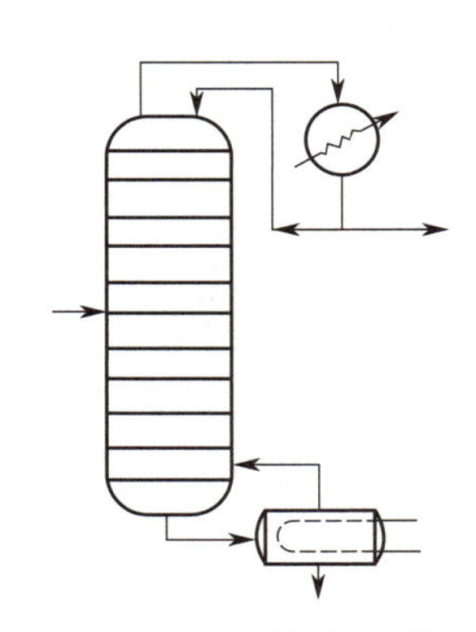

图 12-2 汽提塔与精馏塔的组合

12.3 废物处理

发酵产生两种废物，即生物残渣和排出的废液，每种废物都有其自身特定的处理方法。

生物残渣能通过第 2、3 章所讨论的方法来回收，并加以干燥，在有些情况下，这些副产品有经济价值，可作动物饲料。如果有助滤剂存在，这种使用的可能性就受到限制。在许多情况下，生物残渣作为废料埋掉，但存在地下水可能被污染的问题。焚烧这些生物残渣是一种处理方法，但含有腐蚀性的盐可能腐蚀焚化炉。

许多废液可先放到传统的污水处理设备中。发酵废液是一种含有微生物生长所必需的营养复杂的混合物。在相对高的浓度下，应使混合物中的可溶性和不可溶性的物质加以利用。直接排放生物废料，则存在生物耗氧量（BOD）污染的问题，即使在一个中等规模的多产品生物工厂，它所排出的 BOD 也相当于一个 10 万人城市的排放量，因此必须重视废水处理。

12.4 生物安全性

在生物制品生产过程中必须注意安全，这包括抑制和避免由固有的化学物质及活的生物体引起的环境污染。药品的生产应达到药检部门规定的要求，食品的经营和动植物饲料应符合卫生防疫站的规定。在某些产品的生产过程中工作人员必须使用一次性衣服、口罩，在极端的情况下，他们应使用一种可连续供给空气的可膨胀衣服，必须对操作人员进行培训，树立安全意识，所有从事发酵、回收操作的人员必须进行定期的体格检查。

生物工厂的制品通常与人体有关，因此生产一般应获得有关部门的批准，并持有作为药厂或食品厂的生产许可证，接受有关部门的定期监督。任何药品及新食品均应具有批准生产文号。

生产中要特别注意卫生及安全试验。例如中草药注射剂的安全试验内容包括急性毒性试验、溶血试验、刺激性试验和过敏性试验等项目。但对具体品种来说，并非这些项目都要做，而是要根据药物的性质、作用和用途、用药方法及用药剂量等具体情况，适当选做。必要时再进行亚急性和慢性毒性试验、降压试验以及血象检查等项目。

（1）急性毒性试验　可按常规方法进行。一般认为，中草药注射液的小白鼠最大耐受量，应为人用（均按体重计）的 100 倍以上，才比较安全；也有人认为，在 60 倍以上者即可慎用。

（2）刺激性试验　按家兔股四头肌试验法进行。注射 24h 后解剖观察，注射的局部肌肉组织不得有严重炎症反应（即无严重的充血与出血，更不能出现发紫、光泽消失变粗糙、失去弹性变硬等现象）。试验用动物除家兔外还可选用大白鼠、小白鼠等。

（3）溶血试验　有些中草药注射剂，由于含有皂苷或由于物理、化学与生物等方面的原因，在注入血液后可产生溶血作用。也有些注射剂中含有少量鞣质等杂质，当注入时会引起局部胀痛，注入血液可产生血细胞凝聚，引起血液循环机能障碍等不良反应。因此，尤其是供静脉注射用的中草药注射剂，必须做溶血试验。结果判断如下。

① 一般而言，若中草药注射剂 0.3mL，在 2h 内不产生溶血作用即认为可供注射用。

② 如有红细胞凝聚的现象，可按下法进一步判定，即凝聚物在试管振摇后又能均匀分散，或将凝聚物放在载玻片上，在盖玻片边缘滴加 2 滴生理盐水，在显微镜下观察，若凝聚红细胞能冲散则为假凝聚，其制品可供临床使用。若凝聚物不被摇散或在玻片上不被冲散则为真凝聚，其制品不宜供临床使用。

（4）过敏性试验　过敏反应是一种变态反应，可强烈地表现于机体的各个系统，产生血管神经性水肿、红斑、皮疹等；严重者胸闷气急、血压下降，甚至休克或死亡。

方法：取豚鼠 6 只，体重 250 ～ 350g（最好用雄性者，做过敏性试验后的豚鼠不得再供过敏试验用），间日腹腔注射供试药液 0.3mL（应取不加附加剂的原药液），连续 3 天，然后分为两组，分别在第一次注射后 14 天及 21 天，再由颈静脉或股静脉注射供试药液 1 ～ 2mL。在注射后 15min 内，观察有无过敏现象，如喷嚏、惊厥、抽搐、昏迷、休克等。

不同生物制品具有不同的安全试验的内容与要求，生产厂家要分别根据卫生及药政部门的规定严格执行。

参考文献